移动与嵌入式开发技术

Windows Phone 7 高级编程

——使用 Visual Studio、Silverlight 与 XNA 进行应用和游戏开发

(美) Nick Randolph
Christopher Fairbairn 著

张崟　邹鋆弢 译

清华大学出版社

北　京

Nick Randolph, Christopher Fairbairn

Professional Windows Phone 7 Application Development: Building Applications and Games Using Visual Studio, Silverlight, and XNA

EISBN：978-0-470-89166-7

北京市版权局著作权合同登记号 图字：01-2011-0943

图书在版编目(CIP)数据

Windows Phone 7 高级编程——使用 Visual Studio、Silverlight 与 XNA 进行应用和游戏开发/ (美) 伦道夫(Randolph, N.), (美) 费尔贝恩(Fairbairn, C.) 著；张崟，邹鋆弢 译. —北京：清华大学出版社，2011.10

书名原文：Professional Windows Phone 7 Application Development: Building Applications and Games Using Visual Studio, Silverlight, and XNA

ISBN 978-7-302-26949-6

Ⅰ. W… Ⅱ. ①伦… ②费… ③张… ④邹… Ⅲ. 移动电话机—应用程序—程序设计 Ⅳ. TN929.53

中国版本图书馆 CIP 数据核字(2011)第 193970 号

责任编辑：王 军 韩宏志
装帧设计：牛艳敏
责任校对：胡雁翎
责任印制：王秀菊
出版发行：清华大学出版社
地 址：北京清华大学学研大厦 A 座
http://www.tup.com.cn
邮 编：100084
社 总 机：010-62770175
邮 购：010-62786544
投稿与读者服务：010-62776969，c-service@tup.tsinghua.edu.cn
质 量 反 馈：010-62772015，zhiliang@tup.tsinghua.edu.cn
印 刷 者：北京密云胶印厂
装 订 者：北京市密云县京文制本装订厂
经 销：全国新华书店
开 本：185×260 印 张：35 字 数：939 千字
版 次：2011 年 10 月第 1 版 印 次：2011 年 10 月第 1 次印刷
印 数：1～4000
定 价：69.00 元

产品编号：041153-01

推 荐 者 序

随着科技的迅猛发展，手机产业的变革可谓天翻地覆。前两年还是诺基亚一枝独秀，孰料风云突变，如今诺基亚的市场份额明显萎缩，智能手机市场进入群雄并起的时代，在浩荡的历史洪流中，Windows Phone 7 应运而生了。

我郑重推荐开发人员学习 Windows Phone 7，原因有以下三点。首先，微软在智能手机领域技术沉淀深厚，有雄厚的资金做后盾，而 Windows Phone 7 是微软全力打造的智能手机平台。第二，其他平台都已历经一段时期的发展，市场和开发竞争趋于白热化，而 Windows Phone 7 平台新近才推出，在中国市场尚未正式发布，您可以紧抓良机开垦这块处女地。第三，Windows Phone 7 与其他两个主流智能手机平台相比具有优势。开放平台 Android 的用户界面差异化严重，版本多，正遭遇专利危机；而 iPhone 则由苹果公司独家完成硬件的设计生产和 iOS，平台完全封闭，手机型号单一。反观 Windows Phone 7，它是由微软统一提供的操作系统，不存在专利问题；另外，微软与广大 OEM 厂商精诚合作，吸引诺基亚、HTC 和三星等公司加入，使机型更趋丰富，Windows Phone 7 的发展呈现出一派火热的燎原之势。

去年年初，Windows Phone 7 还乏人问津，但时至今日，它已成为公众的宠儿。国内各大技术论坛开设了 Windows Phone 7 专栏，各种观点激烈碰撞，气氛异常火爆。很多技术爱好者都在关注中国国内的相关开发资料，随着本书的面世，大家的参考资料库中又增添了一本珍贵的技术宝典。

本书浓墨重彩地描述 Windows Phone 7 开发工具的使用、页面导航、执行模型、推送通知和任务等主题，全面介绍 Windows Phone 7 的重要开发框架 Silverlight 和 XNA，并列举大量紧贴实际的示例来帮助读者透彻地理解它们。

本书是国内第一本 Windows Phone 7 译著。译者张崟和邹鋆弢是智能手机开发精英人士，他们本着严谨的翻译态度，字斟句酌，将大量心血和汗水投注到本书，力求为读者献上一本经典译作。特此谨向您推荐！

如果您是初出茅庐的 Windows Phone 7 新手，您可以利用本书由浅入深了解与开发相关的各个知识点；如果您已经基本了解 Windows Phone 7 开发，您可以利用本书系统地梳理知识点，更加全面透彻地理解知识点；如果您已经是经验丰富的 Windows Phone 7 开发人员，您可将本书作为手头的一本“字典”，随时查阅相关资料。

相信本书能够激起您对 Windows Phone 7 开发的浓厚兴趣，并助您蜕变为一名出色的 Windows Phone 7 开发人员。“时不我待，数智能手机开发风流人物，还看今朝的各位！”

姜泳涛

微软最有价值专家

2011 年 8 月作于北京

译 者 序

在当今的移动互联网时代，手机已融入到人们的日常生活中。Windows Phone 7 操作系统秉承微软“以用户为中心”的一贯理念，为用户带来了美妙绝伦的全新体验，其电话、短信和拍照功能都简捷高效，堪称现代都市人的贴心伴侣。

Windows Phone 7 也为开发人员打造出一片蓝海，使我们有机会在这个极具潜力的全新平台上取得一番成就。本书两位作者拥有丰富的移动开发经验，他们在撰写期间，曾多次与微软 Windows Phone 产品组的核心成员探讨，力求将最先进的理念、最权威的方法和最实用的技术奉献给读者。

本书全面介绍 Windows Phone 7 开发技术，系统讲述 Windows Phone 7 开发工具、设计理念、基础功能和诸多高级技术，详细讨论 Expression Blend 的用法，并介绍 XNA 框架基础知识。涵盖的主题包括身份验证、JSON 数据解析、WCF 数据服务、OData 协议、OAuth 协议、数据绑定、MVVM、MEF、MSAF、数据安全性、应用程序调试以及模拟器自动化测试等。

本书中的内容绝对是国内 Windwos Phone 7 开发人员所急需的。身为一名译者和 Windows Phone 7 开发人员，我在翻译过程中学到大量知识，发现很多亮点(例如，第 16 章介绍的数据缓存和同步框架十分精巧，令人拍案叫绝)。对于有志于从事 Windows Phone 平台开发的朋友而言，本书堪称一座熠熠生辉的富金矿！

我在翻译过程中曾多次与作者联系，更正了原书中存在的个别问题，并在较难理解之处给出了译注。由于水平和时间所限，难免存在个别疏漏之处，敬请大家谅解。

十分荣幸参与本书的翻译。在此特别感谢厦门城市职业学院的陈珍娜老师的大力支持，陈老师耐心帮我解决了多处翻译问题。感谢清华大学出版社的李阳编辑和韩宏志编辑，他们耐心细致地整理稿件，并及时提出反馈意见，敬业精神令人肃然起敬。感谢与我共同完成翻译工作的邹鋆弢先生。感谢黄保翕先生的支持，感谢本书作者 Nick Randolph 以及微软 Windows Phone 的 MVP 林永坚(Jake Lin)，他们在百忙之中解答我提出的问题。感谢姜泳涛为本书撰写推荐者序。感谢 CSDN 的 CTO 曾登高先生无私的帮助。感谢方浩、张大磊、王涛、吴茂安、庄永耀、王昆、王力和陆亚男，感谢你们给予的关心、帮助。感谢亲爱的父母对我无微不至的照顾。最后感谢我的女友尹航，翻译本书占去了很多本属于你的时间，感谢你的支持和理解，我永远爱你！

张崟

2011 年 9 月作于北京

作 者 简 介

Nick Randolph 目前经营着一家专门构建 Windows Phone 富移动应用程序的公司——Built to Roam。此前，Nick 是 nsquared Solutions 公司的联合创始人和开发经理，他带领开发团队利用最新技术构建智能化软件。在加盟 nsquared 之前，Nick 曾任 Intilecta 公司首席开发人员，并全程参与了该公司应用程序框架的设计与构建。

在取得工程(IT)/商务双学位后，由于他对.NET 开发人员社区作出了卓越贡献并熟练地掌握了 Windows Mobile 平台开发技术，Nick 荣膺 Microsoft MVP 称号。现在他孜孜不倦地通过博客 http://nicksnettravels.builttoroam.com 积极为设备应用程序开发领域做贡献。

Nick 应邀出席过多项活动，如澳大利亚和新西兰的 TechEd 大会、MEDC 以及代码挑战营。他迄今已撰写三本介绍 Visual Studio 的书籍，最新著作是 *Professional Visual Studio 2010*；此外，他已连续五年担任 Microsoft“创新杯”大赛全球总决赛的评委。

Christopher Fairbairn 目前任 ARANZ Medical 有限公司首席开发人员，负责开发伤口护理移动应用程序和硬件。此前，Christopher 任 Blackbay 公司技术架构师，负责开发该公司的旗舰移动货运物流产品 Delivery Connect 的技术框架。他曾参与包括 iPhone、Windows Mobile 和 Palm OS 在内的多种移动平台开发。

凭借为Windows Mobile 开发人员社区所作出的突出贡献，Christopher 已荣膺 Microsoft MVP。他还出席过新西兰国内由蓬勃发展的新西兰 Microsoft 社区(正式名称为 NZ.NET User Groups Society)等组织的各项重要活动。Christopher 经常在 www.christec.co.nz/blog/中发表博客文章。

技术编辑简介

Scott Spradlin 拥有逾 30 年的专业编程经验，早在.NET Beta 版本发布之初，就开始投身于开发领域。他一直热衷于将代码移植到手持设备中。他是一位 Microsoft MVP，担任开发人员社区大使以及北美 INETA 董事会成员。您可以通过 Twitter(www.twitter.com/scotts)或博客(http://geekswithblogs.net/sspradlin)了解 Scott的近况。

致　谢

我一直痴迷于智能手机软件开发，当初在准备撰写这本会最早在市场上推出的 Windows Phone领域的书籍时，我满心欢喜，但没有正视它所带来的挑战。在接下几个月中，由于早期版本的开发工具发生了很多变化，常导致需要将书中的多个章节完全重写。无比感激美丽迷人的 Cynthia，如果没有你无条件的支持和理解，我绝对无法完成本书。

与 Wrox 团队的合作十分愉快。他们重视细节并解决了本书中最棘手的问题，这无疑保障了本书的质量，在此特别感谢 Paul Reese、Adaobi Obi Tulton 以及参与本书出版的其他几位编辑。

此外要特别感谢 Microsoft 的 Windows Phone 团队——特别是 Peter Torr 和 Anand Iyer，他们十分乐于解答我的问题，帮我节省了很多试验时间，还有 Dave Glover(澳大利亚 DPE)，他悉心帮助我解决在写作过程中遇到的问题，并与我交流意见和观点。

最后感谢合著者 Christopher，他与我共同探讨多个移动平台的知识，从而确保我们可以解决开发人员构建 Windows Phone 应用程序时遇到的相关问题。

——Nick Randolph

感谢合著者 Nick，他为我提供了与他合著本书的机会。他忘我投入的工作热情以及对多项现代技术的深刻理解使我们可以及时跟上 Windows Phone 7 的发展步伐。

在本书的写作接近尾声时，我的家乡(新西兰克赖斯特彻奇)发生了 7.1 级大地震。如果没有合作者 Michele 的耐心劝解、安慰和支持，我绝对无法坚持到底。

最后感谢 Wrox 团队，与他们合作非常轻松。他们向我清晰地表明写作意图，并及时发回质量反馈信息，敬业精神令我深感钦佩。感谢 Paul Reese、Adaobi Obi Tulton 以及其他为本书作出贡献的编辑们。

——Christopher Fairbairn

前　言

Windows Phone 是 Microsoft 推出的最新移动平台。它引入了大量新功能和服务，这使其成为市场中内容最丰富的移动平台之一。Windows Phone 中的应用程序和游戏使用 Visual Studio 进行开发，借助 Expression Blend 进行设计。这些强大工具释放出的组合威力使得 Windows Phone 成为最易于开发的移动平台。

本书将带您游历这个全新移动平台中的每个主要方面。它将向您展示如何利用 Windows Phone 的硬件和软件服务来构建应用程序和游戏。您还将学习如何使应用程序连接到运行在云中的服务。

其中每个主题都提供了示例代码，您可以使用它们来进行演练并对其进行改编从而更深入地理解 Windows Phone 开发平台。

读者对象

本书面向移动应用程序开发新手，以及已经为其他移动平台(如 Windows Mobile、Android 或 iPhone)构建过移动应用程序的开发人员。

为了收到最圆满的学习效果，建议您至少对 C# 和.NET Framework 具有较深入的理解。之前掌握的 Silverlight 或 WPF 知识将有助于您理解本书后半部分中列举的某些示例。

涵盖的内容

Windows Phone 应用程序和游戏有一套独特的要求和需要解决的挑战。本书将介绍在 Windows Phone 操作系统的创建中所蕴含的设计理念以及如何将其运用到您的开发工作中。您将学习如何与 Windows Phone 平台的各个方面进行交互，以及如何构建应用程序使其提供一致且可靠的用户体验。

本书不会全面介绍 Silverlight 或.NET Framework，而是着重介绍构建 Windows Phone 应用程序所需的背景知识。

编排方式

本书的组织结构可以帮助您尽快构建出应用程序。开头几章旨在帮助您理解构建 Windows Phone 应用程序所需的工具、技术和设计准则。随后的章节介绍了如何使用设备中的硬件和软件服务。最后几章的主题包括 Web 连接、数据的处理、应用程序框架和安全性；这些较高级的主题在构建成功的 Windows Phone 应用程序时同样至关重要。

- **第 1 章：Metro 与 Windows Phone**——第 1 章简要介绍 Windows Phone 平台并探究用户体验的设计理念。
- **第 2 章：免费的 Visual Studio 2010 和 Expression Blend 4**——Windows Phone 的开发是通过 Visual Studio 和 Expression Blend 来实现的。在该章中，您将学习如何开始使用这些工具以及如何通过内置的模拟器来调试和测试应用程序。
- **第 3 章：按照“红线准则”设计布局**——移动设备的屏幕尺寸小，这使得您必须正确设计应用程序的布局。第 3 章将介绍如何利用 Silverlight 的强大功能来快速构建内容丰富的用户界面。
- **第 4 章：添加运动效果**——在第 4 章中您将学习如何使应用程序更具动感和活力。此外还将了解如何使用 Expression Blend 创建故事板和状态过渡。
- **第 5 章：方向与覆盖组件**——Windows Phone 支持多种不同的方向，您可以在应用程序中选用。第 5 章将向您展示如何处理应用程序的方向变化，以及当应用程序被诸如来电呼叫这类覆盖组件遮住时应该如何进行响应。
- **第 6 章：导航**——Windows Phone 最独特的功能之一就是应用程序生命周期模型(控制应用程序之间以及应用程序内部的导航)。在第 6 章中，您将了解如何在页面间进行导航以及当应用程序进入后台时应采取的操作。
- **第 7 章：应用程序平铺图标与通知**——第 7 章介绍如何将应用程序集成到 Windows Phone 的 Start 屏幕中。您将了解如何自定义 Start 屏幕中的平铺图标，以及如何使用通知来更新平铺图标或将重要的事件通知给用户。
- **第 8 章：任务**——将移动应用程序与桌面或 Web 应用程序区分开的，就是它与设备功能相结合的能力。在第 8 章中，您将看到如何发送 SMS 消息、发起电话呼叫以及与 Pictures hub 相结合。
- **第 9 章：触控输入**——Windows Phone 被设计为利用触控手势进行操作。第 9 章介绍如何扩展应用程序以便响应诸如滑动、拖动以及收缩与拉伸的标准触控手势。
- **第 10 章：摇晃与振动**——第 10 章介绍如何使用内置的加速度计以及如何将其用于应用程序中以便扩展用户体验。您还将学习如何在 Windows Phone 模拟器中模拟加速度计。
- **第 11 章：播放音频**——语音和声音与我们的日常生活息息相关。在第 11 章中您将学习如何在应用程序中播放和记录声音。
- **第 12 章：确定位置**——Windows Phone 包括复杂的位置服务，它可以集成 GPS、移动电话和 Wi-Fi 信息。在第 12 章中您将看到使用这些服务来构建一个能够感知位置的应用程序有多么容易。

- **第 13 章：连接与 Web**——连接到 Web 来收发数据是应用程序中需要考虑的一个重要因素。第 13 章介绍如何使您的应用程序可以感知网络以及如何使用 WebBrowser 控件来显示本地和远程 HTML 数据。
- **第 14 章：使用云服务**——第 14 章继续讨论如何通过 Web 连接与服务相连，同时为 Windows Phone 应用程序的优化提供示例和策略。
- **第 15 章：数据可视化**——在第 15 章中，您将了解如何在 Windows Phone 应用程序的构建过程中运用 Silverlight 强大的数据绑定功能。
- **第 16 章：数据的存储与同步**——当您需要与现有的后端系统相集成时，数据的使用会变得十分复杂。在第 16 章中您将学习如何在独立存储中保存数据以及如何与 WCF数据服务进行同步。
- **第 17 章：框架**——在第 17 章中您将学习一些可以插入到您的应用程序中的现成框架，这些框架可以帮助您设计应用程序的结构、跟踪使用情况并进行测试。
- **第 18 章：安全性**——任何可以捕获或显示数据的移动应用程序都具有潜在的安全风险。在第 18 章中您将学习如何使用加密和身份验证技术来改善应用程序(及其所处理的数据)的安全性。
- **第 19 章：使用 XNA 进行游戏开发**——除了使用 Silverlight 构建应用程序和游戏，您还可以使用 XNA Framework 来进行 Windows Phone 的开发。第 19 章简要介绍了该框架中部分重要功能。
- **第 20 章：构建应用程序**——第 20 章介绍了进行 Windows Phone 开发时需要考虑的其他一些因素。其中包括您准备将应用程序发布到 Windows Phone Marketplace 时应采取的一些步骤。

阅读本书的要求

为了高效地使用本书，您需要下载并安装 Windows Phone 开发工具。这会在第 2 章中进行介绍，该章中还将详细讨论 Visual Studio、Expression Blend 和 Windows Phone 模拟器。

本书不会介绍 Visual Studio 的所有功能，只会在涉及 Windows Phone 开发时顺便阐述与之相关的某项特定功能的用法。有关 Visual Studio 的详细信息，您可以参阅 Wrox 出版的 *Professional Visual Studio 2010*，该书由 Nick Randolph、David Gardner、Chris Anderson 和 Michael Minutillo 合著(Wrox，2010)。

本书某些章节中所引用的第三方工具有助于构建 Windows Phone 应用程序。您不必理解这些概念，纳入这些内容只是为了帮助您进行 Windows Phone 开发。

源代码

在读者学习本书中的示例时，可以手动输入所有代码，也可以使用本书附带的源代码文件。本书使用的所有源代码都可以从本书合作站点 http://www.wrox.com/ 或 www.tupwk.com.cn/ downpage 上下载。登录到站点 http://www.wrox.com/，使用 Search 工具或使用书名列表就可以找到本书。接着单击 Download Code 链接，就可以获得所有的源代码。既可以选择下载一个大的包含本书所有代码的 ZIP 文件，也可以只下载某个章节中的代码。

由于许多图书的标题都很类似，因此按 ISBN 搜索是最简单的，本书英文版的 ISBN 是 978-0-470-89166-7。

在下载代码后，只需用解压缩软件对它进行解压缩即可。另外，也可以进入 http://www.wrox.com/dynamic/books/download.aspx 上的 Wrox 代码下载主页，查看本书和其他 Wrox 图书的所有代码。记住，可以使用书中列出的程序清单的编号容易地找到所要寻找的代码，如“程序清单 0-1”。

当为大多数可下载的源代码文件命名时，我们会使用这些清单中的数值。对于那些很少的没有用它自己的清单数值命名的程序清单，它们都与文件名匹配，所以很容易就可以在下载的源代码文件中找到它们。

勘误表

尽管我们已经尽了各种努力来保证文章或代码中不出现错误，但是错误总是难免的，如果您在本书中找到了错误，例如拼写错误或代码错误，请告诉我们，我们将非常感激。通过勘误表，可以让其他读者避免受挫，当然，这还有助于提供更高质量的信息。

要在网站上找到本书英文版的勘误表，可以登录 http://www.wrox.com，通过 Search 工具或书名列表查找本书，然后在本书的细目页面上，单击 Book Errata 链接。在这个页面上可以查看到 Wrox 编辑已提交和粘贴的所有勘误项。完整的图书列表还包括每本书的勘误表，网址是 www.wrox.com/misc-pages/booklist.shtml。

如果您发现的错误在我们的勘误表里还没有出现的话，请登录 www.wrox.com/contact/techsupport.shtml 并完成那里的表格，把您发现的错误发送给我们。我们会检查您的反馈信息，如果正确，我们将在本书的勘误表页面张贴该错误消息，并在本书的后续版本加以修订。

p2p. wrox.com

要与作者和同行讨论，请加入 p2p.wrox.com 上的 P2P 论坛。这个论坛是一个基于 Web 的系统，便于您张贴与 Wrox 图书相关的消息和相关技术，与其他读者和技术用户交流心得。该论坛提供了订阅功能，当论坛上有新的消息时，它可以给您传送感兴趣的论题。Wrox 作者、编辑和其他业界专家和读者都会到这个论坛上来探讨问题。

在 http://p2p.wrox.com 上，有许多不同的论坛，它们不仅有助于阅读本书，还有助于开发自己的应用程序。要加入论坛，可以遵循下面的步骤：

(1) 进入 p2p.wrox.com，单击 Register 链接。

(2) 阅读使用协议，并单击 Agree 按钮。

(3) 填写加入该论坛所需要的信息和自己希望提供的其他可选信息，单击 Submit 按钮。您会收到一封电子邮件，其中的信息描述了如何验证账户，完成加入过程。

不加入 P2P 也可以阅读论坛上的消息，但要张贴自己的消息，就必须先加入该论坛。

加入论坛后，就可以张贴新消息，响应其他用户张贴的消息。可以随时在 Web 上阅读消息。如果要让该网站给自己发送特定论坛中的消息，可以单击论坛列表中该论坛名旁边的 Subscribe to this Forum 图标。

要想了解更多的有关论坛软件的工作情况，以及 P2P 和 Wrox 图书的许多常见问题的解答，就一定要阅读 FAQ，只需在任意 P2P 页面上单击 FAQ 链接即可。

目　录

第 1 章

Metro 与 Windows Phone

本章内容

- Windows Phone 如何改变了 Microsoft 在移动领域的发展方式
- Metro 设计语言的含义以及起源
- 简要介绍 Start 屏幕与 Lock 屏幕以及这两个屏幕如何帮助用户获取手机中的信息
- 为什么使用 hub 能使用户享受到更流畅的体验
- 成为一名 Windows Phone 开发人员的意义

Microsoft 涉足移动设备领域已有 10 余年的时间，最初涉及各种基于 Windows CE 的设备，比如于 1996 年首次发布的手持 PC(Handheld PC)和掌上电脑(Palm-size PC)。从 2000 年左右开始，这些不同的操作系统被集成为 Windows Mobile，它的理念是将 PC 机装入人们的口袋中。诸如设备管理和安全性等企业级需求极大地驱动着新功能的出现。然而最终这对平台的发展非常不利，因为普通用户对这没有兴趣。设备的功能虽然可靠但不够美观，这一点从用户界面得到了印证，虽然桌面提供了一个 Start(开始)按钮，但却没能提供舒心的用户体验。

在本章以及后续章节中，都会提及 Windows Mobile 和 Windows Phone。这是有意为之，因为它们是不同的产品。Windows Mobile 是指 Microsoft 以前推出的手机操作系统，在撰写此书时，它的版本是 6.5.3。Windows Phone 则是指 Microsoft 以 Windows Phone 7 为起点在移动领域推出的最新产品。

在 2010 年 2 月的移动世界大会上，Microsoft 公布了具有全新外观的 Windows Phone 7 系列移动操作系统，它棱角分明，页面充盈，版面精美。这个代号为 Metro 的全新界面，不再是一排排枯燥的应用程序，而是带来一种引人入胜的体验。看来 Microsoft 已经从其他移动平台的战略中领悟出不少东西，Windows Phone 7 既有创新之处，同时也保留着微软的价值观和行为方式。

在介绍如何为 Windows Phone 构建应用程序之前，理解 Metro 用户体验至关重要。这可以帮助您创建不仅能在 Windows Phone 中运行，而且还融入了移动体验的应用程序。

1.1 最低配置规范

Windows Mobile 传统上因为运行缓慢和不够稳定而饱受诟病。然而这几乎与底层操作系统没有关系，实际上是为使设备推向市场参与进来的其他一些利益相关方造成的。设备制造商、电信运营商、应用程序开发人员以及其他第三方都会在设备中预装一些功能。他们自认为创建或添加这些功能会对用户有利。遗憾的是，这些功能往往使整体的用户体验变得糟糕，例如，占用宝贵的设备资源或与手机的其他部分不兼容。这为整个 Windows Mobile 平台都带来了负面影响。

Microsoft 利用 Windows Phone 重新构建了设备运行的生态系统。虽然他们推出了这个受到各方期待的产品，但还没有因此而妄自尊大，而是提出了一些制约和权衡机制，以确保用户获得愉悦的体验，而且，这种一致的体验一直贯穿于手机及手机的生命周期。

我们先从硬件说起。以前，Microsoft 对指定 Windows Mobile 的最低配置规范过于乐观。这导致了许多设备动力不足，尽管这能降低成本，但设备的运行非常缓慢，并且响应迟钝。有了前车之鉴，Microsoft 为 Windows Phone 制定了更高的最低硬件要求，包括 1GHz 处理器以及对图形硬件加速的支持。当您看到用于为该平台开发应用程序和游戏的框架时，就会明白为什么会要求这么高的硬件规范了。

除具备图形加速功能外，Windows Phone 设备还使用了电容屏，这将使其响应速度更快，还能支持多点触控。最直接的效果就是用户可以使用诸如点击(tap)、收缩(pinch)、滑动(swipe)等手势来和 Windows Phone 设备进行交互，而非使用传统的手写笔机制。

目前不打算支持非触摸屏的 Windows Phone 设备。但设备制造商仍可以根据不同的人机工程学和可选的硬件键盘来制造出差异化的产品。硬件键盘使用户体验更趋完善，使得文本输入更为迅速。尤其是对于移动电子邮件、短信、文件注释这类应用程序非常有帮助。

1.1.1 框架设计

到目前为止，您已经明白硬件制造商可以选择性地包含键盘，但除此之外，他们还能修改什么呢？在过去这个限制相当小，设备制造商可以制造出满足某个特定价位的设备。比如，在某些高端产品上可以包含 GPS、加速度计和高分辨率的照相机；而低端设备或许只包含一个 T9 键盘而且没有照相机。甚至实际硬件按钮的数量和布局也会因设备而异。当然，这些选择都是基于成本考虑的，而与此最为相关的就是开发人员。在构建应用程序时，开发人员很少依赖于某个特定的硬件功能，相反，他们通常会调用 API 来查询硬件是否存在，或者仅仅是尝试访问硬件。如果访问失败或者出现异常则表明不支持该硬件。

当应用程序开发完毕后，问题就会转移给最终用户。他们在产品广告中看到该产品与 Windows Mobile 兼容，于是进行购买，而后却发现缺少 Windows Mobile 所需的硬件。几乎没有任何两种 Windows Mobile 设备是相同的。对于 Marketplace for Windows Mobile 而言，Microsoft 也承认了这一点，并且作为应用程序提交内容的一部分，要求开发人员必须指出他们的应用程序需要哪些设备功能。运行相应设备的 Marketplace 客户只会使用与设备功能相匹配的应用程序。

对于 Windows Phone，Microsoft 采取了一项颇具前瞻性的举措，就是围绕设备的功能强制制定了一系列要求。这就成功地从之前指定最低硬件规范转换到现在 Microsoft 所谓的“框架设计”。它指定了外部按钮(有时还指定其位置)，以及某些特定的硬件功能，比如 Wi-Fi、GPS、加速度计、电子罗盘、照相机、光线传感器、距离传感器和振动功能。如果一个设备不包含框架设计中所要求的全部功能，理所当然不能称做 Windows Phone。

Windows Phone 的正面有 3 个按钮：Back、Start 和 Search。还有专门的照相机、电源及音量控制键。图 1-1 中的示例展示了横放和竖放的设备，您可以看到正面三个硬件按钮的相对位置。

图 1-1

需要说明的是这些硬件按钮是有专门用途的。不像在 Windows Mobile 中，用户可以为按钮指定不同的功能，然后应用程序选择来重写全部或者部分按钮的功能，Windows Phone 中的按钮有着唯一的用途。这样就通过一致的界面完善了整体用户体验。

这条规则有个例外就是 Back 按钮。您可以在应用程序中控制导航顺序。这意味着您可以截获并且处理 Back 按钮。然而，必须要记住，此按钮的目的是导航到用户之前所在之处。例如，用户通过单击来删除列表中的一项同时应用程序显示了确认提示框，那么按下 Back 按钮应该撤消该提示框并且不执行删除操作。同样，如果用户在列表中单击其中一项并进入了详情视图，那么按下 Back 按钮应该导航到之前的项目列表。

如果能确保正确地处理 Back 按钮，则几乎无需在应用程序上下文中包含对导航的控制。前进导航是典型地通过与内容进行交互来实现的；而后退导航则是由 Back 按钮驱动的，当位于应用程序的第一个页面时，只需要单击 Back 按钮即可退出应用程序。

您可以认为每个打开的应用程序都被放在一个栈中，当单击了 Back 按钮并且没有在应用程序中进行特意的处理时，应用程序会被弹出栈顶，接着之前的应用程序会被显示出来。这个比喻是贴切的，因为 Windows Phone 会自动关闭因被弹出栈顶而失去焦点的应用程序。

与其他移动平台类似，Windows Phone 提供了一个专门用于“我迷路了，请将我带到一个已知位置”的按钮。由于是 Microsoft 的平台，该按钮顺理成章被称做 Start 按钮并且会将用户导航到 Start

屏幕。Start 屏幕是手机中的一个区域，它包含了一系列个性化的用于反映用户重要信息的平铺图标。它也用作访问设备中某个位置或已安装应用程序的启动点。

设备正面的最后一个按钮就是 Search 按钮，即 Bing 按钮。当按下 Search 按钮时会启动一个与上下文相关的搜索。例如，您正在查找联系人，按下 Search 按钮将会根据搜索条件过滤联系人。如果当前没有相应的上下文，按下 Search 按钮则会启动 Bing 搜索从而允许您对 Web 内容、图片和地图信息进行搜索。目前，还不能将 Search 按钮整合到应用程序中，所以在任何第三方应用程序中单击该按钮都会启动 Bing 搜索。

包含 Wi-Fi 似乎是一个很明显的需求，但随着价格持续走低的 3G+网络出现，制造商只要将 Wi-Fi 栈省略掉就可以轻松地节约成本。在早期的 Windows Mobile 时代，也就是 Microsoft 加强安全措施之前，您可以通过 Wi-Fi 网络连接 ActiveSync 并使用 Outlook 同步联系人、日历和电子邮件。现在可以通过您家中的 Wi-Fi 网络同步到 Zune 桌面体验来实现这种功能。

位置服务绝对是在软件开发社区讨论的一个时尚新热点。能够感知用户位置的软件意味着可以定位邻近的信息和人员。当然这其中有各种各样的隐私问题要解决，但 Windows Phone 能够提供位置服务这一点是非常重要的。该主题会在第 12 章由平台提供的位置服务上下文中进行详细讲解，不过要想精确地定位用户，必须要具备 GPS。

值得注意的是，Windows Phone 是 Microsoft 第一个以消费者(而非企业或商务用户)为主的移动产品。以前，Windows Mobile 更适合于移动工作者，它以牺牲一致的硬件功能为代价来支持诸如设备部署和设备管理这类企业功能。作为一个面向消费者的设备，Windows Phone 提供至少具有 500 万像素并带有闪光灯的照相机。同时还包括光线和距离传感器以完善用户体验。

在构建应用程序时，您必须非常了解目标用户的体验。以前您可能只提供简单的屏幕反馈，但是现在可以考虑使用更精致的动画和声音，甚至让设备振动。当然，应该谨慎使用所有视觉和硬件效果，因为在此过程中很容易会使用户感到不知所措，同时还会迅速消耗手机电量。

1.1.2 屏幕分辨率

处理不同的硬件只是 Windows Mobile 平台开发人员所面临的挑战之一。为了成为一个可以针对各种用户场景进行定制的平台，Windows Mobile 6.5 支持 6 种触摸屏和 5 种非触摸屏。Windows Phone 不支持非触摸屏，而更令开发人员感到兴奋的是，Windows Phone 只有两种不同的屏幕分辨率。

最初发布的平台分辨率将是 WVGA(480×800)。第二种分辨率 HVGA(320×480)将在随后发布。

不论您何时查看 Windows Phone 屏幕，屏幕大部分都是竖直(Portrait)模式的。事实上，如果您观察某些 Windows Phone 的核心区域，比如 Start 屏幕，会发现它们只支持竖直模式显示。当然，如果您觉得应用程序更适合在水平模式下运行，您可以放心地使用它。实际上，优秀的应用程序都支持两种方向，它们会识别布局从而高效地利用屏幕资源。Windows Phone 同样为您的应用程序提供了必要的扩展，以便在操作过程中处理方向的更改，例如在具有物理键盘的手机中将键盘滑出。

1.2 Metro 设计语言

在介绍 Windows Phone 的来龙去脉之前，我们有必要退后一步先来了解一下 Microsoft 在用户体验设计方面所采取的策略。现在已经不应该再简单地提高自己的知识水平，而是应该将其抛开并构思出一个革命性的设计。而此过程的成果不仅是一个新颖的手机界面，还是一种可以在构建应用程序时采用的设计语言。

在前进的过程中，回首过去至关重要，即使有些事物转瞬即逝也值得我们回味一下。说到 Windows Phone，您可在图 1-2 中看到从 Pocket PC 2003 SE 到 Windows Mobile 5.0、6.1.4 乃至最终的 6.5.3 的转变历程。如您所见，除了在 6.5.3 中提供的更加适合触控操作的主界面和控件之外，每个版本中这种循序渐进的改进很难引起用户的兴趣。

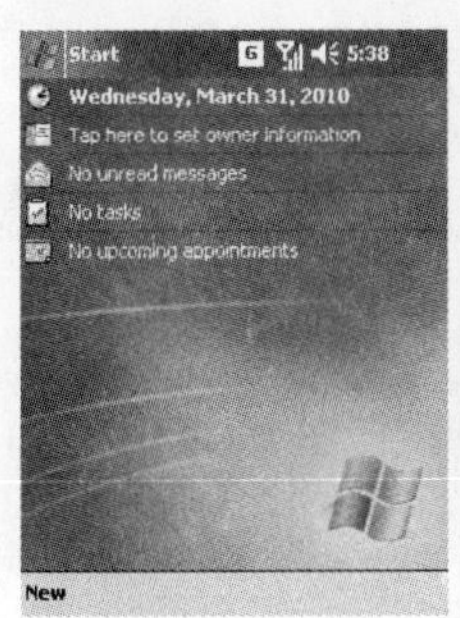

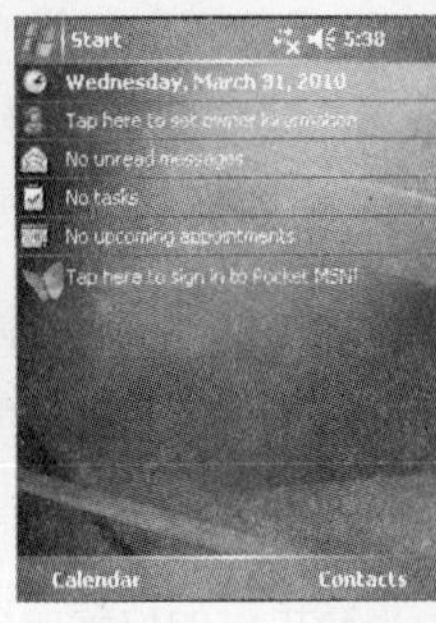

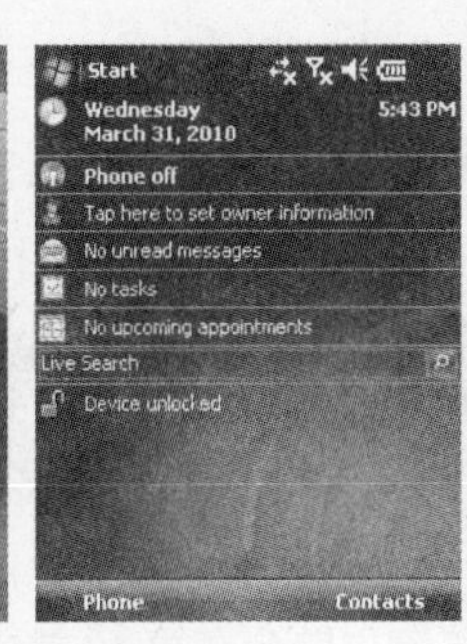

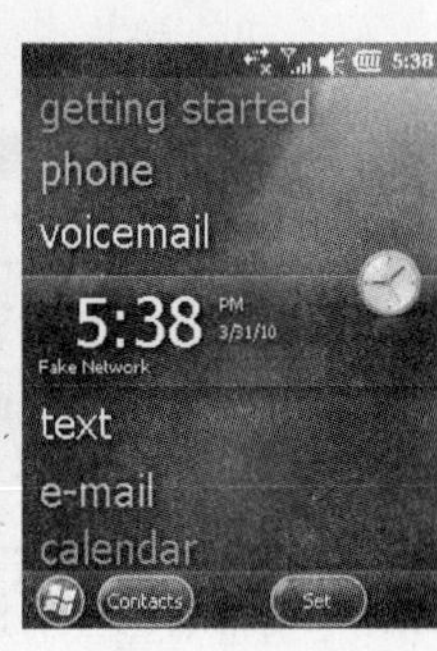

图 1-2

然而必须认识到，虽然 Windows Mobile 的用户界面似乎已经有些过时，但在它布局中包含着一些重要概念仍有可取之处，比如如何从主界面轻松地访问相关的信息，以及如何只在 Start 菜单中点击一至两下就能访问相关的应用程序。

当前，几乎所有智能手机的用户界面都充斥着应用程序。底层的操作系统通常负责处理诸如电子邮件、日历和联系人之类的标准信息，但其他类型的数据却交由独立的应用程序处理(比如，为了从您最喜欢的社交网站中获取更新信息，需要在设备中运行相应的应用程序)。但这些应用程序往往是孤立的，相互之间无法交互甚至没有融入到手机体验中。在设计 Windows Phone 时，对 Microsoft 来说至关重要的一点就是创建一个让用户身临其境的用户体验，而非一系列互不相关的应用程序。这就需要使用户在使用组成 Windows Phone 的所有功能和第三方应用程序时获得连贯一致的体验。

那么这也决定了 Windows Phone 应当有一个全新的开端，而不是在首次推出 Windows Phone 后仅仅引入一个新的 Start 屏幕。这不应该只是改变应用程序的外观，而应是一种与用户交流的新语言。Microsoft 想出的是这种被称为 Metro 的设计语言，基于交通运输业中所采用的经反复改进的标志、信号、图标、字体和布局。以 Metro 来命名是为了反映这种语言的一种传统，即能将人们高效地带往他们的目的地。

如果留意一下周围以及公车、火车或者其他交通工具上的标志，再看看车站、机场和其他交通枢纽，就会发现有一套准则在制约着它们。它们大多有指示图，同时有着最精简的设计。此外，这些标志通常是非常普遍而且特点鲜明的简单图标。当应用到文字上时，色彩和字体大小以及风格都会起到重要作用。在标志上使用不同的版面可以显著提高可读性并充分发挥其作用，而其他很多软件系统在后期才考虑这些事项。

利用交通引导标志只是一个基础，Windows Phone 团队还与 Microsoft 内部的其他团队合作来充实这种语言。例如，Xbox 里的动作和动画效果，还有 Zune 和 Media Center 的内容导航方式，以及 ZuneHD 中讨人喜欢的操作界面，这些都是 Metro 设计的灵感来源。

由此产生的 Metro 设计语言现代感十足并且带来了简洁高效的用户体验。在动作和内容之中都传递着一种体验。Windows Phone 用户始终能享受到真正数字化设计和清晰版面带来的好处。

1.2.1 准则

为了在 Windows Phone 平台上构建一致的用户体验，单单靠设计语言的概念是不够的，还要拥有一系列准则来约束这些为创建用户体验而制定的所有决策。下面是 Metro 的设计准则：

- 简洁、轻巧、开放、迅捷
- 一流的动画效果
- 软硬件融合
- 内容而非边框
- 热情与活力

在深入了解 Metro 体验之前，先来回顾一下这些准则，更重要的是思考它们对您创建应用程序体验的方式有哪些影响。第一条准则是“简洁、轻巧、开放、迅捷”。虽然它并不局限于界面中的某些特定的方面，但是您可以运用该准则来确保应用程序不会充斥着杂乱无章的图标和图片，同时能迅速响应用户所做的任何操作。

近些年手机屏幕变得越来越大，但这并不意味着您可以将更多的信息硬塞到单个屏幕中去。若是那样的话，屏幕中的内容将会难以阅读和导航。创建简洁轻巧的界面，就是只放置一些与用户相关的重要信息。这就需要使用更大更清晰的字体，此时精美的版面就显得尤为重要。Metro 设计语言十分看重版面并内置了一些美观的字体，以便使您的应用程序简洁易读。

触摸屏的引入带来了触觉的需求，或者说至少应该有响应和反馈。设想当您碰杯子或者池塘中的水时，会立即看到水波从碰触的地方荡漾开来。即时的反馈(比如改变背景颜色或者设备轻震)可以使人感到应用程序是有生命的，并且准备按用户指令办事。您会注意到这些反馈动作是被内置在核心平台中的。Start 界面是由很多平铺图像组成的，它们可以自动更新并响应用户的触控操作。过渡效果为用户提供了视觉指示，显示了它们来自何处，而不仅仅是指出它们的去处。使用动画和其他动作视觉效果在设计 Windows Phone 时必不可少。得益于 Windows Phone 7 的电容屏和其他传感器，用手势来控制那些被进行过硬件加速的动画和过渡效果无疑会使应用程序增色不少。将硬件和软件融合在一起有助于提供一致的用户体验。

各种平台上的不同版本的计算机应用程序都采用了窗口的方式，即让用户通过边框来控制窗口。而在 Windows Phone 中，没有边框！窗口、控件甚至内容都是没有边框的。边框占据着宝贵的屏幕资源，而其作用却仅仅是承上启下。如果是这样的话，那么使用内容本身来指示过渡岂不更好。比如，有两幅相邻的图片，无需通过相隔几个像素来进行区分，而是将一幅图片的后边缘淡化，这样就可以很清楚地显示出第二幅图片的起始位置，如图 1-3 所示。

图 1-3

图 1-3 中的第一组图片说明了如何通过空白来区分图片，应用“内容而非边框”准则后如第二组图片所示，在图片的后边缘(在本例中是右边缘)使用模糊或者淡入效果来过渡到下一幅图片。

最后，别忘了自己在为手机开发应用程序，应用程序应该使用户感到亲切。创建一个充满热情与活力的应用程序就要以最少的冗余为用户提供个性化而且有价值的信息。通过将用户体验与设备中其他内容相结合，并充分利用平台的独特硬件功能来响应用户的手势，从而使应用程序更富生命力。

应用程序应当体现 Windows Phone 7 的三条红线准则：个性化——您的生活方式；关联——您的社交圈子，您所在的位置；互联——您的资料，您的想法。第 3 章将深入探讨该理论。

1.2.2　用户体验

Windows Phone 用户体验是 Metro 设计语言的忠实体现。然而，光有设计语言还不足以创建用户体验。用户体验取决于向用户展现什么以及用户如何与所展现的内容进行交互。在 Metro 用户体验中，有两条用于指导信息展现的准则：用户体验的重点是用户以及她/他的任务，并帮助组织信息和应用程序。

您可能会问“Windows Phone 是为谁制造的？”出人意料的是，Microsoft 有一个非常明确的答案。Windows Phone 是为那些 Life Maximizer(尽情享受生活的人)而设计的，更确切的说是 Anna 和 Miles。他们是指那些在生活中重视使用技术的人：他们都有着忙碌的个人生活和职场生活，他们使用手机并不仅限于与其家人交流。为了能和这些人产生感情共鸣同时了解他们的需求而创造了 Anna 和 Miles 这两个人物角色。他们 38 岁，是一对已婚夫妇，想从他们的设备中获取更多内容的“尽情享受生活的人”。当您进一步了解后，知道 Anna是一个兼职公关人员，还是一位忙碌的妈妈，她需要在朋友、工作以及家庭之间保持平衡。而 Miles 的建筑生意越做越大，所以无论他到哪里都需要有用的信息。尽管这些人物角色的塑造是为了创建 Windows Phone 的用户体验，但您在构建应用程序时考虑一下他们是非常重要的。您可以想一想 Anna 或 Miles 想要什么或者期待什么。

1.3　Start 屏幕与 Lock 屏幕

既然您已经对 Metro 设计语言有所了解，现在是时候来感受一下 Windows Phone 的用户体验了。从 Start(开始)屏幕说起似乎很自然。然而您会发现在 Windows Phone 设备中首先看到的是 Lock(锁屏)屏幕。该屏幕可以提供一些信息并会在设备锁定时出现，以确保数据的隐私同时可以防止手机在口袋中意外拨打电话。图 1-4 展示的 Lock 屏幕显示了当前日期和时间，它们以简洁的白色字体覆盖在设备的一张默认图片上。不论是超时时间，还是设备的解锁密码，或是背景图片都可以通过手机的 Settings | lock & wallpaper 选项来进行定制。

解锁 Windows Phone 后，就会进入 Start 屏幕，如图 1-5 所示，Start 屏幕由一系列方形平铺图标组成(有些内置的平铺图标将两个方块合二为一了，比如 Pictures hub 的平铺图标)。这些方块，也被称做活动平铺图标，它们不仅是动态的，而且能自动更新，还可以对触控操作作出响应。Start 屏幕中显示的信息应当是与您相关并且非常重要的。

当您点击一个平铺图标时，它会稍稍变大然后会转到相应的窗口。右图显示了点击平铺图标并按住时的情形。在这种情况下，平铺图标会变得更大，并进入一种可以将其在屏幕内拖动的模式。在移动相应平铺图标时，其他平铺图标会自行移动以便让您放置该平铺图标，然后点击空白区域即可。或者，如果您不想再将其锁定在 Start 屏幕中，可以点击别针图标，将其从 Start 屏幕中删除。

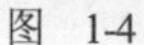
图 1-4

图 1-5

这些动态的、可调节的平铺图标固然非常棒，但 Start 屏幕未直接显示的所有应用程序怎么办呢？您可以在以下这几个地方找到它们。在图 1-6(a)中，可以看到在 Start 屏幕中包含了很多平铺图标，并且被向上滚动从而显示出了额外的平铺图标，虽然这并不那么明显，但是 Start 屏幕确实可以放置任意多个平铺图标。您可以对这些平铺图标进行调整从而让那些对您很重要的平铺图标显示在 Start 屏幕的顶部。单击向右箭头可进入一个按字母排序的应用程序列表，如图 1-6(b)所示。

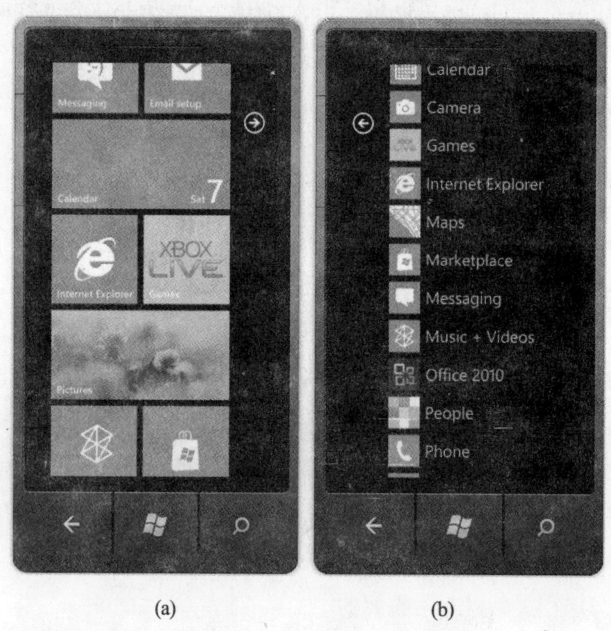

(a) (b)

图 1-6

左边的 Start 屏幕是为了那些“一眼就能看到”的信息而设计的，而应用程序列表是为了可以轻松快捷地导航到所需的应用程序而设计的。

1.4 hub

离开 Start 屏幕后，您很可能会进入六个 hub 中的某一个，它们分别是：People、Pictures、Music + Video、Games、Office 以及 Marketplace，每个 hub 都以全景视图的结构来展现的，全景视图可以将屏幕作为一块更大的可视空间的入口。它的内容是可以循环的。所以不管您向左还是向右不断滚动，都可以看到全景视图每个内容分组中的可用信息。如图 1-7 所示的 People hub，它以 Recent、All 以及 What's New 分组的形式显示了您的联系人信息。

图 1-7

目的是使您可以通过 People hub 来获得您最关心的联系人信息。可以通过社交网站更新联系人信息，从而使您不会错过朋友及家人的最新消息。

在图 1-8 中，可以看到 Pictures hub，它不仅提供了访问各个图片库照片的功能，而且还有一个可以从手机和网络照片库获取照片信息的 What's New 区域。您会发现，全景视图非常好地诠释了“内容而非边框”的准则。其中很少有导航控件，然而通过巧妙定位文字和内容，用户可以很直观地通过左右滚动来浏览该 hub 中的内容。

Music + Video hub 在结构上与 Pictures hub 十分相似。由于有了 ZuneHD 的成功，使得 Microsoft 欲将每个 Windows Phone 都变成 Zune，Music + Video hub 是设备中用于管理和播放音乐与视频的地方。

Microsoft 不仅将 Zune 的媒体播放体验集成到了手机中，还使 Windows Phone 成为一个游戏设备。您可以通过 Games hub 访问设备中的游戏。如图 1-9 所示，您的 Xbox Live 账户在这里依然可以使用。图中显示了设备是如何融入到全景体验中的。标题 ames 表明左侧还有内容，同样，屏幕右侧那个被部分遮住的 C 表明右边还有更多信息。

图 1-8

图 1-9

包含了这么多为消费者设计的功能，您可能会怀疑 Windows Phone 能否成为优秀的企业设备。答案是肯定的，它一定会。图 1-10 所示的是 Office hub，在其中您可以访问设备中和 SharePoint 中的文档。

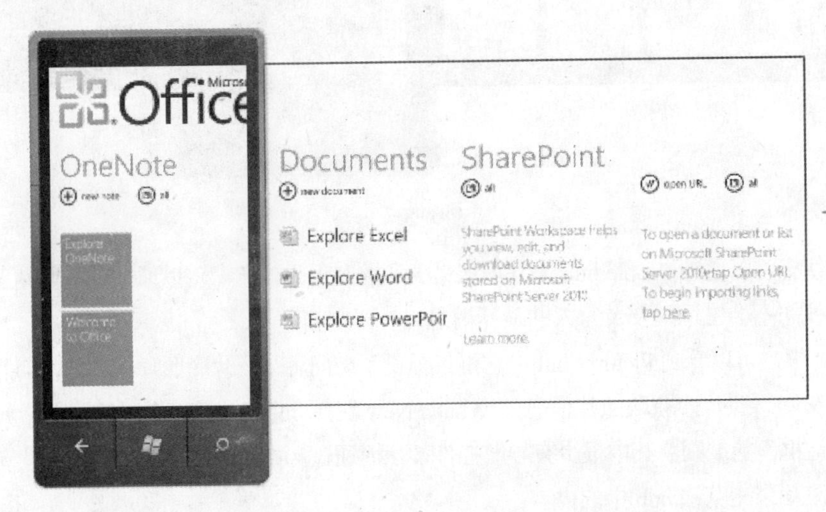

图 1-10

最后一个 hub 是同样重要的 Marketplace。在这里用户可以购买并下载已经编写好的应用程序。Marketplace 被分为不同的类别，比如 music、applications 和 podcasts。它也支持按类别搜索应用程序，以及在应用程序出现更新时发出通知。

Metro 用户体验介绍了几种展现和浏览信息的新方式。hub 的理念是将相关信息分组并使您一眼便能轻易看到最关注的信息，例如朋友最近的社交网络更新。借助全景视图的运用以及比真实屏幕更大的区域，hub 可以让 Anna 和 Miles 这类人迅速访问最常用的信息和更新，同时还能访问很多使用频率稍低的大量细节和功能。尽管您可以根据自己的见解来创建全景视图，但是切记不要过度使用，因为某些时候单独的视图或许更合适。

1.5 开发人员的视角

为 Windows Mobile 创建简单的应用程序总是比较简单的。您只需要打开 Visual Studio，创建一个新项目，单击 Debug 或 Run 让应用程序在模拟器或连接设备中运行。但是，Visual Studio 的支持以及相关的.NET Compact Framework 并没有在外观以及对用户的响应速度上与市场对丰富应用程序的期望保持同步。要在 Windows Mobile 中创建精致的应用程序，您必须搜寻有关框架的信息，诸如 DirectDraw 或者 OpenGL，以便能创建具有丰富用户体验的应用程序。即使这样，还是有些较棘手的问题需要解决，比如不同的厂商不愿意提供驱动级别的支持，或者引入了设备特定的功能，更甚者，可能还存在 bug。

Windows Phone 的一个目标就是解决这些问题，并向开发人员提供能同时创建应用程序和游戏的平台。构建完成并运行的时间应该尽可能短，并且工具和框架应该足够强大以便支持最复杂的用户界面。图 1-11 概述了 Windows Phone 开发人员生态系统。

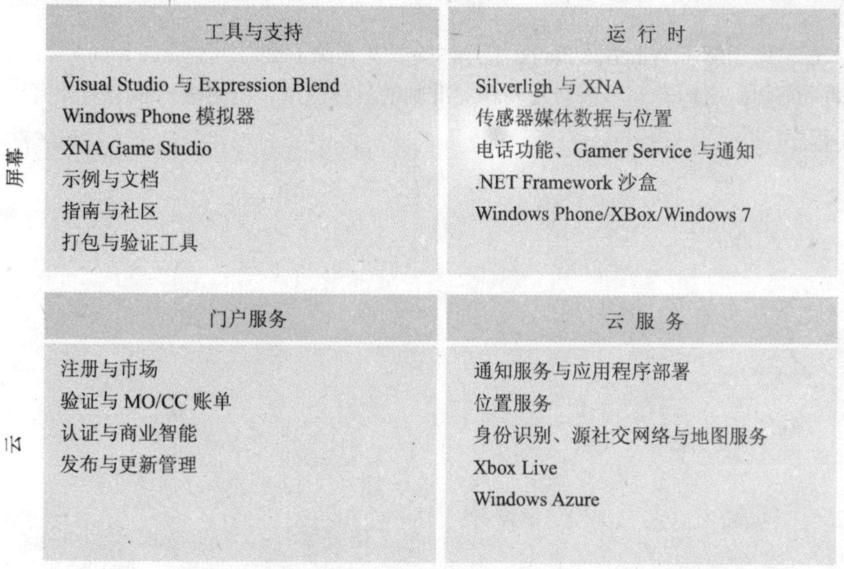

	工具与支持	运行时
屏幕	Visual Studio 与 Expression Blend Windows Phone 模拟器 XNA Game Studio 示例与文档 指南与社区 打包与验证工具	Silverligh 与 XNA 传感器媒体数据与位置 电话功能、Gamer Service 与通知 .NET Framework 沙盒 Windows Phone/XBox/Windows 7
	门户服务	**云服务**
云	注册与市场 验证与 MO/CC 账单 认证与商业智能 发布与更新管理	通知服务与应用程序部署 位置服务 身份识别、源社交网络与地图服务 Xbox Live Windows Azure

图 1-11

首先介绍左上角的"工具与支持"。任何使用过 Visual Studio 2010 的人都知道它不支持 Windows Mobile 开发。这是 Microsoft 的一个重要决定，它关乎在何处投入资源的问题，相信每个人都会认为这个决定不错。此外同时贯穿 Visual Studio 2010 和 Expression Blend 的 Windows Phone 工具极大地缩短了创建应用程序的时间。而且，这两个产品还共享相同的解决方案和项目结构，这意味着开发人员和设计人员可以在同一个项目中协调工作。下一章将详细讲解这些工具，您将会看到创建第一个应用程序并在 Windows Phone 模拟器上进行调试有多么简单。

接下来看右边，您会看到"运行时"。Windows Phone 最重要的一方面就是实现了 Microsoft 的"三屏幕"目标。作为开发人员，您可以创建应用程序或者游戏，并且可以让其运行在 Windows Phone、Xbox 或 Windows 7 的一个或多个屏幕中。不像.NET Compact Framework 只提供一个相对桌面进行了缩减的功能集。Windows Phone 中的 Silverlight 和 XNA 运行时与您所熟悉的几乎完全一致。尽管您需要决定使用 Silverlight 还是 XNA，但依然可以从设备上访问广泛的功能，无论这些应用程序或游戏是使用何种技术构建的。

在构建 Windows Phone 应用程序时，可能希望访问一些由 Microsoft 提供的基于云的服务。包括通知服务，即在应用程序数据发生更改时，您希望通知用户；定位服务，即将诸如 GPS 这样的设备功能与联机服务相集成用于解析 Wi-Fi 位置；同时还能从应用程序中访问 Xbox Live 的信息。在将来，我们期待能为构建 Windows Phone 应用程序提供更多的支持，从而与 bing map 和 Windows Azure 这类云服务相集成。

最后一部分就是开发门户服务，其中包含了供开发人员交互使用从而使应用程序通过认证并经由 Marketplace 发布的所有联机服务。由于 Microsoft 要确保 Marketplace 中的应用程序的质量是最高的，所以为 Windows Phone 开发应用程序会是一个更加严谨的过程。联机门户会成为您的所有应用程序的参照标准，当然希望您能在这里获取由应用程序所带来的收益。

1.6 小结

通过本章，您了解了 Windows Phone 用户体验以及起源于交通运输业的 Metro 设计语言的诞生。在接下来的章节中，您将看到该语言及其相关准则的具体应用，同时进一步学习如何构建 Windows Phone 应用程序。

第 2 章

免费的 Visual Studio 2010 和 Expression Blend 4

本章内容

- 从何处获取用于构建出色 Windows Phone 应用程序和游戏所需的全部工具
- Visual Studio Express for Windows Phone 入门知识
- 使用 Expression Blend 4 设计 Windows Phone 应用程序
- 在 Windows Phone 模拟器中运行应用程序

为以前版本的 Windows Mobile 进行开发是一件棘手的事情，造成问题的原因是有多种不同的技术、框架和工具可供使用，但并没有哪种能用于轻松地构建丰富的用户体验。而 Windows Phone 只支持两种开发策略：Silverlight 主要用于应用程序的开发；而 XNA 用于游戏开发。Silverlight 是一个事件驱动的系统，其布局是通过 XAML(可扩展应用程序标记语言)以声明的方式进行定义的，XAML 中可以包含样式、模板、状态和动画。而 XNA 是一个游戏循环驱动的框架，专门用于渲染二维(2D)和三维(3D)图形。

相对于其他使用免费开发工具的移动平台，Windows Mobile 通常至少需要 Visual Studio Standard Edition。但微软已经宣布 Windows Phone 的开发工具将以 Visual Studio 2010 Express for Windows Phone 的形式免费提供。它包含一个设备模拟器，其中包含一个为 x86 平台编译的 Windows Phone 操作系统，它可以在您的计算机中运行并利用任何可用的硬件加速功能。

本章介绍用于构建 Windows Phone 应用程序的工具，讨论如何获取这些工具以及如何开始构建第一个应用程序。

2.1 Visual Studio 2010 Express For Windows Phone

要构建第一个 Windows Phone 应用程序，您需要下载合适的工具。Microsoft 已经竭力使此过程变得尽可能简单了。Microsoft 的 Windows Phone 开发门户是 http://developer.windowsphone.com[1]。在此门户站点中，可以找到构建优秀 Windows Phone 应用程序所需的所有工具，以及其他文档、博客和示例的链接。

当按照链接下载开发人员工具时，系统会提示您通过一个 Web 安装程序来下载并安装该工具。它将下载并安装以下组件：

- Visual Studio 2010 Express for Windows Phone
- Windows Phone Emulator
- Silverlight for Windows Phone
- XNA 4.0 Game Studio

安装过程中唯一可以进行定制的就是控制组件的安装位置。注意，如果有商业版本的 Visual Studio 2010，比如安装了 Visual Studio 2010 Professional，那么用于构建 Windows Phone 应用程序的工具和模板在该版本的 Visual Studio 中以及作为 Windows Phone Developer Tools 的一部分被安装的 Express 版中都可以使用。

安装完毕后，开始编写您的第一个 Windows Phone 应用程序。从 Start 菜单中运行 Microsoft Visual Studio 2010 Express for Windows Phone。启动后，会看到 Start Page，该页被进行了定制以便为 Windows Phone 开发人员提供支持。您可以使用 Get Started 选项卡中的链接跳转至相应的信息，诸如 Windows Phone 类库、UI 设计与实现指南以及其他代码示例。Latest News 选项卡被预先配置为 Windows Team 的 RSS 源，它被限制为与 Windows Phone 开发相关的主题。此源值得保持关注，因为它包含了有关新工具和 Marketplace 更新的信息。

在 Start Page 中单击 New Project 来创建第一个应用程序。或者，您总是可以通过 File 菜单来创建一个新项目。这两种选择都将启动 New Project 对话框，其中包含用于构建 Windows Phone 应用程序的模板。图 2-1 显示了 New Project 对话框，在该对话框左侧树中选中了 Silverlight for Windows Phone 项。在中间的区域可以看到用于创建 Windows Phone Application、List Application 或 Class Library 的模板。在右侧的窗格中，可以看到每个模板的说明信息及应用程序外观的预览效果。

树中其他值得关注的项就是 XNA Game Studio 4.0。选择此项会显示 Windows Phone Game 和 Game Library 项目模板，以及用于构建 Windows 和 Xbox 游戏的项目模板。关于这些模板需要注意的一点是它们都没有应用程序外观的预览。这是因为 XNA 不同于 Silverlight，无法为您提供用于构建可视化布局的设计器。由于 XNA 主要是为游戏开发而设计的，因此假定大多数开发人员希望从头来编写自己的体验。第 19 章介绍了如何构建一个简单的 XNA 游戏，并讨论了两种技术之间的差异，如果您不能确定选择使用 Silverlight 还是 XNA，那么这将会非常有用。

1. 此地址现在会自动导航到 APP HUB 的地址 http://create.msdn.com/en-US/。APP HUB 是 Windows Phone 7 和 Xbox LIVE 开发者的门户站点，在其中，开发人员可以获得开发工具、支持资源和学习教程，还可以提交并管理自己的 Windows Phone 和 Xbox LIVE 应用程序。

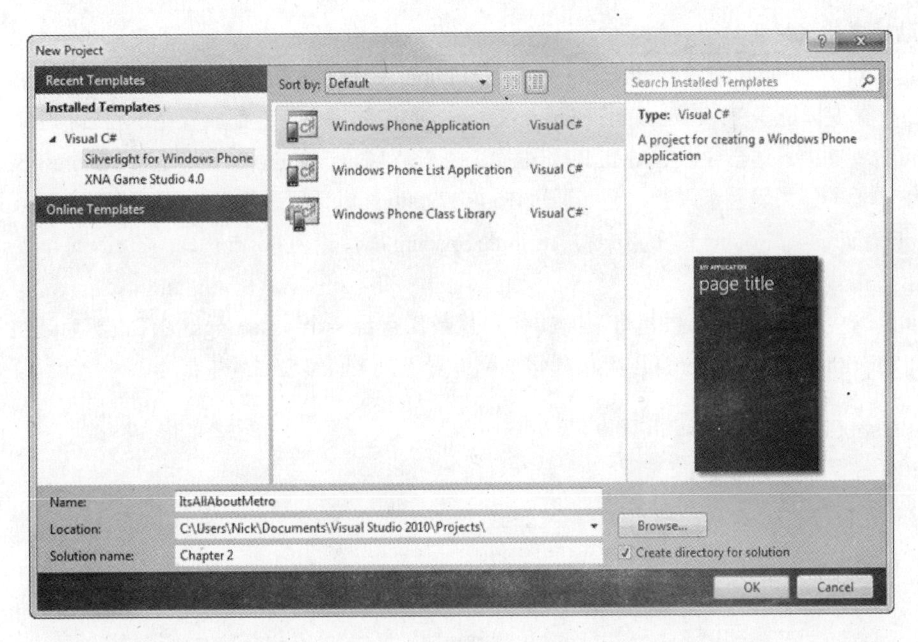

图　2-1

对于本示例而言，选择树中的 Silverlight for Windows Phone 项，然后选择 Windows Phone Application 模板。确定项目和解决方案的名称，然后单击 OK 并继续。这将创建一个新项目，它包含一个 MainPage 页面，如图 2-2 所示。默认情况下，Visual Studio 2010 Express for Windows Phone 使用垂直分区，从而允许您以可视化的方式设计主页面的纵向布局，同时还能够读取对应的 XAML。

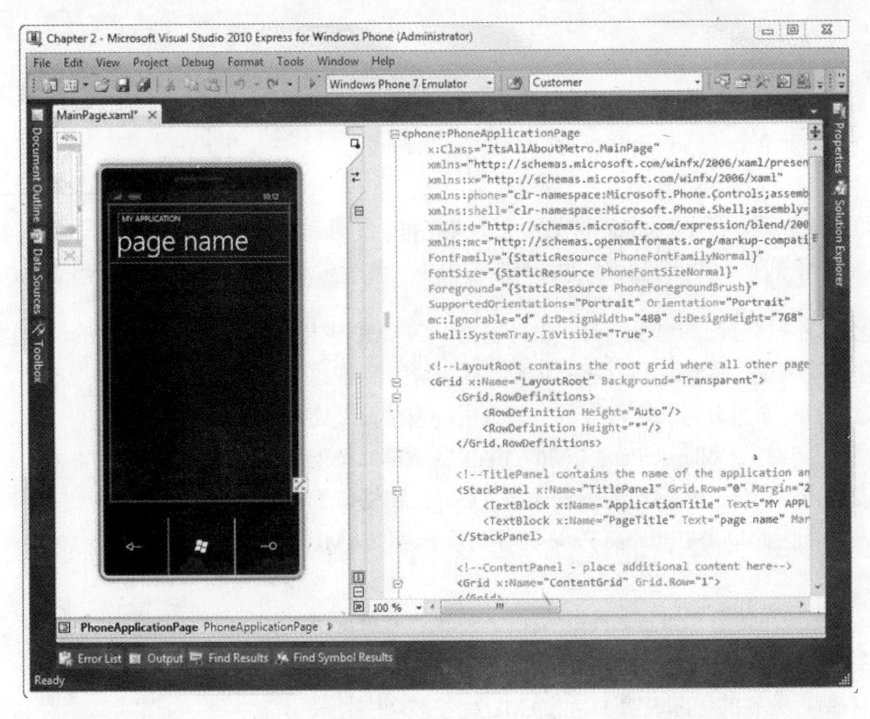

图　2-2

自动格式化 XAML

但是，Visual Studio 2010 Express for Windows Phone 的默认配置未将 XAML 文本编辑器设置为将 XML(可扩展标记语言，eXtensible Markup Language)中的每个特性都放置在单独一行上。在默认的垂直拆分视图中，这会导致 XAML 晦涩难懂。由于是 Visual Studio 2010 产品的 Express SKU，因此配置编辑器的能力受到了限制，无法通过 Tools | Options 对话框进行更改。通常可在 Text Editor | XAML | Formatting | Spacing 树节点中将 Attribute Spacing 属性改为 Position each attribute on a separate line。

对此一个可行的变通方法是将下面的代码片断保存到一个 vssettings 文件，然后通过 Tools | Settings | Import and Export Settings 菜单项将该文件导入到 Visual Studio 中：

可从
wrox.com
下载源代码

```
<UserSettings>
  <ApplicationIdentity version="10.0"/>
  <ToolsOptions>
    <ToolsOptionsCategory name="TextEditor"
                          RegisteredName="TextEditor">
      <ToolsOptionsSubCategory name="XAML Specific"
                               RegisteredName="XAML Specific"
                               PackageName="Microsoft.VisualStudio.Xaml">
        <PropertyValue name="AutoReformatOnStartTag">true</PropertyValue>
        <PropertyValue name="AutoReformatOnEndTag">true</PropertyValue>
        <PropertyValue name="WrapTags">false</PropertyValue>
        <PropertyValue name="AutoReformatOnPaste">true</PropertyValue>
        <PropertyValue name="AttributeFormat">NewLine</PropertyValue>
        <PropertyValue name="KeepFirstAttributeOnSameLine">true
          </PropertyValue>
      </ToolsOptionsSubCategory>
    </ToolsOptionsCategory>
  </ToolsOptions>
</UserSettings>
```

Autoformatting.vssettings

导入这组设置后，Visual Studio 会被配置为“将每个特性都放在单独的一行上”。要将 MainPage 的 XAML 重新格式化，可将光标放在编辑器窗口中，然后按组合键 Ctrl + E、Ctrl + D。

虽然您会发现拆分视图对于同时在设计窗格和 XAML 窗格中工作是非常方便的，不过您往往会希望只使用一个视图。特别是在手动编辑 XAML 内容时。在这两个视图之间有一个拆分栏，它包含了一些有用的窗格开关切换按钮。在图 2-3 中，Collapse Pane 按钮(A)用来隐藏第二个窗格。在图 2-3(a)中，拆分栏顶部的标签表明 Design 窗格位于拆分栏的左侧，因此单击 Collapse Pane 按钮将会折叠 XAML 窗格。

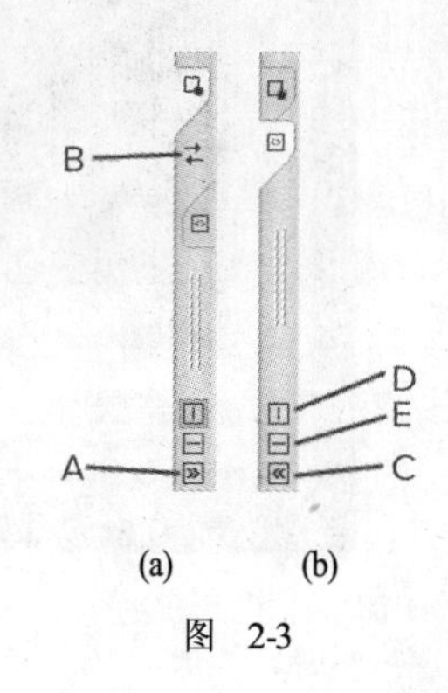

图 2-3

相反，如果您在使用 Collapse Pane 按钮之前就通过单击两个反向箭头(B)将两个窗格进行了交换，那么 XAML 窗格仍然可见。图中右侧拆分栏的状态表明了当 XAML 标签被选中且只有 XAML 窗格可见时，反向箭头已经不再可见。要展开第二个窗格，需要单击 Expand Pane 按钮(C)。还可以通过拆分栏将拆分方向从垂直(D)改为水平(E)。

现在来看看 Solution Explorer 窗口，如图 2-4 所示，可以看到其他已经创建的文件，它们是 Windows Phone Application 模板的一部分。除了 MainPage.xaml，还有 App.xaml，它用来定义全局样式和应用程序的入口点。此外还有两个用来定义应用程序图标和应用程序 Start 平铺图标背景的 PNG 文件，StartScreenImage.jpg 文件是应用程序加载时所显示的图像占位符，两个 XML 文件和 AssemblyInfo.cs 文件用于定义应用程序的特性。所有这些内容都会在介绍应用程序属性时详细讨论。

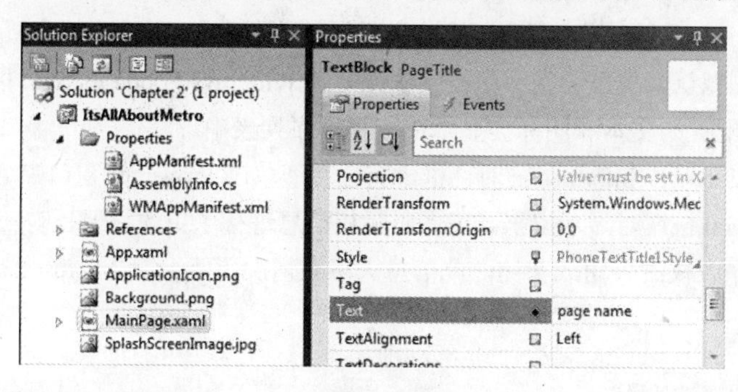

图 2-4

图 2-4 中位于 Solution Explorer 窗口右侧的是 Properties 窗口。如果您熟悉 Visual Studio，很可能已经见过 Properties 窗口了。Visual Studio 2010 升级了 Properties 窗口，为操作 XAML 特性和数据绑定提供了丰富的支持。在本例中，名为 PageTitle 的 XAML 元素已被选中，同时可以看到一组可供选择的用于修改 TextBlock 的属性。

下面我们来感受一下更改属性值有多么容易。选择 Text 属性并将值更改为 tasks。然后选择写着 MY APPLICATION 的另一个 TextBlock，并将其 Text 属性改成 METRO TASKS。您可能还希望此应用程序能同时支持竖直和水平模式，因此选择 PhoneApplicationPage 的 SupportedOrientations 属性，并将其设置为 PortraitOrLandscape。

图 2-5

现在来创建一个界面，通过该界面可以使用简单的搜索过滤器来查询一系列任务。为此，从 Toolbox 窗口中拖出一个文本框放到主区域内，并将其名称设置为 SearchTextBox。然后，使用 Property 窗口，单击值文本框旁边的图标，并从下拉菜单中选择 Reset Value 将 HorizontalAlignment、Width 和 Text 属性重置，并将 VerticalAlignment 设置为 Top。最后将 Margin 属性设置为 0,0,160,0，Height 属性设置为 70。按照相同的过程添加一个名为 SearchButton 的按钮，但不是重置 Text 属性，而是将 Content 属性改为 Search，HorizontalAlignment 属性设置为 Right，Margin 设为 0，并保留默认的 Width。这样您会得到一个与图 2-5 类似的布局。

双击 SearchButton 自动为 Click 事件关联事件处理程序。或者，您可以选中 SearchButton，并在 Properties 窗口上的 Event 列表中找到 Click 事件。在代码窗口中可以编写代码让其弹出一个对话框来显示 SearchTextBox 中的内容：

```
private void SearchButton_Click(object sender, RoutedEventArgs e){
```

```
    MessageBox.Show(this.SearchTextBox.Text, "Search", MessageBoxButton.OK);
}
```

在 Solution Explorer 中的 Properties 节点下有两个保存了应用程序所有属性的 XML 文件和 AssemblyInfo.cs 文件。如果双击 Properties 节点，会显示 Application Properties 窗口，如图 2-6 所示。此处有一点很有趣，需要注意，即除了可以指定通常的属性，例如 Assembly name 和 Default namespace，还可在 Deployment options 下面定义应用程序的 Title 和 Icon，在 Tile options 下面定义 Title 和 Background image。在第 7 章中，您将学习如何使用 Start Tiles，但实质上通过 Tile options 配置的文本和背景图默认情况下会在应用程序被锁定到 Windows Phone 的 Start 区域时显示，而通过 Deployment options 配置的文本和图标会显示在应用程序列表中。

图 2-6 显示了 Assembly Information 对话框，它会在您单击 Properties 窗口中 Application 选项卡上的 Assembly Information 按钮时显示出来。确保对版权信息进行了更改以便反映应用程序的开发年份以及拥有该应用程序版权的公司或实体，此信息大多数情况下不会是 Microsoft IT。

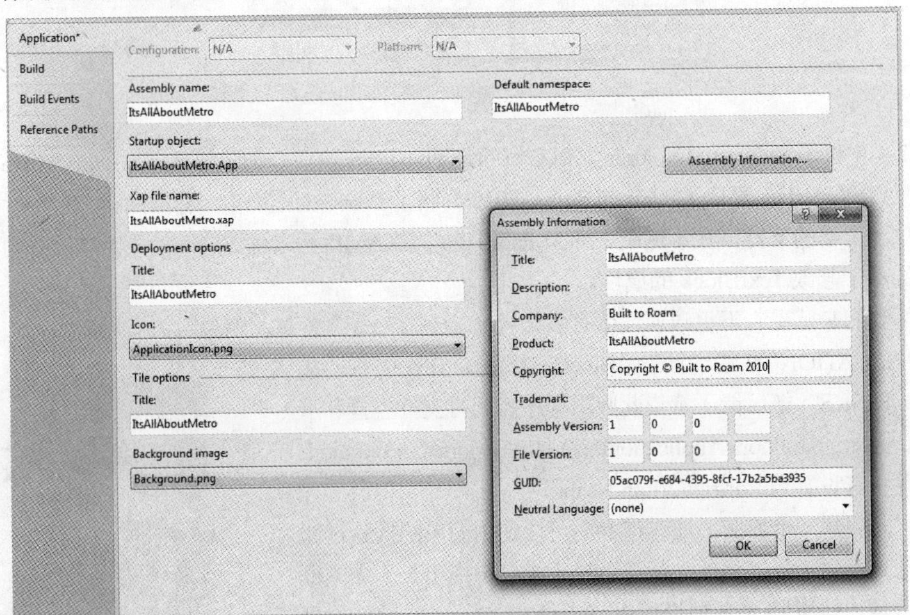

图 2-6

2.2 Expression Blend 4

虽然 Visual Studio 提供了为控件进行布局的基本设计体验，但并没有为更复杂的设计活动提供支持，例如样式和动画。为执行这些活动需要使用 Expression Blend 4，它包括一个用于构建 Windows Phone 应用程序的插件。

可从 http://expression.microsoft.com 下载 Expression Blend 4。按照链接选择 Downloads | Blend + SketchFlow Downloads，需要下载并安装以下组件：

- Expression Blend 4
- Expression Blend Add-in for Windows Phone

- Expression Blend Software Development Kit for Windows Phone

安装完毕后，运行 Expression Blend 4 (Blend)，并打开在 Visual Studio 中一直使用的解决方案文件。起初，为用户界面的声明性标记创建 XAML 的目的之一就是它可以被多种开发工具读取、操作和保存的能力。像 Visual Studio 这种工具针对编写代码的开发人员进行优化，而非使用视觉术语进行思考和工作的设计人员。而 Blend 完全专注于使设计人员能以可视化方式设计应用程序。这两种工具利用相同的解决方案、项目和文件格式，也就是说设计人员和开发人员可以和谐地工作，并专注于他们各自所擅长的内容。

正如在图 2-7 中看到的，Expression Blend 的布局与 Visual Studio明显不同。起初可能会造成困惑的是 Blend 没有 Solution Explorer 窗口。取而代之的是默认情况下出现在屏幕左边的 Projects 窗口。与 Visual Studio 相同，每个工具窗口都可以分离或重新定位以适应您的风格。

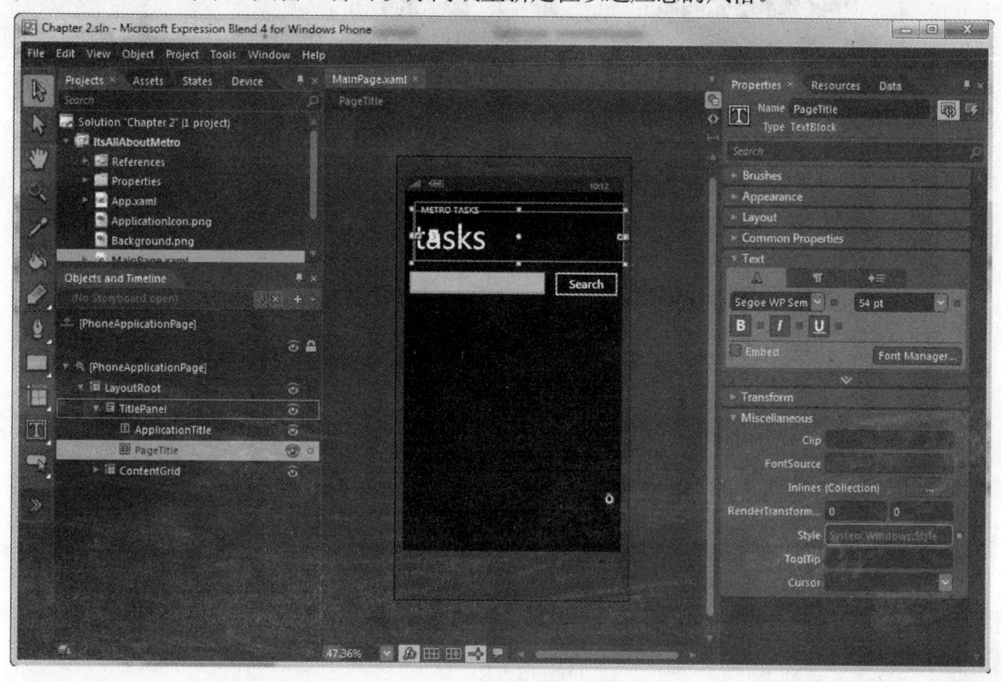

图　2-7

Blend 有一个独特的功能就是可以定义工作区。工作区实质上是一种为某些任务进行优化从而定义窗口布局的方式。例如，如果您偶尔需要手写一些 XAML 代码，可能会希望定义一个称为 XAMLCoding 的工作区，其中除了主编辑器区以外的所有窗口都处于折叠状态。为此，只须单击每个窗口中的别针图标，使它们在失去焦点时被折叠。将所有的窗口折叠后，选择 Window | Save as New Workspace 菜单项，并为其提供一个名称。保存该工作区后，即可轻松地在预定义的工作区(例如 Design 或 Animation 或是您的自定义工作区)之间进行切换。

最小化工具窗口

实际上在 Expression Blend 中有一个预定义快捷方式可以将所有工具窗口最小化。按 F4 键可以在所有工具窗口的最小化状态与当前工作区定义的状态之间进行切换。另外按 F6 键可以在您定义的工作区之间循环。

为了简要展示 Expression Blend 的动画功能，修改 Search 按钮的行为，使其被单击时发生轻微摆动。通过添加一个动画故事板(使其在按下按钮时被触发)，即可以可视化的方式实现，无须编写任何代码。

在 Objects and Timeline 窗口中，单击“+”按钮或向下的箭头，然后单击 New。这会创建一个新的故事板并提示您为其输入一个名称。输入 SearchPressedAnimation 然后单击 OK 按钮。将会看到在 Objects and Timeline 窗口中出现了一条时间线，同时在主窗口中显示了一个记录图标，用以指示当前您正在编辑的故事板。在 0.5 秒的过程中，您可将 SearchButton 旋转−20°。为此，在大约 0.5 秒标记处单击并移动黄色竖线，该线代表动画的当前点。确保 SearchButton 控件已被选中，在 Properties 窗口的 RenderTransform 区域中将旋转角度设置为-20，如图 2-8 所示。

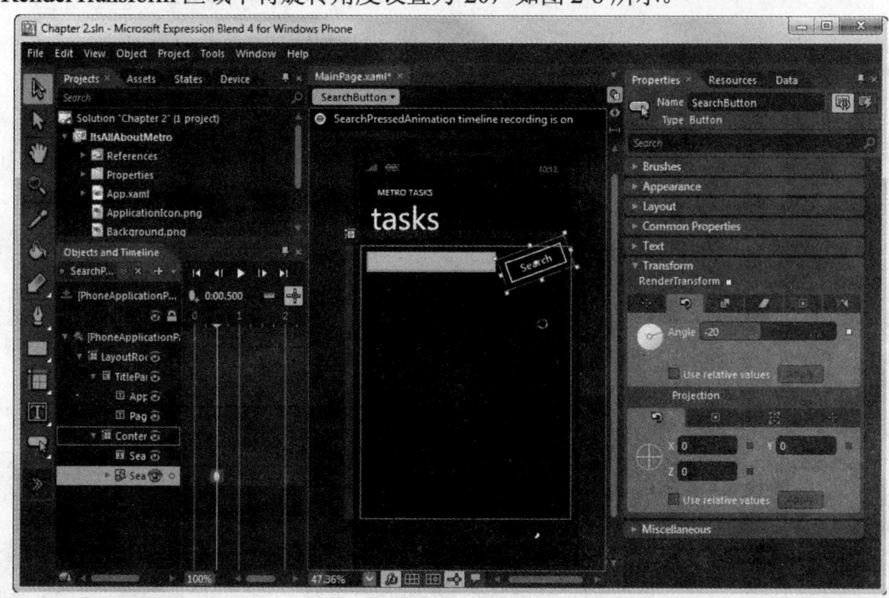

图 2-8

接下来，在 1 秒标记处单击，仍使 SearchButton 处于选中状态，将角度改为 20。如果按下 Play 按钮(图 2-8 中时间线的上面)，即可预览按钮的动画。完成故事板后，单击故事板名称左侧的红色按钮停止编辑故事板。此处务必要记住，虽然声明了动画，并确定了它的名称，但还没有将其与任何事件相关联，例如，用户单击按钮或按下某个键。为此，右击 Projects 窗口中的 Solution 节点，然后选择 Edit in Visual Studio(确保在返回到 Visual Studio 之前已经将更改保存)返回到 Visual Studio，当返回 Visual Studio 时，系统可能会提示重新加载 MainPage.xaml，因为 Visual Studio 已检测到您所做的更改，并需要重新加载该文件。允许 Visual Studio 重新加载该文件，然后导航到先前为 SearchButton 创建的 Click 事件处理程序。将显示消息框的代码更改为触发动画故事板：

```
private void SearchButton_Click(object sender, RoutedEventArgs e)
{
   this.SearchPressedAnimation.Begin();
}
```

您会注意到，在 Blend 中以可视化方式创建动画，将其保存为 XAML，并作为对象向开发人员提供。既然 Windows Phone 应用程序具备了一些基本的功能，您肯定希望将它运行起来以便观察它的外观和行为。Visual Studio 和 Blend 都能在 Windows Phone Developer Tools 中附带的模拟器或真实设备中运行应用程序。在 Visual Studio 中可以使用 Select Device 下拉列表(已被添加至标准工具栏中)来选择使用模拟器还是设备进行调试，如图 2-9 所示。

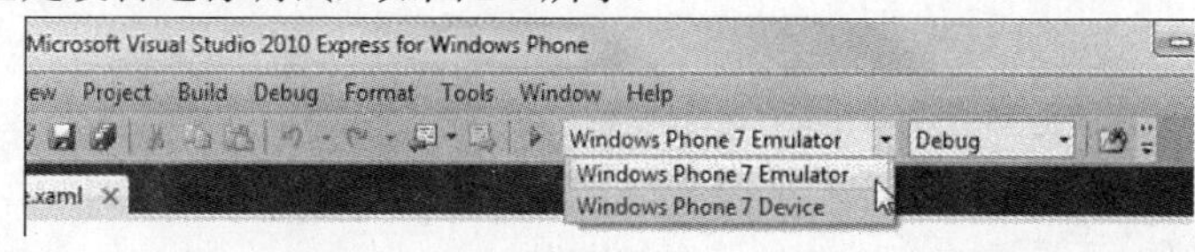

图 2-9

或者，当您在 Blend 中按 F5 键运行应用程序时，会提示您选择在模拟器还是真实设备中启动应用程序。

2.3 Windows Phone 模拟器

Windows Phone Developer Tools 中包含了一个功能丰富的模拟器，可以用于调试和测试应用程序，而无需使用真正的设备。该模拟器是 Windows Phone 操作系统的 x86 生成版本，这意味着它可以利用底层桌面 PC 的硬件加速功能。

当在 Visual Studio 或 Blend 中按下 F5 键时，可以选择在模拟器中调试应用程序。第一次使用此选项部署应用程序时会加载模拟器。由于要启动虚拟机，因此可能需要一分钟左右的时间。为节省时间，在使用模拟器时，每次完成应用程序调试后不要将其关闭。使模拟器处于开启状态，并按 F5 键重新启动调试会话即可。由于 Visual Studio 和 Blend 都能够重新连接到已开启的模拟器，因此可以避免冗长的启动过程。图 2-10 显示了您构建的应用程序正在模拟器中运行。

已为 Windows Phone 模拟器添加了皮肤，使其看起来像真实设备，而非通常那个可以调整窗口大小或已为移动的窗口外框。这使得移动或调整模拟器的大小比较困难。不过，它有一个关联的工具栏，在其中可将模拟器关闭或最小化。还可在桌面中拖动该工具栏来移动模拟器。

工具栏上的第三和第四个按钮允许您将模拟器逆时针或顺时针旋转。例如，图 2-11 所示，可以看到应用程序正在水平(Landscape)模式下运行。

图 2-10

图 2-11

注意 SearchTextBox 是如何根据新布局进行自动缩放的。在第 5 章将更深入地探究如何处理不同的屏幕方向。

模拟器工具栏中的其他按钮分别用于自动调整和调整设置。可以使用 Settings 对话框控制缩放级别，即模拟器的尺寸。通常使用自动调整选项使模拟器显示为适合显示器的尺寸，比明确地使用预定义缩放级别或指定一个自定义缩放级别更加方便。

模拟器旨在复制一个真实的设备，在它的正面有三个按钮。当然，这些 Back、Start 和 Search 按钮的行为与您在真实 Windows Phone 设备中所期望的一致。Back 按钮可能是最令人感兴趣的，因为它可以在应用程序中用来控制页面与对话框之间的导航。

模拟器可用于查看应用程序在进入后台时的行为方式以及该应用程序是如何被集成到 Start 屏幕中的。您还可以探究模拟器从而了解真实 Windows Phone 设备的行为方式。在图 2-12 中，可以看到同样会出现在真实设备中的 Start 屏幕和 Internet Explorer。

图 2-12

模拟器还可以连接到因特网，也就是说您可以在开发过程中使用它来访问远程站点或服务。这可能是因为模拟器使用了底层计算机中的可用网络。很少有人知道的是，localhost 会被解析为底层的计算机，而非模拟器。这意味着在开发过程中可以轻松地将运行在计算机中的服务公开，并供运行在设备中的 Windows Phone 应用程序使用。

在 Windows Phone 模拟器中调试应用程序时要记住的重要一点是它不能代替在真实设备上的测试。在真实设备上运行应用程序时，很可能会发现它的表现有所差异。此外还有一些功能目前在模拟器中暂不支持，例如振动、位置服务和加速度计。

2.4 小结

本章概述了组成 Windows Phone 开发人员体验的工具。还看到了开发人员与设计人员如何通过

Visual Studio 2010 Express for Windows Phone 和 Expression Blend 4 这样的工具在同一个 Windows Phone 应用程序中开展协作，这些工具是为各自的特定需求量身定制的，但却可以在项目文件和解决方案文件级别进行无缝的交互。

接下来的章节将介绍 Windows Phone 应用程序的众多特性，这些应用程序的创建都利用了这些工具。虽然您可能觉得更适应其中的一种工具，但您应该花时间来同时使用这两种工具，因为在为 Windows Phone 构建丰富的用户体验时，它们会表现出各自的优势。

第3章 按照“红线准则”设计布局

本章内容

- 红线准则的含义以及如何使用红线准则创建 Windows Phone 应用程序
- 如何获得并使用 Windows Phone 标准控件
- 调整应用程序的布局
- 如何为控件应用样式、模板和主题

近些年来最大的一处变化就是出现了基于声明式 XAML 的(eXtensible Application Markup Language，可扩展应用程序标记语言)用户界面。XAML 最初被作为 WPF(Windows Presentation Foundation，Windows 表示基础)的一部分引入，而现在它作为 Silverlight 下的标记语言被应用到桌面(通过 Web)和 Windows Phone 中。XAML 不仅包含一组基础控件，而且还能重新定义它们的样式和主题。您也可以从头创建自己的控件，由于它的渲染是由向量驱动的，因此可以确保这些控件能够根据不同的分辨率和屏幕方向自动调整比例。

作为构成 Metro 用户体验的一部分，Microsoft 遵循着称做“红线准则(Red Thread)”的 3 条设计准则。本章将介绍 Silverlight 的默认控件集，如何设计样式以及使用 Windows Phone 主题，还有如何使用红线准则来指导您构建用户体验。

3.1 红线准则

到目前为止，您已经了解了 Metro 设计语言，同时还了解到 Windows Phone 为诸如 Anna 和 Miles 这类“尽情享受生活的人”进行了优化。现在所面临的挑战是运用这些知识从而确定向用户呈现何种信息以及呈现信息的方式。Microsoft 提出了一个称为“红线准则”的理念来帮助您。“红线准则”本质上贯穿于整个用户体验，是用于指导信息呈现的线索或主题。

如果您在 Wikipedia 上查找"Red Thread"，发看到与其相关的一个参考项就是"Red String"，即为了消灾而佩戴的细红线。

对于 Windows Phone 来说，Microsoft 衍生出了这三条红线准则，并在构建基本的用户体验时应用。当您构建应用程序时也应当考虑以此为基准确定设计方式是否合理：

- **个性(Personal)**——您的生活方式
- **关联(Relevant)** ——您的社交圈子，您所在的位置
- **互联(Connected)**——您的资料，您的想法

现在,如果您有移动应用程序的开发背景,可能会觉得这些准则要么是常识(Personal 和 Relevant)，要么与构建移动应用程序相矛盾(Connected)。但我还是强烈建议您坚持使用它们，至少考虑一下 Microsoft 为您提供的这种方式。

首先分析"个性"。您可能在想这是显而易见的，因为您从来没有设计过一个不是为最终用户而设计的应用程序。然而，作为开发人员的我们却常常构建出一些忽视个体的应用程序。原因有很多，包括缺乏对应用程序使用方式的理解，以及满足企业的需求或是其他一些指导原则。从某种意义上讲，使应用程序变得个性化的关键之处在于只呈现与用户有关的信息。例如，您构建的应用程序用于显示项目中尚未完成的任务，那么只需显示涉及当前用户的任务即可。

使应用程序变得个性化的一个"辅助作用"就是无需再传递大量数据。对于上述任务应用程序，如果您没有将其设计为个性化程序，则不得不将项目中的所有尚未完成的任务进行同步。但是，由于用户实际上只对她或他自己的任务感兴趣，所以可以减少需要同步和呈现的数据量。

下一条红线准则可以使应用程序变得"关联"。您可能又会认为，您一直都在使应用程序与用户相"关联"。但问题是您如何使其变得关联以及变得何等程度地关联呢？其实您可以将关联的概念应用到许多方面。在包含位置服务的 Windows Phone 中，一个显而易见的应用就是基于用户的位置过滤数据。例如您可以利用位置信息来显示项目中恰好位于或者靠近用户当前位置的相关任务。此外还有一些不太明显的应用，例如使用加速度计来判断用户是否正在移动，或者使用日期和时间通过一个恰当的时间窗来过滤信息。

最后一条红线准则是创建一个"互联"的应用程序。现在，您可能认为 Microsoft 已经背离了初衷，创建一个互联的移动应用程序无异于自掘坟墓，这样认为或许对的。但是，这并非此条红线准则的真正内容。Microsoft 对 Windows Phone 应用程序以断开连接或偶尔连接的方式运行并不抱幻想。不过，他们同时也深知云计算的强大功能以及托管服务的使用可以扩展移动应用程序的功能和范围。

与构建一个孤立的应用程序不同，"互联"准则可以激发您描绘出一幅更广阔的场景，例如用户能与他人协作，在设备间分享信息和知识，无论身处何处都能访问他们的信息。您所构建的应用程序应该可以连接联机服务、在云中存储信息或者能与其他用户进行沟通。并非均建一个一直处于连

接状态，并且完全依赖于网络连接的应用程序。移动网络想要达到无所不在的程度还有很长的路要走，即便是在一些网络覆盖很好的地方，也会出现没有信号的情况，例如在飞机、火车和汽车上。相反，要构建一个功能与网络连接相独立的应用程序，无论何时，只要网络可用，就可以在后台进行同步和更新。

构建一种令人心动的用户体验本身就是一种艺术形式。需要将判断用户需求、想要何种信息的能力与一些能使用户赏心悦目的自然创造力结合起来。除了遵守红线准则以便使您的体验变得“个性”、“关联”以及“互联”之外，还应确保只呈现用户希望看到和使用的信息。在本书其余的章节中，要牢记这些准则，并且思考如何将它们运用到您所构建的内容中。

3.2 控件

与设计相关的课程已经够多了，您一定想看看用 Windows Phone 能构建出什么！在上一章中，您看到了使用 Visual Studio 2010 和 Expression Blend 4 来构建一个 Windows Phone 应用程序有多么简单。而当您看到一系列用于编写应用程序的控件时，肯定会觉得与开发相关的故事更加精彩。

图 3-1 左侧图显示的是 Visual Studio 中的 Toolbox。相同的控件列表也可以在 Blend 的 Assets 窗口中找到，如中间和右侧图所示。当在 Blend 中工作时，所需的大部分控件都位于 Controls 节点下。然而，值得注意的是图 3-1 右侧图中所示的完整列表，展开 Controls 节点然后单击 All 节点可对其进行访问。

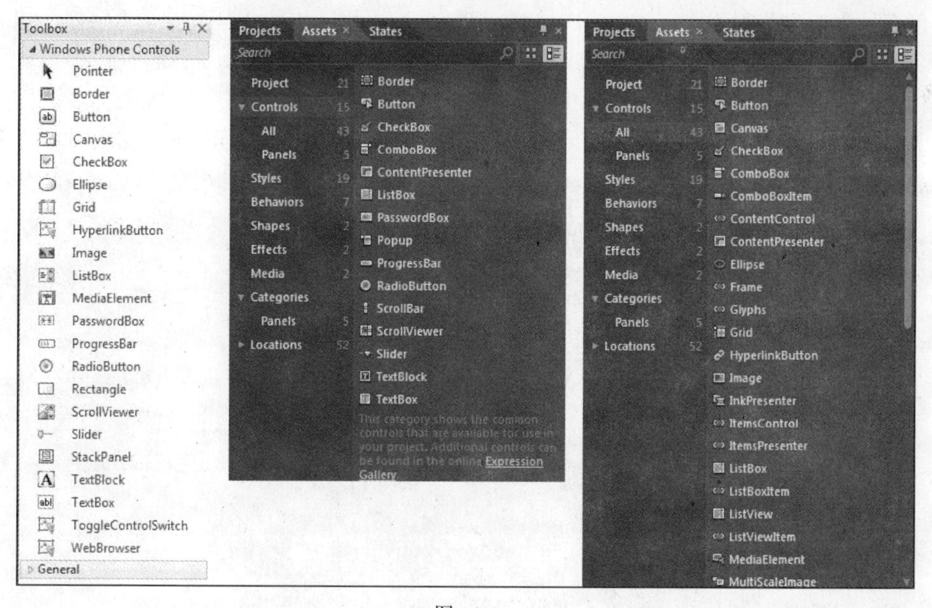

图　3-1

如上一章所述，可将任何位于 Toolbox 或 Assets 窗口中的控件拖动到应用程序的设计界面中。接下来可以使用 Properties 窗口设置属性。图 3-2 展示了将一些常用控件拖动到页面中的效果。

图 3-2

在进一步学习之前，您需要花一点时间来进入到 XAML 的世界中。通常在 Silverlight 中创建的每个页面或者控件至少由两个文件来展现：一个用于定义布局的 XAML 文件和一个包含相关代码，诸如事件处理程序(通常称为代码隐藏(Code-behind)文件)的 C#文件。XAML 最初代表 eXtensible Avalon Markup Language，它引用了 Windows Presentation Foundation (WPF)初期的代号 Avalon。

XAML 是由 Microsoft 创建的一种基于 XML 的语言，允许以声明方式指定一系列基于 CLR(Common Language Runtime，公共语言运行时)对象和属性的结构。目的是使设计工具能够更方便创建布局，而不必再像以前的技术(如 Windows Forms)那样受困于解析 C#源代码的脆弱性。这种模型十分成功，以至于其他诸如 Windows Workflow Foundation 和 Silverlight 的技术都采用了它。最近，Microsoft 在下载中心(www.microsoft.com/ downloads)发布了涵盖 XAML 技术规范的文档。将 XAML 认为是 Silverlight 或者 WPF 的图形化部分是一种常见的误解，事实上 XAML 只不过是一种基于 XML 的文件格式，用于描述基于 CLR 对象的层次关系。

虽然 Visual Studio 2010 和 Expression Blend 的设计器体验已经可以使您完成大部分的应用程序布局而无需关注所生成的 XAML，但读写 XAML 仍然是需要掌握的。这有助于您理解控件布局的工作方式，并且能使您手动处理一些设计器无法胜任的任务。下面首先介绍 Visual Studio，并在后面的章节中用 Expression Blend 设计一些更复杂的任务。

首先在 Visual Studio 中创建一个新的 Windows Phone 应用程序项目，将其命名为 RedThreadLayout，然后查看它所创建的 MainPage 的 XAML。创建项目后，就会看到 Designer 视图中包含了两个 TextBlock。它们被嵌套在一个 StackPanel 控件中，StackPanel 的作用是将 TextBlock 定位到页面的顶部。如果切换到 XAML Editor 窗口，会看到 XML 标签的层次是以 PhoneApplicationPage 元素开始的，MainPage 正是继承自该元素。Windows Phone 应用程序的每一屏都继承自 PhoneApplicationPage 元素，并且每一屏都代表导航系统中的一个页面，这些将在第 6 章中进行介绍。

```
<phone:PhoneApplicationPage
    x:Class="RedThreadLayout.MainPage"
    xmlns="http://schemas.microsoft.com/winfx/2006/xaml/presentation"
    xmlns:x="http://schemas.microsoft.com/winfx/2006/xaml"
    xmlns:phone="clr-namespace:Microsoft.Phone.Controls;assembly=Microsoft.Phone"
    xmlns:shell="clr-namespace:Microsoft.Phone.Shell;assembly=Microsoft.Phone"
    xmlns:d="http://schemas.microsoft.com/expression/blend/2008"
    xmlns:mc="http://schemas.openxmlformats.org/markup-compatibility/2006"
    FontFamily="{StaticResource  PhoneFontFamilyNormal}"
    FontSize="{StaticResource  PhoneFontSizeNormal}"
    Foreground="{StaticResource  PhoneForegroundBrush}"
    SupportedOrientations="Portrait" Orientation="Portrait"
    mc:Ignorable="d"  d:DesignWidth="480" d:DesignHeight="768"
    shell:SystemTray.IsVisible="True">

<!--  Page   content  goes here -->

</phone:PhoneApplicationPage>
```

第一个特性 x:Class 是类的声明，在本例中为 RedThreadLayout.MainPage。前缀 RedThreadLayout 是类的名称空间。如果查看 MainPage.xaml.cs 文件，则会看到与 XAML 中的内容相匹配的名称空间、类名及基类。

```
namespace RedThreadLayout
{
    public partial  class MainPage  : PhoneApplicationPage
    {
        public  MainPage()
        {
            InitializeComponent();
        }
    }
}
```

您会发现代码隐藏文件中的类 MainPage 被声明为部分类。这一点非常重要，因为它能使编译器将 XAML 布局和代码隐藏文件连接起来，这样就能在您编写的代码中引用在 XAML 中声明的控件了。

如果准备更改 Silverlight 页面的类名、基类或者名称空间，则要确保同时更改 XAML 和 CS 文件。

因此编译器将 XAML 和代码隐藏文件连接在一起。但这意味着什么呢？当编译应用程序时，会处理 XAML 文件，同时生成一个额外的文件。就 MainPage 而言，该文件称为 MainPage.g.cs，位于项目的 obj/Debug 文件夹中。由于默认情况下该文件夹不可见，所以您需要在 Solution Explorer 窗口的 Toolbar 中单击 Show All Files 图标。当打开此文件时，会看到它声明了一些内部字段以及一个 InitializeComponent 方法。事实上，MainPage.xaml 中每个命名的控件都有一个内部字段。InitializeComponent 方法会调用 LoadComponent 来解析 XAML 文件并生成相应的对象层次结构。

```
public partial  class MainPage  : Microsoft.Phone.Controls.PhoneApplicationPage  {
   internal System.Windows.Controls.Grid  LayoutRoot;
   ...
   private  bool _contentLoaded;
   public  void InitializeComponent()  {
      if (_contentLoaded) {return;  }
      _contentLoaded =  true;
      System.Windows.Application.LoadComponent(this,
                     new  System.Uri("/RedThreadLayout;component/MainPage.xaml",
                                    System.UriKind.Relative));
      this.LayoutRoot =
                  ((System.Windows.Controls.Grid)(this.FindName("LayoutRoot")));
      ...
      }
   }
```

在 MainPage 的上下文中，LoadComponent 方法会根据设计器的创建方式来创建页面布局。创建控件后，InitializeComponent 会为页面中的每个控件都调用 this.FindName，并将返回值赋给相应的内部字段。其实，从技术上讲并非这样；因为生成的代码只会定位 XAML 文件中包含相关 x:Name 特性的控件。返回到 MainPage.xaml 中，找到具有 x:Name ="ContentGrid"特性的元素。

```
<Grid x:Name="ContentGrid" Grid.Row="1">
</Grid>
```

如果查看 MainPage.g.cs，将看到一个名为 ContentGrid 的内部字段，其类型为 System.Windows.Controls.Grid，并且一旦加载 XAML 就会调用相应的 FindName 以获取该控件。在 MainPage.cs 中，导航到构造函数并且输入 this.con。此时将看到 ContentGrid 出现在 IntelliSense 中，如图 3-3 所示。

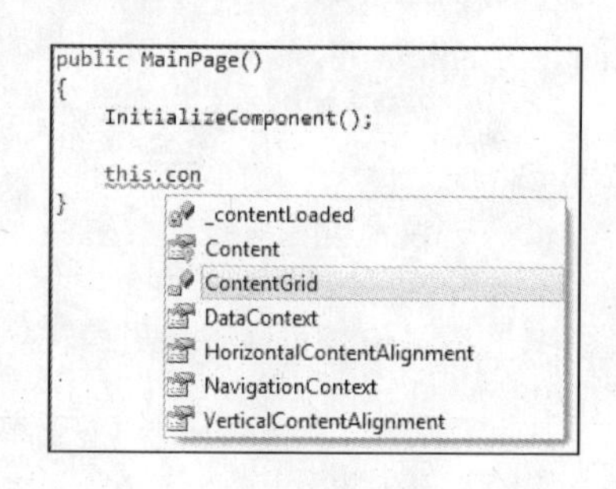

图 3-3

现在回到 MainPage.xaml，从 Grid 元素中删除 x:Name="ContentGrid"。保存并重新生成该项目。如果转到 MainPage.g.cs，会发现该内部字段不存在了，并且如果回到 MainPage.cs，也会发现控件已经不在 IntelliSense 中了。虽然为所有控件命名十分容易，但应当注意在初始化过程中每个被加载的控件都与一个内部的后备(backing)字段相连，这可能会对性能产生轻微的影响。在桌面系统中，这似乎不是什么大问题，但在移动设备中，性能的差异会在应用程序的运行速度和电池寿命上表现的异常突出，因此有必要考虑是否引用所有控件。如果不打算引用某个控件，则要删除它的 x:Name 特性。在第 15 章将讨论更高级的概念，例如 Data Binding 和 Model View View Model (MVVM)，您可能会惊奇地发现，实际上基本不需要对这些控件命名。

至此您已经看到 XAML 中的元素是如何代表控件实例的。如果进一步分析 XAML，还会注意到 XML 的特性与类的属性相对应。例如下面的代码片段创建了一个 TextBlock 的实例，并将 Text 属性设置为"MY APPLICATION"。

```
<TextBlock x:Name="ApplicationTitle" Text="MY APPLICATION"
           Style="{StaticResource PhoneTextNormalStyle}"/>
```

当实例化控件时，会调用类的默认构造函数，然后会将 Text 属性设置成该值。同样，Name 和 Style 属性会一同被设置。注意 Style 值使用了花括号{ }。这表明该值不是一个简单的文本字符串，在设置该属性之前需要进行计算。在本章后面的部分您将学习更多有关使用样式的内容，这种语法同样也用于第 15 章介绍的数据绑定中。有趣的是，可以删除 Text 特性并通过一个嵌套元素来指定此 XAML 以便对其进行调整：

```
<TextBlock x:Name="textBlockPageTitle"
           Style="{StaticResource PhoneTextPageTitle1Style}">
    <TextBlock.Text>MY APPLICATION</TextBlock.Text>
</TextBlock>
```

XAML 解析器会将子元素解释为一个属性设置器，因为 TextBlock.Text 包含了父对象的名称以及一个由圆点分隔的属性名。换句话说，TextBlock.Text 元素的内容将用来设置 TextBlock 的 Text 属性。您可能在考虑为什么会支持两种格式，而您到底应该使用哪一个。如果可能，建议使用特性格式来设置属性值，这样更加简洁，而且可以得到一个较小的 XAML 文件，并且通常可以提高可读性。不过有些情况下，属性值并不能用一个简单的字符串来表示。例如下面的 XAML 为 Grid 的 RowDefinitions 属性指定了多个 RowDefinition 对象，这就很难指定为一个字符串。

```
<Grid x:Name="LayoutRoot" Background="{StaticResource PhoneBackgroundBrush}">
    <Grid.RowDefinitions>
```

```
        <RowDefinition Height="Auto"/>
        <RowDefinition Height="*"/>
    </Grid.RowDefinitions>
    ...
</Grid>
```

标准控件

下面分析 Toolbox 中的一些控件。图3-4显示了您很可能熟悉的5个控件。由左至右，从第一行开始依次是Button、TextBox、PasswordBox、CheckBox 和 RadioButton 控件。

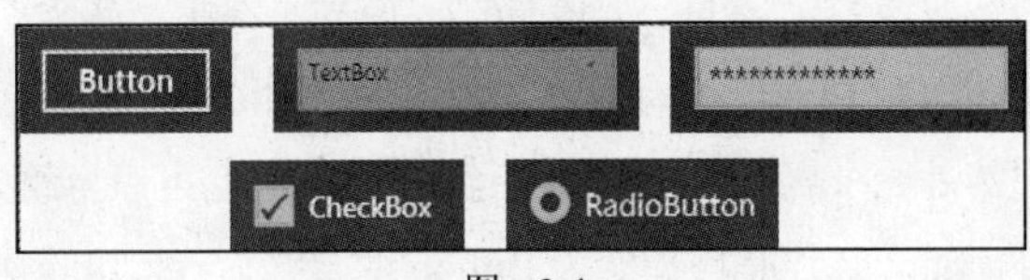

图　3-4

您会发现这些控件拥有黑色的背景和白色的前景。实际上，大多数控件几乎都是透明的，默认情况下会继承其父控件的背景。本章后面将介绍样式以及所应用的主题是如何对这些颜色产生影响的。

在构建 Windows Phone 应用程序时，要知道设备中最宝贵的一个资源就是电池寿命。毫无疑问，应用程序做的事情越多，CPU(Central Processing Unit，中央处理器)循环的次数就越多，电池电量消耗得越快。值得注意的是，另一个影响电池寿命的因素是屏幕中有多少像素被点亮。如果将屏幕想象成由一个个通过开关来显示不同形状的灯泡组成，就会明白为什么几乎纯白的控件要比几乎纯黑的控件消耗更多的电量。考虑到这一点，您就不会对 Windows Phone 应用程序默认的黑色背景感到意外，而且，它还对大部分使用透明背景的控件产生了影响。

1. ContentProperty

在了解每个控件之前，需要先讨论一下某些控件所特有的 Content 属性。本质上，Content 属性继承自 ContentControl，而非直接继承自 Control。如图3-5所示，您会看到 Button 是一个 ContentControl，而 TextBox 不是。

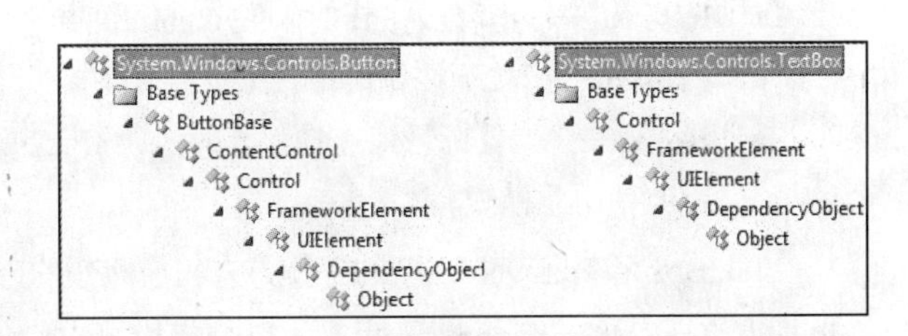

图　3-5

ContentControl 提供 Content 属性的目的是使控件的内容可以被赋值为简单的值(如字符串)，或其他的 XAML 层次结构。要对此进行尝试，需要在应用程序的 MainPage 中放置一个按钮。然后转到 XAML 视图，找到新创建的按钮，并用下面的代码片段将其替换：

可从
wrox.com
下载源代码

```
<Button Height="115" HorizontalAlignment="Left" Margin="34,26,0,0" Name="button1"
        VerticalAlignment="Top" Width="330">
    <Canvas Margin="-25,-16,0,0" Width="330" Height="115">
        <TextBlock Canvas.Top="18" Width="330"
                   TextAlignment="Center" >Button</TextBlock>
```

```
            <TextBlock  Text="Additional  Button Text" TextAlignment="Center"
                        Canvas.Top="56" Width="330"/>
        </Canvas>
    </Button>
```

MainPage.xaml 中的代码片段

在按钮中包含了一个画布(Canvas)，画布中又包含两个 TextBlock 控件。如果在 Designer 中观察，会看到现在 Button 中有两行文本。派生自 ContentControl 的控件只能有一个子元素，所以这个子元素通常是一个容器，例如 Canvas 和 Grid，它们可以容纳多个控件。您还会注意到，即使指定了 Content 属性，Canvas 还是被指定为 Button 的直接后代。这是 XAML 的一个快捷方式。前面的 XAML 代码片段等同于下面这个更详细的形式：

```
<Button  Height="115"  HorizontalAlignment="Left"  Margin="34,26,0,0"
         Name="button1" VerticalAlignment="Top" Width="330">
    <Button.Content>
        <Canvas  Margin="-25,-16,0,0" Width="330" Height="115">
            <TextBlock  Canvas.Top="18"  Width="330"
                        TextAlignment="Center" >Button</TextBlock>
            <TextBlock  Text="Additional  Button Text" TextAlignment="Center"
                        Canvas.Top="56" Width="330"/>
        </Canvas>
    </Button.Content>
</Button>
```

我们忽略了一个事实，添加的两个 TextBlock 控件成了 Canvas 的后代。这是由于 Canvas 继承自 Panel，而 Panel 有一个 Children 属性。同样，XAML 语法为了简写而删除了您本应看到的 Canvas.Children 元素。下一节将介绍更多有关使用诸如 Canvas 这类布局控件的内容。

让我们来回顾一下可用的控件。您已经在例子中见过了 Button 控件，但值得注意的是一个名为 ClickMode 的属性，它可以用于确定何时引发 Click 事件。这里有三个选项：

- **Release**——当释放按钮时触发 Click 事件
- **Press**——当按下按钮时触发 Click 事件
- **Hover**——当鼠标悬停在控件上时触发 Click 事件。Windows Phone 中没有鼠标，所以应当避免使用此模式。

TextBox 和 PasswordBox 的工作方式与您所想的方式相同，虽然没有 Content 属性，但它们相应地拥有 Text 和 Password 属性。如果希望检测它们的值在何时改变，可以处理 TextChanged 或 PasswordChanged 事件。PasswordBox 有一个额外的 PasswordChar 属性，该属性确定了用于替代密码的显示字符。

CheckBox、RadioButton 和 ToggleControlSwitch 控件均包含一个 IsChecked 属性，用于确定选中状态。多个 RadioButton 通过 GroupName 属性进行分组。默认状态下，该属性未被指定，这意味着所有 RadioButton 都在同一组中。

图 3-6 中自上而下依次为 TextBlock、Image、MediaElement、ProgressBar 以及 Slider 控件。由于 TextBlock 并不是一个 ContentControl，所以与 TextBox 控件相似，具有 Text 属性，而非 Content 属性。您还可以更改 FontFamily、FontSize、FontStretch、FontStyle 以及 FontWeight 等属性来控制文本的显示方式。

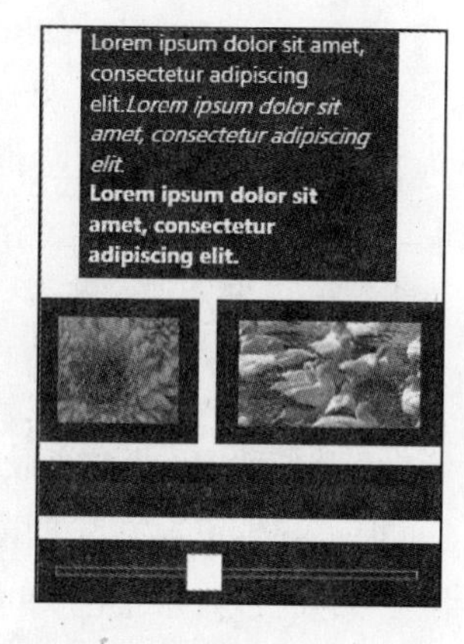

图 3-6

您可能认为 TextBlock 元素等效于 Windows Forms 中的 Label 控件；然而，如果参见图 3-6 中单独的文本块内所显示的文本，会发现它使用了三种字体样式：第一部分使用了常规的字体；在相同的段落中接下来的一部分使用了斜体；剩下的句子另起一行，并且使用了粗体。文本块中的这些复杂的内容是通过下面的代码来创建的，它将文本分割成许多块。每一块都称为一个 Run，并且拥有一个被显式指定的或继承自父级 TextBlock 的字体。

```
<TextBlock HorizontalAlignment="Left" VerticalAlignment="Top" TextWrapping="Wrap">
    Lorem ipsum dolor sit amet, consectetur adipiscing elit.
    <doc:Run FontStyle="Italic">Lorem ipsum dolor sit amet,
                         consectetur adipiscing
                         elit.</doc:Run><doc:LineBreak />
    <doc:Run FontWeight="Bold">Lorem ipsum dolor sit amet,
                         consectetur adipiscing
                         elit.</doc:Run>
</TextBlock>
```

不过且慢，TextBlock 只不过是没有 Content 属性，难道我们就因此说它不是 ContentControl 吗？如果真是这样的话，您是如何将文本及其他元素嵌入到 TextBlock元素中的呢？秘密在于这个有些诡异的被称为 ContentProperty 的特性(这是一个 CLR 特性，而非 XML 特性)。该特性可以被应用到类中，并根据要在控件中嵌套哪个 XAML 来指定应设置哪个属性。对 ContentControl 来说，ContentProperty 特性指定了 Content 属性，而像继承自 Panel 的 Grid 或 Canvas 控件则指定了 Children 属性。

有趣的是，TextBlock 的 ContentProperty 并未指定 Text 属性。相反，它指定 Inline 属性，类型为 InlineCollection，正如您所想象的那样，它是基本类型 Inline的对象集合。Inline 类是一个抽象类，这意味着它不能直接被实例化，但它包含用于设置字体和颜色的属性。进一步了解会发现有两个继承自 Inline 的类，即 Run 与 LineBreak。这也就意味着您可以在 TextBlock 中添加任意数量的 Run 和 LineBreak元素。每一个被添加到 InlineCollection 中的 Run 和 LineBreak 都被赋值给 TextBlock 的 Inline 属性。唯一的难点就是如何将第一行的文本纳入到 InlineCollection 中，因为字符串并没有继承 Inline 基类。其实这并不难，因为 InlineCollection 支持一个接受字符串作为参数的 Add 方法，然后 XAML 解析器就可以十分智能地使用它了。

添加对 Document 名称空间的引用

在 TextBlock 代码片段中，会看到 Run 与 LineBreak 元素都以 doc 作为前缀。这是对名称空间 System.Windows.Documents 的引用，它包含了这些类。为了能在 XAML 中使用这些类，需要在页面的根元素中指定 XML名称空间。这与 C#的 using 语句类似：

```
<phone:PhonweApplicationPage

      x:Class="RedThreadLayout.MainPage"
      xmlns:doc=
"clr-namespace:System.Windows.Documents;assembly=System
.Windows"
      ...
```

2. TextBlock、Run 与 LineBreak

让我们研究一下如何使用 TextBlock 的 Run 和 LineBreak 元素构建一个 RSS (Really Simple Syndication，聚合内容) 阅读器。注意，虽然这是一个用于构建 RSS 查看器的示例，但是如果有任何文本包含了粗体、斜体和标题等这类标记，则可以在 Windows Phone 应用程序中通过类似的方法来查看其内容。实际上在本章的后面，将会看到另一个使用 WebBrowser 控件来查看 HTML 标记的查看器。

首先找出要使用的RSS源。本例将使用.NET Travels博客(http://nicksnettravels.builttoroam.com)的源，为简单起见，将要使用的是该源的快照而无需动态加载它。为了获得快照，使用 Internet Explorer 导航到 RSS 源，在工具栏中单击 View feeds on this page 按钮(或按 Alt+J 键)，然后选择 RSS 或 Atom 源中的任意一个。源加载完毕后，右击页面中的任意位置并选择 View Source。这会在记事本中打开 RSS 源的 XML 源文件。将其作为 BlogPosts.xml 文件保存到 Windows Phone 项目的根目录下。在 Visual Studio 中，右击 Solution Explorer 中的项目节点，选择 Add | New Item。选择 Resource File 模板，将新项目命名为 RssResources.resx，如图 3-7 所示。

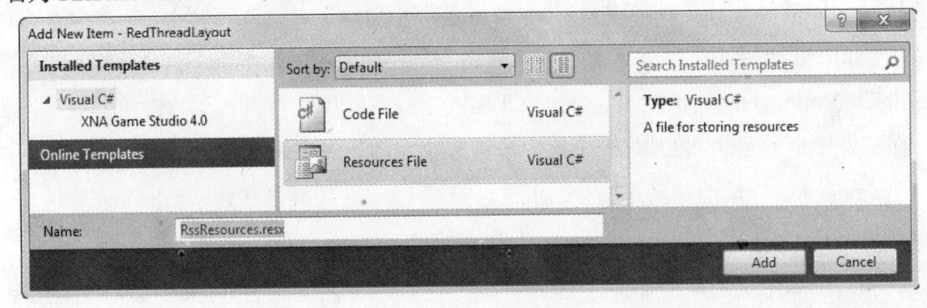

图 3-7

单击 Add 创建新的资源文件，同时该文件会自动在资源文件的 Editor 窗口中打开。选择 Add Resource | Add Existing File，选中之前创建的 BlogPosts.xml 文件。这样 XML 文件就会自动被添加到项目中，此外，还会被添加到 RssResources 资源文件中，如图 3-8 所示。

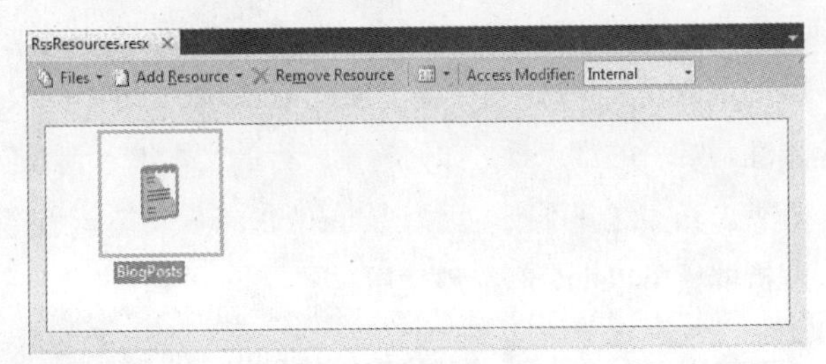

图 3-8

在编写一些解析 BlogPost XML 文件的代码之前，需要一个显示帖子的位置。在 Visual Studio Designer 中打开 MainPage.XAML，将 ContentGrid 控件中任何已有的内容替换为嵌套在 ScrollViewer 中的 StackPanel。可在 StackPanel 中添加一些控件，例如 TextBlock，它们会依次向下堆叠在页面中。

当到达页面底部时，ScrollViewer 将允许用户向下滚动以便看到被遮住的控件。结尾处与 XAML 相关的部分看起来应该类似于以下代码片段：

```
<Grid x:Name="ContentGrid"  Grid.Row="1">
    <ScrollViewer  Name="Scroller">
        <StackPanel  Name="PostStack" Width="480"></StackPanel>
    </ScrollViewer>
</Grid>
```

MainPage.xaml 中的代码片段

将在 MainPage 的 Loaded 事件进行期间加载 RSS 源。为此，在设计器中打开 Main- Page.xaml，然后选择 PhoneApplicationPage 节点。或者，您可能会发现使用 Document Outline 窗口(View | Other Windows | Document Outline)更加简单，如图 3-9(a)所示。

选中 PhoneApplicationPage 后，打开 Properties 窗口，然后选择 Events 选项卡，找到 Loaded 事件，如图 3-9(b)所示。双击此事件旁的单元格，创建并导航到 MainPage.xaml.cs 文件中的事件处理程序。您需要做的第一件事是将 BlogPosts XML 文件的内容加载到内存中供使用。

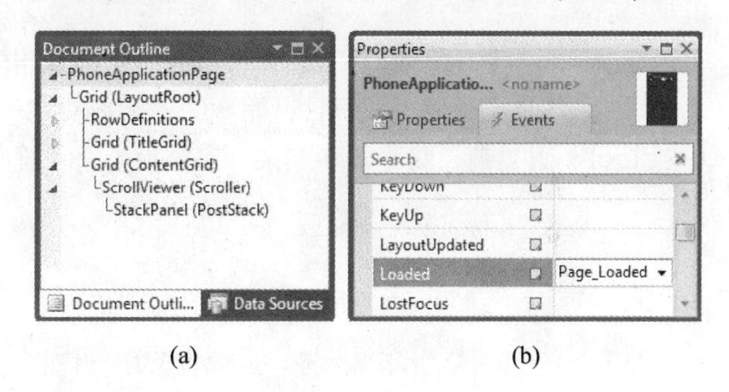

(a)　　(b)

图　3-9

```
private void PhoneApplicationPage_Loaded(object sender, RoutedEventArgs e){
    // Load  RSS into a  feed
    var rss =  RssResources.BlogPosts;
    using(var  strm =  new  System.IO.StringReader(rss))
    using(var reader =  System.Xml.XmlReader.Create(strm)){
        var feed =  System.ServiceModel.Syndication.SyndicationFeed.Load(reader);
```

可使用位于 System.ServiceModel.Syndication 名称空间的 SyndicationFeed 类，而不必解析 XML 文件来提取博客帖子。

实际上并没有针对 Windows Phone 版本的 System.ServiceModel.Syndication 程序集。但您可以添加对桌面版 Silverlight 3 程序集的引用，以便访问此名称空间(C:\Program Files\Microsoft SDKs\Silverlight\v3.0\Libraries\Client\System.ServiceModel.Syndication.dll)中的类。

Load 方法会返回一个 SyndicationFeed 类的实例，该实例具有一个 Items 集合，通过 Item 集合可以迭代访问每篇帖子。然后，可以编写代码在 StackPanel 中添加一个新的 TextBlock 从而容纳第一组 Run 元素。

```
// Create the initial  textblock
var txt =  new  TextBlock() {  TextWrapping =  TextWrapping.Wrap };
this.PostStack.Children.Add(txt);
```

```
foreach (var item in feed.Items){
    // Add a title
    txt.Inlines.Add(new Run() { FontWeight = FontWeights.Bold,
                                Text = item.Title.Text,
                                FontSize = txt.FontSize*2 });
    txt.Inlines.Add(new LineBreak());
    var itemText = item.Summary.Text;
```

但如果将该帖子的原始内容添加到 TextBlock 中，会看到通常遍布在整篇帖子中的所有 HTML 标签。一种办法是盲目地将所有这些标记删除。不过，这将生成一个没有图像或格式的文本块。另一种方法是使用正则表达式来查找每个标签，并根据标签的内容执行一些条件逻辑。

```
// Regular expression to look for html tags
var tagFinder = new Regex("<(.|\n)+?>", RegexOptions.IgnoreCase);
```

每当找到一个 HTML 标签，就需要将开始标签和结束标签之间的文本添加到当前的 TextBlock 中。例如，下面的代码提取包含开始和结束标签(如“<b>Fred Blogs</b>”)的文本。并在将文本添加到 TextBlock 之前，将开始和结束标签替换为空字符串以便将它们去除：

```
var text = source.Substring(startidx, endidx - startidx);
text = tagFinder.Replace(text, "");
txt.Inlines.Add(text);
```

如果找到<i>或者<b>标签，还可以应用斜体和粗体作为向 TextBlock 中添加的新 Run 的一部分。为此，需要修改所创建的 Run 元素的 FontWeight 和 FontStyle 属性。

```
txt.Inlines.Add(new Run(){
                          FontWeight = (isBold ? FontWeights.Bold :
                                                  FontWeights.Normal),
                          FontStyle = (isItalics ? FontStyles.Italic :
                                                    FontStyles.Normal),
                          Text = text });
```

另外，如果遇到段落结束</p>或者换行符</br>标签，则可以向 TextBlock 中添加一个 LineFeed：

```
txt.Inlines.Add(new LineBreak());
```

为了显示帖子中包含的所有图像，必须将它们直接放到 StackPanel 中。当上一个 TextBlock 结束后，会创建一个 Image 并将其添加到 StackPanel 中，此后会插入一个新的 TextBlock 以便容纳下一组 Run 元素。

```
// Create an image and add to stackpanel
var img = new Image() { Source = new BitmapImage(new Uri(url)),
                        Width = this.PostStack.ActualWidth / 2,
                        Stretch = Stretch.UniformToFill };
this.PostStack.Children.Add(img);

// Create a new textblock and add to stackpanel
txt = new TextBlock() { TextWrapping = TextWrapping.Wrap };
this.PostStack.Children.Add(txt);
```

组合这些逻辑后，会得到一个大致能够查看大多数博客和其他 RSS 源的 RSS 阅读器。Loaded

事件处理程序的完整源代码如下所示：

可从
wrox.com
下载源代码

```
private void PhoneApplicationPage_Loaded(object sender, RoutedEventArgs e){
    // Load RSS into a feed
    var rss = RssResources.BlogPosts;
    using(var strm = new System.IO.StringReader(rss))
    using(var reader = System.Xml.XmlReader.Create(strm)){
        var feed = System.ServiceModel.Syndication.SyndicationFeed.Load(reader);

        // Regular expression to look for html tags
        var tagFinder = new Regex("<(.|\n)+?>",
                        System.Text.RegularExpressions.RegexOptions.IgnoreCase);

        // Create the initial textblock
        var txt = new TextBlock() { TextWrapping = TextWrapping.Wrap };
        this.PostStack.Children.Add(txt);
        foreach (var item in feed.Items){
            // Add a title
            txt.Inlines.Add(new Run() { FontWeight = FontWeights.Bold,
                                        Text = item.Title.Text,
                                        FontSize = txt.FontSize*2 });
            txt.Inlines.Add(new LineBreak());
            var itemText = item.Summary.Text;

            var match = tagFinder.Match(itemText);
            int startidx = 0, isBold = 0, isItalics = 0;
            while (match.Index >= 0 && match.Length > 0){
                // Extract the section of text up until the tag
                ExtractText(txt, itemText, startidx, match.Index,
                            tagFinder, isBold > 0, isItalics > 0);
                startidx = match.Index + match.Length;

                var isEndTag = match.Value.Contains("/");

                if (match.Value == "</p>" || match.Value == "<p />"
                                          || match.Value == "<br />"){
                    // Found the end of a paragraph, so add line break
                    txt.Inlines.Add(new LineBreak());
                }
                else if (match.Value=="<b>" || match.Value=="</b>"){
                    isBold += isEndTag ? -1 : 1;
                }
                else if (match.Value == "<i>" || match.Value == "</i>"
                                              || match.Value == "<em>"
                                              || match.Value == "</em>"){
                    isItalics += isEndTag ? -1 : 1;
                }
                else if (match.Value.Contains("<img")){
                    // Locate the url of the image
                    var idx = match.Value.IndexOf("src");
                    var url = match.Value.Substring(
                                    idx + 5, match.Value.IndexOf("\"",
                                    idx + 6) - (idx + 5));

                    // Create an image and add to stackpanel
```

```
                    var img = new Image() {
                                Source = new BitmapImage(new Uri(url)) };
                    img.Width = this.PostStack.ActualWidth / 2;
                    img.Stretch = Stretch.UniformToFill;
                    this.PostStack.Children.Add(img);

                    // Create a new textblock and add to stackpanel
                    txt = new TextBlock() { TextWrapping = TextWrapping.Wrap };
                    this.PostStack.Children.Add(txt);
                }

                // Look for the next tag
                match = tagFinder.Match(itemText, match.Index + 1);

            }
            // Add the remaining text
            txt.Inlines.Add(itemText.Substring(startidx));

            // Add some space before the next post
            txt.Inlines.Add(new LineBreak());
            txt.Inlines.Add(new LineBreak());
        }
    }
}

private static void ExtractText(TextBlock txt, string source, int startidx,
                                int endidx, Regex tagFinder, bool isBold,
                                bool isItalics){
    var text = source.Substring(startidx, endidx - startidx);
    text = tagFinder.Replace(text, "");
    if (!isItalics && !isBold){
        txt.Inlines.Add(text);
    }
    else{
        txt.Inlines.Add(new Run(){
                    FontWeight = (isBold ? FontWeights.Bold : FontWeights.Normal),
                    FontStyle = (isItalics ? FontStyles.Italic : FontStyles.Normal),
                    Text = text
                });
    }
}
```

MainPage.xaml.cs 中的代码片段

图 3-10 展示了运行中的 RSS 阅读器。

3. Image、MediaElement 与 ProgressBar

在创建 RSS 阅读器时，可动态创建 Image 元素来包含图像。这包括将 Source 属性设置为 BitmapImage，后者的构造函数接受一个 Uri，该 Uri 指向一个位于特定 URL(Uniform Resource Locator，统一资源定位符)的图像的位置。如果想引用打包在应用程序中的图像该怎么办？其实，可以指定一个相对的源。首先向名为 LayoutRoot 的 Grid 中添加一个 Image。可以很容易地从 Document Outline 窗口(Ctrl+Alt+T)中选择 Grid (LayoutRoot)，然后在 Toolbox 窗口中双击 Image 控件。添加后，打开 Properties

窗口并重置 HorizontalAlignment、Height、VerticalAlignment、Width 以及 Margin 属性。这相当于从 XAML 中删除这些特性。还要将 Grid.RowSpan 设置为 2，以便 Image 控件可以填充整个页面。接着单击 Source 属性旁边单元格内的省略号。这将打开 Choose image 对话框，如图 3-11 所示。单击 Add 按钮并浏览到要用作背景的图片。本例使用 Windows 7 的 Sample Pictures 文件夹中的 Chrysanthemum.jpg 和 Desert.jpg。

注意图 3-11 中是如何为所选图像(即本例中的 Chrysanthemum.jpg)定义路径的。它涉及 RedThreadLayout 程序集和 Images 文件夹(其中包含了所需的文件)。同时在中间还指定了;component。无论何时引用由 Resource 生成操作编译到应用程序中的图像或媒体，都应该使用此格式。当选择一幅图像并单击 OK 时，会发现出现在 Designer 中的图像有些扭曲。这是由于 Image 控件的 Stretch 属性默认被设置为 Fill。如果将其改成 UniformToFill 或 Uniform，将看到图像不再扭曲，而是均匀缩放。关于图像的 XAML 最终应该如下所示。

图　3-10

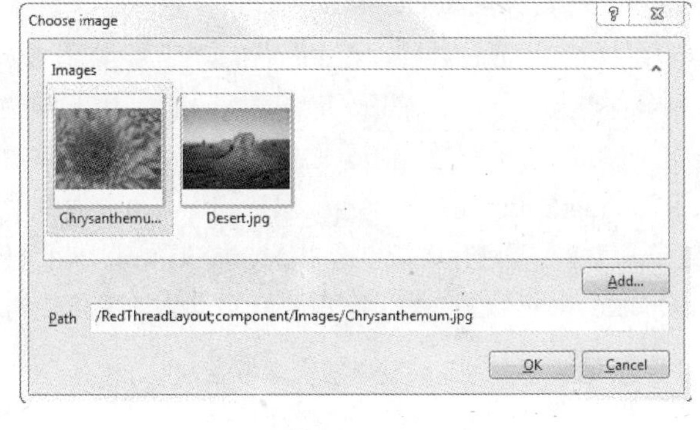

图　3-11

可从
wrox.com
下载源代码

```
<Image Grid.RowSpan="2"
      Name="image1"
      Stretch="UniformToFill"
      Source="/RedThreadLayout;component/Images/Chrysanthemum.jpg" />
```

MainPage.xaml 中的代码片段

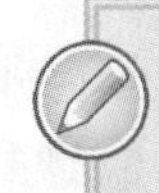

您可能已经注意到在添加图像后，所有其它的内容似乎都丢失了。事实上，这是因为所添加的图像位于其他内容的顶部。通过移动 Image 的 XAML 使其成为 Grid.RowDefinitions 后的第一个子节点即可解决。也可以在 Designer 中右击图像并选择 Order | Send to Back，从而让 Visual Studio 自动完成此项工作。

图 3-6 中同时包含 MediaElement 以及 ProgressBar。您需要将这些添加到 MainPage 的底部，因此，可能需要通过减少 ScrollViewer 的高度来腾出空间从而放置之前的 RSS 阅读器。选择 ContentGrid，

然后从 Toolbox 双击控件或将控件拖动到设计界面以便向 MainPage 添加一个 MediaElement 和一个 ProgressBar。添加完毕后，可能要重新对其进行布局或者重命名。最终的 XAML 如下所示：

```
<MediaElement Height="150"
              Margin="0,420,0,0"
              Name="SampleMedia"
              VerticalAlignment="Top"/>
<ProgressBar Height="10"
             Margin="0,600,0,0"
             Name="MediaProgress"
             VerticalAlignment="Top"/>
```

MainPage.xaml 中的代码片段

现在，要在应用程序启动时播放一些关联的媒体文件，同时希望 ProgressBar 与媒体保持同步。首先需要在项目中添加一些媒体。在 Solution Explorer 中右击然后选择 Add | New Folder，将新建的文件夹命名为 Media，按 Enter 键接受文件夹的名称。现在右击新建的文件夹，选择 Add | Existing Item，找到要添加到项目中的视频。本例已经添加了 Wildlife.wmv，这是 Windows 7 附带的示例视频。添加视频后，选中它并按 F4 键查看 Properties 窗口。确保 Build Action 被设置为 Content，并将 Copy to Output Directory 设置为 Copy always。

选中 MediaElement 控件，在 Properties 窗口中找到 Source 属性，然后输入 Media\Wildlife.wmv(如果视频名称与此不同，则需更改此处输入的值)。接下来找到并选中与 AutoPlay 对应的复选框。现在只是将 MediaElement 设置为当页面加载完毕时加载并播放视频。

为使 ProgressBar 能与视频播放保持同步，需要做两件事情。首先，视频加载后，ProgressBar 的 Maximum 属性需要进行更新。选中 MediaElement，然后转到 Properties 窗口的 Events 选项卡。双击 MediaOpened 事件旁边的空白单元格。在自动生成的事件处理程序中添加代码来更新 Maximum 属性。

```
private void SampleMedia_MediaOpened(object sender, RoutedEventArgs e){
  this.MediaProgress.Maximum =  this.SampleMedia.NaturalDuration.TimeSpan.Ticks;
}
```

MainPage.xaml.cs 中的代码片段

最后要做的就是将 ProgressBar 与 MediaElement 相关联，这样，当 MediaElement 的 Position 属性更改时，ProgressBar 的 Value 属性将更新从而进行匹配。在 Silverlight 中使用数据绑定，无需编写任何代码即可实现此功能。首先在 Properties 窗口中找到 ProgressBar 的 Value 属性，然后单击位于单词 Value 和文本框单元格之间的小图标。这将显示一个下拉列表，如图 3-12 所示。

选择 Apply Data Binding 将级联展开一个更复杂的下拉列表选择器。最初显示下拉列表时，会显示 Source 选项卡。本例选择 ElementName，然后选择 SampleMedia(MediaElement 控件的名称)，接着选择 Path 选项卡，如图 3-13 所示。

Path 选项卡显示了 MediaElement 的所有属性。本示例所感兴趣的是视频播放时的 Position。当选中此属性后，可以选择要绑定的子属性。在本例中，需要关联到 Ticks 属性，这与之前在代码中将 ProgressBar 的 Maximum 值设置为等于 MediaElement 控件中 NaturalDuration 的总刻度数是一致的。

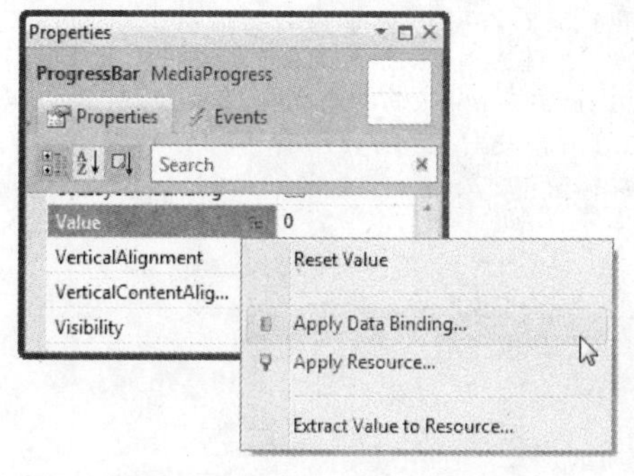

图 3-12

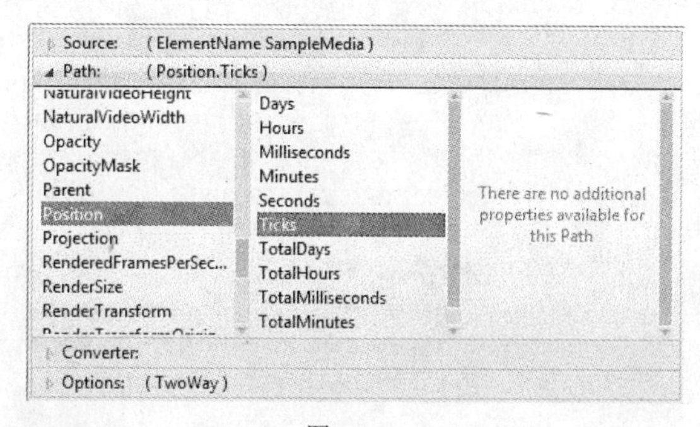

图 3-13

让我们在页面中添加另一个 Slider 控件，用来接受用户的输入从而控制 MediaElement 中视频的播放位置。添加 Slider 后，在 Properties 窗口中选择 ValueChanged 事件，然后双击空白单元格创建事件处理程序。您所要做的就是更新 MediaElement 的 Position 属性。同时还需要为 Slider 设置 Maximum 值，正如在前面设置 ProgressBar 一样。

```
private void MediaSlider_ValueChanged(object sender,
                                      RoutedPropertyChangedEventArgs<double> e){
    this.SampleMedia.Position = new TimeSpan((long)this.MediaSlider.Value);
}

private void SampleMedia_MediaOpened(object sender, RoutedEventArgs e){
    this.MediaProgress.Maximum = this.SampleMedia.NaturalDuration.TimeSpan.Ticks;
    this.MediaSlider.Maximum = this.SampleMedia.NaturalDuration.TimeSpan.Ticks;
}
```

MainPage.xaml.cs 中的代码片段

现在可以运行应用程序，并在媒体播放期间观察 ProgressBar 的更新。当更改 Slider 的位置时，将看到 MediaElement 和 ProgressBar 同时得到更新，以反映出媒体播放的新位置。

4. Ellipse、Rectangle 与 Path

作为构建应用程序的一部分，您可能需要绘制形状来作为图表，或者仅仅为使应用程序更加美观。在 Toolbox 中有两个基本形状，Rectangle 和 Ellipse，可供您绘制一些基本形状。此外还可以创建 Path，实质上是在应用程序的画布中进行任意绘制的一种方法。下面的 XAML 描述了一个 Ellipse、一个 Rectangle 以及一个 Path：

```
<Ellipse Height="100" HorizontalAlignment="Left" Margin="200,21,0,0"
         Name="ellipse1" Stroke="#FF962E2E" StrokeThickness="6"
         VerticalAlignment="Top" Width="200" StrokeStartLineCap="Flat" />
<Rectangle Height="100" HorizontalAlignment="Left" Margin="191,214,0,0"
         Name="rectangle1" Stroke="#FF962E2E" StrokeThickness="6"
         VerticalAlignment="Top" Width="206" />
<Path Data="M58,649 C52.929039,631.43274 50.789375,628.06335 59,610
          C61.93206,603.54944 62.495438,601.50458 68,596 C73.749435,590.25055
          78.888641,589.87183 87,588 C132.55473,577.48737 119.31644,586.39557
          151,626 C163.11189,641.13989 161.29994,642 185,642 C199.38113,642
```

```
        205.88039,630.64954 216,618 C239.76944,588.28821 236.71027,578.05463
        288,582 C306.44083,583.41852 313.61087,594.12445 322,613
        C329.44449,629.75012 329.8949,635.21021 320,655 C301.07568,692.84863
        286.45102,691.37256 239,700 C203.02031,706.54175 164.19038,704.34009
        128,694 C108.45914,688.41687 94.84214,685.87372 80,674 C69.716911,665.7735
        63.758663,658.16559 57,646"
    Fill="#FFFF8080" Height="123.513" Margin="53.51,0,93.485,32.297"
    StrokeStartLineCap="Flat" Stretch="Fill" StrokeEndLineCap="Flat"
    Stroke="#FF962E2E" StrokeThickness="5" StrokeMiterLimit="10"
    StrokeLineJoin="Miter" UseLayoutRounding="False"
    VerticalAlignment="Bottom"/>
```

ControlsPage.xaml 中的代码片段

此段 XAML 创建了如图 3-14 所示的形状。有趣的是，在本例中由 Path 元素上的 Data 特性所指定的形状是完全自由的。但未必如此，可通过修改 Data 字符串的内容，来选择不同的弧从而将单独的点添加到路径中。

但是，尽管 Visual Studio 将在设计界面中显示 Path 元素，但设计器并不支持对它们的创建。为此，需要切换到 Blend 中。Blend 有两种工具允许向页面中添加 Path 元素。在 Toolbar 中右击 Pen 图标。这将展开如图 3-15 所示的下拉工具选择器。

Pen 和 Pencil 的特征并不能表明这两种工具的区别。如果选择 Pencil，可以准确地在页面中绘制任意多边形。相应的 XAML 将是数量很大的一组点，它们代表着所绘制的形状。另一方面，Pen 用于绘制线段或者弧线段。在图 3-16 中可以看到两个路径：图 3-16(a)是用 Pen 绘制的，而图 3-16(b)是用 Pencil 绘制的。

图 3-14　　图 3-15　　图 3-16

观察使用 Pencil 和 Pen 工具创建的两条路径的 XAML，会看到在 Data 属性中存储了大量的值。

```
<Path Data="M292.5,557.5 C311.16061,563.49805 317.82581,568.15363 339,565"
    HorizontalAlignment="Right" Height="14.516" Margin="0,0,80,167.984"
    Stretch="Fill" Stroke="#FF962E2E" StrokeThickness="6" UseLayoutRounding="False"
    VerticalAlignment="Bottom" Width="52.5"/>
<Path Data="M226.5,556 L252,484 C252,484 396,497.5 345,527.5"
    HorizontalAlignment="Right" Height="78" Margin="0,0,66.068,181" Stretch="Fill"
    Stroke="#FF962E2E" StrokeThickness="6" UseLayoutRounding="False"
    VerticalAlignment="Bottom" Width="135.432"/>
```

最简单的方式是将路径想象成一系列线段。即使是 Pencil 所绘制的连续路径也是由一系列弯曲的短线段所构成的。路径的绘制从坐标(0,0)开始，Data 属性中的每组坐标表示的都是下一个将要前往的坐标。待绘制的线段类型决定了坐标与坐标之间的路线。在前面的代码片段中，两个 Path 元素的 Data 属性均以字符 M 开头，后面是坐标。M 代表 Move，它会将绘制光标移到下一个坐标集，但并不绘制线条。在 Path 的开头使用 M 本质上是移动待绘制 Path 的起点。但是，如果不想连接两个点，则可在 Path 的任意位置上使用 M。想象一下，您正在绘制一条单独的线，但在绘制中途将铅笔从屏幕上抬起。

在第一条 Path 的起点(即，M 后面的坐标)的后面，下一个字符是后面跟着 3 个坐标的 C。它表示一条三次贝塞尔曲线(cubic Bézier curve)，它需要 3 个点来确定曲线的切线(前两个坐标)和曲线的终点。在第二条 Path 中，下一个字符是后面跟着一个坐标的 L。它表示一条到终点的直线段。接下来在该路径中是一条三次贝塞尔曲线。表 3-1 总结了可以使用的不同线段以及明确指定线段的绘制方式时所需的全部参数。

表 3-1　路 径 线 段

语　法	说　明
M x,y	Move——将绘图光标移到指定的点
L x,y	Line——连接一条到指定终点的直线
H x	Horizontal Line——与包含对应 X 坐标的点连成一条水平线
V y	Vertical Line——与包含对应 Y 坐标的点连成一条垂线
C c1 c2 x,y	Cubic Bézier Curve——使用指定的切线和指定的终点连接一条三方贝塞尔曲线，该切线是由坐标 c1 到 c2 的线段所指定的
Q c1 x,y	Quadratic Bézier Curve——使用 c1 与指定的终点连接一条二次贝塞尔曲线
S c2 x,y	Smooth Cubic Bézier Curve——使用上一条曲线的最后一个坐标(例如 c1)和坐标 c2 以及指定的终点连接一条指定的三次贝塞尔曲线
T c2 x,y	Smooth Quadratic Bézier Curve——使用上一条贝塞尔曲线的最后一个坐标(如 c1)和坐标 c2 以及指定的终点连接一条二次贝赛尔曲线
A sizex, sizey angle large dir x,y	Elliptical Arc——连接一个到指定终点的椭圆弧。Size 是一个 x,y 对，用于确定圆弧 x 和 y 的半径。Angle 确定旋转角度。Large 确定是小(0)弧还是大(1)弧。Dir(方向)表示角度增大(1)还是减小(0)
Z	Close——连接到 Path 的起点

5. WebBrowser

如果在 Blend 中的 Assets 窗口下查看 Controls | All 节点，将看到一个比 Visual Studio 中更大的控件列表。虽然我们不会逐个介绍其中的每个控件，但是在进入下一节开始学习布局之前，先快速地浏览一下 WebBrowser 控件。之前已经说过有一种可以替代使用 TextBlock 来解析并呈现博客帖子的方法。此替代方法涉及使用 WebBrowser 控件来显示博客帖子的内容。首先，回到 Visual Studio 并删除之前添加的用于显示博客帖子内容的控件。即 ScrollViewer 和嵌套在其中的 StackPanel。还需要删除 Page_Loaded 方法中的代码；否则，应用程序将无法编译。接下来找到 ContentGrid，然后从 Toolbox

窗口中拖动并添加一个 Button 和一个 WebBrowser 控件。它们被添加到 ContentGrid 中时会使用一些默认的属性。然后调整控件的大小，重命名并调整布局。由此最终的 XAML 应当如下所示：

可从
wrox.com
下载源代码

```
<Button  Content="Load in WebBrowser Control"
         Name="LoadInWebBrowser"  VerticalAlignment="Top" />
<phone:WebBrowser  Margin="0,80,0,240"
         Name="PostBrowser" Visibility="Collapsed" />
```

MainPage.xaml 中的代码片段

如需为 Button 创建事件处理程序，可以使用 XAML 的 IntelliSense，而无需打开 Properties 窗口并定位到 Click 事件。将光标放在声明 Button 的 XAML 结尾处，即紧跟在最后一组引号之后。添加一个空格，然后开始输入单词 Click。将会看到出现了如图 3-17 第一幅图所示的 IntelliSense。按 Tab 键不仅可以自动完成 Click 单词，而且还添加了=" "以及一组新的 IntelliSense 选项，如图 3-17 第二幅图所示。使用键盘中的向下箭头选择<New Event Handler>，并再次按 Tab 键。这会在代码隐藏文件中创建一个新的事件处理程序，并将新名称输入到 XAML 中。

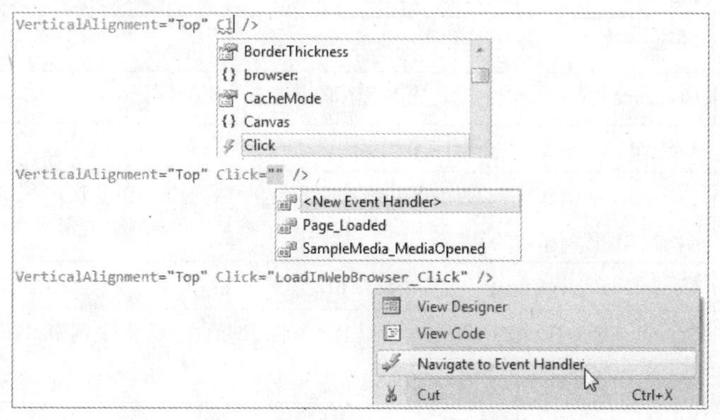

图 3-17

在 XAML 中右击事件处理程序的名称时，如图 3-17 最后一幅图所示，可以选择 Navigate to Event Handler，从而直接跳转到代码隐藏文件中的方法。

"Navigate to Event Handler" 并未定义键盘快捷方式，但您自己可以很轻易地创建快捷方式。打开 Tools 菜单中的 Options 对话框，然后找到 Environment 下的 Keyboard 子节点。在 Search 框中输入 NavigateToEventHandler，接着从命令列表中选择 EditorContextMenus.XAMLEditor.NavigatetoEventHandler。转到 Press shortcut keys 文本框中，输入要为其分配的按键组合，最后单击 Assign 按钮。现在，您可以使用组合键从 XAML 导航到事件处理程序中了。

现在添加以下代码，以便从外部资源文件加载帖子的内容，然后显示 WebBrowser 控件，告知该控件显示 RSS 源的内容(需将要呈现的 HTML 提供给 NavigateToString 方法)：

可从
wrox.com
下载源代码

```
private void LoadInWebBrowser_Click(object sender, RoutedEventArgs e){
    var rss = RssResources.BlogPosts;
  this.PostBrowser.Visibility =
    System.Windows.Visibility.Visible;
  this.PostBrowser.NavigateToString(rss);
}
```

MainPage.xaml.cs 中的代码片段

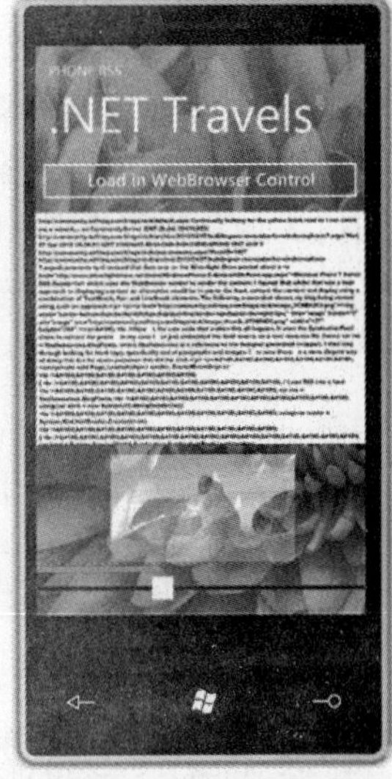

图　3-18

运行应用程序并单击 Load in WebBrowser Control 按钮，则会看到 WebBrowser 控件被显示出来，而且其中充满了 RSS 源中的内容，如图 3-18 所示。

不过仅仅将整个 RSS 源显示出来的用户体验并不好。还记得之前讨论过的红线准则吗？每次只显示单个帖子，通过巧妙地在帖子之间导航来提升用户体验。由于单独的帖子都是 HTML 的，而且 WebBrowser 能够正确地处理这种格式和布局，所以应将这个相当简单的功能添加到应用程序中。

3.3　布局

上一节介绍过许多可用来构建 Windows Phone 应用程序的控件。到目前为止，我们只是将它们添加到页面中，然后显式地定位并调整大小使其看起来还不错而已。您可能并未意识到，通常都是将控件添加到一个已有的 Grid 控件实例中。一个网格(Grid)可以自动定位并根据可用的空间来调整控件的大小，但是在了解它以及其他有助于对应用程序进行布局的容器之前，先来看看下面这个更简单的示例，它使用 Border 控件为另一个控件的周围添加边框。虽然从技术角度上讲它不是一个布局容器，因为它没有继承自 Panel 并且只支持单个子控件，但在这里您将对其进行了解，因为通常情况下您会使用它来包围另一个布局控件。

切换到 Expression Blend，它可以使控件和页面的布局设计变得更加容易。要为 ContentGrid 添加一个边框，首先要在 ContentGrid 被选中的情况下展开 Objects and Timelines 窗口中的节点。接着右击选择 Group Into | Border，然后就完成了，您已经使用一个默认的 Border 将 ContentGrid 包装起来了。

现在，确保选中新创建的 Border，然后打开 Properties 窗口。找到并调整下面的属性：

Brushes | BorderBrush | 选择 Solid color brush | #63AB0000
Appearance | BorderThickness | 10 (所有侧边)
Appearance | CornerRadius | 20

设置好这些后，应当会看到屏幕中的所有内容都被深红色的粗边框所包围。边框本身是半透明的，透过它依然能够看到背景图像，边框的 XAML 应当如下所示。Grid 元素也被包含了进来，这说明 Border 也将此元素包围了起来。

```
<Border  Grid.Row="1" BorderBrush="#63AB0000"
         BorderThickness="10" CornerRadius="20">
    <Grid x:Name="ContentGrid">
```

```
        ...
    </Grid>
</Border>
```

在本章的前面显示博客帖子时，添加了一个 ScrollViewer，接着是一个 StackPanel。StackPanel 是一个简单的布局控件，它会根据 Orientation 属性使控件按水平或垂直方向堆叠。在将更多控件添加到 StackPanel 中时，最终会超出屏幕的显示范围。此时，可将其放到一个 ScrollViewer 中，这样用户就可以滚动 StackPanel 来查看余下的内容了。ScrollViewer 的内置智能机制会更新滚动条以便指示下面还有多少内容，即当前内容的水平位置和垂直位置。

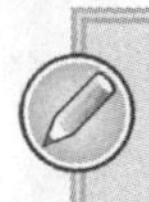

如果在使用 StackPanel 时将 Orientation 属性设置为 Horizontal，则 StackPanel 的内容将显示为单独控件行并且不会换行。在这种情况下，可将 ScrollViewer 的 HorizontalScrollbarVisibility 设置为 Auto 或 Visible，以便显示水平滚动条。

现在可以继续讨论更复杂的布局面板 Canvas 和 Grid 了。Canvas 实际上是一种非常简单的布局面板；如果您拥有 Windows Forms 开发经验，熟悉在窗体中定义控件的精确位置和大小，就对这一点感触更深了。遗憾的是，在利用 Silverlight 提供的一些自动布局功能时，Canvas 是最受限的。为了说明 Canvas 的工作方式，我们返回到 Visual Studio，在 Solution Explorer 中右击选择 Add | New Item，然后选择 Windows Phone Portrait Page 模板，从而在应用程序中创建一个新的 PhoneApplicationPage。在本例中，将其名称指定为 LayoutPage.xaml，最后单击 OK 按钮。

向新创建的页面内的 ContentGrid 中添加一个 Canvas，并删除所有被添加到 Canvas XAML 元素中的默认特性。这样 Canvas 就会占据整个 ContentGrid区域。现在从 Toolbox 中任意拖出一个想要放到 Canvas 中的控件。您将看到为每个控件所创建的 XAML 中都使用了两个特殊的 Canvas.Top 和 Canvas.Left 特性，它们指定了控件在 Canvas 中的位置。下面的 XAML 展示了被添加到 Canvas 中的 Button 和 Image 控件。

可从 wrox.com 下载源代码

```
<Canvas>
    <Button  Canvas.Left="61"  Canvas.Top="49"
             Content="Button"  Height="70"  Width="160" />
    <Image   Canvas.Left="64"  Canvas.Top="159" Height="150"
             Stretch="Fill" Width="200" />
</Canvas>
```

LayoutPage.xaml 中的代码片段

Canvas.Top 和 Canvas.Left 称为附加属性(attached property)，因为它们实际上是由父控件附加到嵌套控件中的，在本例中父控件为 Canvas。您会注意到特性名称使用了类似于之前演示过的语法，即通过嵌套的 XML 元素来设置复杂的属性。在运行时，Canvas 负责使用这些属性来确定嵌套控件的显示位置。正如您所看到的，Canvas 具有能够精确指定控件位置的优势，但这通常也是它的弱点，因为这意味着布局无法根据某些场景(例如屏幕方向改变)自动调整。

绝对定位

与构建 Windows Forms 应用程序时使用的控件不同，WPF 和 Silverlight 控件没有用于指定位置的属性。隐含的意思是控件无法自行指定位置，而是由父容器来确定控件的显示位置。实际上，附加属性是父控件用于跟踪与子控件相关的属性的一种方法。例如，Canvas 控件会跟踪嵌套在其中的控件的 Top 和 Left 属性。这些属性会作为嵌套控件的特性通过 Canvas.Top 和 Canvas.Left 语法来进行设置，以表明它们是附加属性。

更复杂的一个布局控件可能是 Grid。到目前为止您已经在好几个示例中见过了，但是在每一个示例中，我们都忽略了 Grid 的工作方式。正如您所想的，Grid 由若干行和列组成。默认情况下为一行一列，如果不指定控件属于哪行哪列，则它们都会被认为属于第一行第一列，并且在彼此的上层堆叠。首先将 Canvas 的高度减少为屏幕高度的一半，然后从 Toolbox 中拖出一个 Grid 放到 ContentGrid 上，这样就在同一个页面中创建了一个 Grid。同样，将除 Margin 外的其他默认特性删除，然后调整 Grid 的大小使其占据页面的剩余空间。当 Grid 被选中时，应当会看到其上侧和左侧出现了边框，如图 3-19 所示。这些边框用于显示行和列的定义位置。

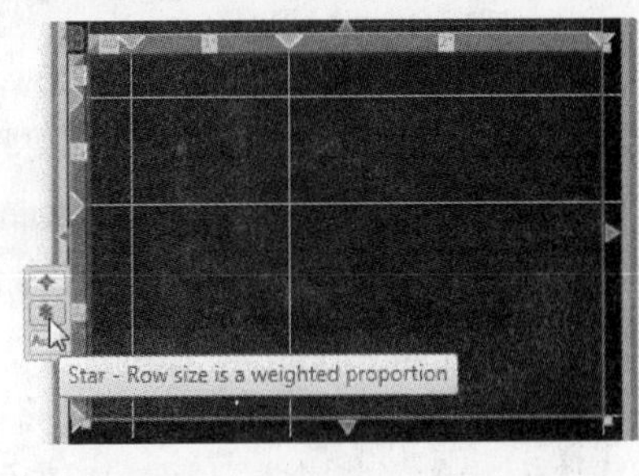

图 3-19

图 3-19 中定义了 4 列：靠近网格左边缘的列绝对宽度为 40，然后是两个成比例的列，比例为 1:2，最后是一个被设为 Auto 的列，它的当前宽度为 0，只能通过网格上边缘的列标志来识别。分别单击边框的左侧或上部即可添加行或列。一旦创建了行或列，如果将鼠标悬停在一行或一列上，将看到如图 3-19 左侧所显示的一个小的浮动工具栏。这三个图标表示如何定义行或列的大小，即设为固定值或绝对值、成比例的值或者 Auto 类型的值。正如您所想的，一个固定的行或列始终会保持相同的大小，不考虑其他行或列以及内容如何改变。自动调整的行和列会自动调整大小以适应嵌套在其中的内容。由于目前还没有向网格中添加内容，所以该列当前的大小为 0，即不可见。成比例的行或列会根据网格中所有剩余的高度或宽度来确定其自身大小。例如，所有固定列和 Auto 列的大小确定后还剩余 150，并且有两个成比例的列宽度分别被设置为 1*和 2*，那么计算后的宽度则为 50 和 100。注意，在数字的后面使用*表示这些宽度是成比例的。此 Grid 布局的 XAML 如下所示：

可从
wrox.com
下载源代码

```
<Grid Margin="0,300,0,0" Name="grid1">
    <Grid.RowDefinitions>
        <RowDefinition Height="40"/>
        <RowDefinition Height="*"/>
        <RowDefinition Height="2*"/>
        <RowDefinition Height="Auto"/>
    </Grid.RowDefinitions>
    <Grid.ColumnDefinitions>
        <ColumnDefinition Width="40"/>
        <ColumnDefinition Width="*"/>
        <ColumnDefinition Width="2*"/>
        <ColumnDefinition Width="Auto"/>
    </Grid.ColumnDefinitions>
```

```
    ...
</Grid>
```

LayoutPage.xaml 中的代码片段

当向 Grid 中添加控件时，将再次看到附加属性的用法，它们用于确定每个控件放置在哪行和/或哪列。如果行或列被省略了，则控件会被假定为放置在第一行或第一列。在 Grid 的最后一行和最后一列处添加一个 Button。Button 的 XAML 如下所示：

```
<Button  Content="Button"  Grid.Column="3" Grid.Row="3" Height="70"  Width="160" />
```

注意代码中是如何通过 Grid.Row 和 Grid.Column 附加属性来指定控件所在的行和列。为了将此 Button 放置到该处，开始时可能需要将 Button 放到另一个单元格中，然后手动修改这些属性。注意当向最后一行和最后一列中添加 Button 时，它们两个会同时调整大小以适应 Button 的高度和宽度。这是由于该行和该列的大小被设置为 Auto。此外注意成比例的行和列在减少大小的同时仍会在彼此之间保持相同的比例。

将控件放到 Grid 中的单元格并不意味着该控件总会被拉伸从而填满整个单元格的空间。您可以设置控件上的一些属性，以便确定如何利用父级控件为其分配的空间。例如，下面的 XAML 在第三行第三列中添加了一个 Ellipse：

```
<Ellipse  Grid.Column="2"  Grid.Row="2"
          Margin="22,22,22,22"  Name="ellipse1" Stroke="Black"  StrokeThickness="1"  />
```

该 Ellipse 的外部 Margin 属性四周均为 22。这块空间将从 Grid 的单元格中减去从而确定 Ellipse 最终的大小和位置。另一种办法是显式地指定 Ellipse 的高度和宽度，如下例所示：

```
<Ellipse  Grid.Column="2"  Grid.Row="2"
          Margin="22,22,0,0" Name="ellipse1" Stroke="Black" StrokeThickness="1"
          HorizontalAlignment="Left"  Width="163"
          VerticalAlignment="Top"  Height="121" />
```

关于呈现上有几点需要注意。首先，右侧和底部的 Margin 现在为 0，这意味着 Ellipse 可能占据了距离单元格左侧及上部 22，到右侧及下部的空间。您可能想知道当分配给 Ellipse 的空间大于由 Width、Height 和 Margins 属性显式指定的大小时会发生什么。答案就是 HorizontalAlignment 和 VerticalAlignment 属性，它们分别被设置为 Left 和 Top。这意味着椭圆总被锚定在距单元格左侧和上部 22 的位置。如果将这些属性设置为 Center，并且椭圆的宽度和高度小于可用空间的大小，就会看到椭圆悬浮在距单元格左侧 22 到单元格右边缘之间的中心位置。图 3-20 所示的椭圆占据了所有的水平空间，但在垂直方向上悬浮在边距(由 margin 指定的值)和单元格边缘之间。

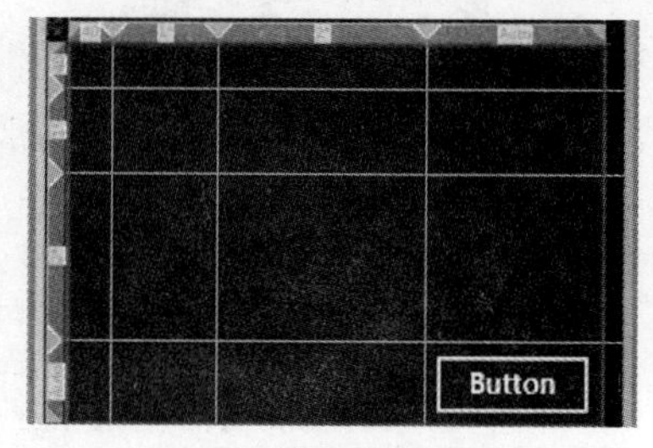

图 3-20

3.4 资源与样式

到目前为止您可能会想，整个 Silverlight 还没有真正提供比 Windows Forms 中更多的东西。本节将介绍如何使用资源和样式来调整控件的外观，而这在 Windows Forms 中几乎是不可能的。

在上一节创建新的 PhoneApplicationPage 时，您可能已经注意到使用花括号设置了 ApplicationTitle TextBlock 的 Style 属性。实际上这意味着表达式的值会在运行时进行计算，属性会被设置为计算后的值，而无需再使用硬编码的值。本例使用名为 PhoneTextNormalStyle 的 StaticResource 来设置 Style 属性：

```
<TextBlock x:Name="ApplicationTitle" Text="MY APPLICATION"
           Style="{StaticResource PhoneTextNormalStyle}"/>
```

在 WPF 中，可以在应用程序中使用两种类型的资源：StaticResource 和 DynamicResource。本质的区别在于，当 XAML 初次加载时就完全计算出了 StaticResources，而 DynamicResource 在请求对象的实例时才会被计算。而在 Silverlight 中，也就是 Windows Phone 开发中，只需关注 StaticResources。

当加载 XAML 时，StaticResources 的解析是通过沿 XAML 树查找所有资源字典中的资源来完成的。如果在当前页面的任何位置都没有找到，则会查询位于 App.xaml 文件中的应用程序范围的资源字典。在本例中，PhoneTextNormalStyle 资源实际上位于可供所有 Windows Phone 应用程序使用的全局资源字典中。

资源字典(resource dictionary)仅仅是一个具名.NET 对象的集合，在应用程序中可供重复使用。在下面的代码片段中，可以看到两个在应用程序范围资源字典中定义的资源：Color 以及 SolidColorBrush。每个 XAML 元素的 x:Key 特性都声明了一个从代码中访问资源时所需的键。您还会注意到 SolidColorBrush 资源实际上引用了 Color 资源。这两个资源的顺序非常重要。如果先定义 SolidColorBrush 资源，当解析器尝试定位一个尚未被添加到资源字典中的资源时会抛出异常。

可从
wrox.com
下载源代码

```
<Application.Resources>
    <Color x:Key="ButtonBackgroundColor">#FFFF5C5C</Color>
    <SolidColorBrush x:Key="ButtonBackgroundBrush"
                     Color="{StaticResource ButtonBackgroundColor}"/>
</Application.Resources>
```

App.xaml 中的代码片段

如果观察在创建新的 PhoneApplicationPage 时被默认创建的 TextBlock，会看到它们的 Style 属性都是通过一个特性来进行设置的。值得注意的是任何应用了 Style 资源的控件都可以使用该资源来设置很多属性。Style 属性被定义在 FrameworkElement 类(Silverlight 控件的一个父类)中，用于将一系列属性设置器分组。不是手动将一系列相同的属性值应用到多个控件以便保持一致的外观，可以定义单独的 Style 对象，然后指定多个控件的 Style 属性来加以应用。下面的样式被作为资源在页面中声明，用来设置 FontFamily 和 FontSize 属性。

```
<phone:PhoneApplicationPage.Resources>
    <ResourceDictionary>
        <Style x:Key="MyBaseStyle" TargetType="TextBlock">
            <Setter Property="FontFamily"
                    Value="{StaticResource PhoneFontFamilySemiLight}"/>
            <Setter Property="FontSize"
                    Value="{StaticResource PhoneFontSizeLarge}"/>
        </Style>
    </ResourceDictionary>
</phone:PhoneApplicationPage.Resources>
```

我们来看看 XAML，您会注意到其中还定义了一个 TargetType 特性，它用来确定可以应用该 Style 的控件类型。在本例中，Style 被定义为应用于所有 TextBlock 控件。Style 还可以从其他 Style 继承。例如，您可能有一个定义了 FontFamily 和 Foreground 的 Style。然后定义了一个从它继承的 Style，并指定了 Foreground 属性。可将下面的代码片段添加到页面中的 LayoutRoot Grid 之前。它将两个 Style 资源添加到了 PhoneApplicationPage 范围中。

可从
wrox.com
下载源代码

```
<phone:PhoneApplicationPage.Resources>
        <Style x:Key="MyBaseStyle" TargetType="TextBlock">
            <Setter Property="FontFamily"
                    Value="{StaticResource PhoneFontFamilySemiLight}"/>
            <Setter Property="FontSize"
                    Value="{StaticResource PhoneFontSizeLarge}"/>
        </Style>
        <Style x:Key="MyTextBlockStyle"
            TargetType="TextBlock" BasedOn="{StaticResource MyBaseStyle}">
            <Setter Property="Foreground"
                    Value="{StaticResource PhoneForegroundBrush}"/>
        </Style>
</phone:PhoneApplicationPage.Resources>
```

LayoutPage.xaml 中的代码片段

3.4.1 控件模板

本章前面介绍过如何在 ContentControl(例如 Button)的 Content 属性中放置一个任意复杂的 XAML 树了。这种方式可以更改单个控件的外观。然而，如果要对列表中的每一项或者应用程序中的每个按钮都做这件事情，那么无论编写还是维护都需要完成大量重复性工作。幸运的是，使用与 Style 类似的概念，可创建一个能在多个控件上应用的控件模板。

虽然在 Visual Studio 或 Blend 中都可以编写 Control 的模板，但您会发现 Blend 中的设计器支持意味着您可以少写很多代码。首先打开 Blend，然后选择之前创建的 Load in WebBrowser Control 按钮。为此按钮提供一个圆角边框以便与主页面中的深红色边框相匹配。接着右击按钮，选择 Edit Template | Edit a Copy。系统将提示您为新模板命名，在本例中将其命名为 BrowserButton，并且选择模板的归属位置。如果准备在整个应用程序中重用该模板，则应将其放在 App.xaml 文件中。而本例中只在此页面中使用该模板。单击 OK 后，Blend 会为已有的 Button 模板复制一份副本，以便您对其进行调整，然后打开该模板，即可对其进行更改。图 3-21 中新创建的 BrowserButton 模板已经被打开并处于待编辑状态，因为它已经被列出在 Objects and Timeline 窗口的顶部。它的下面是模板内容，其中包含一个 Grid，然后是一个 Border，最后是一个 ContentControl。

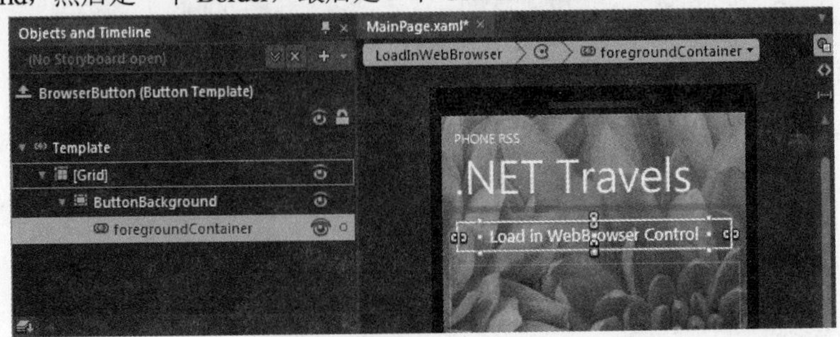

图 3-21

本例将对 ButtonBackground Border 控件做些简单调整，从而为该按钮提供一个圆角边框，它与添加到页面内容周围的边框类似。在 Objects and Timeline 窗口中，选择 ButtonBackground 节点，然后在 Properties 窗口的 Brushes 区域找到 BorderBrush。单击 BorderBrush 颜色旁的黄色方格，从下拉列表中选择 Reset，如图 3-22 所示。黄色方格表明这个值进行了数据绑定，通过对其进行重置，现在可以显式设置 BorderBrush 了。

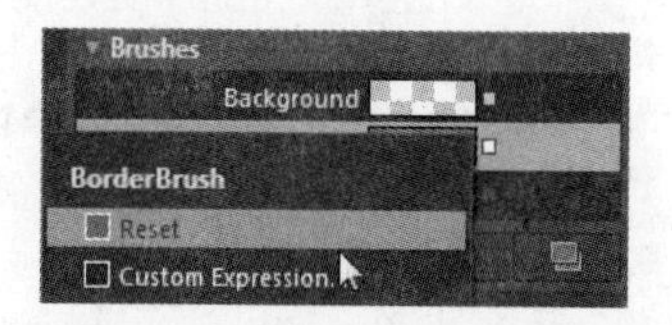

图　3-22

将 BorderBrush 改为一种纯色画刷，然后使用 Color Editor 将颜色更改为#98AB0000。接下来跳转到 Appearance 区域，重置 BorderThickness 属性。将 BorderThickness 的所有边都设为 10，并将 CornerRadius 设为 20。编辑完模板后，可以单击屏幕顶部 MainPage.xaml 选项卡下方的 LoadInWebBrowser 标签(如图 3-21 所示)来退出 Template Editing 模式。如果进入 XAML 视图，可以看到此模板的创建会向 MainPage.xaml 中添加一大块非常复杂的 XAML 代码。下面的摘录部分展示了该模板的主要结构。

可从
wrox.com
下载源代码

```
<phone:PhoneApplicationPage.Resources>
  <Style x:Key="BrowserButton" TargetType="Button">
  ...
    <Setter Property="Template">
      <Setter.Value>
        <ControlTemplate TargetType="Button">
          <Grid Background="Transparent">
            ...
            <Border x:Name="ButtonBackground"
                    Background="{TemplateBinding Background}"
                    CornerRadius="20"
                    Margin="{StaticResource PhoneTouchTargetOverhang}"
                    BorderBrush="#98AB0000" BorderThickness="10">
                <ContentControl x:Name="foregroundContainer"
         ContentTemplate="{TemplateBinding ContentTemplate}"
         Content="{TemplateBinding Content}"
         Foreground="{TemplateBinding Foreground}"
         FontSize="{TemplateBinding FontSize}"
         FontFamily="{TemplateBinding FontFamily}"
         HorizontalAlignment="{TemplateBinding HorizontalContentAlignment}"
        Padding="{TemplateBinding Padding}" VerticalAlignment="{TemplateBinding
         VerticalContentAlignment}"/>
            </Border>
          </Grid>
        </ControlTemplate>
      </Setter.Value>
    </Setter>
  </Style>
</phone:PhoneApplicationPage.Resources>
```

MainPage.xaml 中的代码片段

有趣的是，此模板已经被嵌套在一个 Style 资源中。如需应用此模板，实际上只需设置 Style 属性，它会间接配置 Button 控件的 Template 属性。如果进一步查看 MainPage.xaml 文件，会发现 Expression Blend 已将 Button 的 XAML 修改成如下所示：

可从
wrox.com
下载源代码

```
<Button Content="Load in WebBrowser  Control" x:Name="LoadInWebBrowser"
      VerticalAlignment="Top" Click="LoadInWebBrowser_Click"
      Style="{StaticResource BrowserButton}" />
```

MainPage.xaml 中的代码片段

将此 Style 应用于 Button 时，它会设置一些属性(为了简洁起见，上面的代码片段有删节)，然后设置 Template 属性。Template 属性被设置为添加了边框的 ControlTemplate。通过更改 Button 的 ControlTemplate，可以控制按钮的总体外观和样式。

如果只想改变单个按钮，可显式创建 ControlTemplate，然后直接设置 Template 属性。例如，下面定义了一个只在中间部分包含一个椭圆的 ControlTemplate。

```
<Buton x:Name="CustomButton">
  <Button.Template>
    <ControlTemplate x:Key="CustomTemplate" TargetType="Button">
      <Grid>
        <Ellipse Fill="#FFA3A3F9" Margin="170,8,159,8" Stroke="Black"/>
      </Grid>
    </ControlTemplate>
  </Button.Template>
</Button>
```

在 Blend 中，通过几行 XAML 或点击几下鼠标按钮，Silverlight 就可以彻底改变任何控件的外观和样式。在 Windows Forms 项目中尝试一下吧！

3.5 主题

上一节介绍了一些可供所有 Windows Phone 应用程序使用的全局资源。虽然这些资源看起来与您定义的任何资源都一样，但实际上还是存在些许差异的。这些特殊的资源会从当前 Windows Phone 设备所使用的主题中获得值。如果转到 Windows Phone 中的 Settings | Themes，可以看到有两种 Background 颜色(Dark 和 Light)以及许多 Accent 颜色，如图 3-23 所示。更改主题将会改变为应用程序所使用的资源分配的值。

图 3-23

如果观察 Visual Studio 的 Toolbox 中可用的控件，会注意到它们可以适应当前主题的变更细节，如前景色和背景色。例如，没有在白色背景上使用白色文本。标准控件能够实现这一点，就是因为使用了标准资源，例如 PhoneBackgroundBrush。如果自定义控件的样式，同样应当确保尽可能使用这些资源，而非使用硬编码的颜色细节和画刷细节。

当选择不同主题时，应该注意的一件事情就是应用程序的外观。图 3-24 显示了本章所构建的应用程序分别运行在 Dark 和 Light 主题下的情形。您会发现比起 Dark 主题，在 Light 主题(黑色文本)下文本会比较难于辨认。

可以采用多种方法解决此问题。第一种方法是在应用程序启动时检测所运行的主题，然后相应地更改页面的背景。例如，以下代码检测 PhoneBackgroundBrush 是否为 White，如果条件成立则认为是 Light 主题。

可从
wrox.com
下载源代码

```
var backgroundBrush = this.Resources["PhoneBackgroundBrush"] as SolidColorBrush;
if (backgroundBrush.Color == Colors.White){
    // Light Theme
}
else{
    // Dark Theme
}
```

MainPage.xaml.cs 中的代码片段

解决该问题的第二种方法是修改背景图像的不透明度从而使部分背景色可以穿过。在这种情况下，当运行 Dark 主题时，黑色背景会加深背景图像，使得白色文本更容易读取。此外，当运行 Light 主题时，浅色背景会使图像变亮，使得黑色文本更容易读取。图 3-25 显示了背景图片的不透明度被设置为 50%的 Dark 图 3-25(a)和 Light 图 3-25(b)主题。

图 3-24

(a)

(b)

图 3-25

系统资源

为 Windows Phone 应用程序定义的诸多资源都基于设备的当前主题。图 3-26 展示了可用的 System Brushes 列表以及 Style 资源列表，前者位于 Properties 窗口中颜色选择器的 Brush Resources 选项卡中。注意只显示适用于当前所选项的 Style 资源(如本例中的 TextBlock)。这两个列表还包含了定义在本地或应用程序范围资源字典中的项。

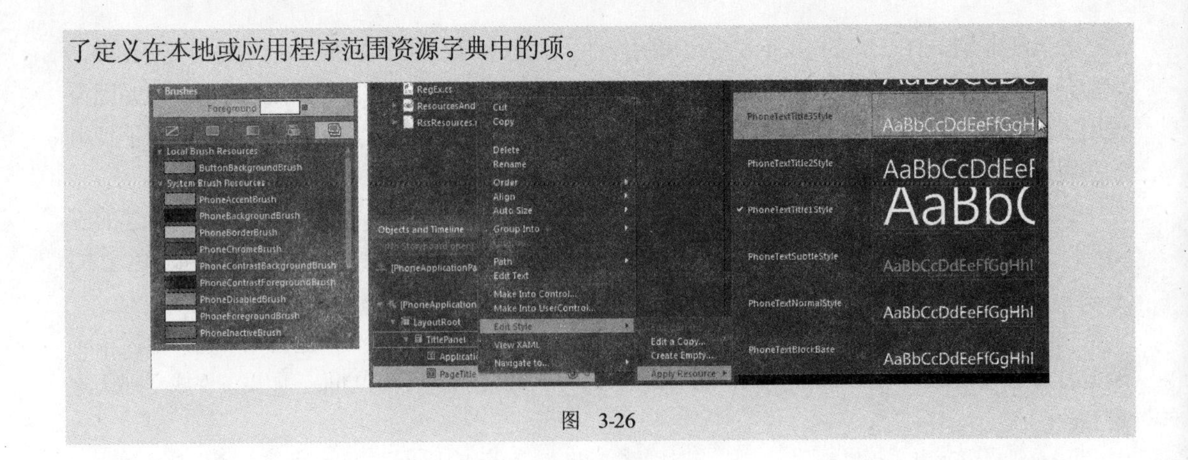

图 3-26

3.6 小结

本章介绍了红线准则以及如何将它们运用到应用程序的设计和构建过程中。此外还见到了如何结合使用 Windows Phone 开发工具和工具箱中的控件集。

Silverlight 的运用使得 Windows Phone 平台的功能变得十分丰富。如果要修改或扩展默认的控件，可以重写控件的 Style 或 Template，或者将二者同时重写。使用 Windows Phone 主题资源意味着可以使应用程序适应用户手机的主题设置。

第 4 章

添加运动效果

本章内容

- 为什么运动效果会成为构建 Windows Phone 时至关重要的考虑因素
- 什么是视觉状态以及如何在视觉状态之间进行过渡
- 如何使用动画在状态之间过渡
- 使用全景控件和枢轴控件构建一致的用户体验

如果观察大多数的计算机，会发现它们都是为坐在桌旁的人设计的。而手机不同于大多数计算机——它们已成为我们的移动生活中不可分割的一部分。用户一直期待他们的手机能够了解他们身处何地以及他们正在做什么。他们还期望能借助应用程序中富有创意地运用运动效果来找到一种与他们的生活方式相一致的体验。

可以通过多种方式展现运动效果：可以改变视觉状态从而反映某种交互形式，可以通过控件或数据所带有的动画，或者可以借助页面与视图之间的平滑过渡。本章将介绍如何构建并使用视觉状态(visual state)和动画(animation)，以及如何在 Windows Phone 平台中构建全景视图和枢轴视图。

4.1 视觉状态管理

您可能想知道状态管理与在应用程序中添加运动和动画有何关系。动画常用于在应用程序或控件的两个不同的视觉状态之间进行过渡。事实上，我们通常使用开始状态和结束状态这两个术语来描述动画。所以在构建动画之前，首先需要知道如何定义并使用状态。

这一切听起来非常理论化，所以我们要列举实际的示例。首先使用 Windows Phone Application 项目模板创建一个新项目。接着，向 ContentGrid 中添加一个按钮，并将其 x:Name 设置为 PressMeButton。运行该应用程序，然后按下按钮。虽然按钮不做任何事情，但您应该会注意到，按钮的外观(即按钮的视觉状态)发生了变化。如图 4-1 所示，其中图 4-1(a)显示的是正常的，即处于 unpressed 状态的按钮，图 4-1(b)显示的是处于 pressed 状态的按钮。

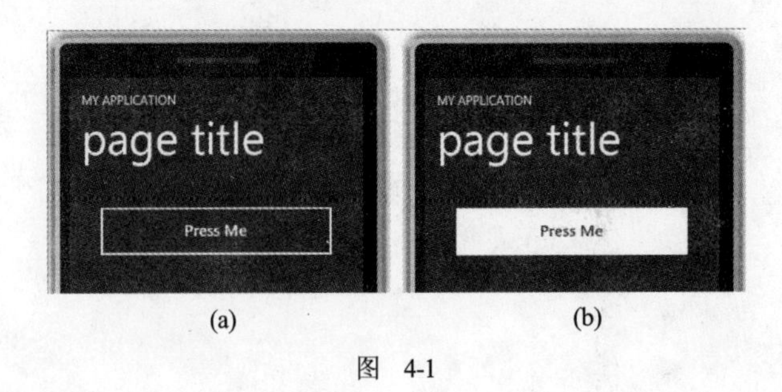

(a) (b)

图 4-1

Button 控件与很多控件相同，也有几种不同的视觉状态，尽管其中有些是互斥的，诸如 Normal 和 Pressed 状态，但其他的仍可以同时处于活动状态。例如，按钮可以同时处于 Pressed 和 Focused 状态。

控件所处的不同状态是在类的定义中以代码的形式进行定义的。例如，以下内容是 Button 类定义的一部分：

```
[TemplateVisualState(Name="Unfocused",  GroupName="FocusStates"),
 TemplateVisualState(Name="Focused",  GroupName="FocusStates"),
 TemplateVisualState(Name="Pressed",  GroupName="CommonStates"),
 TemplateVisualState(Name="Disabled",  GroupName="CommonStates"),
 TemplateVisualState(Name="Normal",  GroupName="CommonStates"),
 TemplateVisualState(Name="MouseOver",  GroupName="CommonStates")]
public class  Button  : ButtonBase
```

您会注意到每个 Button 的状态都是通过一个 TemplateVisualState 特性来进行声明的。单个状态还可以通过 GroupName 属性来进行分组。通过将 Normal 和 Pressed 状态放到同一组中，Silverlight 就会知道应用程序同一时刻只能处于一组中的某个状态。同样，Focused 和 Unfocused 状态属于不同的组，因为按钮在被定义为获得焦点的同时不会失去焦点。

按钮模板的视觉状态

您可以通过以下几种方式来查看诸如按钮这类控件的可用模板状态列表。一种方法是使用诸如 RedGate 公司的.NET Reflector 这类工具(www.red-gate.com/products/reflector)来对类进行反汇编。要查看 Button 类的声明，需在.Net Reflector 中打开 System.Windows.dll 并在 System.Windows.Controls 名称空间中选择 Button 类。按空格键打开 Disassembler 窗口，此时会显示之前看到的包含 TemplateVisualState 特性的类声明。

TemplateVisualState 特性只描述了每个可用控件状态的名称，并不提供任何当状态被激活时会发生哪些视觉更改的定义。相反，此信息定义在了 Button 的底层控件模板中。也就是说当用户点击一个按钮时，Button 控件的实现逻辑会将当前状态设置为 Pressed。然后由模板来定义如何对此状态的更改进行可视化表达。

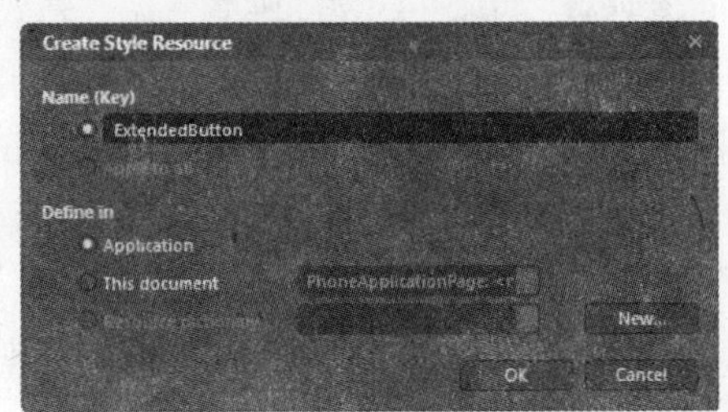

图 4-2

让我们通过制作默认 Button 模板的副本并扩展其视觉样式来展开进一步的探讨。在 Expression Blend 中打开当前的解决方案，并在 Objects and Timeline 窗口中右击此前创建的 PressMeButton。选择 Edit Template | Edit a Copy，并将其命名为 ExtendedButton，同时指定模板副本的定义位置。在图 4-2 中，可以看到将此模板将

定义在了 Application 级别，这意味着在应用程序内它可以方便地供多个页面重用。

应用程序模板

第 3 章在页面的 XAML 文件中定义了 BrowserButton 模板。这样它的定义就被限制为只在相应页面中可用。为了能在多个页面间重用该模板，可在 Application 级别定义它。本例中的模板是 ExtendedButton 模板，它是 App.xaml 文件的 Application.Resources 一节中的一个 Style 元素：

```
<Application.Resources>
   <Style  x:Key="ExtendedButton" TargetType="Button">
   ...
   </Style>
</Application.Resources>
```

使用此模板的方法与使用其他任何静态资源的方法相同。

```
<Button  . . . Style="{StaticResource  ExtendedButton}" />
```

一旦单击 OK 按钮，默认的 Button 模板就被复制到 App.xaml 文件中，随即会在 Expression Blend 中打开，以便您可以对其进行更改。图 4-3 显示了 Objects and Timeline 窗口和 States 窗口中的模板编辑体验。

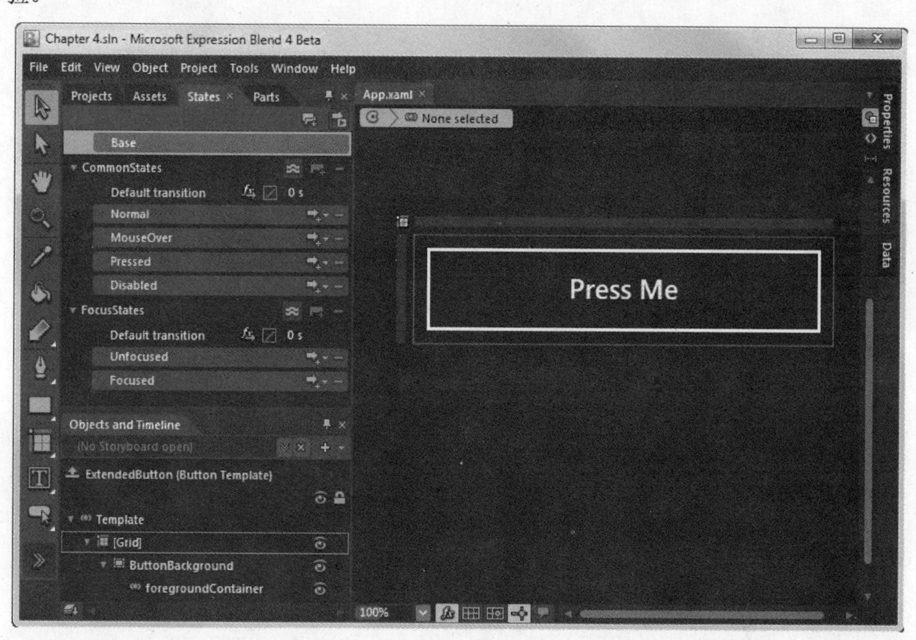

图　4-3

在 States 窗口中，可以看到在新的 ExtendedButton 模板中定义的各种状态。最重要的状态可能就是 Base 状态，它对应于初始状态或未修改的状态。除非被告知转到某个特定的状态，否则 Button 会加载并停留于此状态。

之前您看到了如何使用 Button 类的 TemplateVisualState 特性来定义两个不同的状态组。此处的分组十分清楚，在 CommonStates 和 FocusStates 父节点下面列出了其他不同的状态。在这些分组中都是单个的状态。不要忘了，在同一时刻每个分组内只能有一种状态可以被激活。

您需要扩展该模板，以便包含一个新的状态组，用以指示按钮是否曾被按下。可使用以下这两个状态——HasNotBeenPressed 和 HasBeenPressed——同时将它们定义在一个名为 PressedStatus 的互斥组中。首先单击 States 窗口顶部的 Add state group 按钮，如图 4-4 所示。

当您单击此按钮时，会在 States 窗口的底部创建一个新的状态组，然后该分组会被选中以便您可以立即将其名称改为 PressedStatus。接着单击位于 PressedStatus 分组节点右侧的 Add state 按钮，如图 4-5 所示。

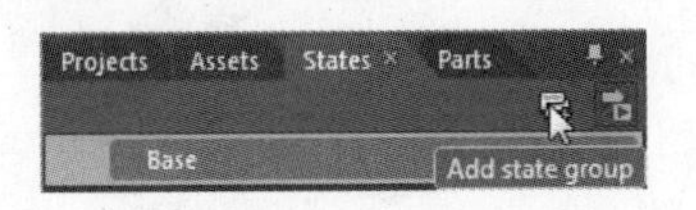

图 4-4

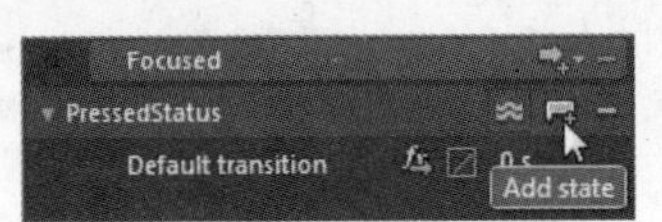

图 4-5

此时新状态会出现在 PressedStatus 节点下，它会再次获得焦点以便您可将名称改为 HasNotBeenPressed。此外您还会注意到状态名称旁边会出现一个红点。这表明您已经进入了 State Recording 模式。这一点可以从主设计区域中呈现出的红色边框和另一个红点以及一条内容为“HasNotBeenPressed state recording is on”的消息得到印证，如图 4-6 所示。重复这些步骤以便添加另一种状态，并将其命名为 HasBeenPressed。

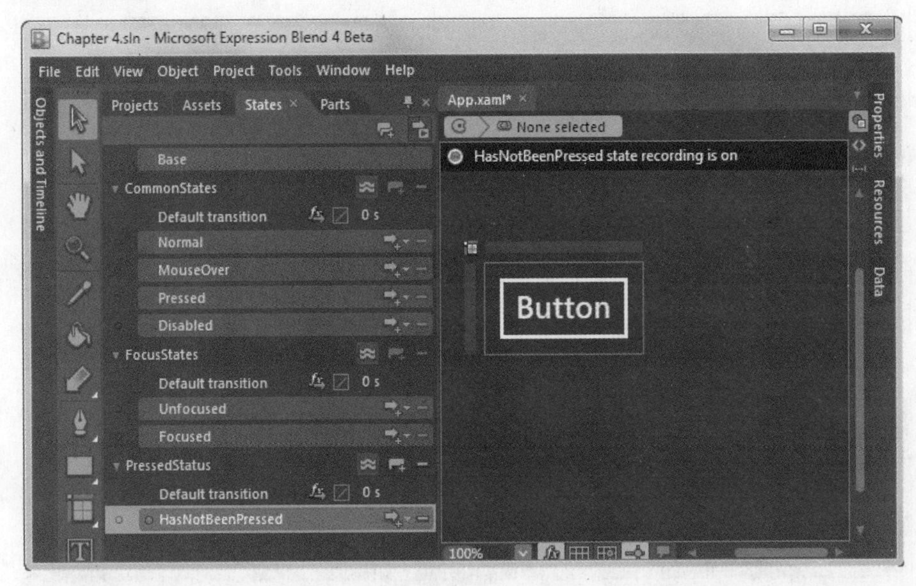

图 4-6

现在，应该会在主设计窗口的上方看到一条内容为“HasBeenPressed state recording is on”的消息。这究竟意味着什么呢？

Expression Blend 中的一个很巧妙的功能就是不仅能够设计页面或控件的静态视图，而且还能对它们所拥有的不同状态做细微的修改。当您进入 State Recording 模式后，Blend 会在设计器上启用更改跟踪。您所做的任何更改都会作为与 Base 状态的差别被记录到指定状态中。

您可能会认为这些与状态记录有关的指示器有些多余。但您要提高警惕：意外将 State Recording 模式保持为开启状态会在将来产生意想不到的效果。例如您要修改 Base 状态，更改字体以便它能够被应用于所有控件的状态，而意外地在 State Recording 模式中修改了字体。然后运行应用程序时，您会感到十分沮丧，因为想不出为什么字体没有发生更改。实际上字体确实发生了更改，但只发生在正在记录时所更改的那个状态中。没有什么“金弹”可以解决这个问题——您只能注意在进行更改时出现的红色边框——它真的应该出现吗？

为了指示按钮已被按下，需要在按钮右上角添加一个蓝点。它只在按钮处于 HasBeenPressed 状态时可见。不过，您要在按钮的 Base 状态下添加该蓝点，而非在按钮被按下时动态创建蓝点。该蓝点最初是隐藏的，当单击按钮时才可见。

要实现这一点，则需确保已经在 States 窗口中选中了 Base 状态，而且设计区域周围没有红色边框。从 Objects and Timeline 窗口中选中[Grid]节点。打开 Assets 窗口并导航到 Shapes，然后双击 Ellipse 从而在 Grid 中创建 Ellipse 控件的实例。在 Properties 窗口中，将 Fill 和 Stroke 均设置为颜色为#FF0000FF(Blue)的纯色画刷。将 Ellipse 的宽度和高度调整为 10。将 HorizontalAlignment 设置为 Right，VerticalAlignment 设置为 Top，Margin 的 Top 和 Right 这两侧设置为 20。最后将 Visibility 设置为 Collapsed 以便使该点默认情况下不可见。

在 States 窗口中，选择 HasBeenPressed 状态。您会注意到红点和红色边框再次出现，以指示正在记录当前状态和 Base 状态之间的更改。在此阶段，只需更改蓝点的 Visibility 属性，以便每当 HasBeenPressed 状态被激活时蓝点就会出现。为此，在 Objects and Timeline 窗口中选择 Ellipse 节点。然后从 Properties 窗口的 Appearance 区域，将 Visibility 属性更改为 Visible。执行此操作时，应该会看到出现在 Objects and Timeline 窗口中 Ellipse 节点下的 Visibility 属性，它指示该属性已由此状态更改过。图 4-7 说明了进行此更改后 HasBeenPressed 状态的显示方式。

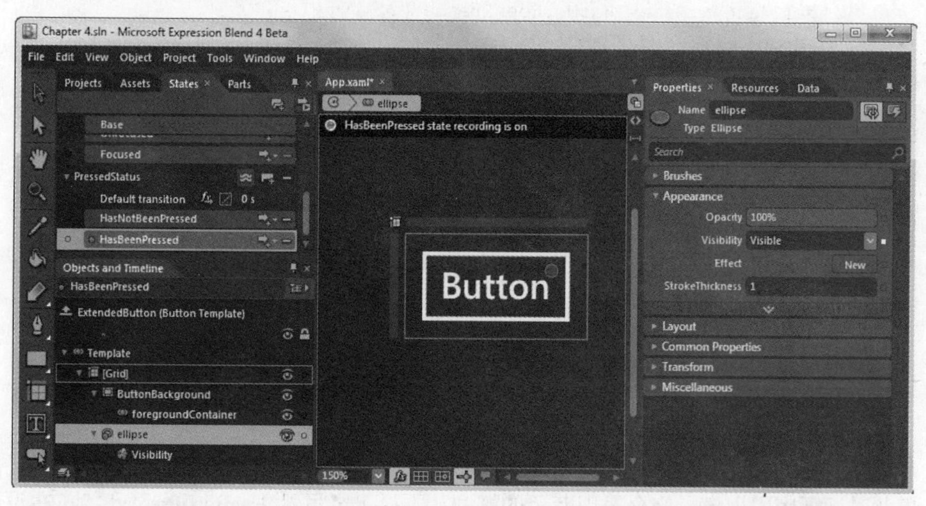

图　4-7

定义 HasBeenPressed 状态后，可以单击 States 窗口中的 Base 和 HasBeenPressed 状态来验证其

行为。您会看到蓝点会适时地出现和消失。

现在快速浏览一下 Blend 为这种新状态生成的 XAML。如果改成 XAML 视图并定位到 ExtendedButton 模板，有几点值得注意。首先，如果您观察 ControlTemplate，会看到 Ellipse 如预期一样被创建在 Grid 中。ControlTemplate 元素的内容实际上就是控件的 Base 状态：

```
<ControlTemplate TargetType="Button">
    ...
    <Grid Background="Transparent">
        <Border x:Name="ButtonBackground" ... >
            <ContentControl x:Name="foregroundContainer" ... />
        </Border>
        <Ellipse x:Name="ellipse" Fill="Blue" HorizontalAlignment="Right"
                Height="10" Width="10"
                Margin="0,20,20,0" Stroke="Blue" VerticalAlignment="Top"
                Visibility="Collapsed"/>
    </Grid>
</ControlTemplate>
```

此外您还会注意到 VisualStateManager.VisualStateGroups 元素中包含了很大一块 XAML。VisualStateManager 类负责管理应用程序中控件的状态和过渡。它公开一个静态属性 VisualStateGroups，您可以将每个状态组都添加到其中。状态随后被添加到这些状态组中。在以下的代码片段中，可以同时看到 HasNotBeenPressed 和 HasBeenPressed 状态。HasNotBeenPressed 状态没有任何子元素，因为您没有修改此状态所以这与预期相符，它与 Base 状态完全相同。另一方面，HasBeenPressed 状态包含一个故事板，而且嵌套在几层更深级别内的是一个值为 Visible 的 Visibility 元素。实际上故事板定义了当 Button 获得此状态时，Ellipse 的 Visibility 属性会被设置为 Visible。本章后面将介绍更多有关动画故事板和关键帧的内容。

```
<VisualStateManager.VisualStateGroups>
    ...
    <VisualStateGroup x:Name="PressedStatus">
        <VisualState x:Name="HasNotBeenPressed"/>
        <VisualState x:Name="HasBeenPressed">
            <Storyboard>
                <ObjectAnimationUsingKeyFrames
                  Storyboard.TargetProperty="(UIElement.Visibility)"
                  Storyboard.TargetName="ellipse">
                    <DiscreteObjectKeyFrame KeyTime="0">
                        <DiscreteObjectKeyFrame.Value>
                            <Visibility>Visible</Visibility>
                        </DiscreteObjectKeyFrame.Value>
                    </DiscreteObjectKeyFrame>
                </ObjectAnimationUsingKeyFrames>
            </Storyboard>
        </VisualState>
    </VisualStateGroup>
</VisualStateManager.VisualStateGroups>
```

如果此时运行应用程序，您会发现蓝色的椭圆从不显示。虽然 HasBeenPressed 状态在设计时可以正常工作，但您没有指定 Button 应该在何时或者如何进入此状态。为此，在 Projects 窗口中打开 MainPage.xaml。选择 Press Me 按钮，然后在 Properties 窗口的 Events 选项卡中双击 Click 事件旁边的空白单元格。这将为 Button 的 Click 事件创建一个事件处理程序，可按如下方式进行指定：

可从
wrox.com
下载源代码

```
private void PressMeButton_Click(object sender, System.Windows.RoutedEventArgs e){
    VisualStateManager.GoToState(this.PressMeButton,"HasBeenPressed",true);
}
```

MainPage.xaml.cs 中的代码片段

此代码片段在每次单击 PressMeButton 按钮时，都使用 VisualStateManager 的 GoToState 静态方法将 HasBeenPressed 状态赋值给该按钮。最后一个参数指示是否使用过渡。您将在本章后面有关动画的上下文中了解该内容，目前，先将此参数设置为 true 以便启用过渡。

此时您可能想知道既然 HasNotBeenPressed 状态与 Base 状态没有区别，为什么还要如此费力地去创建它。嗯，这个小秘密就是 VisualStateManager 无法重置或使控件返回到 Base 状态。如果您思考一下，就会发现在大多数情况下这并不是我们所期望的。例如，考虑一下 Button 的 Pressed 和 Focused 状态，您可能还记得这些状态属于不同的状态组，这意味着可以独立应用它们。因此，一个按钮可能同时处于 Pressed 和 Focused 状态。例如将手指放到按钮上时这种情况很常见。不过，当用户将手指从按钮上抬起时，控件会变为 unpressed(正常)状态，但它仍然具有焦点。如果将手指从按钮上抬起时使其返回到 Base 状态，则它看起来就不再具有焦点了。对于此问题推荐的解决方案是为每个 VisualStateGroup 定义一个默认为空的状态。换句话说，就像 HasNotBeenPressed 一样，它没有更改 Base 状态的任何属性。

在带有很多视觉状态的大型应用程序中，非常有必要为默认状态确立一个命名约定。因为视觉状态的名称必须是唯一的，所以有必要将模板的名称与状态组的名称结合起来。例如，Default_ExtendedButton_PressedStatus 立刻就能表明此状态是 ExtendedButton 模板中 PressedStatus 分组的默认状态。

当您希望重置某个特定的状态而不影响其他状态时，可以告知 VisualStateManager 转到分组默认状态。为了演示这一点，在 Projects 窗口中打开 MainPage.xaml，并将另一个按钮拖动到页面中。将此按钮的内容修改为 Reset Pressed Status，同时从 Events 选项卡中为 Click 事件关联一个事件处理程序，代码如下所示：

可从
wrox.com
下载源代码

```
private  void ResetPressedStatus_Click(object sender, RoutedEventArgs e){
    VisualStateManager.GoToState(this.PressMeButton,"HasNotBeenPressed",true);
}
```

MainPage.xaml.cs 中的代码片段

如果运行应用程序，当按下 Press Me 按钮时将显示一个蓝点。无论您是否将手指从按钮上释放，蓝点都会继续存在，这表明它仍然处于 HasBeenPressed 状态。当您单击 Reset Pressed Status 按钮后，会将 HasNotBeenPressed 状态赋给 Press Me 按钮，由于 HasNotBeenPressed 状态将 HasBeenPressed 状态(属于同一状态组)所做的更改进行了还原，所以蓝点会被删除。有趣的一点是 VisualStateManager 十分智能，它可以计算出需要更改哪些属性以及它们应该具有哪些值，这样，尽管 HasNotBeenPressed 状态为空，VisualStateManager 同样可以还原 HasBeenPressed 状态所做的更改。

您已经看到了如何使用状态来管理控件的外观。这种技术还可用于管理应用程序中整个页面的布局。实际上您将要遵循的过程与创建 VisualStateGroup、添加状态然后添加状态间过渡是相同的。下一章将介绍这些内容，届时您将看到多种处理设备方向的方式。

4.2 行为

上一节介绍了如何使用 Blend 提供的设计器工具来直观地定义额外的视觉状态。但当您希望 Button 进入其中某一种状态时，就会“落入”到代码中。您可在 XAML 中做如此多的工作，但在最后一步却要以编程方式完成看起来似乎有些别扭。另一个更重要的问题是必须为每个使用 ExtendedButton 模板的按钮复制这份代码。理想情况下，您只希望为一个按钮应用 ExtendedButton 模板，并根据需要使蓝点自动出现。

好消息是，一种名为 Behavior(行为)的 Silverlight 特性可以帮助您做到这一点。在您学习如何创建自定义的行为之前，先来看一个名为 GoToStateAction 的行为如何替换之前在应用程序中手工编写的 C#代码。首先从 MainPage 中删除现有的 Press Me 按钮的 Click 事件处理程序(需要同时从.cs 文件以及 Properties 窗口的 Click 事件中删除该方法)。

上一步既可在 Visual Studio 也可在 Expression Blend 中完成。不过，您可能希望使用 Blend 来编辑 App.xaml 中的 ExtendedButton 模板。

编辑资源

当您打开 App.xaml 文件时，可能看到一条内容为 App.xaml cannot be edited in design view 的消息。事实并非如此——它只是不知道您要编辑哪些内容，因为 App.xaml 不是应用程序中的页面。相反，App.xaml 文件包含了资源，所以如果打开 Resources 窗口，将看到包含在应用程序 App.xaml 中所有资源的列表。单击要编辑的资源旁的图标，在本例中是 ExtendedButton，在主编辑器中打开它，如图 4-8 所示。

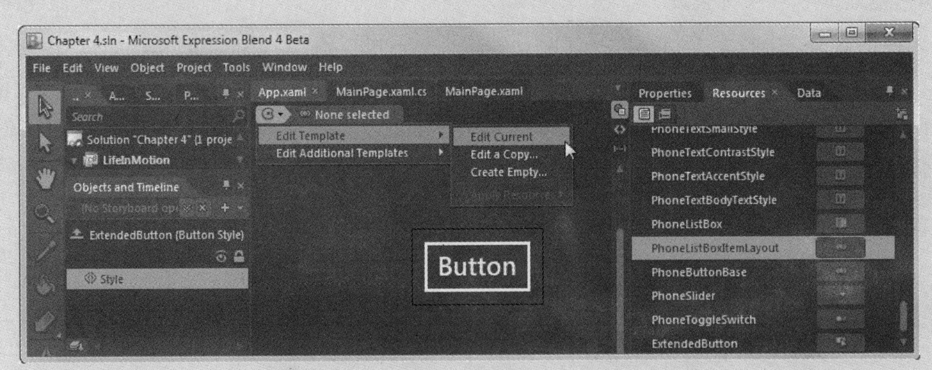

图 4-8

在这种情况下，真正显示的内容其实是 Style 本身。如果您还记得，模板实际上嵌套在一个 Style 资源中。所以，要编辑模板，您必须从屏幕顶部选择 Edit Template | Edit Current。

打开 ExtendedButton 模板进行编辑时，从 Assets 窗口的 Behaviors 节点将 GoToStateAction 移到 Objects and Timeline 窗口的[Grid]节点中。然后，在 Properties 窗口中，确保选中 EventName 下拉列

表中的 MouseLeftButtonDown，同时为 StateName 选择 HasBeenPressed 状态。该按钮公开了 Click 事件，而 Grid 并没有公开，只是公开了原始的鼠标事件(如左键按下和左键抬起)。控件应如图 4-9 所示。

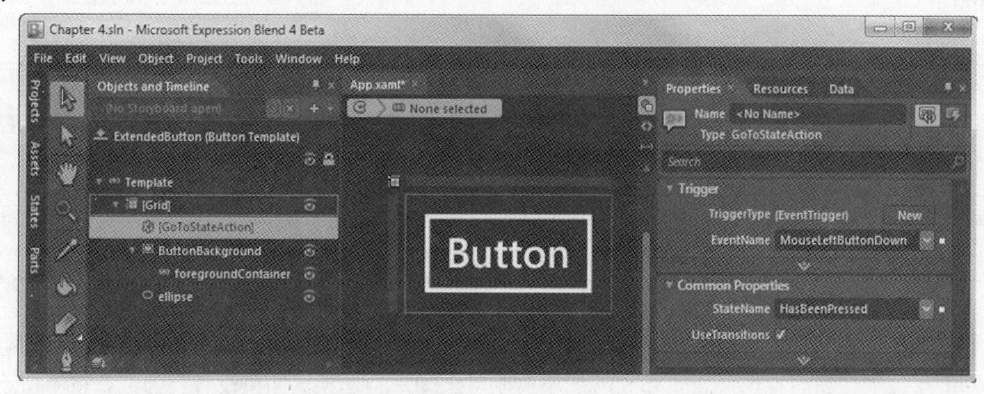

图　4-9

重新运行应用程序，您应该看到：它的行为与之前的版本别无二致。GoToStateAction 行为会监听 EventName 属性指定的事件。当该事件引发时，会调用 VisualStateManager 转到由 StateName 属性定义的状态。

您刚才看到了如何使用行为作为控件模板的一部分来触发基于事件的状态更改。在本例中，MouseLeftButtonDown 事件会触发 HasBeenPressed 状态的更改。还可在应用程序中将行为与控件的事件直接关联。如果您还记得，您为 Reset Pressed Status 按钮添加过 Click 事件处理程序从而使 Press Me 按钮的状态返回到 HasNotBeenPressed 状态。现在可将其替换为 GoToStateAction 行为。

在 Projects 窗口中打开 MainPage，并删除 Click 事件处理程序。然后从 Assets 窗口中将 GoToStateAction 拖动到 Reset Pressed Status 按钮上。这一次，除了将 EventName 设置为 Click 以及将 StateName 设置为 HasNotBeenPressed 外，还要将 TargetName 属性改为 PressMeButton，如图 4-10 所示。默认情况下，GoToStateAction 行为会将与它相连的元素的状态作为目标或对其进行更改。在本例中，希望使用 Reset Pressed Status 按钮的 Click 事件来更改名为 PressMeButton 按钮的状态。更改 TargetName 属性的值已经指明了此意图。

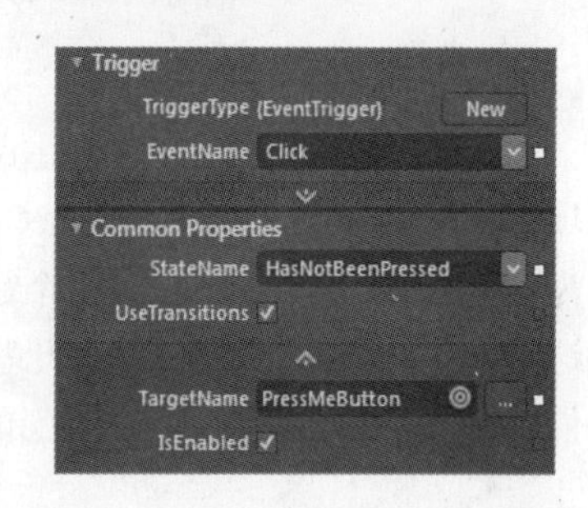

图　4-10

行为使您可以向 Silverlight 页面或控件中添加功能，而无需编写代码。理念就是允许开发人员封装少量常见的基于行为的逻辑(例如，为响应事件的引发而更改视觉状态)，同时允许设计人员使用 Blend 对其进行配置并将其应用于一个或多个 XAML 元素，以此来对其进行打包。正如您所见，这是通过从 Assets 窗口将行为拖动到 Objects and Timeline 窗口中的元素上来实现的。通过设置不同的属性，设计人员可以定义应用程序的行为，而无需开发人员编写额外代码。

从开发人员角度看，共有三类行为，如表 4-1 所示。

表 4-1 行　为

基　类	用　法
Behavior<T>	这是行为中最简单的形式，它只公开了可以重写的 OnAttached 和 OnDetaching 方法。通常使用它们来为 AssociatedObject(行为所附加到的 XAML 元素)关联事件处理程序
TriggerAction<T>	行为中最常见的一种形式，为响应事件而调用某种操作。例如，您可能希望在用户单击按钮时导航到一个页面。TriggerAction 允许设计人员指定行为应观察与之相关联的控件的哪一个事件。当事件触发时调用可以重写的 Invoke 方法
TargettedTriggerAction<T>	最后一种行为是 TriggerAction 的一个扩展，它允许设计人员指定目标元素。可以在 Invoke 方法中引用 Target 元素，此元素可能与行为所附加到的元素不同

要感受如何编写行为，需要为按钮添加一些额外的视觉效果。第一个效果就是调整背景的不透明度，每次按下按钮时在纯色背景和 50%的不透明度之间进行切换。如果没有行为，您将不得不在代码完成此项操作。为避免代码重复，您必须在 Base 类中封装此功能。如果之后碰巧要采用相同的功能，并将其应用于另一类控件，就无法很容易地实现了。此外，还必须为 Button 的 Click 事件关联事件处理程序，而且您编写的任何代码都可能会与页面的代码隐藏文件中的应用程序逻辑混合在一起。

当您编写行为时，可能希望在 Visual Studio 中进行，虽然 Blend 对向应用程序用户体验添加行为提供了很好的设计人员支持，但实际上创建行为属于以代码为中心的任务，更适合使用 Visual Studio。当右击 Blend 的 Projects 窗口内的 Solution 节点时可以使用 Edit in Visual Studio 菜单项方便地进行切换。

在 Visual Studio 中打开项目，然后在 Solution Explorer 中右击并选择 Add|New Item。选择 Class 项目模板，将文件命名为 ToggleOpacityAction.cs，然后单击 OK 按钮。这会在项目中创建一个包含行为实现的新类。要使它成为一个行为，需要从三个基类中的一个继承。本例将使用 Behavior<T>，这是三个之中最简单的一个。此基类公开两个方法，OnAttached 和 OnDetaching，您可能希望重写它们以便为行为添加功能，如下面的代码片段所示：

可从
wrox.com
下载源代码

```
public class ToggleOpacityAction : Behavior<Button>{
    protected override void OnAttached() {
        base.OnAttached();
    }
    protected override void OnDetaching() {
        base.OnDetaching();
    }
}
```

ToggleOpacityAction.cs 中的代码片段

此代码片段中需要注意的另一点是该行为应从 Behavior<Button>继承；换句话说，该行为只可用于 Button 控件。如果您构建的是更为通用的行为，则可能需要将 UIElement、FrameworkElement 或

Control 用作泛型参数。

上述代码片段中的两个方法重写除了调用基类方法外没做任何事。要更改不透明度，需要访问该行为所附加到的按钮。幸运的是，所有这三个行为的基类都公开了一个 AssociatedObject 属性。

设计人员会将某些 XAML 元素与行为相关联，通过该属性，您可以与这些元素进行交互，在本例中，是切换不透明度级别。此处有几件事需要注意。首先，要在每次单击按钮时切换它的不透明度。这意味着需要为 Click 事件添加一个事件处理程序，接下来的问题是在何处订阅该事件。如果尝试在行为的构造函数中这样做，会发现尚未设置 AssociatedObject。相反，您可以使用 OnAttached 方法，它在行为被附加到元素时被调用。为此，需要为 Click 事件添加事件处理程序。务必删除作为 OnDetaching 方法其中一部分的事件处理程序，它会在该行为从元素中删除时被调用。

可从
wrox.com
下载源代码

```
protected override void OnAttached() {
    base.OnAttached();
    this.AssociatedObject.Click += AssociatedObject_Click;
}

protected override void OnDetaching() {
    base.OnDetaching();
    this.AssociatedObject.Click -= AssociatedObject_Click;
}

void AssociatedObject_Click(object sender, RoutedEventArgs e)
{ ... }
```

ToggleOpacityAction.cs 中的代码片段

您已经完成了大部分内容，每次单击按钮时都会调用 AssociatedObject_Click 方法。剩下的就是切换不透明度了。下面的代码片段显示了更新后的 AssociatedObject_Click 事件处理程序，它可以切换按钮的 Opacity 属性：

可从
wrox.com
下载源代码

```
void AssociatedObject_Click(object sender, RoutedEventArgs e){
     if (this.AssociatedObject.Opacity == 1.0)
        this.AssociatedObject.Opacity = 0.5;
     else
        this.AssociatedObject.Opacity = 1.0;
}
```

ToggleOpacityAction.cs 中的代码片段

当返回到 Blend 时，会收到一个提示，指示该项目已被修改，并需要重新加载。接受新的项目修改并选择 Project|Rebuild Project 菜单项强制重新生成。如果现在打开 Assets 窗口，并展开 Behavior 选项卡，将看到新创建的 ToggleOpacityAction 行为。将此行为的实例拖动到 Objects and Timeline 窗口的 PressMeButton 节点中。对 ResetPressedStatus 按钮重复上一步操作。当运行应用程序，然后单击 Press Me 按钮时，会看到该按钮的不透明度发生了更改，如图 4-11 所示(可能只有调整页面或按钮的背景色才能清晰地看到此效果)。

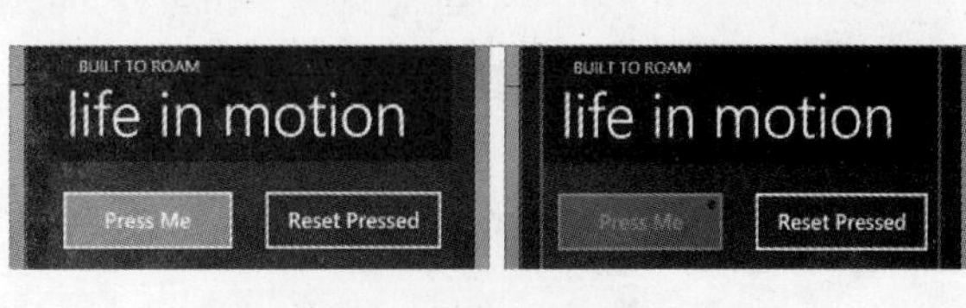

图 4-11

对于行为来说，捕获与其相关联的元素的事件并在事件触发时执行某项操作是十分常见的，而 Silverlight 自身提供了基类用于辅助此功能的实现。TriggerAction<T>的目的正在于此。您可以重写 ToggleOpacityAction 使其继承自 TriggerAction <T>，并在此过程中删除关联 Click 事件处理程序的代码。为此，返回到 Visual Studio 并打开 ToggleDropShadowAction.cs 文件。将基类由 Behavior <Button> 改为 TriggerAction < Button >，同时删除重写了 OnAttached 和 OnDetaching 的方法。相反，您需要重写 Invoke 方法，如下例所示(注意这是 ToggleOpacityAction 行为所需的全部代码)。

可从
wrox.com
下载源代码

```
public class ToggleOpacityAction : TriggerAction<Button>{
    protected override void Invoke(object parameter){
        if (this.AssociatedObject.Opacity == 1.0)
            this.AssociatedObject.Opacity = 0.5;
        else
            this.AssociatedObject.Opacity = 1.0;
    }
}
```

ToggleOpacityAction.cs 中的代码片段

重新生成并运行应用程序，将看到重构后的行为。在某些情况下，这可能会导致生成错误或运行时错误；如果遇到此问题，从页面的 XAML 中删除 ToggleOpacityAction 的所有实例然后从 Blend 的 Assets 窗口中重新添加它们。您会注意到如果在 Objects and Timeline 窗口中选中一个 ToggleOpacityAction 实例，则会在 Properties 窗口中出现一个 EventName 属性，默认值为 Click 事件。

作为自定义行为的另一个示例，我们来修改该应用程序，以便用户在单击 Press Me 按钮后，不会立即重置因按下 Reset Pressed Status 按钮而产生的状态。相反，重置按钮将立即被禁用，同时在 10 秒后会重新被启用。由于此行为在各种情况和应用程序中可能都很有用，所以它是实现为行为的一个很好的候选者。

由于您需要从一个控件中捕获事件，然后在另一个控件上执行某项操作，对于这种特定的行为最合适的基类就是 TargetedTriggerAction <T>。返回到 Visual Studio，并向项目中添加一个新的名为 DisableButtonAction 的类。更改此类使其继承自 TargetedTriggerAction<Button>。此外还需要创建一个可在 Blend 的 Properties 窗口中显示的依赖属性，它允许设计人员指定目标控件的禁用持续时间，以毫秒为单位：

可从
wrox.com
下载源代码

```
public class DisableButtonAction : TargetedTriggerAction<Button>{
    public int DisabledTimeout{
        get { return (int)GetValue(DisabledTimeoutProperty); }
        set { SetValue(DisabledTimeoutProperty, value); }
    }

    public static readonly DependencyProperty DisabledTimeoutProperty =
                DependencyProperty.Register("DisabledTimeout", typeof(int),
                                            typeof(DisableButtonAction),
                                            new PropertyMetadata(0));

}
```

DisableButtonAction.cs 中的代码片段

依赖属性

在Silverlight中，依赖属性扩展了.NET CLR属性的基本功能，同时是支撑数据绑定系统的基础之一，您将在第15章中学习数据绑定系统。实质上，依赖属性可以通过样式、数据绑定、动画以及继承进行设置，而且可在诸如Visual Studio和Blend之类的可视化编辑器中良好地工作。依赖属性只能在继承自DependencyObject的对象上进行创建，DependencyObject类公开了诸如GetValue和SetValue的方法，它们允许将键控值(keyed value)存储在属性存储区中。

要创建依赖属性，首先需要从一个正常的CLR属性开始，但不是使用后备字段，而是在访问器和设置器中分别调用GetValue和SetValue。这在DisabledTimeout属性中得到展示。调用GetValue和SetValue会引用一个只读的DependencyProperty静态字段。创建DependencyProperty时会对依赖属性进行注册，同时伴随着诸如属性类型和默认值等信息。

在依赖属性所对应的CLR属性中，不应该调用除GetValue和SetValue外的任何代码。原因是Silverlight Framework会绕过CLR属性，直接访问底层的属性存储区。如果在CLR属性中放置其他代码，则只有在调用CLR属性时这些额外的代码才会被调用。更好的替代方法是更改Dependency Property的实例使其包含属性更改时的事件回调。下面的代码展示了这一点，当DisabledTimeout属性在任何DisableButtonAction的实例中发生更改时，将会调用静态方法DisabledTimeoutChanged:

```
public static readonly DependencyProperty DisabledTimeoutProperty =
      DependencyProperty.Register("DisabledTimeout", typeof(int),
                                  typeof(DisableButtonAction),
                                  new PropertyMetadata(0,
                                  DisabledTimeoutChanged));

private static void DisabledTimeoutChanged
                                 (DependencyObject d,
                                  DependencyPropertyChangedEventArgs
                                  e){
   var buttonAction = d as DisableButtonAction;
   var str = "Property " + e.Property + " changed from " +
         e.OldValue.ToString() + " to " + e.NewValue.ToString();
}
```

回调方法中的第一步是通过转换DependencyObject参数来访问DisableButtonAction的实例。DependencyPropertyChangedEventArgs参数包含了哪个属性发生了更改以及旧值和新值的内容等信息。

由于DisabledButtonAction类继承自TargetedTriggerAction，所以它已经具有了一个属性，用于捕获该操作应用于哪个元素。这可以在Blend中通过Properties窗口直观地进行配置。在行为中您可以通过Target属性来访问此元素:

可从
wrox.com
下载源代码

```
private Timer timer;
public DisableButtonAction(){
   this.timer = new Timer(DisabledTimeoutComplete);
}

protected override void Invoke(object parameter){
   this.Target.IsEnabled = false;
   this.timer.Change(DisabledTimeout, DisabledTimeout);
```

```
    }

    private void DisabledTimeoutComplete(object state){
        // Disable the timer
        this.timer.Change(Timeout.Infinite, Timeout.Infinite);
        this.Dispatcher.BeginInvoke( ()=>this.Target.IsEnabled = true);
    }
```

DisableButtonAction.cs 中的代码片段

在此代码片段中，可以看到 Invoke 方法已被重写，以便将 Target 元素的 IsEnabled 属性设置为 false。Invoke 方法还负责启动计时器，以确保按钮被禁用的时间是正确的。由于计时器会根据 DisabledTimeout 的值被定时触发，所以 DisabledTimeoutComplete 方法执行的第一步就是将超时值设为 Infinite 以便禁用计时器。然后它会将 Target 元素的 IsEnabled 属性设置回 true，从而允许用户再次与按钮进行交互。

小心后台线程

在该示例中，计时器用于在一段时间后将 IsEnabled 状态还原为 true。当触发计时器时，它会在后台线程中调用回调方法。如果您希望在该回调方法中修改可视化对象(如按钮)的属性，则需要确保在用户界面(UI)线程中执行相应的代码。您可以调用 Dispatcher 对象的 BeginInvoke 方法并传入一个要调用的方法，或者是本例中的匿名方法。

另一种替代方法是使用 DispatcherTimer，它在 UI 线程中执行。这样就不必再跳转回 UI 线程了。此处需要注意的重要一点是，有时您需要在后台线程中调用某些操作，比如加载数据，因此需要理解只有返回到 UI 线程才能更新任何控件属性，这一点至关重要。

现在整个类已经开发完毕，保存所有更改并返回到 Blend。重新生成项目然后在 Assets 窗口中的 Behavior 节点下找到 DisableButtonAction。将此行为拖动到 PressMeButton 中，然后转到 Properties 窗口配置该行为。您会注意到图 4-12 所列出的 DisableButtonAction 行为的属性与图 4-10 所列出的 GoToStateAction 行为的属性非常类似。这是因为这两种行为中的大多数属性都是从 TargetedTriggerAction <T>基类继承而来的。

图 4-12

要禁用 ResetPressedStatus 按钮 10 秒钟，需要将 DisabledTimout 属性设置为 10 000，因为此属性表示的超时时间是以毫秒为单位。现在当您生成并运行项目时，会发现每次单击 Press Me 按钮后 Reset Pressed Status 按钮就会被禁用 10 秒钟。可将逻辑封装到一个自定义行为中，这样所需的逻辑只需实现一次，即可方便地在多种情况中加以重用。在 Blend 中可以直观地将行为拖放到控件上，还可以配置所需的属性，这会使设计人员同样感到十分舒心。

4.3 动画

当用户与应用程序交互时，向控件和页面中添加状态是一种非常好的方法，它可以向用户说明信息已经发生变化或者向用户提供反馈。不过，状态自身的变化实际上不够协调或比较生涩。我们可以使用动画在不同的状态间提供平稳的过渡来解决此问题。动画可用于控件模板和页面，从而为用户提供丰富的、流畅的体验。

4.3.1　模板过渡

首先，需要将动画添加到按钮模板中以便在按下按钮时能够提供更多视觉反馈信息。默认情况下，按钮的 Pressed 状态会将前景色和背景色反转，从而指示按钮已被按下。您要做的就是为按钮提供动画，以便当 Button 首次进入 Pressed 状态时，它的尺寸可以在一秒内放大并收缩。首先使用 Blend 设计区域向 MainPage 中添加一个新的名为 BounceButton 的按钮。正如您之前所做的，右击按钮并选择 Edit Template|Edit a Copy 为按钮赋予一个自定义的控件模板。将新模板命名为 BounceButtonTemplate，并保存到当前文档。

可将动画看成是两个不同视觉状态之间的过渡。在 States 窗口中，您会看到在每个状态组的顶部都有一行被命名为 Default transition。该属性用于确定默认的功能并负责计算状态组内不同状态之间的过渡时间。如图 4-13(a)所示，标准值是 0 秒且不带有缓动函数(easing function)，这样，每个状态过渡会立即执行。

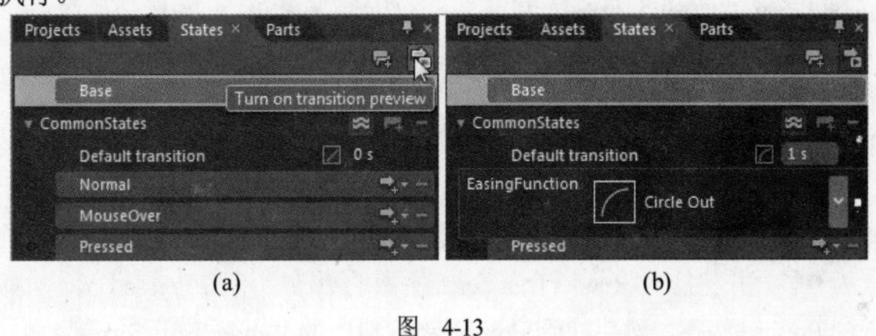

(a)　　(b)

图　4-13

图 4-13(b)中过渡时间已经增至 1 秒(1s)，同时 Circle Out 缓动函数已被选中。如果不定义缓动函数，将过渡时间增至 1 秒会在这段时间内产生一个线性过渡。例如，两个状态之间的变化要求按钮在 1 秒之内平移 100 个像素，那么线性过渡会使该按钮每十分之一秒平移 10 个像素。通过应用 Circle Out 缓动函数，过渡可以更快地开始并在到达过渡结尾的目标值时逐渐停止。此外还有很多其他预定义的缓动函数，都可用于过渡，如图 4-14 所示。

仅更改默认的过渡值无法为您带来想要的结果。实际上，由于目前 Normal 和 Pressed 状态之间唯一的区别就是颜色发生了颠倒，您能看到的唯一变化就是此颜色用了一秒的时间发生更改。为了在按钮处于 Pressed 状态时更改该按钮的尺寸，需要在 States 窗口中选中该状态以便进入 State Recording 模式。在 Objects and Timeline 窗口中选择 Grid 节点，定位到 Properties 窗口内 RenderTransform 区域的 Scale 选项卡(见图 4-15)。将 X 和 Y 缩放属性从 1 修改为 1.15。这将使按钮的外观增大 15%。

接下来，如果您在 States 窗口中选中 Normal 状态，将看到该按钮的尺寸在 1 秒之内缩减。同样，如果您再次选中 Pressed 状态，该按钮会在相同的时间内放大。

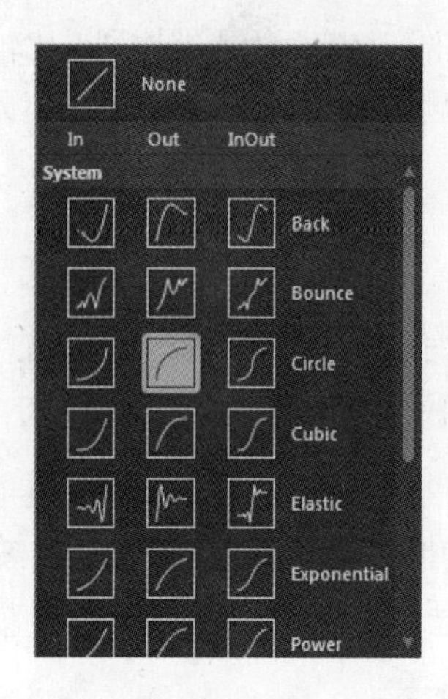

图 4-14

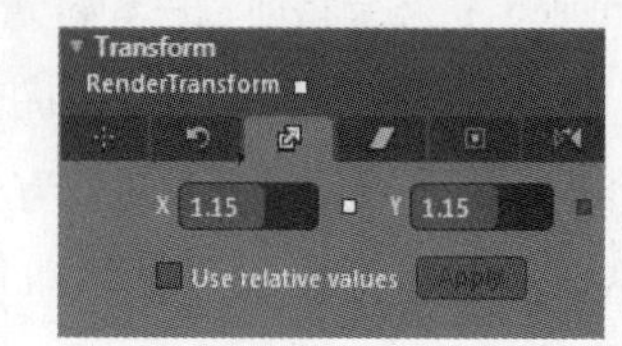

图 4-15

能在 Blend 中查看状态间的过渡固然非常有用，但随着过渡长度及复杂程度的增加，此功能可能会对您产生阻碍。幸运的是，您可以选择 States 窗口右上角的 Turn off transition preview 按钮来方便地启用或关闭过渡预览(如图 4-13 所示)。

如果回顾最初要做的内容，您将发现没有完全正确地将动画实现。当移到 Pressed 状态时按钮会平滑增大。不过，实际需求是，该按钮可以在一秒钟内展开并收缩至原始尺寸。由于这比那种沿路径从起始值移到终止值的简单过渡更复杂，所以您需要重写默认的过渡。在开始之前，首先回头将默认的过渡设置为 0 秒，并将您对 RenderTransform 所做的更改撤消为 Pressed 状态。撤消这些更改最简单的方法是选中 Pressed 状态，然后找到 Properties 窗口中的 RenderTransform 区域，选择标题栏旁边的方形白点，然后选择 Reset，即可将该值重置。

要添加更多具有针对性的状态过渡，可在 Pressed 状态所在的同一行中按下 Add transition 按钮。这会显示一个下拉列表以列出所有可能的过渡，如图 4-16 所示。记住您只能在同一状态组的不同状态之间进行过渡，因此没有列出转至或转自 FocusStates 状态组中的 Focused 或 Unfocused 状态的过渡。

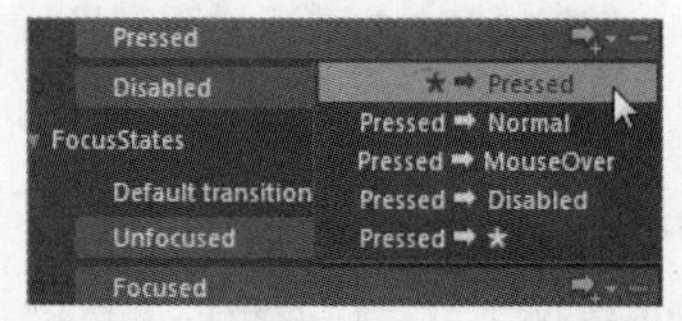

图 4-16

下拉列表中的第一个过渡表示从任何状态到 Pressed 状态的过渡。实际上，它所代表的是转自所有不包含自定义过渡的状态中的过渡。例如，如果您为 Normal → Pressed 定义了一个特定的过渡，则该过渡会优先于* → Pressed 过渡中所定义的任何过渡效果。同样，最后一个过渡所代表的是转至所有其他不包含自定义过渡的状态中的过渡。在本例中，您需要定义一个过渡，以便每次进入 Pressed 状态时都应用该过渡，而不考虑按钮之前所处的是何种状态。这与第一个过渡* → Pressed 相匹配。当您选择此过渡时，将看到在 States 窗口中添加了新的一行，同时会显示在 Objects and Timeline 窗口的时间线区域。在图 4-17 中，可以看到黄色竖线显示在时间线上的 0 标记处。这表示的是该过渡的初始状态，在默认情况下，它与按钮所处的当前状态相关联。此时过渡的持续时间是 0 秒(0s)，如 States 窗口所示，而且此过渡没有修改该按钮的任何属性。当然，在过渡完成时，按钮会呈现 Pressed 状态，同时任何不匹配的属性(例如，前景色和背景色)都将被调整，以便与新状态相匹配。

图　4-17

在 Blend 中，过渡由若干个关键帧组成，每个关键帧都代表某个给定的时间点上过渡中的属性值。要使按钮尺寸来回伸缩，可在 Objects and Timeline 窗口选择 ButtonBackground 节点，然后单击 Record Keyframe 按钮(Objects and Timeline 窗口顶部的椭圆形图标)。这会在 0 标记处创建一个新的关键帧。该关键帧代表过渡的起始点，因此不见得非要修改任何值。接着将黄色的时间标记移动到 0:00.250 时间标记处，然后单击 Record Keyframe 按钮来创建另一个关键帧。

> 您可能会发现选择该时间点比较困难，因为默认的对齐选项所定义的每秒对齐分辨率为 10。这意味着时间标记只能对齐到 1 秒钟的 1/10。您可以单击 Turn off Timeline snapping 按钮、单击时间并手动输入时间值，或者单击 Snapping options 按钮并输入 20 per second 来更改对齐分辨率。

当位于 0:00.250 的黄色时间标记处时，打开 Properties 窗口，将 ScaleX 和 ScaleY 属性改为 1.15，如之前对 Default 过渡所做的那样。该过渡看起来应与图 4-18 所示的内容类似。

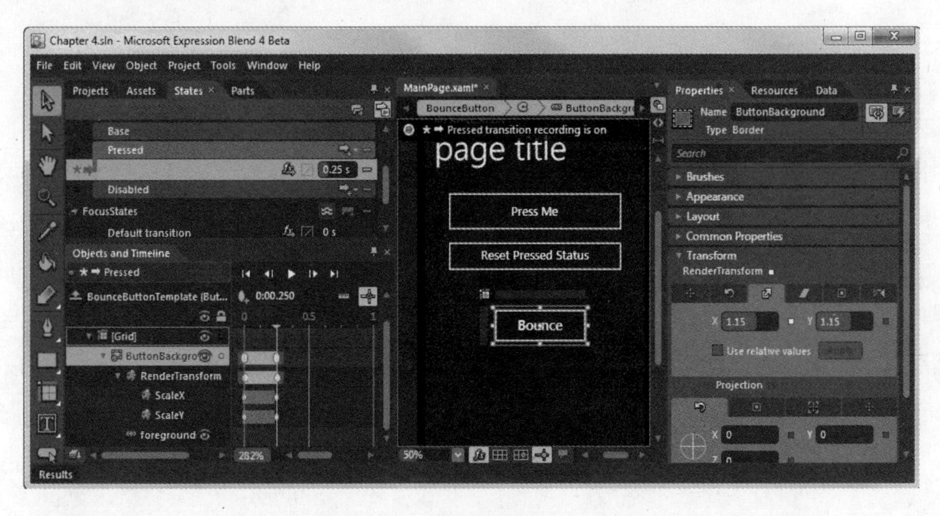

图　4-18

接下来创建两个额外的关键帧，第一个在 0:00.750 处，第二个在 0:01.000 处。在 0:00.750 处，无需修改任何属性值，因为您希望按钮在半秒之内都处于展开状态，但在 0:01.000 处需要重新将 ScaleX 和 ScaleY 都设置为 1，以使按钮返回到它的正常尺寸。最终的时间线应该类似于图 4-19，显示了在 1 秒的持续时间内四个关键帧对 ButtonBackground 的 ScaleX 和 ScaleY RenderTransform 属性进行了更改。

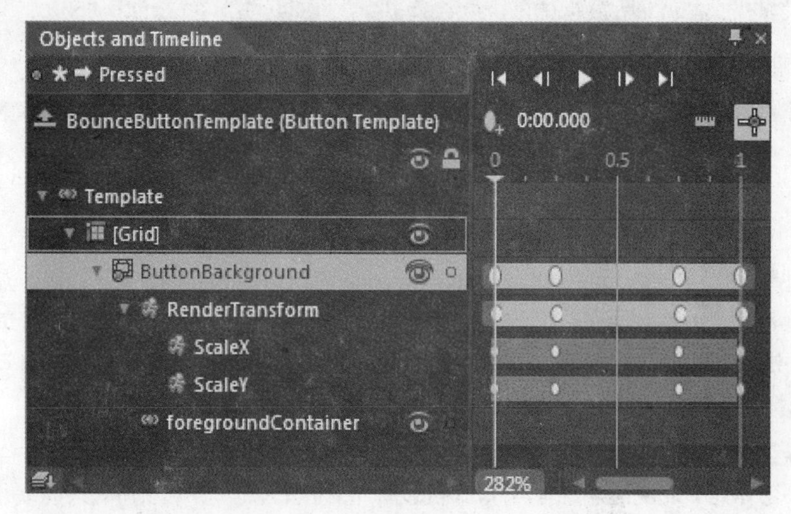

图 4-19

该过渡现在已经完成，正如您之前所做的，可在 States 窗口中更改状态，或按下 Timeline 上的 Play 按钮来预览该过渡效果。在将效果调整为您的喜好时，第二种技巧非常有用。

更新状态过渡后，当您重新运行应用程序同时按住按钮超过一秒时，会看到按钮被放大，并保持放大状态半秒钟，然后返回到它的原始尺寸。您会注意到，直到按钮返回到原始尺寸时，按钮颜色才会按照 Pressed 状态所定义的那样进行反转，这是由于只有在过渡完成后才会进入 Pressed 状态。

4.3.2 状态过渡

到目前为止，您一直在控件模板上下文中对状态进行操作。还可将状态概念应用到整个页面中，当基于用户交互同时操作多个控件时这一点非常有用。在本节中，您将在页面中添加名为 B1(Ball 1)、B2 (Ball 2)和 B3 (Ball 3)的三个按钮。当用户单击先前您所处理过的 Bounce 按钮时，这些额外的按钮将从屏幕底部反弹到一个新位置[1]。为此，首先需要向页面中添加三个按钮，并对它们进行恰当地命名。然后在 MainPage 中创建一个新的名为 BounceStates 的状态组，以及三个名为 Bounce1、Bounce2 和 Bounce3 的状态，如图 4-20 所示。

1. 这 3 个按钮弹回后，所处新位置的高度与原先相同，只是水平位置会有所变化，即 3 个按钮的位置可能会互换。

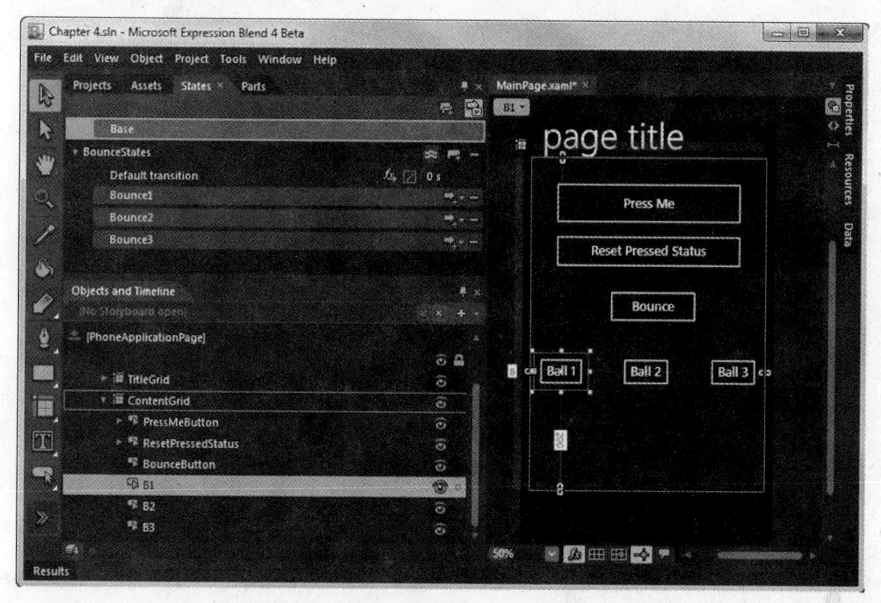

图　4-20

选中 Base 状态，确保三个按钮处于正确位置。Bounce1 将成为此状态组的默认状态，因此对应于 Base 状态。接下来需要修改 Bounce2 和 Bounce3 状态以便对按钮重新排序。对于状态 Bounce2 而言，将 B1 移到 B2 的位置，B2 移到 B3 的位置，B3 移到 B1 的位置。同样，对于状态 Bounce3 而言，将 B1 移到 B3 的原始位置，B2 移到 B1 的原始位置，B3 移到 B2 的原始位置。此时您得到的状态应该与以下 XAML 类似：

可从
wrox.com
下载源代码

```
<VisualStateManager.VisualStateGroups>
    <VisualStateGroup x:Name="BounceStates">
        <VisualState x:Name="Bounce1"/>
        <VisualState x:Name="Bounce2">
            <Storyboard>
                <DoubleAnimation Duration="0" To="170"
    Storyboard.TargetProperty="(UIElement.RenderTransform).
(CompositeTransform.TranslateX)"
    Storyboard.TargetName="B1" d:IsOptimized="True"/>
                <DoubleAnimation Duration="0" To="-340"
    Storyboard.TargetProperty="(UIElement.RenderTransform).
(CompositeTransform.TranslateX)"
    Storyboard.TargetName="B3" d:IsOptimized="True"/>
                <DoubleAnimation Duration="0" To="170"
    Storyboard.TargetProperty="(UIElement.RenderTransform).
(CompositeTransform.TranslateX)"
    Storyboard.TargetName="B2" d:IsOptimized="True"/>
            </Storyboard>
        </VisualState>
        <VisualState x:Name="Bounce3">
            <Storyboard>
                <DoubleAnimation Duration="0" To="-170"
    Storyboard.TargetProperty="(UIElement.RenderTransform).
(CompositeTransform.TranslateX)"
    Storyboard.TargetName="B2" d:IsOptimized="True"/>
```

```
            <DoubleAnimation Duration="0" To="-170"
    Storyboard.TargetProperty="(UIElement.RenderTransform).
(CompositeTransform.TranslateX)"
    Storyboard.TargetName="B3" d:IsOptimized="True"/>
            <DoubleAnimation Duration="0" To="340"
    Storyboard.TargetProperty="(UIElement.RenderTransform).
(CompositeTransform.TranslateX)"
    Storyboard.TargetName="B1" d:IsOptimized="True"/>
          </Storyboard>
        </VisualState>
    </VisualStateGroup>
</VisualStateManager.VisualStateGroups>
```

MainPage.xaml 中的代码片段

当用户单击 Bounce 按钮时，您需要 Ball 按钮在三个状态间循环移动。不过目前，过渡会导致按钮水平移到新位置。要使它们在屏幕底部反弹，需要为每个状态之间的移动创建自定义的过渡。首先从 Bounce1 开始，选择 Add transition | Bounce1→ Bounce2，以便指定页面如何从状态 Bounce1 过渡到状态 Bounce2。

在此过渡中为 3 个按钮中的每一个都添加三个关键帧。第一个关键帧用于确定按钮的起始位置；在中间的关键帧处(即 0:00.500，如图 4-21 所示)应将所有三个按钮都移到屏幕底部并使它们彼此重叠；最后一个关键帧应该使按钮处于新位置。如果查看 XAML，会发现它看起来与以下内容相似。

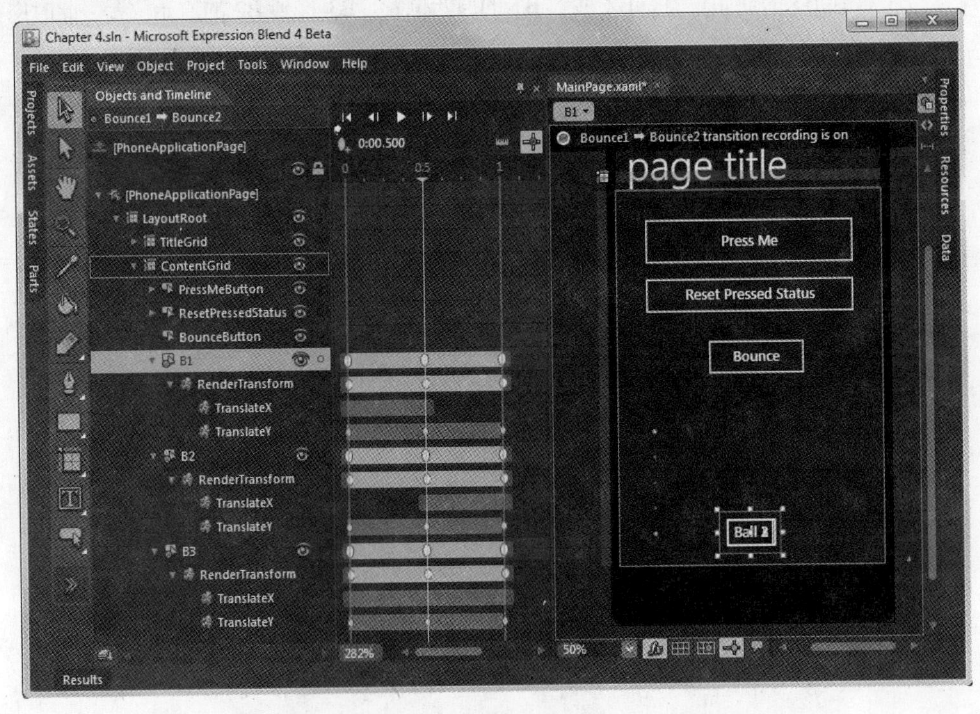

图 4-21

可从
wrox.com
下载源代码

```
<VisualStateGroup.Transitions>
   <VisualTransition From="Bounce1" GeneratedDuration="0" To="Bounce2">
      <Storyboard>
         <DoubleAnimation Duration="0:0:0.5" To="170"
   Storyboard.TargetProperty="(UIElement.RenderTransform).
(CompositeTransform.TranslateX)" Storyboard.TargetName="B1"/>
         <DoubleAnimation Duration="0:0:1" To="-340"
   Storyboard.TargetProperty="(UIElement.RenderTransform).
(CompositeTransform.TranslateX)" Storyboard.TargetName="B3"/>
         <DoubleAnimation Duration="0:0:0.5" To="170"
   Storyboard.TargetProperty="(UIElement.RenderTransform).
(CompositeTransform.TranslateX)" Storyboard.TargetName="B2" BeginTime="0:0:0.5"/>
         <DoubleAnimationUsingKeyFrames
   Storyboard.TargetProperty="(UIElement.RenderTransform).
(CompositeTransform.TranslateY)" Storyboard.TargetName="B3">
            <EasingDoubleKeyFrame KeyTime="0" Value="0"/>
            <EasingDoubleKeyFrame KeyTime="0:0:0.5" Value="180"/>
            <EasingDoubleKeyFrame KeyTime="0:0:1" Value="0"/>
         </DoubleAnimationUsingKeyFrames>
         <DoubleAnimationUsingKeyFrames
   Storyboard.TargetProperty="(UIElement.RenderTransform).
(CompositeTransform.TranslateY)" Storyboard.TargetName="B2">
            <EasingDoubleKeyFrame KeyTime="0" Value="0"/>
            <EasingDoubleKeyFrame KeyTime="0:0:0.5" Value="180"/>
            <EasingDoubleKeyFrame KeyTime="0:0:1" Value="0"/>
         </DoubleAnimationUsingKeyFrames>
         <DoubleAnimationUsingKeyFrames
   Storyboard.TargetProperty="(UIElement.RenderTransform).
(CompositeTransform.TranslateY)" Storyboard.TargetName="B1">
            <EasingDoubleKeyFrame KeyTime="0" Value="0"/>
            <EasingDoubleKeyFrame KeyTime="0:0:0.5" Value="180"/>
            <EasingDoubleKeyFrame KeyTime="0:0:1" Value="0"/>
         </DoubleAnimationUsingKeyFrames>
      </Storyboard>
   </VisualTransition>
</VisualStateGroup.Transitions>
```

MainPage.xaml 中的代码片段

注意由于按钮的X值只会在两个值之间的一个方向上进行过渡，所以使用了DoubleAnimation。但是Y值会增大，以便将按钮推至屏幕底部，然后再减小，以便将按钮拉回到原来所在的行。所以需要使用DoubleAnimationUsingKeyFrames。要完成此场景，需要重复此过程从而为Bounce2 → Bounce3 和 Bounce3 → Bounce1 添加过渡效果。

您要做的最后一件事是在每次单击Bounce按钮时初始化模式中的下一个状态过渡。选中Bounce按钮，打开Properties窗口中的Event选项卡，双击Click事件旁的空白单元格。以下代码会将按钮在所有三个状态之间逐步移动：

可从
wrox.com
下载源代码

```
int state=0;
private void BounceButton_Click(object sender, System.Windows.RoutedEventArgs e){
   switch(state){
      case 0:
         VisualStateManager.GoToState(this,"Bounce2",true);
```

```
            break;
        case 1:
            VisualStateManager.GoToState(this,"Bounce3",true);
            break;
        case 2:
            VisualStateManager.GoToState(this,"Bounce1",true);
            break;
    }
    state=(state+1)%3;
}
```

MainPage.xaml.cs 中的代码片段

现在，您可以运行应用程序并单击 Bounce 按钮，从而查看其他按钮在三个状态之间的弹跳效果了。图 4-22 显示了按钮在其中两个状态之间运动时所截取的一系列图像。

大部分时间里，您所构建的动画都是作为两个状态之间的过渡。不过，也可以创建独立的不依赖于视觉状态管理模型的动画。可将这些作为用户操作的结果，或者向用户提供反馈信息的后台事件的结果来进行调用。独立的动画通常被称为故事板(storyboard)，可在 Blend 的 Objects and Timeline 窗口中对它们进行创建和编辑。要通过故事板为 Bounce 按钮提供动画，必须先创建一个新的字段，方法是在 Objects and Timeline 窗口顶部单击写着“(No Storyboard open)”的字段旁的“加号”按钮即可。在打开新的故事板之前，系统会提示为其命名。您会注意到，当处于 State Recording 模式时，主编辑器区域周围会出现一个红色边框。不过，这次的文本写着“Timeline recording is on”。要退出故事板的编辑，只需单击故事板旁边的十字符号即可。在图 4-23 中，故事板名为 RotateBounceButton。

图 4-22

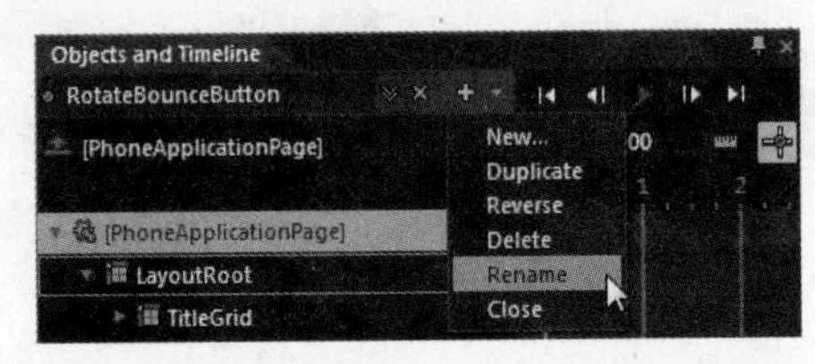

图 4-23

图 4-23 还显示了一个可用于复制、反转、删除或重命名故事板的下拉列表。常见的任务是创建第二个故事板，以便将之前创建的故事板的效果反转。要执行此操作，需要选择您要反转的故事板，复制该故事板，并选中副本，然后选择反转选项。

选中 RotateBoundButton 故事板，在 Objects and Timeline 窗口中查找并选择 BounceButton 控件。分别在 0:00.000、0:01.000 和 0:02.000 处创建三个新的关键帧。在 0:00.000 关键帧处，确保将 Transform | RenderTransform | Angle 属性设置为 0，同时将 Brushes | Background | Solid Color Brush | Color 设置为 #00FF0000。然后在 0:01.000 处，将 Color 设置为#FFFF0000。最后，在 0:02.000 处，将 Color 重新设置为# 00FF0000 同时将 Angle 设置为 360。

当您在 Objects and Timeline 窗口中单击 Play 按钮时，会看到 Bounce 按钮在更改颜色的同时旋转了一整圈。最后关联该故事板，以便在用户单击 Bounce 按钮时播放。在这里，您可以使用另一个名为 ControlStoryboardAction 的预定义行为，单击 Close storyboard 按钮。确保您没有处于 Timeline Recording 模式下。然后从 Assets 窗口中将 ControlStoryboardAction 行为拖动到 Objects and Timeline 窗口的 BounceButton 节点中。

新的行为将自动关联到 BounceButton 按钮的 Click 事件。您所要设置的就是 Storyboard 和 ControlStoryboardOption 属性。图 4-24 显示了这些属性被设置为之前所创建的故事板 RotateBounceButton 以及 Play 选项，Play 选项为默认选项，它会使故事板开始播放。

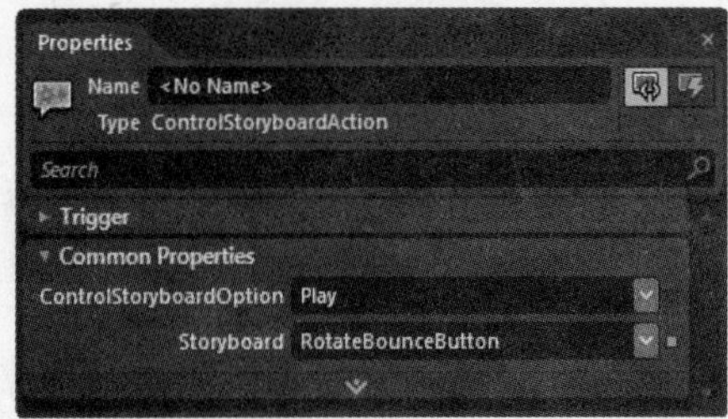

图 4-24

4.4 全景控件和枢轴控件

Windows Phone 用户界面最具革命性的设计之一就是 hub 概念的引入。连续的 Panoramic(全景)视图允许用户在相关联的数据集合之间进行滑动，以便可以快速找到他们正在搜索的内容。它还扩展了屏幕的有效尺寸，以便可以展示更多信息。Windows Phone 中另一个独特的控件就是 Pivot(枢轴)，通常用于为相同的数据集合提供不同的视图。每个视图都包含一个出现在该控件顶部的标题，类似于传统的选项卡控件。当用户点击想要导航到的视图的标题时，Pivot 控件不仅可以对其作出响应，它还允许用户向左或向右拖动/滑动以便查看相邻的视图。Windows Phone 开发工具中附带了 Panorama 和 Pivot 控件。

Panorama 控件与其他任何控件相似，只不过它会占据整个屏幕。因此，您可能需要在解决方案中添加一个新的 PhoneApplicationPage。在 Solution Explorer 中再次右击 Windows Phone 项目，这一次从上下文菜单中选择 Add|New Item。选择 Windows Phone Portrait Page 模板，为新页面命名，例如 SampleHub；然后单击 Add 按钮。

如果您的应用程序中包含两个页面，则还需要一种从 MainPage 导航到 SampleHub 的方式。在 MainPage 中添加一个按钮；命名为 GoToHubButton；双击该按钮以便添加事件处理程序；然后添加以下代码：

```
private void GoToHubButton_Click(object sender, System.Windows.RoutedEventArgs e){
   this.NavigationService.Navigate(new Uri("/SampleHub.xaml",UriKind.Relative));
}
```

此处的 Navigate 方法的详细作用将在第 6 章中介绍。现在知道它会将 MainPage 关闭并显示 SampleHub 就已经足够了。

现在转到 Expression Blend，并在 SampleHub 页面中添加全景视图。在继续之前，要确保重新生成 Blend 中的解决方案以便更新 Assets 窗口中的控件列表。从 Projects 窗口打开 SampleHub。首先删除 LayoutRoot Grid 中的所有子元素。然后将 Panorama 从 Assets 窗口拖到页面上(可能需要重置 Height、Width 和 Margin 属性，以便使该控件填充整个页面)。Panorama 的 Title 属性是位于 hub 顶部的大号文本。在本示例中，我们构建了一个有关内陆探险的 hub，所以 Title 被设置为 Outback Adventure。

Panorama 的使用较简单。您可以拥有多个区域，每个区域都由 PanoramaItem 来表示，可在 Assets 窗口中拖动这些区域。每个 PanoramaItem 都有一个属于该区域的 Header 属性。图 4-25 展示了内陆探险 hub 中的 Recent trips 和 Photos 这两个区域。

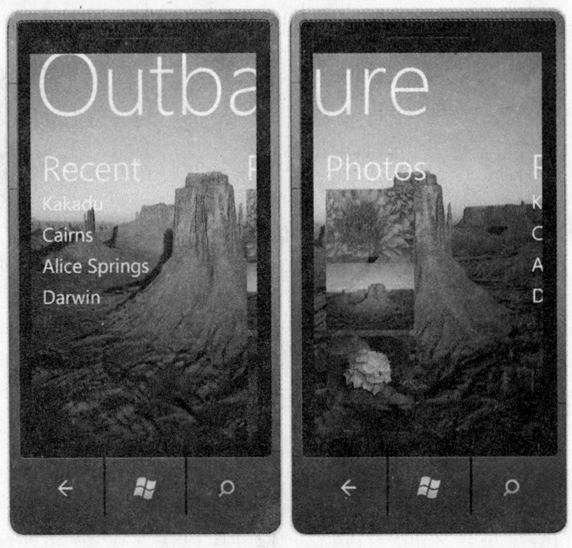

图 4-25

在每个 PanoramaItem 中，可以放置任何控件来构建所需的布局。在这里我们来介绍创建简单文本项的栈，以及如何创建基于一组示例数据的列表。首先介绍文本项的栈，以下代码所展示的 XAML 是将一个 StackPanel 和多个 TextBlock 添加到第一个 PanoramaItem 后所创建的：

```
<controls:Panorama Title="Outback Adventure">
   <controls:Panorama.Background>
      <ImageBrush Stretch="Fill" ImageSource="/panorama.jpg"/>
   </controls:Panorama.Background>
   <controls:PanoramaItem Header="Recent">
      <StackPanel CacheMode="BitmapCache">
          <TextBlock TextWrapping="Wrap" Text="Kakadu"
                   Style="{StaticResource PanoramaTextBlock}" />
          <TextBlock TextWrapping="Wrap" Text="Cairns"
                   Style="{StaticResource PanoramaTextBlock}" />
          <TextBlock TextWrapping="Wrap" Text="Alice Springs"
                   Style="{StaticResource PanoramaTextBlock}" />
          <TextBlock TextWrapping="Wrap" Text="Darwin"
                   Style="{StaticResource PanoramaTextBlock}" />
      </StackPanel>
   </controls:PanoramaItem>
</controls:Panorama>
```

这里所使用的 PanoramaTextBlock 样式需要被添加到页面的 Resources 区域中：

```
<phone:PhoneApplicationPage.Resources>
   <Style x:Key="PanoramaTextBlock" TargetType="TextBlock">
      <Setter Property="FontSize" Value="40"/>
      <Setter Property="Height" Value="64"/>
   </Style>
</phone:PhoneApplicationPage.Resources>
```

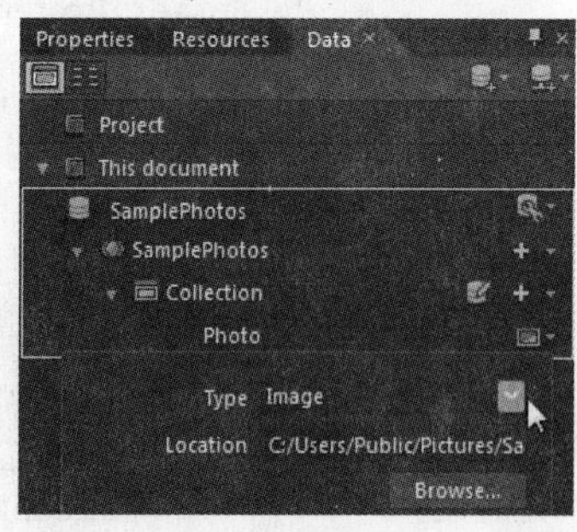

图　4-26

创建照片列表稍微复杂一些，因为您需要创建一组待显示的示例图像。不过，首先来创建另一个 PanoramaItem，将 Header 属性设置为 Photos，并在其中添加一个 ListBox。要创建示例图像，需要打开 Data 窗口，单击 Create sample data 按钮(右数第二个图标)，然后选择 New Sample Data。为示例数据赋予一个名称 SamplePhotos，选择 Define In This Document，然后单击 OK 按钮。现在从 Data 窗口中的 This document 节点下，可看到类似于图 4-26 中所示的树。Collection 节点默认包含 Property1 和 Property2。删除 Property2 并将 Property1 重命名为 Photo。

在图 4-26 中，如果观察 Word 一词同一行图像的右侧，会看到一个下拉列表，它允许您选择所创建的示例数据的类型。将此值更改为 Image 并选择待创建的示例图像的位置(此处选择的是 Windows 中 My Pictures 文件夹下的 Sample Pictures 文件夹)。

现在已经创建了示例数据，所以将它们添加到之前创建的列表框中就比较容易了。只需将 Data 窗口的 Photo 节点拖动到 Objects and Timeline 窗口的列表框即可。这就是使用数据绑定所需的全部工作(详见第 15 章)。

最后要做的就是设计列表框的样式。这同样需要使用 Style，因此产生了如下所示的 Resources 和 Panorama 控件的 XAML：

可从
wrox.com
下载源代码

```
<phone:PhoneApplicationPage
    xmlns="http://schemas.microsoft.com/winfx/2006/xaml/presentation"
    xmlns:x="http://schemas.microsoft.com/winfx/2006/xaml"
    xmlns:phone="clr-namespace:Microsoft.Phone.Controls;assembly=Microsoft.Phone"
    xmlns:shell="clr-namespace:Microsoft.Phone.Shell;assembly=Microsoft.Phone"
    xmlns:d="http://schemas.microsoft.com/expression/blend/2008"
    xmlns:mc="http://schemas.openxmlformats.org/markup-compatibility/2006"
    xmlns:SampleData="clr-namespace:Expression.Blend.SampleData.SamplePhotos"
    xmlns:controls=
    "clr-namespace:Microsoft.Phone.Controls;assembly=Microsoft.Phone.Controls"
    x:Class="LifeInMotion.SampleHub"
    SupportedOrientations="Portrait" Orientation="Portrait"
    mc:Ignorable="d" d:DesignHeight="768" d:DesignWidth="480">
    <phone:PhoneApplicationPage.Resources>
        <SampleData:SamplePhotos x:Key="SamplePhotos" d:IsDataSource="True"/>
        <Style x:Key="PanoramaTextBlock" TargetType="TextBlock">
            <Setter Property="FontSize" Value="40"/>
            <Setter Property="Height" Value="64"/>
        </Style>
        <Style x:Key="PanoramaImageListBox" TargetType="ListBox">
            <Setter Property="Padding" Value="1"/>
            <Setter Property="Background" Value="Transparent"/>
            <Setter Property="Foreground"
                    Value="{StaticResource PhoneForegroundBrush}"/>
            <Setter Property="HorizontalAlignment" Value="Left"/>
            <Setter Property="VerticalAlignment" Value="Top"/>
            <Setter Property="HorizontalContentAlignment" Value="Left"/>
```

```
            <Setter Property="VerticalContentAlignment" Value="Top"/>
            <Setter Property="ScrollViewer.HorizontalScrollBarVisibility"
                    Value="Disabled"/>
            <Setter Property="ScrollViewer.VerticalScrollBarVisibility"
                    Value="Auto"/>
            <Setter Property="BorderBrush"
                    Value="{StaticResource PhoneForegroundBrush}"/>
            <Setter Property="BorderThickness" Value="0"/>
            <Setter Property="ItemsPanel">
                <Setter.Value>
                    <ItemsPanelTemplate>
                        <StackPanel HorizontalAlignment="Left"
                                    VerticalAlignment="Top"
                                    Orientation="Vertical" />
                    </ItemsPanelTemplate>
                </Setter.Value>
            </Setter>
            <Setter Property="ItemContainerStyle">
                <Setter.Value>
                    <Style TargetType="ListBoxItem">
                        <Setter Property="Template">
                            <Setter.Value>
                                <ControlTemplate TargetType="ListBoxItem">
                                    <Image Width="185" Margin="0,0,12,12"
                                           Opacity="0.75" Source="{Binding Photo}"/>
                                </ControlTemplate>
                            </Setter.Value>
                        </Setter>
                    </Style>
                </Setter.Value>
            </Setter>
        </Style>
    </phone:PhoneApplicationPage.Resources>
    <Grid x:Name="LayoutRoot"
          Background="{StaticResource PhoneBackgroundBrush}"
          DataContext="{Binding Source={StaticResource SamplePhotos}}">
        <controls:Panorama Title="Outback Adventure">
            <controls:Panorama.Background>
                <ImageBrush Stretch="Fill" ImageSource="/panorama.jpg"/>
            </controls:Panorama.Background>
            <controls:PanoramaItem Header="Recent">
                <StackPanel CacheMode="BitmapCache">
                    <TextBlock TextWrapping="Wrap" Text="Kakadu"
                               Style="{StaticResource PanoramaTextBlock}" />
                    <TextBlock TextWrapping="Wrap" Text="Cairns"
                               Style="{StaticResource PanoramaTextBlock}" />
                    <TextBlock TextWrapping="Wrap" Text="Alice Springs"
                               Style="{StaticResource PanoramaTextBlock}" />
                    <TextBlock TextWrapping="Wrap" Text="Darwin"
                               Style="{StaticResource PanoramaTextBlock}" />
                </StackPanel>
            </controls:PanoramaItem>
            <controls:PanoramaItem Header="Photos">
                <ListBox ItemsSource="{Binding Collection}"
                         Style="{StaticResource PanoramaImageListBox}"
```

```
                    Height="500"/>
            </controls:PanoramaItem>
        </controls:Panorama>
    </Grid>
</phone:PhoneApplicationPage>
```

SampleHub.xaml 中的代码片段

Panorama 允许您构建出的体验与用户期望在 Windows Phone 中所出现的类似。不过，您应该慎用它，因为它很容易使应用程序变得混乱。这就是通常只应该在应用程序中使用一个 Panorama 的原因。您可能会在应用程序的起始处将 Panorama 用作登陆页面。但如果它适合于向用户展示的数据，也可在应用程序的其他任何地方使用它。

通常使用 Pivot 来显示相同数据集的多个不同视图。在本例中，我们要显示的是一系列探险公司。我们将使用 Pivot 来允许用户在三个数据视图之间进行切换，并会根据这些数据最近是否被使用过，以及这些公司是在夏季还是在冬季运营来对其进行过滤。

由于 Pivot 也会占据整个屏幕，所以同样要在应用程序中创建一个新的名为 SamplePivot.xaml 的 PhoneApplicationPage，并向 MainPage.xaml 页面中添加一个导航到该页面的按钮。

```
private void GoToPivotButton_Click(object sender, System.Windows.RoutedEventArgs e){
    this.NavigationService.Navigate(new Uri("/SamplePivot.xaml",UriKind.Relative));
}
```

从 Blend 的 Assets 窗口中将 Pivot 拖到 SamplePivot 页面中，以便创建一个它的实例。与 Panorama 相似，您可能也需要重置 Height、Width 和 Margin 属性，以便使该控件占据整个屏幕。出于演示的目的，我们要以相同的方式来添加三组示例数据，就像之前对 SampleHub 所做的那样。每组示例数据都代表应用程序中完整数据集的一个子集。例如，RecentHolidays 列表(图 4-27)只代表最近有用户购买过假期服务的探险公司。

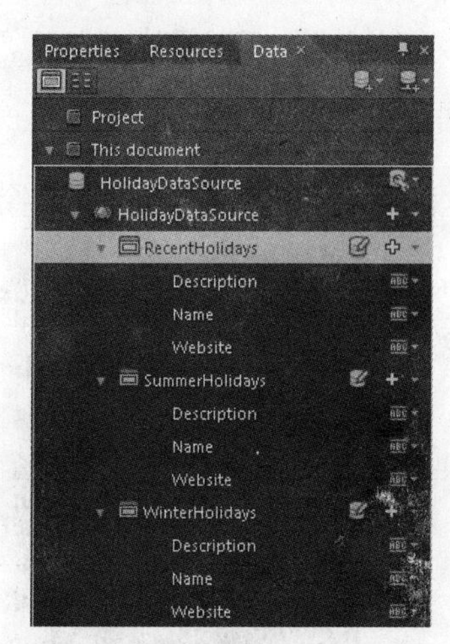

图　4-27

从 Assets 窗口中将三个 PivotItem 控件拖到 Pivot 上从而将它们添加到 Pivot 中。将每组示例数据分别拖动到 PivotItem 中。这会自动使用适当的数据绑定来创建列表框，如下面的代码所示：

可从
wrox.com
下载源代码

```
<controls:Pivot Title="holidays">
    <controls:PivotItem Header="recent">
        <Grid>
            <ListBox ItemTemplate="{StaticResource HolidaysItemTemplate}"
                    ItemsSource="{Binding RecentHolidays}"/>
        </Grid>
    </controls:PivotItem>
    <controls:PivotItem Header="summer">
        <Grid>
            <ListBox ItemTemplate="{StaticResource HolidaysItemTemplate}"
```

```
                        ItemsSource="{Binding SummerHolidays}"/>
            </Grid>
        </controls:PivotItem>
        <controls:PivotItem Header="winter">
            <Grid>
                <ListBox ItemTemplate="{StaticResource HolidaysItemTemplate}"
                        ItemsSource="{Binding WinterHolidays}"/>
            </Grid>
        </controls:PivotItem>
    </controls:Pivot>
```

SamplePivot.xaml 中的代码片段

本例将代码进行整理，以便每个列表框都能使用在页面的资源字典中声明的示例 ItemTemplate。

可从
wrox.com
下载源代码

```
<phone:PhoneApplicationPage.Resources>
    <SampleData:HolidayDataSource x:Key="HolidayDataSource" d:IsDataSource="True"/>
        <DataTemplate x:Key="HolidaysItemTemplate">
            <StackPanel>
            <TextBlock Text="{Binding Name}"
                    Style="{StaticResource PhoneTextExtraLargeStyle}"/>
            <TextBlock Text="{Binding Website}"
                    Style="{StaticResource PhoneTextSmallStyle}"/>
            <TextBlock Text="{Binding Description}" TextWrapping="Wrap"/>
        </StackPanel>
    </DataTemplate>
</phone:PhoneApplicationPage.Resources>
```

SamplePivot.xaml 中的代码片段

最后得到的 Pivot 是由一系列探险公司组成的三个视图，如图 4-28 所示。

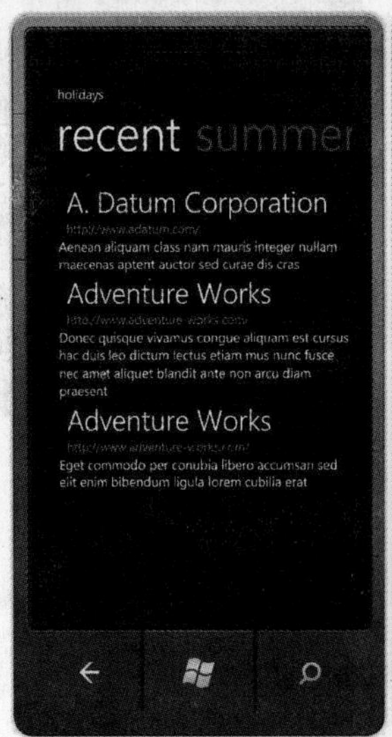

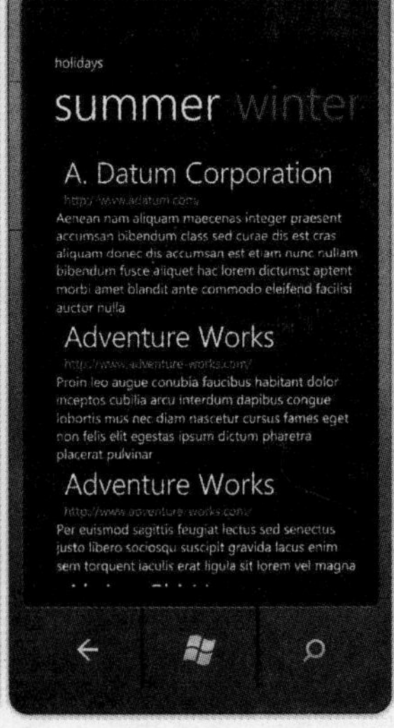

图 4-28

4.5　小结

本章介绍了视觉状态以及如何将它们与过渡和其他动画形式相结合，从而将静态用户界面扩展为一个可以运动的界面。构建用户体验就需要应用这些功能来构思出内容丰富的、迷人的布局，使其直观、易用并且用户很快就可以熟悉它们。

本章是最后一个基础章节，至此已经全面概述了 Silverlight。后面您将学习如何设计专门利用设备功能的应用程序。

第5章

方向与覆盖组件

本章内容

- 如何检测并响应设备方向的更改
- 使用状态为每个设备方向定义不同布局
- 使用软输入面板(SIP)
- 创建应用程序栏的图标和菜单项
- 如何隐藏系统托盘来最大限度地利用屏幕空间

设想以下情景，您正在浏览照片或者正在滚动查看一个数据表。这些操作都非常适合采用水平Landscape(水平)视图。或者，您正在滚动浏览列表中的联系人或查看当日的日程安排，那么您很可能会采用竖直(Portrait)视图。您的 Windows Phone 应用程序需要了解设备方向以便优化用户体验。

Windows Phone 支持多种覆盖组件，它们可能会影响应用程序的呈现方式。在设计应用程序时，您需要知道应用程序栏(Application Bar)与软输入面板(Soft Input Panel，SIP)对用户与应用程序之间的交互有哪些影响。

本章将介绍如何处理设备方向的更改，如何控制应用程序栏与 SIP，以及如何在全屏模式中运行应用程序以便隐藏系统托盘。

5.1 设备方向

很多为 Windows Phone 编写的应用程序都会使用一个拉长的(更为人熟知的概念是竖直的)屏幕来进行设计。这种屏幕布局的高度明显大于宽度，非常适合显示列表类信息，这样您可以在屏幕中放置很多项，而且用户只需上下滚动即可查看更多的项。然而，在某些场景中需要将屏幕旋转到所谓的水平方向。在这种情况下，屏幕宽度就应该大于高度。水平或竖直被称为设备方向，可以在应用程序的生命周期中动态更改它们。

如果您只想使用竖直模式来设计应用程序，那么当用户切换到水平模式时，应用程序仅能显示有限的部分，这就会造成大面积的空间浪费。例如，当采用竖直模式呈现一系列项时，在用户向下滚动以显示更多项之前，您大概可以在屏幕中看到十项。而运行在水平模式时，数量可能降为两三项，这会使用户感到十分沮丧。

竖直屏幕的自然滚动行为是在垂直平面上的(即向上和向下)，当切换到水平模式时在水平方向(即向左和向右)进行滚动会显得更自然。再次强调一下，您需要考虑当手机处于不同方向和不同使用模式时应用程序的使用方式。

更深入地分析，水平模式可以出现两种形式，这取决于设备位于竖直方向时向左旋转还是向右旋转。如图 5-1 所示，由左至右屏幕方向依次为 LandscapeLeft、PortraitUp 和 LandscapeRight。

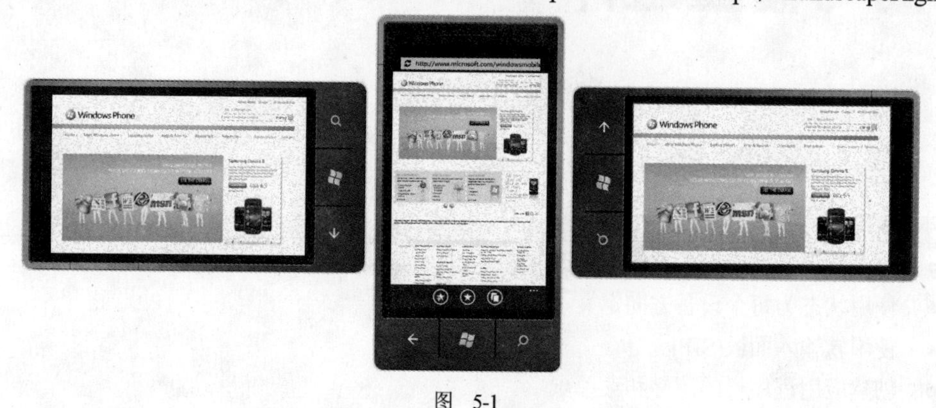

图 5-1

5.1.1 方向检测

应用程序检测设备当前方向的能力至关重要。可通过查询 PhoneApplicationPage 的 Orientation 属性来达到这个目的，PhoneApplicationPage 会返回 PageOrientation 枚举中的一个值。您会发现 PortraitDown 枚举值并未显示在图 5-1 中。此值的存在是为了保持完整性，但它所代表的方向无论在设备还是模拟器中都是不可用的。人们发现添加该状态很容易会导致用户在使用设备的过程中意外将屏幕拿反，所以将其删除[1]。

```
public enum PageOrientation {
        None = 0,
        Portrait = 1,
        Landscape = 2,
        PortraitUp = 5,
        PortraitDown = 9,
        LandscapeLeft = 18,
        LandscapeRight = 34
}
```

大多数情况下，您需要查询 Orientation 属性以便确定设备处于竖直模式还是水平模式，但不必关注诸如 LandscapeLeft 和 LandscapeRight 的模式之间的差异。只须使用 switch 语句就能方便地做到这一点，如下所示：

1. 这里是指删除掉 PortraitDown 枚举值所代表的状态，使其消失在设备或模拟器中，而不是将该值从 PageOrientation 枚举中删除，在实际开发过程中，从不使用 PortraitDown 枚举值。

```
var orientation = this.Orientation;
switch (orientation){
   case PageOrientation.Portrait:
   case PageOrientation.PortraitUp:
   case PageOrientation.PortraitDown:
      MessageBox.Show("Portrait");
      break;
   case PageOrientation.Landscape:
   case PageOrientation.LandscapeLeft:
   case PageOrientation.LandscapeRight:
      MessageBox.Show("Landscape");
      break;
}
```

此代码片段对照竖直和水平的所有排列测试方向值，从而确定该设备所处的方向。另一种方法是使用二进制 AND 语句来测试特定的方向值。下面的代码片段使用 IsOrientation 方法将 orientation 与 testOrientation 的值进行“与”运算来测试结果是否大于零，从而对它们进行比较：

可从
wrox.com
下载源代码

```
public static class Utilities{
   public static bool IsInLandscape(this PhoneApplicationPage page){
      return !page.IsInPortrait();
   }

   public static bool IsInPortrait(this PhoneApplicationPage page){
      return page.IsInOrientation(PageOrientation.Portrait |
                                  PageOrientation.PortraitUp |
                                  PageOrientation.PortraitDown);

   }

   public static bool IsInOrientation(this PhoneApplicationPage page,
                                      PageOrientation testOrientation){
      var orientation = page.Orientation;
      return page.Orientation.IsOrientation(testOrientation);
   }

   public static bool IsOrientation(this PageOrientation orientation,
                                    PageOrientation testOrientation){
      return (orientation & testOrientation) > 0;
   }
}
```

Utilities.cs 中的代码片段

在页面中，还可将逻辑精简为一个条件语句，例如：

可从
wrox.com
下载源代码

```
if (this.IsInLandscape()){
   MessageBox.Show("Landscape");
}
else{
   MessageBox.Show("Portrait");
}
```

MainPage.xaml.cs 中的代码片段

PageOrientation 枚举

PageOrientation 枚举的值看起来有些不同寻常，因为它们既非递增的(即 0、1、2、3……)也非标志值(即 0、1、2、4、8……)。但是，如果您观察下面这些值的二进制表示形式，就会发现一种模式：

000000　None = 0

000001　Portrait = 1

000010　Landscape　= 2

000101　PortraitUp = 5

001001　PortraitDown = 9

010010　LandscapeLeft = 18

100010　LandscapeRight = 34

要注意的重要一点是 Portrait、PortraitUp 和 PortraitDown 的最低位(从右边算起)均为 1。相反，Landscape、LandscapeLeft 和 LandscapeRight 的第二位均为 1。此属性在 IsOrientation 方法中用来测试方向是 Landscape 还是 Portrait。例如，如果 testOrientation 的值是 Landscape，当 orientation 的值等于 Landscape、LandscapeLeft 和 LandscapeRight 时，IsOrientation 方法将返回 true。

5.1.2 方向更改

既然可以确定设备目前所处的方向，接下来您肯定希望在用户切换设备方向时进行检测。记住，由于设备内置了加速度计，所以在用户旋转设备时会自动尝试切换方向。Windows Phone 通过 OrientationChanged 事件表明设备方向的变化。当用户改变设备方向时，会引发 OrientationChanged 事件。

可以通过两种方式之一来关联方向事件。可为事件本身附加事件处理程序，或者重写基类的 OnOrientationChanged 方法。在 Visual Studio 中，如果选择添加事件处理程序，可在 Document Outline 窗口中选择 PhoneApplicationPage，然后从 Properties 窗口中选择相应的事件。双击事件旁边的空白单元格即可创建并关联事件处理程序。例如下面所示的 OrientationChanged 事件处理程序：

```
private void PhoneApplicationPage_OrientationChanged(object sender,
                                        OrientationChangedEventArgs e)
{ ... }
```

另一种选择是重写基类的方法。在本例中，等效的方法是 OnOrientationChanged，可以按如下所示将其重写：

```
protected override void  OnOrientationChanged(OrientationChangedEventArgs e)
{
   base.OnOrientationChanged(e);
   ...
}
```

对于应该使用哪种方法，并没有一个明确的规则。不过，添加事件处理程序可能会更好，因为在使用设计器时可以更方便地查看与方向事件关联的代码。如果重写基类的方法，当方向改变时 Visual Studio IDE 无法可视化地指示代码的执行。当然您应该意识到可以在代码中关联事件处理程序，但这同样很难在设计器中查看哪个事件正在被处理。

5.1.3　方向策略

当检测到设备方向改变时，由您来决定应用程序的行为方式以及如何充分利用可用的屏幕空间。这里有一些策略可供您使用，它们不分对错，您可根据哪一种可以使应用程序更加易用以及能提供更好的用户体验来选用。

1. 固定方向

如果观察 Start 屏幕就会发现，它是一块不会因设备方向而发生变化的 Windows Phone 用户体验区域。它专门基于竖直布局来进行设计及优化。事实上，Windows Phone 用户体验中的很多地方，比如 hub 和枢轴视图，都是专门为竖直模式而设计的。通过设置每个页面的 SupportedOrientation 属性，您可以为应用程序的全部或某一部分采用这种策略。

将来可能会有很多带键盘的 Windows Phone 设备，其中一些可能会通过竖直模式滑出来，而另一些可能会通过水平模式滑出来。如果您选择将应用程序的方向固定，那么很可能会给那些希望通过键盘在应用程序中输入文本的用户带来不便。

该属性没有重用 PageOrientation 枚举，而使用了更简单的 SupportedPageOrientation 枚举，如下所示：

```
public enum SupportedPageOrientation
{
    Portrait = 1,
    Landscape = 2,
    PortraitOrLandscape = 3
}
```

当您基于 Visual Studio 中的 Windows Phone Application 模板创建新的应用程序时，会注意到 SupportedOrientation 属性是在 MainPage.xaml 中进行设置的，如下所示：

```
<phone:PhoneApplicationPage
    x:Class="ApplicationLayouts.MainPage"
    ...
    SupportedOrientations="Portrait">
```

还可在代码中指定该属性。例如下面的代码将 SupportedOrientations 设置为 Portrait 或 Landscape。换句话说，它同时支持这两种方向。

```
public MainPage(){
    InitializeComponent();

    SupportedOrientations = SupportedPageOrientation.Portrait |
                            SupportedPageOrientation.Landscape;
}
```

通过使用 PortraitOrLandscape 枚举值可以将其简化，因为此值相当于将 Portrait 和 Landscape 值进行了二进制 Or(或)运算。通过将指定的值更改为 Portrait 或 Landscape，无论设备处于何种方向都可以强制将页面显示为特定的方向。

在代码中动态设置 SupportedOrientation 值时，很有趣的一点是可将应用程序强制设定为某个特定的方向。例如，如果用户已将设备方向更改为 Landscape，但却尝试做一些只能在竖直模式下才能顺利完成的工作，这时可将 SupportedOrientation 属性设置为 Portrait，从而强制应用程序重新返回竖直模式。

如果您的内容只能在一个方向呈现，那么强烈建议将设备强制为固定的方向，因为这种策略非常有效。迄今为止它是最简单的方向处理技术，因为您只需指定支持哪种方向，然后相应地设计应用程序的布局即可。

2. 自动布局

更改页面布局使其能同时处理竖直和水平模式的第一种方法就是使控件能够自动进行缩放和定位。例如，如果将一个控件对齐到屏幕的底部，当屏幕在竖直和水平之间变化时，控件将会自动移动以确保它能与屏幕底部保持相同的相对位置。

在使用此项技术之前，应该仔细检查以确保没有更好的方法。采取这种策略会使应用程序看起来凌乱、不完整或是设计不够精良。除最简单的页面布局外，控件的自动缩放和定位功能会降低易用性。在大多数情况下，仅支持单个方向比尝试自动调整布局来同时支持两种方向要好。

图 5-2 所示的五个按钮中，每一个都包含一个标签，用以指示其所对齐的页面的边缘。当方向从竖直变为水平时，控件的位置也会相应发生变化。

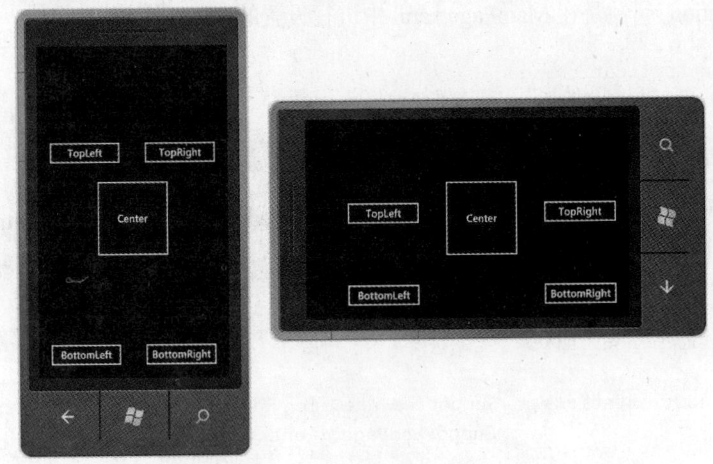

图 5-2

例如，内容为 TopRight 的按钮，在两种方向中距页面顶部和右侧的距离都是相等的。这是由于它被垂直对齐(VerticallyAligned)到顶部，水平对齐(HorizontallyAligned)到右侧。在以下代码中，可以看到已经设置了恰当的水平和垂直对齐方式。此外还可以看到边距(margin)，它用于确定按钮与页面边缘之间的距离。

可从
wrox.com
下载源代码

```
<Grid x:Name="LayoutRoot" Background="Transparent">
    <Button Content="TopLeft"     HorizontalAlignment="Left"
                                  VerticalAlignment="Top"
                                  Margin="20,190,0,0" Width="200" />
    <Button Content="TopRight"    HorizontalAlignment="Right"
                                  VerticalAlignment="Top"
                                  Margin="0,190,20,0" Width="200" />
    <Button Content="BottomLeft"  HorizontalAlignment="Left"
                                  VerticalAlignment="Bottom"
                                  Margin="20,0,0,20"  Width="200" />
    <Button Content="BottomRight" HorizontalAlignment="Right"
                                  VerticalAlignment="Bottom"
                                  Margin="0,0,20,20"  Width="200" />
    <Button Content="Center"      Margin="0" Height="200" Width="200" />
</Grid>
```

AutoLayoutPage.xaml 中的代码片段

另一种自动处理屏幕方向改变的技术是为每种方向单独进行设计，在方向改变的同时有部分内容被遮盖时，通过设置滚动条用户即可滚动屏幕来浏览内容。当设备处于竖直模式时，所有内容都可见，此时看不到任何滚动条。然后，当用户改变设备方向时，由于某些元素此时已经处于屏幕之外，所以会出现垂直滚动条。图 5-3 展示了这种情况，图 5-3(a)的屏幕中未出现滚动条，而图 5-3(b)出现了滚动条(滚动条只在滚动时可见)，这样用户就可以滚动屏幕来查看其余的内容了。

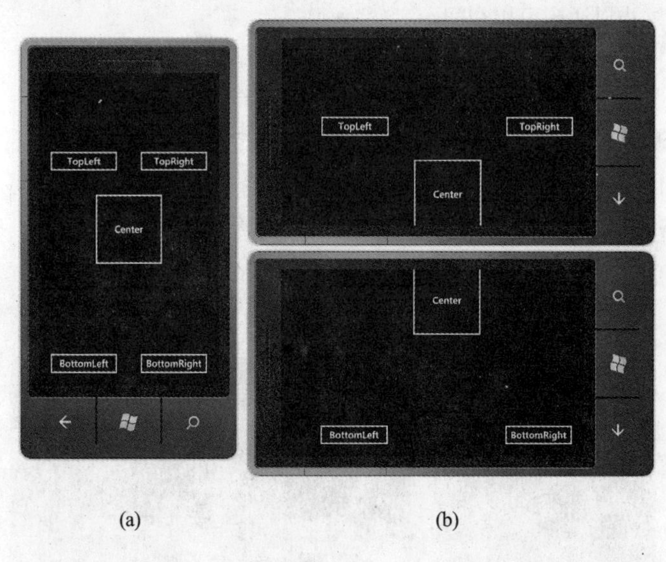

(a)　　(b)

图　5-3

为实现这种布局，可在应用程序中使用 ScrollViewer 并在其中嵌套控件。下面的代码与您之前看到的相类似，最主要的区别就是 Grid 被嵌套在 ScrollViewer 中：

可从
wrox.com
下载源代码

```
<Grid x:Name="LayoutRoot" Background="Transparent">
    <ScrollViewer HorizontalAlignment="Stretch" VerticalAlignment="Stretch"
            VerticalScrollBarVisibility="Auto">
        <Grid Height="800">
            <Button Content="TopLeft"
                    HorizontalAlignment="Left"  VerticalAlignment="Top"
                    Margin="20,190,0,0" Width="200" />
            <Button Content="TopRight"
                    HorizontalAlignment="Right" VerticalAlignment="Top"
                    Margin="0,190,20,0" Width="200" />
            <Button Content="BottomLeft"
                    HorizontalAlignment="Left"  VerticalAlignment="Bottom"
                    Margin="20,0,0,20"  Width="200" />
            <Button Content="BottomRight"
                    HorizontalAlignment="Right" VerticalAlignment="Bottom"
                    Margin="0,0,20,20"  Width="200" />
            <Button Content="Center"
                    Margin="0" Height="200" Width="200" />
        </Grid>
    </ScrollViewer>
</Grid>
```

AutoLayoutWithScrollPage.xaml 中的代码片段

注意已将 Grid 的 Height 属性显式设置为 800 像素。如果没有该设置，Grid 将会重新调整大小以适应 ScrollViewer 中的可用空间。通过显式地指定高度，Grid 的高度将保持为 800 像素。如果高于当前屏幕方向的高度，ScrollViewer 会自动添加滚动条。由于尚未显式设置 Grid 的 Width 属性，它将不断地拉伸或缩小以适应可用空间。

3. 手动干预

既然已经能检测设备方向的改变，就可以通过代码来调整布局了。此功能比依赖于自动布局更加强大。在下面的代码中，您将看到如何更改按钮的位置，以便它们能始终位于设备中相同的物理角落中(即无论设备方向如何，按钮仍位于设备的同一角落)，如图 5-4 所示。

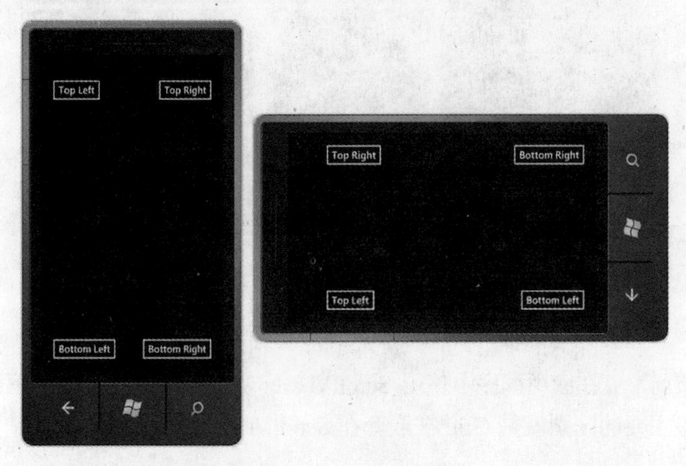

图 5-4

可从
wrox.com
下载源代码

```
private void PhoneApplicationPage_OrientationChanged(object sender,
                              OrientationChangedEventArgs e){
    if (this.IsInLandscape()){
        TopLeftButton.VerticalAlignment = VerticalAlignment.Bottom;
        TopLeftButton.Margin = new Thickness(20, 0, 0, 20);
        TopRightButton.HorizontalAlignment = HorizontalAlignment.Left;
        TopRightButton.Margin = new Thickness(20, 20, 0, 0);
        BottomLeftButton.HorizontalAlignment = HorizontalAlignment.Right;
        BottomLeftButton.Margin = new Thickness(0, 0, 20, 20);
        BottomRightButton.VerticalAlignment = VerticalAlignment.Top;
        BottomRightButton.Margin = new Thickness(0, 20, 20, 0);
    }
    else{
        TopLeftButton.VerticalAlignment = VerticalAlignment.Top;
        TopLeftButton.Margin = new Thickness(20, 20, 0, 0);
        TopRightButton.HorizontalAlignment = HorizontalAlignment.Right;
        TopRightButton.Margin = new Thickness(0, 20, 20, 0);
        BottomLeftButton.HorizontalAlignment = HorizontalAlignment.Left;
        BottomLeftButton.Margin = new Thickness(20, 0, 0, 20);
        BottomRightButton.VerticalAlignment = VerticalAlignment.Bottom;
        BottomRightButton.Margin = new Thickness(0, 0, 20, 20);
    }
}
```

ManualLayoutPage.xaml.cs 中的代码片段

按钮的 Alignment 和 Margin 属性都进行了调整以便在新布局中重新定位。图 5-4 展示了按钮在竖直和水平模式中的显示方式。注意 TopLeft 按钮会停留在相同的位置上(相对于手机的相同位置，而非相对于用户的屏幕左上角)。

虽然这种处理不同设备方向的方法可以获得最佳结果，但它需要大量的代码来更新每个方向的布局，而且设计人员很难对布局进行修改。现在该布局已经变成了开发人员代码的一部分，而不是由适合于设计人员的 XAML 来指定的。

4. 改变状态

思考一下您就会发现，根据设备的方向来更改控件的位置实际上相当于页面中包含了两种视觉状态，一种对应竖直模式，另一种对应水平模式。这种方法的优点在于可以使用 Blend 中的状态记录来设计这些状态，这样当设备方向发生更改时，只需通知 VisualStateManager 更新页面的状态即可。

要为页面创建两种状态，需要在 Blend 中打开解决方案，然后在 States 窗口中为 PhoneApplicationPage 创建一个新的状态组。在该组中创建两个状态，分别代表竖直和水平布局。由于竖直状态和 Base 状态相同，因此不需要修改状态。要修改水平状态，则需要选择 States 窗口中的状态以便启用状态记录。您可以使用 Device 窗口(通过 Window 菜单进入)在竖直和水平两种模式下切换设计器外观，而无需使用竖直模式中的设计器外观并尝试猜测其在水平模式中的样子。图 5-5 显示了处于水平模式中的 Blend 设计器，此时 Device 窗口在页面布局的下方浮动。

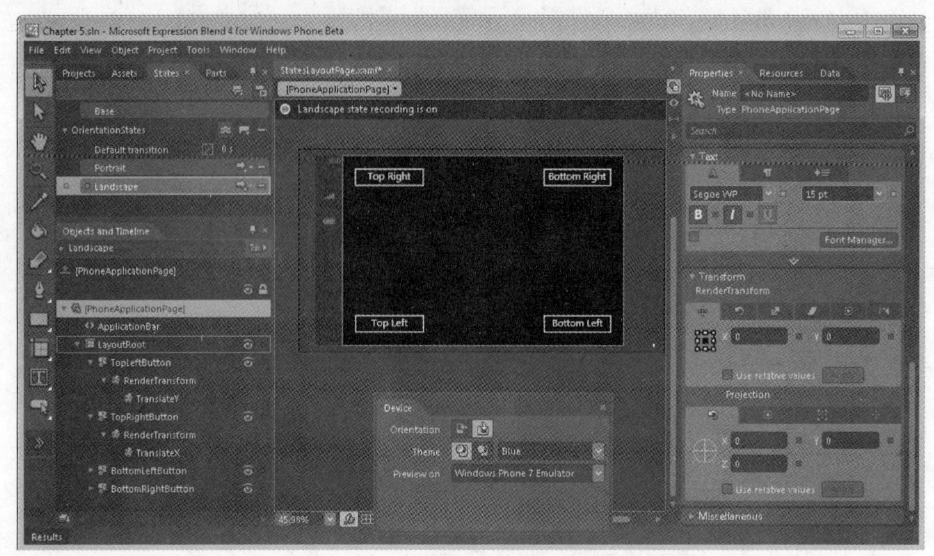

图 5-5

当将设计外观切换到水平模式时，可能会弹出一个对话框，提示无法动态处理自动计算的属性。您可以忽略此警告，因为它指的是 Blend 所使用的设计时属性，并不会影响应用程序的运行。

Expression Blend 中的 Device 窗口可用于测试不同设备配置下的布局外观。您刚刚只是了解了如何调整 Orientation 从而查看 Portrait 和 Landscape 之间的变化对页面所产生的影响。您还可以在 Light 和 Dark 主题之间进行切换，或者更改强调色。Preview on 下拉菜单允许您指定应用程序在启动时运行在模拟器中还是实际设备(如果已连接)中。

一旦设计器处于水平模式中，即可重新排列控件以便使其呈现出设备处于水平模式时应有的外观。在本例中，已经通过调整 TranslateY 或 TranslateX 属性将控件移到了正确位置。如图 5-5 所示，可以看到按钮及两种状态的最终布局。在 Objects and Timeline 窗口中，可以看到所有按钮以及它们相应的变化。

定义完这两种状态后，开发人员只须在设备方向改变时为页面分配一个指定的状态即可。为此，需要捕获 OrientationChanged 事件，并引导 VisualStateManager 转入新的状态：

可从 wrox.com 下载源代码

```
private void PhoneApplicationPage_OrientationChanged(object sender,
                                            OrientationChangedEventArgs e){
    if (this.IsInLandscape()){
        VisualStateManager.GoToState(this, "Landscape", true);
    }
    else{
        VisualStateManager.GoToState(this, "Portrait", true);
    }
}
```

StatesLayoutPage.xaml 中的代码片段

将指示 VisualStateManager 根据设备当前所处的方向为页面分配状态。这种技术虽然对设计人员更加友好，但仍需要开发人员的参与。在第 4 章中，您可以使用 Behavior 来处理这种情况。特别需要说明的是，GoToStateAction 在特定事件被引发时用于实现状态的过渡。虽然可将 GoToStateAction 行为连接到 OrientationChanged 事件，但只能转到单一的状态，无法提供根据当前方向进行状态判定的功能。

要解决这个问题，可以创建自定义的行为，这样就可以在应用程序页面中对其进行重用。首先在应用程序中创建一个名为 ChangeOrientationStateAction 的新类。修改此类，使其继承自 TriggerAction <T>，并添加三个字符串类型的依赖属性，用于为三种可能的方向——LandscapeLeft、PortraitUp 和 LandscapeRight 指定状态名称。

可从 wrox.com 下载源代码

```
public class ChangeOrientationStateAction:TriggerAction<PhoneApplicationPage>{
    public static readonly DependencyProperty LandscapeLeftStateNameProperty =
                DependencyProperty.Register("LandscapeLeftStateName",
                                            typeof(string),
                                            typeof(ChangeOrientationStateAction),
                                            new PropertyMetadata("Landscape"));
    public string LandscapeLeftStateName{
        get { return (string)GetValue(LandscapeLeftStateNameProperty); }
        set { SetValue(LandscapeLeftStateNameProperty, value); }
    }

    public static readonly DependencyProperty LandscapeRightStateNameProperty =
                DependencyProperty.Register("LandscapeRightStateName",
                                            typeof(string),
                                            typeof(ChangeOrientationStateAction),
                                            new PropertyMetadata("Landscape"));
    public string LandscapeRightStateName{
        get { return (string)GetValue(LandscapeRightStateNameProperty); }
        set { SetValue(LandscapeRightStateNameProperty, value); }
    }

    public static readonly DependencyProperty PortraitUpStateNameProperty =
                DependencyProperty.Register("PortraitUpStateName",
                                            typeof(string),
                                            typeof(ChangeOrientationStateAction),
                                            new PropertyMetadata("Portrait"));
    public string PortraitUpStateName{
        get { return (string)GetValue(PortraitUpStateNameProperty); }
        set { SetValue(PortraitUpStateNameProperty, value); }
    }
}
```

ChangeOrientationStateAction.cs 中的代码片段

注意 TriggerAction <T>基类的泛型参数被指定为 PhoneApplicationPage，此类定义了 OrientationChanged 事件。由于此事件是该行为所感兴趣的，因此限制 ChangeOrientationStateAction 将其应用到 PhoneApplicationPage 类的实例是合理的做法。当事件因设备改变方向被触发时，VisualStateManager 需要将页面过渡到合适的状态。这是在 Invoke 方法中实现的。

可从
wrox.com
下载源代码

```
protected override void Invoke(object parameter){
    var page = this.AssociatedObject;
    var newOrientation = (parameter as OrientationChangedEventArgs).Orientation;

    if (newOrientation.IsOrientation(PageOrientation.Portrait)){
        VisualStateManager.GoToState(page, this.PortraitUpStateName, true);
    }
    else{
        if (newOrientation.IsOrientation(PageOrientation.LandscapeLeft)){
            VisualStateManager.GoToState(page, this.LandscapeLeftStateName, true);
        }
        else{
            VisualStateManager.GoToState(page, this.LandscapeRightStateName, true);
        }
    }
}
```

ChangeOrientationStateAction.cs 中的代码片段

传递给 Invoke 方法的参数是 OrientationChangedEventArgs，从中可以确定屏幕要移动到的方向。newOrientation 用于确定将要分配给页面的状态。

保存此行为并在 Expression Blend 中重新生成项目，此后您会看到该行为出现在 Assets 窗口中。可在 Objects and Timeline 窗口中将其拖动到[PhoneApplicationPage]节点上。假定已将状态命名为 Landscape 和 Portrait，那么只需调整 EventName 属性，将其设置为 OrientationChanged。当运行该应用程序并改变设备方向时，您会看到按钮的布局发生了变化。

5. 平滑过渡

为平滑地改变方向，最后要做的就是在布局改变时添加一些动画。可同时为竖直和水平两种状态添加过渡动画。在 States 窗口中选择 Landscape 状态，然后打开 Blend 中的 Objects and Timeline 窗口，如果没有显示时间线，单击 Show Timeline 按钮。当前此状态的时间线长度为零，这意味着所有过渡都会在瞬间完成。每个按钮在 0-秒标记处都有一个单独的关键帧，如图 5-6(a)所示。将每个关键帧拖动到 1-秒标记处，即可使其成为平滑的过渡，如图 5-6(b)所示。

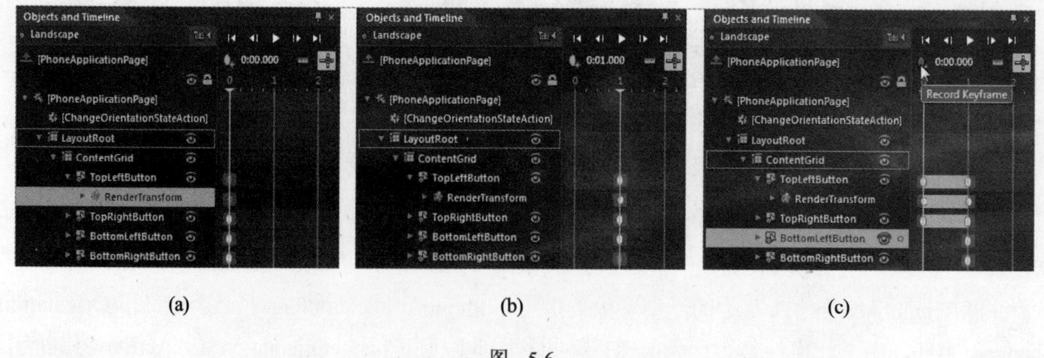

(a) (b) (c)

图 5-6

最后，将黄色的竖直时间指示器移动回 0，依次选中每个按钮然后单击 Record Keyframe 按钮，如图 5-6(c)所示。这会使用默认的按钮值来记录一个关键帧，从而形成动画序列的起始状态。如果现在运行，将看到从竖直到水平状态的平滑动画过渡，但反方向的切换是瞬间的。虽然反方向与此类似，但必须反过来思考。

首先在 States 窗口中选择竖直状态并再次打开 Objects and Timeline 窗口。目前此状态没有任何时间线，将黄色的竖直时间指示器移到 1-秒标记处，并为每个按钮单击 Record Keyframe 按钮。这是在设置动画的 Base 状态。接着将时间指示器移到 0-秒标记处，再为每个按钮创建一个关键帧。对于 0-秒标记处的每个关键帧，通过调整 TranslateX 或 TranslateY 的值来修改按钮的位置。如图 5-7 所示，可以看到 TopRightButton 已在 X 方向上平移了-240，被放到原来 TopLeftButton 的位置上。

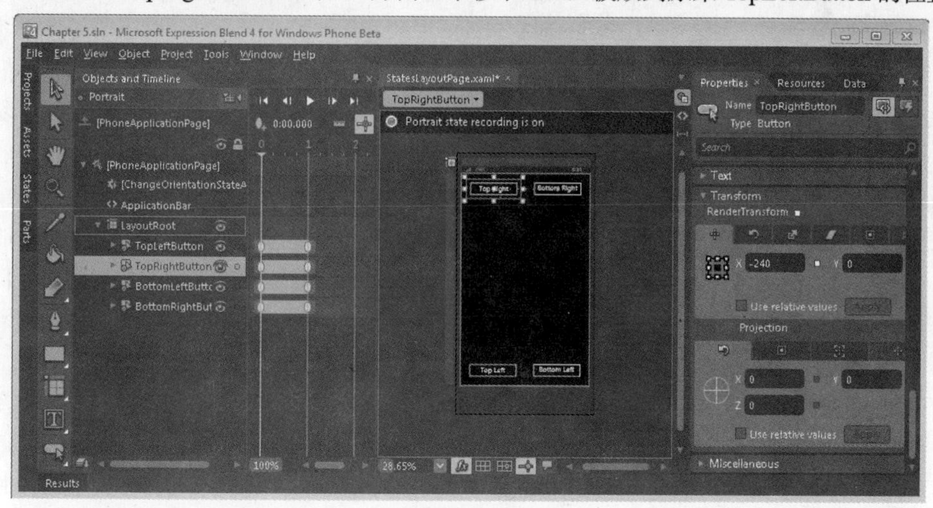

图　5-7

一旦为每个按钮都定义了过渡，状态过渡就完成了。运行应用程序就可以看到竖直和水平方向之间平滑的动画过渡了。

5.2　软输入面板

当设计用户体验时，首先要弄清楚用户如何输入信息。应尽可能减少用户必须输入的文本量。例如，您可以提供一个包含最常见响应的列表，而非提供自由的文本字段。然而无论考虑多么周全，还是会存在用户不得不输入文本的情况。在 Windows Phone 中，这是通过屏幕键盘(也称为软输入面板来实现的。图 5-8 显示了在 Internet Explorer 中单击进入文本字段时显示的 SIP。

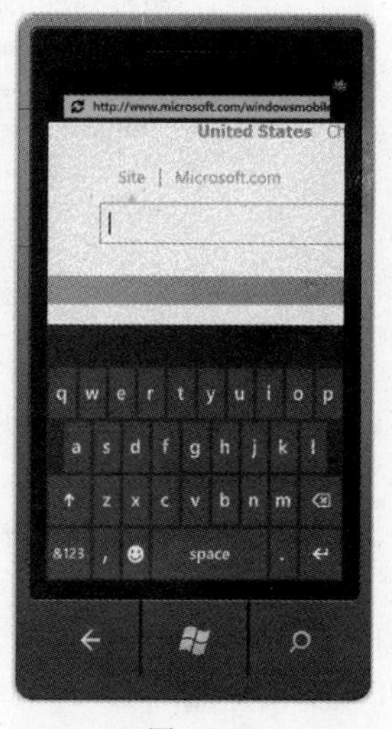

图　5-8

在配备物理键盘的设备中，如果键盘可以使用，SIP 就不会显示。这意味着对于有滑动键盘的设备，仅当关闭键盘时才会显示 SIP。当打开键盘时，SIP 就会被最小化。

当 TextBox 获得焦点时模拟器的默认行为是显示 SIP。当显示 SIP 时无法使用主机中的键盘在模拟器中输入文本。按 Pause/Break 键可在主机键盘(从 Windows Phone 模拟器的角度模拟键盘的滑出)与 SIP 之间进行切换。

使用 SIP 时需要考虑一些重要的问题。首先，之前 Windows Mobile 版本的 SIP 可以由应用程序开发商和硬件厂商重写，与之不同，Windows Phone 中的 SIP 体验总是相同的。另一处变化就是无法再控制 SIP 的显示或隐藏了。相反，当控件需要接收文本输入或失去焦点时会自动显示或隐藏 SIP。

最常用的文本输入控件当然是 TextBox，虽然不能重写 Windows Phone 中的 SIP，但可以指定 TextBox 的 InputScope 属性。可将 InputScope 看做用户所输入的文本的上下文。例如，它可能是电话号码、URL 或日期。InputScope 已经遍布整个.NET Framework，但很少被使用。大多数为桌面创建的应用程序都假定用户可以访问完整的 QWERTY 键盘，所以无须关注他们输入的内容。然而对于 Windows Phone 设备而言，由于屏幕空间有限，因此 InputScope 就变得尤为重要。如果用户输入电话号码，就没必要显示完整的 QWERTY 键盘，一个带有 0~9、#、和*的数字键盘就足够了。由于屏幕中的按键会变得更大以便更易于查找和点击，因此大大提高了易用性。

为了演示不同的 InputScope 值范围，可以迭代 InputScopeNameValue 枚举中所有的值。在本示例中，您将在 MainPage 中添加一个列表框和一个文本框。列表框会显示 InputScopeNameValue 枚举中所有可能的值，当用户单击列表中的某一项时，会将该 InputScope 应用到 TextBox 上。同时这也会决定 SIP 的显示样式。

在开始创建用户界面之前，需要添加一个辅助方法以便使用 InputScopeNameValue 枚举中的值。但.NET Compact Framework 不支持 Enum.GetValues 方法，因此需要使用一些反射来访问一系列可能的枚举值。将以下代码添加到先前创建的 Utilities 类中：

```
public static KeyValuePair<string,T>[] EnumValues<T>(this Type enumerationType){
   var enumList = new List<KeyValuePair<string, T>>();
   if (enumerationType.BaseType == typeof(Enum)){
      var fields = enumerationType.GetFields(BindingFlags.Public |
                                             BindingFlags.Static);
      foreach (var field in fields){
         var enumValue = field.GetValue(null);
         if (((int)enumValue) > 0){
            enumList.Add(new KeyValuePair<string, T>(enumValue.ToString(),
                                                     (T)enumValue));
         }
      }
   }
   return enumList.OrderBy(kvp=>kvp.Key).ToArray();
}
```

Utilities.cs 中的代码片段

此辅助方法会返回一个按字母顺序排列的列表，其中包含不同的 InputScope，您可以将其应用于 TextBox 控件。通过在 MainPage 的顶部添加列表框和文本框即可实现。这些控件的 XAML 应类似于如下所示：

可从
wrox.com
下载源代码

```
<ListBox Height="226" Margin="43,141,35,0" Name="InputScopeList"
      VerticalAlignment="Top" BorderThickness="2">
   <ListBox.ItemTemplate>
      <DataTemplate>
         <TextBlock Text="{Binding Key}"/>
      </DataTemplate>
   </ListBox.ItemTemplate>
</ListBox>
<TextBox Height="96" HorizontalAlignment="Left" Margin="43,392,0,0"
      Name="InputText" Text="TextBox" VerticalAlignment="Top" Width="402" />
```

MainPage.xaml 中的代码片段

ListBox 控件包含一个 ItemTemplate 属性，用于控制列表中每一项的外观。传统的列表控件每一项只有一个标签另外可能还有一个图标，与之不同，Silverlight 的 ListBox 控件允许您自主设计每一项的外观。ItemTemplate 属性接受一个单独的 DataTemplate 元素，它可以包含可视化元素的树。在本例中，将每个列表项设计为只包含单独的 TextBlock 元素。TextBlock 中所显示的文本通过数据绑定符号进行指定。详见第 15 章，现在只须知道对于列表中的每一项，都会在 ItemTemplate 的 TextBlock 中显示 Key 属性。现在唯一要做的就是在页面的 Loaded 事件处理程序中设置 ItemsSource 属性，以便将值显示在 ListBox 中：

可从
wrox.com
下载源代码

```
private void PhoneApplicationPage_Loaded(object sender, RoutedEventArgs e){
   this.InputScopeList.ItemsSource =
                typeof(InputScopeNameValue).EnumValues<InputScopeNameValue>();
}
```

MainPage.xaml.cs 中的代码片段

为了更改 TextBox 的 InputScope，需要处理 ListBox 的 SelectionChanged 事件。选中 ListBox，打开 Properties 窗口中的 Event 选项卡，双击 SelectionChanged 事件旁的空白单元格。下面的代码使用 SelectedItem 属性创建了一个新的 InputScope，然后应用于 TextBox：

可从
wrox.com
下载源代码

```
private void InputScopeList_SelectionChanged(object sender,
                                  SelectionChangedEventArgs e){
   if (this.InputScopeList.SelectedItem == null) return;
   var selection =
     (KeyValuePair<string, InputScopeNameValue>) this.InputScopeList.SelectedItem;
   InputScope inputScope = new InputScope();
   inputScope.Names.Add(new InputScopeName() { NameValue = selection.Value });
   this.InputText.InputScope = inputScope;
}
```

MainPage.xaml.cs 中的代码片段

当运行应用程序时，可以选择不同的 InputScope 并查看 SIP 是如何变化的。如果不想修改 TextBlock 的 InputScope 属性，可以按下面的示例所示在 XAML 中包含 InputScope：

```
<TextBox Name="InputScopeText" InputScope="Chat"/>
```

共有 8 种不同的 SIP 配置，如表 5-1 所示。

表 5-1　SIP 布 局

SIP	摘　　要
Default	QWERTY 键盘
Text	默认配置带有表情符号的附加屏幕
E-Mail Address	默认配置并带有@符号和.com 键
Phone Number	T9 文本配置 (即为输入电话号码而进行优化的 12-键布局)
Web Address	默认配置带有 .com 键
Maps	默认配置带有 Enter 键
Search	默认配置带有搜索和 .com 键
SMS Address	默认配置带有访问电话号码的布局

图 5-9 显示了 4 种不同的 SIP 配置。

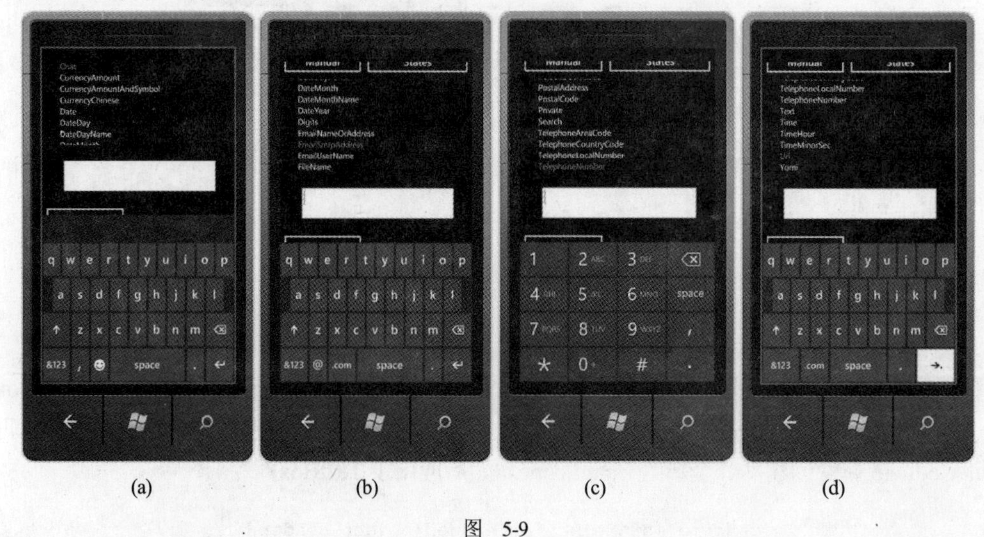

(a)　(b)　(c)　(d)

图　5-9

在图 5-9(a)中，您会发现 TopLeft 和 TopRight 这两个按钮已经不在屏幕中了。当 SIP 展开时，会调整当前页的布局，从而让用于添加文本的文本框处于可见状态，即使它的默认位置会被 SIP 遮盖也同样如此。页面中有哪些其他的控件、这些控件的对齐方式以及它们的视觉状态会确定在 SIP 展开后它们是否仍保持可见。在构建用户体验时，记住这一点至关重要，同时要全面地测试应用程序的每个状态，以保证即便在 SIP 显示时用户也可以轻易看到激活的内容。

当展开或折叠 SIP 时不会引发任何事件，所以您只能自己进行管理。当 TextBox 获得焦点时会显示 SIP，而 TextBox 失去焦点时会隐藏 SIP。但由于没有显式的事件或属性来指示 SIP 的状态，因而无法确定 SIP 到底是否可见。虽然可以根据 TextBox 的焦点自己进行跟踪，但是如果该设备具有物理键盘，将不会显示 SIP，因而仍无法确定 SIP 是否可见。此外还应该意识到在具有物理键盘的设备上，当键盘展开时不会显示 SIP。

5.3 应用程序栏

为 Windows Phone 构建用户体验的指导原则之一就是专注于创建并显示内容，而非边框。不过，有时候需要为用户提供一种机制来执行某些操作，这些操作要么并不常用，因此无需专用的屏幕空间，要么无法通过内容来直观地表达。对于这些场景就需要用到应用程序栏(Application Bar)了。

应用程序栏位于屏幕中与三个硬件按钮相同的一侧。如图 5-10 所示，应用程序栏由 1 个图标按钮和 4 个菜单项组成，可分别在水平和竖直模式下全面显示。注意在水平模式下，应用程序栏在屏幕中仍位于与硬件按钮相同的一侧，同时图标按钮和文本都进行了旋转以便读取。

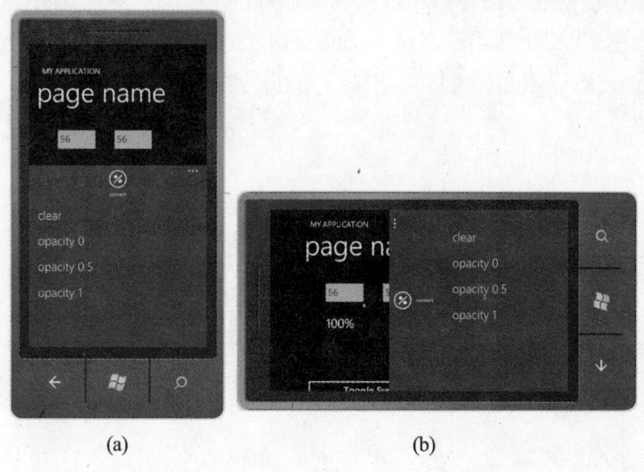

(a) (b)

图 5-10

图 5-10 展示了应用程序栏的展开状态。当最小化时，只有图标按钮是可见的。右侧的省略号(处于水平模式时位于顶部)用于展开和折叠应用程序栏。

对于 Windows Phone 来说，应用程序栏的作用与传统的菜单功能相似。与菜单系统不同的是，元素不包含层次结构，同时可以使用的图标按钮数量被限制为四个。尽管可以添加更多菜单项，但应尽量将其数量限定为五个左右，以免用户不得不滚动屏幕才能浏览列表中的项。

5.3.1 图标按钮

在使用图标按钮和菜单项时需要进行一些权衡。一方面，图标按钮相对较小并在应用程序栏中始终可见，另一方面，图标可能较难理解甚至可能会被误解。所以应该确保选择意义明确的图标。如果要执行具有破坏性的任务，如删除某项，则始终应该提示用户确认是否希望继续。由于无论应用程序栏是否展开，其中的图标按钮总是可见，所以您应将最常用的任务放到图标按钮中，而将剩下的任务放到菜单项中。当应用程序栏展开时，除显示菜单项外，还会显示图标按钮的 Text 属性。

当应用程序的上下文发生变化时，您可能希望动态调整那些可见的图标。例如，在电子邮件应用程序中，可能包含一个始终可见的 Create E-mail 图标。您可以根据电子邮件是否被选中，来为被选中的电子邮件显示删除或回复图标。转发任务可能会作为菜单项被添加，因为它的使用频率较低。

Microsoft 围绕着如何设计在 Windows Phone 应用程序中工作良好的图标给出了几点建议：

- 应用程序栏中图标的大小为 48×48 像素。
- 图标周围的圆圈是由 Windows Phone 添加的(所以不应在您的图标中包含它)。

- 为了避免盖住该圆圈，图标的内容应该出现在图标中心处 26×26 像素的正方形内。
- 图标应该具有透明的背景并且实际图标应使用白色进行绘制。根据用户所运行的不同主题，会为图标恰当地着色。

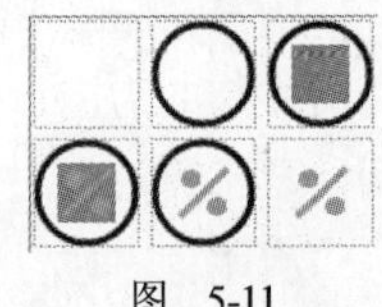

图 5-11

图 5-11 说明了创建应用程序图标的基本过程。首先使用一个 48×48 像素大小的图像(图 5-11 中带虚线的方形边界是出于说明的目的，因此不应该将其添加到您的图像中)。然后添加一个与图像边界相接触的圆圈，接着在图像的中心添加一个 26×26 像素的实心正方形。这些都是用于指示在何处绘制图标的参考线。如果您的编辑工具支持图层，那就将这些参考线放在单独的图层中，以便创建完图标后可以将它们删除。

使用白色的前景色来添加图标(图 5-11 中添加的彩色百分比符号是为了便于对比，但创建真正的图标时要使用白色)。然后删除参考线，将图标留在透明的背景上。

1. 图标库

为了提供一个良好的开端并设法鼓励开发人员使用一组通用的图标，Microsoft 发布了一个可以从 http://go.microsoft.com/fwlink/?LinkId=187311[2]站点下载的图标包。图 5-12 所示即为该图标包中一些可用的图标。

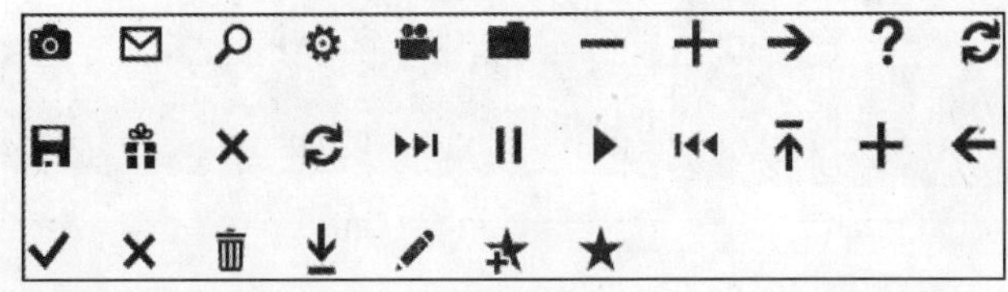

图 5-12

这些图标可供下载并可在应用程序中重复使用。这对于诸如保存、删除、搜索和刷新这类常见的操作尤其有用，您可以在这些地方重用那些同样被广泛用于 Windows Phone 用户界面的图标。

2. 添加图标

创建或选定希望在应用程序中使用的图标后，首先要将其包含到解决方案中。为了保持项目结构的整洁，可能需要创建一个名为 icons 的子文件夹用于放置图标。所以如果要在应用程序中使用图标，需要将其复制到项目文件夹中，或者将图标复制到您创建的子文件夹中。在 Visual Studio 中使用 Solution Explorer 窗口找到图标，右击并选择 Include In Project。

出于某些原因，图标可能不会显示在 Solution Explorer 中。首先，需要告知 Solution Explorer 显示所有文件(无论它们是否被包含在项目中)。选择您的项目并单击 Solution Explorer 窗口内图标栏中的 Show All Files 按钮，即可执行此操作。如果 Solution Explorer 已显示出所有文件，刷新 Solution Explorer 的文件列表后才能看到新图标。通过单击 Refresh 按钮，可以强制更新 Solution Explorer 窗口的图标栏。

2. 该链接是 Microsoft 在早期提供的，现在已经失效，不过该链接中所包含的图标已经被附加到了 Windows Phone Developer Tools 中，在您的计算机中安装该工具后即可找到。32 位操作系统：X:\Program Files\Microsoft SDKs\Windows Phone\v7.0\Icons；64 位操作系统：X:\Program Files (x86)\Microsoft SDKs\Windows Phone\v7.0\Icons。X 为系统盘盘符。

默认情况下，图标包含的生成操作为 Resource。需要在 Properties 窗口中将 Build Action 改为 Content，并将 Copy to Output Directory 改为 Copy always。

现在可以创建应用程序栏并在其上显示图标了。在 Visual Studio 中创建应用程序栏图标仅包含了最低限度的设计器支持，而在 Blend 中操作应用程序栏最为轻松。打开要添加应用程序栏的 PhoneApplicationPage，在 Objects and Timeline 窗口中选择[PhoneApplicationPage]节点。从 Properties 窗口的 Common Properties 区域中单击 ApplicationBar 文本旁边的 New 按钮。这样即可创建一个新的 Application Bar，如图 5-13 所示。

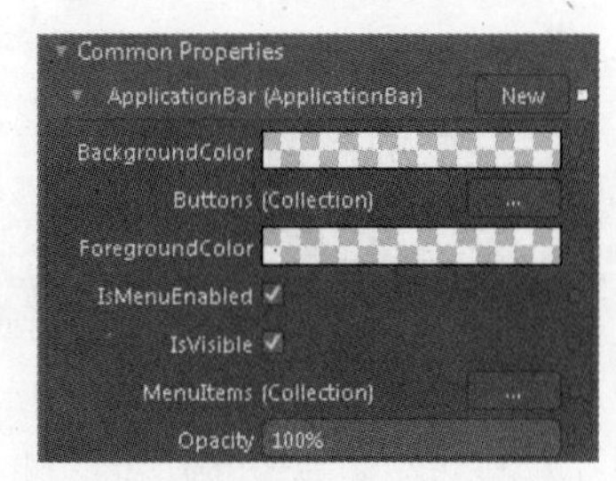

图　5-13

表 5-2 列出了很多可在 ApplicationBar 中进行配置的属性。

表 5-2　ApplicationBar 的属性

属　性	说　明
BackgroundColor	设置应用程序栏单的背景色
ForegroundColor	设置应用程序栏单的背景色
IsMenuEnabled	确定用户是否可以展开应用程序栏菜单。若此属性值被设置为 false，单击省略号会展开应用程序栏并显示与图标按钮相关联的文本但不会显示菜单项。将该属性用作添加和删除菜单项的替代方法
IsVisible	默认情况下，应用程序栏是可见的，将此属性设置为 false，可以将图标栏和菜单项全部隐藏
Opacity	控制应用程序栏的不透明度

单击图 5-13 中所示的 Buttons(Collection)文本旁边的省略号会出现用于添加、修改和删除 ApplicationBar 按钮的集合编辑器。集合编辑器实际上是一个通用的编辑器，Blend 用其修改任意类型的集合。要将图标按钮添加到 ApplicationBar 中，必须指定添加到集合的项的 Type 值。单击图 5-14 底部的 Add another item 按钮，找到 ApplicationBarIconButton 类(可能需要选中 Show all assemblies 复选框)。

单击 OK，一个 ApplicationBarIconButton 类的实例就会被添加到该集合中(图 5-15 的左侧窗格)，新项的属性会显示在右侧窗格中。

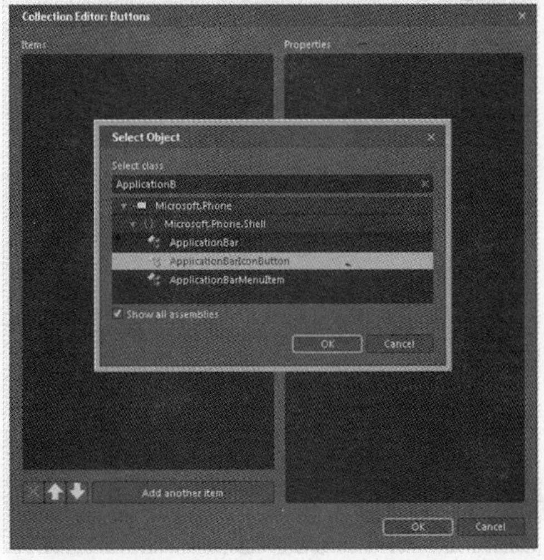

图　5-14

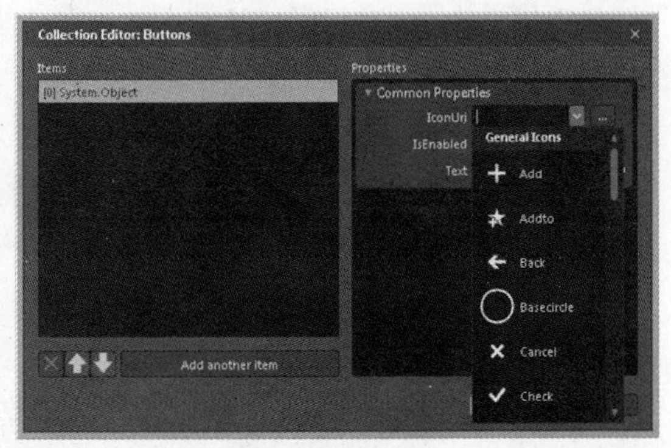

图　5-15

表 5-3 列出了可在每个图标按钮中配置的属性。

表 5-3　ApplicationBarIconButton 的属性

属　性	说　明
IconUri	待显示图标的 URI。可选择一个预定义的图标(这些图标作为 Windows Phone 开发人员工具的一部分，在选中之后会自动被复制到应用程序中)，或者可以进入或浏览希望在应用程序中使用的图标的 URI
IsEnabled	指示图标是否可用。将 IsEnabled 设置为 false 就无法从应用程序栏中删除图标。相反，它会显示为灰色以指示被禁用
Text	当应用程序栏展开时在图标下方显示的文本。为在 Windows Phone 中保持一致性，此文本总是显示为小写字母

添加和配置图标按钮后，会发现图标出现在设计器内页面的底部(参见图 5-16)。如果选中图标按钮，会发现当 ApplicationBar 展开时布局发生了更改，如图 5-16(b)所示。

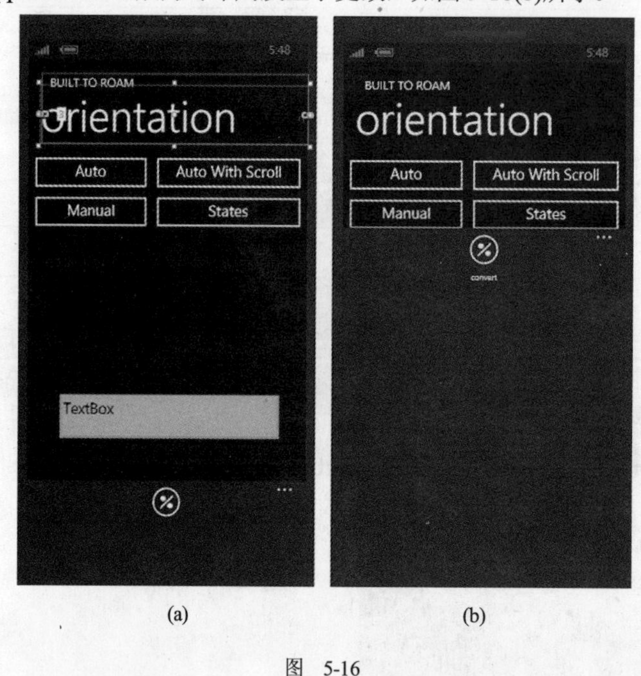

(a)　　(b)

图　5-16

以下代码片段包含的 XAML 声明了一个 ApplicationBarIconButton 并将其赋给了一个新的 ApplicationBar 实例。

```
<phone:PhoneApplicationPage
    x:Class="ApplicationLayouts.AppBarPage"
    xmlns:phone="clr-namespace:Microsoft.Phone.Controls;assembly=Microsoft.Phone"
    xmlns:shell="clr-namespace:Microsoft.Phone.Shell;assembly=Microsoft.Phone"
    ... >
    <phone:PhoneApplicationPage.ApplicationBar>
        <shell:ApplicationBar>
            <shell:ApplicationBarIconButton Text="convert"
                                            IconUri="/icons/Percent.png"
                                            IsEnabled="True"
```

```
                              Click="ApplicationBarIconButton_Click" />
      </shell:ApplicationBar>
    </phone:PhoneApplicationPage.ApplicationBar>
```

此处只添加了一个 ApplicationBarIconButton，但可以使用集合编辑器或在 shell:ApplicationBar 元素下手动添加更多 ApplicationBarIconButton 元素来添加更多图标。这段代码还包含了 Click 事件的事件处理程序。

当您设置应用程序栏的前景色和背景色时，其实是在重写用户为自己的设备选择的主题的默认颜色。不是说不能这样做，而是应该知道使用这种方式只是要让应用程序栏适应应用程序的样式和商标。如果可能的话，建议您允许用户指定设备的主题，并使您的应用程序适应该主题。

正如您所想的，为应用程序栏设置背景色相当于在其展开时为图标栏和菜单项列表设置背景。需要注意的一点就是设置前景色时，不只是设置菜单项中所显示文本的颜色，还会改变用于为应用程序栏图标着色的颜色。

5.3.2　菜单项

添加菜单项与为应用程序栏添加图标的操作类似。只不过这次不是将 ApplicationBarIconButton 添加到 Buttons 集合，而是将 ApplicationBarMenuItem 元素添加到 MenuItems 集合。下面的代码片段所展示的是将 Clear 菜单项添加到应用程序栏中：

可从
wrox.com
下载源代码

```
<phone:PhoneApplicationPage.ApplicationBar>
   <shell:ApplicationBar IsMenuEnabled="True">
      <shell:ApplicationBar.MenuItems>
         <shell:ApplicationBarMenuItem Text="Clear"
                                      x:Name="ClearMenuItem"
                                      Click="ClearMenuItem_Click"/>
      </shell:ApplicationBar.MenuItems>
      <shell:ApplicationBarIconButton Text="convert"
                                       IconUri="/icons/Percent.png"
                                       IsEnabled="True"
                              Click="ApplicationBarIconButton_Click" />
   </shell:ApplicationBar>
</phone:PhoneApplicationPage.ApplicationBar>
```

AppBarPage.xaml 中的代码片段

正如您所见，ApplicationBarMenuItem 具有一个 Text 属性，用于定义显示在应用程序栏菜单项中的文本。为了避免菜单项超过屏幕的边缘，Microsoft 建议的最大长度为 14~20 个字符。如上文所述，应该避免出现五个以上的菜单项，这样可以避免用户通过滚动来浏览菜单项列表。最后要注意的就是菜单项的文本应始终被转换为小写形式。这也是为了保持 Windows Phone 中一致的体验。

ApplicationBarMenuItem 与 ApplicationBarIconButton 类似，都提供了一个可以通过代码或 XAML 来进行设置的 IsEnabled 属性。当其被禁用时，菜单项会显示为灰色以指示其不可操作。

5.3.3　不透明度

应用程序栏的一个不同寻常之处就是可以设置不透明度的级别。直观地看好像意义不大，因为应用程序栏位于屏幕的底部，所以不会过多地减少应用程序所使用的屏幕大小。其实这只是将 Opacity 设为默认值 1 时的情况。然而，只要不透明度小于 1，应用程序栏就会“坐”在页面上，允许下面的内容透过其进行呈现。图 5-17 显示了不透明度分别被设为 1、0.5 和 0 时的应用程序栏。

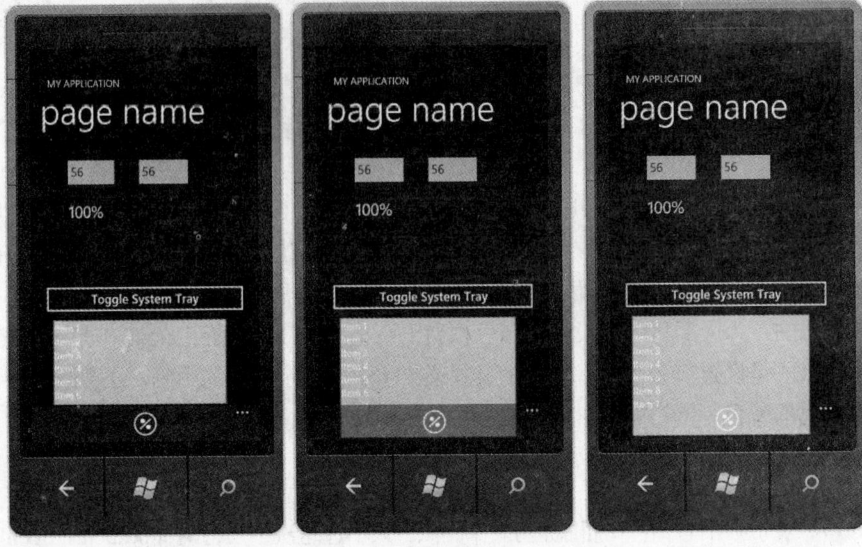

图 5-17

正如从图 5-17 中所见，当调整 Opacity 时，可以看到透过应用程序栏所显示的内容。不过您无法与该内容进行交互。在这种情况下，显示在屏幕底部的列表框会被遮盖，导致无法选择其中的某些项。

5.3.4 StateChanged 事件

应用程序栏提供了一个 StateChanged 事件，可以对其进行处理从而检测菜单项列表是否被显示。您可能希望在现有内容的基础上调整内容的布局或菜单项。如需添加事件处理程序，只需修改 XAML，使其包含当应用程序栏发生状态更改时您想要引发的事件处理程序名称即可：

可从 wrox.com 下载源代码

```
<phone:PhoneApplicationPage.ApplicationBar>
    <shell:ApplicationBar StateChanged="ApplicationBar_StateChanged">
    ...
    </shell:ApplicationBar>
</phone:PhoneApplicationPage.ApplicationBar>
```

AppBarPage.xaml 中的代码片段

在这种情况下，需要动态地调整应用程序栏的 Opacity，当 Menu Items 列表展开时将其值设置为 1(即将 IsMenuVisible 属性设置为 true)，当 Menu Items 列表收起时将其恢复为初始值：

可从 wrox.com 下载源代码

```
private double PreviousOpacity { get; set; }
private void ApplicationBar_StateChanged(object sender,
                                    ApplicationBarStateChangedEventArgs e){
    var opacity = this.ApplicationBar.Opacity;
    this.ApplicationBar.Opacity = e.IsMenuVisible ? 1 : PreviousOpacity;
    this.PreviousOpacity = opacity;
}
```

AppBarPage.xaml.cs 中的代码片段

5.4　系统托盘

通常 Windows Phone 应用程序在屏幕顶部有一小块专用的空间被称为托盘。此区域是系统用于显示电池水平和连接强度等信息的。无法在此区域中添加图标或文本。不过，可以控制应用程序是全屏运行，还是为系统托盘留出空间。可以通过设置 SystemTray 类的 IsVisible 属性来实现。当创建新的 PhoneApplicationPage 模板时该属性的默认值为 True。

```
<phone:PhoneApplicationPage
    x:Class="ApplicationLayouts.AppBarPage"
    xmlns:shell="clr-namespace:Microsoft.Phone.Shell;assembly=Microsoft.Phone"
    ...
    shell:SystemTray.IsVisible="True">
```

如果不想显示系统托盘，可以将该属性设置为 False，或者在代码中修改该值。

```
private void SystemTrayButton_Click(object sender, RoutedEventArgs e){
    SystemTray.IsVisible = !SystemTray.IsVisible;
}
```

图 5-18 展示的就是分别将 IsVisible 属性值设置为 False(图 5-18(a))和 True(图 5-18(b))时的页面。注意系统托盘会占用为应用程序分配的空间。如果为 PhoneApplicationPage 中的 SizeChanged 事件添加事件处理程序，就会看到系统托盘在可见与不可见时屏幕大小的变化。当把应用程序栏的 Opacity 属性从 1 调整到小于 1 的值时也会触发 SizeChanged 事件。当应用程序栏的 Opacity 属性被设置为 1 时，与系统托盘相同，也会占用应用程序中用于显示内容的空间。

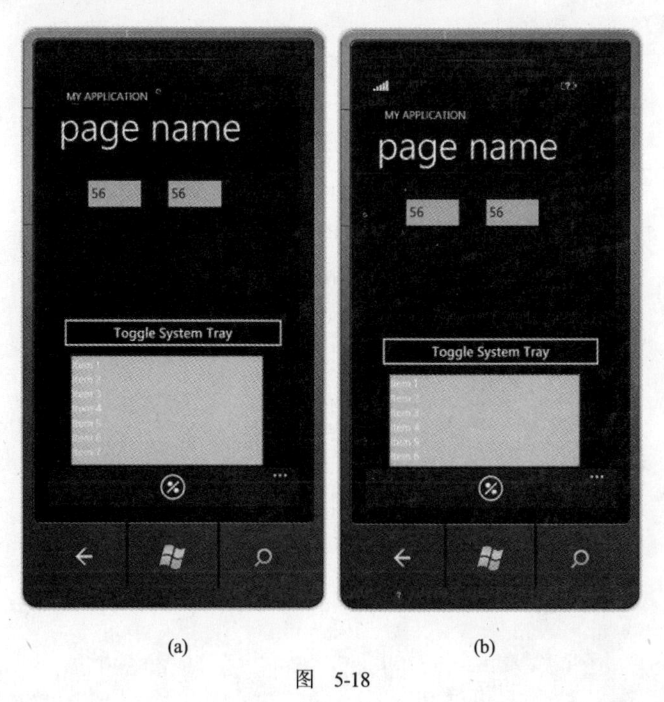

(a)　　　　(b)

图　5-18

您的第一直觉可能就是将 IsVisible 属性值设为 False，从而使应用程序中用于显示内容的空间最大化，但必须意识到这也会对应用程序产生不利的影响。系统托盘用于向用户显示连接状态，电池水平及其他重要的信息。如果不显示系统托盘，不仅会阻碍用户访问这些信息，还会破坏与其他应用程序之间的一致性以及整体的 Metro 体验。在应用程序中可能有一些页面(如浏览照片或地图)需要将屏幕空间最大化，但在大多数情况下，都应该尽可能地显示系统托盘。

5.5 小结

本章介绍了如何扩展 Windows Phone 应用程序以便处理不同的方向。您了解了诸如 SIP 和应用程序栏这类不同的覆盖组件会影响应用程序的布局和易用性。所以在设计视觉布局时考虑方向和覆盖组件对应用程序的影响是至关重要的。

第6章 导 航

本章内容

- Windows Phone 应用程序如何在页面之间进行导航
- 处理 Back 按钮以便取消页面中的操作
- 使用动画在页面之间进行过渡
- Windows Phone 执行模型的工作原理
- 当应用程序进入后台时保存持久数据与临时数据

除非您所构建的是一个极简单的应用程序，否则您的用户体验肯定会包含多个页面或视图。在设计应用程序时，您需要确定可能用到的过渡以及如何在应用程序的不同区域之间导航。

此外，还需要确保能正确地将应用程序与 Windows Phone 其余部分结合使用。这包括与 Back 按钮的集成，以便确保用户可以取消对话框，或在应用程序内导航。本章将介绍如何导航到应用程序内部、如何在应用程序中导航以及如何控制导航来退出应用程序。您还将了解如何保存应用程序的当前状态，以便在重新启动应用程序时不会引起用户的注意。

6.1 页面布局与架构

到目前为止，您所做的每一件事都只是在一个单独的 PhoneApplicationPage 中完成的。而在实际应用程序中，您很可能希望应用程序拥有多个页面，以便用户在其间进行导航。设计 Windows Phone 应用程序远比为大屏幕的笔记本或台式计算机设计应用程序难。您的桌面应用程序或许只有单独的一屏，而在 Windows Phone 应用程序中则可能需要多个页面。这无疑会增加额外的复杂度，因为用户很容易在页面间导航时迷路。

如果您正在考虑设计一个 Windows Phone 页面，这里有几种页面布局选项(见表 6-1)。如何布局页面与页面的导航方式有关。您应该留心用户使用 Windows Phone 的方式以及通过使用设备而熟悉的导航体验。

表 6-1 页 面 布 局

布 局	说 明
Panoramic(全景)	Panoramic(全景)视图，也叫做 hub，被设计为一个中心点，用户可以通过它来访问与特定主题相关的信息。例如，Picture hub 允许用户跳转到不同的文件夹并查看当前相册。 您应当牢记，Windows Phone 的屏幕在全景视图中扮演着视窗的角色。这意味着在任何时候，用户只能看到全景视图中与 Windows Phone 屏幕宽度相当的那部分。在全景视图的设计中需要考虑此因素，以便使用户知道他们可以(或许很自然地就会这么做)左右滚动。 如果希望在应用程序中使用全景视图，应当将其作为应用程序的第一个屏幕或主屏幕
Pivot(枢轴)	Pivot 同样支持左右滚动，但是不要和 Panoramic 视图相混淆。其实，Pivot 更接近于传统的选项卡视图，其中的每个选项卡都代表了当选项卡被选中后将要显示的子视图。 Pivot 对视图的数量及视图中的内容都没有限制。该控件最常用于展现相同数据的不同视图。例如，Pictures 页面使用了一个 Pivot 从而允许用户浏览按日期排序的所有图片，或者浏览他们最喜爱的图片。 在应用程序中，当您希望为较长的列表提供可选择的排序方式(例如，字母顺序、历史顺序、最常使用的)或者为数据提供不同的视觉表现形式时，就应该考虑使用 Pivot
List(列表)	如果有很多项要显示在一个单独页面中，那么垂直的滚动列表将十分有用。您可能会考虑应该将列表做成单个方向还是允许用户旋转到水平模式并启用水平方向的滚动。当用户进行水平滚动时，就可能会有更多的空间来为所滚动的项提供详细信息，所以这种布局绝对值得考虑。 对于大型列表来说，可能希望为用户提供过滤列表的功能。这有可能是一个搜索框，或者通过某种方式将项目分组。 此外您可能还需要考虑对列表进行分页，以便用户向下滚动一次即可轻松地查看一页
Full Screen(全屏)	到目前为止，您所看到的布局都以一个大于 Windows Phone 屏幕的工作集来呈现的。它可能是一个可以垂直滚动或水平滚动的列表，或者是允许用户左右滚动的枢轴或全景视图。 但别忘了，您还可以构建完全适合 Windows Phone 屏幕尺寸的页面。这些屏幕一定要简单，不拥挤，并且通常只用于单一的目的。例如，内置的 Windows Phone 计算器就是一个绝佳例子，一个单一的页面布满整个屏幕，又不失优雅。 全屏页面在为某个感兴趣的项提供概要信息时非常有用。但要注意，全屏页面并不包括该项的完整详情。随着时间的推移，项目的复杂度会逐渐增加，而且当屏幕空间被用尽从而导致无法展现所有信息时，此方案就会失效。对于这种情况，另一种方法就是允许用户通过滚动来查看项的完整信息。 全屏布局在水平模式下的表现尤其好。就计算器这个示例而言，在水平模式下可以显示更多按钮，而且不会使计算器变得难用

除了要了解不同的屏幕布局外，还需要考虑如何拼凑您的应用程序。典型的桌面富客户端应用程序会拥有一个中心窗口，通过它可以显示对话框。例如，图 6-1(a)中所示的 Word 2010。另外，网站通常具有边框，在页眉中包含商标和菜单，在页脚包含各种有用的链接，如图 6-1(b)所示。

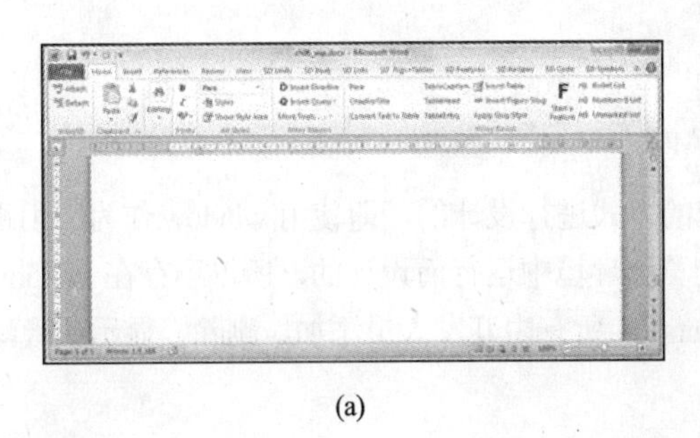

(a)

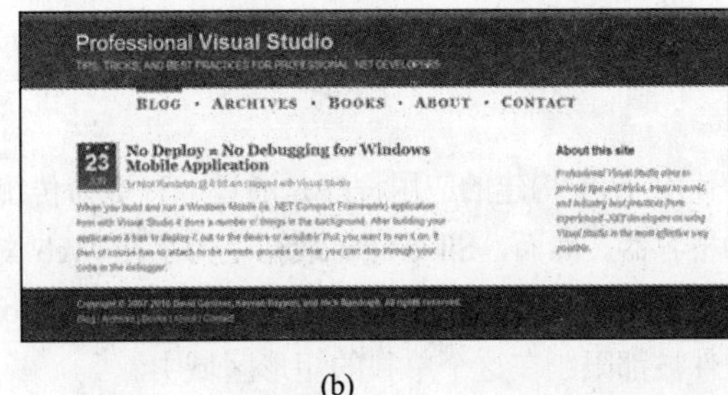

(b)

图 6-1

Windows Phone应用程序中的页面应当是没有边框的。这意味着没有页眉，也没有页脚，只有最小化的商标。记住Metro设计语言的指导原则之一就是“内容而非边框”。您要牢记这一点，所以必须仔细考虑用户是如何进入应用程序的；以及如何构建一个一致的、可预测的且直观的导航顺序；还要考虑如何将用户在应用程序中迷路的风险降至最低。

下面列举一个应用程序示例，它基于自行车零售商AdventureWorks的概念。如果采取数据优先的方式，那些下订单的客户会形成一个自然层级，这些订单由很多订单行组成，而订单行又与已订购的产品相关联。这种情况下，可按以下顺序生成一个页面流程：

List of Customer(客户列表) → Customer(客户) → List of Orders(订单列表)
→ Order (订单，包括订单行) → Product(产品)

在导航到产品这一级别后，如果用户要查看所有已订购该产品的客户，或者要查看该产品所有当前的订单，甚至要返回客户列表该怎么办？您需要将每个页面都看做是应用程序的当前状态，然后制定所有到其他状态(或页面)的合理过渡，而不是假设用户始终按照一个预定义的顺序在页面间跳转。这些过渡可能是由于用户单击了页面中的内容；可能是由于用户单击了Back按钮；或者可能是由于用户调用了应用程序栏中的某项操作。

您还需要考虑用户是如何到达页面的。某些情况下，可能需要详细检查应用程序，并列出有其他哪些页面可以到达当前页面。不过，为了达到该目的，您可能需要在这些页面之间添加隐式依赖。更好的方法是将每个页面看成是孤立的实体，并且可以传递它所需的任何状态信息。这就意味着可以在应用程序内部或外部的任何地方导航到该页面。同时还意味着，可以轻松地保存应用程序的状态，以便在操作系统将其关闭后，用户再次打开应用程序时可以返回到上次关闭时的状态。

但这种方法的弊端就是很容易使用户在应用程序中迷路。理论上，用户可以从任何一个页面导航到另一个页面。由于应用程序中没有单独的路径，所以用户可能会困惑于如何导航到应用程序中从未到过的地方，或者由于不容易访问，用户可能无法发现应用程序中的某一部分。解决此问题的一个策略是拥有一个(在某些情况下是多个)主页面。对于小型应用程序而言，一个单独的主页面(可能会使用Panoramic视图)可从应用程序中的任何地方轻松返回，因此可以用作起始点。而对于大型应用程序而言，可能有必要将主页面划分为多个页面，并将它们作为应用程序特定部分的启动区域。当然，您需要规划一下用户如何在这些区域间进行跳转而不会迷路。

6.2 导航

使用 WPF 构建的应用程序是通过一种更为传统的方式进行设计的，即使用 window 作为应用程序的根容器。然而，Silverlight 最初是为了在 Web 浏览器环境中运行而设计的，所以不存在 window 概念。相反，Silverlight 应用程序的根容器是 UserControl，所有由开发人员添加、删除、显示或隐藏的控件被都限制在这个单独的矩形区域中。

Silverlight

```
<UserControl x:Class="SilverlightApplication.MainPage"
    xmlns="http://schemas.microsoft.com/winfx/2006/xaml/presentation"
    xmlns:x="http://schemas.microsoft.com/winfx/2006/xaml">
    <Grid x:Name="LayoutRoot">
        ...
    </Grid>
</UserControl>
```

您很快就会发现，与 Web 相同，Silverlight 应用程序需要一个导航系统，从而允许开发人员创建分离的屏幕并使用户可以在它们之间进行导航。这就会引入一个框架(frame)控件，它可以被插入到用户控件中，而且可在其中加载不同页面。

Silverlight

```
<UserControl x:Class="SilverlightApplication.MainPage"
    xmlns="http://schemas.microsoft.com/winfx/2006/xaml/presentation"
    xmlns:sdk="http://schemas.microsoft.com/winfx/2006/xaml/presentation/sdk"
    xmlns:x="http://schemas.microsoft.com/winfx/2006/xaml">
    <Grid x:Name="LayoutRoot">
        <sdk:Frame x:Name="ContentFrame" Source="/Views/Home.xaml" />
    </Grid>
</UserControl>
```

然后较为独立地设计和实现每个页面。

Silverlight

```
<sdk:Page x:Class="SilverlightApplication.Home"
    xmlns="http://schemas.microsoft.com/winfx/2006/xaml/presentation"
    xmlns:x="http://schemas.microsoft.com/winfx/2006/xaml"
    xmlns:sdk="http://schemas.microsoft.com/winfx/2006/xaml/presentation/sdk"
    Title="Home">
    <Grid x:Name="LayoutRoot">
        ...
    </Grid>
</sdk:Page>
```

这种方法的优点之一是开发人员可以自定义框架的边缘，从而为应用程序中的所有页面提供相同的页眉或页脚。正如您之前所了解的，在 Windows Phone 应用程序中这种边框是不可取的，所以 Windows Phone 应用程序的根容器器只是一个框架控件，页面会加载到该控件中。

目前为止，您所构建的应用程序大多数使用的都是单独的 PhoneApplicationPage，即通常的

MainPage。在 Windows Phone 应用程序中，PhoneApplicationPage 表示一个驻留在 PhoneApplicationFrame 中的页面。如果观察 WMAppManifest.xml 文件，会发现有一个 DefaultTask 元素，它将应用程序的默认起始页设置成了 MainPage.xaml。

```
<Deployment
   xmlns="http://schemas.microsoft.com/windowsphone/2009/deployment"
   AppPlatformVersion="7.0">
   <App xmlns="" ProductID="{cefb062b-2e5d-4ea9-befd-efcddefe448d}"
      Title="Navigation" RuntimeType="Silverlight" Version="1.0.0.0"
      Genre="apps.normal"  Author="Navigation author"
      Description="Sample description" Publisher="Navigation">
     ...
     <Tasks>
        <DefaultTask Name ="_default" NavigationPage="MainPage.xaml"/>
     </Tasks>
```

当应用程序加载时，会创建一个 PhoneApplicationFrame。然后告知该框架导航到 MainPage。当加载并导航到该页面时，会显示启动屏幕(splash screen)。导航完毕后会引发 Navigated 事件，此时 PhoneApplicationFrame 被设置为应用程序的 RootVisual。之后，应用程序就可以接受用户的交互了。图 6-2 演示了此过程，注意在加载并导航到第一个页面时启动屏幕是可见的。

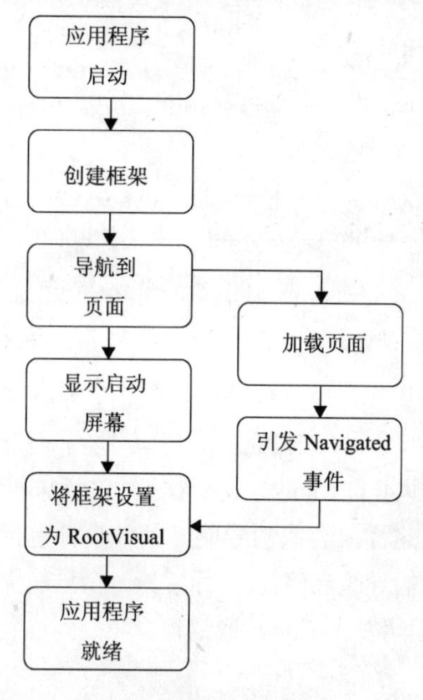

图 6-2

虽然显示启动屏幕是为了向用户表明正在加载应用程序，但建议您尽可能缩短应用程序的启动时间。Windows Phone Marketplace 的文档中包含了限制应用程序加载时长的具体策略。在向 Marketplace 提交应用程序之前建议您参阅该文档(可从 http://developer.windowsphone.com 站点获得)。

一旦应用程序运行，通过将框架的 Source 属性设置为一个相对 URI(该 URI 引用了您希望打开的页面)，即可将 MainPage 替换为不同页面：

可从
wrox.com
下载源代码

```
private void ChangeSourceButton_Click(object sender, RoutedEventArgs e){
    var frame = Application.Current.RootVisual as PhoneApplicationFrame;
    frame.Source = new Uri("/SecondPage.xaml",UriKind.Relative);
}
```

MainPage.xaml.cs 中的代码片段

在后台设置 Source 属性会导致调用 NavigationService 类实例的 Navigate 方法。在 Windows Phone 应用程序中，对框架进行实例化的同时会创建 NavigationService 实例。该实例是一个单例模式(singleton)，用于记录整个应用程序中所有的页面间导航操作。当调用 Navigate 方法时，NavigationService 负责定位、加载、记录，同时在旧页面内容被删除并显示新页面的不同时间点上引发相应的事件。框架也提供了一个 Navigate 方法，不过它仅仅是通往 NavigationService 类的 Navigate 方法的一条通道，并不会设置 Source 属性。PhoneApplicationPage 的实例包含一个只读的 NavigationService 属性，它会返回一个 NavigationService 类的实例，可通过该属性直接调用 Navigate 方法：

可从
wrox.com
下载源代码

```
private void NavigateViaFrameButton_Click(object sender, RoutedEventArgs e){
    var frame = Application.Current.RootVisual as PhoneApplicationFrame;
    frame.Navigate(new Uri("/SecondPage.xaml", UriKind.Relative));
}

private void NavigateViaPageButton_Click(object sender, RoutedEventArgs e){
    this.NavigationService.Navigate(new Uri("/SecondPage.xaml", UriKind.Relative));
}
```

MainPage.xaml.cs 中的代码片段

当调用 Navigate 方法时，会引发一些事件来表明完成了导航过程中的不同阶段。在图 6-3 中可以看到，首先被引发的事件是 Navigating。与其他导航事件不同，该事件所携带的 NavigationCancelEventArgs 参数继承自 CancelEventArgs。这意味着您可以在事件处理程序中将该参数的 Cancel 属性设置为 true，这样就会取消导航。其他事件包括 Navigated，它表明导航成功；NavigationStopped 事件表明之前的导航已停止(执行了另一个导航操作或调用了 StopLoading 方法)；NavigationFailed 事件表明导航期间发生的异常或错误。

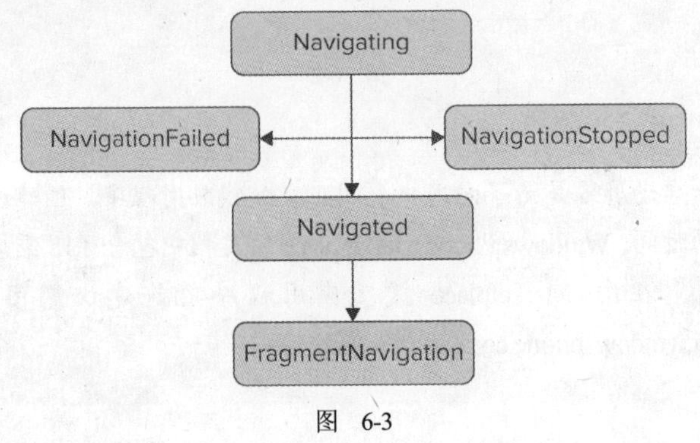

图 6-3

Windows Phone应用程序通过多种方式公开导航事件。在NavigationService自身以及 Phone-ApplicationFrame中都可以添加相应事件的事件处理程序。例如，如果希望检测导航操作是何时触发的，可在PhoneApplicationFrame实例中为Navigating事件添加事件处理程序：

可从
wrox.com
下载源代码

```
public App(){
    UnhandledException += Application_UnhandledException;
    InitializeComponent();
    InitializePhoneApplication();

    RootFrame.Navigating += App_Navigating;
}

void App_Navigating(object sender, NavigatingCancelEventArgs e){
    Debug.WriteLine("Navigating to " + e.Uri);
}
```

App.xaml.cs中的代码片段

PhoneApplicationPage并未直接公开导航事件。相反，您需要重写由PhoneApplicationPage基类公开的几个虚拟方法之一。

- OnNavigatingFrom——在用户将要离开此页面时调用此方法
- OnNavigatedFrom——在已经离开此页面后调用此方法
- OnNavigatedTo——已经导航到此页面后调用此方法
- OnFragmentNavigation——一旦导航到页面即调用此方法来处理到URI片段的导航

例如，如果希望处理离开页面的导航，则需重写PhoneApplicationPage的OnNavigatingFrom方法。这种情况下，如果用户不对离开该页面的导航进行确认，则会取消导航。

可从
wrox.com
下载源代码

```
protected override void OnNavigatingFrom(NavigatingCancelEventArgs e){
    if (MessageBox.Show("Are you sure?", "Really?",
                      MessageBoxButton.OKCancel) != MessageBoxResult.OK){
        e.Cancel = true;
    }
    base.OnNavigatingFrom(e);
}
```

MainPage.xaml.cs中的代码片段

您可能想知道将事件处理程序关联到NavigationService或在PhoneApplicationPage中重写导航方法哪个更好一些。从功能或性能角度来看答案很简单，几乎没有区别。然而，如果您在页面中将事件处理程序添加到 NavigationService，则需要确保在离开页面时将事件处理程序分离。否则当打开多个页面时将会堆积多个导航事件处理程序。相反，如果在 PhoneApplicationPage 中重写导航方法，将全部在后台自动进行处理。不过，如果将处理程序附加到NavigationService对象公开的事件上，只需修改应用程序的源代码即可轻易地为应用程序中的所有页面关联一个导航事件处理程序。

6.2.1 片段与查询字符串

这里有一个额外的事件，FragmentNavigation，在导航到页面时有可能会被触发。当向将要导航到的页面中添加了片段(fragment)时会引发该事件。例如下面的代码片段，HelloWorld 字符串跟在#号后面被附加到将要导航到的/SecondPage.xaml Uri 中。

```
private void NavigateWithFragmentButton_Click(object sender, RoutedEventArgs e){
    this.NavigationService.Navigate(new Uri("/SecondPage.xaml#HelloWorld",
                                            UriKind.Relative));
}
```

MainPage.xml.cs 中的代码片段

NavigationService 处理 Uri 的方式是首先导航到页面(即 SecondPage)，然后引发 FragmentNavigation 事件，以便在页面加载之后可以由应用程序处理该片段。在本例中，您将在 SecondPage 中重写 OnFragmentNavigation 方法，然后即可从提供的参数中提取该片段了。

```
protected override void OnFragmentNavigation(FragmentNavigationEventArgs e){
    base.OnFragmentNavigation(e);

    MessageBox.Show("Fragment: " + e.Fragment);
}
```

SecondPage.xaml.cs 中的代码片段

指定 URI 片段对于静态页面内部导航非常有用——例如，当单击某一标题时，用于指定 Panorama 或 Pivot 控件中的哪一部分应该滚动到当前视野中。不过，当向将要导航到的页面传递多条消息时就不是很好了。例如您希望传入某个客户 ID 及他们感兴趣的产品 ID的情形。对于这种情形，另有一种替代方案，就是向 Uri 末端添加一个查询字符串：

```
private void NavigateWithQueryButton_Click(object sender, RoutedEventArgs e){
    this.NavigationService.Navigate(new Uri(

                            "/SecondPage.xaml?CustomerId=1234&Product=555",
                            UriKind.Relative));
}
```

MainPage.xaml.cs 中的代码片段

在将要导航到的页面中，可以访问 NavigationContext 属性来提取与查询字符串对应的名/值对：

```
protected override void OnNavigatedTo(NavigationEventArgs e){
    base.OnNavigatedTo(e);

    foreach (var item in NavigationContext.QueryString){
        MessageBox.Show("Query String [" + item.Key + "] = " + item.Value);
    }
}
```

SecondPage.xaml.cs 中的代码片段

片段与查询字符串的一个障碍在于它们是简单的字符串或名/值对。如果希望在页面之间传递更为复杂或读取速度较慢的数据，就会出现问题。一种替代方法是将这些对象序列化为字符串，以便在应用程序级别上使用。例如，您可能会通过单例模式来创建一个基于键的字典，用于缓存对象。

但您需要小心，因为这将在页面之间引入状态依赖关系。每个页面都假定字典已经预先填充了所需的条目。最终这会使应用程序变得更加脆弱，因为您要尝试管理这些依赖关系。一个折中方法就是创建一个应用程序范围的存储区，并使用查询字符串向页面传递键。页面应该尝试从存储区访问对象，如果对象不存在，则应该根据源重新创建相应对象。

6.2.2 UriMapping

随着应用程序的扩大，为了使项目的结构易于理解，您可能需要使用文件夹或子文件夹。而这样会导致页面间的导航变得十分脆弱，因为无论何时您只要移动一个页面，就需要确保更新所有的导航 URI。Windows Phone 应用程序中的导航系统允许您使用 URI 映射将一个简短的 URI 转换为项目中 XAML 页面的完整路径。

这里有一个简单示例。在该示例中，需要添加 URI 的重载以确保总是以 SecondPage 结束。在 App.xaml.cs 文件中，更新构造函数来添加两个 URI 映射：

可从
wrox.com
下载源代码

```
public App(){
    ...
    var mapper = new UriMapper();
    mapper.UriMappings.Add(CreateUriMapping("2", "/SecondPage.xaml"));
    mapper.UriMappings.Add(CreateUriMapping("Two","/SecondPage.xaml"));
    RootFrame.UriMapper = mapper;
}

private UriMapping CreateUriMapping(string uriAsString, string mappedUriAsString){
    return new UriMapping() {
                Uri = new Uri(uriAsString, UriKind.Relative),
                MappedUri = new Uri(mappedUriAsString, UriKind.Relative) };
}
```

App.xaml.cs 中的代码片段

该代码片段中创建的两个 UriMapping 实例中将"2"和"Two"映射到 SecondPage.xaml。现在，可在应用程序中使用下面的任何一条语句导航到该页面：

```
this.NavigationService.Navigate(new Uri("2", UriKind.Relative));
this.NavigationService.Navigate(new Uri("Two", UriKind.Relative));
this.NavigationService.Navigate(new Uri("SecondPage.xaml",
                                UriKind.Relative));
```

此外，如果您希望做一些更复杂的事情，例如将任何以 Wizard 开头的 URI 映射到 WizardPages 文件夹中相应的页面。则可以使用占位符(placeholder)来实现。

可从
wrox.com
下载源代码

```
mapper.UriMappings.Add(CreateUriMapping(
            "Wizard{page}",
            "/WizardPages/WizardPage{page}.xaml"));
```

App.xaml.cs 中的代码片段

在该例中，任何与 Wizard{page}模式相匹配的 URI 都映射到/WizardPages/ WizardPage{page}.xaml。可将{page}看做是一个临时变量，它从第一个 URI 中提取内容并将其添加到所映射的 URI 中。例如，Wizard2 将映射到/WizardPages/WizardPage2.xaml。同样，您可以使用如下语句导航到 WizardPages 文件夹中的 WizardPage2.xaml：

```
this.NavigationService.Navigate(new  Uri("Wizard2", UriKind.Relative));
```

在 Silverlight 桌面应用程序中，UriMapping 是一个非常有用的概念，主要用于提供人性化的以及 SEO(Search Engine Optimisation，搜索引擎优化)友好的 URI，从而允许 Silverlight 应用程序中的深层页面链接。不过，也可在 Windows Phone 应用程序中使用此概念来管理页面层次结构。

6.2.3 返回

构建移动应用程序时最棘手的一件事情是要防止用户在应用程序中迷路。为此，所有 Windows Phone 设备的前端都有一个专用的 Back 硬件按钮。您所面临的挑战是确保当用户按下 Back 按钮时，应用程序能表现得足够智能，以确保用户不会迷路或意外更改任何数据。

这样看来，Back 按钮的功能相对明确，它应该将用户带回之前所在的位置。然而，通过仔细观察，您应该考虑以下几种使用 Back 按钮时的场景：

- **Previous Application(上一个应用程序)**——当用户单击 Back 按钮时，关闭当前应用程序并显示上一个应用程序。这是用户位于应用程序所加载的第一页时所预期的行为。
- **Previous Page(上一个页面)**——当用户单击 Back 按钮时，当前页面被隐藏并显示上一个页面。如果将应用程序看做是显示时被添加到一个栈中的页面(即 Back 栈)，那么 Back 按钮的作用则相当于从该栈中弹出页面。当栈为空时，用户希望 Back 按钮能导航到上一个应用程序。
- **Dialogs(对话框)**——如果应用程序提示用户输入一些内容，则 Back 按钮应当被截获，并应该作为一种取消提示的方式。此操作应该始终是非破坏性的，而且应该能取消当前操作。
- **Wizards(向导)**——如果用户在一组可被视为向导的页面中进行导航——例如，创建账户信息——Back 按钮就不应该返回到向导中的上一个步骤。下面所示的即为一个典型场景：

  Page A | Page B | Wizard Page 1 | Wizard Page 2 | Wizard Last Page | Page B.

  一旦用户返回到 Page B，按下 Back 按钮用户应当返回到 Page A，而非向导的最后一个页面。
- **Animated Transitions(带有动画的过渡)**——默认的页面导航过渡只是一个生硬的切换。如果您希望构建带有动画的页面间过渡，则需要重写 Back 按钮的默认行为，以便可以在显示新页面之前插入动画。

已经由 NavigationService 实现了前两种导航场景。当用户在一系列页面间进行导航时，每一个页面都会被添加到日志中。如果用户单击 Back 按钮，将显示日志中的上一个页面。一旦日志为空，就会关闭当前应用程序，并呈现上一个应用程序。

作为开发人员，Back 按钮是您唯一可与 Windows Phone 设备进行交互的硬件按钮。通过为

BackKeyPress事件提供事件处理程序，或者重写OnBackKeyPress方法，您可以截获Back按钮的操作并控制应用程序的行为。

在下面的代码中，当用户点击DoSomethingButton时将显示自定义的对话框，其实只是一组被嵌套在Border控件中的控件。

```
private void DoSomethingButton_Click(object sender, RoutedEventArgs e){
    this.ProceedPopup.IsOpen = true;
}
```

MainPage.xaml.cs中的代码片段

当用户按下Back按钮时，会调用OnBackKeyPress方法。如果ProceedDialog可见，通过设置CancelEventArgs参数的Cancel属性，它会被隐藏同时返回操作会被取消。显然，如果用户再次按下Back按钮，返回操作将不会取消，而是返回到应用程序中的上一页。

```
protected override void OnBackKeyPress(CancelEventArgs e){
    base.OnBackKeyPress(e);

    if (this.ProceedPopup.IsOpen){
        this.ProceedPopup.IsOpen = false;
        e.Cancel = true;
    }
}
```

MainPage.xaml.cs中的代码片段

需要注意的一点是当用户按下Back按钮时，也会引发NavigationService上的Navigating事件。该事件公开了一个用于取消导航的NavigationCancelEventArgs参数。如果希望截获Back按钮，则建议您处理PhoneApplicationPage中的BackKey事件，而非截获导航事件。

有时您希望提示用户确认某项操作或者让用户去选择做什么。在此类情况下，相当常见的做法是使用MessageBox类来显示一个消息框。考虑到以下原因，建议不要使用MessageBox类：首先，无法将对话框的样式做成类似应用程序的一部分。其次，无法使用Back按钮取消对话框。关闭MessageBox对话框的唯一方法是单击对话框中的某个按钮。如果向用户显示了一个对话框，则应该确保可以使用Back按钮关闭该对话框。

6.2.4 GoBack与CanGoBack

在某些情况下，您可能希望在应用程序中通过某项操作的结果来返回到上一个页面，而非单击Back硬件按钮。为此，可使用PhoneApplicationFrame或NavigationService的GoBack方法：

```
private void BackIfWeCanButton_Click(object sender, RoutedEventArgs e){
    if (this.NavigationService.CanGoBack){
        this.NavigationService.GoBack();
    }
}
```

MainPage.xaml.cs中的代码片段

如该代码片段所示，PhoneApplicationFrame 和 NavigationService 都有一个只读的 CanGoBack 属性，用来指示应用程序是否可以返回。可将此属性看做用于指示 Back 栈中是否还剩余页面。如果 Back 栈中没有页面，就不能从当前页面返回。注意当 CanGoBack 属性返回 false 时，按下 Back 硬件按钮会关闭当前应用程序，然后显示用户打开的上一个应用程序。

如果浏览 PhoneApplicationFrame 或 NavigationService 类，将会看到它们还有一个 CanGoForward 属性以及一个 GoForward 方法。前者总是返回 false，所以调用 GoForward 方法会抛出异常。这些是为了在 API 级别兼容桌面版 Silverlight 而保留的成员。它们与 Windows Phone 应用程序中的任何内容都不相同，所以不应该使用。

6.2.5 动画

在构建应用程序时，首先应该考虑的是用户在应用程序中导航的顺序。为了构建高质量的 Windows Phone 应用程序，您不仅要考虑页面显示的顺序，还需要创建平滑的过渡效果。如下所示的内容即为在两个页面之间创建带有动画的过渡的基本步骤：

(1) 截获任何表明用户正在离开当前页面的操作
(2) 启动一个动画故事板来隐藏当前页面
(3) 导航到下一个页面
(4) 截获新页面的导航
(5) 启动一个动画故事板来显示新页面

1. 隐藏当前页面

当用户将要离开当前页面时，对其进行截获的一种方法是将对 Navigate 方法的调用替换为对动画启动的调用。该方法的缺点是，如果用户有多种导航到另一个页面的方式，那么您可能要在一个页面中的多处位置执行此操作。另一种方法就是重写 OnNavigationFrom 方法并且取消导航：

可从 wrox.com 下载源代码

```
private void AnimatedNavigationButton_Click(object sender, RoutedEventArgs e){
        this.NavigationService.Navigate(new Uri("/ThirdPage.xaml",
                                                UriKind.Relative));
}

protected override void OnNavigatingFrom(NavigatingCancelEventArgs e){
    base.OnNavigatingFrom(e);

    e.Cancel = true;
}
```

SecondPage.xaml.cs 中的代码片段

到目前为止您所做的只是取消每个导航尝试。而接下来需要做的是调用动画故事板以便隐藏当前页面。以下代码调用了 HidePage 故事板的 Begin 方法，用于隐藏当前视图：

可从
wrox.com
下载源代码

```
protected override void OnNavigatingFrom(NavigatingCancelEventArgs e){
    base.OnNavigatingFrom(e);

    e.Cancel = true;
    this.HidePage.Begin();
}
```

SecondPage.xaml.cs 中的代码片段

当然，取消每个页面的导航时，在隐藏动画完成当前页面的隐藏之前，用户是无法离开该页面的。您所要做的就是缓存用户将要导航到的 URI，当动画结束时，再次调用 Navigate 方法。这一次导航将取得成功。

可从
wrox.com
下载源代码

```
public Uri UriToNavigateTo { get; set; }
protected override void OnNavigatingFrom(NavigatingCancelEventArgs e){
    base.OnNavigatingFrom(e);

    if (UriToNavigateTo == null){
        e.Cancel = true;
        UriToNavigateTo = e.Uri;
        this.HidePage.Begin();
    }
    else {
        UriToNavigateTo = null;
    }
}

private void HidePage_Completed(object sender, EventArgs e){
    this.NavigationService.Navigate(UriToNavigateTo);
}
```

SecondPage.xaml.cs 中的代码片段

2. 显示新页面

一旦隐藏上一个页面并且加载了新页面，就可以按类似的过程显示动画了。您需要重写新页面的 OnNavigatedTo 方法，并启动一个可以显示页面内容的动画故事板：

可从
wrox.com
下载源代码

```
protected override void OnNavigatedTo(NavigationEventArgs e){
    base.OnNavigatedTo(e);

    this.DisplayPage.Begin();
}
```

ThirdPage.xaml.cs 中的代码片段

3. 动画故事板

用于隐藏当前页面的动画可能如下所示：

可从
wrox.com
下载源代码

```
<phone:PhoneApplicationPage
    x:Class="Navigation.SecondPage"
    ...
    x:Name="phoneApplicationPage">
    <phone:PhoneApplicationPage.Resources>
        <Storyboard x:Name="HidePage" Completed="HidePage_Completed">
            <DoubleAnimationUsingKeyFrames
Storyboard.TargetProperty="(UIElement.RenderTransform).
(CompositeTransform.TranslateX)" Storyboard.TargetName="phoneApplicationPage">
                <EasingDoubleKeyFrame KeyTime="0" Value="0"/>
                <EasingDoubleKeyFrame KeyTime="0:0:1" Value="-480"/>
            </DoubleAnimationUsingKeyFrames>
            <DoubleAnimationUsingKeyFrames
Storyboard.TargetProperty="(UIElement.RenderTransform).
(CompositeTransform.TranslateY)" Storyboard.TargetName="phoneApplicationPage">
                <EasingDoubleKeyFrame KeyTime="0" Value="0"/>
                <EasingDoubleKeyFrame KeyTime="0:0:1" Value="-800"/>
            </DoubleAnimationUsingKeyFrames>
        </Storyboard>
    </phone:PhoneApplicationPage.Resources>
        <phone:PhoneApplicationPage.RenderTransform>
        <CompositeTransform/>
    </phone:PhoneApplicationPage.RenderTransform>
```

SecondPage.xaml 中的代码片段

此段 XAML 会出现在 PhoneApplicationPage 内的 LayoutRoot Grid 之前。当被调用时，此故事板在 1 秒内将整个页面从其当前位置向左平移 480 像素、向屏幕顶部平移 800 像素(将页面“推”到了左上角)。

相反，显示新页面的动画可能如下：

可从
wrox.com
下载源代码

```
<phone:PhoneApplicationPage
    x:Class="Navigation.ThirdPage"
    ...
    x:Name="phoneApplicationPage">
    <phone:PhoneApplicationPage.Resources>
        <Storyboard x:Name="DisplayPage">
            <DoubleAnimationUsingKeyFrames
Storyboard.TargetProperty="(UIElement.RenderTransform).
(CompositeTransform.ScaleX)" Storyboard.TargetName="phoneApplicationPage">
                <EasingDoubleKeyFrame KeyTime="0" Value="0"/>
                <EasingDoubleKeyFrame KeyTime="0:0:1" Value="1"/>
            </DoubleAnimationUsingKeyFrames>
            <DoubleAnimationUsingKeyFrames
Storyboard.TargetProperty="(UIElement.RenderTransform).
(CompositeTransform.ScaleY)" Storyboard.TargetName="phoneApplicationPage">
                <EasingDoubleKeyFrame KeyTime="0" Value="0"/>
                <EasingDoubleKeyFrame KeyTime="0:0:1" Value="1"/>
            </DoubleAnimationUsingKeyFrames>
            <DoubleAnimationUsingKeyFrames
Storyboard.TargetProperty="(UIElement.RenderTransform).
(CompositeTransform.Rotation)" Storyboard.TargetName="phoneApplicationPage">
                <EasingDoubleKeyFrame KeyTime="0" Value="-720"/>
                <EasingDoubleKeyFrame KeyTime="0:0:1" Value="0"/>
```

```
            </DoubleAnimationUsingKeyFrames>
        </Storyboard>
    </phone:PhoneApplicationPage.Resources>
        <phone:PhoneApplicationPage.RenderTransform>
        <CompositeTransform/>
    </phone:PhoneApplicationPage.RenderTransform>
```

ThirdPage.xaml 中的代码片段

此动画将页面的比例从 0(即高度和宽度为 0)改为 1，同样，这个过程需要 1 秒。在进行缩放以便适应屏幕时还会旋转页面。图 6-4 显示了与此类似的顺序。

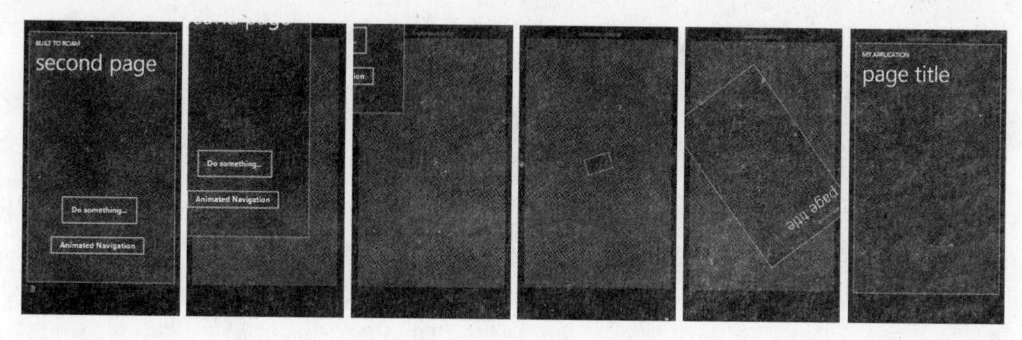

图　6-4

6.2.6　向导

在 Silverlight for Windows Phone 中，您无法添加或者删除 Back 按钮所使用的页面栈中的条目(即导航日志)。大多数情况下，这并不是主要问题，因为大多数时候，返回到用户之前所在的页面是预期的行为。但在某些情况下，您必须思考出一个解决方法来弥补此项缺失的功能。其中一种场景就是希望呈现由一系列页面组成的向导，例如，用户输入账户信息或完成调查问卷。在这些情况下，一旦完成向导，用户就不应再返回到向导页面。

由于不支持删除导航日志中的项，所以控制用户在应用程序中返回顺序的唯一方法就是控制最先被添加到日志中的内容。可将页面内容放入一个 UserControl 中，并只显示该 UserControl，而非导航到新页面，否则页面将被添加到日志中。要记住的重要一点是，当使用 NavigationService 在页面间进行导航时，会在日志中添加项目，即隐式地允许用户通过页面栈返回。

6.3　后台处理

Windows Phone 最根本的一项变化就是在任何给定时间内只有一个应用程序在执行。这与以前的 Windows Mobile 版本以及许多允许同时运行多个应用程序的其他移动平台大相径庭。不过，Windows Phone 走得更远，它没有在打开另一个应用程序时简单地将原来的应用程序关闭，而是可以在后台保持应用程序的打开状态。这样，如果用户按下 Back 按钮，该应用程序即可快速返回到前台而无需重新启动。但在开发应用程序时，应当假设应用程序每次被切换到后台时，都可能被系统关闭。

Windows Phone 应用程序可能处于图 6-5 所示的四种状态之一：未运行(Not Running)、运行

(Running)、符合终止条件(Eligible for Termination)以及终止运行(Tombstoned)。

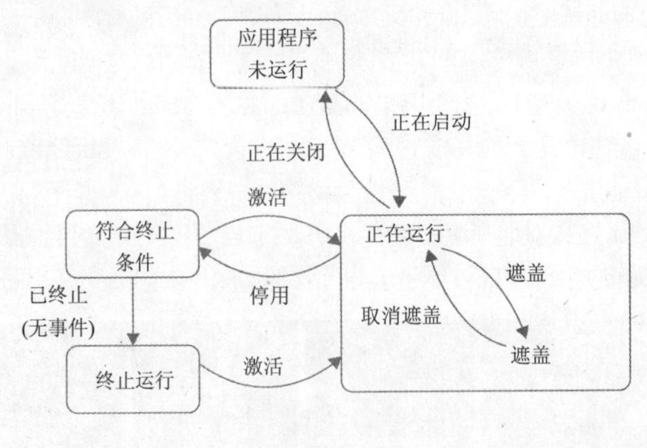

图 6-5

当应用程序启动时，会从“未运行”状态转变为“运行”状态。当应用程序首次启动时会引发 App 类的 Launching 事件，当用户关闭应用程序时会引发 Closing 事件。当用户位于应用程序的第一个页面并按下 Back 按钮时，应用程序将会关闭。然后会引发 Closing 事件，该应用程序会被终止并显示用户之前所在的应用程序。由于 Closing 事件只会在用户故意关闭应用程序时被引发，所以只需保存应用程序下次启动时用户所需的信息即可，换言之：一个持久的应用程序状态。

如果用户在应用程序中按下 Start 按钮，则应用程序会被停用并被标记为 Eligible For Termination。在这种状态下，如果用户按下 Back 按钮以便返回到该应用程序，则该应用程序会被激活，或者如果系统需要释放资源，那么应用程序可能会以无提示的方式退出(即终止运行)。

图 6-5 还说明了，处于“运行”状态的应用程序可以变为“遮盖”。此情况发生在屏幕覆盖组件显示在应用程序的最上面，即遮盖了部分屏幕时。例如，在图 6-6 中您会看到 Call in Progress 对话框遮盖了正在运行的 Calculator 应用程序。

图 6-6

在左侧图中，Call Details 视图遮盖了整个应用程序。不过，单击位于 End Call 按钮之下的任何区域都会将 Call Details 视图最小化为第二幅图顶部的 Call in Progress 栏。现在，可以访问之前被遮盖的应用程序了。

6.3.1 符合终止条件

当用户按下Start按钮时，为了启动另一个应用程序，将引发Deactivated事件。对应用程序来说，处理该事件以便停止所有的后台处理，并保存内存中的所有状态是至关重要的。应用程序有可能会继续在后台运行[1]，在这种情况下，如果用户按下Back按钮返回到该应用程序，将引发Activated事件。

另外，如果系统决定终止应用程序，则它会被关闭，并被标记为Tombstoned。如果发生这种情况但没有引发Closing事件，则无法检测应用程序正在被终止。此外，如果应用程序从“终止运行”状态(例如，用户按下Back按钮返回到应用程序)被激活，则会执行应用程序的一个新实例，但只引发Activated事件。当应用程序从“终止运行”状态恢复时，不会引发Launching事件。

一个Windows Phone应用程序同时具有Deactivated和Activated事件，而且Windows Phone应用程序模板默认在App.xaml.cs文件中包含了这些事件以及Launching和Closing事件的事件处理程序。

```
// Code to execute when the application is launching (eg, from Start)
// This code will not execute when the application is reactivated
private void Application_Launching(object sender, LaunchingEventArgs e){ }

// Code to execute when the application is activated (brought to foreground)
// This code will not execute when the application is first launched
private void Application_Activated(object sender, ActivatedEventArgs e){ }

// Code to execute when the application is deactivated (sent to background)
// This code will not execute when the application is closing
private void Application_Deactivated(object sender, DeactivatedEventArgs e){ }

// Code to execute when the application is closing (eg, user hit Back)
// This code will not execute when the application is deactivated
private void Application_Closing(object sender, ClosingEventArgs e){ }
```

在App.xaml文件中关联到这些事件处理程序。

```
<Application x:Class="Navigation.App"
    ...>
    <Application.ApplicationLifetimeObjects>
        <shell:PhoneApplicationService
            Launching="Application_Launching" Closing="Application_Closing"
            Activated="Application_Activated"
            Deactivated="Application_Deactivated"/>
    </Application.ApplicationLifetimeObjects>
</Application>
```

6.3.2 场景

图6-5中展示了应用程序的一些状态。您可能不太清楚应用程序是在何时进入或离开“符合终止条件”或“终止运行”状态的。为了澄清这一点，让我们来看一些场景及被引发的事件。

在此之前，您应该留意管理Windows Phone应用程序行为的两条基本准则。

(1) **一致的Start**——这意味着每次用户转到Start屏幕并启动应用程序时，应用程序的启动都应表现得好像尚未运行一样。如果应用程序正在后台[2]运行(这是当用户处于Start菜单时唯一的另一种

1. 此处是指应用程序有可能没有被终止运行(Tombstoned)，例如调用了某些特定的启动器和选择器，所以仍在后台保持打开状态。
2. Windows Phone内置的应用程序可在后台运行，而第三方应用程序无法在后台运行。

情况)，则会将其终止并启动它的一个新实例。

(2) **消除幻影 Back 栈**——Back 按钮的引入带来了很多复杂性，这些复杂性与如何保持应用程序运行以及提供一致的用户体验有关。理想的情况(即无限的设备资源)是使用户打开的每个应用程序都保持打开状态。用户可以单击 Back 按钮以便在他们所打开的全部应用程序中穿梭。

但事实并非如此，由于设备资源十分有限，所以可能需要将不在使用中的应用程序终止掉(从而为正在运行的应用程序提供最佳的用户体验)。这就为如何围绕 Back 按钮来提供一致的用户体验带来了挑战。一种场景是应用程序仍然在运行，按下 Back 按钮可以导航并返回到它；另一种场景是，如果应用程序已被终止，由于它不会再运行，所以按下 Back 按钮不会再显示该应用程序。这就是所谓的幻影 Back 栈。

为解决这一难题，Windows Phone 的行为如下所示：

- 当用户在应用程序的主页面或首页面单击 Back 按钮时，将关闭该应用程序，然后显示 Start 页面。
- 随后再单击 Back 按钮会将用户带到他们所打开的上一个应用程序[3]中：
  - 如果应用程序仍在运行，它仅显示与用户按下 Start 按钮之前相同的页面。
  - 如果应用程序没有运行，则会被执行，并立即导航到与用户按下 Start 按钮之前相同的页面。
  - 在这两种情况下都会保存应用程序的 Back 栈，以便随后按下 Back 按钮时能在应用程序中的页面之间进行导航。
  - 如果用户到达上一个应用程序的主页面或首页面同时按下 Back 按钮，则该应用程序也会被关闭，并且会显示之前的应用程序。注意，此次不再显示 Start 屏幕。
  - 最后，经过多次按下 Back 按钮，所有已经打开的应用程序都被重新激活，然后又陆续被关闭。Back 栈会变为空，同时可以看到 Start 屏幕了。

从 Start 屏幕启动的应用程序

这是到目前为止的场景：

- Start——用户选择 Application1
- Application1——执行
- Application1——App：调用构造函数
- Application1——App：引发 Launching 事件
- Application1——Page1：引发 NavigatedTo 事件
- Application1——Page1：显示
- Application1——用户在应用程序中触发到 Page2 的导航
- Application1——Page1：引发 NavigatedFrom 事件
- Application1——Page2：引发 NavigatedTo 事件
- 用户按下 Start 按钮
- Application1——Page2：引发 NavigatedFrom 事件
- Application1——App：引发 Deactivated 事件
- Start——...

3. 注意不是刚刚被关闭的那个应用程序，而是在被关闭的应用程序之前所打开的应用程序。

第二次启动

假设 Application1 尚未终止运行，所以它仍在后台运行[4]。

- Start——用户选择 Application1
- Application1(上一个实例)——终止——不引发任何事件
- Application1——执行
- Application1——App: 调用构造函数
- Application1——App: 引发 Launching 事件
- Application1——Page1: 引发 NavigatedTo 事件
- Application1——Page1: 显示
- Application1——用户单击 Back 按钮
- Start— 显示
- Start— 用户单击 Back 按钮
- Start— 显示(Back 栈为空)

需要记住的重要一点是，为了能提供“一致的 Start 屏幕”体验，Application1 的第一个实例被终止后，第二个实例在启动时应该表现得好像没有其他实例运行过一样。

返回：未终止运行

假设 Application1 尚未终止运行，所以它仍然会运行在后台[5]。

- Start——用户单击 Back 按钮
- Application1——App: 引发 Activated 事件
- Application1——Page2: 引发 NavigatedTo 事件
- Application1——Page2: 显示
- Application1——Page2: 用户单击 Back 按钮
- Application1——Page2: 引发 NavigatedFrom 事件
- Application1——Page1: 引发 NavigatedTo 事件
- Application1——Page1: 显示

返回：终止运行

现在，假设 Application1 已经终止运行，所以它不会再运行在后台[6]。

- Start——用户单击 Back 按钮
- Application1——执行
- Application1——App: 调用构造函数
- Application1——App: 引发 Activated 事件
- Application1——Page2: 引发 NavigatedTo 事件
- Application1——Page2: 显示
- Application1——Page2: 用户单击 Back 按钮

4. 此处是假设后台保持打开状态。
5. 此处同样是假设后台保持打开状态。
6. 应用程序终止运行后，应用程序的进程会被操作系统结束，但与完全终止(已退出)的应用程序是有区别的，操作系统会将已退出的应用程序的所有堆栈信息及状态信息清空。

- Application1——Page2：引发 NavigatedFrom 事件
- Application1——Page1：引发 NavigatedTo 事件
- Application1——Page1：显示

两个应用程序

下面引入另一个应用程序来扩展最初的场景：

- Start——用户选择 Application1
- Application1——执行
- Application1——App：引发构造函数
- Application1——App：引发 Launching 事件
- Application1——Page1：引发 NavigatedTo 事件
- Application1——用户在应用程序中触发到 Page2 的导航
- Application1——Page1：引发 NavigatedFrom 事件
- Application1——Page2：引发 NavigatedTo 事件
- 用户按下 Start 按钮
- Application1——Page2：引发 NavigatedFrom 事件
- Application1——App：引发 Deactivated 事件
- Start——用户选择 Application2
- Application2——执行
- Application2——App：调用构造函数
- Application2——App：引发 Launching 事件
- Application2——Page1：引发 NavigatedTo 事件

返回：两个应用程序

假设 Application1 已经终止运行，因此它不再运行在后台。

- Application2——用户单击 Back 按钮
- Application2——Page1：引发 NavigatedFrom 事件
- Application2——App：引发 Closed 事件
- Application2——退出
- Start——显示
- Start——用户单击 Back 按钮
- Application1——执行
- Application1——App：调用构造函数
- Application1——App：引发 Activated 事件
- Application1——Page2：引发 NavigatedTo 事件
- Application1——Page2：显示
- Application1——Page2：用户单击 Back 按钮
- Application1——Page2：引发 NavigatedFrom 事件
- Application1——Page1：引发 NavigatedTo 事件

- Application1——Page1：显示

关于这些场景有一点需要注意，即它们的结束方式本质上是相同的：用户都返回到 Application1 的页面。此外还有其他一些涉及 Windows Phone 任务的场景，如 Launcher(启动器)和 Chooser(选择器)。这些内容将在第 8 章中讨论。

您应该注意的第二点，如果之前显示的是 Page2，那么当用户返回到 Application1 时，将显示 Page2。无论应用程序是否终止运行都会发生这种情况。如果重新启动应用程序，也无需由您导航到 Page2。如果应用程序由于终止运行而重新启动，系统将自动导航到 Page2 而非默认页。有一点很重要需要注意，除非用户按下 Back 按钮从 Page2 导航到 Page1，否则不会导航到 Page1。如果您正在初始化应用程序第一页的数据或应用程序状态，这将非常重要。您应当始终确保页面可以独立于任何之前的页面而加载，这样就可以确保该应用程序能在终止运行后正确地重新加载。此外，如果您正在初始化应用程序的 Launching 事件中的数据，则需要确保也在 Activated 事件中加载该数据。

6.3.3　保存状态

当应用程序被停用或关闭时，需要保存信息，这样用户可在下次运行应用程序时继续完成他们正在做的工作。正如先前所提到的，如果应用程序被关闭，您只需保存持久的状态信息。但是，当应用程序被停用时，您不仅要保存为应用程序的不同会话而保留的状态，还需要保存当前应用程序的状态。即应用程序的临时状态。

1. 页面状态

首先保存当前页面的临时状态。在之前所展现的场景中，无论何时当用户按下 Back 按钮、Start 按钮或者导航到新页面时，都会引发当前页面的 NavigatedFrom 事件。此时，可将页面的当前状态保存到 State 属性中，该属性公开 IDictionary < object, string >。

可从
wrox.com
下载源代码

```
protected override void OnNavigatedFrom(NavigationEventArgs e){
    this.State["Text1"] = this.PageText1.Text;
    this.State["Text2"] = this.PageText2.Text;
    this.State["Text3"] = this.PageText3.Text;

    base.OnNavigatedFrom(e);
}
```

ThirdPage.xaml.cs 中的代码片段

当应用程序返回到前台，或者用户回到应用程序中的页面时，会引发 NavigatedTo 事件。您可以再次访问 State 属性以便检索任何已保存的信息。记住当应用程序从 Start 屏幕启动时，任何临时状态都将丢失，这意味着 State 字典将为空。

可从
wrox.com
下载源代码

```
protected override void OnNavigatedTo(NavigationEventArgs e){
    base.OnNavigatedTo(e);

    this.PageText1.Text = this.State.SafeDictionaryValue("Text1") + "";
    this.PageText2.Text = this.State.SafeDictionaryValue("Text2") + "";
    this.PageText3.Text = this.State.SafeDictionaryValue("Text3") + "";
}
```

ThirdPage.xaml.cs 中的代码片段

在此代码片段中，SafeDictionaryValue 作为一个辅助方法，用于检索已保存的值。

可从
wrox.com
下载源代码

```
public static class Utilities{
    public static TValue SafeDictionaryValue<TKey,TValue>(
                        this IDictionary<TKey,TValue> dictionary, TKey key){
        TValue value;
        if (dictionary.TryGetValue(key, out value)){
            return value;
        }
        return default(TValue);
    }
}
```

Utilities.cs 中的代码片段

2. 应用程序状态

除了 PhoneApplicationPage 类的 State 属性外，PhoneApplicationService 类中也包含一个应用程序范围的 State 属性。以下代码展示了在应用程序范围的 State 字典中保存和提取 Customer 对象。

可从
wrox.com
下载源代码

```
public class Customer
{
    public string Name { get; set; }
    public string PhoneNumber { get; set; }
}

CurrentCustomer = new Customer() {
                    Name = "Nick Randolph",
                    PhoneNumber = "+1 425 001 0001"
                };

// Save current customer
PhoneApplicationService.Current.State["CurrentCustomer"] = CurrentCustomer;

// Restore current customer
CurrentCustomer = PhoneApplicationService.Current.State.SafeDictionaryValue
                                    ("CurrentCustomer") as Customer;
```

ThirdPage.xaml.cs 中的代码片段

此代码片段展示了如何在 State 字典中保存 Customer 对象。页面和应用程序级别的 State 字典可用于保存任意类型的对象(只要它是可序列化的)。在还原已保存的状态时应十分谨慎，需要将其转换为正确的返回类型。

6.3.4 遮盖

当应用程序处于运行状态时，可能会被来自设备中的其他事件所干扰。这有可能是一个电话呼入，一个系统通知，诸如闹铃，或者是来自其他应用程序的 Toast 通知。在这些情况下，屏幕的一部分会被出现的通知遮盖住。如果用户正在做某件事，那么您可能需要在处理通知时，将应用程序中正在运行的一切内容暂停。以操作类游戏为例——如果通知出现在屏幕中时，没有将游戏暂停，那么他们的角色可能会被杀死，因为他们在屏幕中看不到敌人。另外，如果正在播放音频或视频，当焦点转移到别处时，可能需要暂停播放。

PhoneApplicationFrame 公开了 Obscured 和 Unobscured 事件。当应用程序被遮盖时，可为它们添加事件处理程序以便暂停正在运行的任务。

可从 wrox.com 下载源代码

```
// Constructor
public App(){
    ...
    RootFrame.Obscured += RootFrame_Obscured;
    RootFrame.Unobscured += RootFrame_Unobscured;
}

void RootFrame_Obscured(object sender, ObscuredEventArgs e){
    // Handle obscured event
}

void RootFrame_Unobscured(object sender, EventArgs e){
    // Handle unobscured event
}
```

App.xaml.cs 中的代码片段

Lock 屏幕

您会注意到 Obscured 事件处理程序第二个参数的类型是 ObscuredEventArgs。该参数包含一个额外的 IsLocked 属性，用于指示 Lock(锁屏)屏幕是否可见。Lock 屏幕的行为会根据应用程序是否需要继续在 Lock 屏幕下运行而异。如果应用程序需要运行在 Lock 屏幕下(例如，您可能需要在用户跑步时跟踪他们所跑过的路线)，首先需要请求获得用户的许可，以便继续在 Lock 屏幕下运行应用程序。这在 Windows Phone Application Certification Requirements 文档中进行了阐述(可在 http://developer.windowsphone.com 站点获得)。

一旦获得用户的许可，即可告知操作系统是否应该检测活动的缺乏。将 ApplicationIdleDetectionMode 设置为 Disabled，即可有效地告知操作系统不去监视应用程序的活动。默认设置为 Enabled，这意味着操作系统将检测应用程序是否处于空闲状态，同时在激活 Lock 屏幕时将停用应用程序。

```
private void RequestLockScreenButton_Click(object sender, RoutedEventArgs e){
    if (MessageBox.Show("Can I keep running under the Lock screen?",
                  "Lock Screen",
                  MessageBoxButton.OKCancel) == MessageBoxResult.OK){
        PhoneApplicationService.Current.ApplicationIdleDetectionMode =
                  IdleDetectionMode.Disabled;
    }
    else{
        PhoneApplicationService.Current.ApplicationIdleDetectionMode =
                  IdleDetectionMode.Enabled;
    }
}
```

6.4 小结

本章介绍了建立在 Windows Phone 应用程序模型上的导航服务。它将应用程序分解为在框架中进行加载的页面。由于您独立创建每个页面，然后考虑如何在页面之间过渡，此模型使得构建应用程序变得十分简单。如果每个页面都是独立的，就可以很容易地启动应用程序并直接到达某个特定的页面。这在应用程序被切换至后台并终止后再进行还原时非常有用。

第7章 应用程序平铺图标与通知

本章内容

- 如何在Start屏幕中添加并在随后更新应用程序平铺图标
- 什么是推送通知服务以及如何连接到该服务
- 理解不同的通知类型
- 生成不同类型的推送通知

构建优秀Windows Phone应用程序的一项要素就是要使其犹如用户移动体验中的一部分。作为一名开发人员，您可以利用Windows Phone提供的各种集成点来使应用程序与设备之间更加浑然一体。其中包括将应用程序作为平铺图标(tile)被锁定到Start区域以及使用推送通知来发送更新和提醒。

本章将介绍三种类型的推送通知，通过它们即可确保用户对最新的信息触手可及。

7.1 应用程序平铺图标

Start屏幕是Windows Phone的Metro用户体验中最重要的一方面。在手机被解锁后以及用户按下设备正面的Start按钮时会显示该屏幕。它是用户界面中一个单独的元素，无论用户处于哪个应用程序中，也无论他们在做什么都可以立即访问该屏幕。Start屏幕不仅是一个用于启动应用程序的界面，更重要的是，在其中包含了各种信息。

对于其他移动平台，甚至是桌面平台而言，例如Windows 7，都可以将应用程序锁定到主区域或程序列表顶部。然而这几乎不会使应用程序变得更加易于访问，因为用户仍需进入到应用程序中，去查看是否有应该了解的更新或警报。在Windows Phone中，出现在Start屏幕中的应用程序平铺图标(Application Tile)也称为活动平铺图标(Live Tile)，它不仅提供了应用程序的链接，而且还会将自应用程序上次运行之后所发生的所有更改通知给用户。

对应用程序平铺图标的描述可能会使您想起一个在Windows Vista以及Windows 7中被称为桌面小工具的功能，它们代表在桌面中保留的Web内容。小工具可以呈现交互式的用户界面，并且定期更新来自Web的数据。常见的桌面小工具用于新闻和天气的更新。类似概念也被引入到了Windows

Mobile 6.5 的小部件中，但这些都更接近于在设备上运行的应用程序。这些小部件无法通过更新信息来更新主屏幕，并且多是作为轻量级的应用程序开发框架来引入的。而应用程序平铺图标代表了一种折中的方法。虽然它们被整合到 Start 屏幕中，并且提供了一种轻量级的方法来异步地为多个应用程序显示更新信息，但除了启动与之相关联的应用程序以外，它们的交互功能是最弱的。

一个应用程序平铺图标包含 3 个组成部分：

- **背景图像(Background Image)**——这是一个 173×173 像素的图像，负责填充出现在 Start 屏幕中的应用程序平铺图标的背景。
- **标题(Title)**——这是显示在平铺图标中的文本。通常是一个简短的应用程序名称，或者是表示应用程序特性的信息类型。例如 contacts 或 photos。
- **数量(Count)**——表示与应用程序相关的更新或更改的数量。就电子邮件而言，这会是未读邮件的数量，但它还可以表示待同步的更改数量，须缴付的账单金额，或者要完成的任务数量。重要的是该数字可以在应用程序的上下文中直观地显示给用户。

当为程序设计应用程序平铺图标时，需要考虑标题和数量的位置。图 7-1 展示了一个为房地产应用程序而设计的应用程序平铺图标。此应用程序用于搜索待出售的房产。图 7-1 第一幅图中所示的是平铺图标的背景图像，它显示了一些最近查看过的房产的图片。第二幅图显示了一种将被应用于平铺图标的覆盖层，该平铺图标的标题为 Properties(房产)，而“数量”在这里表明有 8 个被列出的可能会感兴趣的新房产。覆盖层将会被应用到背景图像中以便生成在 Start 屏幕中显示的应用程序平铺图标，如第三幅图所示。注意，第二幅图的背景只会显示在此处以便您可以看到标题。实际上，它是透明的。

设计应用程序平铺图标时最重要的是所要处理的尺寸。图 7-2 显示了应用程序平铺图标的分解图，一个尺寸为 173×173 像素的正方形。

图 7-1

图 7-2

内部的边界为 12 像素，用于放置标题和数量。此边界不会在应用程序平铺图标中绘制出来，它只是作为参考以便让我们可以知晓标题和数量的显示位置。数量会显示在一个直径为 37 像素的彩色圆圈内。

在构建应用程序平铺图标时，使用一个支持多图层并可以切换开关的绘图包是非常有用的。图 7-3(由左至右)显示了构建应用程序平铺图标的顺序：

(1) 首先从 173 × 173 像素的背景颜色或背景图像开始，在一个新图层中距离每个边缘 12 像素的地方插入边界线。

(2) 然后，在另一个图层中紧贴上边界线和右边界线添加一个直径为 37 像素的彩色圆圈。

(3) 在另一个图层中添加标题和数量文本。

(4) 最后，向原始图层中添加其他任何图像。

(5) 现在，删除包含边框、圆和文本的图层。

现在得到了可在应用程序中使用的基本的应用程序平铺图标。

图　7-3

可以采用三种方法为应用程序指定应用程序平铺图标。第一种方法在 Windows Phone 应用程序的 Properties 窗口中指定背景图像，如图 7-4 所示。还可以指定当应用程序被锁定到 Start 屏幕时在覆盖层中显示的标题。注意，除非收到平铺图标通知(在稍后讨论)，否则不会将彩色圆圈添加到应用程序平铺图标中。

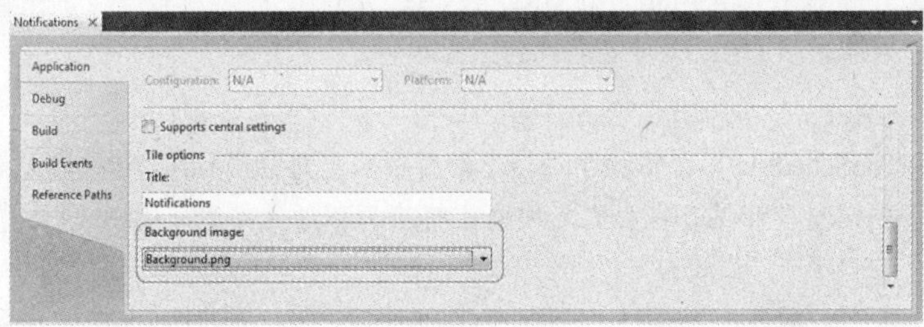

图　7-4

在 Properties 窗口中更改背景图像会设置应用程序项目中 WMAppManifest.xml 文件的 Background-ImageURI 属性。

为使应用程序作为平铺图标出现在 Start 屏幕中，用户必须从应用程序列表中选择 pin to start 选项。如图 7-5 前两幅图所示，向左滚动 Start 屏幕可以找到应用程序列表。点击并按住要添加到 Start 屏幕中的应用程序。此时会出现一个上下文菜单，我们可以从中选择 pin to start 以便将应用程序添加到 Start 屏幕中。用户还可以从此菜单中选择 uninstall 以便从设备中删除该程序。

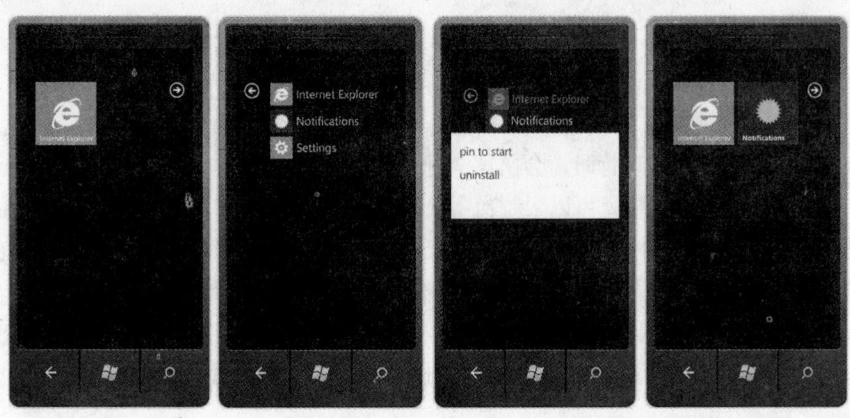

图　7-5

第二种设置应用程序平铺图标的方法是创建一个由 Web Server 提供的图像来更新应用程序平铺图标的计划表。可将此计划表视为一个被设置了时间间隔的计时器。当计时器启动时，就会从指定的远程 URI 下载一幅新图像来更新应用程序平铺图标。以下代码创建了一个更新应用程序平铺图标的计划表。在接下来的 5 个小时中，每小时更新一次应用程序平铺图标的背景：

可从
wrox.com
下载源代码

```
private void ScheduleTileUpdate_Click(object sender, RoutedEventArgs e){
    var entrypoint = new ShellTileSchedule();
    entrypoint.RemoteImageUri =
  new Uri("http://www.builttoroam.com/books/devwp7/chapter7/notificationtile.png");
    entrypoint.Interval = UpdateInterval.EveryHour;
    entrypoint.Recurrence = UpdateRecurrence.Interval;
    entrypoint.StartTime = DateTime.Now;
    entrypoint.MaxUpdateCount= 5;
    entrypoint.Start();
}
```

MainPage.xaml.cs 中的代码片段

使用从 RemoteImageUri 属性所指定的 URL 中下载的图像更新应用程序平铺图标。如需更改应用程序平铺图标，只需更改 URL 中可供下载的图像即可。

ShellTileSchedule 不会依赖于运行中的程序来更新应用程序平铺图标。不过，为使应用程序平铺图标可见，它会假定用户已将应用程序锁定到了 Start 屏幕中。

基于某些预定义计划的应用程序平铺图标更新需要依赖于远程图像的频繁变更。如果远程图像是定期更新的，则这种策略是最有效的，在这种情况下，您应该设法匹配远程图像和应用程序平铺图标计划的循环模式。Windows Phone 对应用程序平铺图标的更新过程进行了良好的优化，从而确保对电池寿命的影响最小。不过，要记住每次设备不得不下载远程图像时，它都会进行处理并占用网络带宽。这些都可能会影响电池的寿命，所以下载未发生更改的图像显然有些浪费。

指定应用程序平铺图标的最后一种方法是使用 Tile Notification。Tile Notification 是应用程序可以使用的三种通知之一，将会在下一节中进行讨论。

7.2 推送通知

当讨论应用程序在后台的运行时，会出现两种不同的"思想流派"。某些平台秉承着同一时间只运行一个应用程序的观点，这样就可以限制当用户在应用程序之间进行切换时所产生的性能下降。其他一些平台允许多个应用程序并发运行，它们基于这样的观点——持久保存应用程序状态(上一章末尾所讨论的)的复杂性远远超过了运行多个应用程序的内存和 CPU 开销。

Windows Phone 不允许应用程序在后台[1]运行，所以如果希望定期将与应用程序相关的数据更改通知给用户，就会出现问题。幸运的是，该平台支持三种形式的推送通知，即使应用程序不在运行，

1. 此处是指不允许第三方应用程序在后台运行，而 Windows Phone 的内置应用程序是可以在后台运行的。

也可以通过它们向用户或者直接向应用程序提供更新：

- Tile——在 Start 屏幕中更新应用程序平铺图标。
- Toast——创建一个显示在当前屏幕中的 Toast 弹出窗口。
- Raw——由应用程序自己来处理的通知；对用户是透明的，除非应用程序另有决定。

对于每种推送通知，它们的过程都是相同的。推送通知涉及以下三方——Windows Phone 应用程序，基于云的通知服务(Notification Service)以及通知源(Notification Source)，如图 7-6 所示。

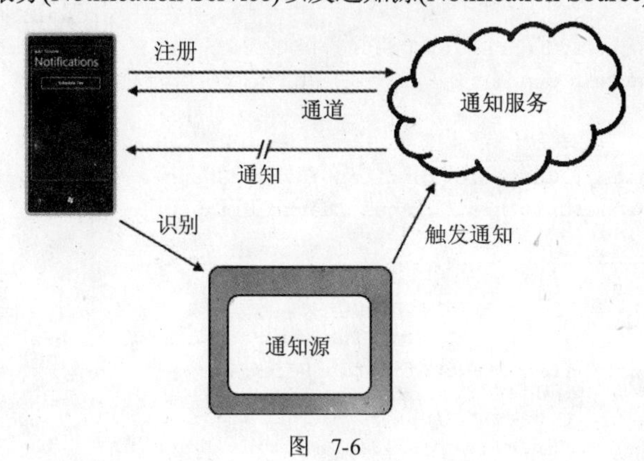

图　7-6

Windows Phone 应用程序是通知工作流的起点。它首先将自身注册到基于云的通知服务中。通知服务由 Microsoft 提供，任何 Windows Phone 应用程序都可以免费使用。其目的是充当一个消息代理以便将消息从通知源传输到 Windows Phone。当应用程序向通知服务注册时，会收到一个 Channel URI，它是由手机应用程序、设备以及通道名称组合而成的唯一标识。可将通道名称视为由应用程序定义的唯一标识符，因此它可以向多个通知源注册事件，其中每一个都需要来自通知服务的唯一 Channel URI。

通知源可以是连接到 Internet 的任何应用程序或服务，而且能够生成 HTTP 请求。它可能是一种基于云的服务，以便用于处理大量工作，也可能是在组织中运行的一个桌面应用程序，甚至是在不同设备上运行的另一个 Windows Phone 应用程序。

为将通知发送到一个特定的 Windows Phone 设备中，通知源需要一种唯一标识该设备的方法。Windows Phone 通过它的通道 URI 发送数据从而直接通过通知源来识别设备自身。当通知源将要发送通知时，不必定位并连接到该设备以确定应用程序是否正在运行，只需向通道 URI(它构成了 Microsoft 提供的通知服务的一部分)发布(POST)一条消息即可。然后，通知服务会将通知传送到在该设备上运行的应用程序。

关于通知服务应该注意几件事：首先，在通知服务和应用程序之间建立的通道是很有弹性的。这意味着如果设备连接丢失，通道在连接还原时仍会起作用。此外它还是持久的，这意味着应用程序或设备可以重新启动通道，而且该通道，仍然可以工作。其实，对于某些通知类型，应用程序甚至不必为了接收通知而运行。不过通知服务并不能确保将通知发送到设备中。如果要确保已经发送或者在收到通知后获得反馈信息，则应该在通知源中实现一个 Web 服务，这样当收到通知时 Windows Phone 应用程序即可直接对其进行调用。

不论您希望在应用程序中使用何种类型的通知，第一步都是在通知服务中注册您的应用程序。只需创建一个具有恰当通道名称的 HttpNotificationChannel 实例，然后调用 Open 方法即可实现：

可从
wrox.com
下载源代码

```
public const string channelName = "NotificationSample";
private HttpNotificationChannel Channel { get; set; }
private Uri ChannelUri { get; set; }

private void RegisterChannelButton_Click(object sender, RoutedEventArgs e){
    this.Channel = HttpNotificationChannel.Find(channelName);
    if (this.Channel == null){
        this.Channel = new HttpNotificationChannel(channelName,
                                                   "www.builttoroam.com");

        this.Channel.ChannelUriUpdated += httpChannel_ChannelUriUpdated;
        this.Channel.Open();
    }
    else{
        this.Channel.ChannelUriUpdated += httpChannel_ChannelUriUpdated;
        this.ChannelUri=this.Channel.ChannelUri;
    }

    this.Channel.HttpNotificationReceived +=
                              httpChannel_HttpNotificationReceived;
    this.Channel.ShellToastNotificationReceived +=
                              httpChannel_ShellNotificationReceived;
}
```

MainPage.xaml.cs 中的代码片段

只有在文件顶部为 Microsoft.Phone.Notification 名称空间添加一条 using 语句，才能使用 HttpNotificationChannel 类。

RegisterChannelButton_Click 方法的第一行尝试使用相同的通道名称来查找现有的 HttpNotification Channel。Find 方法将返回现有的通道及其 ChannelUri。或者，如果不存在现有的通道，则创建一个新实例并打开。在这两种情况下，都为 ChannelUriUpdated 事件添加了一个事件处理程序，当成功打开通道时，会引发该事件。HttpNotificationChannel 类中定义了大量事件，如表 7-1 所示。

表 7-1 与通知通道相关的事件

事　件	说　明
ChannelUriUpdated	HttpNotificationChannel 对象的 Open 方法是一个会立即返回的异步操作。当成功打开通道时，会引发 ChannelUriUpdated 事件，以便可以提取将被转发到通知源的 ChannelUri
ErrorOccurred	如果使用通道时由于某种原因出错，会引发 ErrorOccurred 事件
ShellToastNotificationReceived	当 Windows Phone 应用程序正在运行时通知源发送了一条 Toast Notification，会引发 ShellToastNotificationReceived 事件。在这种情况下该 Toast Notification 是不会自动显示给用户的
HttpNotificationReceived	如果应用程序处于运行状态，当通知源发送了一条 Raw Notification 时，则会引发 HttpNotificationReceived 事件

当捕获到 ChannelUriUpdated 事件时，通知通道(notification channel)的 URI 会保存在 NotificationChannelUriEventArgs 参数的 ChannelUri 属性中。正如在以下代码中所看到的，ChannelUri 是一个标准 HTTP URI，它的末尾带有一个唯一标识符：

```
void httpChannel_ChannelUriUpdated(object sender, NotificationChannelUriEventArgs e){
    this.ChannelUri = e.ChannelUri;
// Example ChannelUri: http://sn1.notify.live.net/throttledthirdparty/01.00/
AAHulb30u2_2T6uCj-BDKLHVAgoOs1ADAgAAAAQOMDAwAAAAAAAAAAAAAAA
}
```

从前面的代码片段中，可以看到有两处需要提取 ChannelUri 的地方：当通道存在并从 Find 方法返回时，以及当 ChannelUri 发生更改时(即打开通道时)。在这两种情况下，手机应用程序需要直接向通知源发送 URI，以便使其可以用于针对您的应用程序的推送通知。

本示例中的通知源由两个组件构成，一个 WCF 服务(Windows Phone 应用程序将与该服务通信以便标识自身及其 ChannelUri)以及一个简单的 WPF 应用程序(用于创建和发送通知)。首先创建 WCF 服务。添加一个基于 WCF Service Application 模板的新项目。然后更新默认服务使其与以下代码相匹配：

可从
wrox.com
下载源代码

```
[ServiceContract]
public interface IChannelIdentification{
    [OperationContract]
    void Identify(string channelUri);

    [OperationContract]
    string RetrieveChannelUri();
}
```

IChannelIdentification.cs 中的代码片段

```
public class ChannelIdentification : IChannelIdentification{
    private static string identifiedChannelUri { get; set; }
    public void Identify(string channelUri){
        identifiedChannelUri = channelUri;
    }

    public string RetrieveChannelUri(){
        return identifiedChannelUri;
    }
}
```

ChannelIdentification.svc.cs 中的代码片段

如您所见，该服务包含两个方法：Identify 和 RetrieveChannelUri，实际上就是设置和检索静态 identifiedChannelUri 属性的值。显然，这是一个过于简化的示例，只能够标识单个通道(即在单个设备上运行的 Windows Phone 应用程序)。Windows Phone 应用程序会调用 Identify 服务方法，并传递设备的当前 ChannelUri：

可从
wrox.com
下载源代码

```
private Uri channelUri;
private Uri ChannelUri {
    get{
        return channelUri;
    }
    set{
        channelUri = value;
        IdentifyWithNotificationSource(channelUri);
    }
}

void IdentifyWithNotificationSource(Uri channelUri){
    var client = new ChannelService.ChannelIdentificationClient();
    client.IdentifyCompleted += client_IdentifyCompleted;
    client.IdentifyAsync(channelUri.AbsoluteUri);
}

void client_IdentifyCompleted(object sender, AsyncCompletedEventArgs e){
    // Do nothing
}
```

MainPage.xaml.cs 中的代码片段

创建 WCF 服务后，需要返回到 Windows Phone 应用程序，并添加该服务的引用。在 Solution Explorer 中右击项目节点，然后选择 Add Service Reference。浏览到服务的位置，为其命名(在本例中为 ChannelService)，然后单击 OK 以便添加服务引用。

在上面的代码中还需要为 System.ComponentModel 名称空间添加一条 using 语句。

当设置 ChannelUri 属性时，会调用 IdentifyWithNotificationSource 方法。接着，调用 WCF 服务上的 Identify 方法来确定 Windows Phone 应用程序是否已进行过配置，以便通过所提供的通道 URI 来接收通知。

通知源的第二部分用于向 Windows Phone 应用程序发送通知，它是一个简单的 Windows Presentation Foundation(WPF)应用程序。创建另一个基于 WPF Application 模板的新项目，并添加对先前创建的 WCF 服务的服务引用。该 WPF 应用程序将是所有推送通知的来源，它需要调用服务上的 RetrieveChannelUri 方法来获取 Windows Phone 应用程序的当前通道 URI：

可从
wrox.com
下载源代码

```
private void FindChannelUriButton_Click(object sender, RoutedEventArgs e){
    var client = new ChannelService.ChannelIdentificationClient();
    this.ChannelUriLabel.Content = client.RetrieveChannelUri();
}
```

MainWindow.xaml.cs 中的代码片段

现在，您已经为收到推送通知而注册了 Windows Phone 应用程序，可以开始向通知服务发送通知了。让我们通过图 7-7 来一步步地快速回顾一下 Windows Phone 应用程序、通知服务以及通知源的工作方式。

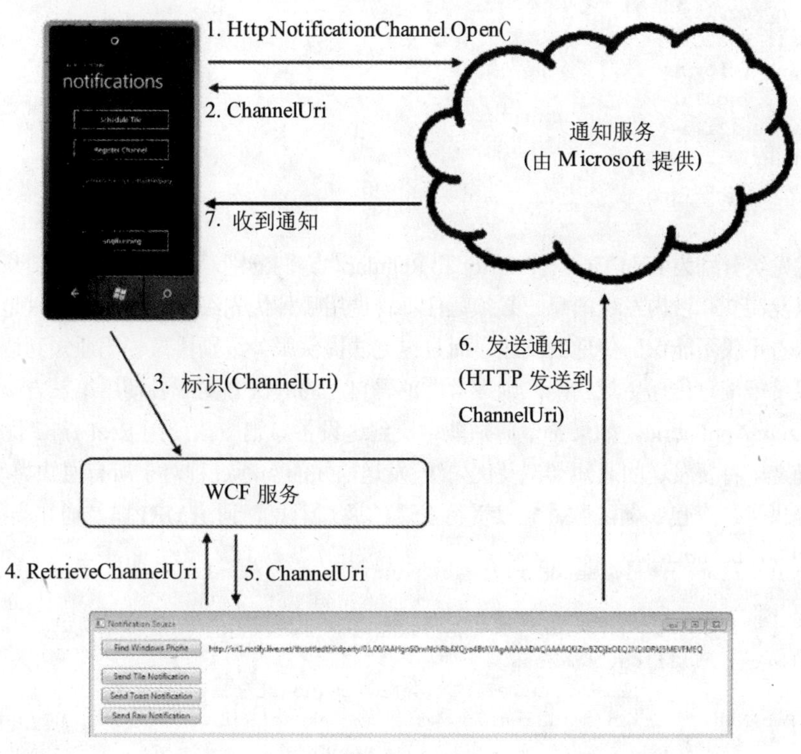

图　7-7

事件顺序如下所示：

(1) Windows Phone 应用程序创建一个 HttpNotificationChannel 实例并调用 Open 方法来建立通知通道。

(2) 由于 Open 方法是异步的，所以会在将来的某一个时间点引发 ChannelUriUpdated 事件，该事件公开了 ChannelUri 属性。

(3) Windows Phone 应用程序调用 WCF/服务的 Identify 方法，传递 ChannelUri。ChannelUri 是由 WCF 服务来进行记录的。

(4) 通知源应用程序调用 WCF/服务的 RetrieveChannelUri 方法。

(5) WCF 服务返回在步骤 3 中所记录的 ChannelUri。

(6) 向 ChannelUri 发送一个 Http POST 请求，通知源应用程序就会发送一条通知。

(7) Windows Phone 应用程序收到该通知(具体取决于 Windows Phone 操作系统，可能是 Tile 或 Toast Notification)。

7.2.1　优先级

正如您所见，有三种类型的通知，但也有不同的优先级。您可以在 WPF 应用程序中定义一个枚举，列出不同的通知类型及其优先级。此枚举中的数值非常重要，因为它将用于指定通知类的值，当发出通知时该值会被发送给通知服务。

```
enum NotificationClass{
    Tile_RealTime=1,
    Tile_Priority=11,
```

```
        Tile_Regular = 21,
        Toast_RealTime=2,
        Toast_Priority=12,
        Toast_Regular=22,
        Raw_RealTime=3,
        Raw_Priority=13,
        Raw_Regular=23
    }
```

三种优先级分别为 Real Time、Priority 和 Regular，它们分别对应于立即发送消息、在 450 秒内发送消息以及在 900 秒内发送消息。必须记住不管调用哪种优先级，通知服务都只是一个尽力型服务。这意味着不仅不能保证传递的到达，而且也无法提供服务级别协议说明通知到达目的地所用的时间。如果希望消息传递更加精确，则应考虑部署自己的解决方案或者使用第三方解决方案，诸如 Windows Azure AppFabric。如果希望通知能尽快到达设备，则应该使用 Real Time 优先级。

一旦确定了将要发送的通知类型及优先级，发送通知的实际过程对于所有通知类型都是相同的。以下代码提供了一个包装器函数，它接受待发送的通知消息、通道 URI 以及通知类型：

可从
wrox.com
下载源代码

```
private static void SendNotification(string notificationMessageText,
                                     string channelUri,
                                     NotificationClass notificationType){
    byte[] notificationMessage =
                   Encoding.Default.GetBytes(notificationMessageText);
    SendNotification(notificationMessage, channelUri, notificationType);
}

private static void SendNotification(byte[] notificationMessage,
                                     string channelUri,
                                     NotificationClass notificationType){
    var request = (HttpWebRequest)WebRequest.Create(channelUri);

    request.Method = "POST";

    //Indicate that you'll send toast notifications!
    request.Headers = new WebHeaderCollection();
    request.Headers.Add("X-NotificationClass", ((int)notificationType).ToString());
    var targetHeader = notificationType.TargetHeader();
    if (!string.IsNullOrEmpty(targetHeader)){
        request.ContentType = "text/xml";
        request.Headers.Add("X-WindowsPhone-Target", targetHeader);
    }

    // Sets the web request content length.
    request.ContentLength = notificationMessage.Length;
    using (Stream requestStream = request.GetRequestStream()){
        requestStream.Write(notificationMessage, 0, notificationMessage.Length);
    }

    // Sends the notification and gets the response.
    HttpWebResponse response = (HttpWebResponse)request.GetResponse();
    string notificationStatus = response.Headers["X-NotificationStatus"];
    string notificationChannelStatus = response.Headers["X-SubscriptionStatus"];
    string deviceConnectionStatus = response.Headers["X-DeviceConnectionStatus"];
}
```

```
private static string TargetHeader(this NotificationClass notificationType)
{
    switch (notificationType)
    {
        case NotificationClass.Tile_Priority:
        case NotificationClass.Tile_RealTime:
        case NotificationClass.Tile_Regular:
            return "token";
        case NotificationClass.Toast_Priority:
        case NotificationClass.Toast_RealTime:
        case NotificationClass.Toast_Regular:
            return "toast";
    }
    return null;
}
```

NotificationHelper.cs 中的代码片段

需要知道的是，通知消息的结构与通知类型之间存在一个隐式的关系。对于每种类型的通知都必须附着一个特定的消息结构。

7.2.2 Tile Notification

之前您了解了如何创建计划，以便为一个被锁定在 Start 屏幕上的应用程序更新平铺图标背景。这依赖于定期更新的远程图像。在很多情况下，会根据与应用程序相关联的数据变化来更新远程图像。例如，Windows Azure 中长时间运行的操作结束了。在这些情况下，可将 Tile Notification 发送给 Windows Phone 以便更新应用程序的平铺图标从而反映新状态。

Tile Notification 的发送者可以控制平铺图标的背景图像、数量以及标题。正如之前所看到的，这三者组合在一起就构成了出现在 Start 屏幕中的应用程序平铺图标。当应用程序平铺图标改变时，平铺图标可能会产生动画效果或者可能是设备蜂鸣或震动，这取决于 Windows Phone 的配置情况。注意该设置会应用于 Start 屏幕中的所有平铺图标。

向通知服务发送一条 Tile Notification 实际上只是用适当的结构创建了一条消息。下面的代码片段展示了为发送 Tile Notification 而向通知服务发送的结构：

可从 wrox.com 下载源代码

```
public static void SendTileNotification(string channelUri,
                                        string backgroundImageUri,
                                        int updateCount, string tileTitle){
    var messageTemplate = "<?xml version=\"1.0\" encoding=\"utf-8\"?>" +
                          "<wp:Notification xmlns:wp=\"WPNotification\">" +
                          "<wp:Tile>" +
                          "<wp:BackgroundImage>{0}</wp:BackgroundImage>" +
                          "<wp:Count>{1}</wp:Count>" +
                          "<wp:Title>{2}</wp:Title>" +
                          "</wp:Tile> " +
                          "</wp:Notification>";

    var message = string.Format(messageTemplate, backgroundImageUri,
                                updateCount, tileTitle);
    SendNotification(message, channelUri, NotificationClass.Tile_RealTime);
}
```

NotificationHelper.cs 中的代码片段

合并到消息模板的三个参数分别为应用程序平铺图标图像的远程 URI、数量以及作为覆盖层被添加到平铺图标上的标题，消息模板用于生成被发送到通知服务的消息。

在 Windows Phone 应用程序中设置通知通道时需要一个额外的步骤。打开通道之后，需要 BindToShellTile——换句话说，将通道与出现在 Start 屏幕中的平铺图标相连接。有两种绑定通道的方法。第一种就是调用无参数的 BindToShellTile 方法。

这可以连接一个通道，以便更新 Title 和 Count 并将其应用到应用程序平铺图标上。您可以更新背景图像，但它必须引用一个已经部署到 Windows Phone 应用程序中的图像(也就是说，没有来自远程 URL 的图像)：

```
this.Channel.Open();
this.Channel.BindToShellTile();
```

另一种方法是创建一个 Uri 集合，该集合代表可以获得背景图像的域名列表。当收到一个 BackgroundImage 元素被设置为远程 URL 的 Tile Notification 时，系统将进行检查以确保正在加载的图像来自该列表中的域名。

可从
wrox.com
下载源代码

```
this.Channel.Open();
var allowedDomains = new Collection<Uri> {
                        new Uri("http://www.builttoroam.com") };
this.Channel.BindToShellTile(allowedDomains);
```

MainPage.xaml.cs 中的代码片段

一旦设置了通知通道与应用程序平铺图标之间的绑定关系，就完成了所需的全部工作，现在可以根据收到的 Tile Notification 来更新平铺图标了。

7.2.3 Toast Notification

发送 Toast Notification 与发送 Tile Notification 类似，只是消息的结构稍有不同，如下面的代码所示：

可从
wrox.com
下载源代码

```
public static void SendToastNotification(string channelUri,
                                         string toastText1,
                                         string toastText2){
    var messageTemplate = "<?xml version=\"1.0\" encoding=\"utf-8\"?>" +
                          "<wp:Notification xmlns:wp=\"WPNotification\">" +
                          "<wp:Toast>" +
                          "<wp:Text1>{0}</wp:Text1>" +
                          "<wp:Text2>{1}</wp:Text2>" +
                          "</wp:Toast>" +
                          "</wp:Notification>";

    var message = string.Format(messageTemplate, toastText1, toastText2);
    SendNotification(message, channelUri, NotificationClass.Toast_RealTime);
}
```

NotificationHelper.cs 中的代码片段

从代码中可以看到，该消息模板有两个入口，将其替换为字符串可以生成实际消息。与 Tile

Notification 相同，Windows Phone 应用程序接受 Toast Notification 需要一个额外的步骤。这次不是绑定到 BindToShellTile，而是需要调用 BindToShellToast 方法。可在调用 BindToShellTile 时进行该操作，从而允许应用程序同时接收 Tile 和 Toast Notification：

```
this.Channel.Open();
this.Channel.BindToShellToast();
```

当用户看到一条 Toast Notification 时，他们可以单击通知从而直接导航到该应用程序。由于 Toast 会出现在当前运行的任何应用程序之上，所以用户可以使用 Back 按钮返回到原来所在的地方以便迅速地在程序之间进行切换。

如果在收到 Toast Notification 时相应的应用程序已经在运行，就不会再显示该 Toast。相反，应用程序可以截获该通知以便对其进行处理并酌情向用户显示。

可从
wrox.com
下载源代码

```
void httpChannel_ShellToastNotificationReceived(object sender,
                                        NotificationEventArgs e){
    if (e.Collection != null){
        var messageBuilder = new System.Text.StringBuilder();

        foreach (string key in e.Collection.Keys){
            messageBuilder.AppendLine(key + " - " + e.Collection[key]);
        }

        this.Dispatcher.BeginInvoke(
            () => MessageBox.Show(messageBuilder.ToString()));
    }
}
```

MainPage.xaml.cs 中的代码片段

7.2.4　Raw Notification

通常在应用程序运行时，可以向它发送通知来告知它需要执行某些操作，这种方法非常有用。它可能会提示用户执行某项操作，或者可能是一条安静的通知，用于提示应用程序从服务器同步数据。这是第三种形式的推送通知功能——Raw Notification。该通知被命名为此，是由于它允许发送一条包含数据字节数组的通知。这可能是一组数字产品标识、一张 JPEG 照片、一个被编码的字符串等等。正如您从下面的代码中所看到的，无需将数据嵌入在消息模板中(使用 Tile 或 Toast Notification 时则需要这样做)：

可从
wrox.com
下载源代码

```
public static void SendRawNotification(string channelUri, string data){
    SendNotification(data, channelUri, NotificationClass.Raw_RealTime);
}
```

NotificationHelper.cs 中的代码片段

只有当通知被发送到设备上并且应用程序仍在运行时 Raw Notification 才有效。如果应用程序已被终止，当通知到达设备时将被丢弃。除了说明缺少设备连接之外，通知服务中不会对其进行缓存。一旦通知服务能够与设备通信，它便会尝试传送所有被挂起的通知。

如果收到 Raw Notification 时应用程序正在运行，它将自动被路由到 HttpNotificationReceived 事件的事件处理程序中：

可从
wrox.com
下载源代码

```
void httpChannel_HttpNotificationReceived(object sender, HttpNotificationEventArgs e){
    var strm = e.Notification.Body;
    var reader = new System.IO.StreamReader(strm);
    var str = reader.ReadToEnd();
    this.Dispatcher.BeginInvoke(() =>{
        MessageBox.Show(str);
        });
}
```

MainPage.xaml.cs 中的代码片段

此事件处理程序在工作时会将所发送的消息假设为一个字符串。如果使用某些其他的数据类型，则需要自己提供序列化和反序列化功能来发送和接收数据。

如果应用程序未在运行，而您希望强制应用程序执行更新，可能要考虑同时使用 Raw 和 Toast Notification。可以尝试在开始时通过 Raw Notification 进行通信。如果无法收到从应用程序返回的响应，可以发送一条 Toast Notification。当应用程序未运行时，Toast Notification 需要用户的操作，但至少它可以确保将应用程序更新。

7.2.5 示例

上一节介绍了从 WPF 应用程序发送过来的 Tile、Toast 以及 Raw Notification 的包装器方法。为了将其放到上下文中，下面分别针对每种情形列举一个例子。

1. Tile Notification

首先，发送一条通知来更新 Start 屏幕中的应用程序平铺图标。通知会更新背景图像，指定一个随机分配的数字作为未处理的更新数量，并将平铺图标标题更新为 Notif Updates。

可从
wrox.com
下载源代码

```
private Random random = new Random((int)DateTime.Now.Ticks);
private void SendTileNotificationButton_Click(object sender, RoutedEventArgs e){
    var updates = random.Next(0, 100);
    NotificationHelper.SendTileNotification(this.ChannelUriLabel.Content as string,
      "http://www.builttoroam.com/books/devwp7/chapter7/notificationtile.png",
      updates, "Notif Updates");
}
```

MainWindow.xaml.cs 中的代码片段

图 7-8(a)中展示了 Notifications 应用程序的默认平铺图标，以及在收到 Tile Notification 后更新的平铺图标。在本例中，Count 属性被设置为 98，如平铺图标右上角所示。

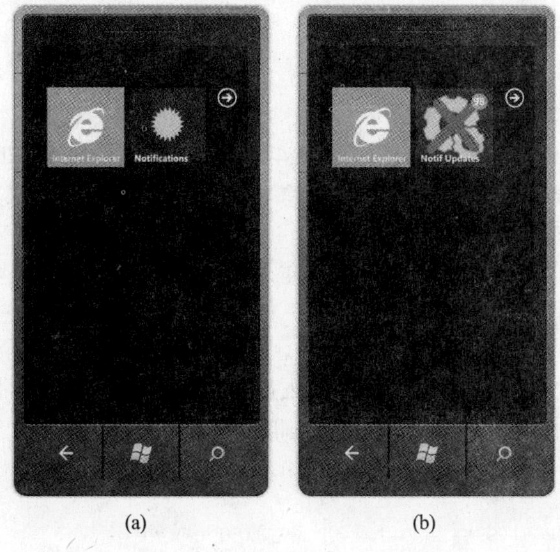

图　7-8

2. Toast Notification

发送一条 Toast Notification，其实仅仅是指定显示在 Toast Notification 中的两段文本。

可从 wrox.com 下载源代码

```
private void SendToastNotificationButton_Click(object sender, RoutedEventArgs e){
   NotificationHelper.SendToastNotification(this.ChannelUriLabel.Content as string,
                                "App Update",
                        "Data has changed - Click to open application");
}
```

MainWindow.xaml.cs 中的代码片段

图 7-9 展示了出现在 Start 屏幕上方的 Toast Notification。注意 Toast 开始部分的是第一段粗体文本是 App Update，紧接着是第二段文本。记住如果应用程序在前台运行，应用程序将会捕获该 Toast。起初您可能认为将文本限制为恰好在屏幕中显示的内容是一个好主意。不过，这可能需要在第二个文本元素中包含额外的信息，而且应用程序在运行时应该能对该信息进行解码。

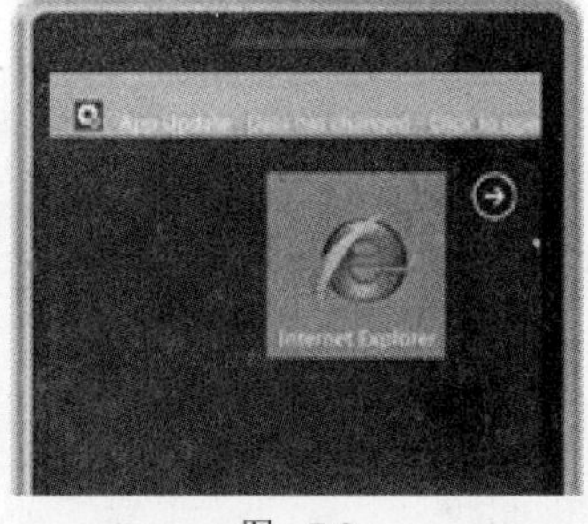

图　7-9

3. Raw Notification

最后发送一条 Raw Notification，只需向其传递一个想要发送的文本段。

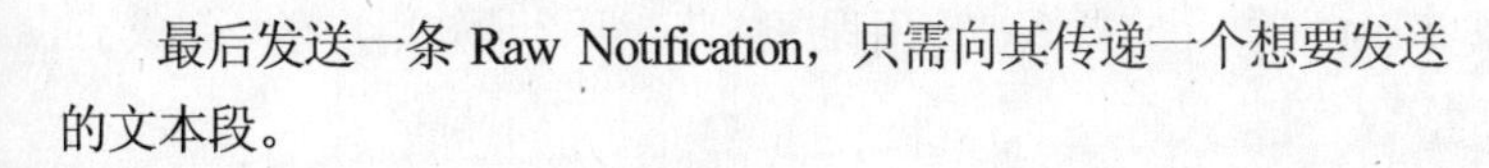

可从 wrox.com 下载源代码

```
private void SendRawNotificationButton_Click(object sender, RoutedEventArgs e)
{
   NotificationHelper.SendRawNotification(
            this.ChannelUriLabel.Content as string, "Data Changed");
}
```

MainWindow.xaml.cs 中的代码片段

回顾一下 SendNotification 方法，它有两个重载方法。第一个方法接受一个文本字符串作为待发送的消息。该字符串会被转化成字节数组，并被添加到向 Notification Service 发起的 HTTP 请求后面。要发送二进制数据，只需向 SendNotification 方法的第二个重载中传递一个字节数组。当然需要调整 Windows Phone 应用程序的逻辑，以便接收到预期的字节数组。

4. 长时间运行的 Web 服务

如果应用程序需要进行长时间的运算、处理大量数据或者等待服务器事件的发生，那么对于移动应用程序来说，最佳的做法是将此项工作转移到服务器中。然后，当存在更新或工作完成时，服务器可以使用推送通知来通知 Windows Phone 应用程序。以下面这个长时间运行的 WCF 服务为例。

```
public class LongRunningService : ILongRunningService{
    public void DoWork(){
        Thread.Sleep(30 * 1000);
    }
}
```

如果从 Windows Phone 应用程序内部调用此服务，那么连接会保持打开状态 30 秒以便完成此方法。这不仅会消耗电池的寿命，而且如果用户离开此应用程序还会导致更新丢失。相反，如果修改此服务从而初始化一个完成此项工作的后台操作，那么它将会立刻返回。当工作完成后，后台线程可以向 Windows Phone 应用程序发回一条通知。

可从 wrox.com 下载源代码

```
public class LongRunningService : ILongRunningService{
    public void DoWork(string responseUri){
        var thread = new Thread((ParameterizedThreadStart)Work);
        thread.Start(responseUri);
    }

    private void Work(object responseUri){
        Thread.Sleep(30 * 1000);
        NotificationHelper.SendToastNotification(responseUri.ToString(),
                                                    "DoWork","Work completed");
    }
}
```

LongRunningService.cs 中的代码片段

在本例中，该服务发送了一条 Toast 通知，它要么被应用程序捕获，要么通知用户已经完成了操作。

7.2.6 错误

任何复杂系统都可能出错。推送通知服务涉及三个组成部分，Windows Phone 应用程序、通知服务(由 Microsoft 提供)以及通知源。任意一个组成部分都可能出错，从而导致未能传递或处理通知。

HttpNotificationChannel 方法公开了一个 ErrorOccurred 事件，应该为其添加一个事件处理程序，以便处理通道生成的不同类型的错误。

可从
wrox.com
下载源代码

```
void httpChannel_ErrorOccurred(object sender, NotificationChannelErrorEventArgs e){
    switch (e.ErrorType){
        case ChannelErrorType.ChannelOpenFailed:
            break;
        case ChannelErrorType.MessageBadContent:
            break;
        case ChannelErrorType.NotificationRateTooHigh:
            break;
        case ChannelErrorType.PayloadFormatError:
            break;
        case ChannelErrorType.PowerLevelChanged:
            break;
    }
}
```

MainPage.xaml.cs 中的代码片段

表 7-2 概述了由 ChannelErrorType 枚举定义的不同类型的错误。

表 7-2　通 道 错 误

错　　误	说　　明
ChannelOpenFailed	表明打开通道时出错。通道没有正确建立所以应该重新初始化
MessageBadContent	当收到包含图片的 Tile Notification，而该图片并非来自可接受域名的列表(在 BindToShellTile 方法中指定)时，会引发此类错误
NotificationRateTooHigh	如果试图快速连续地发送通知(例如使用 Raw Notification 发送二进制流)，可能会收到此错误，它表明通知源发送通知过快。在这种情况下，可能需要一种机制，来使 Windows Phone 应用程序能够向通知源发送消息以便告诉它降低传输速率
PayloadFormatError	表明通知消息的格式无效。在这种情况下，当前通道会断开连接，必须重新将其打开

PowerLevelChanged	当手机电池的电量发生变化时，会引发此类错误以告知 Windows Phone 应用程序，可能无法收到所有类型的消息。ErrorAdditionalData 属性保存着与新的电源水平相关的额外信息，可以用于计算应用程序还能接收哪类通知。
	`var powerLevel = (ChannelPowerLevel)e.ErrorAdditionalData;`
	`switch (powerLevel){`
	`    case ChannelPowerLevel.NormalPowerLevel:`
	`        // All notifications sent to device`
	`        break;`
	`    case ChannelPowerLevel.LowPowerLevel:`
	`        // Battery < 30% - only raw notification sent`
	`        break;`
	`    case ChannelPowerLevel.CriticalLowPowerLevel:`
	`        // No notifications sent to device`
	`        break;`
	`}`

7.3 小结

无论何时，当用户看到他们的设备时，Start 区域都是 Windows Phone 带给用户的最初体验。对您来说充分利用这块空间是至关重要的。您需要制作精巧的背景平铺图标，它不仅包含富有意义的“标题”和“数量”，还能通过动态更改平铺图标的背景图像来传递含义。

您可以利用推送通知系统来更新 Start 屏幕上的应用程序平铺图标，并且可在应用程序的优先级更新可供使用时向用户发送 Toast Notification。当应用程序处于活动状态时，可以利用 Raw Notification 在应用程序中执行即时更新。

第 8 章 任务

本章内容

- Windows Phone 中的任务(Task)如何使应用程序与设备中的服务相集成
- 启动器(Launcher)与选择器(Chooser)之间的差异
- Windows Phone 执行模型对选择器的影响
- 构建并注册一个 Extras 照片应用程序

本章继续讨论有关集成 Windows Phone 用户体验的主题，“任务”提供了一种新的机制，应用程序通过它就可以利用手机中其他应用程序的信息和功能。本章将讨论如何调用启动器来启动活动(例如发送短信息)，以及如何使用选择器来检索一些数据，例如拍摄照片或访问联系人。此外还将介绍如何将应用程序注册为设备中某些活动的扩展。例如，将修改图像的应用程序注册为图像编辑器，使其出现在内置的 Pictures 应用程序中。

8.1 Windows Phone 中的任务

Windows Phone 应用程序与普通桌面应用程序的一个重要区别就是运行在移动设备中。事实上，Windows Phone 不同于以往的任何移动设备——当然，它首先是一部可以拨打电话和发送文本消息的手机。如果不能使用这些独特的设备功能，那么您只是在构建小屏幕版本的桌面应用程序。

Windows Phone 与其前身 Windows Mobile 不同，区别在于 Windows Mobile 提供了很多繁杂的接口来查询手机中的各种数据，而 Windows Phone 则引入了一个名为“任务”的通用概念。当应用程序需要获取手机中的信息时，比如联系人的手机号码或拍摄的照片时，就需要启动相应的“任务”。

Windows Phone 中所有任务的结构基本相同。不过，可将它们分为两组，分别叫做启动器(launcher)和选择器(chooser)。如您所想，启动器是用于启动手机中另一个应用程序的任务。可以发送电子邮件、文本消息，或在浏览器中显示 Web 页面。实际上，启动器不会向应用程序返回任何数据。当在应用程序中触发启动器时，应该意识到用户有可能不会再返回到应用程序中。而选择器是可以向应用程序返回信息的任务——例如，请求用户拍摄照片或选择一个电话号码。表 8-1 中列出了 Windows

Phone 中的所有任务及其返回的数据类型。

表 8-1 Windows Phone 中的 Task

选 择 器	说 明	返 回 类 型
CameraCaptureTask	打开照相机应用程序以便拍照	PhotoResult
PhotoChooserTask	从 Picture Gallery 中选择一张图片	PhotoResult
EmailAddressChooserTask	从 Contacts List 中选择一个电子邮件地址	EmailResult
PhoneNumberChooserTask	从 Contacts List 中选择一个电话号码	PhoneNumberResult
SaveEmailAddressTask	为现有的或新的联系人保存一个电子邮件地址	
SavePhoneNumberTask	为现有的或新的联系人保存一个电话号码	
启 动 器	**说 明**	
EmailComposeTask	撰写新的电子邮件	
PhoneCallTask	向指定的号码拨打电话	
SmsComposeTask	撰写新的文本消息	
SearchTask	使用指定的搜索项启动 Bing Search	
WebBrowserTask	启动 Internet Explorer 浏览指定的 URL	
MarketplaceDetailTask	启动 Marketplace 并显示指定应用程序的详细信息	
MarketplaceHubTask	启动 Marketplace 并显示两个 hub 中的其中一个 Applications 或 Music	
MarketplaceReviewTask	启动 Marketplace 以便为当前应用程序提供评论	
MarketplaceSearchTask	启动 Marketplace 并执行相关内容的搜索	
MediaPlayerLauncher	启动 Media Player	

调用任务的常见模式是创建一个它的实例，设置所需的属性，然后调用 Show 方法。例如，使用以下两行代码调用任务，以便让用户选择一个电子邮件地址：

```
EmailAddressChooserTask addressTask = new EmailAddressChooserTask();
this.addressTask.Completed += addressTask_Completed;
addressTask.Show();

void addressTask_Completed(object sender, EmailResult e){...}
```

对于选择器而言，还需要为 Completed 事件附加一个事件处理程序。当选择器应用程序关闭时，就会调用 Completed 事件，可以通过事件参数来访问任何返回值。如前所述，由于启动器不返回任何信息，所以无法指示启动器的完成情况。

8.1.1 应用程序的去处

在浏览每个不同任务之前，了解 Windows Phone 应用程序被切换至后台时的行为至关重要。第 6 章介绍导航系统时讨论过相关内容，不过在使用任务时这些内容同样适用。如果您还记得，当应用程序进入后台时会引发 Deactivated 事件，然后应用程序被标记为“Eligible for Termination (符合终止条件)”。此时，应用程序很有可能会被终止。即便应用程序调用了可以返回数据的选择器任务，也会发生上述情况。

以下代码在 EmailAddressButton_Click 方法中创建了 EmailAddressChooserTask 类的实例。当调用此方法时，会创建 EmailAddressChooserTask，关联事件处理程序，并显示相应的选择器。最后会将焦点从该应用程序移走，并将其切换至后台，使其变为 Eligible for Termination。

```
private void EmailAddressButton_Click(object sender, RoutedEventArgs e){
    EmailAddressChooserTask addressTask = new EmailAddressChooserTask();
    addressTask.Completed += addressTask_Completed;
    addressTask.Show();
}
```

如果显示选择器时，应用程序被终止了会发生什么情况？更重要的是，当用户选择联系人的电子邮件后返回到应用程序时会发生什么？正如在第 6 章所介绍的，应用程序会重新启动并导航到当时的页面。在此处会遇到一个问题，即在方法的作用域中定义了选择器任务(如前面的代码片段所示)。由于实例的创建和事件处理程序的关联都只在方法的作用域中，所以系统不知道如何使用选择器任务的结果去调用 addressTask_Completed 方法。

使用选择器任务的正确方法是将选择器创建为一个实例级别的变量。在以下代码中，EmailAddressChooserTask 的实例化在 MainPage 的构造函数中进行，同时在构造函数的结尾处为 Completed 事件关联了处理程序。

可从
wrox.com
下载源代码

```
public partial class MainPage : PhoneApplicationPage{
    EmailAddressChooserTask addressTask = new EmailAddressChooserTask();

    public MainPage(){
        InitializeComponent();

        this.addressTask.Completed += addressTask_Completed;
    }

    private void EmailAddressButton_Click(object sender, RoutedEventArgs e){
        addressTask.Show();
    }

    void addressTask_Completed(object sender, EmailResult e){...}
}
```

MainPage.xaml.cs 中的代码片段

在此代码中，当选择器任务完成并重新启动应用程序时，MainPage 会创建 EmailAddressChooserTask 同时关联 Completed 事件。为 Completed 事件关联事件处理程序的过程是为了检查是否有被挂起待引发的事件。当应用程序从选择器返回时确实包含此类事件，所以会调用事件处理程序。

下一节中将介绍各种可供使用的任务。一定要记住任何包含返回值的任务(也就是选择器)都需要被初始化为一个实例级别的变量。

8.1.2 照相机与照片

CameraCaptureTask 允许应用程序从照相机中检索照片，而 PhotoChooserTask 可用于选择存储在设备中的图像。

1. CameraCaptureTask

使用照相机拍照只需创建一个 CameraCaptureTask 的新实例并调用 Show 方法。当照相机程序关闭时，如果已经拍摄了图像，则将返回一个 PhotoResult 实例，其中包含该图片的引用(一个易于读取的流)以及在设备中的完整文件名：

可从
wrox.com
下载源代码

```
CameraCaptureTask cameraTask = new CameraCaptureTask();

public MainPage(){
    InitializeComponent();
    this.cameraTask.Completed+=cameraTask_Completed;
}

private void CameraCaptureButton_Click(object sender, RoutedEventArgs e){
    cameraTask.Show();
}

Private void cameraTask_Completed(object sender, PhotoResult e){
    if (e.TaskResult == TaskResult.OK){
        CompleteCameraTask(e);
    }
}
```

MainPage.xaml.cs 中的代码片段

Windows Phone 模拟器中包含一个仿真的照相机应用程序，由白色背景和在屏幕周围滑动的黑色矩形组成。图 8-1 展现了正在运行的照相机应用程序。沿着屏幕周围移动的黑色矩形是在模拟移动的对象，从而模拟照片的拍摄。

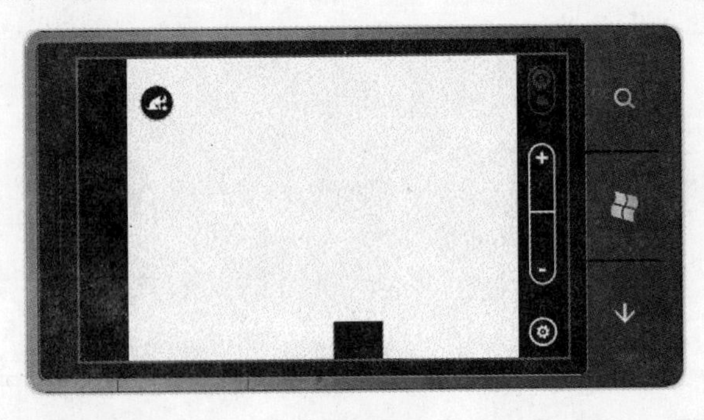

图 8-1

为了使用照相机应用程序拍照，可单击图像左上角的图标(当应用程序在竖直模式中运行时在右上角)。拍摄照片后，照相机应用程序会关闭，同时应用程序将返回到前台。Completed 事件届时会被引发，从而提供一个处理已捕获图像的机会。

被传递到 CompleteCameraTask 方法中的 PhotoResult 拥有有两个可供访问的属性。以下代码中的 OriginalFileName 属性用于创建 BitmapImage 实例，然后该实例会被赋给 Image 控件的 Source 属性。这里仅仅是在 Image 控件中显示出照相机所拍摄的图像。

```
private bool CompleteCameraTask(TaskEventArgs<PhotoResult> e){
   // Display the photo as taken by the camera
   this.CameraImage.Source = new BitmapImage(new Uri(e. OriginalFileName));
}
```

也可以通过读取 ChosenPhoto 属性提供的流来访问指定文件的图像内容，这在处理图像的内容时十分有用。下面的代码示例使用所选图像的内容创建了一个 WriteableBitmap 实例，从而演示了该属性的用法：

可从
wrox.com
下载源代码

```
private void CompleteCameraTask(PhotoResult e){
   // Display the photo as taken by the camera
   var bm = new BitmapImage();
   bm.SetSource(e.ChosenPhoto);
   this.CameraImage.Source = bm;

   var img = new BitmapImage();
   img.SetSource(e.ChosenPhoto);
   WriteableBitmap writeableBitmap = new WriteableBitmap(img);
   GenerateMirrorImage(writeableBitmap);
}

private void GenerateMirrorImage(WriteableBitmap writeableBitmap){

   writeableBitmap.Invalidate();

   // Code to reflect pixels
   int pixelPosition = 0;
   int reversePosition = writeableBitmap.PixelWidth * writeableBitmap.PixelHeight;
   int pixelValue;
   for (int i = 0; i < writeableBitmap.PixelHeight / 2; i++){
      reversePosition -= writeableBitmap.PixelWidth;
      for (int j = 0; j < writeableBitmap.PixelWidth; j++){
         pixelValue = writeableBitmap.Pixels[reversePosition];
         writeableBitmap.Pixels[reversePosition] =
                        writeableBitmap.Pixels[pixelPosition];
         writeableBitmap.Pixels[pixelPosition] = pixelValue;

         pixelPosition++;
         reversePosition++;
      }
      reversePosition -= writeableBitmap.PixelWidth;
   }

   this.MirrorImage.Source = writeableBitmap;
}
```

MainPage.xaml.cs 中的代码片段

图 8-2

标准的 BitmapImage 实例是只读的。一旦被加载后无法更改图像的内容。而 WriteableBitmap 允许获取并替换单个像素的颜色。上面的代码示例阐释了如何遍历图像的像素并逐一进行修改。本例中的代码应用了图像的水平翻转。如图 8-2 所示。

其实还可以对 WriteableBitmap 执行更多操作，其中涉及最多的就是围绕像素的操作。WriteableBitmapEx 是一个开源库，提供了用于绘制形状、直线、曲线以及更多内容的扩展。可在 CodePlex (http://writeablebitmapex.codeplex.com/)中找到它。

2. PhotoChooserTask

与 CameraCaptureTask 类似，PhotoChooserTask 也会在 Completed 事件中返回一个包含图像引用的 PhotoResult 对象。不过，这里显示的并非由照相机应用程序捕获的新图像，PhotoChooserTask 会显示一个 Picture Picker(图片选取器)以便从用户的图片库中进行选择。以下代码显示了 Picture Picker，同时还将返回的图像按 50×50 的尺寸进行了裁剪，此外还向用户提供了使用照相机拍摄新照片的选项：

可从
wrox.com
下载源代码

```
PhotoChooserTask choosePhoto = new PhotoChooserTask();

public MainPage(){
   InitializeComponent();
   this. choosePhoto.Completed+= choosePhoto_Completed;
}

private void ChoosePhotoButton_Click(object sender, RoutedEventArgs e){
   choosePhoto.PixelHeight = 50;
   choosePhoto.PixelWidth = 50;
   choosePhoto.ShowCamera = true;
   choosePhoto.Show();
}

void choosePhoto_Completed(object sender, PhotoResult e){
   if (e.TaskResult == TaskResult.OK){
      CompleteCameraTask(e);
   }
}
```

MainPage.xaml.cs 中的代码片段

图 8-3 显示了 Picture Picker。如果 ShowCamera 属性被设置为 true，用户就可以选择启动照相机程序来拍照。拍摄的照片将作为 PhotoChooserTask 的返回图像存储到设备中。

由于 PhotoChooserTask 与 CameraCaptureTask 十分相似，而且也会返回我们所熟悉的 PhotoResult 对象，所以可以很容易地使用现有的 CompleteCameraTask 方法以相同的方式加以处理。

图 8-3

8.1.3 电话和短信息

平心而论，Windows Phone 提供了与设备中电话和即时消息的良好集成能力。通过 PhoneNumberChooserTask 以及相关的 SavePhoneNumberTask、PhoneCallTask 和 SmsComposeTask，可以要求用户选择或保存联系人电话号码、主动拨打电话或发送文本消息。

1. SavePhoneNumberTask

使用 SavePhoneNumberTask 可以使应用程序将新的电话号码记录到内置的 Contacts 应用程序中，如下面的代码所示。注意此处有可能会将其认为是启动器，其实它是一个选择器。实际上，除了号码是否被成功保存外它不会再向应用程序返回任何信息。TaskResult 会被设置为 OK 或 Cancel 来指示号码保存是否成功，以应对用户取消保存操作的情况。

可从 wrox.com 下载源代码

```
SavePhoneNumberTask saveNumber = new SavePhoneNumberTask();

public MainPage(){
    InitializeComponent();
    this.saveNumber.Completed += saveNumber_Completed;
}

private void SaveNumberButton_Click(object sender, RoutedEventArgs e){
    saveNumber.PhoneNumber = "+1 425 001 0001";
    saveNumber.Show();
}

void saveNumber_Completed(object sender, TaskEventArgs e){
    if (e.TaskResult == TaskResult.OK){
        MessageBox.Show("Phone number saved!");
    }
```

```
        else{
            MessageBox.Show("Phone number not saved");
        }
    }
```

MainPage.xaml.cs 中的代码片段

如您所见，应用程序无法指定电话号码的保存位置或与哪个联系人相关联。当调用 Show 方法时，将显示 Contact Selector(联系人选取器)，如图 8-4(a)所示。与选择电话号码时所显示的 Contact Selector 相比，此处的 Contact Selector 多出一个 Add a Contact 图标。

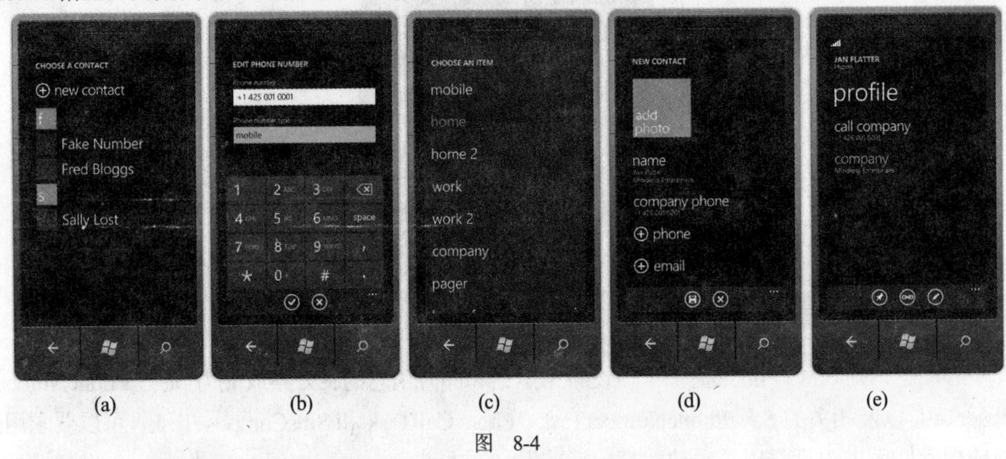

(a) (b) (c) (d) (e)

图 8-4

无论用户选择现有联系人还是新建联系人，下一个屏幕都允许用户对要保存的号码进行编辑，并指定电话号码的保存类别。图 8-4(c)列出了 Windows Phone 联系人中可用的电话号码属性。一旦用户确认要保存新的号码，就会显示完整的 Contact Editor (联系人编辑器)。在这里用户可以为联系人添加照片或添加/编辑其他电话号码以及电子邮件的相关属性。

最后，当用户单击应用程序栏中的 Save 按钮时，会显示联系人的摘要信息。摘要信息不仅会显示联系人的信息，还包含“What's New”源。该源会从各种社交网络中获取更新，使您与该联系人保持同步。要返回到应用程序，用户需要单击 Back 按钮。这对于用户来说并不是很明显，因此他们可能会单击 Start 按钮，并在返回到应用程序之前在电话上做其他一些事情。考虑到这些原因，调用任何 Windows Phone 任务之前保存所有相关信息是至关重要的。

2. PhoneNumberChooserTask

要让用户从手机联系人列表中选择一个电话号码，只需创建一个 PhoneNumberChooserTask 的实例并调用其 Show 方法：

可从 wrox.com 下载源代码

```
PhoneNumberChooserTask chooseNumber = new PhoneNumberChooserTask();

public MainPage(){
    InitializeComponent();
    this.chooseNumber.Completed += chooseNumber_Completed;
}
private void PhoneNumberButton_Click(object sender, RoutedEventArgs e){
```

```
        chooseNumber.Show();
    }

    void chooseNumber_Completed(object sender, PhoneNumberResult e){
        PhoneNumberText.Text = e.PhoneNumber;
    }
```

MainPage.xaml.cs 中的代码片段

PhoneNumberChooserTask 使用 Contact Selector 应用程序，它将显示手机中所有的联系人，如图 8-5 所示。当首次打开选取器应用程序时，它会将联系人以垂直列表的形式显示出来，如图 8-5(a)所示。

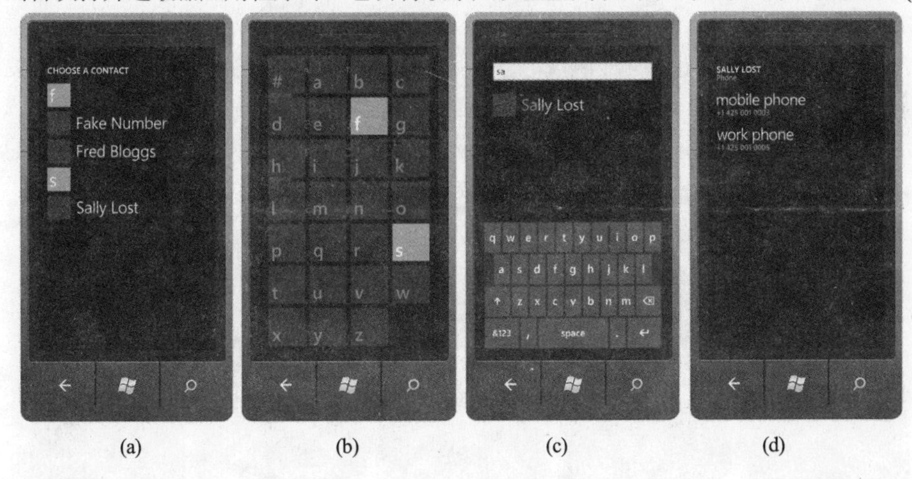

(a) (b) (c) (d)

图 8-5

随着联系人数目的增加，用户可能会滚动屏幕以便翻阅联系人。联系人是按字母顺序列出的，列表左侧的很多蓝色[1]小方块代表字母表中一个新字母的开始。当联系人数量很大时，用户可以单击一个蓝色小方块跳转到特定的字母。此时会显示 Alphabet Jump(字母跳转)页面，如图 8-5(b)所示。凡是包含一个或多个联系人的字母(联系人以该字母开头)都会显示为蓝色小方块。可在 Contacts List 中单击并直接导航到该字母。另一种查找联系人的方法就是使用 Search 框，如图 8-5(c)所示。在 Windows Phone 中按下 Search 硬件按钮会显示 Search 框，用于与上下文相关的搜索。

选定联系人后，如果该联系人只有一个电话号码，Selector 应用程序会立即关闭，并返回包含该电话号码(包装在 PhoneNumberResult 中)。但如果联系人具有多个电话号码，如图 8-5(d)所示，则会允许用户选择要返回的电话号码。在 Completed 事件中，只是将返回的号码显示到了屏幕中。

需要注意的是，PhoneNumberResult 仅返回了用户所选的电话号码。没有其他任何与联系人有关的标识信息，比如姓名或唯一标识符。这种设计可以确保设备中个人资料的私隐安全，同时还避免了应用程序复制诸如联系人存储列表这类 Windows Phone 核心功能的可能性。

3. PhoneCallTask

获得电话号码后，创建一个 PhoneCallTask 类的实例，并设置 PhoneNumber 属性，即可发起一个

1. 这里及下文所述的蓝色其实是系统的强调色(accent color)，Windows Phone 模拟器的默认强调色为蓝色(blue)，所以这里是蓝色的小方块，若将强调色改为其他颜色，则此处的颜色也会发生相应的变化。

主动的电话呼叫：

可从
wrox.com
下载源代码

```
private void CallNumberButton_Click(object sender, RoutedEventArgs e){
    PhoneCallTask callNumber = new PhoneCallTask();
    callNumber.DisplayName = "Fake Number";
    callNumber.PhoneNumber = "+1 425 001 0001";
    callNumber.Show();
}
```

MainPage.xaml.cs 中的代码片段

建议同时设置 DisplayName 属性，它会在通话过程中持续显示，如图 8-6 所示。图像的顺序显示了使用 PhoneCallTask 拨打电话的多个阶段。与大多数需要访问设备功能的任务相同，需要提示用户以确认他们是否要拨打电话。不过应该在应用程序中依赖这种行为，而且无需另外提供确认对话框。例如，如果用户打开了 Customer Relationship Management (客户关系管理，CRM)应用程序中的一条客户记录，并点击了客户的办公室电话号码，则 CRM 应用程序不应再显示对话框以确认用户拨打号码的意图。相反，应使用 PhoneCallTask 内置的提示框来实现，如图 8-6(a)所示。

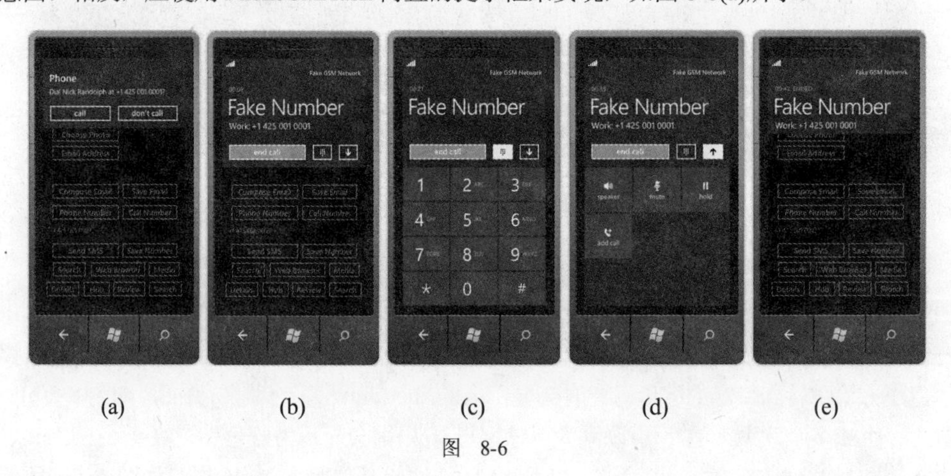

(a) (b) (c) (d) (e)

图 8-6

图 8-6(c)~图 8-6(e)显示了正在进行的通话。在左上角，可以看到通话持续时间，此外还包括三个按钮，分别用于“End Call”、显示键盘及其他通话操作(例如，开启扬声器、静音或保持通话)。最后一幅图显示了通话结束后的摘要信息。它会在很短的时间内消失，然后会使用户返回到通话前正在使用的应用程序中。

4. SmsComposeTask

在之前的 Windows Mobile 版本中，应用程序可以在未获得用户许可甚至用户不知情的情况下发送短信息，与之不同，SmsComposeTask 使用电话号码或指定的短信息内容(或者两者)来启动短信息应用程序：

可从
wrox.com
下载源代码

```
private void SendSMSButton_Click(object sender, RoutedEventArgs e){
    SmsComposeTask sendSMS = new SmsComposeTask();
    sendSMS.To = "+1 425 001 0001";
    sendSMS.Body = "Hello from my Windows Phone";
```

```
        sendSMS.Show();
    }
```

MainPage.xaml.cs 中的代码片段

在调用 Show 方法时，预先设置的待发送文本消息会显示到短信息应用程序中。图 8-7(a)显示了一条信息，它正在等待用户单击应用程序栏中的 Send 图标。如果用户想更改收件人的号码，只需单击屏幕顶部的电话号码。此时会显示出如图 8-7(b)所示的下拉列表，用户可以打开该联系人或删除收件人的号码。或者，如果用户要添加额外的收件人，可以单击“To:”所在行末尾的“加号”小图标。图 8-7(c)显示了额外的联系人 Sally，Sally 现在已经成为此信息的收件人。

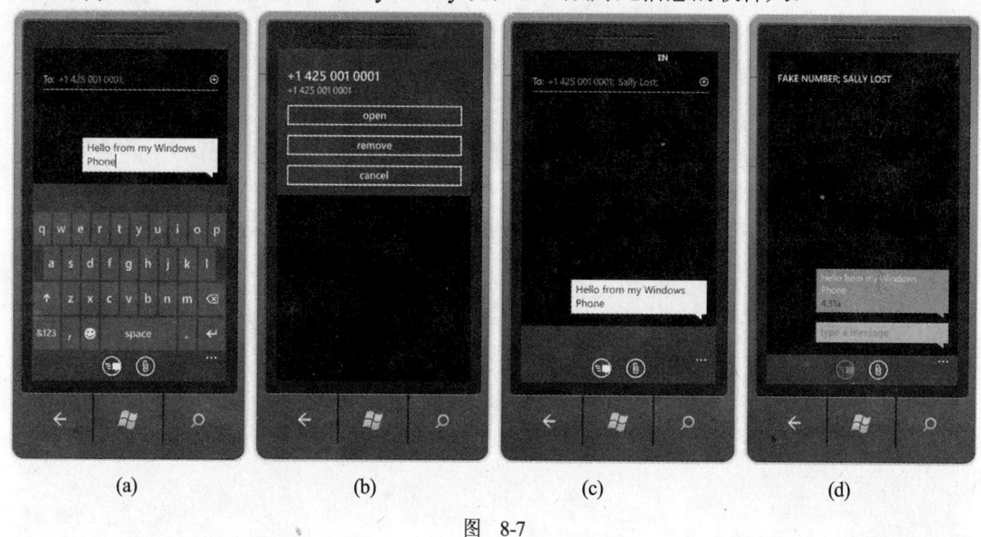

(a) (b) (c) (d)

图 8-7

最后，当用户单击 Send 按钮时，该信息会在屏幕中向上滚动，同时发生颜色变化来提示已被发送。

什么是模拟器的电话号码？

在前面的示例中，同一条文本消息被发送至两个号码。当单击模拟器中的 Send 按钮时，您会注意到显示了一条 Windows Phone Toast Notification，与图 8-8 中相似。

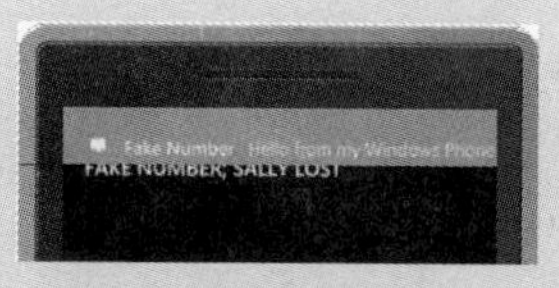

图 8-8

该 Toast 通知并不是告诉您消息已经被发送，而是表示模拟器已收到一条文本消息。如果您曾经使用过 Windows Mobile 模拟器，可能会知道模拟器的电话号码是+1 425 - 001 - 0001。这是一个位于(由+1 表示)美国 Redmond 市(由区域号码 425 表示)的虚拟号码。虽然 Windows Phone 模拟器的号码相同，但这不是非常有用，因为 Windows Phone 中没有与 Windows Mobile SDK 中的蜂窝模拟器相似的等价物来截获将要传出的信息，或生成传入的伪文本消息。

8.1.4 电子邮件

在过去几年中，手机不仅要能发送和接收文本消息，而且还要能收发电子邮件，这几乎已经成为标准。Windows Phone 可以支持传统的电子邮件服务，如 POP3(Post Office Protocol，邮件处理协议)，IMAP (Internet Message Access Protocol，互联网信息访问协议) 以及 SMTP(Simple Mail Transfer

Protocol，简单邮件传输协议)，此外，还可以与 Exchange 服务器进行同步。电子邮件任务允许应用程序撰写电子邮件，并与用户的联系人进行交互，以便保存和检索电子邮件的地址。

1. SaveEmailAddressTask

通过 SaveEmailAddressTask 可以使应用程序向 Windows Phone 联系人列表中的联系人添加额外的电子邮件地址。只需创建一个 SaveEmailAddressTask 的实例，设置 Email 属性，然后调用 Show 方法：

可从 wrox.com 下载源代码

```
SaveEmailAddressTask saveEmailTask = new SaveEmailAddressTask();

public MainPage(){
    InitializeComponent();
    this.saveEmailTask.Completed += saveEmailTask_Completed;
}

private void SaveEmailButton_Click(object sender, RoutedEventArgs e){
    saveEmailTask.Email = "nick@builttoroam.com";
    saveEmailTask.Show();
}

void saveEmailTask_Completed(object sender, TaskEventArgs e){
    if (e.TaskResult == TaskResult.OK){
        MessageBox.Show("Email saved!");
    }
    else{
        MessageBox.Show("Email not saved");
    }
}
```

MainPage.xaml.cs 中的代码片段

保存电子邮件地址与保存电话号码的流程相同。图 8-9 说明了此过程，唯一的区别在于电子邮件选取器会保存电子邮件地址的类型。

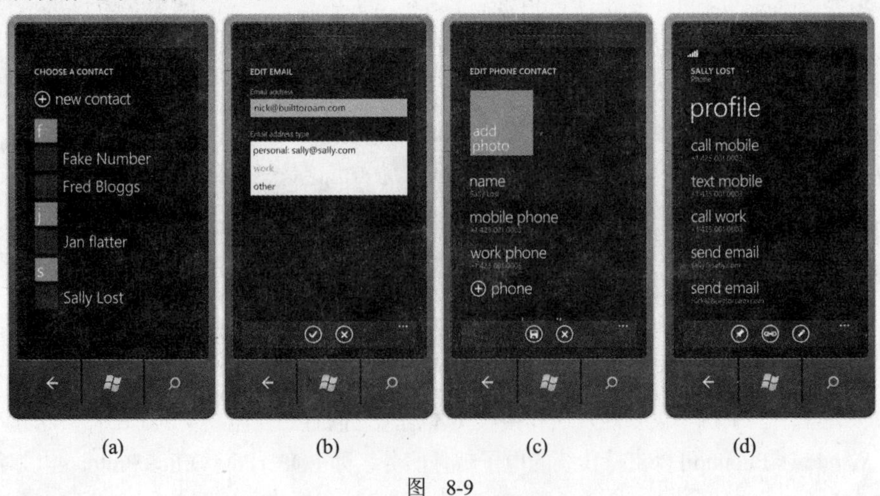

(a) (b) (c) (d)

图 8-9

如图 8-9(b)所示，电子邮件选取器类型只包含三项，所以没有占满整个屏幕。在本例中还可以看到已经有一个分配给此联系人的个人电子邮件地址，此外，工作电子邮件也已被选定。

2. EmailAddressChooserTask

EmailAddressChooserTask 也利用了 Contact Selector(在 PhoneNumberChooserTask 中它第一次出现)来返回电子邮件地址。与 PhoneNumberChooserTask 相同，创建一个 EmailAddressChooserTask 实例，然后调用 Show 方法：

可从
wrox.com
下载源代码

```
EmailAddressChooserTask addressTask = new EmailAddressChooserTask();

public MainPage(){
    InitializeComponent();
    this.addressTask.Completed += addressTask_Completed;
}

private void EmailAddressButton_Click(object sender, RoutedEventArgs e){
    addressTask.Show();
}

void addressTask_Completed(object sender, EmailResult e){
    if (e.TaskResult == TaskResult.OK){
        EmailAddressText.Text = e.Email;
    }
}
```

MainPage.xaml.cs 中的代码片段

如果用户选择了只有一个电子邮件地址的联系人，则 Contact Selector 应用程序会立即关闭，通过 Completed 事件返回选定的电子邮件地址。如果选定的联系人具有多个电子邮件地址，将提示用户进行选择。EmailResult 对象只包含一个 Email 属性，它包含了从 Contact Selector 应用程序返回的电子邮件地址。与 PhoneNumberChooserTask 相同，同样不会向您的应用程序返回任何有关所选联系人的标识信息。本例仅将返回的电子邮件地址显示到屏幕的 TextBlock 中。

3. EmailComposeTask

可以使用 EmailComposeTask 从应用程序发送电子邮件。与拨打电话和发送文本消息相同，此操作也需要得到用户的许可。可以通过设置 EmailComposeTask 实例的 To、Subject 及 Body 字段来生成一封预先设置好的电子邮件：

可从
wrox.com
下载源代码

```
private void ComposeEmailButton_Click(object sender, RoutedEventArgs e){
    EmailComposeTask composeTask = new EmailComposeTask();
    composeTask.Body = "This is the first email you'll ever want to send...";
    composeTask.To = "nick@builttoroam.com";
    composeTask.Subject = "Welcome to WP7";
    composeTask.Show();
}
```

MainPage.xaml.cs 中的代码片段

调用 Show 方法会提示用户选择合适的账户来发送电子邮件，如图 8-10(a)所示。选择要使用的账户后，用户就有机会查看电子邮件的内容了。此时，他们可以更改收件人的地址、主题或正文，甚至可以添加附件。单击应用程序栏中的省略号可以调整消息的优先级，并显示抄送和密件抄送的地址字段。在用户认真检查待发送的内容后，就可以单击 Send 按钮发送邮件或取消邮件了。

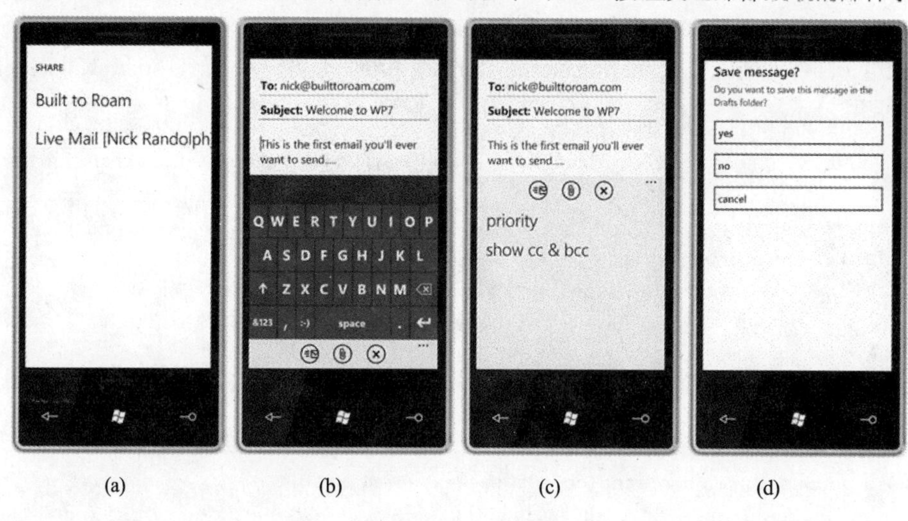

(a) (b) (c) (d)

图 8-10

注意在图 8-10(b)的应用程序栏中有一个叉号图标。这是 Cancel 按钮，在询问用户是否要保存消息之后会退出 Compose E-Mail (电子邮件撰写)程序。Cancel 按钮不是必需的，因为用户可以使用 Back 按钮。不过，本示例对于创建更直观的操作界面是十分有意义的。使用 Back 按钮会涉及两个问题。第一，用户可能认为返回就会取消当前消息，不够明确。第二个问题是为了取消发送邮件的操作，用户必须按两次 Back 按钮，一次是先返回到账户选择页，然后第二次才返回到之前的应用程序。我们可以提供明确的取消方法来减少这些问题的出现。Cancel 按钮还会提示是否将消息保存至 Drafts 文件夹中，以便稍后发送。

要发送电子邮件，用户必须在设备中配置电子邮件账户。如果没有设置账户，在启动此任务时会出现错误以提示用户设置账户。EmailComposeTask 是启动器，所以在 Windows Phone 应用程序中任务执行失败时不会收到任何通知。

在使用 SmsComposeTask 和 EmailComposeTask 任务时要意识到它们都是启动器。因此，在它们关闭并且应用程序返回到前台时是没有返回值的。这也意味着应用程序无法检测用户是否已完成或取消该操作。也无法检测用户是否修改了所发邮件的参数。如果需要对这些操作进行更多的控制，则应该考虑使用带有 Web 服务接口的第三方邮件服务，这样就可以直接在应用程序中发送邮件了。

8.1.5 启动器

您已经看到了如何使用一些内置的 Windows Phone 启动器在应用程序中启动电话、短信息或电子邮件功能。此外还有其他 7 个启动器，可用于应用程序中来启动手机中的其他活动。

1. SearchTask

SearchTask 提供了一种通过由 SearchQuery 属性提供的特定搜索字符串来调用 Bing Web Search 的方法：

可从 wrox.com 下载源代码

```
private void SearchButton_Click(object sender, RoutedEventArgs e){
    SearchTask search = new SearchTask();
    search.SearchQuery = "Microsoft Windows Phone";
    search.Show();
}
```

MainPage.xaml.cs 中的代码片段

在调用 SearchTask 实例的 Show 方法时，用户将看到一个允许 Search 服务访问当前位置的对话框，如图 8-11(a)所示。如果用户不允许访问他们的位置，仍然可以看到搜索结果，但该结果不会基于用户的位置而进行过滤。在图 8-11(b)中，可以看到在屏幕顶部 Search 框的右侧有一个 Callout 图标。单击该图标会调用语音输入，从而允许用户口头输入一个搜索查询。这在用户只能单手使用手机时(例如，他们正扛着购物袋时)非常有用。

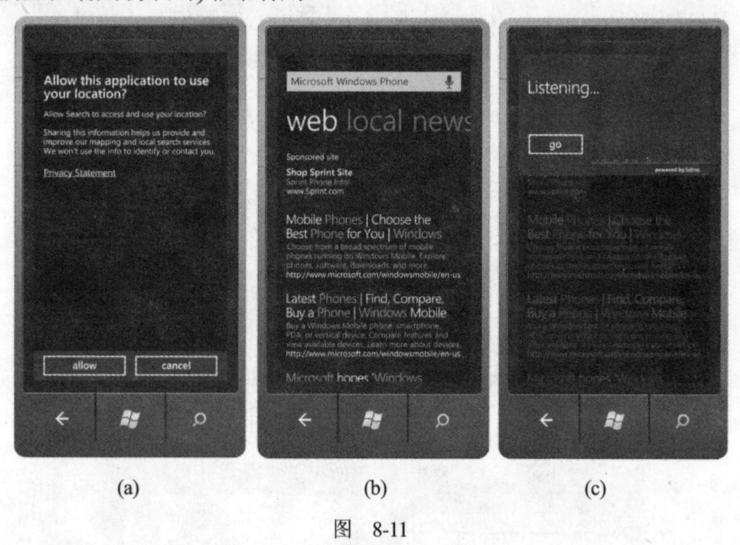

图 8-11

SearchTask 的使用可能十分有限。在任何阶段，用户都可以通过所有 Windows Phone 都必备的 Search 硬件按钮来调用 Web 搜索。因此，您并不需要提供一种打开搜索的机制，除非要使用特定的搜索查询来预先生成一个搜索。

2. WebBrowserTask

您可以创建 WebBrowserTask 的实例并调用 Show 方法来打开 Internet Explorer 浏览器。可以通过 URL 属性指定最初显示的网页：

可从 wrox.com 下载源代码

```
private void WebBrowserButton_Click(object sender, RoutedEventArgs e){
    WebBrowserTask browser = new WebBrowserTask();
    browser.URL = "http://www.builttoroam.com";
    browser.Show();
}
```

MainPage.xaml.cs 中的代码片段

图 8-12 展示了在水平方向上 Internet Explorer 所加载的 Web 页面。

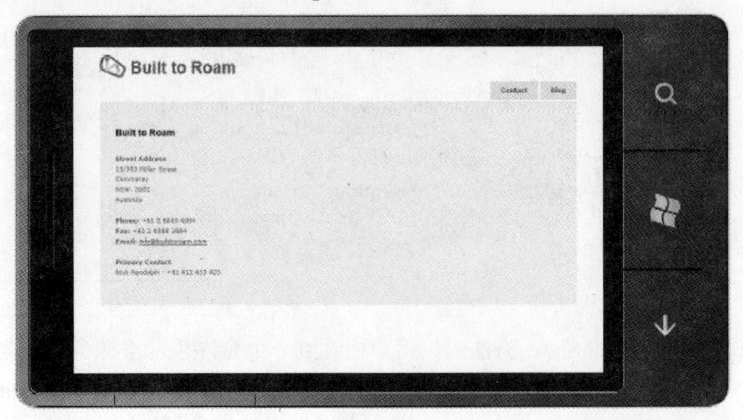

图 8-12

Windows Phone 平台上的一个限制就是无法调用驻留在设备中的其他应用程序。例如，您可能想打开 Word 来阅读报告，或者 Excel 来阅读电子表格。此种情况的解决方法是将文档保存到 Web 存储库中，然后打开 Internet Explorer 浏览器，使其指向该文档的 URL。以下代码片段与打开一个普通站点的代码类似，只不过 URL 指向位于 Web 服务器中的文档：

可从
wrox.com
下载源代码

```
private void WebBrowserButton_Click(object sender, RoutedEventArgs e){
    WebBrowserTask browser = new WebBrowserTask();
    browser.URL = "http://www.builttoroam.com/books/devwp7/chapter8/test.docx";
    browser.Show();
}
```

MainPage.xaml.cs 中的代码片段

当调用 Show 方法时，仍会显示 Internet Explorer。然而，如图 8-13(a)所示，在浏览器中并没有显示该文档，而是在应用程序中显示了一条用于指示待查看文件的提示消息。

(a) (b)

图 8-13

点击屏幕中间的图标会将文件下载到设备并用 Word 打开，如图 8-13(b)所示。使用 Word，用户可以编辑文档并将其保存到设备中。此项技术可用于文件扩展名与某一特定应用程序相关联的其他 Office 应用程序——例如，与 Excel 关联的 XLSX 以及与 PowerPoint 关联的 PPTX。

3. MediaPlayerLauncher

第 3 章已经介绍过如何在应用程序中使用 MediaElement 来播放媒体。另一种方法是使用 MediaPlayerLauncher 通过设备中内置的 Media Player(媒体播放器)来播放媒体。Media 属性是一个 URI，它不仅可以是基于 Web 的媒体(如代码片段所示)，也可以是保存在设备中的媒体。

可从
wrox.com
下载源代码

```
private void MediaPlayerButton_Click(object sender, RoutedEventArgs e){
    MediaPlayerLauncher mediaPlayer = new MediaPlayerLauncher();
    mediaPlayer.Controls = MediaPlaybackControls.Pause | MediaPlaybackControls.Stop;
    mediaPlayer.Media =
        new Uri("http://www.builttoroam.com/books/devwp7/chapter8/wildlife.wmv");
    mediaPlayer.Show();
}
```

MainPage.xaml.cs 中的代码片段

媒体播放器会以水平模式加载，并且可以通过调整 Controls 属性来调整显示哪些控件，如图 8-14 所示。

图 8-14

4. Marketplace

应用程序还可以通过使用以下四个启动器任务之一来调用设备中的 Marketplace 应用程序：MarketplaceHubTask、MarketplaceDetailTask、MarketplaceReviewTask 和 MarketplaceSearchTask。

可从
wrox.com
下载源代码

```
private void MarketplaceHubButton_Click(object sender, RoutedEventArgs e){
    MarketplaceHubTask hubTask = new MarketplaceHubTask();
    hubTask.ContentType = MarketplaceContentType.Applications;
    hubTask.Show();
}

private void MarketplaceButton_Click(object sender, RoutedEventArgs e){
    MarketplaceDetailTask detailTask = new MarketplaceDetailTask();
```

```
        detailTask.ContentIdentifier = "2f7bb8df-dc80-df11-a490-00237de2db9e";
        detailTask.ContentType = MarketplaceContentType.Applications;
        detailTask.Show();
    }


    private void MarketplaceReviewButton_Click(object sender, RoutedEventArgs e){
        MarketplaceReviewTask reviewTask = new MarketplaceReviewTask();
        reviewTask.Show();
    }

    private void MarketplaceSearchButton_Click(object sender, RoutedEventArgs e){
        MarketplaceSearchTask searchTask = new MarketplaceSearchTask();
        searchTask.ContentType = MarketplaceContentType.Applications;
        searchTask.SearchTerms = "Weather";
        searchTask.Show();
    }
```

MainPage.xaml.cs 中的代码片段

Windows Phone 设备中的 Marketplace 应用程序可以显示两种不同类型的内容。hub、详细信息和搜索[2]这三个任务都有一个 ContentType 属性，该属性可以使用的值包括 Applications 和 Music。

MarketplaceHubTask 会在主全景界面(也称 Marketplace hub)中打开 Marketplace 应用程序。ContentType 属性会确定是显示 applications 还是 music。

如果想向上销售您编写的其他应用程序，MarketplaceDetailTask 允许您链接到这些应用程序在 Marketplace 中的信息页面。该页面包括应用程序的标识、说明、评级和截图，最重要的是，它允许用户购买该应用程序。

您应该鼓励用户来评价您的应用程序，这有望提高应用程序的下载量和/或销售情况。MarketplaceReviewTask 提供了一种方式来打开应用程序的评论页面。该任务不包含任何属性，因为它只能用于链接到当前应用程序的评论页面。

最后，MarketplaceSearchTask 提供了一种快捷方式，允许用户查看与指定搜索词匹配的所有应用程序或音乐。如果您有大量应用程序，这就是一种非常便捷的方法来允许用户查看您在 Marketplace 上销售的其他应用程序。

8.2 Extras

到目前为止，您已经看到了如何使用任务将内置 Windows Phone 应用程序的功能无缝集成到自己的应用程序中，但这并不是如何将您的应用程序集成到其他应用程序中。将您的应用程序集成到任何 Windows Phone hub 中是不被支持的，也不支持其他人(比如您自己)编写的第三方应用程序来启动您的应用程序。不过，Windows Phone 包含一个叫做 Extras 的概念。

Extra 是一个为现有 Windows Phone 应用程序提供额外功能的应用程序。例如，如果您将应用程

2. 此处的 3 个任务分别指 MarketplaceHubTask、MarketplaceDetailTask 和 MarketplaceSearchTask 这三个启动器。

序注册为 PhotosExtrasApplication，就可以在 Photos 应用程序中调用它来提供额外功能。

LaunchersAndChoosers 应用程序已被注册为 PhotosExtrasApplication。图 8-15 说明了用户在查看和使用照片时可能会经历的过程。从 Pictures hub 选择一幅图像后，用户可以点击该图像从而打开一个待执行操作的列表。该列表的底部即为 Extras 项。

图　8-15

当用户选择了 Extras 后，会显示所有已注册为 PhotosExtrasApplications 的应用程序列表。选择其中一项以启动该应用程序，然后会显示传递到该应用程序中的图像以便对其进行操作。例如，该应用程序可在将图片保存到图片库之前对图像进行大小调整、裁剪、旋转或以某种方式应用特效。

要将应用程序注册为一个 Extra，需要在应用程序中包含一个额外的名为 Extras.xml 的 XML 文件。此文件的格式中仅仅包含了应用程序被注册为特定类型 Extras 的列表。在下面的代码片段中，应用程序被注册为 PhotosExtrasApplication：

可从
wrox.com
下载源代码

```
<?xml version="1.0" encoding="utf-8" ?>
<Extras>
  <PhotosExtrasApplication>
    <Enabled>true</Enabled>
    <StorageFolder>Photos</StorageFolder>
  </PhotosExtrasApplication>
</Extras>
```

Extras.xml 中的代码片段

StorageFolder 元素指定了独立存储(见第 16 章)中的文件夹，图像会被复制到该处并进行编辑。在应用程序中包含了 Extras.xml 文件后，当下次运行应用程序时，它还会出现在现有 Photos 应用程序的 Extras 列表内，如图 8-15 最后一幅图所示。

当用户在 Extras 列表中单击应用程序时，会启动该应用程序。在 OnNavigatedTo 方法中(需要从 PhoneApplicationPage 基类重写)，可以提取在应用程序启动时正在查看的图片的文件名。注意文件名结合了路径“Photos”，该路径与打包在应用程序中的 Extras.xml 文件内的 StorageFolder 元素相同。

```
protected override void OnNavigatedTo(NavigationEventArgs e){
    string filename = string.Empty;

    this.NavigationContext.QueryString.TryGetValue("file",out filename);

    if (!string.IsNullOrEmpty(filename)){
        filename = System.IO.Path.Combine("Photos", filename);

        //The following opens the file in the isolated storage folder.
        using (var isolatedStorageFileStream =
                    IsolatedStorageFile.GetUserStoreForApplication().
                        OpenFile(filename, FileMode.Open, FileAccess.Read)){
            WriteableBitmap picLibraryImage =
                    PictureDecoder.DecodeJpeg(isolatedStorageFileStream);
            GenerateMirrorImage(picLibraryImage);
        }
    }
}
```

此方法加载文件内容，然后调用前面创建的用于反转和显示图像的 GenerateMirrorImage 方法。

8.3 小结

本章介绍了 Windows Phone 中的任务，您的应用程序可以调用它来启动设备中的不同活动。应用程序还可以通过使用 Extras.xml 文件进行注册的方式为一些内置应用程序提供额外的功能。

显然这是在公开设备所有功能以及用户个人数据隐私风险和安全性之间的一个平衡。

第 9 章

触控输入

本章内容

- 理解有关触控、布局和手势的用户体验指导原则
- 处理触控事件
- 使用多点触控

无论身处何处似乎都可以听到人们在谈论多点触控输入的优势。从运行 Windows 7 的台式计算机，到 Surface 计算，再到 Windows Phone，每种设备都包含对单点和多点触控的支持。Windows Mobile 很早以前就开始支持单点触控与手势，但由于采用了需要手写笔才能进行精确输入的电阻式触控屏，因而它的发展受到了阻碍。Windows Phone 摒弃了手写笔的输入方式，以便能检测多达四个同时存在的触控点。

从单一的鼠标或手写笔发展到多点触控之后，我们就可以实现各种各样的手势以及自然的用户界面(UI)设计了。以 Metro 用户体验为中心的 Microsoft 指导原则中提供了一个非常好的入口点，从而指导我们如何处理不同的触控输入(从简单的点击(tap)到滑动(flick)以及其他手势)。本章将介绍如何处理有关单点和多点触控的输入事件，以及如何将它们与用户界面相结合，从而控制导航并增强交互性。

9.1 用户体验

自 iPhone 发布以来，有一件事变得越发明显，那就是用户希望能够用手指进行操作。相比于用手写笔点击并不清晰的屏幕键盘，或者带着笨重的支持硬件键盘的设备，用户更青睐于无拘无束地用手指浏览、选择和输入数据。纵观移动市场，充满了可以迎合各类用户的不同设备——从由键盘驱动但没有触摸屏的 Blackberry 设备，到这两者都支持的 Windows Mobile 设备，再到只支持触摸屏的 iPhone。尽管 iPhone 改变了市场对触摸屏的认识，但有些人还是觉得缺少键盘存在令人难以忍受的局限性。Windows Phone 试图从 Windows Mobile 平台的多次版本更迭中汲取经验，同时结合了 Apple 公司发布 iPhone 以及随后的 iPad 设备所引发的触摸屏技术革命。

为了理解如何构建触控友好的平台，让我们来回顾并对比一下 Windows Mobile 与 Windows Phone。图 9-1 展示了 Windows Mobile 6 与 Windows Phone。由于尺寸不同，左边 Windows Mobile 设备的屏幕看起来要大一些，其实并非如此，事实上 Windows Phone 支持更高的分辨率。有趣的是，Windows Mobile 设备虽然看起来比较大，但它的屏幕远不如 Windows Phone 那样便于阅读。因为它试图向用户提供更多信息，所以 Windows Mobile 主屏幕看起来显得更加零乱。

除了难以阅读外，Windows Mobile 界面也不利于使用手指进行导航。用户需要用指尖去戳屏幕才能选中主屏幕中的项。相比于此，即使手机离得比较远，也能立刻辨认出 Windows Phone 的 Start 屏幕中的每个平铺图标，而且很容易就可以点击到，不用担心会意外地点到相邻的平铺图标上去。Windows Phone 的用户体验自始至终都在关注一个细节，即如何让触控输入变得更加友好。图 9-2(a)展示了 Windows Mobile 图 9-2(b)展示了 Windows Phone 中 Calendar 应用程序的 Day 视图。

图 9-1

(a)　(b)

图 9-2

这次同样可以看到，Windows Mobile 的交互界面适合呈现大量的数据，而且为手写笔操作进行了优化；相反，Windows Phone 界面适合触控输入，只需一次简单的点击即可实现操作，但由于每个元素所占用的空间都增大了，所以代价就是需要进行额外滚动屏幕的操作。

9.1.1 指导原则

要构建成功的 Windows Phone 应用程序，需要将触摸屏作为与用户交互的主要形式。尽管有的 Windows Phone 具有硬件键盘，但是与用户交互的主要方式还是触控输入。对于那些已经为计算机(将键盘和鼠标用作输入设备)开发了很多年应用程序的开发人员来说，设计一个适合触控操作的界面是一件棘手的事情。考虑到大多数开发人员以往都没有编写过手机应用程序，Microsoft 发布了一组指导原则(可从 http://developer.windowsphone.com 站点下载 Windows Phone 7 UI Design and Interaction Guide)，它讲解了如何设计一个通过单点或多点触控即可轻松操作的应用程序。

1. 目标尺寸

显而易见，用户的手指要比手写笔粗大而且没有手写笔的笔尖那么精确。这意味着，当用户触摸屏幕时，需要提供一个非常大的目标以供他们点击。同时还要考虑项的位置，从而降低用户出错的机会。

Microsoft 发布的指导原则建议，用于响应触控输入的可视元素的最小尺寸应为 7 毫米(mm，或

26 像素)。可将这个最小尺寸看做控件的交互区域，它代表了控件的可视部分，用于指导用户点击屏幕中的哪些区域。

此处有一点比较重要，即交互区域对用户是可见的。在大多数情况下，可能需要将触控目标(或者说点击区域)做得比交互区域大一些。交互区域是控件在屏幕中实际响应触控输入的区域。指导原则中指出，触控目标大小不应该小于 9 毫米(或者 34 像素)。图 9-3 展示了交互区域(7mm×7mm)与触控目标(9mm×9mm)之间的关系。

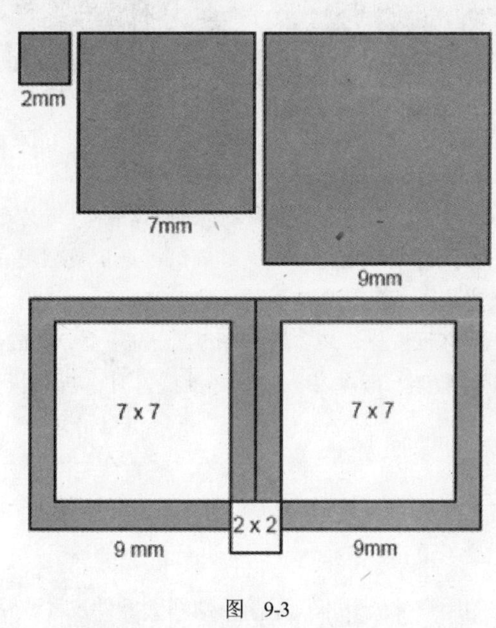

图 9-3

从图 9-3 下面的部分可以看到，两个相邻物体的交互区域之间的间隔是 2 毫米，或者 8 像素。Microsoft 指导原则指出，这是两个交互区域之间的最小间隔以免用户意外地点击错误的项。

随 Windows Phone Developer Tools 一起发布的默认控件都是按照上述的指导原则进行设计的。建议您利用这些控件并对它们进行扩展，从而保证您的应用程序可以提供与标准应用程序相似的触控体验。

2. 布局

在确定可视控件的尺寸和位置时，应该考虑控件的使用频率。通常，频繁使用的控件尺寸应该大一些，而且应放在屏幕中间，易于点击。

此外，还要考虑到用户使用控件的顺序，以及控件是否会引发破坏性的行为。以图 9-4 中的电话拨号程序为例，数字键盘中的每个按键都比较大，使得它们易于点击。而每个按键之间的间隔都被设置为最低限度，从而保证可以快速输入一连串数字，而且手指按下的位置也不必很精确。相反，Delete Appointment 确认对话框使用了大按钮，并在 Delete 和 Cancel 操作之间设置了清晰的间隔。由于删除一条约会信息是一个破坏性操作，所以，务必要降低将 Cancel 按钮错点为 Delete 按钮的可能性。

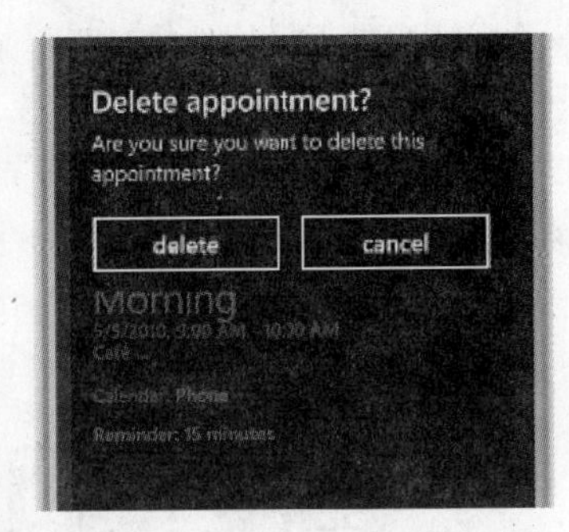

图 9-4

可将用户行为按照是否会删除或破坏数据分为破坏性行为和非破坏性行为。桌面应用程序一般不会在执行破坏性行为时通过确认对话框提醒用户，因为桌面应用程序通常具备让用户撤消最近一次操作的功能，这就使确认对话框显得多余了。如果用户无意中执行了一个破坏性操作，只要撤消即可。然而，在 Windows Phone 应用程序中，很难直观地提供撤消功能，所以在执行破坏性操作时，应该提供确认对话框。

3. 手势

构建一个适合触控输入的用户体验并不只是简单地增大控件尺寸，从而仅用一个手指就可以轻松地将它们选中。相对于传统的手写笔或者鼠标，人手是一个更灵活的输入设备。除了检测单个手指的触摸和释放这类简单的手势以外，还能检测更复杂的手势，甚至包含多个手指的手势检测。在整个 Metro 用户体验中有一组标准的，至少可以说是易于理解的手势。请参见表 9-1。

表9-1　标 准 手 势

手　势	说　明
单点触控	
点击(Tap)	用户触摸屏幕并迅速离开。大多数响应点击的控件会通过 Click 事件公开该手势。 在滚动或执行一些持续性操作时，点击手势可以用来停止当前的操作
双击(Double-Tap)	短时间内的两次点击手势。 大多数控件都没有用于处理双击手势的对应事件。 Microsoft 的指导原则指出，在应用程序中，双击应该可以使应用程序在放大与缩小状态间进行切换。在 Internet Explorer 中对此有所展示，双击屏幕会自动放大当前页面，以方便阅读

(续表)

手　势	说　明
拖动(Pan)	用户触摸屏幕，并在释放前，沿一个或多个方向移动手指。 列表控件已经对拖动手势提供了隐式的支持，它与滚动操作相关联。 Metro 用户体验使用拖动手势在大多数界面中对内容进行滚动或移动。例如，在 Start 屏幕中，要移动平铺图标，可以先选中平铺图标(“按下并保持”手势)然后用拖动手势来移动它。在列表中，用户可以垂直进行拖动以便在多个项中上下滚动。或者，在 hub 中，用户可以水平拖动从而在不同状态间滚动
滑动(Flick)	滑动手势是指手指沿一个特定的方向快速移动，然后手指从屏幕上抬起。该手势可以在用户触摸屏幕时开始，也可以在拖动手势结束时开始。 与拖动手势相同，Windows Phone 的列表控件已经隐式支持了滑动手势，以便朝滑动的方向持续地滚动列表。 滑动手势应该用于使内容朝滑动的方向滚动。由您来决定是持续滚动内容直至用户点击屏幕为止，还是依靠内容的自然惯性(在这种情况下，滚动会逐渐变慢直至停止)
按下并保持(Touch and Hold)	用户触摸屏幕，同时手指在该位置停留一段时间。指导原则指出，该手势应该使被选中的项弹出一个上下文菜单或者额外的选项。在 Windows Phone 控件中没有对“按下并保持”手势的内置支持。 指导原则中关于“按下并保持”手势的使用方法与 Metro 用户界面中有些出入。在某些地方，如 Calendar 应用程序中，该手势会调用上下文菜单，而在 Start 屏幕中，该手势用来选中一个平铺图标，使其可以被移动。 有一点需要注意，从某种程度上说，“按下并保持”是一个隐藏的手势，只有那些能正确操作的人才可以找到借助该手势才能使用的功能
多点触控	**说　明**
收缩与拉伸(Pinch and Stretch)	用户触摸屏幕中的多个区域，并移动这些触控点，让它们彼此靠近(收缩)或者远离(拉伸) Windows Phone 控件没有对“收缩与拉伸”手势提供内置支持 在以 Metro 用户体验为中心的一些应用程序中，“收缩与拉伸”手势用于以触控点为中心对持续缩小或放大当前内容

不一定要按照表中所描述的方式使用这些手势，但除非应用程序需要，否则不建议更改当检测到这些手势时所发生的行为。那些熟悉 Metro 用户体验的 Windows Phone 用户会联想到具有相同行为方式的应用程序。以非标准的方式使用标准手势可能会使用户感到迷茫和沮丧。

Yahoo!公司的首席设计师 Luke Wroblewski 出版了一部 *Touch Gesture Reference Guide*(作者是 Craig Villamor、Dan Willis 和 Luke Wroblewski，作者自行出版，2010 年 4 月 15 日；www.lukew.com/touch/TouchGestureGuide.pdf)，其中既包括了本章中提到的标准手势，还包括了其他一些单点和多点触控手势。更多信息(包括一个可供下载的 PDF 文档)可在 Luke Wroblewski 的站点中找到：www.lukew.com/touch。

但标准的 Windows Phone 控件只支持数量有限的几个手势，例如简单的点击和双击。但这些控件都公开了基本的触控事件，您可以做进一步的处理以便检测更多手势。

9.2 触控事件

在 Windows Phone Developer Tools 中，对自动检测触控输入的支持非常有限。但这并不会如您所想的那样会成为很大障碍，因为通过很少量的代码即可轻松地检测许多手势。本节将介绍如何使用基本触控事件来判断所输入手势类型。

9.2.1 单点触控

最易于检测的一类手势就是那些只涉及一个手指触摸屏幕的单点触控手势。

点击(Tap)

有些 Windows Phone 控件已经可以检测单独的点击手势从而执行特定的操作，比如单击按钮或者选中列表中的项。Button 控件通过 Click 事件公开了点击手势，可以为其添加事件处理程序。

XAML

```
<Button Content="Simple Gestures" Name="SimpleGestureButton"
        Click="SimpleGestureButton_Click" />
```

C#

```
private void SimpleGestureButton_Click(object sender, RoutedEventArgs e){
    MessageBox.Show("Button has been tapped!");
}
```

但并非所有控件都能处理点击手势。例如 Border 控件，它继承自 Panel，所以没有公开 Click 事件。如果查看继承关系列表就会注意到，Border 控件继承自 UIElement，这意味着它提供了两个分别叫做 MouseLeftButtonDown 和 MouseLeftButtonUp 的事件。这两个事件实际上与用户手指的触摸和释放操作等价，并在用户点击控件时适时触发。对于没有公开 Click 事件的控件来说，处理控件被点击的一种方式就是显式地处理这两个鼠标事件。一种比较好的具有通用性和可重用性的实现方式，就是使用自定义行为，如第 4 章所述。

要在 Windows Phone 应用程序中使用或创建行为，需要添加对 System.Windows.Interactivity.dll 的引用。在 Solution Explorer 中右击项目并选择 Add Reference，选中 System.Windows.Interactivity 并单击 OK 按钮。在代码中，可能需要为 System.Windows.Interactivity 名称空间添加一个 using 语句。

以下代码创建了一个行为，它封装了上面提到的两个鼠标事件，并公开了一个 Tap 事件，我们可以对该事件进行处理，以便在该控件上使用点击手势时执行特定的操作。

```
public class TapAction:Behavior<UIElement>{
    public event EventHandler Tap;

    protected bool MouseDown { get; set; }

    protected override void OnAttached(){
        base.OnAttached();

        this.AssociatedObject.MouseLeftButtonDown += AO_MouseLeftButtonDown;
        this.AssociatedObject.MouseLeftButtonUp += AO_MouseLeftButtonUp;
    }

    protected override void OnDetaching(){
        this.AssociatedObject.MouseLeftButtonDown -= AO_MouseLeftButtonDown;
        this.AssociatedObject.MouseLeftButtonUp -= AO_MouseLeftButtonUp;

        base.OnDetaching();
    }

    void AO_MouseLeftButtonUp(object sender, MouseButtonEventArgs e){
        if (MouseDown){
            OnTap();
        }
        MouseDown = false;
    }

    void AO_MouseLeftButtonDown(object sender, MouseButtonEventArgs e){
        MouseDown = true;
    }

    protected virtual void OnTap(){
        if (Tap != null){
            Tap(this.AssociatedObject, EventArgs.Empty);
        }
    }
}
```

TapAction.cs 中的代码片段

要在 XAML 内声明式地使用该行为，只需要在要处理点击手势的控件的 Interaction.Behaviors 附加属性中添加一个 TapAction 实例即可。这样，TapAction 行为就被添加到了 Border 元素中，同时为 Tap 事件添加了一个 TapGesture_Tap 事件处理程序。

XAML

```
<Border BorderBrush="#FFF11717" BorderThickness="2" Height="90" Margin="20,0,0,409"
    VerticalAlignment="Bottom" Background="#FFCC8787" HorizontalAlignment="Left"
    Width="160">
  <i:Interaction.Behaviors>
    <local:TapAction x:Name="TapGesture" Tap="TapGesture_Tap" />
```

```
    </i:Interaction.Behaviors>
</Border>
```

MainPage.xaml 中的代码片段

C#

```
private void TapGesture_Tap(object sender, EventArgs e){
    MessageBox.Show("Border has been tapped!");
}
```

MainPage.xaml.cs 中的代码片段

复习“行为”

在代码中创建 TapAction 行为后，需要切换到 Expression Blend 中才可以使用它。如果 TapAction 行为没有出现在 Assets 窗口的 Behaviors 节点下，则需要生成该项目。图 9-5 说明了如何向 Border 元素添加 TapAction 行为。

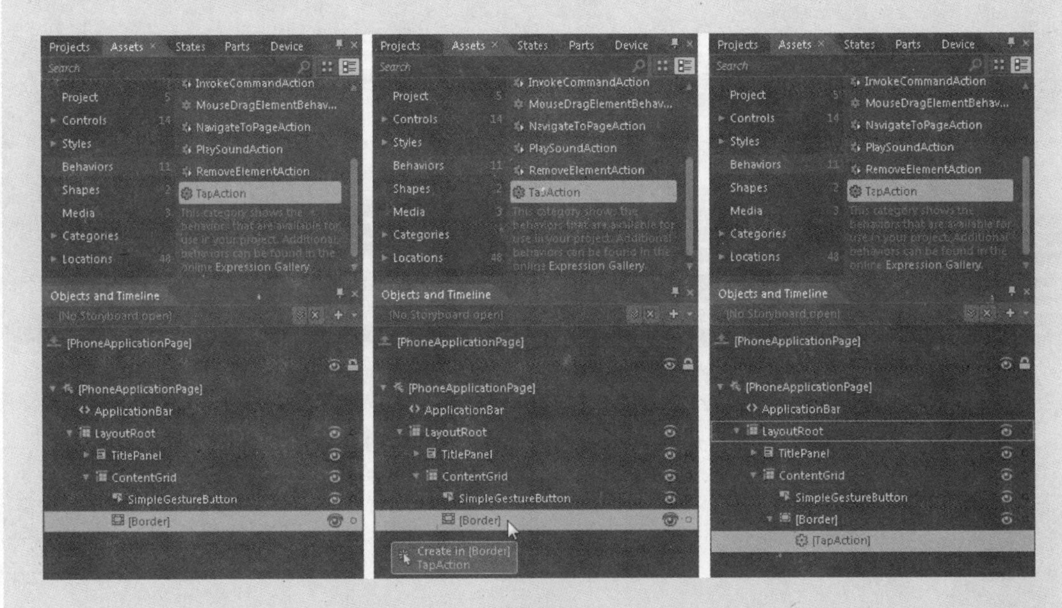

图 9-5

选中 TapAction 并将其拖到需要添加行为的元素中，在本例中为 Objects and Timeline 窗口中的[Border]节点。与第 4 章中所讨论过的行为不同，TapAction 没有任何可进行配置的属性。要为 Tap 事件添加事件处理程序，需要在 Visual Studio 或 Blend 中编辑 TapAction 元素的 XAML 代码。

9.2.2 双击

由于“双击”手势只不过是间隔很短的两个“点击”手势，所以可以简单地将 TapAction 行为进行扩展，以便可以在指定时间间隔内接收到两次点击操作时引发 DoubleTap 事件。以下代码创建了一个名为 DoubleTapAction 的行为，它继承自 TapAction，并有一个名称很恰当的属性 DoubleTap-

TimeoutInMilliseconds。该属性的默认值为1秒钟(1000毫秒)，所以在大多数情况下，无须修改该值，若要进行修改，可在Visual Studio或Blend的Properties工具窗口中找到它。

可从
wrox.com
下载源代码

```
public class DoubleTapAction:TapAction{
    public event EventHandler DoubleTap;

    public int DoubleTapTimeoutInMilliseconds{
        get { return (int)GetValue(DoubleTapTimeoutInMillisecondsProperty); }
        set { SetValue(DoubleTapTimeoutInMillisecondsProperty, value); }
    }

    public static readonly DependencyProperty
        DoubleTapTimeoutInMillisecondsProperty =
        DependencyProperty.Register("DoubleTapTimeoutInMilliseconds", typeof(int),
                               typeof(DoubleTapAction),
                               new PropertyMetadata(1000));

    protected DateTime? FirstTap { get; set; }

    protected override void OnTap(){
        base.OnTap();

        if (FirstTap.HasValue &&
    FirstTap.Value.AddMilliseconds(DoubleTapTimeoutInMilliseconds) > DateTime.Now){
            OnDoubleTap();
            FirstTap = null;
        }
        else{
            FirstTap = DateTime.Now;
        }
    }

    protected virtual void OnDoubleTap(){
        if (DoubleTap != null){
            DoubleTap(this.AssociatedObject, EventArgs.Empty);
        }
    }
}
```

DoubleTapAction.cs中的代码片段

为了检测双击手势，该行为会记录第一次点击所发生的时间(通过重写底层TapAction行为中的OnTap方法来实现)。然后，当第二次点击发生时，会将两次点击相隔的时间作比较，从而确定第二次点击是否是在指定时间间隔内发生的。如果是，则会引发DoubleTap事件。

为了演示这一点，将TapAction行为添加到Border元素中，并为DoubleTap事件添加Double-TapGesture-Tap事件处理程序。

可从 wrox.com 下载源代码

XAML

```
<Border BorderBrush="#FFF11717" BorderThickness="2" Margin="0,118,21,0"
      Background="#FFCC8787" HorizontalAlignment="Right" Width="160" Height="90"
      VerticalAlignment="Top">
   <i:Interaction.Behaviors>
      <local: DoubleTapAction DoubleTap="DoubleTapGesture_DoubleTap" />
   </i:Interaction.Behviors>
</Border>>
```

MainPage.xaml 中的代码片段

C#

```
private void DoubleTapGesture_DoubleTap(object sender, EventArgs e){
    MessageBox.Show("Border has been double tapped!");
}
```

MainPage.xaml.cs 中的代码片段

1. 拖动(Pan)

拖动手势与点击和双击手势稍有不同，对拖动手势来说，当用户手指划过屏幕时，需要跟踪划过的轨迹。如果您曾经为桌面应用程序编写过拖放界面，则应该对使用鼠标 move 事件来跟踪鼠标的移动比较熟悉。在 Windows Phone 设备中检测滑动或拖动手势，同样可以通过跟踪 MouseMove 事件来实现。

与处理点击和双击手势的方式相同，可以创建一个 PanAction 行为。该行为的思路是这样的，它可以自动检测用户在画布上执行的拖动操作，并将画布的所有子控件朝用户所指示的方向拖动。如果用户选中了某个指定的子控件，则只应移动那一个控件。

图 9-6 展示了一个画布，在其上随机分布着几个边角被设计成圆形的 Border 控件。较大的圆表示的是用户触摸画布的地方。如果您还记得，画布与其他面板的不同之处在于，它为所有子控件定义了 Left 和 Top 位置。正如第 3 章所讨论过的，每个子控件都会使用附加属性来记录 Left 和 Top 位置。当用户向左拖动画布时，如图 9-6(b)所示，所有子控件的 Left 位置都会相应进行调整，以便将所有子控件都向左移动。注意当某个子控件遇到画布的边界时，它不会从画布中消失，而是附着在画布的边界上，这是此实现方式的一个特点，您可以自行决定是否让您的行为按照这种方式工作。图 9-6(c)显示的是用户向上拖动画布，同样，所有子控件也都朝用户拖动画布的方向移动，并在遇到顶部边界时附着在边界上，而非从边界处消失。

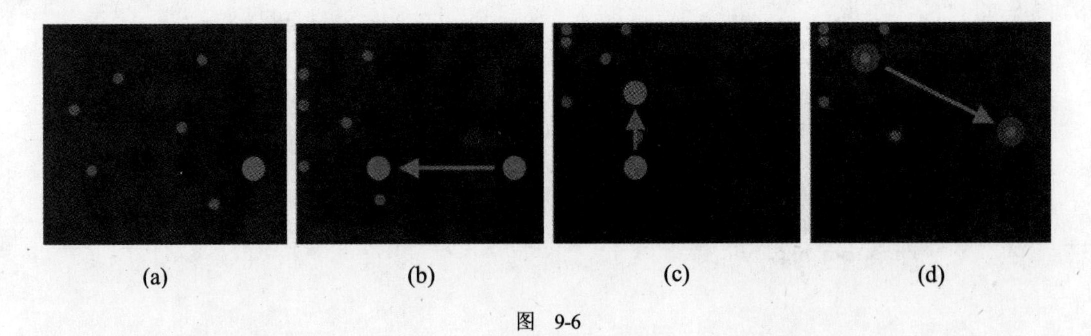

图 9-6

图 9-6(d)显示的是用户拖动一个单独的控件。在这种情况下，用户触摸的是他想移动的那个控件，而非画布上的一块空白区域。让我们来分析这在代码中是如何实现的。要注意的第一点是，PanAction 行为是画布控件所特有的(派生自 Behavior<Canvas>)。可以选择创建一个使用其他控件类型的拖动手势行为，但本例中采取了用画布来定位子控件的方式，从而允许您重新定位子控件的位置以便响应被检测到拖动手势。除了处理 MouseLeftButtonDown 和 MouseLeftButtonUp 事件之外，PanAction 行为还为 MouseMove 事件添加了事件处理程序：

可从 wrox.com 下载源代码

```
using System.Linq;
public class PanAction : Behavior<Canvas>{
    protected Point? MouseDown;
    protected UIElement SelectedItem { get; set; }

    protected override void OnAttached(){
        base.OnAttached();

        this.AssociatedObject.MouseLeftButtonDown += AO_MouseLeftButtonDown;
        this.AssociatedObject.MouseLeftButtonUp += AO_MouseLeftButtonUp;
        this.AssociatedObject.MouseMove += AO_MouseMove;
    }

    protected override void OnDetaching(){
        this.AssociatedObject.MouseLeftButtonDown -= AO_MouseLeftButtonDown;
        this.AssociatedObject.MouseLeftButtonUp -= AO_MouseLeftButtonUp;
        this.AssociatedObject.MouseMove -= AO_MouseMove;

        base.OnDetaching();
    }

    private void AO_MouseLeftButtonDown(object sender, MouseButtonEventArgs e){
        this.MouseDown = e.GetPosition(null);
        this.SelectedItem =  VisualTreeHelper.FindElementsInHostCoordinates(
                e.GetPosition(null),
                this.AssociatedObject).FirstOrDefault();
        if (this.SelectedItem == this.AssociatedObject){
            this.SelectedItem = null;
        }
    }
```

```
        protected virtual void AO_MouseMove(object sender, MouseEventArgs e){
            var pos = e.GetPosition(null);
            var xdiff = pos.X - MouseDown.Value.X;
            var ydiff = pos.Y - MouseDown.Value.Y;
            if (MouseDown.HasValue){
                MoveSelectedItems(xdiff, ydiff);
            }
            MouseDown = pos;
        }

        private void AO_MouseLeftButtonUp(object sender, MouseButtonEventArgs e){
                this.SelectedItem = null;
                this.MouseDown = null;
        }

        protected void MoveSelectedItems(double xdiff, double ydiff){
            if (this.SelectedItem != null){
                MoveItem(this.SelectedItem, xdiff, ydiff);
            }
            else{
                foreach (var child in this.AssociatedObject.Children){
                    MoveItem(child, xdiff, ydiff);
                }
            }
        }

        private void MoveItem(UIElement item, double xdiff, double ydiff){
            var left = Canvas.GetLeft(item) + xdiff;
            left = Math.Min(Math.Max(0, left),this.AssociatedObject.ActualWidth);
            var top = Canvas.GetTop(item) + ydiff;
            top = Math.Min(Math.Max(0, top),this.AssociatedObject.ActualHeight);
            Canvas.SetLeft(item, left);
            Canvas.SetTop(item, top);
        }
    }
```

PanAction.cs 中的代码片段

在鼠标按钮按下的事件处理程序中，我们所实现的行为不仅能跟踪用户触摸屏幕的操作，还能定位他们触摸画布的位置。同时，还使用了 VisualTreeHelper 来识别子控件，如果存在子控件，则为触控点正下方的控件。

可视树

向页面中添加多个控件时，首先会直接将控件添加到页面中，生成一个单级的层次结构。然而，由于页面只能容纳一个子控件，所以最有可能使用的就是 Grid 或者 StackPanel 控件；后续控件会作为嵌套控件被添加进去，从而生成一个多级层次结构，其中每个控件只有一个父控件，但可以有多个子控件。

在 XAML 的术语中，被嵌套在另一个控件中的控件统称为逻辑树(Logical Tree)。例如，一个页面中有一个 StackPanel 控件，而该控件包含了两个按钮。

然而，对于 Button 控件来说，可以应用自定义的控件模板或样式，通过使用额外的视觉元素(比如内部边框、StackPanel 或者多个 TextBlock 等)来改变按钮的视觉外观。影响应用程序视觉外观的嵌套控件树被称为可视树(Visual Tree)。

VisualTreeHelper 是一个实用程序类，利用它可以查询可视树。在本例中，PanAction 行为使用了 FindElementsInHostCoordinates 方法进行点击测试，从而找出是哪些元素包含了用户在画布上的触控点。此外该类还包含用于访问子控件或父控件的辅助方法。

当用户拖动画布时，会引发 MouseMove 事件，它会计算用户移动的距离。注意在用户停止拖动前，会不停地引发该事件。每次引发时，相关控件的位置都会根据用户所拖动距离递增地进行更新。

要应用 PanAction，只须在 Canvas 元素中添加该行为的实例即可。这样就添加了拖动所有嵌套子元素的功能。图 9-6 所示的布局是通过如下代码进行创建的：

```
<Border HorizontalAlignment="Left" Height="368" Margin="19,231,0,0"
      VerticalAlignment="Top" Width="441" BorderBrush="White" BorderThickness="2"
      Background="#FF313131">
   <Canvas Background="Transparent" >
      <Canvas.Resources>
         <Style x:Key="RoundedBorder" TargetType="Border">
            <Setter Property="BorderThickness" Value="3"/>
            <Setter Property="CornerRadius" Value="20"/>
            <Setter Property="Background" Value="#FF287E3D"/>
            <Setter Property="BorderBrush" Value="#FF0F451C"/>
            <Setter Property="Width" Value="25"/>
            <Setter Property="Height" Value="25"/>
         </Style>
      </Canvas.Resources>
      <i:Interaction.Behaviors>
         <local:PanAction />
      </i:Interaction.Behaviors>
      <Border Canvas.Left="43" Canvas.Top="137"
            Style="{StaticResource RoundedBorder}" >
      </Border>
      <Border Canvas.Left="122" Canvas.Top="83"
            Style="{StaticResource RoundedBorder}" >
      </Border>
      <Border Canvas.Left="294" Canvas.Top="301"
            Style="{StaticResource RoundedBorder}" >
      </Border>
      <Border Canvas.Left="273" Canvas.Top="51"
            Style="{StaticResource RoundedBorder}" >
      </Border>
      <Border Canvas.Left="74" Canvas.Top="242"
            Style="{StaticResource RoundedBorder}" >
      </Border>
      <Border Canvas.Left="236" Canvas.Top="167"
```

```
                Style="{StaticResource RoundedBorder}" >
        </Border>
    </Canvas>
</Border>
```

MainPage.xaml.cs 中的代码片段

在此代码片段中可以注意到，画布的 Background 被设置为 Transparent。默认情况下画布是没有 Background 的，这意味着它不会截获任何鼠标(触控)事件。将 Background 设置为 Transparent，可以使画布能够引发鼠标和操控事件，同时还可以显示父控件的颜色。

2. 滑动

从概念上讲，有两类滑动，一种在用户触摸屏幕时开始，另一种在拖动结束时发生。但在将其转化为代码时，可以认为两者都是在拖动结束时发生的。只不过第一种情况是距离为零的拖动手势。因此，通过扩展 PanAction 行为来创建 FlickAction 行为是无可厚非的。

要检测滑动操作，需要知道用户的手指在与屏幕即将分离时的移动速度。到目前为止，所使用到的基本鼠标处理事件都没有提供足够的细节，这主要是由于为了保持与桌面 Silverlight 在代码级别的兼容性。Windows Phone 公开了额外的三个事件，以便更好地控制触控事件——ManipulationStarted、ManipulationDelta 和 ManipulationCompleted。在操控事件开始时会引发事件 ManipulationStarted，通常是由屏幕上用户的一个或多个触控点所触发的。当用户在屏幕上改变手指位置时，会周期性地引发 ManipulationDelta 事件。最后，当一个或多个手指从屏幕上释放时，会引发 ManipulationCompleted 事件。对于 FlickAction 行为来说，我们感兴趣的是 ManipulationCompleted 事件，因为它公开了一个名为 FinalVelocities 的属性，该属性包含了用户的手指离开屏幕时的移动速度(单位是屏幕单元/秒)。它可以用于确定子控件因滑动而需要漂移多长的距离。

FlickAction 中的计算为控件提供了一个因滑动手势而产生的非常基本的漂移效果。如果希望使用滑动手势来旋转列表中的元素或是触发其他动画，则需要引用更逼真的物理引擎。

FlickAction 公开了一个 FlickDurationInMilliseconds 属性，它确定当用户手指离开屏幕后控件会继续移动多长时间。这段时间会被划分成 10 等份，在每一份时间间隔内，控件都会移动更短的距离，从而产生减速效果。计时器会在每个时间间隔末尾引发一个事件，更新控件的位置以及它们的移动速度。另一种方法是使用动画故事板来实现类似的效果。它会利用某些内置的缓动功能来添加不同的动画效果。

可从
wrox.com
下载源代码

```
public class FlickAction:PanAction{
   // The number of time increments over which deceleration will occur
   private const int Increments = 10;
   // The deceleration multiplier
   private const double Deceleration = 0.4;

   // A timer used to periodically update the position of controls
   //during deceleration
   DispatcherTimer timer = new DispatcherTimer();

   // The number of increments remaining
   public int Counter { get; set; }

   // The velocity at which the user released the pan (ie to generate a flick)
   private Point ReleaseVelocity { get; set; }

   // The duration of the flick deceleration
   public int FlickDurationInMilliseconds{
      get { return (int)GetValue(FlickDurationInMillisecondsProperty); }
      set { SetValue(FlickDurationInMillisecondsProperty, value); }
   }

   public static readonly DependencyProperty FlickDurationInMillisecondsProperty =
            DependencyProperty.Register("FlickDurationInMilliseconds",
                                        typeof(int), typeof(FlickAction),
                                        new PropertyMetadata(500));

   public FlickAction(){
      timer.Tick += new EventHandler(timer_Tick);
   }

   protected override void OnAttached(){
      base.OnAttached();
      this.AssociatedObject.ManipulationStarted += AO_ManipulationStarted;
      this.AssociatedObject.ManipulationCompleted += AO_ManipulationCompleted;
   }

   protected override void OnDetaching(){
      this.AssociatedObject.ManipulationStarted -= AO_ManipulationStarted;
      this.AssociatedObject.ManipulationCompleted -= AO_ManipulationCompleted;
      base.OnDetaching();
   }

   void timer_Tick(object sender, EventArgs e){
      Counter--;
      if (Counter == 0){
         timer.Stop();
```

```
        }

        MoveSelectedItems(ReleaseVelocity.X / 100, ReleaseVelocity.Y / 100);

        ReleaseVelocity = new Point(ReleaseVelocity.X * Deceleration,
                                    ReleaseVelocity.Y * Deceleration);
    }

    void AO_ManipulationStarted(object sender, ManipulationStartedEventArgs e) {
        timer.Stop();
    }

    void AO_ManipulationCompleted(object sender,
                                  ManipulationCompletedEventArgs e) {
        ReleaseVelocity = e.FinalVelocities.LinearVelocity;
        timer.Interval = new TimeSpan(0,0,0,0,
                                      FlickDurationInMilliseconds / Increments);
        Counter = Increments;
        timer.Start();
    }
}
```

Flick Action.cs 中的代码片段

由于该行为扩展 PanAction，所以在添加 FlickAction 行为前，应该先从 Canvas 控件中删除 PanAction 行为。添加该行为后，如果在拖动动作结束时使用了滑动手势，可以看到控件会越过释放点继续移动。

可从
wrox.com
下载源代码

```
<i:Interaction.Behaviors>
    <!--<local:PanAction />-->
    <local:FlickAction />
</i:Interaction.Behaviors>
```

MainPage.xaml.cs 中的代码片段

3. 按下并保持

桌面应用程序开发人员通常会使用鼠标的第二个键(或者说右键)为应用程序提供诸如上下文菜单这样的附加功能。如果没有鼠标，上下文菜单以及操作在基于触摸屏的交互界面中通常会通过“按下并保持”手势来公开。TouchAndHoldAction 行为可应用于任何 UI 元素，只需使用一个定时器来确定用户是否已将某个控件按住并保持了一段特定的时间即可。其中还有一个 Tolerance 属性，可以对它进行调整，以便当用户使用“按下并保持”手势在屏幕上移动手指时控制该行为的灵敏度。

可从
wrox.com
下载源代码

```
public class TouchAndHoldAction : DoubleTapAction {
    public event EventHandler TouchAndHold;

    private Point? TapLocation;
```

```
private DispatcherTimer timer = new DispatcherTimer();

public int HoldTimeoutInMilliseconds{
    get { return (int)GetValue(HoldTimeoutInMillisecondsProperty); }
    set { SetValue(HoldTimeoutInMillisecondsProperty, value); }
}

public static readonly DependencyProperty HoldTimeoutInMillisecondsProperty =
                DependencyProperty.Register("HoldTimeoutInMilliseconds",
                                typeof(int), typeof(TouchAndHoldAction),
                                new PropertyMetadata(2000));

public int Tolerance{
    get { return (int)GetValue(ToleranceProperty); }
    set { SetValue(ToleranceProperty, value); }
}

public static readonly DependencyProperty ToleranceProperty =
                DependencyProperty.Register("Tolerance", typeof(int),
                                typeof(TouchAndHoldAction),
                                new PropertyMetadata(2));

protected override void OnAttached(){
    base.OnAttached();

    this.AssociatedObject.MouseLeftButtonDown += AO_MouseLeftButtonDown;
    this.AssociatedObject.MouseMove += AO_MouseMove;
    this.timer.Tick += timer_Tick;
}

protected override void OnDetaching(){
    this.AssociatedObject.MouseLeftButtonDown -= AO_MouseLeftButtonDown;
    this.AssociatedObject.MouseMove -= AO_MouseMove;
    this.timer.Tick -= timer_Tick;

    base.OnDetaching();
}

void AO_MouseLeftButtonDown(object sender, MouseButtonEventArgs e){
    var pos = e.GetPosition(null);
    OnTouchAndHoldStarted(pos);
}

void AO_MouseMove(object sender, MouseEventArgs e){
    if (TapLocation.HasValue){
        var pos = e.GetPosition(null);
        if (Math.Abs(TapLocation.Value.X - pos.X) > Tolerance ||
            Math.Abs(TapLocation.Value.Y - pos.Y) > Tolerance){
             OnTouchAndHoldStarted(pos);
        }
```

```
        }
    }

    void timer_Tick(object sender, EventArgs e){
        OnTouchAndHoldCompleted();
        timer.Stop();
        TapLocation = null;
    }

    protected override void OnTap(){
        timer.Stop();
        base.OnTap();
    }

    protected virtual void OnTouchAndHoldStarted(Point pt){
         TapLocation = pt;

         timer.Stop();
         timer.Interval = new TimeSpan(0, 0, 0, 0, HoldTimeoutInMilliseconds);
         timer.Start();
    }
    protected virtual void OnTouchAndHoldCompleted(){
        MouseDown = false;
        if (TouchAndHold != null){
            TouchAndHold(this.AssociatedObject, EventArgs.Empty);
        }
    }
}
```

TouchAndHoldAction.cs 中的代码片段

要应用 TouchAndHoldAction 行为，同样只需在 Blend 中将该行为拖到控件上即可。但是，由于 Blend 设计器的局限性，为 TouchAndHold 事件关联事件处理程序这项工作需要在 Visual Studio 中完成。这就将该行为附加到了上一节使用的画布的每个边界。

可从 wrox.com 下载源代码

```
<Border Canvas.Left="122" Canvas.Top="83" Style="{StaticResource RoundedBorder}" >
   <i:Interaction.Behaviors>
      <local:TouchAndHoldAction TouchAndHold="TouchAndHoldAction_TouchAndHold" />
   </i:Interaction.Behaviors>
</Border>
<Border Canvas.Left="294" Canvas.Top="301" Style="{StaticResource RoundedBorder}" >
   <i:Interaction.Behaviors>
      <local:TouchAndHoldAction TouchAndHold="TouchAndHoldAction_TouchAndHold" />
   </i:Interaction.Behaviors>
</Border>
<Border Canvas.Left="273" Canvas.Top="51" Style="{StaticResource RoundedBorder}" >
   <i:Interaction.Behaviors>
      <local:TouchAndHoldAction TouchAndHold="TouchAndHoldAction_TouchAndHold" />
   </i:Interaction.Behaviors>
```

```
</Border>
<Border Canvas.Left="74" Canvas.Top="242" Style="{StaticResource RoundedBorder}" >
    <i:Interaction.Behaviors>
        <local:TouchAndHoldAction TouchAndHold="TouchAndHoldAction_TouchAndHold" />
    </i:Interaction.Behaviors>
</Border>
<Border Canvas.Left="236" Canvas.Top="167" Style="{StaticResource RoundedBorder}" >
    <i:Interaction.Behaviors>
        <local:TouchAndHoldAction TouchAndHold="TouchAndHoldAction_TouchAndHold" />
    </i:Interaction.Behaviors>
</Border>
```

MainPage.xaml 中的代码片段

在本例中，每个TouchAndHold行为都与TouchAndHold事件的同一个事件处理程序相连。当用户调用TouchAndHold事件时，边框和背景的颜色会颠倒。

可从
wrox.com
下载源代码

```
private void TouchAndHoldAction_TouchAndHold(object sender, EventArgs e){
    var element = sender as Border;
    if (element != null){
        element.Background = InvertColor(element.Background);
        element.BorderBrush = InvertColor(element.BorderBrush);
    }
}

private Brush InvertColor(Brush input){
    var color = (input as SolidColorBrush).Color;
    var brush = new SolidColorBrush(Color.FromArgb(color.A,
                                        (byte)(255 - color.R),
                                        (byte)(255 - color.G),
                                        (byte)(255 - color.R)));
    return brush;
}
```

MainPage.xaml.cs 中的代码片段

由于执行“按下并保持”手势需要一定的时间，所以，当用户触摸屏幕时，有必要为他们提供视觉反馈来表明可以使用该手势。例如，Windows Mobile会围绕触控点渐进地显示一串圆。可扩展之前创建的行为来支持此功能，方法是分别用OnTouchAndHoldStarted和OnTouchAndHoldCompleted方法开始和结束动画。

9.2.3 多点触控

在过去几年中，多点触控设备成为热门话题。多点触控设备涵盖了各种形状和尺寸，从大型固定设备(如Microsoft Surface)，到支持多点触控的台式计算机和笔记本电脑，再到移动设备。Windows Phone也不例外，它最多支持四个并发触控点。

为Windows Phone编写多点触控应用程序时要意识到，您所编写的应用程序是供手机使用的。尽管移动设备正变得越来越先进和强大，但尺寸仍然是一个无法忽视的局限性。您所构建的需要两个以上触控点的多点触控界面会让应用程序变得难以使用，不会给用户体验带来真正的好处。不过，在很多情况下，使用多点触控确实很有意义，例如使用需要两个手指的收缩或拉伸手势对图片进行缩放。

1. 模拟多点触控

在了解如何创建允许用户使用多点触控手势的行为之前，您需要一条开发多点触控的途径。最简单的方式就是使用真实设备，但如果没有真实设备，可以使用 Windows Phone 模拟器来模拟多点触控体验。如果您有一台支持多点触控的 Windows 7 设备，则无须做任何额外的事情来配置模拟器，因为它会自动支持多个触点，您现在就可以使用触摸屏并将两个手指放在模拟器上。

对大多数人来说，拥有一台支持多点触控的 Windows 7 设备不太现实。幸好有一种通过多个 USB 鼠标来模拟多点触控设备的方法。Multi-Touch Vista 项目(http://multitouchvista.codeplex.com)的初衷就是向 Vista 提供多点触控的支持。Windows 7 包含了对多点触控的内置支持，随着它的出现，Multi-touch Vista 项目在多个 USB 鼠标与 Windows 7 对多点触控的原生支持之间提供了一条通道。这意味着，运行 Multi-Touch Vista 后，Windows 7 下的任何应用程序(如 Paint 和 Windows Phone 模拟器)都可以支持多点触控了。以下是在 Windows 7 下安装 Multi-touch Vista 的说明：

(1) 首先转到 Multi-Touch Vista CodePlex 项目(http://multitouchvista.codeplex.com)，并下载最新版本。

(2) 解除锁定(右击该文件，从上下文菜单中选择 Properties|Unblock)，然后提取所下载的 zip 文件中的内容。

(3) 使用 Run As Administrator 选项打开命令提示符(这一步很重要，否则将无法加载驱动程序)。

(4) 导航到 Driver\x32 或者 Driver\x64 文件夹，具体取决于系统的体系结构。

(5) 运行 Install drive.cmd。

(6) 即使 Windows 无法验证发布者，依然确认安装(参见图 9-7)。您只有在清楚这种做法对计算机的潜在影响下，才可以这样做。

(7) 完成以上步骤后，会在命令提示符中看到新的一行，允许您输入更多的命令。此时就可以关闭命令提示符窗口了。

(8) 打开 Device Manager(单击 Start，然后右击 Computer，从上下文菜单中选择 Properties|Device Manager)。

(9) 在 Human Interface Devices 节点下找到 Universal Software HID 设备。右击并选择 Disable(如图 9-8 所示)，然后确认希望禁用该设备。

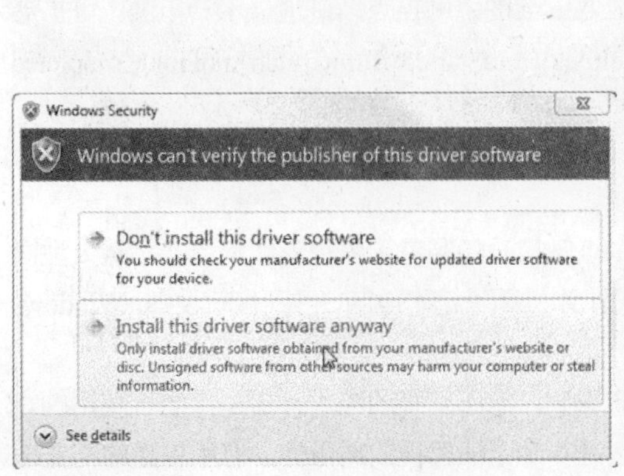

图 9-7

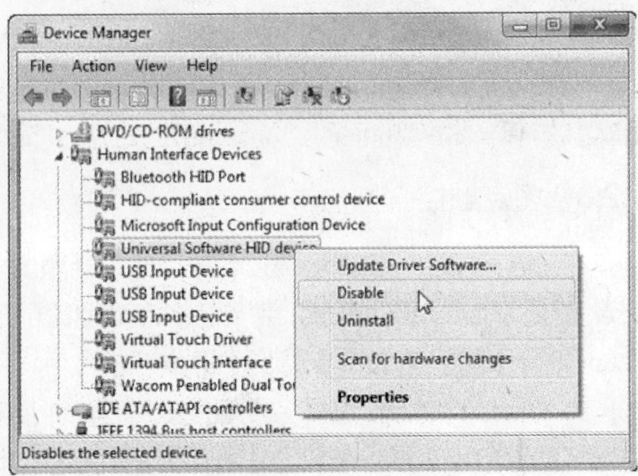

图 9-8

(10) 在同样的设备上再次右击并选择 Enable。这看起来有些愚蠢，但有些情况下，设备可能没有正常启动，而这个先禁用然后再启用的过程可以确保设备正常运转。

(11) 打开 Pen and Touch 设置(Start|Control Panel|Pen and Touch)，选择 Touch 选项卡，选中 Show the touch pointer when I'm interacting with items on the screen 复选框，如图 9-9 所示。

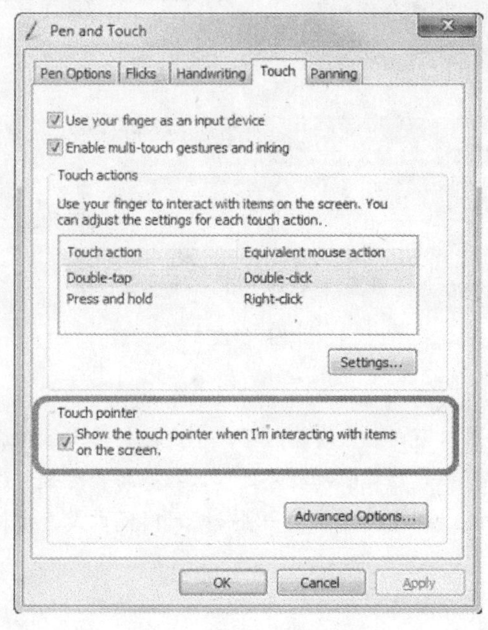

图 9-9

(12) 打开 Windows Explorer 并导航到提取 Multi-Touch Vista 的文件夹，双击 Multitouch.Service. Console.exe 启动多点触控服务(图 9-10)。

此时，应该可以在屏幕上看到一个或者多个红点，分别对应于您连接到计算机上的每一个鼠标。在运行多点触控驱动程序(下一步骤)之前，它们是不会被激活的。

(13) 双击 Multitouch.Driver.Console.exe 启动多点触控驱动程序(图 9-11)。

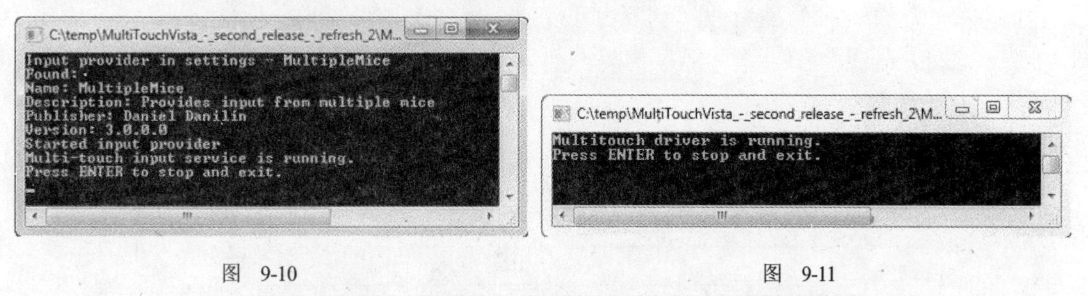

图 9-10　　　　图 9-11

(14) 双击 Multitouch.Configuration.WPF.exe，启用 Multi-Touch Vista 的配置工具(见图 9-12) 。此工具允许对输入功能进行配置，即提供了禁用本机鼠标输入的功能。由于您将使用红点作为鼠标光标(而非本机的箭头光标)，所以建议选中该选项。

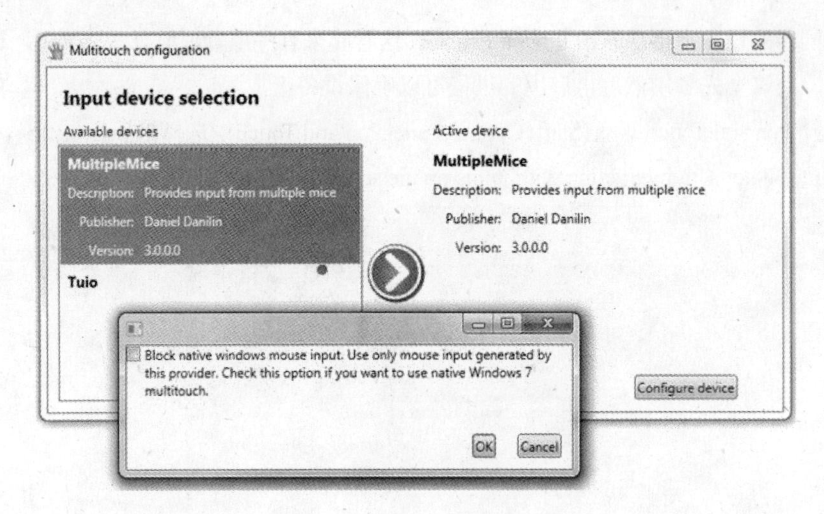

图 9-12

注意在禁用了本机窗口的鼠标输入后，下次运行多点触控服务时会禁用本机的鼠标输入，同时在运行多点触控驱动程序之前，红点不会生效。遗憾的是，必须先启动服务，然后再启动驱动程序，所以在一段较短的时间内您无法使用鼠标而必须用键盘去操作计算机。

(15) 打开 Paint，确认可以使用多个鼠标光标，如图 9-13 所示。

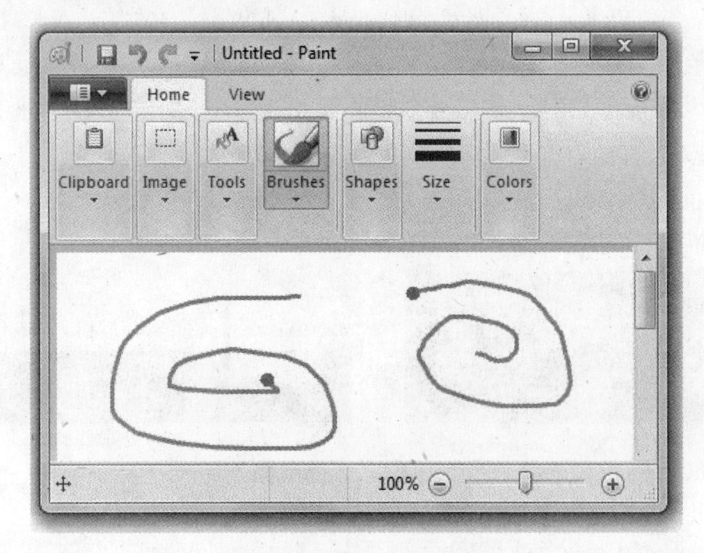

图 9-13

现在已经准备就绪并且可以使用 Windows Phone 模拟器来模拟多点触控了。您会发现，在 Windows Phone 模拟器中，有很多支持多点触控的应用程序(例如 Internet Explorer 和 Pictures Viewer)，它们还允许缩小或放大内容。

2. 收缩与拉伸

本章介绍的最后一个手势是“收缩”以及与之相对的“拉伸”。这两个手势通常用于对内容进行缩放，在这里，您会看到它们被应用到之前的画布例子中。“收缩”手势会使 Border 控件向画布的中心收缩，相反，拉伸手势会使控件向画布的边缘扩展。如图 9-14 所示，位于中心的两个圆圈的间隔被拉伸，其余的圆圈向画布边缘方向扩展。

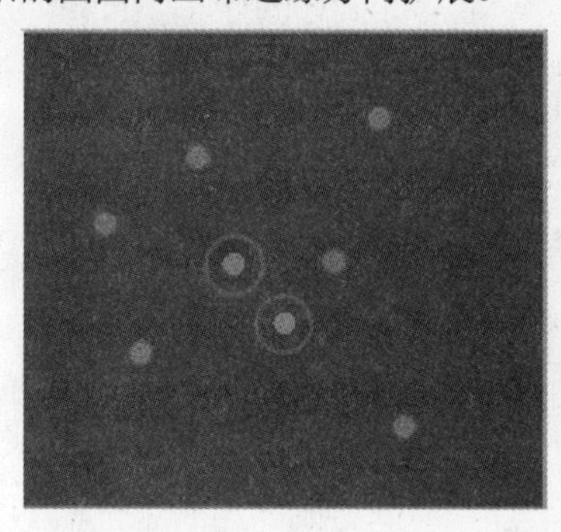
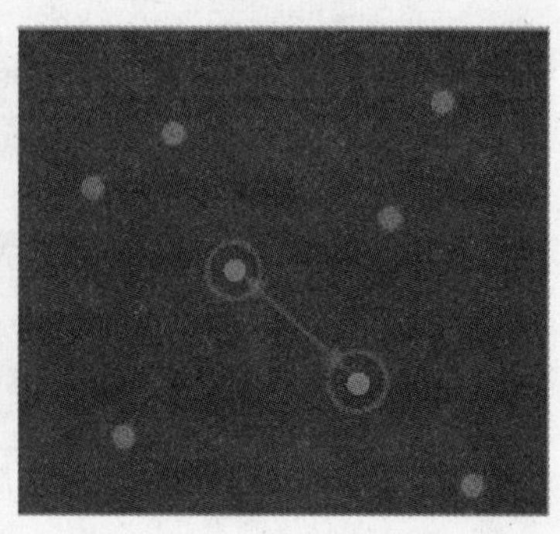

图 9-14

如果想同时保留“拖动”手势和“滑动”手势，可以让新的 ZoomAction 行为继承自 FlickAction 行为。当启用多点触控时，一旦有一个或者多个点移动，就会引发 ManipulationDelta 事件。作为事件的一部分所提供的数据会表明这些触控点是相互靠近(收缩)的还是彼此分离(拉伸)的。这体现在 DeltaManipulation.Scale 属性中，同时在 X 方向和 Y 方向上会有比例系数的数值。每个子控件所处的位置决定了对该比例系数应用乘法还是除法。

可从
wrox.com
下载源代码

```
public class ZoomAction : FlickAction{
   private bool DisablePan;

   protected override void OnAttached(){
      base.OnAttached();

      this.AssociatedObject.ManipulationDelta += AO_ManipulationDelta;
      this.AssociatedObject.ManipulationCompleted += AO_ManipulationCompleted;
   }

   protected override void OnDetaching(){
      this.AssociatedObject.ManipulationDelta -= AO_ManipulationDelta;
      this.AssociatedObject.ManipulationCompleted -= AO_ManipulationCompleted;

      base.OnDetaching();
   }

   protected override void AO_MouseMove(object sender, MouseEventArgs e){
      if (DisablePan){
         return;
      }
      base.AO_MouseMove(sender, e);
   }
```

```
        void AO_ManipulationCompleted(object sender, ManipulationCompletedEventArgs e){
            DisablePan = false;
        }

        void AO_ManipulationDelta(object sender, ManipulationDeltaEventArgs e){
            if (e.CumulativeManipulation.Scale.X > 0 ||
                e.CumulativeManipulation.Scale.Y > 0){
                DisablePan = true;

                var scaleX = e.DeltaManipulation.Scale.X;
                var scaleY = e.DeltaManipulation.Scale.Y;
                foreach (var child in this.AssociatedObject.Children){
                    if (scaleX != 0){
                        var left = Canvas.GetLeft(child);
                        if (left > this.AssociatedObject.ActualWidth/2){
                            left *= scaleX;
                        }
                        else{
                            left /= scaleX;
                        }
                        left = Math.Min(Math.Max(0, left),
                                        this.AssociatedObject.ActualWidth);
                        Canvas.SetLeft(child, left);
                    }
                    if (scaleY != 0){
                        var top = Canvas.GetTop(child);
                        if (top > this.AssociatedObject.ActualHeight / 2){
                            top *= scaleY;
                        }
                        else{
                            top /= scaleY;
                        }
                        top = Math.Min(
                             Math.Max(0, top), this.AssociatedObject.ActualHeight);
                        Canvas.SetTop(child, top);
                    }
                }
            }
        }
    }
```

ZoomAction.cs 中的代码片段

启用多点触控时，不该再让“滑动”或者“拖动”手势起作用，因为它们会干扰“收缩和拉伸”手势。从此代码片段中可以注意到，只要有一个方向的累计比例系数不是 0，就会设置 DisablePan 标志。

应该使用添加 PanAction 和 FlickAction 行为的方式，来向画布中添加 ZoomAction 行为。如果已经向画布添加了前两者中的某个行为，则应该先将其删除，因为它们会与 ZoomAction 发生冲突。

可从
wrox.com
下载源代码

```
<i:Interaction.Behaviors>
    <!--<local:PanAction />-->
    <!--<local:FlickAction />-->
    <local:ZoomAction />
</i:Interaction.Behaviors>
```

MainPage.xaml.cs 中的代码片段

3. 触控帧[1]

到目前为止，所看到的操控事件对于使用各种手势来说已经很强大了。然而，有时需要更细微并且要能在单个触控点级别进行工作。这就是 Touch 类存在的原因，它公开了一个静态的 FrameReported 事件，当触控点的位置或者数量发生变化时，就会引发该事件。

由于 FrameReported 是一个静态事件，所以它没有与任何特定的控件相关联。这意味着，您既可以使用相对于 Windows Phone 屏幕的原始触控点位置，如下面的代码片段所示，也可以检索当前页面上相对于某个 UI Element 的触控点。

可从
wrox.com
下载源代码

```
public MainPage(){
    InitializeComponent();

    Touch.FrameReported += new TouchFrameEventHandler(Touch_FrameReported);
}

void Touch_FrameReported(object sender, TouchFrameEventArgs e){
    var points = e.GetTouchPoints(null);
    foreach (var point in points){
        var x = point.Position.X;
        var y = point.Position.Y;

        // Do action with touch information
    }
}
```

MainPage.xaml.cs 中的代码片段

通过处理 FrameReported 事件，您可以自己进行处理从而确定用户何时触摸或者离开屏幕、用户何时在屏幕上移动他们的手指以及手指的移动速度。这在您编写游戏程序，并且在想要高保真地控制对触控输入的处理时特别有用。

9.3 小结

在本章中，您学习了不同的标准触控手势，以及如何在 Windows Phone 应用程序中使用它们。您应该考虑应用程序所需的是单点触控手势还是多点触控手势，以及如何通过易于应用到控件上的可重用行为来实现手势。

1. 在 Windows Phone 触控操作中，帧指一系列点(零至多个点)触控消息或触控点。

第10章 摇晃与振动

本章内容

- 理解如何与加速度计进行交互
- 如何在 Windows Phone 模拟器中模拟加速度计
- 如何利用 Wii Remote 来测试使用了加速度计的应用程序
- 如何使 Windows Phone 振动

我不建议您将 Windows Phone 泡在马提尼酒中，但您的应用程序绝对应该让您知道 Windows Phone 的摇晃或抖动。所有 Windows Phone 设备有一个集成化的加速度计[1](accelerometer)，以便跟踪设备的运动。

在本章中，您将看到如何为那些在设备的方向及物理方位发生更改时而触发的事件进行注册。还将了解如何使设备振动，以便为用户提供触觉反馈。

10.1 加速度计

为 Windows Phone 设计的应用程序可以通过不同的方式来接受用户的输入。传统的桌面应用程序可以通过键盘、鼠标以及最近流行的触摸屏来接受输入。而在移动设备中，用户无须再坐在桌旁，因此可以使用其他输入设备与应用程序的用户界面(UI)进行交互。加速度计(accelerometer)就是其中的一种输入传感器——当用户移动或旋转设备时，它会对设备的加速度进行检测。

Windows Phone 加速度计会以 x、y 和 z 值的形式来报告一个三维(3D)向量。这些值用于指示当前应用到设备上的力的方向及大小。

如果 Windows Phone 设备直立或垂直在诸如桌子这类平面上，它所受到的力会产生 1g 的向上加速度(由于重力的影响，作用于地球表面的静态对象的机械力所产生的加速度为 1g，约等于 $9.8ms^2$)。这是用于平衡重力所需的机械力。Windows Phone 加速度计会将其报告为一个值为(0, –1, 0)的向量。

1. accelerometer 也译为重力感应器。

当您将 Windows Phone 设备移到不同的方向和位置时，加速度计会报告出如表 10-1 所示的一系列向量。这是一个非常有用的表格，因为它提供了一个快速参考，以便您查看加速度计如何根据不同的设备方向来报告加速度。

表 10-1　加速度计向量

方　向	加速度计向量(X , Y, Z)
垂直/竖直	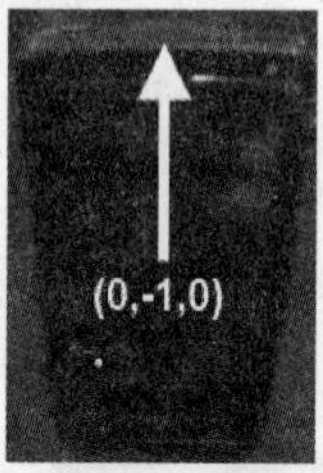 (0,-1,0)
右侧朝上	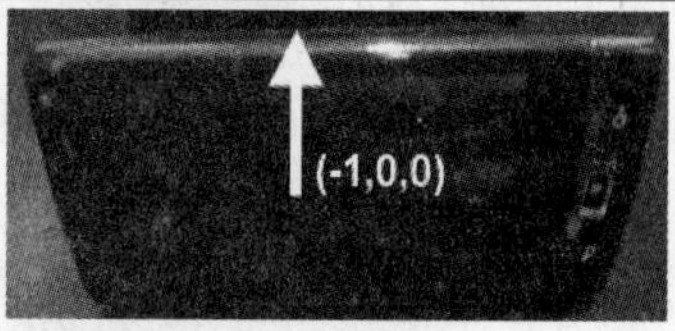 (-1,0,0)
倒置	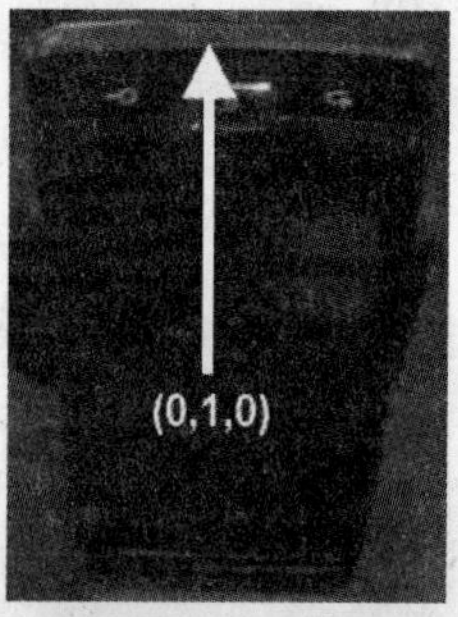 (0,1,0)
左侧朝上	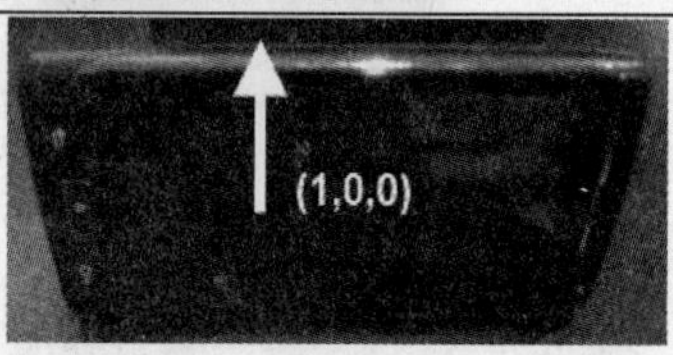 (1,0,0)
屏幕朝上	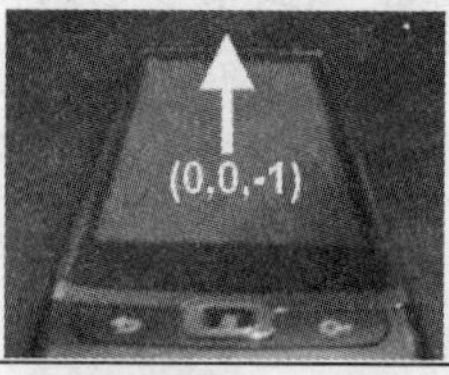 (0,0,-1)
屏幕朝下	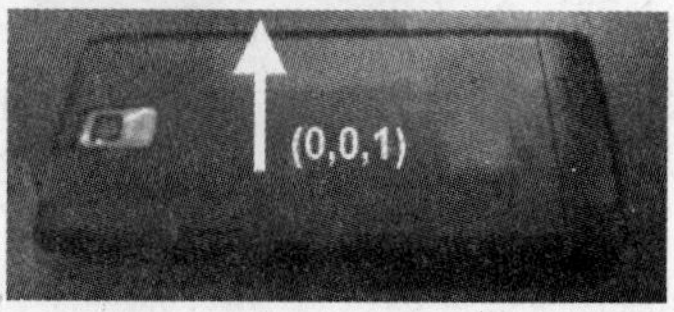 (0,0,1)

当设备处于这些状态之间的任何方向时都可以得到一个加速度向量，向量中三个维度的范围均为-1~1。稍后将分析如何使用加速度向量来提供设备方向的近似值。

对于加速度计返回的向量，需要予以注意的一点是，它们所使用的坐标空间与 Silverlight 所使用的不同。当 Windows Phone 的右侧朝上时，您所期望的 x 方向加速度可能是 1g，而实际值是-1g。同样，当屏幕朝上时，您所期望的 z 方向加速度是 1g，而实际上是-1g。

应用程序通常会利用加速度计来调整当前页面的布局。如果您的应用程序支持多个方向，则需要十分谨慎以确保当这两个功能交织在一起时用户不会感到困惑。例如，如果用户将设备向某侧倾斜，则会使页面方向发生更改，同时还会导致加速度计显示不同的力向量。如果您更改了屏幕中某些项的位置，那么对于用户来说就很难跟踪所发生的一切。为此，建议您在使用加速度计调整布局时，将页面的 SupportedOrientations 属性限制为 Portrait 或 Landscape，而非两者同时支持。

要将加速度计集成到应用程序中，需要创建一个 Accelerometer 类的实例并调用 Start 方法。为了进行演示，我们使用 Windows Phone Application 项目模板来创建一个新项目，并用下面的 XAML 来替换 MainPage 中的 ContentGrid 控件：

可从
wrox.com
下载源代码

```
<Grid x:Name="ContentGrid" Grid.Row="1">
   <Border BorderBrush="Silver" BorderThickness="1" Margin="41,1,39,0"
         Name="border1" Background="#FFA70000" RenderTransformOrigin="0.5,0.5"
         Height="400" VerticalAlignment="Top">
      <Border.Projection>
         <PlaneProjection CenterOfRotationZ="0.5"/>
      </Border.Projection>
   </Border>
   <Button Content="Start" Height="70" Margin="163,0,157,66" Name="StartButton"
         VerticalAlignment="Bottom" Click="StartButton_Click" />
   <Button Content="Stop" Height="70" Margin="0,0,6,66" Name="StopButton"
         VerticalAlignment="Bottom" Click="StopButton_Click"
         HorizontalAlignment="Right" Width="160" />
   <Button Content="Create" Height="70" HorizontalAlignment="Left"
         Margin="6,0,0,66" Name="CreateButton"
         VerticalAlignment="Bottom" Width="160"
         Click="CreateButton_Click" />
   <TextBlock HorizontalAlignment="Left" Margin="21,0,0,17"
         Name="SensorText" Text="" Width="439" Height="43"
         VerticalAlignment="Bottom" />
</Grid>
```

MainPage.xaml 中的代码片段

第一个子元素是 Border 控件，它会根据最新的加速度计读数而进行调整。出于此原因，它具有一个相关联的 PlaneProjection，用于旋转该 Border。其余按钮分别用于创建、启动及停止加速度计。此外还有一个 TextBlock，用于显示最新的加速度计数据。

Accelerometer 类位于 Microsoft.Devices.Sensors 程序集中。您需要添加一个该类库的引用，并在代码中添加适当的 using 语句。然后即可创建 Accelerometer 类的一个实例，如下所示：

可从
wrox.com
下载源代码

```
Accelerometer sensor;

private void CreateButton_Click(object sender, RoutedEventArgs e){
    sensor = new Accelerometer();
    sensor.ReadingChanged += sensor_ReadingChanged;
}
```

MainPage.xaml.cs 中的代码片段

与大多数硬件传感器相同，加速度计也是基于中断的，它可以很好地转化为由.NET 提供的事件模型。在本例中，Accelerometer 类公开了一个 ReadingChanged 事件，每当设备的加速度发生变化时就会引发该事件。上面的代码将 sensor_ReadingChanged 方法作为事件处理程序附加给 ReadingChanged 事件。按如下所示即可实现，只需使用当前的加速度向量来更新名为 SensorText 的 TextBlock 即可：

可从
wrox.com
下载源代码

```
void sensor_ReadingChanged(object sender, AccelerometerReadingEventArgs e){
    this.Dispatcher.BeginInvoke(
        () =>{

            this.SensorText.Text =
                string.Format("[{0:0.00},{1:0.00},{2:0.00}] at {3}", e.X, e.Y, e.Z,
                              e.Timestamp.TimeOfDay.ToString());
        });
}
```

MainPage.xaml.cs 中的代码片段

您会注意到该方法接受一个 AccelerometerReadingEventArgs 参数。此参数包含一个 Timestamp，用于指示读数的生成时间，同时还包含一个元组，用于指示 X、Y 和 Z 的读数值。

Accelerometer 类公开了用于启动(Start)及停止(Stop)传感器的方法，以及传感器当前的状态(SensorState)。传感器所有可能的状态都已在下面的枚举中列出，该枚举被定义在 Microsoft.Devices.Sensors 名称空间中：

```
public enum SensorState{
    NotSupported,
    Ready,
    Initializing,
    NoData,
    NoPermissions,
    Disabled
}
```

如果在模拟器中运行 Windows Phone 应用程序并创建了 Accelerometer 类的一个实例，则会看到 SensorState 属性被设置为 Ready，尽管模拟器中没有加速度计(模拟器会定期引发 ReadingChanged

事件，而且始终使用值为(0，0，-1)的加速器向量，这相当于将设备正面朝上放在桌上)。对于不支持加速度计的情况，您需要调整应用程序以便适应这种情况。以下代码用于启动加速度计，并对其进行检查以确保应用程序运行在一个支持加速度计的平台上：

可从
wrox.com
下载源代码

```
private void StartButton_Click(object sender, RoutedEventArgs e){
    if (sensor.State == SensorState.NotSupported){
        this.SensorText.Text = "Accelerometer not supported on this platform";
        return;
    }

    try{
        sensor.Start();
    }
    catch (AccelerometerFailedException ex){
        this.SensorText.Text = ex.Message.ToString();
    }
}
```

MainPage.xaml.cs 中的代码片段

注意传感器有可能无法启动，并抛出一个 AccelerometerStartFailedException 异常，所以您应该始终将 Start 方法包装在 Try-Catch 块中。同样，在停止加速度计时，也应该进行检查以确保该平台可以支持加速度传感器并捕获停止时引发的任何异常。

可从
wrox.com
下载源代码

```
private void StopButton_Click(object sender, RoutedEventArgs e){

    if (sensor.State == SensorState.NotSupported){
        this.SensorText.Text = "Accelerometer not supported on this platform";
        return;
    }

    try{
        sensor.Stop();
    }
    catch (AccelerometerFailedException ex){
        this.SensorText.Text = ex.Message.ToString();
    }
}
```

MainPage.xaml.cs 中的代码片段

当运行此代码时，可以单击 Create 按钮，然后单击 Start 按钮，即可启动加速度计。图 10-1 展示了运行在模拟器中的示例，并显示了一个值为(0，0，-1) 的加速度向量。

图 10-1

10.1.1 使用模拟器

Windows Phone 模拟器无法模拟真实加速度计的行为。如果您在应用程序中使用了加速度计，而且无法访问真实设备，则需要在开发期间模拟加速度计的功能。这可以通过多种方法来实现；在本节中，您将看到如何使用随机数据或来自 Wii 控制器的加速度计数据来实现加速度计的模拟。

要使用模拟加速度计，则需要重构代码，以便可在模拟加速度计和真实加速度计之间轻松地进行切换，而且无需不断地更改代码。理想情况下，在模拟器和真实设备之间进行切换时，您完全无须修改代码。前者应加载模拟的加速度计，而在真实设备中则应加载真实的加速度计。您可以检测运行应用程序的设备类型，并创建正确类型的加速度计驱动程序来达到此目的。

首先创建一个新接口 IAccelerometer，它包含 Start 和Stop 方法以及一个 ReadingChanged 事件。此外还需创建一个继承自 EventArgs 的 AccelerometerEventArgs 类，该类具有一个类型为 Vector3 的 Reading 属性。Vector3 可在 Microsoft.XNA.Framework 程序集中找到，您应该添加一个对该程序集的引用同时添加 using 语句。但我们无法重用 Microsoft.Devices.Sensors 名称空间中现有的 AccelerometerReadingEventArgs，因为其中所有的属性设置器都是私有的。

可从 wrox.com 下载源代码

```
using Microsoft.Xna.Framework;

public interface IAccelerometer {
   void Start();
   void Stop();
   event EventHandler<AccelerometerEventArgs> ReadingChanged;
}

public class AccelerometerEventArgs:EventArgs{
   public DateTimeOffset Timestamp { get; set; }
   public Vector3 Reading { get; set; }
}
```

IAccelerometer.cs 中的代码片段

IAccelerometer 接口定义了应用程序与任意加速度计进行交互的方式。下一步就是使用适配器模式创建一个对真实的加速度计进行包装的类，以便提供 IAccelerometer 接口的实现：

可从
wrox.com
下载源代码

```
public class RealAccelerometer: IAccelerometer{
    protected Accelerometer Sensor { get; set; }
    public event EventHandler<AccelerometerEventArgs> ReadingChanged;

    public RealAccelerometer(){
        this.Sensor = new Accelerometer();
        this.Sensor.ReadingChanged += Sensor_ReadingChanged;
    }

    void Sensor_ReadingChanged(object sender, AccelerometerReadingEventArgs e){
        if (ReadingChanged != null){
            ReadingChanged(this, new AccelerometerEventArgs() {
                                         Reading = new Vector3((float)e.X,
                                                               (float)e.Y,
                                                               (float)e.Z),
                                         Timestamp=e.Timestamp});
        }
    }

    public void Start(){
        this.Sensor.Start();
    }

    public void Stop(){
        this.Sensor.Stop();
    }
}
```

RealAccelerometer.cs 中的代码片段

您可以使用一个工厂方法，而非直接创建 RealAccelerometer 类的实例。该方法最终所包含的逻辑用于确定是加载真实的加速度计还是模拟的加速度计：

可从
wrox.com
下载源代码

```
public class Utilities{
    public static IAccelerometer LoadAccelerometer(){
        return new RealAccelerometer();
    }
}
```

Utilities.cs 中的代码片段

最后，您需要更新现有的这两个用于设置和读取加速度计的事件处理程序，以便使用新的 IAccelerometer 接口的功能，而非直接引用 Accelerometer 类：

可从
wrox.com
下载源代码

```
private IAccelerometer sensor;

private void CreateButton_Click(object sender, RoutedEventArgs e){
    sensor = Utilities.LoadAccelerometer();
    sensor.ReadingChanged += sensor_ReadingChanged;
}

void sensor_ReadingChanged(object sender, AccelerometerEventArgs e){
    this.Dispatcher.BeginInvoke(
            () =>{
            this.SensorText.Text =
              string.Format("[{0:0.00},{1:0.00},{2:0.00}] at {3}",
                          e.Reading.X, e.Reading.Y, e.Reading.Z,
                          e.Timestamp.TimeOfDay.ToString());

            });
}

private void StartButton_Click(object sender, RoutedEventArgs e){
    try{
        sensor.Start();
    }
    catch (AccelerometerFailedException ex){
        this.SensorText.Text = ex.Message.ToString();
    }
}

private void StopButton_Click(object sender, RoutedEventArgs e){
    try{
        sensor.Stop();
    }
    catch (AccelerometerStopFailedException ex){
        this.SensorText.Text = ex.Message.ToString();
    }
}
```

MainPage.xaml.cs 中的代码片段

完成这些更改后，现在运行该应用程序时您应该看不到行为的变化。不过，通过将 IAccelerometer 接口插入到应用程序中，即可创建用于替代的模拟加速度计服务，它可以很容易地与上面创建的 RealAccelerometer 类进行交换。

1. 随机加速度计数据

要创建一种可以返回随机数据的模拟加速度计，其实只需提供 IAccelerometer 接口另一个的实现即可。该接口需要一个名为 ReadingChanged 的事件，每当有新的读数时就会引发该事件。此外还需要实现 Start 和 Stop 方法。FakeAccelerometer 实现使用了一个简单标志来跟踪是否处于运行状态。如果未运行，则调用 Start 方法，并生成一个新线程来调用 Run 方法：

```
public class FakeAccelerometer:IAccelerometer{
    public event EventHandler<AccelerometerEventArgs> ReadingChanged;

    private bool IsRunning { get; set; }
    private Random random = new Random();

    public void Start(){
        if (IsRunning) return;

        IsRunning = true;
        var runThread = new Thread(Run);
        runThread.Start();
    }

    public void Stop(){
        if (!IsRunning) return;
        IsRunning = false;
    }

    public void Run(){
        double deltaX = 0.0, deltaY = 0.8, deltaZ = -0.6;

        while (IsRunning){
            Vector3 reading = new Vector3((float)Math.Sin(deltaX),
                                          (float)Math.Cos(deltaY * 1.1),
                                          (float)Math.Sin(deltaZ * .7));
            reading.Normalize();

            if (ReadingChanged != null){
                var readingArgs = new AccelerometerEventArgs()
                                   { Reading = reading,
                                     Timestamp=DateTimeOffset.Now };

                ReadingChanged(this, readingArgs);
            }

            Thread.Sleep(random.Next(100));

            deltaX += 0.001;
            deltaY -= 0.003;
            deltaZ += 0.002;
        }
    }
}
```

FakeAccelerometer.cs 中的代码片段

Run 方法中所包含的 while 循环会一直进行，直到 IsRunning 标志被设置为 false(即 Stop 方法被调用时)为止。循环中的每一次迭代都会递增三个方向变量(deltaX、deltaY、deltaZ)，引发

ReadingChanged 事件，然后进入睡眠状态(时长随机)。

现在已经拥有了可替代的加速度计类，您需要更改 LoadAccelerometer 方法，以便当应用程序在模拟器中运行时可以加载 FakeAccelerometer 的实例。为了替代创建 RealAccelerometer 的实例并测试当前平台是否支持加速度计，LoadAccelerometer 方法需要查询 DeviceType 以确定当前设备是否为模拟器。由于所有 Windows Phone 都必须拥有一个加速度计，所以这是一种比较合理的方法来确定 RealAccelerometer 类是否拥有合适的可用硬件。

可从
wrox.com
下载源代码

```
public class Utilities{
    public static IAccelerometer LoadAccelerometer(){
        if (Microsoft.Devices.Environment.DeviceType ==
                              Microsoft.Devices.DeviceType.Device){
            return new RealAccelerometer();
        }

        return new FakeAccelerometer();
    }
}
```

Utilities.cs 中的代码片段

FakeAccelerometer 并不是一种特别好的模拟加速度计的方式，因为它假设方向是在不断变化而且没有引入任何数据毛刺或抖动，而这是在真实设备中可能会遇到。在 10.1.2 中，您将看到如何使用 Wii 控制器作为在模拟器中模拟加速度计信息的另一种方式。

2. Wii 模拟

使用 Wii 控制器模拟加速度计信息的目的是使您可以使用更真实的数据来测试应用程序。虽然 FakeAccelerometer 可用于在基础条件下测试应用程序的行为，但它很难去模仿真实的设备运动或在模拟的动作发生时精确地进行控制。Nintendo(任天堂)的 Wii 控制器可以很方便地连接到桌面 PC，并使用内置的加速度计来生成真实的数据流。为此，他们可以构造一个理想的模拟加速度计设备，以便在 Windows Phone 7 模拟器中测试您的应用程序。

3. 连接 Wiimote

首先需要一个 Wii 控制器(也称为 Wiimote，Wii Remote 的缩写)。它们最初是为 Nintendo 的 Wii 游戏机控制台而设计的，您可以单独进行购买。此外还需要一台具备 Bluetooth(蓝牙)功能的计算机，如果您的计算机不具备 Bluetooth 功能，则可以购买一个基于 USB 的 Bluetooth 适配器。此外还需要 WiimoteLib，一个用于从 Wiimote 接收输入的托管库。它是一个由 CodePlex(http://wiimotelib.codeplex.com)托管的开源项目。下载该项目的最新版本，将所下载的文件解除锁定，并将其中的内容解压到计算机中。

在 Windows Vista 和 Windows 7 中，当您从 Internet 上下载文件时，该文件可能会被标记为 Blocked。这会对文件产生限制，从而指示它们来自不受信任的发布者。若要解除该文件的锁定，需要在 Windows 资源管理器中右击该文件并选择 Properties。如果该文件已被锁定，则在 Properties 窗口的底部会出现一个 Unblock(解除锁定)按钮。单击该按钮即可解除文件的锁定。您应该只在文件来自您所信任的位置时才这样做。

在编写代码之前，需要对 Wiimote 进行设置，以便在计算机和控制器之间建立 Bluetooth 连接。在计算机中加载您的 Bluetooth 设置(这会因计算机所使用的特定 Bluetooth 堆栈而异)并启动新建连接向导。按照该向导的步骤进行操作，直到它开始搜索 Bluetooth 设备，如图 10-2 所示的示例。

现在，拿起 Wiimote，同时按下按钮 1 和按钮 2，如图 10-3 所示。

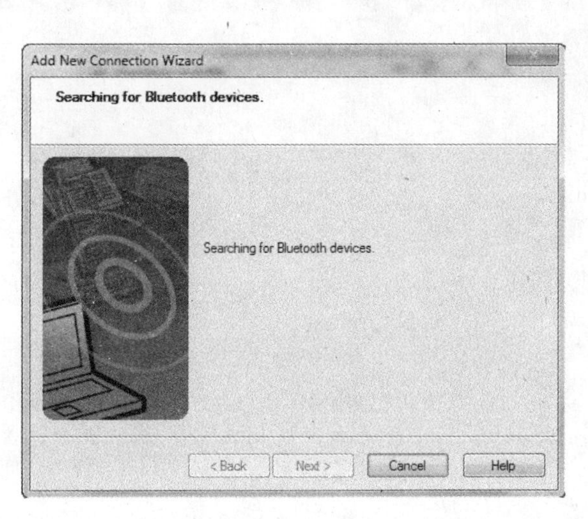

图　10-2

图　10-3

您应该会看到设备底部的四个灯开始反复闪烁。同时计算机中的新建 Bluetooth 连接向导应该会检测 Wiimote 并会将其列为可以连接的设备(如图 10-4 所示)。远程控制器的名称应该类似于 *Nintendo RVL-CNT-01*。

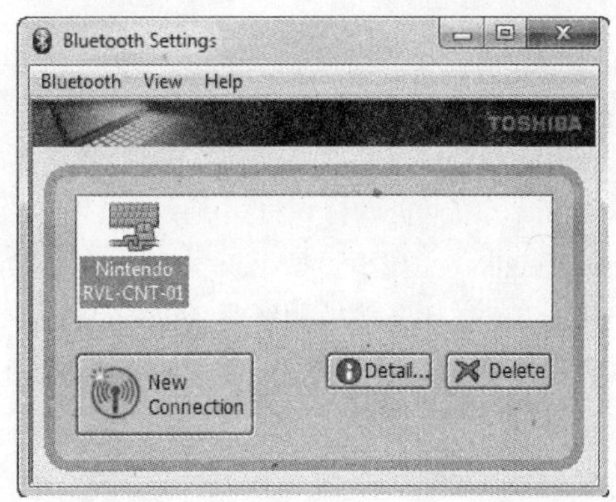

图　10-4

完成新建 Bluetooth 连接向导。该设备不需要密码即可连接，因此，如果系统提示您，只需将密码(pin)字段留空即可。完成后，Bluetooth 配置应该会将 Wiimote 列为配对设备。然后进行检查以确保它出现在列表中，并带有活动的连接。如果被列出，但并未连接，请确保设备上的蓝灯闪烁，并尝试将其连接到设备。

此时，Wiimote 应与计算机配对成功，并带有活动的连接。要对此进行验证以确保可以从设备接收数据，只需运行位于 WiimoteLib 根目录的 WiimoteTest.exe 即可。图 10-5 演示了正在运行的测试程序。

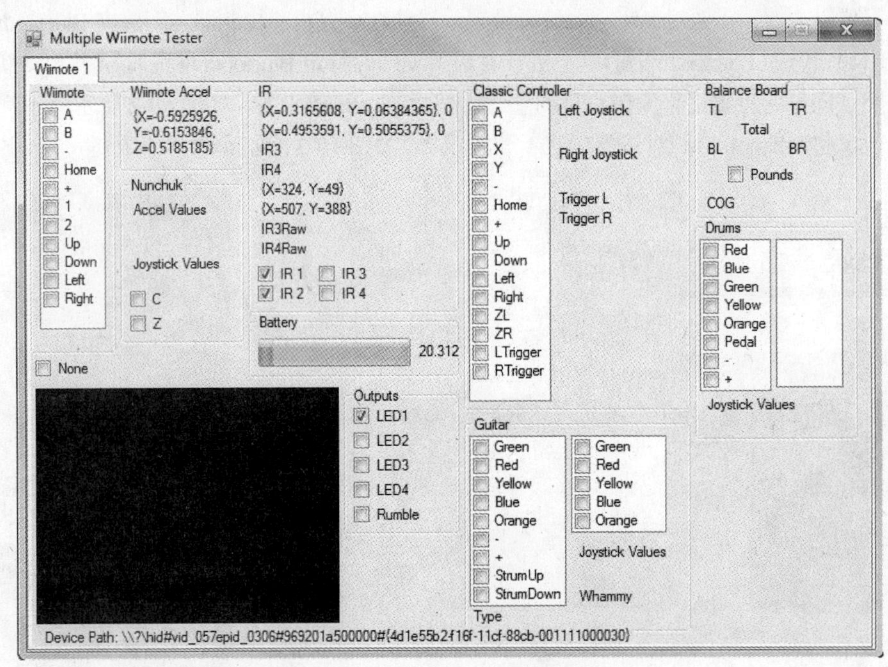

图 10-5

您所感兴趣的信息应该是位于图 10-5 左上角的 Wiimote Accel[erometer]。它可以提供 x、y 和 z 方向上的加速度计信息。当移动 Wiimote 时如果确认这些值已经发生更改，即可将测试应用程序关闭。

4. 发布加速度计的值

下一步将 Wiimote 加速度计的数据导入到 Windows Phone 模拟器中，以便创建一个简单的 Windows Communication Foundation(Windows 通信基础，WCF)服务。由于 WCF 服务会被注册为一个 URI(Uniform Resource Identifier，统一资源标识符)，通过该 URI 可以定位到该服务，所以您需要拥有管理员权限以便运行 Visual Studio。首先基于 Console Application 模板新建一个名为 WiiDataService 的项目。向该项目中添加一个基于 WCF 服务模板的新项 WiimoteSensor。然后添加对 WiimoteLib.dll 的引用，该程序集位于在其中解开 WiimoteLib 下载文件的文件夹中。现在修改 IWiimoteSensor 接口，如下所示：

可从
wrox.com
下载源代码

```
[ServiceContract]
public interface IWiimoteSensor{
    [OperationContract]
    SensorData CurrentState();
}

public class SensorData{
    public float X { get; set; }
    public float Y { get; set; }
    public float Z { get; set; }
}
```

IWiimoteSensor.cs 中的代码片段

此段代码包含一个名为 SensorData 的类，用于表示一组加速度计信息。在实现此接口之前，您需要创建一个包装器类，以便连接到 Wiimote 并从中检索数据。在项目中添加一个名为 WiiWrapper 的新类：

可从
wrox.com
下载源代码

```
internal class WiiWrapper{
    public static readonly WiiWrapper Instance = new WiiWrapper();
    static WiiWrapper(){}

    public Wiimote Wiimote = new Wiimote();
    public SensorData state= new SensorData();

    private WiiWrapper(){}

    void TryConnect() {
        try{
            Wiimote.Connect();
            Wiimote.WiimoteChanged += Wiimote_WiimoteChanged;
            Wiimote.SetReportType(InputReport.IRAccel, true);
            Wiimote.SetLEDs(true, false, false, false);
            Console.WriteLine("Wiimote connected and ready");
        }
        catch (Exception e){
            Console.WriteLine(e.Message);
        }
    }

    public void Initialize(){
        Wiimote = new Wiimote();
        TryConnect();
    }

    public void Stop(){
        this.Wiimote.Disconnect();
```

```
    }

    void Wiimote_WiimoteChanged(object sender, WiimoteChangedEventArgs e){
        var state = e.WiimoteState.AccelState;
        this.state = new SensorData { X=state.Values.X,
                                      Y=state.Values.Y,
                                      Z=state.Values.Z };
    }
}
```

WiiWrapper.cs 中的代码片段

WiiWrapper 是一个单例类，在它的 TryConnect 方法中创建了到 Wiimote 的连接。为 WiimoteChanged 事件注册的事件处理程序只会基于当前的加速度计读数来更新当前的状态信息。现在您可以返回到 WiimoteSensor 类中并完成 IWiimoteSensor 接口的实现。这比较简单，因为它只需返回 WiiWrapper 实例的当前状态即可：

可从
wrox.com
下载源代码

```
public class WiimoteSensor : IWiimoteSensor{
    public SensorData CurrentState(){
        var state = WiiWrapper.Instance.state;
        return new SensorData() { X = state.X, Y = state.Y, Z = -state.Z };
    }
}
```

WiimoteSensor.cs 中的代码片段

您会发现在返回到 Windows Phone 模拟器之前，Wiimote 加速度计的 z 方向发生了反转。这是为了纠正 Wiimote 和 Windows Phone 加速度计所使用的坐标系统存在的差异。与 Windows Phone 不同，Wiimote 的 z 轴正方向是向下的。

要完成 WiimoteSensor WCF 服务，您需要更新 Program.cs 以便初始化 WiimoteWrapper 类从而创建到 Wiimote 的连接，然后承载 WiimoteSensor 服务：

可从
wrox.com
下载源代码

```
class Program{
    static void Main(string[] args){
        // Create the ServiceHost.
        using (ServiceHost host = new ServiceHost(typeof(WiimoteSensor))){
            WiiWrapper.Instance.Initialize();

            host.Open();

            Console.WriteLine("The service is ready");

            Console.WriteLine("Press <Enter> to stop the service.");
            Console.ReadLine();

            // Close the ServiceHost.
            host.Close();
```

```
            }
        }
    }
```

Program.cs 中的代码片段

WiiDataService 项目还应该包含一个用于声明 WiimoteSensor 服务配置的 app.config 文件。该文件的内容应与下面类似：

```
<?xml version="1.0" encoding="utf-8" ?>
<configuration>
  <system.serviceModel>
    <behaviors>
      <serviceBehaviors>
        <behavior name="WiiDataService.WiimoteSensorBehavior">
          <serviceMetadata httpGetEnabled="true" />
          <serviceDebug includeExceptionDetailInFaults="false" />
        </behavior>
      </serviceBehaviors>
    </behaviors>
    <services>
      <service behaviorConfiguration="WiiDataService.WiimoteSensorBehavior"
        name="WiiDataService.WiimoteSensor">
        <endpoint address="" binding="basicHttpBinding"
                bindingConfiguration=""
          contract="WiiDataService.IWiimoteSensor">
        </endpoint>
        <endpoint address="mex" binding="mexHttpBinding"
                contract="IMetadataExchange" />
        <host>
          <baseAddresses>
            <add baseAddress="http://localhost:8080/Wiimote" />
          </baseAddresses>
        </host>
      </service>
    </services>
  </system.serviceModel>
</configuration>
```

app.config 中的代码片段

如果将此配置与创建 WCF 服务时所创建的 app.config 文件中的配置进行对比，会发现它使用了 basicHttpBinding，而不是 wsHttpBinding。这是因为 Windows Phone 只支持 WCF 服务的 basicHttpBinding。此配置中最重要的部分是 baseAddress 设置，它用于确定在运行时可在哪个 URL 访问该服务。确保 Wiimote 的 Blue tooth 连接处于活动状态并运行 WiiDataService 项目。您应该会看一个显示着 Wiimote is connected and ready 的命令提示符，如图 10-6 所示。

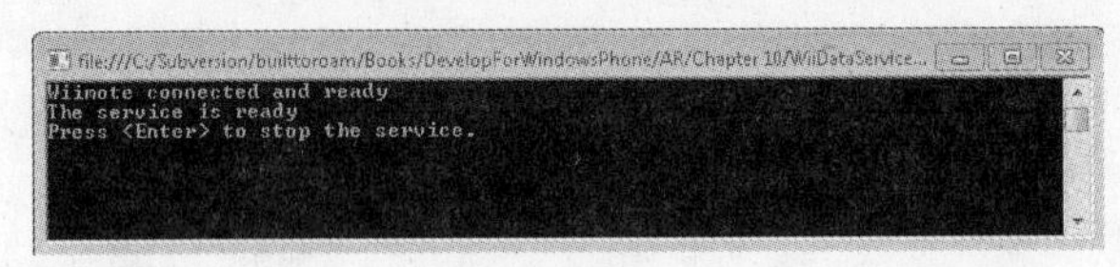

图 10-6

当运行 WiiDataService 项目时，您可能遇到两个潜在问题：

- 如果返回 AddressAccessDeniedException 异常，请确保以管理员身份运行 Visual Studio。
- 如果控制台显示“Error reading data from Wiimote…is it Connected?”，则需要确保 Wiimote 的配对和连接没有被意外终止。在某些情况下，您可能需要重新对 Wiimote 和计算机进行配对。

5. 使用加速度计的值

为了能够从 Windows Phone 应用程序连接 WiiDataService，您需要运行 WiiDataService(启动 Visual Studio 的第二个实例或从 Visual Studio 的外部运行该服务)，然后选择 Add Service Reference。输入服务地址，如图 10-7 所示，然后单击 Go 按钮。将 Namespace 设置为 WiimoteData，最后单击 OK 按钮以便将服务引用添加到项目中。

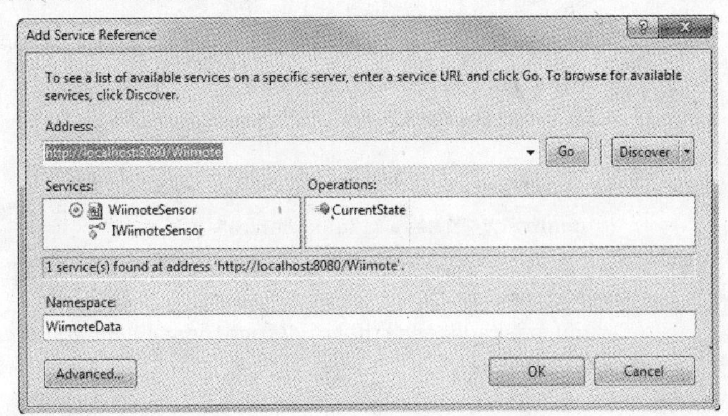

图 10-7

现在需要做的就是将对 WiimoteSensor WCF 服务的访问包装到一个实现了 IAccelerometer 接口的类中：

可从
wrox.com
下载源代码

```
public class WiiAccelerometer: IAccelerometer{
    public event EventHandler<AccelerometerEventArgs> ReadingChanged;

    private Vector3 reading;
    private AutoResetEvent waitForCurrentState = new AutoResetEvent(false);

    private bool IsRunning { get; set; }
    private  WiimoteData.WiimoteSensorClient WiiSensor { get; set; }

    public void Start(){
```

```
        if (IsRunning) return;

        IsRunning = true;
        WiiSensor = new WiimoteData.WiimoteSensorClient();
        WiiSensor.CurrentStateCompleted += WiiData_CurrentStateCompleted;
        var runThread = new Thread(Run);
        runThread.Start();
    }

    public void Stop(){
        if (!IsRunning) return;

        IsRunning = false;
    }

    public void Run(){
        while (IsRunning){
            WiiSensor.CurrentStateAsync();
            waitForCurrentState.WaitOne();

            if (ReadingChanged != null) {
                var readingArgs = new AccelerometerEventArgs()
                                     { Reading = reading,
                                       Timestamp = DateTimeOffset.Now};
                ReadingChanged(this, readingArgs);
            }
        }
    }

    private void WiiData_CurrentStateCompleted(object sender,
                          WiimoteData.CurrentStateCompletedEventArgs e){
        if (e.Error==null && !e.Cancelled){
            reading = new Vector3(e.Result.X, e.Result.Y, e.Result.Z);
        }
        waitForCurrentState.Set();
    }
}
```

WiiAccelerometer.cs 中的代码片段

WiiAccelerometer 类会不断轮询 WiiSensor WCF 服务的 CurrentState 方法以获得最新的加速度计数据。

现在可以更新 LoadAccelerometer 方法，以便当程序在模拟器中运行时可以创建 WiiAccelerometer 类(而非 FakeAccelerometer 类)的实例：

可从 wrox.com 下载源代码

```
public class Utilities{
    public static IAccelerometer LoadAccelerometer(){
        if (Microsoft.Devices.Environment.DeviceType ==
                        Microsoft.Devices.DeviceType.Device){
```

```
            return new RealAccelerometer();
        }

        return new WiiAccelerometer();
    }
}
```

Utilities.cs 中的代码片段

在模拟器中运行应用程序，现在您应该可以看到 TextBlock 会根据 Wiimote 的运动而进行更新。

10.1.2 Reactive Extensions for .NET

虽然由 IAccelerometer 接口公开的 ReadingChanged 事件为您提供了一种从加速度计设备获取数据的方法，不过这种方法并非没有缺点。例如，通过所公开的事件，您无法轻松地使用 LINQ 查询来对加速度计的信息变化进行过滤或汇总。要解决这种问题，可使用 Windows Phone SDK 中包含的 Reactive Extensions for .NET(.NET 响应式扩展，Rx)框架。

Rx 背后的理念是将应用程序中所触发的一系列事件塑造成一个数据流(也称为可观察序列，observable sequence)。然后应用程序可以订阅一个可观察序列，并在添加新项时收到通知。Rx 还允许使用 LINQ 表达式来方便地过滤事件流。

要在应用程序中使用 Rx，必须先添加对 Microsoft.Phone.Reactive 和 System.Observable 程序集的引用。完成后，即可创建一个 Observable 集合。由于加速度计的数据源是一个事件，因此您可以调用 Observable 类中的静态方法 FromEvent，以便创建合适的 Observable 集合。您也可以使用一个简单的 LINQ 语句以便只报告真正的加速度计数据，而非由 ReadingChanged 事件提供的整个 AccelerometerEventArgs。

一旦拥有了合适的 Observable 集合，即可调用 Subscribe 方法来对其进行订阅(侦听更改)。可将 Subscribe 视为一种关联事件处理程序的方法，每当有新数据被添加到序列中时，就令调用事件处理程序。

可从 wrox.com 下载源代码

```
private void StartButton_Click(object sender, RoutedEventArgs e){
    var accelerometerEvents = Observable.FromEvent<AccelerometerEventArgs>(
            ev => sensor.ReadingChanged += ev,
            ev => sensor.ReadingChanged -= ev);

    var readings = from args in accelerometerEvents
                   select args.EventArgs.Reading;

    readings.Subscribe(ObservableReadingChanged);
    try{
        // Start the accelerometer
        sensor.Start();
    }

    catch (AccelerometerStartFailedException ex){
        this.SensorText.Text = ex.Message.ToString();
```

```
        }
    }

    void ObservableReadingChanged(Vector3 data)
    {
        this.Dispatcher.BeginInvoke(() => {
            (this.border1.Projection as PlaneProjection).RotationX = 90 * data.X;
            (this.border1.Projection as PlaneProjection).RotationY = -90 * data.Y;
            (this.border1.Projection as PlaneProjection).RotationZ = 90 * data.Z;
        });
    }
```

MainPage.xaml.cs 中的代码片段

每当加速度计检测到更改，就会引发 ReadingChanged 事件，Rx 会用该事件来填充 accelerometerEvents 这个 Observable 集合。每当一个读数被添加到序列中时，就会调用 ObservableReading-Changed 方法。在本例中，该方法会调整 Border 的 PlaneProjection 的旋转角度，如图 10-8 所示。

为了订阅一个简单事件，这段代码初看起来似乎有些大材小用，但它构成了对序列进行更复杂过滤的基础。可使用更复杂的 LINQ 表达式对原始的加速度计数据进行过滤。

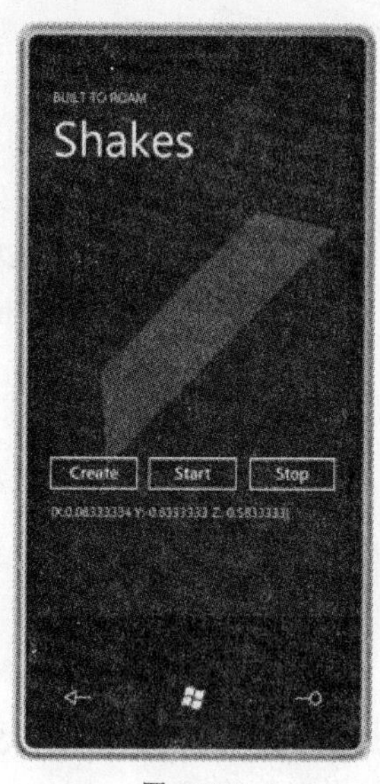

图　10-8

可从 wrox.com 下载源代码

```
var readings = from args in accelerometerEvents
               where args.EventArgs.Reading.X>0.2 ||
                  args.EventArgs.Reading.Y>0.2 ||
                  args.EventArgs.Reading.Z>0.2
               select args.EventArgs.Reading;
```

MainPage.xaml.cs 中的代码片段

这个 LINQ 表达式对读数进行了过滤，如果事件中任何一个方向上的加速度小于 0.2，则该事件将被忽略。此过滤器被应用于可观察序列，以便只有满足此条件的元素才会调用 ObservableReading Changed 方法。

10.2　振动

大多数应用程序会为用户提供视觉反馈，偶尔还会提供音频反馈。在移动设备中，另一种特别有用的方法就是短暂的振动。这样可以将注意力吸引到设备上(例如，大多数移动设备都为铃声音量提供了振动设置)或者模拟某些其他事件(例如，在设备上的动作游戏中进行点击)。

使用位于 Microsoft.Devices 名称空间中的 VibrateController 类即可实现设备的振动。Vibrate Controller 类中只有 Start 和 Stop 这两个方法。Start 方法接受一个 TimeSpan，以便告诉设备需要振动多久。如果您希望在时间结束前使设备停止振动(例如，用户按下 Dismiss 按钮)，则可以调用 Stop

方法来取消振动。

```
private void VibrateStartButton_Click(object sender, RoutedEventArgs e){
    // Create a TimeSpan of 3 seconds
    var duration = new TimeSpan(0,0,3);
    VibrateController.Default.Start(duration);
}

private void VibrateStopButton_Click(object sender, RoutedEventArgs e){
    VibrateController.Default.Stop();
}
```

即使模拟器没有振动的功能，此段代码还是可以在模拟器中执行。

10.3 小结

在本章中，您看到了如何与 Windows Phone 中的加速度计进行交互。虽然 Windows Phone 模拟器不支持加速度计，不过您可以提供一个模拟的加速计，从而对应用程序进行测试。此外，您还学习了如何触发 Windows Phone 使其振动一段指定的时间，这对于在应用程序中提供触觉反馈来说大有裨益。

第11章 播放音频

本章内容

- 使用 MediaElement 播放媒体
- 结合 SoundEffect 进行播放
- 通过麦克风录制音频
- 与媒体 hub 集成
- 调谐 FM 收音机

Windows Phone 是一个优秀的音频及视频播放设备。您的应用程序可以利用 Silverlight 所提供的丰富媒体播放功能以及 XNA 音频框架在整个应用程序中播放和谐优美的声音。

在本章中，您将学习如何将音频播放集成到应用程序中以及如何访问麦克风的音频流从而实现自己的音频处理。此外还将了解如何运用基于云的服务来扩展 Windows Phone 的音频功能，从而实现文本语音转换(text-to-speech)及语言翻译。

11.1 媒体播放

在 Windows Phone 应用程序中，可以使用两种方法来播放媒体。如果只是简单地播放视频或音频，可向 PhoneApplicationPage 中添加 MediaElement，并使用 Source 属性来指定要播放的媒体。或者，可以使用 SoundEffect 类将音频文件加载到内存中，然后根据需要来播放声音。

11.1.1 MediaElement

首先列举一个使用 MediaElement 来播放音频文件的简单示例。在 Visual Studio 中使用 Windows Phone Application 项目模板创建一个新项目，并添加一个音频文件(例如，mp3 或 wav 文件)，确保 Build Action 属性被设置为 Content，Copy to Output Directory 属性被设置为 Copy Always。从 Toolbox

中将 MediaElement 实例拖到 MainPage 的 ContentGrid 区域中。由于需要播放音频，所以不必考虑 MediaElement 的尺寸或位置。但为了确保它不可见，应将它的 Visibility 属性设置为 Collapsed。最后将 Source 属性设置为被添加到项目中的音频文件的名称，并将 AutoPlay 属性设置为 True。当应用程序运行时，下例中所示的 Kalimba.mp3 音频文件将在页面加载后自动播放：

可从 wrox.com 下载源代码

```
<Grid x:Name="ContentGrid" Grid.Row="1">
   <MediaElement x:Name="AudioPlayer" HorizontalAlignment="Left"
                 VerticalAlignment="Top" Source="Kalimba.mp3"
                 AutoPlay="True" Visibility="Collapsed" />
</Grid>
```

MainPage.xaml 中的代码片段

Source 属性实际上是一个 Uri，它可以被设置为本地文件(部署在应用程序的 xap 文件中)，或者位于远程服务器中。例如，可按如下所示更改 MedieElement：

```
<MediaElement x:Name="AudioPlayer" HorizontalAlignment="Left"
              VerticalAlignment="Top" AutoPlay="True" Visibility="Collapsed"
    Source="http://www.builttoroam.com/books/devwp7/chapter11/Kalimba.mp3" />
```

当从远程服务器加载媒体时，有一件事需要注意，如果在播放过程中网络连接断开或速度减慢，则会在加载媒体时出现严重的延迟同时可能会出现音频间隙。为避免这些问题，可能需要在播放前将远程媒体下载到设备中。下面的示例在开始播放之前，首先使用 WebClient 类将整个远程文件 Kalimba.mp3 下载到独立存储中(有关独立存储的详情，请参阅第 16 章)。文件下载完毕后使用 SetSource 方法将流传给 MediaElement：

可从 wrox.com 下载源代码

```
private void DownloadAndPlayButton_Click(object sender, RoutedEventArgs e){
   var downloadClient = new WebClient();
   downloadClient.OpenReadCompleted += downloadClient_OpenReadCompleted;
   downloadClient.OpenReadAsync(
     new Uri("http://www.builttoroam.com/books/devwp7/chapter11/Kalimba.mp3"));
}

void downloadClient_OpenReadCompleted(object sender,
                                       OpenReadCompletedEventArgs e){
   using (var strm = e.Result)
   using (var isoFile = new IsolatedStorageFileStream("Kalimba.mp3",
          FileMode.Create, IsolatedStorageFile.GetUserStoreForApplication())){
      int read;
      var buffer = new byte[10000];
      while ((read = strm.Read(buffer, 0, buffer.Length)) > 0){
         isoFile.Write(buffer, 0, read);
      }
      isoFile.Seek(0, SeekOrigin.Begin);
```

```
            this.AudioPlayer.SetSource(isoFile);
        }
    }
```

MainPage.xaml.cs 中的代码片段

要使用 MediaElement 显示视频，只需将 Visibility 属性设置为 Visible，并将 Source 属性设置为一个视频文件即可。然后再向页面中添加第二个 MediaElement，将 Source 属性设置为被添加到项目中的视频文件的名称。同样要确保文件的 Build Action 属性被设置为 Content，同时 Copy to Output Directory 属性被设置为 Copy Always。

可从
wrox.com
下载源代码

```
<MediaElement x:Name="VideoPlayer" AutoPlay="True"
              Margin="188,140,70,0" Height="144" VerticalAlignment="Top"
              Source="Wildlife.wmv" />
```

MainPage.xaml 中的代码片段

在运行此示例之前，需要显式地将现有的名为 AudioPlayer 的 MediaElement 的 AutoPlay 特性设置为 False。虽然一个页面中可以包含多个 MediaElement 的实例，但在任意给定的时间内只能有一个处于播放状态。由于 AutoPlay 的默认值为 True，所以仅仅从 XAML 中删除该特性是不够的。

MediaElement 包含很多方法和属性(如表 11-1和表11-2 所示)，它们可用于控制媒体的播放。

表 11-1　MediaElement 的属性

属　　性	说　　明
AutoPlay	指示是否在媒体加载后对其进行播放。是为 true，不是为 false
BufferingProgress (只读)	已经完成缓冲的 BufferingTime 的百分比(范围为 0~1)
BufferingTime	播放开始前需要进行缓冲的时间。这是一个 TimeSpan 属性，所以如果希望在 XAML 中指定该属性，那么它的值需要被指定为[days.]hours:minutes:seconds[fractionalSeconds]格式，[ ]表示可选的部分(不必逐项填写)
CacheMode	指定是否为所呈现的内容执行缓存。Windows Phone 支持的值只有 BitmapCache，在其中元素会被缓存为位图。由于硬件图形处理器负责完成缓存，所以这会大幅提升性能。 对桌面版 Silverlight 而言，需要在承载 Silverlight 插件的 HTML 中启用 GPU 加速。与之相反，所有的 Windows Phone 应用程序都会自动启用硬件加速
CanPause (只读)	指示是否可以暂停并恢复媒体播放
CanSeek (只读)	指示是否可以通过 Position 属性来更改媒体播放位置

(续表)

属　性	说　明
CurrentState (只读)	MedieElementState 枚举包含如下内容: ● Closed——没有指定媒体，或者由 Source 属性指定的 Uri 加载失败。 ● Opening——Source 属性已被设置，并且正在打开 Uri 以便为播放做准备。在该状态下的任何操作(如 Play 或 Stop)都会被缓冲直到 Opening 完成。 ● Buffering——在播放开始或正在播放时对媒体进行缓冲以便为播放做准备。处于该状态时，无法更改 Position 属性，也不会播放音频，并且会继续显示视频的上一帧。 ● Playing——媒体已被加载，可能是 Play 方法被调用，或者是 MediaElement 被设置为 AutoPlay。在该状态下 Position 会不断前移。 ● Paused——媒体播放被暂停(Play 方法可以从当前位置恢复播放)，在恢复播放之前不会播放音频，也不会显示视频的上一帧。 ● Stopped——媒体已被加载，但播放已经停止或者尚未开始。如果 Source 是视频，则会显示它的第一帧。 此外还有 Individualizing 和 AcquiringLicense 状态，它们与受 DRM(Digital Rights Management，数字版权管理)保护的内容的加载及验证方式有关
DownloadProgress (只读)	已完成下载的媒体百分比(范围为 0~1)
DownloadProgressOffset (只读)	视频播放开始前被跳过的百分比。例如，如果 Position 属性被移动到 30%，下载就会从该点开始。当 DownloadProgress 返回 40%时，则意味着已经下载了 10%的文件(也就是 DownloadProgress 和 DownloadProgressOffset 之间的差值)
IsMuted	将 IsMuted 属性设置为 true 可以禁用音频
NaturalDuration (只读)	NaturalDuration 返回一个 Duration 对象，其中包含一个指示媒体长度的 TimeSpan。如果没有加载媒体，Duration 会被设置为一个静态值 Automatic
NaturalVideoHeight 及 NaturalVideoWidth (只读)	视频内容的原始高度和宽度。如果您不想使用缩放或宽屏模式来调整 MediaElement 从而优化视频输出，那么这一点将非常有用
Position	返回一个指示媒体位置的 TimeSpan。如果 CanSeek 为 true，则该属性可用于在播放时调整当前位置
Source	待播放媒体的 Uri
Volume	正在播放的媒体的音量(范围为 0~1，默认为 0.5)。由于每个媒体都会有不同的基准，因此很难对该属性进行恰当地设置。此外，用户可以使用硬件音量键来控制整体的设备音量

表 11-2　MediaElement 的方法

方　法	说　明
Pause	如果 CanPause 返回 true，则此方法会暂停播放。视频的上一帧将继续显示，但不会播放音频
Play	如果媒体已被停止，则会从开始位置进行播放，否则会从暂停处播放当前媒体
SetSource	可用于将媒体的源设置为一个流。如果将媒体存储在独立存储中，这将会非常有用，在第 16 章中将会对其进行深入探讨
Stop	停止播放当前媒体。如果媒体是视频，则会显示第一帧

用于 Windows Phone 的 MediaElement

MediaElement 控件中的某些属性仅仅是为了与桌面版 Silverlight 保持兼容：

- AudioStreamCount——只会返回 1，即使媒体中包含多个音频流也同样如此。
- AudioStreamIndex——始终被设置为 0，即始终选中第一个音频流(与 AudioStreamCount 的值 1 相对应)。
- Balance[1]——始终返回值 1，该值通常对应于所有流入右侧扬声器的声音。由于 Windows Phone 只支持单扬声器，所以所有的音频都会流入该扬声器。
- CanPause——当从流中加载媒体时，此属性总是返回 false，对于某些类型的媒体也会返回 false。例如，播放 wav 文件时 CanPause 会返回 true，而在播放 mp3 文件时却会返回 false。如果希望用户能够暂停播放，则应当考虑使用此值来启用或禁用该控件。
- RenderedFramesPerSecond——此属性虽然存在，但在 Windows Phone 中不受支持。

1. 媒体控件

让我们利用这些属性来添加一些控件，以便对添加到页面的 VideoPlayer MediaElement 的行为进行控制。首先添加两个按钮，并分别将它们的 Content 属性设置为 Play 和 Stop：

可从 wrox.com 下载源代码

```
<Button x:Name="VideoPlayButton" Content="Play" Height="70"
        HorizontalAlignment="Left" Margin="0,140,0,0" Width="168"
        VerticalAlignment="Top" Click="VideoPlayButton_Click" />
<Button x:Name="VideoStopButton" Content="Stop" Height="70"
        HorizontalAlignment="Left" Margin="0,212,0,0" Width="168"
        VerticalAlignment="Top" Click="VideoStopButton_Click" />
```

MainPage.xaml 中的代码片段

然后创建相应的事件处理程序以便在 VideoPlayer 上开始和停止播放媒体。此时，可将 VideoPlayer 控件上的 AutoPlay 特性删除，因为现在可以用屏幕中的控件来代替它了：

可从 wrox.com 下载源代码

```
private void VideoPlayButton_Click(object sender, RoutedEventArgs e){
    this.VideoPlayer.Play();
}
private void VideoStopButton_Click(object sender, RoutedEventArgs e){
    this.VideoPlayer.Stop();
}
```

MainPage.xaml.cs 中的代码片段

这个基本界面有一个明显的问题，无论处于何种播放状态，这两个按钮始终处于启用状态。实际上应该是这样的：当没有播放媒体时，启用 Play 按钮，而当播放媒体时应当启用 Stop 按钮。您可以使用数据绑定将这两个按钮与 MediaElement 的 CurrentState 属性有效地连接起来，而不必为 MediaElement 关联事件处理程序，导致手动去调整按钮的 IsEnabled 状态。在第 3 章中已经对此进行

1. 该属性用于获取或设置立体声扬声器的音量比。值-1 表示左侧扬声器达到 100%音量，而值 1 表示右侧扬声器达到 100%音量。0 表示在左右扬声器之间平均分布音量。

了一些介绍，而且您将在第 15 章中了解有关数据绑定的更多内容。此处的重点在于使用数据绑定的子集，从而将一个控件的属性连接到另一个控件的属性。

在将按钮的 IsEnabled 属性绑定到 MediaElement 的 CurrentState 属性之前，需要克服一些小障碍。首先，CurrentState 属性的类型为 MediaElementState，即枚举类型，而 IsEnabled 属性的类型为 Boolean。因此，您需要将 CurrentState 值转换为一个 Boolean 值，以指示是否应该启用按钮。Silverlight 通过 IValueConverter 接口来支持将一个值转换为其他数据类型。由于 Play 和 Stop 这两个按钮，应根据不同的 CurrentState 值而被启用，所以您可以创建一个转换器，使其接受一个参数，用以指示哪个状态应该返回 True：

可从
wrox.com
下载源代码

```
public class AudioStateConverter:IValueConverter{
    public object Convert(object value, Type targetType,
                          object parameter, CultureInfo culture){
        MediaElementState testState;
        if (parameter is MediaElementState){
            testState = (MediaElementState)parameter;
        }
        else{
            testState = (MediaElementState)Enum.ToObject(
                          typeof(MediaElementState), parameter);
        }
        var state = (MediaElementState)value;
        var matched = state == testState;
        return matched;
    }

    public object ConvertBack(object value, Type targetType,
                          object parameter, CultureInfo culture){
        throw new NotSupportedException();
    }
}
```

AutoStateConverter.cs 中的代码片段

由于 AudioStateConverter 实现了 IValueConverter 接口，所以需要同时实现 Convert 和 ConvertBack 方法。在很多情况下，只需提供单向转换，所以常见的做法是使另一个方法抛出 NotSupported-Exception 或 NotImplementedException 异常。

AudioStateConverter 类的 Convert 方法通过测试 value 和 parameter 参数来确定它们是否为 Media ElementState 类型以及它们的值是否相等。测试结果是一个 Boolean 值，它将作为转换后的值被返回。

但 MediaElement 实际上不支持直接对 CurrentState 属性的数据绑定。幸运的是，它有一个 CurrentStateChanged 事件可用于跟踪 CurrentState 在何时发生更改。您需要创建一个代理类(proxy class)，从而以一种可进行数据绑定的方式来跟踪 MediaElement 的 CurrentState 属性，而非只是添加事件处理程序然后更新 Play 和 Stop 按钮的状态。当只需更新一个或两个元素时这看起来有些大材小用，但如果有更多的元素需要根据不同的状态值来进行更新时，使用数据绑定来实现则会非常划算。

MediaElementBinder 有两个依赖属性：第一个用于指定跟踪哪个 MediaElement 的 CurrentState

属性；第二个当然是 MediaElement 的 CurrentState 属性。当设置 MediaElement 属性时，MediaElement Binder 为 CurrentStateChanged 事件附加了一个事件处理程序。它用于更新 CurrentState 依赖属性，然后会更新所有被绑定到该属性的元素。

可从
wrox.com
下载源代码

```
public class MediaElementBinder : FrameworkElement{
    public MediaElement MediaElement{
        get { return (MediaElement)GetValue(MediaElementProperty); }
        set { SetValue(MediaElementProperty, value); }
    }

    public static readonly DependencyProperty MediaElementProperty =
        DependencyProperty.Register(
            "MediaElement",
            typeof(MediaElement),
            typeof(MediaElementBinder),
            new PropertyMetadata(OnMediaElementChanged));

    private static void OnMediaElementChanged(DependencyObject o,
                                DependencyPropertyChangedEventArgs e){
        var mediator = (MediaElementBinder)o;
        var mediaElement = (MediaElement)(e.NewValue);
        if (null != mediaElement){
            mediaElement.CurrentStateChanged += mediator.MediaPlayer_CurrentStateChanged;
        }
    }

    public MediaElementState CurrentState{
        get { return (MediaElementState)GetValue(CurrentStateProperty); }
        set { SetValue(CurrentStateProperty, value); }
    }

    public static readonly DependencyProperty CurrentStateProperty =
        DependencyProperty.Register(
            "CurrentState",
            typeof(MediaElementState),
            typeof(MediaElementBinder),
            new PropertyMetadata(null));

    private void MediaPlayer_CurrentStateChanged(object sender,
                                        RoutedEventArgs e) {
        this.CurrentState = (sender as MediaElement).CurrentState;
    }
}
```

MediaElementBinder.cs 中的代码片段

将 AudioStateConverter 和 MediaElementBinder 类添加到 Windows Phone 项目后，切换到 Expression Blend 中，这会使数据绑定的连接变得更加容易。首先确保已重新生成了项目，以便确保可以定位到新的类。然后将 MediaElementBinder 拖动到 Objects and Timeline 窗口的 ContentGrid 节

点内，放在 VideoPlayer 元素之后，从而创建一个 MediaElementBinder 新实例。选中这个新元素，然后在 Properties 窗口的 Miscellaneous 一栏中找到 MediaElement 属性(如图 11-1(a)所示)。

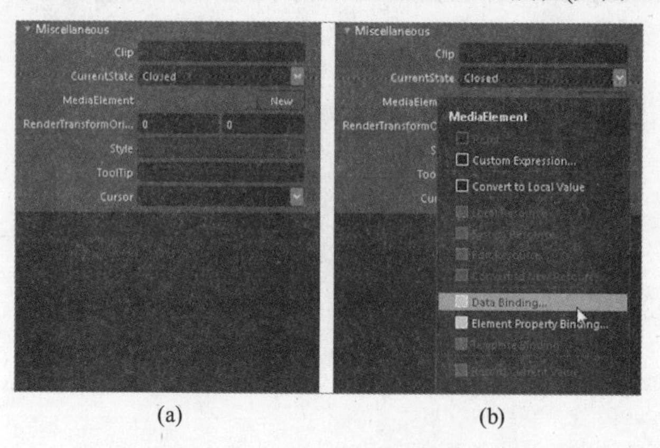

图 11-1

单击MediaElement这一行右侧的小方格。这会显示数据绑定的快捷菜单。在所显示的Create Data Binding 对话框中，选择 Element Property 选项卡并选中 VideoPlayer 元素，然后单击 OK 按钮。这样即可将 MediaElementBinder 的 MediaElement 属性设置为 VideoPlayer 元素。

接下来将 VideoPlayButton 元素的 IsEnabled 属性绑定到 MediaElementBinder 的 CurrentState 属性。选择 VideoPlayButton 元素，并在 Properties 窗口中找到 IsEnabled 属性。您可能需要展开 Common Properties 区域，因为默认情况下 IsEnabled 属性是隐藏的。再次单击属性右侧的小方格，这会显示之前的 Create Data Binding 对话框(如图 11-2 所示)。

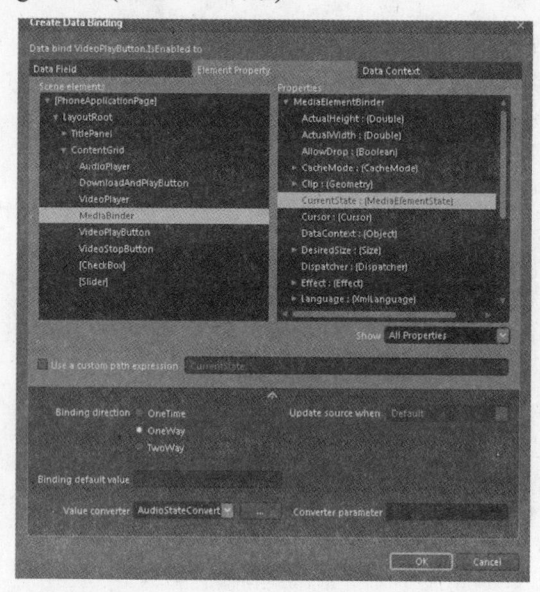

图 11-2

在第 15 章中您将更深入地了解如何使用该窗口的 Data Field 和 Data Context 选项卡。目前，您应该在左侧窗格中选择 MediaBinder 元素，然后在右侧的窗格中选择 CurrentState 属性。您可能需要将 Show 下拉列表更改为 All Properties，而不仅仅是那些与 IsEnabled 属性(即返回一个 Boolean 值的属性)

类型相匹配的属性。此外，还需要展开该窗口下方的区域，并单击 Value converter 旁的省略号按钮。这会打开如图 11-3 所示的 Add Value Converter 对话框。

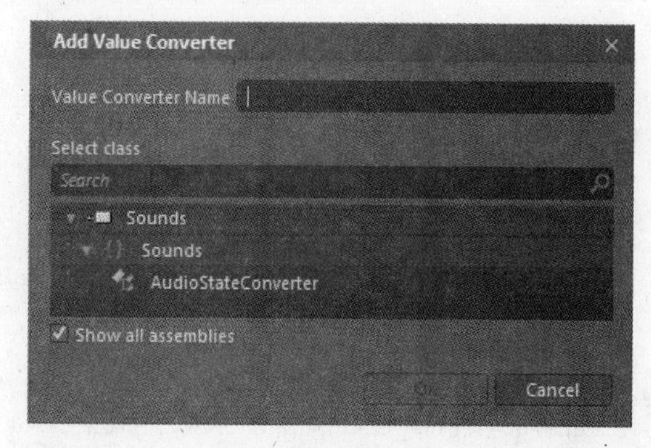

图 11-3

选择之前创建的 AudioStateConverter 类，单击 OK 按钮两次以确认新的数据绑定。其中有一件事您没有做，即指定要传递给转换器的参数值。但这是为数不多的几件必须在 XAML 中手写的事情之一，因为 Blend 用户界面(UI)只允许将转换器参数指定为一个简单字符串，而 AudioStateConverter 类需要一个 MediaElementState 枚举值。

切换到 XAML 视图，然后找到 VideoPlayButton。要将一个枚举值指定为转换器参数，首先需要创建一个枚举实例。这可以通过在 ContentGrid 中创建一个静态资源来实现。以下 XAML 代码片段假定 audio 前缀与 System.Windows.Media 名称空间关联在一起：

可从
wrox.com
下载源代码

```
<Grid x:Name="ContentGrid" Grid.Row="1">
    <Grid.Resources>
        <audio:MediaElementState
              x:Key="playing_state">Playing</audio:MediaElementState>
        <audio:MediaElementState
              x:Key="stopped_state">Stopped</audio:MediaElementState>
    </Grid.Resources>
    ...
</Grid>
```

MainPage.xaml 中的代码片段

此处定义了 MediaElementState 枚举的两个实例，它们的值分别为 Playing 和 Stopped。接下来即可通过 Key 值在 XAML 中的其他位置对它们进行引用。

要在 XAML 中引用 MediaElementState 枚举，必须导入 System.Windows.Media 名称空间。将以下 xmlns 特性添加到页面的 PhoneApplicationPage 节点中。

```
xmlns:audio="clr-namespace:System.Windows.Media;
assembly=System.Windows"
```

然后按如下所示来更新 VideoPlayer、MediaElementBinder 以及 VideoPlayButton 和 VideoStop Button 这两个按钮的 XAML：

可从 wrox.com 下载源代码

```
<MediaElement x:Name="VideoPlayer" AutoPlay="True"
          Margin="188,140,70,0" Height="144"
          VerticalAlignment="Top" Source="Wildlife.wmv" >
</MediaElement>

<local:MediaElementBinder x:Name="MediaBinder"
                  MediaElement="{Binding ElementName=VideoPlayer}"/>

<Button x:Name="VideoPlayButton" Content="Play" Height="70"
      Margin="0,140,0,0" Width="168" VerticalAlignment="Top"
      HorizontalAlignment="Left" Click="VideoPlayButton_Click"
      IsEnabled="{Binding CurrentState,
                  ConverterParameter={StaticResource stopped_state},
                  Converter={StaticResource AudioStateConverter},
                  ElementName=MediaBinder}" />
<Button x:Name="VideoStopButton" Content="Stop" Height="70"
      Margin="0,212,0,0" VerticalAlignment="Top" Width="168"
      HorizontalAlignment="Left" Click="VideoStopButton_Click"
      IsEnabled="{Binding CurrentState,
                  ConverterParameter={StaticResource playing_state},
                  Converter={StaticResource AudioStateConverter},
                  ElementName=MediaBinder}" />
```

MainPage.xaml 中的代码片段

当运行此示例时，将会看到最初 Play 按钮是被禁用的(注意 VideoPlayer 的 AutoPlay 被设置为 True)。单击 Stop 按钮停止播放媒体后，Play 按钮会被启用而 Stop 按钮会被禁用。

另一个需要添加的优秀功能是使用户能够调整音量或完全静音。为此，您将分别使用 Slider 和 CheckBox 控件，并再次使用数据绑定来对它们进行连接，而且无须任何源代码。

在 Blend 中，从 Assets 窗口中添加这两个控件，并将 Slider 的 Orientation 属性设置为 Vertical，CheckBox 的 Content 属性设置为 Mute。Mute CheckBox 的连接相对简单一些，因为您可以直接将 CheckBox 的 IsChecked 属性绑定到 VideoPlayer MediaElement 的 IsMuted 属性。有一点需要注意，您需要确保将绑定方向设置为 TwoWay，如图 11-4 所示。这可以确保无论是 CheckBox 的 IsChecked 属性还是 MediaElement 的 IsMuted 属性在发生更改时都可以使另一个控件相应地进行更新。相比之下，OneWay 数据绑定只能确保 IsChecked 属性的更改可以更新 IsMuted 属性。如果 IsMuted 属性在代码发生变化，不会导致 CheckBox 的 IsChecked 属性值更改。

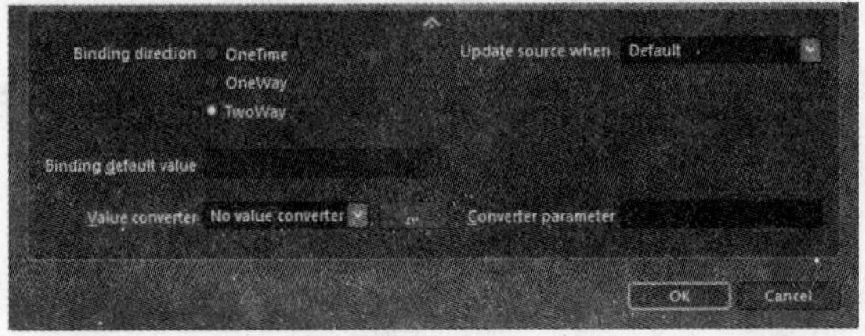

图 11-4

您可以按类似方式来连接音量滑块，也就是将 Slider 的 Value 属性连接到 VideoPlayer MediaElement 的 Volume 属性。由于 Volume 属性的范围是 0~1，所以同样需要将 Slider 的 Maximum 属性改为 1。

如果将这些属性彼此之间直接相连，可能发现音量滑块工作得不是很好。当更改滑块位置时，音量不是平滑地增大或减小，而就像是以指数级的规模在变化，这就很难找到一个适合收听的音量。这是人耳感知音量差异的方式所导致的。此问题的解决方案是对音量滑块应用对数刻度。同样，为此可以创建自定义的值转换器并将其注入到数据绑定的过程中，然后将原始的音量滑块值转换为实际应用于 MediaElement 的任何值：

可从
wrox.com
下载源代码

```
public class VolumeConverter:IValueConverter{
    private static double MaximumConvertedValue = Math.Log10((1 * 10) + 1);

    public object Convert(object value, Type targetType,
                          object parameter, CultureInfo culture) {
        double returnValue = 0.0;
        if (value is double){
            var doubleValue = (double)value;
            returnValue =
              (Math.Pow(10, MaximumConvertedValue * doubleValue) - 1) / 10.0;
        }
        return returnValue;
    }

    public object ConvertBack(object value, Type targetType,
                              object parameter, CultureInfo culture) {
        double returnValue = 0.0;
        if (value is double){
            var doubleValue = (double)value;
            returnValue =
              Math.Log10((doubleValue * 10) + 1) / MaximumConvertedValue;
        }
        return returnValue;
    }
}
```

VolumeConverter.cs 中的代码片段

此示例展示了如何应用对数刻度。注意，为了使音量滑块的双向绑定可以正常工作，您需要同时实现 Convert 和 ConvertBack 方法。图 11-5 展示了 VolumeConverter 使用对数刻度与原始数据绑定之间的不同之处：

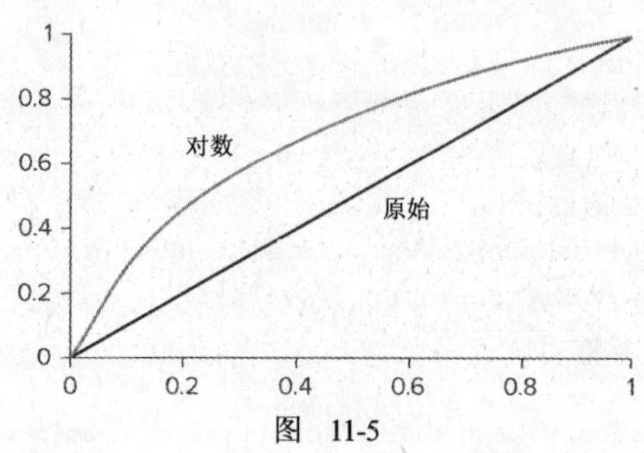

图 11-5

图 11-5 可以理解为将 x 值(水平坐标轴)视为音量滑块的值，y 值(垂直坐标轴)视为传递给 VideoPlayer MediaElement 的对应值。当使用 VolumeConverter 时，音量 Slider 会为音量提供更平滑的调整。Muted CheckBox 和 Volume Slider 最终的 XAML 如下所示：

可从
wrox.com
下载源代码

```
<Grid.Resources>
   <local:VolumeConverter x:Key="VolumeConverter"/>
</Grid.Resources>
<CheckBox Content="Mute" HorizontalAlignment="Right"
          Margin="0,74,12,0" VerticalAlignment="Top"
          IsChecked="{Binding IsMuted, ElementName=VideoPlayer, Mode=TwoWay}"/>
<Slider Margin="416,140,12,0" VerticalAlignment="Top" Height="144"
        Orientation="Vertical" Maximum="1"
        Value="{Binding Volume,
                        Converter={StaticResource VolumeConverter},
                        ElementName=VideoPlayer, Mode=TwoWay}"/>
```

MainPage.xaml 中的代码片段

最后需要添加的元素是一个用于指示播放进度的进度条。但是没有单独的用于指示播放完成百分比的属性。不过有一个 Position 属性，它返回一个 TimeSpan，该值表示从媒体开始到当前的时间，还有 NaturalDuration 属性，它提供了一个 TimeSpan，用于表示媒体的总长度。要连接进度条，需使用这些属性来设置进度条的 Maximum 和 Value 属性。

建议您不要直接绑定到 MediaElement 的 Position 属性，因为这会为媒体播放带来性能问题。每当 Position 的值更新时，数据绑定就会尝试更新其它元素。这会对媒体播放的流畅性带来负面影响，具体取决于数据绑定操作的数量及复杂性。因此，您需要扩展 MediaElementBinder 类，以便在播放时对 MediaElement 进行轮询从而获得更新后的 Position值。

可从
wrox.com
下载源代码

```
public class MediaElementBinder : FrameworkElement{
   private DispatcherTimer timer = new DispatcherTimer();

   public MediaElementBinder(){
      // Timer interval 200 milliseconds
      timer.Interval = new TimeSpan(0, 0, 0, 0, 200);
      timer.Tick += timer_Tick;
   }

   void timer_Tick(object sender, EventArgs e){
      this.Position = this.MediaElement.Position;
   }

   public TimeSpan Position{
      get { return (TimeSpan)GetValue(PositionProperty); }
      set { SetValue(PositionProperty, value); }
   }

   public static readonly DependencyProperty PositionProperty =
```

```
        DependencyProperty.Register("Position", typeof(TimeSpan),
                                    typeof(MediaElementBinder),
                                    new PropertyMetadata(null));

    public Duration Duration{
        get { return (Duration)GetValue(DurationProperty); }
        set { SetValue(DurationProperty, value); }
    }

    public static readonly DependencyProperty DurationProperty =
        DependencyProperty.Register("Duration", typeof(Duration),
                                    typeof(MediaElementBinder),
                                    new PropertyMetadata(null));

    private void MediaPlayer_MediaOpened(object sender, RoutedEventArgs e){
        var element =sender as MediaElement;
        this.Duration = element.NaturalDuration;
    }

    private void MediaPlayer_CurrentStateChanged(object sender,
                                                 RoutedEventArgs e){
        this.CurrentState = (sender as MediaElement).CurrentState;

        if (this.CurrentState == MediaElementState.Playing){
            timer.Start();
        }
        else{
            timer.Stop();
        }
    }
    // Existing properties omitted for brevity
    ...
}
```

MediaElementBinder.cs 中的代码片段

此外还需要额外添加一个能将 TimeSpan 或 Duration 对象转换为整数值(实际上返回的是对应的 Ticks 值)的值转换器:

```
public class TimeSpanConverter : IValueConverter{
    public object Convert(object value, Type targetType, object parameter,
                          CultureInfo culture) {
        long retValue = 0;
        if (value is TimeSpan){
            var durValue = (TimeSpan)value;
            retValue = durValue.Ticks;
        }
        else if (value is Duration){
```

```
            var durValue = (Duration)value ;
            if (durValue.HasTimeSpan && durValue != Duration.Automatic
                && durValue != Duration.Forever){
                retValue = durValue.TimeSpan.Ticks;
            }
        }
        return retValue;
    }

    public object ConvertBack(object value, Type targetType,
                              object parameter, CultureInfo culture){
        throw new NotImplementedException();
    }
}
```

TimeSpanConverter.cs 中的代码片段

现在只需向页面中添加一个 ProgressBar，并将 Maximum 属性绑定到 MediaElementBinder 的 Duration 对象，同时将 Value 属性绑定到 MediaElementBinder 的 Position 属性，在两种情况中都要使用 TimeSpanConverter 来处理所需的数据类型转换。这会得到如下的 XAML：

可从
wrox.com
下载源代码

```
<ProgressBar x:Name="MediaProgress" Margin="8,286,8,301"
             Value="{Binding Position,
                         Converter={StaticResource TimeSpanConverter},
                         ElementName=MediaBinder}"
             Maximum="{Binding Duration,
                         Converter={StaticResource TimeSpanConverter},
                         ElementName=MediaBinder}"/>
```

MainPage.xaml 中的代码片段

2. 变换

在学习如何使用 XNA 的 SoundEffect 类播放音频之前，我们先来看看如何对 MediaElement 应用变换以便调整视频的呈现方式。现在切换到 Expression Blend 中，因为这会使变换的运用更加容易。首先右击 VideoPlayer MediaElement 并选择 Group Into | Border 来添加一个 Border。选中该边框，然后选择一个纯色的 BorderBrush，并将 BorderThickness 的每一侧都设置为 2。添加边框可以更容易地观察被应用到 MediaElement 上的变换。

首先添加一个旋转变换以便对 MediaElement 进行旋转。实际上变换被应用到了包围着 MediaElement 的 Border 上，而非直接应用于 MediaElement。这样即可确保当 MediaElement 发生旋转时边框也会随之旋转。接下来将要应用的两个变换是 RenderTransform 和 Projection。图 11-6 展示了一个 20° 的 RenderTransform 旋转以及一个沿 y 轴方向 50° 的 Projection 旋转。

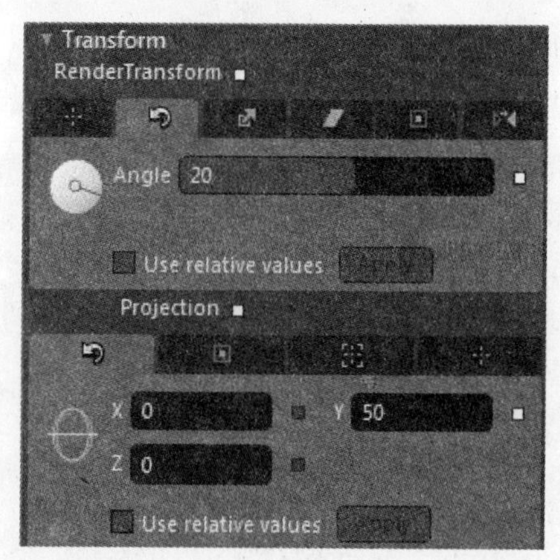

图　11-6

这将生成如下的 XAML，它展示了被嵌入在 Border 中的 MediaElement 同时应用了一个 RenderTransform 和一个 Projection 变换：

可从
wrox.com
下载源代码

```
<Border Height="144" Margin="188,140,70,0" VerticalAlignment="Top"
        BorderThickness="2" BorderBrush="#FFFF2B2B"
        RenderTransformOrigin="0.5,0.5" CacheMode="BitmapCache">
    <Border.RenderTransform>
        <CompositeTransform Rotation="20"/>
    </Border.RenderTransform>
    <Border.Projection>
        <PlaneProjection RotationY="50"/>
    </Border.Projection>

    <MediaElement x:Name="VideoPlayer" AutoPlay="True" />
</Border>
```

MainPage.xaml 中的代码片段

当开始对 MediaElement 应用变换时，必须设置被变换元素(在本例中为 Border)的 CacheMode 属性。而在 Windows Phone 应用程序中只支持一个值，即 BitmapCache。如果应用变换后，MediaElement 无法显示任何视频，则应再次检查该属性是否已经被正确设置。

当运行此示例时，您会看到依然显示着该视频。但它根据所应用的变换而发生扭曲，如图 11-7 所示。

图　11-7

3. 剪裁

可为 MediaElement 应用一个剪裁区域，从而只显示视频的某一部分。Windows Phone 只支持使用 Rectangle 进行剪裁，而且不支持圆角(即必须将 Rectangle 的 RadiusX 和 RadiusY 属性设置为 0)。不过，它支持对剪裁区域应用变换(比如旋转)。

首先在页面的任意区域中添加一个矩形。矩形的位置和大小无关紧要。右击矩形并选择 Path| Make Clipping Path。这会显示一个对话框，要求您选择需要应用剪裁的元素。选中 VideoPlayer MediaElement 后，您会发现该矩形从页面中消失了。遗憾的是，当剪裁区域被创建后，设计器不支持对其进行调整，Blend 也不能很好地将当前的矩形布局转换为剪裁区域。因此，为了调整剪裁区域，您必须手动编辑 XAML。Border 及 MediaElement 的完整 XAML 如下所示：

可从
wrox.com
下载源代码

```
<Border Height="144" Margin="188,140,70,0" VerticalAlignment="Top"
        BorderThickness="2" BorderBrush="#FFFF2B2B"
        RenderTransformOrigin="0.5,0.5" CacheMode="BitmapCache">
    <Border.RenderTransform>
        <CompositeTransform Rotation="20"/>
    </Border.RenderTransform>
    <Border.Projection>
        <PlaneProjection RotationY="50"/>
    </Border.Projection>

    <MediaElement x:Name="VideoPlayer" AutoPlay="True">
        <MediaElement.Clip>
          <RectangleGeometry RadiusY="0" RadiusX="0" Rect="30,30,100,85">
              <RectangleGeometry.Transform>
                 <CompositeTransform Rotation="-5" CenterX="130" CenterY="75" />
              </RectangleGeometry.Transform>
          </RectangleGeometry>
       </MediaElement.Clip>
    </MediaElement>
</Border>
```

MainPage.xaml 中的代码片段

运行此示例时，您将看到一个不同寻常的 MediaElement，它显示了 Border 中被剪裁过的视频，如图 11-8 所示。

图 11-8

11.1.2 XNA 中的 SoundEffect

使用 MediaElement 的替代方案是使用 SoundEffect 类来加载和播放声音。SoundEffect 类是 XNA 的 Audio 名称空间中的一部分，非常易于使用，而且对于播放基于 WAV 的音频文件已经简单到了极致。不过，初次接触之后，您会发现 XNA Audio 还有更多内容。

首先列举一个简单的播放 WAV 文件的示例。最简单的方法是在应用程序的 XAP 包内包含 wav 文件(在本例中，为 blockrock.wav)。与用于 MediaElement 中的内容一样，Build Action 属性需要被设置为 Content，同时 Copy to Output Directory 属性需要被设置为 Copy Always。

可从 wrox.com 下载源代码

```
private void XNALocalButton_Click(object sender, RoutedEventArgs e){
   var sound = SoundEffect.FromStream(TitleContainer.OpenStream("blockrock.wav"));
   sound.Name = "Loaded from Local Content";
   sound.Play();
}
```

XNAAudioPage.xaml.cs 中的代码片段

XNA 音频

要使用诸如 SoundEffect 的 XNA 音频类，需要添加对 Microsoft.Xna.Framework.dll 的引用。还需要在将要访问这些类的所有文件中添加一条 using 语句。

在使用 SoundEffect 类播放任何视频或使用 Microphone 类进行录音之前，还需要定期调用 FrameworkDispatcher.Update。为此，向 Windows Phone 应用程序中添加一个名为 XNADispatcher 的新类，然后添加以下代码，以便每当 DispatcherTimer 引发 Tick 事件就定期地调用 Update 方法。

可从 wrox.com 下载源代码

```
public class XNADispatcher : IApplicationService{
  private DispatcherTimer frameworkDispatcherTimer =
          new DispatcherTimer();

  public int DispatchIntervalInMilliseconds { get; set; }

  void IApplicationService.StartService(ApplicationServiceContext
                                  context){
     this.frameworkDispatcherTimer.Tick
          += new EventHandler(frameworkDispatcherTimer_Tick);
     this.frameworkDispatcherTimer.Interval =
        new TimeSpan(0, 0, 0, 0, DispatchIntervalInMilliseconds);
     this.frameworkDispatcherTimer.Start();
  }

  void IApplicationService.StopService(){
     this.frameworkDispatcherTimer.Stop();
  }

  void frameworkDispatcherTimer_Tick(object sender, EventArgs e){
     FrameworkDispatcher.Update();
  }
}
```

XNADispatcher.cs 中的代码片段

当启动应用程序时，只需创建 XNADispatcher 类的一个实例，以便将其添加到 App.xaml 文件的 ApplicationLifecycleObjects 中。

可从
wrox.com
下载源代码

```
<Application.ApplicationLifetimeObjects>
   <local:XNADispatcher DispatchIntervalInMilliseconds="50"/>
   ...
</Application.ApplicationLifetimeObjects>
```

App.xaml 中的代码片段

在本例中，计时器间隔被设置为 50 毫秒，这适应于大多数情况。

XNA 的 TitleContainer 类中的静态方法 OpenStream 可用于以流的形式来访问任何文件的内容，前提是文件的 Build Action 属性被设置为 Content。SoundEffect 类的静态方法 FromStream 可用于加载流中包含的 wav 文件。

另一种获取 SoundEffect 的方法是从远程服务器中提取音频文件。从远程服务器加载内容分为两部分。首先使用 WebClient 打开一个到远程媒体的连接。一旦连接处于打开状态，所返回的流即可用于创建 SoundEffect 实例。

可从
wrox.com
下载源代码

```
private void XNARemoteButton_Click(object sender, RoutedEventArgs e){
   var client = new WebClient();
   client.OpenReadCompleted += ((s, args) =>
         {
             var sound = SoundEffect.FromStream(args.Result);
             sound.Name = "Loaded from Remote Content";
             sound.Play();
         });
   client.OpenReadAsync(
   new Uri("http://www.builttoroam.com/books/devwp7/chapter11/blockrock.wav"));
}
```

XNAAudioPage.xaml.cs 中的代码片段

正如前面所提到的，直接从远程存储加载内容存在风险，它要求应用程序具备网络连接。而且这会使应用程序的带宽变得十分紧张，因为每次需要 SoundEffect 时，都会将其重新下载。这里所演示的最后一个技巧是通过将所下载的音频文件存储在 Isolated Storage 中来解决这些问题，以便每次应用程序加载音效时都可以重用它，而不需要再次从远程服务器下载：

可从
wrox.com
下载源代码

```
private void XNAIsolatedStorageButton_Click(object sender, RoutedEventArgs e){
   if (!IsolatedStorageFile.GetUserStoreForApplication()
                    .FileExists("blockrock.wav")){
      var client = new WebClient();
      client.OpenReadCompleted += ((s, args) =>
            {
               using (var iss = new IsolatedStorageFileStream(
                          "blockrock.wav", FileMode.OpenOrCreate,
                          IsolatedStorageFile.GetUserStoreForApplication())){
                  byte[] buffer = new byte[args.Result.Length];
                  args.Result.Read(buffer, 0, buffer.Length);
                  iss.Write(buffer, 0, buffer.Length);
```

```
                }

                PlayFromIsolatedStorage("blockrock.wav");
            });
        client.OpenReadAsync(
    new Uri("http://www.builttoroam.com/books/devwp7/chapter11/blockrock.wav"));
    }
    else{
        PlayFromIsolatedStorage("blockrock.wav");
    }
}

private void PlayFromIsolatedStorage(string fileName){
    using (var iss = new IsolatedStorageFileStream(
                    fileName, FileMode.OpenOrCreate,
                    IsolatedStorageFile.GetUserStoreForApplication())){
        iss.Seek(0, SeekOrigin.Begin);
        var sound = SoundEffect.FromStream(iss);
        sound.Name = "Loaded from Isolated Storage";
        sound.Play();
    }
}
```

XNAAudioPage.xaml.cs 中的代码片段

在某些音效场景中，您可能会发现 SoundEffect 的 Play 方法包含的另一个重载十分有用。该重载方法允许您指定音效的 volume(音量，范围 0~1)、pitch(音高，范围-1~1，分别代表低八度和高八度之间的音调)以及 pan (声相，范围-1~1，代表左右平衡)。

1. 音量、平衡与循环

使用 SoundEffect 类播放音频是非常原始的方法，它无法提供任何控制播放的能力。一旦开始播放，将不能停止、暂停或调整音频。此外，SoundEffect 类还公开一个 CreateInstance 方法，用于创建一个或多个 SoundEffectInstance 对象。音频媒体会被一次性加载到内存中，当创建 SoundEffect 后，即可通过每个被创建的 SoundEffectInstance 对其进行引用。您可在单个 SoundEffect 中创建一个或多个 SoundEffectInstance，然后独立地对它们进行控制。

SoundEffectInstance 公开了 Play、Pause 和 Stop 等用于控制播放的方法。还有一个相对应的 State 属性，该属性用于指示实例处于 Stopped、Paused 和 Playing 这三个状态中的哪一个。SoundEffect 类将 Volume、Pitch 和 Pan 指定为 Play 方法的参数，与之不同，SoundEffectInstance 将这三方面作为属性来公开。此外还有一个令人更感兴趣的属性，即 IsLooped。将其设置为 true 可以使媒体不断地重复或者循环，直到调用 Stop 方法为止。

为了实际演示 SoundEffectInstance 类，您需要使用一个新的 PhoneApplicationPage。然后使用如下所示的 XAML 来更新 ContentGrid：

可从
wrox.com
下载源代码

```
<Grid Grid.Row="1" x:Name="ContentGrid">
    <Grid.Resources>
        <DataTemplate x:Key="ItemWithNameTemplate">
            <TextBlock TextWrapping="Wrap" Text="{Binding Name}"/>
        </DataTemplate>
    </Grid.Resources>
    <Button Content="Load" Height="67" HorizontalAlignment="Left" Margin="-3,0,0,0"
            x:Name="LoadButton" VerticalAlignment="Top" Width="166"
            Click="LoadButton_Click" />
    <ListBox HorizontalAlignment="Left" Margin="1,88,0,398" x:Name="SoundsList"
             Width="474" ItemTemplate="{StaticResource ItemWithNameTemplate}" />
    <ListBox Height="122" HorizontalAlignment="Left" Margin="3,311,0,0"
             x:Name="SoundInstancesList" VerticalAlignment="Top" Width="474"
             ItemTemplate="{StaticResource ItemWithNameTemplate}"
             SelectionChanged="SoundInstancesList_SelectionChanged" />
    <Button Content="Create Instance" Height="72" HorizontalAlignment="Left"
            Margin="3,233,0,0" Name="CreateSoundInstanceButton"
            VerticalAlignment="Top" Width="243"
            Click="CreateSoundInstanceButton_Click" />
    <TextBox Height="72" HorizontalAlignment="Left" Margin="252,233,0,0"
             Name="SoundInstanceNameText" VerticalAlignment="Top" Width="222" />

    <Grid Height="162" HorizontalAlignment="Left" Margin="1,439,0,0"
          Name="SoundEffectInstanceGrid" VerticalAlignment="Top" Width="479"
          Grid.Row="1">
        <Button Content="Play" Height="70" HorizontalAlignment="Left"
                Name="PlayButton" VerticalAlignment="Top" Width="160"
                Margin="0,6,0,0" Click="PlayButton_Click" />
        <Button Content="Stop" Height="70" HorizontalAlignment="Left"
                Name="StopButton" VerticalAlignment="Top" Width="160"
                Margin="153,6,0,0" Click="StopButton_Click" />
        <Slider HorizontalAlignment="Left" Margin="2,75,0,0"
                VerticalAlignment="Top" Width="460" Maximum="1" Minimum="-1"
                LargeChange="0.01" Value="{Binding Instance.Pan, Mode=TwoWay}"
                Name="PanSlider" />
        <CheckBox Content="Loop" HorizontalAlignment="Left"
                  Margin="313,13,0,0" Name="checkBox1" VerticalAlignment="Top"
                  IsChecked="{Binding Instance.IsLooped, Mode=TwoWay}"/>
    </Grid>
</Grid>
```

SoundEffectsPage.xaml 中的代码片段

Grid.Resource 一节中定义了一个 ItemTemplate，它将被两个 ListBox 所使用。该模板定义了一个单独的 TextBlock，它被绑定到了列表项的 Name 属性。接下来是 Load 按钮，它用于加载 SoundEffect 对象的初始集合：

```
private void LoadButton_Click(object sender, RoutedEventArgs e){
    var sound = SoundEffect.FromStream(TitleContainer.OpenStream("blockrock.wav"));
    sound.Name = "Block Rock";
    this.SoundsList.Items.Add(sound);

    sound = SoundEffect.FromStream(TitleContainer.OpenStream("puncher.wav"));
    sound.Name = "Puncher";
    this.SoundsList.Items.Add(sound);

    sound = SoundEffect.FromStream(TitleContainer.OpenStream("fastbreak.wav"));
    sound.Name = "Fast Break";
    this.SoundsList.Items.Add(sound);
}
```

SoundEffectsPage.xaml.cs 中的代码片段

SoundsList ListBox 将显示 SoundEffect 类的三个实例。在单击 Create Instance 按钮时，当前所选中的 SoundEffect 将被用于创建一个新的 SoundEffectInstance。然后它会被添加到 SoundInstancesList 中。由于 SoundEffectInstance 类没有用于在列表框中进行显示的 Name 属性， 所以需要使用 InstanceWrapper 类来对其进行包装，该类公开了一个 Name 属性：

```
private void CreateSoundInstanceButton_Click(object sender, RoutedEventArgs e){
    var sound = this.SoundsList.SelectedItem as SoundEffect;
    if (sound == null || string.IsNullOrEmpty(SoundInstanceNameText.Text)) return;
    var instance = new InstanceWrapper(){
                            Instance = sound.CreateInstance(),
                            Name = SoundInstanceNameText.Text
                           };
    this.SoundInstancesList.Items.Add(instance);
}

public class InstanceWrapper{
    public SoundEffectInstance Instance { get; set; }
    public string Name { get; set; }
}
```

SoundEffectsPage.xaml.cs 中的代码片段

当 SoundInstancesList 中的某一项被选中时，该项就成为 SoundEffectInstanceGrid 的 DataContext：

```
private void SoundInstancesList_SelectionChanged(object sender,
                                        SelectionChangedEventArgs e){
    this.SoundEffectInstanceGrid.DataContext = this.SoundInstancesList.SelectedItem;
}
```

SoundEffectsPage.xaml.cs 中的代码片段

无需纠缠于数据绑定的复杂性，即可使嵌套在 Grid 中的所有控件对使用了 Binding 语法的项进行引用。例如，通过如下语法即可将 Slider 的 Value 属性绑定到 InstanceWrapper 的 Instance.Pan 属性：Value="{Binding Instance.Pan, Mode=TwoWay}"。通过数据绑定，Slider 被连接到了 Pan(即左右平衡)属性，CheckBox 被连接到了 IsLooped 属性。这些属性可在每个 SoundEffectInstance 中单独进行调整。

当然，您要能对被选中的 SoundEffectInstance 进行 Play 和 Stop 操作。有趣的是，您可以基于一个或多个 SoundEffect 来创建多个 SoundEffectInstance，并同时播放它们。在播放期间，您可以独立动态调整每个效果的 Pan 属性(如需添加合适的控件，还可以调整 Volume 和 Pitch 属性)：

可从 wrox.com 下载源代码

```
private void PlayButton_Click(object sender, RoutedEventArgs e){
    var instance = this.SoundEffectInstanceGrid.DataContext as InstanceWrapper;
    if (instance == null) return;
    instance.Instance.Play();
}

private void StopButton_Click(object sender, RoutedEventArgs e){
    var instance = this.SoundEffectInstanceGrid.DataContext as InstanceWrapper;
    if (instance == null) return;
    instance.Instance.Stop();
}
```

SoundEffectsPage.xaml.cs 中的代码片段

图 11-9 展示了音效页面。Load 按钮会加载 Block Rock、Puncher 和 Fast Break 这三个音频文件。接下来可以选择音频文件，并为其提供一个名称，然后单击 Create Instance 按钮来创建这些声音的一个或多个实例。接下来即可使用 Play 和 Stop 按钮来播放并停止这些实例。

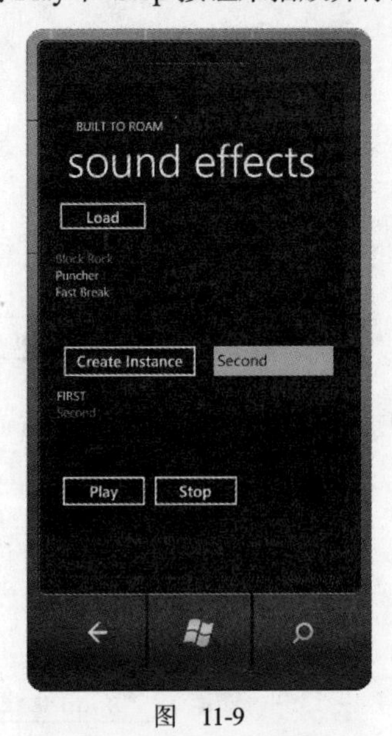

图 11-9

2. 3D 声音

SoundEffectInstance 类中有一个方法还没有介绍。即 Apply3D 方法，它可以根据来自声音发出点的用户的三维位置来动态调整 Volume、Pan 和 Pitch。如果这样讲不好理解，您可以想象自己正处于一个音乐节中，在不同的帐篷中同时开办着多个音乐会。当您来回走动时，可以听到来自不同方向的音乐会，根据每个帐篷的远近音量也会有所差异。可将每个帐篷想象成一个声音发生器，而将自己想象成听众。这些都反映在 AudioEmitter 和 AudioListener 这两个 XNA 的 Audio 类中。

接下来将使用一个带有三场音乐会的音乐节示例来演示如何在应用程序中使用 Apply3D 方法从而提供逼真的音效。尽管这是专门为 XNA 游戏而设计的，但您也可以使用它来改善您的 Silverlight 应用程序。

同样，您需要以一个新的 PhoneApplicationPage 开始。这次需要添加一个画布，然后在其上添加四个颜色各不相同的圆形 Ellipse。最终的 XAML 应该如下所示：

可从
wrox.com
下载源代码

```
<Grid Grid.Row="1" x:Name="ContentGrid">
    <Canvas Height="350" HorizontalAlignment="Left" Margin="26,46,0,0"
            Name="LocationCanvas" VerticalAlignment="Top" Width="429"
            Background="#72FF2E2E"
            MouseLeftButtonDown="LocationCanvas_MouseLeftButtonDown"
            MouseLeftButtonUp="LocationCanvas_MouseLeftButtonUp"
            MouseMove="LocationCanvas_MouseMove">
        <Ellipse Canvas.Left="36" Canvas.Top="26" Height="49" Name="SoundSource1"
              Stroke="Black" StrokeThickness="1" Width="50" Fill="Blue" />
        <Ellipse Canvas.Left="154" Canvas.Top="263" Height="49" Name="SoundSource2"
              Stroke="Black" StrokeThickness="1" Width="50" Fill="DarkViolet" />
        <Ellipse Canvas.Left="303" Canvas.Top="37" Height="49" Name="SoundSource3"
              Stroke="Black" StrokeThickness="1" Width="50" Fill="Green" />
        <Ellipse Canvas.Left="154" Canvas.Top="107" Height="49" Name="Listener"
              Stroke="Black" StrokeThickness="1" Width="50" Fill="Yellow" />
    </Canvas>
</Grid>
```

3DAudioPage.xaml 中的代码片段

将前三个椭圆分别标记为 SoundSource1 到 SoundSource3。每个椭圆都代表分配给特定 SoundEffectInstance 的一个 AudioEmitter 对象。最后一个椭圆是 Listener，代表 AudioListener 对象。AudioEmitter 和 AudioListener 会随着页面一起被创建。当页面加载完毕时，将创建多个 SoundEffect Instance，同时会将它们与每个 Ellipse 的位置相关联：

可从
wrox.com
下载源代码

```
AudioEmitter emitter1 = new AudioEmitter();
AudioEmitter emitter2 = new AudioEmitter();
AudioEmitter emitter3 = new AudioEmitter();
AudioListener listener = new AudioListener();

private void PhoneApplicationPage_Loaded(object sender, RoutedEventArgs e){
    UpdateSounds();
```

```
        var sound = SoundEffect.FromStream(TitleContainer.OpenStream("blockrock.wav"));
        var instance = sound.CreateInstance();
        instance.IsLooped = true;
        instance.Apply3D(listener, emitter1);
        instance.Play();
        this.SoundSource1.Tag = instance;

        sound = SoundEffect.FromStream(TitleContainer.OpenStream("puncher.wav"));
        instance = sound.CreateInstance();
        instance.IsLooped = true;
        instance.Apply3D(listener, emitter2);
        instance.Play();
        this.SoundSource2.Tag = instance;

        sound = SoundEffect.FromStream(TitleContainer.OpenStream("fastbreak.wav"));
        instance = sound.CreateInstance();
        instance.IsLooped = true;
        instance.Apply3D(listener, emitter3);
        instance.Play();

        this.SoundSource3.Tag = instance;
    }

    private void UpdateSounds(){
        emitter1.Position = new Vector3(
          (float)((LocationCanvas.ActualWidth -
                 Canvas.GetLeft(SoundSource1)) / LocationCanvas.ActualWidth),
          (float)(Canvas.GetTop(SoundSource1) / LocationCanvas.ActualHeight),
          0.0f);

        emitter2.Position = new Vector3(
          (float)((LocationCanvas.ActualWidth -
                 Canvas.GetLeft(SoundSource2)) / LocationCanvas.ActualWidth),
          (float)(Canvas.GetTop(SoundSource2) / LocationCanvas.ActualHeight),
          0.0f);
        emitter3.Position = new Vector3(
          (float)((LocationCanvas.ActualWidth -
                 Canvas.GetLeft(SoundSource3)) / LocationCanvas.ActualWidth),
          (float)(Canvas.GetTop(SoundSource3) / LocationCanvas.ActualHeight),
          0.0f);
        listener.Position = new Vector3(
          (float)((LocationCanvas.ActualWidth -
                 Canvas.GetLeft(Listener)) / LocationCanvas.ActualWidth),
          (float)(Canvas.GetTop(Listener) / LocationCanvas.ActualHeight),
          0.0f);

        if (SoundSource1.Tag != null){
            (SoundSource1.Tag as SoundEffectInstance).Apply3D(listener, emitter1);
        }
```

```
        if (SoundSource2.Tag != null){
            (SoundSource2.Tag as SoundEffectInstance).Apply3D(listener, emitter2);
        }
        if (SoundSource3.Tag != null){
            (SoundSource3.Tag as SoundEffectInstance).Apply3D(listener, emitter3);
        }
    }
```

3DAudioPage.xaml.cs 中的代码片段

UpdateSounds 方法会根据 Ellipse 的位置来设置 AudioEmitter 和 AudioListener 的位置。Apply3D 方法会使用更新后的位置来确定 SoundEffectInstance 的声音属性。当然，这需要一种使用户能够重新定位 Ellipse 的方法，由此再去调整 AudioEmitter 和 AudioListener 的位置：

可从 wrox.com 下载源代码

```
private UIElement SelectedElement;
private System.Windows.Point MousePosition;
private void LocationCanvas_MouseLeftButtonDown(object sender,
                                                MouseButtonEventArgs e){
    var elements = VisualTreeHelper.FindElementsInHostCoordinates
                                (e.GetPosition(null), this.LocationCanvas);
    SelectedElement = (from element in elements
                       where element is Ellipse
                       select element).FirstOrDefault();
    MousePosition = e.GetPosition(null);
}

private void LocationCanvas_MouseLeftButtonUp(object sender,
                                              MouseButtonEventArgs e){
    SelectedElement = null;
}

private void LocationCanvas_MouseMove(object sender, MouseEventArgs e){
    if (SelectedElement == null) return;
    var newPosition = e.GetPosition(null);
    Canvas.SetLeft(SelectedElement,
        Canvas.GetLeft(SelectedElement) + (newPosition.X - MousePosition.X));
    Canvas.SetTop(SelectedElement,
        Canvas.GetTop(SelectedElement) + (newPosition.Y - MousePosition.Y));
    MousePosition = newPosition;
    UpdateSounds();
}
```

3DAudioPage.xaml.cs 中的代码片段

当用户触摸屏幕时，会调用 MouseLeftButtonDown 事件处理程序。这会记录鼠标位置，同时 SelectedElement 变量会记住用户所选择的椭圆。相反，MouseLeftButtonUp 事件处理程序会将 SelectedElement 设置为 null。最后，MouseMove 事件处理程序用于重新定位所选中的 Ellipse，并更新与之相关联的 AudioEmiter 对象的位置。最终所完成的内容应该如图 11-10 所示。

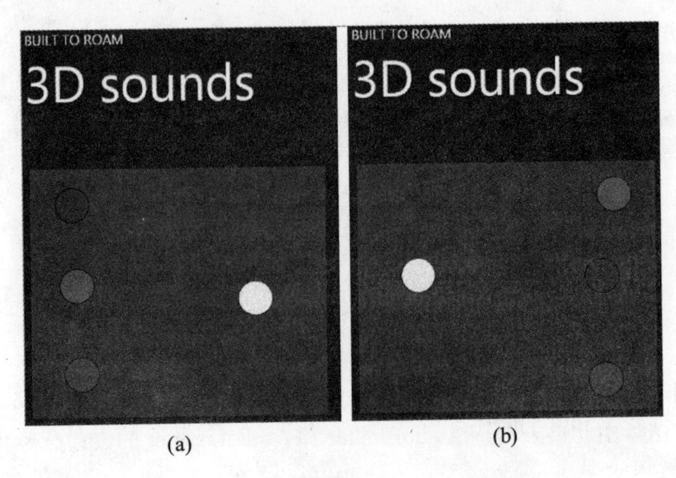

(a) (b)

图 11-10

图 11-10(a)中显示了听众位于右侧，而在图 11-10(b)中听众位于左侧。对于一个正在收听音频输出的人来说，第一幅图中的音频应当来自于左侧，而第二幅图中的音频则来自于右侧。

> 3D 音频可以使听众感受到来自不同位置的声音。由于这取决于听众对左、右扬声器的隔离，所以 3D 音频的效果依赖于两个独立的物理扬声器。硬件制造商负责决定 Windows Phone 设备中拥有单个还是多个扬声器。在拥有单个扬声器的设备上可能无法按照 3D 音频所定义的那样检测到音频的定位信息。不过，插入耳机后就应该可以检测到发出声音的位置了。

11.1.3 Microsoft Translator

在讨论 Windows Phone 的音频录制功能之前，有必要指出的是，您可以非常方便地使用基于云的 Microsoft Translator Service (Microsoft 翻译服务)，从而将文本翻译成其他语言或执行文本语音转换(text-to-speech)。本示例将演示如何为 Speech API 检索 Microsoft Translator 所支持的语言列表。然后会使用所选的语言将一些文本通过 Speech API 转换为 wav 文件。首先来构建用户界面，该界面包含一个文本框，用于显示将要翻译的文本；一个 ListBox，用于选择所使用的语言；以及一个负责调用翻译过程并将其翻译为语音的按钮：

可从
wrox.com
下载源代码

```
<Grid Grid.Row="1" x:Name="ContentGrid">
    <Grid.Resources>
        <DataTemplate x:Key="LanguageTemplate">
            <TextBlock Foreground="White" Margin="0,0,1,0" Text="{Binding Name}"
                    TextWrapping="Wrap" />
        </DataTemplate>
    </Grid.Resources>
    <Button Content="Speak" Height="66" HorizontalAlignment="Right"
        Margin="0,0,0,197" Name="Speak" VerticalAlignment="Bottom"
        Width="474" Click="Speak_Click" />
    <TextBox Margin="0,0,0,427" Name="TextToSpeachText" Text="This is a very
```

```
long sentence with lots of text, a full stop or two and a whole bunch of
nothing that will go on and on and on and on and on. Someone please stop
this audio loop before I get confused." TextWrapping="Wrap" />
    <ListBox HorizontalAlignment="Left"
            ItemTemplate="{StaticResource LanguageTemplate}" Margin="20,209,0,275"
            Name="ListLanguages" Width="441">
    </ListBox>
</Grid>
```

TranslateAndRecordPage.xaml 中的代码片段

要使用 Microsoft Translator Service，需要向 Windows Phone 项目中添加服务引用。在解决方案资源管理器中右击 Windows Phone Project，然后选择 Add Service Reference。

图 11-11 展示了 Add Service Reference 对话框，您需要在 Address 字段中输入 http://api.microsofttranslator.com/V2/Soap.svc，然后单击 Go 按钮。当找到服务后，选择 LanguageService 节点，并提供一个有意义的名称空间，在本例中为 BingTranslator，然后单击 OK 按钮。这会在应用程序中添加 Microsoft Translator Service 的引用。第 14 章将详细介绍服务。

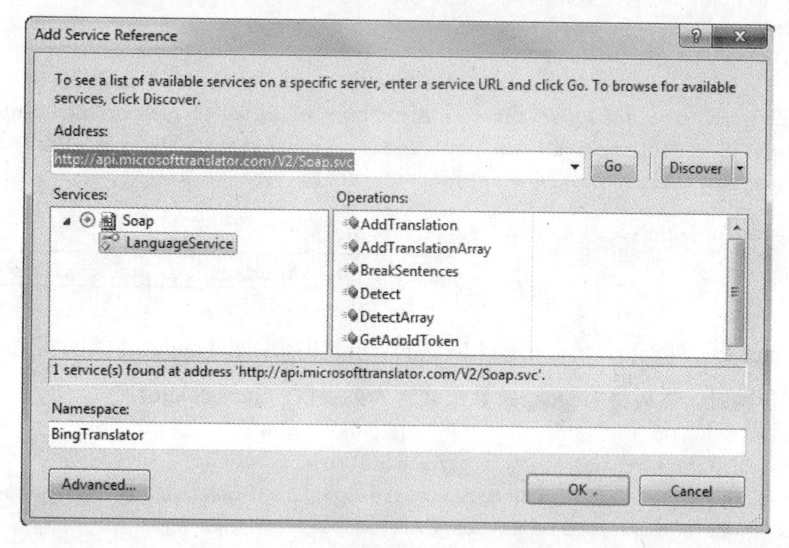

图 11-11

在应用程序中使用 Microsoft Translator 之前，需要前往 http://msdn.microsoft.com/en-us/library/ff512386(v=MSDN.10).aspx 并按照说明进行操作以便获得一个有效的 Bing API AppID。在访问 Microsoft Translator Service 时会用到它。在本章中，诸如 <AppID>这样的占位符意味着您需要输入自己的 AppID。

首次加载页面时，必须使用 Microsoft Translator 为 Speak 方法提供的语言来填充 Languages 列表框。通过调用 GetLanguagesForSpeak 方法可以对它们进行访问，如以下代码所示：

```
private void PhoneApplicationPage_Loaded(object sender, RoutedEventArgs e){
    FrameworkDispatcher.Update();

    var translator = new BingTranslator.LanguageServiceClient();
    translator.GetLanguagesForSpeakCompleted
                += translator_GetLanguagesForSpeakCompleted;
    translator.GetLanguagesForSpeakAsync("<AppID>", translator);
}
```

TranslateAndRecordPage.xaml.cs 中的代码片段

GetLanguagesForSpeak 方法只返回语言代码，例如，en 代表 English，fr 代表 French，但是将它们显示在 ListBox 中并不太好。幸好我们可以调用 GetLanguageNames 方法来返回语言的友好名称。本例通过语言代码 en 来请求“英语”：

可从
wrox.com
下载源代码

```
void translator_GetLanguagesForSpeakCompleted(object sender,
                BingTranslator.GetLanguagesForSpeakCompletedEventArgs e){
    var translator = e.UserState as BingTranslator.LanguageServiceClient;
    translator.GetLanguageNamesCompleted += translator_GetLanguageNamesCompleted;
    translator.GetLanguageNamesAsync("<AppID>", "en", e.Result, e.Result);
}
```

TranslateAndRecordPage.xaml.cs 中的代码片段

要填充 Languages 列表框，可以借助 LINQ 的一些魔力来创建 Language 类的实例，该类由语言代码和友好名称构成。然后将 languages 数组设置为列表框的 ItemsSource：

可从
wrox.com
下载源代码

```
void translator_GetLanguageNamesCompleted(object sender,
                        BingTranslator.GetLanguageNamesCompletedEventArgs e){
    var codes = e.UserState as ObservableCollection<string>;
    var names = e.Result;

    var languages = (from code in codes
                        let cindex = codes.IndexOf(code)
                        from name in names
                        let nindex = names.IndexOf(name)
                        where cindex == nindex
                        select new TranslatorLanguage () { Name = name,
                                        Code = code}).ToArray();
    this.Dispatcher.BeginInvoke(() => {
            this.ListLanguages.ItemsSource = languages;
        });
}

public class TranslatorLanguage{
```

```
        public string Name { get; set; }
        public string Code { get; set; }
    }
```

TranslateAndRecordPage.xaml.cs 中的代码片段

填充 Language 列表框后，您所要做的就是调用 Microsoft Translator Service 的 Speak 方法，从而将所输入的文本转换成一个使用所选语言的 wav 语音文件：

可从
wrox.com
下载源代码

```
private void Speak_Click(object sender, RoutedEventArgs e){
    var languageCode = "en";
    var language = this.ListLanguages.SelectedItem as TranslatorLanguage;
    if (language != null){
        languageCode = language.Code;
    }

    var translator = new BingTranslator.LanguageServiceClient();
    translator.SpeakCompleted += translator_SpeakCompleted;
    translator.SpeakAsync("<AppID>", this.TextToSpeachText.Text,
                          languageCode, "audio/wav");
}
```

TranslateAndRecordPage.xaml.cs 中的代码片段

Speak 方法会返回指向 wav 文件的 URL，该 wav 文件代表已经转换完的语音文本。然后您可以使用 MediaElement 或 SoundEffect 类播放该文件。当然，如果希望以后重复使用它，可将音频下载到独立存储中。

可从
wrox.com
下载源代码

```
void translator_SpeakCompleted(object sender,
                               BingTranslator.SpeakCompletedEventArgs e){
    var client = new WebClient();
    client.OpenReadCompleted += ((s, args) =>
        {
            SoundEffect se = SoundEffect.FromStream(args.Result);
            se.Play();
        });
    client.OpenReadAsync(new Uri(e.Result));
}
```

TranslateAndRecordPage.xaml.cs 中的代码片段

图 11-12 展示了运行中的简单翻译页面。当页面完成加载时语言列表就已经下载好了。用户只需选择一种语言，然后单击 Speak 按钮即可听到使用所选语言播放的文本。

图 11-12

11.2 音频录制

在 Windows Phone 应用程序中除了能够播放音频和视频，还可以使用内置的麦克风来录制音频。Microphone 类也是 XNA Audio Framework 的一部分，并且可以通过 Microphone.Default 属性以单例模式进行访问。在此示例中，您将构建一个可以播放并保存音频的简单声音录制器：

可从
wrox.com
下载源代码

```
<Grid Grid.Row="1" x:Name="ContentGrid">
    ...
    <Button Content="Start" Height="70" HorizontalAlignment="Left"
            Name="StartButton" VerticalAlignment="Top" Width="160"
            Margin="3,477,0,0" Click="StartButton_Click" />
    <Button Content="Stop" Height="70" HorizontalAlignment="Left"
            Name="StopButton" VerticalAlignment="Top" Width="160"
            Margin="152,477,0,0" Click="StopButton_Click" />
    <Button Content="Play" Height="70" HorizontalAlignment="Left"
            Name="PlayRecordingButton" VerticalAlignment="Top" Width="155"
            Margin="306,477,0,0" Click="PlayRecordingButton_Click" />
</Grid>
```

TranslateAndRecordPage.xaml 中的代码片段

要使用麦克风，只需为 Microphone 的 BufferReady 事件创建一个事件处理程序，每当一个音频缓冲区准备就绪并等待处理时就会对其进行调用。缓冲区只不过是一个字节数组。不过您可以用它来完成任何想做的事，最简单的方法就是只将其写入到内存流中。当录制完成时即可对该内存流进行访问，既可用它来播放已录制的样本，也可以将其保存到独立存储或远程服务器中。

要开始录制，则需设置 BufferDuration 属性。Microphone 类会使用该属性来确定通过 BufferReady 事件所传递的缓冲区大小。设置好 BufferDuration 后，调用 Start 方法即可在捕获音频时定期调用

BufferReady 事件处理程序。在 BufferReady 事件处理程序中，您可以调用 GetData 方法来检索已被缓冲的数据：

可从
wrox.com
下载源代码

```
Microphone microphone = Microphone.Default;
byte[] microphoneBuffer;
MemoryStream audioStream;
byte[] recording;

private void StartButton_Click(object sender, RoutedEventArgs e){
    audioStream = new MemoryStream();
    microphone.BufferDuration = TimeSpan.FromMilliseconds(1000);
    microphoneBuffer =
  new byte[microphone.GetSampleSizeInBytes(microphone.BufferDuration)];
    microphone.BufferReady += microphoneBuffer_BufferReady;
    microphone.Start();
}

void microphoneBuffer_BufferReady(object sender, EventArgs e){
    microphone.GetData(microphoneBuffer);
    audioStream.Write(microphoneBuffer, 0, microphoneBuffer.Length);
}

private void StopButton_Click(object sender, RoutedEventArgs e){
    microphone.Stop();
    microphone.BufferReady -= microphoneBuffer_BufferReady;
    audioStream.Flush();
    recording= audioStream.ToArray();
    audioStream.Dispose();
}
```

TranslateAndRecordPage.xaml.cs 中的代码片段

当停止录制时，调用 Microphone 的 Stop 方法与删除 BufferReady 事件处理程序同样重要。这可以确保当下次按下 Start 按钮时能够再次使用麦克风。

11.2.1　播放

一旦存储了录制后的音频样本，播放就会变得较为简单，因为只需在一个 SoundEffect 的实例中加载所录制的样本并调用 Play 方法即可：

可从
wrox.com
下载源代码

```
private void PlayRecordingButton_Click(object sender, RoutedEventArgs e){
    var effect = new SoundEffect(recording, microphone.SampleRate,
                                 AudioChannels.Mono);
    effect.Play();
}
```

TranslateAndRecordPage.xaml.cs 中的代码片段

SoundEffect 构造函数接受三个参数，一个包含样本的字节数组；采样率；以及样本所代表的是单声道(Mono)还是立体声(Stereo)数据。如果查看 Microphone 类，您将看到它公开了一个 SampleRate 属性，但它并没有指定录音是基于单声道还是立体声的。然而，如果查看调试器或者展开 Microphone 实例的私有 format 属性，如图 11-13 所示，即可确定 Microphone 只提供了一个声道(即 Mono)。

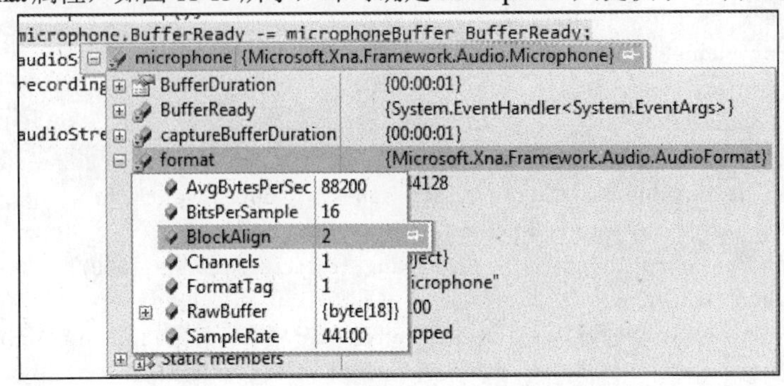

图 11-13

11.2.2 保存

从麦克风录制音频时，会得到一个原始采样数据的数组。如果只使用 SoundEffect 类进行播放，它将会十分有用。但是，如果您希望在另一个媒体应用程序中使用或者与桌面 PC 共享，则可能需要将其保存为一种更加标准的文件格式，从而使诸如录音采样速率或声道数这类问题可以在接收设备中迎刃而解。由于 WAV 文件格式会在原始的音频样本之前包含一小段标头信息，所以它可能是 Windows Phone 7 应用程序中最简单易用的文件格式。要创建 WAV 文件，可以使用下面的 SoundUtility 类，它公开了一个 ConvertRawSamplesToWav 方法。此方法接受原始采样数据的数组并返回一个代表 wav 文件的字节数组，其中带有完整的标头信息：

可从 wrox.com 下载源代码

```
public static class SoundUtilities{
    public class WaveFormat{
        public int Encoding { get; set; }
        public int AverageBytesPerSecond { get; set; }
        public int BlockAlign { get; set; }
        public int Channels { get; set; }
        public int SamplesPerSecond { get; set; }
    }

    public static byte[] ConvertRawSamplesToWav(byte[] samples, WaveFormat format){
        var ascii = Encoding.UTF8;
        var byteArrayLength = 36 + samples.Length;
        var byteArray = new byte[byteArrayLength];
        var index = 0;

        // Specify that this is a RIFF file and the length of the file in bytes
        index += byteArray.CopyInto(index, ascii.GetBytes("RIFF"));
        index += byteArray.CopyInto(index, byteArrayLength.AsFixedByteArray(4));

        // Specify that this is a WAVE and start the format header
        index += byteArray.CopyInto(index, ascii.GetBytes("WAVE"));
        index += byteArray.CopyInto(index, ascii.GetBytes("fmt "));
```

```
    // Format header is fixed size of 16
    index += byteArray.CopyInto(index, (16).AsFixedByteArray(4));

    // Encoding: "1" for PCM
    index += byteArray.CopyInto(index, (format.Encoding).AsFixedByteArray(2));

    // Number of Channel
    index += byteArray.CopyInto(index, (format.Channels).AsFixedByteArray(2));

    // Samples per second
    index += byteArray.CopyInto(index,
                    (format.SamplesPerSecond).AsFixedByteArray(4));

    // Average bytes per second
    index += byteArray.CopyInto(index,
                    (format.AverageBytesPerSecond).AsFixedByteArray(4));

    // Block Align
    index += byteArray.CopyInto(index, (format.BlockAlign).AsFixedByteArray(4));

    // Bits per sample
    index += byteArray.CopyInto(index,
     ((8*format.AverageBytesPerSecond)/
       format.SamplesPerSecond).AsFixedByteArray(2));

    // The Samples themselves
    index += byteArray.CopyInto(index, ascii.GetBytes("data"));
    index += byteArray.CopyInto(index, samples.Length.AsFixedByteArray(2));
    index += byteArray.CopyInto(index, samples);

    return byteArray;
}

public static int CopyInto(this byte[] byteArray, int offset,byte[] bytes ){
    bytes.CopyTo(byteArray, offset);
    return byteArray.Length;
}

public static byte[] AsFixedByteArray(this int number, int fixedByteArraySize){
    int remainder, result;
    var returnarray = new byte[fixedByteArraySize];

    result = DivRem(number, 256, out remainder);

    if (result >= 1){
        returnarray[0] = Convert.ToByte(remainder);
        var tmpArray = result.AsFixedByteArray(fixedByteArraySize - 1);
        tmpArray.CopyTo(returnarray, 1);
    }
    else{
```

```
            returnarray[0] = Convert.ToByte(number);
        }
        return returnarray;
    }

    public static int DivRem(int a, int b, out int result){
        result = a % b;
        return (a / b);
    }
}
```

SoundUtilities.cs 中的代码片段

一旦停止录制，该方法即可在将录音保存到独立存储之前将其转换为 wav 文件：

可从
wrox.com
下载源代码

```
using (var iss = new IsolatedStorageFileStream("recording.wav",
                                                FileMode.OpenOrCreate,
                        IsolatedStorageFile.GetUserStoreForApplication())){
    var bytesToWrite = SoundUtilities.ConvertRawSamplesToWav(recording,
                                                new SoundUtilities.WaveFormat(){
            AverageBytesPerSecond = microphone.SampleRate * 2,
            BlockAlign = 2,
            Channels = 1,
            Encoding = 1,
            SamplesPerSecond = microphone.SampleRate
        });
    iss.Write(bytesToWrite, 0, bytesToWrite.Length);
}
```

TranslateAndRecordPage.xaml.cs 中的代码片段

11.3 Music and Video hub

Windows Phone 用户体验的一部分就是在 Music and Video hub 中管理和播放媒体的功能。您的应用程序可以访问 MediaLibrary(媒体库)来列出并播放音乐。首先添加一个简单列表以便显示媒体库中的所有歌曲。列表中的每一项都由歌曲名及歌手构成。

可从
wrox.com
下载源代码

```
<Grid x:Name="ContentGrid" Grid.Row="1">
    <ListBox x:Name="MediaList" SelectionChanged="MediaList_SelectionChanged">
        <ListBox.Resources>
            <DataTemplate x:Key="MediaItemTemplate">
                <StackPanel Orientation="Horizontal">
                    <TextBlock Margin="0,0,1,7" TextWrapping="Wrap"
                               Text="{Binding Name}"
                               Style="{StaticResource PhoneTextNormalStyle}"/>
                    <TextBlock Margin="0,0,1,7" TextWrapping="Wrap" Text="["
                               Style="{StaticResource PhoneTextNormalStyle}"/>
```

```
                <TextBlock Margin="0,0,1,7" TextWrapping="Wrap"
                           Text="{Binding Artist.Name}"
                           Style="{StaticResource PhoneTextNormalStyle}"/>
                <TextBlock Margin="0,0,1,7" TextWrapping="Wrap" Text="]"
                           Style="{StaticResource PhoneTextNormalStyle}"/>
            </StackPanel>
        </DataTemplate>
    </ListBox.Resources>
    <ListBox.ItemTemplate>
        <StaticResource ResourceKey="MediaItemTemplate"/>
    </ListBox.ItemTemplate>
  </ListBox>
</Grid>
```

MediaLibraryPage.xaml 中的代码片段

为将歌曲列表关联到列表框，只需将它的 ItemsSource 设置为一个 MediaLibray 新实例的 Songs 属性即可。

可从 wrox.com 下载源代码

```
void MediaLibraryPage_Loaded(object sender, RoutedEventArgs e){
    var library = new MediaLibrary();
    this.MediaList.ItemsSource = library.Songs;
}

private void MediaList_SelectionChanged(object sender, SelectionChangedEventArgs e){
    if (e.AddedItems.Count == 0) return;
    var song = e.AddedItems[0] as Song;
    if (song == null) return;

    MediaPlayer.Play(song);
}
```

MediaLibraryPage.xaml.cs 中的代码片段

此段代码还展示了如何播放用户在列表中所选中的一首歌曲。使用 MediaPlayer 类的静态方法即可控制当前的播放。通过 MediaPlayer 播放过的歌曲会出现在 Music and Video hub 的媒体历史列表中。

11.4　FM 调谐器

每个 Windows Phone 都配备了内置的 FM 收音机调谐器。在应用程序中，您可以通过设置 FMRadio 单例对象上的多个属性来打开并调谐收音机。

```
FMRadio.Instance.CurrentRegion = RadioRegion.UnitedStates;
FMRadio.Instance.PowerMode = RadioPowerMode.On;
FMRadio.Instance.Frequency = 96.7;
```

您可以访问 SignalStrength 属性(范围是 0~1)来查询当前频率的强度。为与收音机的属性绑定，同样可以创建一个代理类，以便获取当前的收音机属性，然后以一种可以进行数据绑定的方式将它们公开。

可从
wrox.com
下载源代码

```
public class RadioBinder : FrameworkElement{
    private DispatcherTimer timer = new DispatcherTimer();
    public RadioBinder(){
        if (!System.ComponentModel.DesignerProperties.IsInDesignTool){
            timer.Interval = new TimeSpan(0, 0, 1);
            timer.Tick += new EventHandler(timer_Tick);
            timer.Start();

            FMRadio.Instance.CurrentRegion = RadioRegion.UnitedStates;
            FMRadio.Instance.PowerMode = RadioPowerMode.On;
        }
    }

    void timer_Tick(object sender, EventArgs e){
        if (FMRadio.Instance.PowerMode == RadioPowerMode.On){
            SignalStrength = FMRadio.Instance.SignalStrength;
            Frequency = FMRadio.Instance.Frequency;
        }
        else{
            SignalStrength = 0.0;
        }
    }

    public double Frequency{
        get { return (double)GetValue(FrequencyProperty); }
        set { SetValue(FrequencyProperty, value); }
    }

    public static readonly DependencyProperty FrequencyProperty =
        DependencyProperty.Register("Frequency", typeof(double),
                    typeof(RadioBinder),
                    new PropertyMetadata(95.0,ChangedFrequency));

    private static void ChangedFrequency(DependencyObject d,
                            DependencyPropertyChangedEventArgs e){
        if (!System.ComponentModel.DesignerProperties.IsInDesignTool){
            try{
                FMRadio.Instance.Frequency = (double)e.NewValue;
            }
            catch (Exception ex){
                (d as RadioBinder).Error = ex.Message + "-" + e.NewValue.ToString();
            }
        }
    }
```

```
    public double SignalStrength{
        get { return (double)GetValue(SignalStrengthProperty); }
        set { SetValue(SignalStrengthProperty, value); }
    }

    public static readonly DependencyProperty SignalStrengthProperty =
            DependencyProperty.Register("SignalStrength", typeof(double),
                                        typeof(RadioBinder),
                                        new PropertyMetadata(0.0));
}
```

RadioBinder.cs 中的代码片段

要控制收音机的频率，可以使用一个滑块并将其绑定到 RadioBinder 的 Frequncy 属性。当用户更改滑块时就会更新 Frequency 属性，进而设置 FMRadio 的 Frequency 属性。以下布局包含一个 RadioBinder 的实例、一个 Slider(用于控制频率)、一个旋转后的 ProgressBar(用于指示当前的信号强度)以及一个 TextBlock(以文本形式显示当前频率)。Slider 与 RadioBinder 的 Frequency 属性建立了双向绑定，而其他控件都只有单向绑定。

可从 wrox.com 下载源代码

```
<Grid x:Name="ContentGrid" Grid.Row="1">
    <local:RadioBinder x:Name="Radio"/>
    <Slider  Value="{Binding Frequency, Mode=TwoWay, ElementName=Radio}"
           Height="104" HorizontalAlignment="Left" Margin="0,58,0,0"
           VerticalAlignment="Top" Width="330" Minimum="90" Maximum="110" />
    <ProgressBar Value="{Binding SignalStrength, ElementName=Radio}" Height="83"
              HorizontalAlignment="Left" Margin="336.5,57.5,0,0"
          Name="SignalStrength"
              VerticalAlignment="Top" Width="135" Maximum="10" SmallChange="0.01"
              Minimum="0" RenderTransformOrigin="0.5,0.5" UseLayoutRounding="False">
        <ProgressBar.RenderTransform>
            <CompositeTransform Rotation="-90"/>
        </ProgressBar.RenderTransform>
    </ProgressBar>
    <TextBlock Height="40" HorizontalAlignment="Left" Margin="18,133,0,0"
              Text="{Binding Frequency, ElementName=Radio}"
              VerticalAlignment="Top" Width="83" />
    <Button Content="Start Tune" Height="72" HorizontalAlignment="Left"
          Margin="0,318,0,0" Name="TuneStartButton" VerticalAlignment="Top"
          Width="210"
          Click="TuneStartButton_Click" />
    <Button Content="Stop Tune" Height="72" HorizontalAlignment="Left"
            Margin="270,318,0,0" Name="StopTuneButton" VerticalAlignment="Top"
            Width="210" Click="StopTuneButton_Click" />
</Grid>
```

RadioPage.xaml 中的代码片段

该布局中还包含两个用于启动和停止调谐的按钮。FMRadio 类没有提供对调谐的内置支持，不过您可以通过递增 Frequency 来实现该功能。

可从
wrox.com
下载源代码

```
DispatcherTimer timer;
private void TuneStartButton_Click(object sender, RoutedEventArgs e){
    if (timer == null){
        timer = new DispatcherTimer();
        timer.Interval = new TimeSpan(0, 0, 2);
        timer.Tick += new EventHandler(timer_Tick);
    }
    timer.Start();
}

void timer_Tick(object sender, EventArgs e){
    Radio.Frequency += 0.1;
    if (Radio.Frequency == 105){
        Radio.Frequency = 89;
    }
}

private void StopTuneButton_Click(object sender, RoutedEventArgs e){
    timer.Stop();
}
```

RadioPage.xaml.cs 中的代码片段

关于收音机的使用有几点需要注意。首先，如果没有为应用程序分配恰当的功能(详情请参见第20 章)，那么尝试访问收音机将抛出异常。其次，当 Zune 正在运行时(事实上是媒体库中的任何服务)，您无法在真实设备中调试使用了收音机的应用程序。

11.5 小结

Windows Phone 应用程序可以播放音频和视频。您了解了如何操作 MediaElement 以及如何使用 SoundEffect 和 SoundEffectInstance 类来叠加多个声音。而且内置的麦克风也为应用程序增添了亮点，使得应用程序可以捕获音频，并能在设备中存储并播放音频。另外，您还可以将录制好的音频发送到远程服务器中，以便将其转换为文本。

第12章 确定位置

本章内容

- 确定当前位置
- 在 Windows Phone 模拟器中模拟位置
- 使用 bing map 控件

在过去几年中，越来越多的设备都内置了 GPS 设备。但当位于办公室或在商店购物时，该设备通常都不能很好地发挥作用。在这些情况下 GPS 需要很长的时间来解析信号，或者被周围建筑物阻挡。幸运的是，在这些情况下，基于可用的 Wi-Fi 网络或者手机基站的三角测量，可以很好地提供您所在的位置的近似值。

在本章中，您将学习如何连接并使用 Windows Phone 位置服务(Location Service)，它将某些复杂的过程隐藏到了一个易于使用的接口之后，其中包括与 GPS 设备进行通信以及决定在何时使用基于 Wi-Fi 或基站的三角测量。这不仅可以用于检索用户的当前位置，还可以检测到他们的移动。此外您还将了解如何轻松地将地图集成到应用程序中，以便显示基于地理位置的数据。

12.1 地理位置

为了保护用户隐私，Windows Phone 对位置采用了一种基于准许的方式。这意味着，应用程序要访问位置信息，用户必须主动地准许该应用程序的请求。当应用程序首次尝试访问位置信息时，必须显示一条提示来请求用户准许使用位置信息。例如，图 12-1 显示了 Bing 搜索(在第一次按下 Search 按钮时显示)的准许对话框。

Windows Phone 位置服务提供了对设备位置的原始信息的访问。位置更新的质量会因某些因素而异，其中包括该更新是否是由内置的 GPS 所提供，或者是否是由手机基站或 Wi-Fi 三角测量所产生的。通过组合多种来源的信息，Windows Phone 能够对应用程序所提供的位置信息进行优化，在需要时可以提高精度，或者在低精度的位置信息即可满足应用程序的需求时降低功耗。可用位置信息的准确性会受到几个因素的影响。这些因素包括在一定范围内手机基站的数量，是否有已知的

Wi- Fi 网络，以及 GPS 信号是否受到了建筑物的干扰。

图 12-1

12.1.1 GeoCoordinateWatcher

通过 GeoCoordinateWatcher 类的实例即可访问 Windows Phone 上的位置服务。该类位于 System.Device.dll 中，需要在 Windows Phone 应用程序中对其进行引用。GeoCoordinateWatcher 为位置服务提供了一个包装器，可以查看服务状态的任何更改(正如 GeoPositionStatus 枚举所列出的)或设备位置的更改。此外它还公开了启动和停止位置服务的方法。最初，位置服务以 NoData 状态启动。一旦调用 Start 方法，服务就会进入 Initializing 状态，在此状态下会尝试从设备硬件访问当前位置信息。如果该操作成功，状态将会更改为 Ready，这意味着位置信息是可读取的。另外，如果用户禁用了该设备的位置服务，状态将更改为 Disabled:

可从 wrox.com 下载源代码

```
GeoCoordinateWatcher geowatcher;
private void PhoneApplicationPage_Loaded(object sender, RoutedEventArgs e){
   geowatcher = new GeoCoordinateWatcher();
   geowatcher.StatusChanged += geowatcher_StatusChanged;
}

private void StartButton_Click(object sender, RoutedEventArgs e){
   geowatcher.Start();
}

private void StopButton_Click(object sender, RoutedEventArgs e){
   geowatcher.Stop();
}

private void geowatcher_StatusChanged(object sender,
                              GeoPositionStatusChangedEventArgs e){
   this.Dispatcher.BeginInvoke(() => {
         this.StatusText.Text = e.Status.ToString();
      });
}
```

MainPage.xaml.cs 中的代码片段

如果位置服务进入 Disabled 状态，可以检查 GeoCoordinateWatcher 实例的 Permission 属性。该属性会根据用户是否已经授予应用程序访问自己的位置而返回 Granted、Denied 或 Unknown(GeoPositionPermission 枚举值)。可使用该值来调整应用程序的行为方式。

1. 位置(纬度、经度及海拔)

一旦位置服务处于 Ready 状态，就可以通过 GeoCoordinateWatcher 的 Position 属性访问最新的位置更新信息。或者，可以为 PositionChanged 事件附加事件处理程序，它会在设备检测到位置变化时被调用。当前位置通过经度、纬度和海拔的值来表示。

在下面的代码片段中，为 PositionChanged 事件关联了一个事件处理程序。因为 GeoCoordinate Watcher 工作在后台线程上，所以务必要记住如果想在 PositionChanged 事件处理程序中更新任何可视化元素，都需要使用调度器返回到 UI 线程:

可从
wrox.com
下载源代码

```
GeoCoordinateWatcher geowatcher;
private void PhoneApplicationPage_Loaded(object sender, RoutedEventArgs e){
    geowatcher = new GeoCoordinateWatcher();
    geowatcher.PositionChanged += geowatcher_PositionChanged;
}

private void geowatcher_PositionChanged(object sender,
                                GeoPositionChangedEventArgs<GeoCoordinate> e){
    var locationText = PositionString(e.Position.Location);

    this.Dispatcher.BeginInvoke(() => this.GeoLocationText.Text = locationText);
}

private string PositionString(GeoCoordinate position){
    return "Latitude: " + position.Latitude.ToString() + Environment.NewLine +
           "Longitude: " + position.Longitude.ToString() + Environment.NewLine +
           "Altitude: " + position.Altitude.ToString();
}
```

MainPage.xaml.cs 中的代码片段

如果应用程序需要持续更新设备位置，那么处理 PositionChanged 事件就会十分有用。事实上，这是一种最有效的技术，因为 GeoCoordinateWatcher 仅会在检测到更改时中断。相反，如果只需要单独的位置更新，那么这种方法就有些小题大做了。在这种情况下，GeoCoordinateWatcher 类提供了 Position 属性，可按如下所示的方式对其进行查询:

可从
wrox.com
下载源代码

```
private void ReadLocationButton_Click(object sender, RoutedEventArgs e){
    MessageBox.Show(PositionString(geowatcher.Position.Location));
}
```

MainPage.xaml.cs 中的代码片段

Position 属性返回一个 GeoPosition<GeoCoordinate>对象，该对象包含一个 Location 属性(如代码片段所示)以及一个 Timestamp 属性(用于指示记录位置信息时的设备时间)。这非常有用，因为如果 GPS 信号丢失或蜂窝网络变得无法访问，则该信息会在较长的一段时间内不发生改变。

2. 方向(航向与速度)

除了可以跟踪设备的地理位置外，位置服务还提供了当前的航向和设备的移动速度信息：

可从
wrox.com
下载源代码

```
private string PositionString(GeoCoordinate position){
    return "Latitude: " + position.Latitude.ToString() + Environment.NewLine +
          "Longitude: " + position.Longitude.ToString() + Environment.NewLine +
          "Altitude: " + position.Altitude.ToString() + Environment.NewLine +
          "Course: " + position.Course.ToString() + Environment.NewLine +
          "Speed: " + position.Speed.ToString();
}
```

MainPage.xaml.cs 中的代码片段

3. 立即定位

在某些情况下，您希望确保在应用程序执行之前当前设备的位置是可用的。GeoCoordinateWatcher 实例包含一个 TryStart 方法，可以看成用于启动位置服务的一种同步方法。它接受一个 TimeSpan 参数，该参数用于确定 TryStart 方法应为位置服务的启动等待多长时间。如果希望一直等待(不建议使用)，可将该参数设置为 TimeSpan.MaxValue。

可从
wrox.com
下载源代码

```
private void FindMeNowButton_Click(object sender, RoutedEventArgs e){
    var t = new Thread((ThreadStart)(() =>
            {
                geowatcher.TryStart(true, TimeSpan.FromSeconds(30));
                string locationText;
                if (geowatcher.Status ==
                    System.Device.Location.GeoPositionStatus.Ready){
                    var pos = geowatcher.Position;
                    locationText = PositionString(pos.Location);
                }
                else{
                    locationText = "Unable to retrieve location";

                }


                this.Dispatcher.BeginInvoke(() =>
                                this.GeoLocationText.Text = locationText);
            }));
    t.Start();
}
```

MainPage.xaml.cs 中的代码片段

本例创建了一个新线程来启动 GeoCoordinateWatcher，然后报告设备的当前位置。根据经验而言，永远不应该阻塞 UI 线程，因为动画和其他效果会暂时被冻结，这势必会导致糟糕的用户体验。您应该始终将长时间执行的操作放在后台线程中。如果这些操作是一个复杂的或耗时的启动程序的一部分，那么这一点就相当重要。

4. MovementThreshold 与 DesiredAccuracy

Windows Phone 位置服务会利用来自 GPS、Wi- Fi 和蜂窝网络的数据。对于每种来源而言，都会在准确性，解析位置的时间以及功耗之间存在一个权衡。您可以根据应用程序来决定是否接受较低精度(GeoPositionAccuracy.Default)的位置更新信息。在大多数情况下，这会比指定高精度(GeoPositionAccuracy.High)时能更快地获得设备的位置信息。GeoCoordinateWatcher 默认的 DesiredAccuracy 是比较低的。为了提高精度，您应该在创建 GeoCoordinateWatcher 的实例时将参数指定为 GeoPositionAccuracy.High。

一旦返回了设备的初始位置，您可能会决定提高读数的准确性，以便逐步返回更精确的值。为此，在创建一个具有更高精确度的新实例前，需要确保将现有的 GeoCoordinateWatcher 实例停止并清理掉。

其他可能需要调整的属性就是 MovementThreshold。它指示了在下一次 PositionChanged 事件引发之前设备必须移动的最小距离。PositionChanged 事件第一次被引发后(指示已获取到设备位置)，只有在设备移动了 MovementThreshold 属性所指定的最短距离(以米为单位)时才会再次被引发。

如果不指定 MovementThreshold 属性，则其默认值为 0，这意味着任何位置更改都会引发 PositionChanged 事件。由于用于捕获位置信息的不同技术和硬件的不准确性，可能会导致 PositionChanged 事件没有因设备位置的实际更改，而是因位置信息中的噪声而被引发。因此，建议将该属性设置为应用程序准备处理的最小位置更改。如果应用程序使用返回的位置信息来检测设备当前所处的城市，那么，例如当设备向东移动 4 米时，几乎不必通知您[1]。

5. 精确度

位置服务所返回的 GeoCoordinate 值还表明了水平(纬度和经度)和垂直(海拔)方向的数据精确度。以下代码更新了 PositionString 方法以便报告 HorizontalAccuracy 和 VerticalAccuracy 的值。

可从 wrox.com 下载源代码

```
private string PositionString(GeoCoordinate position){
    return "Latitude: " + position.Latitude.ToString() + Environment.NewLine +
        "Longitude: " + position.Longitude.ToString() + Environment.NewLine +
        "Lat-Long Accuracy: " + position.HorizontalAccuracy.ToString() +
                              Environment.NewLine +
        "Altitude: " + position.Altitude.ToString() + Environment.NewLine +
        "Altitude Accuracy: " + position.VerticalAccuracy.ToString() +
                              Environment.NewLine +
        "Course: " + position.Course.ToString() + Environment.NewLine +
        "Speed: " + position.Speed.ToString();
}
```

MainPage.xaml.cs 中的代码片段

12.1.2 IGeoPositionWatcher

与加速度计相同，Windows Phone 模拟器无法模拟位置服务。虽然可以对类进行实例化，但它始终会指示无法获取到位置更新信息。不过，System.Device.Location 程序集提供了一个名为 IGeoPositionWatcher<GeoCoordinate>的接口，旨在提供与第 10 章开发的 IAccelerometer 接口类似的

1. 此处的意思是当您检测所在的城市时，向东移动的 4 米相对于检测目的来说几乎可以忽略不计，所以无需通知您，这种情况下，可将 MovementThreshold 属性设置为一个远大于 4 米的值。

作用。使用 IGeoPositionWatcher<GeoCoordinate>接口还可以允许您提供另一种地理位置观察器的实现，以便在模拟器中测试应用程序。本节介绍了这两种实现方式。

1. 模拟: Windows 7 Sensor API

Windows 7 包含了一套与传感器进行交互的标准接口。只有很少一部分笔记本(或台式计算机)包含了 GPS 或者其他可以确定设备位置的硬件。Rafael Rivera 和 Long Zheng[2]给出了 Geosense for Windows 库(www.geosenseforwindows.com/)，它综合运用了 Wi-Fi、手机基站三角测量以及反向 IP 查找功能。安装后，Geosense for Windows 会确定计算机位置并报告给 Windows 7，以便任何其他应用程序都可以通过标准的传感器接口对其进行查询。

要使用此功能为 Windows Phone 模拟器提供位置信息，需要创建一个用于公开 WCF 服务的简单控制台应用程序。该服务将连接到 Windows 7 的传感器接口以检索当前的位置信息，并在调用 WCF 服务检索最新位置信息时将其报告给 Windows Phone 应用程序。这与第 10 章中使用 Wiimote 加速度计数据的设计方法非常相似。

首先使用 Console Application 模板创建一个新的应用程序。接下来，向项目中添加一个名为 MockLocationService 的 WCF 服务项。下载 Windows API Code Pack for Microsoft.NET Framework (http://code.msdn.microsoft.com/WindowsAPICodePack)，同时添加对 Microsoft.WindowsAPICodePack.dll 和 Microsoft.WindowsAPICodePack.Sensors.dll 的引用。以下代码说明了如何在控制台应用程序中承载 WCF 服务，以及如何初始化 Windows 7 传感器 API 以便开始接收位置信息：

可从
wrox.com
下载源代码

```
class Program{
    public static LocationGpsSensor Sensor;
    public static MockGeoLocation CurrentLocation;

    static void Main(string[] args){
        if(!Initialize()) return;

        // Create the ServiceHost.
        using (ServiceHost host = new ServiceHost(typeof(MockLocationService))){
            host.Open();

            Console.WriteLine("The service is ready");
            Console.WriteLine("Press <Enter> to stop the service.");
            Console.ReadLine();

            // Close the ServiceHost.
            host.Close();
        }
    }

    public static bool Initialize(){
        try{
            var sensorsByTypeId = SensorManager.GetSensorsByTypeId<LocationGpsSensor>();
```

2. 两位 Microsoft 技术爱好者，Rafael Rivera 的个人站点是 http://www.withinwindows.com，Long Zheng 的个人站点是 http://www.istartedsomething.com。

```
            if (sensorsByTypeId != null){
                var sensor = sensorsByTypeId[0] as LocationGpsSensor;
                if (sensor.State == SensorState.AccessDenied){
                    SensorList<Sensor> sensors = new SensorList<Sensor>();
                    sensors.Add(sensorsByTypeId[0]);
                    SensorManager.RequestPermission(IntPtr.Zero, false, sensors);
                    sensor.UpdateData();
                }
                else{
                    sensor.UpdateData();
                }
                CurrentLocation = new MockGeoLocation(){
                                                Address1 = sensor.Civic_Address1,
                                                Address2 = sensor.Civic_Address2,
                                                City = sensor.Civic_City,
                                                PostCode = sensor.Civic_PostCode,
                                                State = sensor.Civic_State,
                                                Region = sensor.Civic_Region,
                                                Latitude = sensor.Geo_Latitude,
                                                Longitude = sensor.Geo_Longitude,
                                                Altitude = sensor.Geo_Altitude,

                                                Speed = 0.0,
                                                Course = 0.0
                                        };
                Sensor = sensor;
            }

            return true;
        }
        catch (Exception){
            return false;
        }
    }
}
```

Program.cs 中的代码片段

以下代码片段没有展示LocationGpsSensor类型，它是由服务返回的数据结构，在调用GetSensors ByTypeId和MockGeoLocation类时会提供该类型。

可从wrox.com下载源代码

```
[SensorDescription("{ED4CA589-327A-4FF9-A560-91DA4B48275E}")]
public class LocationGpsSensor : Sensor{
    public string Civic_Address1 { get; private set; }
    public string Civic_Address2 { get; private set; }
    public string Civic_City { get; private set; }
    public string Civic_PostCode { get; private set; }
    public string Civic_Region { get; private set; }
```

```
    public string Civic_State { get; private set; }

    public double Geo_Latitude { get; private set; }
    public double Geo_Longitude { get; private set; }
    public double Geo_Altitude { get; private set; }

    public LocationGpsSensor(){
        base.DataReportChanged += this.GeosenseSensor_DataReportChanged;
    }

    private void GeosenseSensor_DataReportChanged(Sensor sender, EventArgs e){
        var locationData = base.DataReport.Values[
                SensorPropertyKeys.SENSOR_DATA_TYPE_LATITUDE_DEGREES.FormatId];
        this.Geo_Latitude = (double)locationData[0];
        this.Geo_Longitude = (double)locationData[1];
        this.Geo_Altitude = (double)locationData[2];
        this.Civic_Address1 = (string)locationData[4];
        this.Civic_Address2 = (string)locationData[5];
        this.Civic_City = (string)locationData[6];
        this.Civic_Region = (string)locationData[7];
        this.Civic_State = (string)locationData[8];
        this.Civic_PostCode = (string)locationData[9];
    }
}
```

LocationGpsSensor.cs 中的代码片段

```
public class MockGeoLocation
{
    public string Address1 { get;  set; }
    public string Address2 { get;  set; }
    public string City { get;  set; }
    public string PostCode { get;  set; }
    public string Region { get;  set; }
    public string State { get;  set; }

    public double Latitude { get;  set; }
    public double Longitude { get;  set; }
    public double Altitude { get; set; }

    public double  Course { get; set; }
    public double  Speed { get; set; }
}
```

MockGeoLocation.cs 中的代码片段

此外还需要实现 MockLocationService WCF 服务。如您所见，这是个较简单的程序，它只返回承载该服务的程序的静态 CurrentLocation 属性：

可从
wrox.com
下载源代码

```
[ServiceContract]
public interface IMockLocationService{
   [OperationContract]
   MockGeoLocation CurrentLocation();
}
```

IMockLocationService.cs 中的代码片段

```
public class MockLocationService : IMockLocationService{
   public MockGeoLocation CurrentLocation(){
      return Program.CurrentLocation;
   }
}
```

MockLocationService.cs 中的代码片段

生成并运行此服务(需要以管理员身份运行 Visual Studio，以便成功启动服务)后，在 Windows Phone 应用程序中右击 Solution Explorer 窗口中的项目，然后选择 Add Service Reference，即可引用该服务。添加完毕后，需要实现 IGeoPositionWatcher<GeoCoordinate>接口。Win7GeoPositionWatcher 实现会定期调用 WCF 服务来检索最新的位置信息：

可从
wrox.com
下载源代码

```
public class Win7GeoPositionWatcher : IGeoPositionWatcher<GeoCoordinate>{
  public event EventHandler<GeoPositionChangedEventArgs<GeoCoordinate>>
                    PositionChanged;
  public event EventHandler<GeoPositionStatusChangedEventArgs> StatusChanged;

  private Windows7LocationAPI.MockLocationServiceClient mockClient;

  private AutoResetEvent TryStartWait = new AutoResetEvent(false);
  private Timer timer;

  public Win7GeoPositionWatcher(){
     mockClient = new Windows7LocationAPI.MockLocationServiceClient();
     mockClient.CurrentLocationCompleted += mockClient_CurrentLocationCompleted;
     timer = new Timer(TimerCallback,null,Timeout.Infinite,Timeout.Infinite);
     Status = GeoPositionStatus.NoData;
  }

  public GeoPositionPermission Permission{
     get { return GeoPositionPermission.Granted; }
  }

  public GeoPosition<GeoCoordinate> Position { get; private set; }

  public GeoPositionStatus Status { get; private set; }

  private void TimerCallback(object state){
     timer.Change(Timeout.Infinite, Timeout.Infinite);
     mockClient.CurrentLocationAsync();
```

```
    }

    public bool TryStart(bool suppressPermissionPrompt, TimeSpan timeout){
        this.Start(suppressPermissionPrompt);
        return TryStartWait.WaitOne(timeout);
    }

    public void Start(bool suppressPermissionPrompt){
        Start();
    }

    public void Start(){
        if (Status == GeoPositionStatus.Disabled){
            Status = GeoPositionStatus.Initializing;
            RaiseStatusChanged();
        }

        mockClient.CurrentLocationAsync();
    }

    public void Stop(){
        this.Status = GeoPositionStatus.NoData;
        RaiseStatusChanged();
        this.Position = null;
    }

    private void mockClient_CurrentLocationCompleted(object sender,
            Windows7LocationAPI.CurrentLocationCompletedEventArgs e){
        if (e.Error == null){
            if (Status!= GeoPositionStatus.Ready){
                Status = GeoPositionStatus.Ready;
                RaiseStatusChanged();
            }
            var currentLocation = e.Result;
            this.Position = new GeoPosition<GeoCoordinate>(DateTimeOffset.Now,
                            new GeoCoordinate(currentLocation.Latitude,
                                              currentLocation.Longitude,
                                              currentLocation.Altitude));
            RaisePositionChanged();
            timer.Change(0, 100);
        }
        else{
            Status = GeoPositionStatus.Disabled;
            RaiseStatusChanged();
        }
        TryStartWait.Set();
    }

    private void RaiseStatusChanged(){
        if (StatusChanged != null){
```

```
            StatusChanged(this, new GeoPositionStatusChangedEventArgs(this.Status));
        }
    }

    private void RaisePositionChanged(){
        if (PositionChanged != null){
            PositionChanged(this,
               new GeoPositionChangedEventArgs<GeoCoordinate>(this.Position));
        }
    }
}
```

Win7GeoPositionWatcher.cs 中的代码片段

在此实现中，您会发现 StatusChanged 和 PositionChanged 事件都在适当的时候被引发。在模拟的 GeoPositionWatcher 实现中，有必要尽可能模拟 Windows Phone 的实际行为，以便可以准确测试应用程序的行为。要使用 Win7GeoPositionWatcher 类，需要做的就是确定应用程序是运行在真实设备中，还是模拟器中，从而根据需要在 GeoCoordinateWatcher 和 Win7GeoPositionWatcher 类的实例之间进行切换：

可从 wrox.com 下载源代码

```
public static IGeoPositionWatcher<GeoCoordinate> PickDeviceGeoPositionWatcher(){
    if (Microsoft.Devices.Environment.DeviceType == DeviceType.Device){
        return new GeoCoordinateWatcher();
    }
    else{
        return new Win7GeoPositionWatcher();
    }
}
```

Utilities.cs 中的代码片段

此外还需要修改 Windows Phone 应用程序的代码，以便使用 IGeoPositionWatcher <GeoCoordinate>，而非 GeoCoordinateWatcher。

可从 wrox.com 下载源代码

```
IGeoPositionWatcher<GeoCoordinate> geowatcher;

private void PhoneApplicationPage_Loaded(object sender, RoutedEventArgs e){
    geowatcher = Utilities.PickDeviceGeoPositionWatcher();
    geowatcher.StatusChanged += geowatcher_StatusChanged;
    geowatcher.PositionChanged += geowatcher_PositionChanged;
}
```

MainPage.xaml.cs 中的代码片段

Win7GeoPositionWatcher 提供了一种真实的方法来模拟 Windows Phone 应用程序的位置，它通常只会报告一个位置。当然，除非您恰巧在公共汽车或火车上(此时，由 Windows 7 主机报告的位置才能不时地更新)，否则这种方法是无效的。为了提高 Win7GeoPositionWatcher 的性能，可以扩展

MockLocationService WCF 服务以便可在运行时手动调整航向和速度。新的航向和速度可用于调整随时间的推移由服务所记录的位置，以便模拟设备的移动。首先扩展 WCF 服务以便包含 UpdateCourseAndSpeed 方法：

```
[ServiceContract]
public interface IMockLocationService{
   [OperationContract]
   MockGeoLocation CurrentLocation();

   [OperationContract]
   void UpdateCourseAndSpeed(double course, double speed);
}
```

IMockLocationService.cs 中的代码片段

```
public class MockLocationService : IMockLocationService{
   public MockGeoLocation CurrentLocation(){
      return Program.CurrentLocation;
   }

   public void UpdateCourseAndSpeed(double course, double speed){
      Program.CurrentLocation.Course = course;
      Program.CurrentLocation.Speed = speed;
   }
}
```

MockLocationService.cs 中的代码片段

此外，为了基于指定航向和速度定期更新位置，还需要更新主机控制台应用程序。在以下代码中，Timer 在 TimeoutInMilliseconds 之后引发了一个事件。如果设备正在移动(即，Speed 不为零)，则会计算新位置。计算新位置的公式使用了 Earth 的大小，以便根据定时器事件两次触发之间设备所移动的距离来确定新的纬度和经度(可在 www.movable-type.co.uk/scripts/latlong.html 中找到该公式以及其他地理位置公式)：

```
private const int TimeoutInMilliseconds = 100;
private const double EarthRadiusInMeters = 6378.1 * 1000.0;

private static System.Timers.Timer timer;

static Program(){
   CurrentLocation = new MockGeoLocation();

   timer = new System.Timers.Timer(TimeoutInMilliseconds);
   timer.Elapsed += new System.Timers.ElapsedEventHandler(timer_Elapsed);
   timer.Enabled = true;
}
```

```
static void timer_Elapsed(object sender, System.Timers.ElapsedEventArgs e){
    if(Sensor == null) return;
    timer.Enabled = false;
    if (CurrentLocation.Speed != 0){
        var lat1 = CurrentLocation.Latitude*(Math.PI/360.0);
        var lon1 = CurrentLocation.Longitude * (Math.PI / 360.0);
        var d = CurrentLocation.Speed * ((double)TimeoutInMilliseconds) / 1000.0;
        var R = EarthRadiusInMeters;
        var brng = CurrentLocation.Course;

        var lat2 = Math.Asin(Math.Sin(lat1) * Math.Cos(d / R) +
                        Math.Cos(lat1) * Math.Sin(d / R) * Math.Cos(brng));
        var lon2 = lon1+Math.Atan2(Math.Sin(brng) *
                              Math.Sin(d / R) * Math.Cos(lat1),
                              Math.Cos(d / R) -
                              Math.Sin(lat1) * Math.Sin(lat2));

        CurrentLocation.Latitude = lat2 * (360.0/Math.PI);
        CurrentLocation.Longitude = lon2 * (360.0/Math.PI);
    }
    else{
        var sensor = Sensor;
        CurrentLocation = new MockGeoLocation(){
             Address1 = sensor.Civic_Address1,
             Address2 = sensor.Civic_Address2,
             City = sensor.Civic_City,
             PostCode = sensor.Civic_PostCode,
             State = sensor.Civic_State,
             Region = sensor.Civic_Region,
             Latitude = sensor.Geo_Latitude,
             Longitude = sensor.Geo_Longitude,
             Altitude = sensor.Geo_Altitude,
             Speed = 0.0,
             Course = 0.0

        };
    }
    timer.Enabled = true;
}
```

Program.cs 中的代码片段

下一步就是基于 WPF Application 模板来创建一个简单应用程序。这用于调整 WCF 服务使用的 Course 和 Speed 值。在应用程序中，添加一个对 MockLocationService WCF 服务的引用，然后添加两个滑块和一个按钮。第一滑块用于确定 Course，所以 Maximum 属性应为 360。第二个滑块用于确定设备的移动速度(单位为米/秒)，所以将 Maximum 属性设置为 100 比较合适。在按钮的事件处理程序中，在 MockLocationServiceClient 代理的实例上调用 UpdateCourseAndSpeed 方法，并传递两个滑块的当前值：

可从 wrox.com 下载源代码

```
namespace GeoChanger{
    public partial class MainWindow : Window{
        public MainWindow(){
            InitializeComponent();
        }

        private void ChangeButton_Click(object sender, RoutedEventArgs e){
            Windows7LocationAPI.MockLocationServiceClient client =
                        new Windows7LocationAPI.MockLocationServiceClient();
            client.UpdateCourseAndSpeed(this.CourseSlider.Value,
                                   this.SpeedSlider.Value);

        }
    }
}
```

MainWindow.xaml.cs 中的代码片段

最初由 MockLocationService 返回的位置将是计算机的实际位置，它与 Windows 7 API 所返回的相同。然而，一旦使用 WPF 应用程序设置航向及速度(如图 12-2 所示)，就会不断地通过这些信息更新位置。

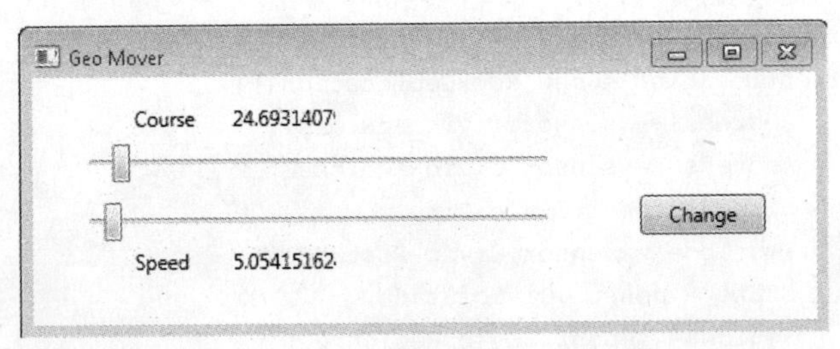

图 12-2

2. 模拟：时间和位置

另一种模拟 Windows Phone 位置服务的方法是使用一组预定义的位置和时间来实现 IgeoPositionWatcher<GeoCoordinate>接口。TimerGeoPositionWatcher 类的构造函数接受几个 GeoEvent 对象，这些对象会指定一个位置，以及一个指示在此位置停留多长时间的 Timespan。在调用 Start 方法后，列表中第一个 GeoEvent 的位置就成为由 TimerGeoPositionWatcher 所报告的当前位置。然后使用一个计时器在相应的超时后引发一个事件，从而导致当前位置被更新为下一个 GeoEvent 的位置。当到达列表末尾时，当前位置会返回到列表开头：

可从 wrox.com 下载源代码

```
public class GeoEvent{
    public double Longitude { get; set; }
    public double Latitude { get; set; }
    public TimeSpan Timeout { get; set; }
}

public class TimerGeoPositionWatcher : IGeoPositionWatcher<GeoCoordinate>{
   public event EventHandler<GeoPositionChangedEventArgs<GeoCoordinate>>
                                   PositionChanged;
```

```
public event EventHandler<GeoPositionStatusChangedEventArgs> StatusChanged;

private List<GeoEvent> events;
private int currentEventId;

private AutoResetEvent TryStartWait = new AutoResetEvent(false);
private Timer timer;

public TimerGeoPositionWatcher(IEnumerable<GeoEvent> events){
    this.events = new List<GeoEvent>(events);
    this.currentEventId = -1;
    this.timer = new Timer(TimerCallback, null, Timeout.Infinite, Timeout.Infinite);

    Status = GeoPositionStatus.Disabled;
    RaiseStatusChanged();
}

public GeoPositionPermission Permission{
      get { return GeoPositionPermission.Granted; }
}

public GeoPosition<GeoCoordinate> Position { get; private set; }

public GeoPositionStatus Status { get; private set; }

public bool TryStart(bool suppressPermissionPrompt, TimeSpan timeout){
    Start();
    return TryStartWait.WaitOne(timeout);
}

public void Start(bool suppressPermissionPrompt){
    Start();
}

public void Start(){
    if (Status == GeoPositionStatus.Disabled){
        Status = GeoPositionStatus.Initializing;

        RaiseStatusChanged();
    }

    NextGeoEvent();
    timer.Change(Current.Timeout, Current.Timeout);
}

public void Stop(){
    timer.Change(Timeout.Infinite, Timeout.Infinite);
    if (Status != GeoPositionStatus.Disabled){
        Status = GeoPositionStatus.Disabled;
        RaiseStatusChanged();
```

```
        }
    }

    private void TimerCallback(object state){
        if (Status == GeoPositionStatus.Initializing){
            Status = GeoPositionStatus.NoData;
            RaiseStatusChanged();
        }

        NextGeoEvent();
        timer.Change(Current.Timeout, Current.Timeout);
    }

    private GeoEvent Current{
        get{ return events[currentEventId % events.Count];}
    }

    private void NextGeoEvent(){
        // Move to the next GeoEvent
        currentEventId++;

        this.Position = new GeoPosition<GeoCoordinate>(DateTimeOffset.Now,
                         new GeoCoordinate(Current.Latitude,
                                           Current.Longitude, 0.0));

        if (Status != GeoPositionStatus.Ready) {
            Status = GeoPositionStatus.Ready;
            RaiseStatusChanged();
        }

        RaisePositionChanged();
    }

    private void RaiseStatusChanged(){
        if (StatusChanged != null){
            StatusChanged(this, new GeoPositionStatusChangedEventArgs(this.Status));
        }
    }

    private void RaisePositionChanged(){
        if (PositionChanged != null){
            PositionChanged(this,
                    new GeoPositionChangedEventArgs<GeoCoordinate>(this.Position));
        }
    }
}
```

TimerGeoPositionWatcher.cs 中的代码片段

与 Win7GeoPositionWatcher 类相同，要使用 TimerGeoPositionWatcher 类，只需返回它的一个实例来替代标准的 GeoCoordinateWatcher 即可：

可从
wrox.com
下载源代码

```
private static IGeoPositionWatcher<GeoCoordinate> PickDeviceGeoPositionWatcher(){
   if (Microsoft.Devices.Environment.DeviceType == DeviceType.Device){
      return new GeoCoordinateWatcher();
   }
   else{
      GeoEvent[] events = new GeoEvent[] {
new  GeoEvent { Latitude=-37.998152, Longitude=145.013596,
            Timeout=new TimeSpan(0,0,3) },
new  GeoEvent { Latitude=-37.998352, Longitude=145.023596,
            Timeout=new TimeSpan(0,0,4) },
new  GeoEvent { Latitude=-37.998552, Longitude=145.033596,
            Timeout=new TimeSpan(0,0,3) },
new  GeoEvent { Latitude=-37.998752, Longitude=145.043596,
            Timeout=new TimeSpan(0,0,7) },
new  GeoEvent { Latitude=-37.998952, Longitude=145.053596,
            Timeout=new TimeSpan(0,0,3) },
new  GeoEvent { Latitude=-37.999152, Longitude=145.063596,
            Timeout=new TimeSpan(0,0,7) },
new  GeoEvent { Latitude=-37.999352, Longitude=145.073596,
            Timeout=new TimeSpan(0,0,6) }
};
      return new TimerGeoPositionWatcher(events);
   }
}
```

Utilities.cs 中的代码片段

12.2　bing map

通常在使用位置信息时，会展示一张地图，以便显示用户的当前位置以及附近的其他兴趣点(point of interest)。Map 控件最初设计用于 Web 上的 Silverlight 应用程序，现在已被更新并可用于 Windows Phone 应用程序中，它不仅能显示地图，还能显示图钉和路线信息。首先需要做的就是添加对 Microsoft.Phone.Controls.Maps.dll 的引用。

12.2.1　地图设计

使用 Map 控件最简单的方法是利用 Blend 将 Map 添加到 PhoneApplicationPage 中。转到 Blend 中的 Assets 窗口，会看到有几个新项，如 Map、MapLayer 和 MapPolyline，如图 12-3 所示。

从 Assets 窗口中将一个 Map 主控件拖动到页面中。在页面中放置控件的位置处应该会出现一个矩形。如果已经连接到 Internet，系统会逐渐显示出一幅世界地图。这不只是一个占位符——它是真实的地图，并会在运行应用程序时显示出来。如要更改地图的中心点和缩放级别，可以调整控件的 Center 和 ZoomLevel 属性，如图 12-4 所示。

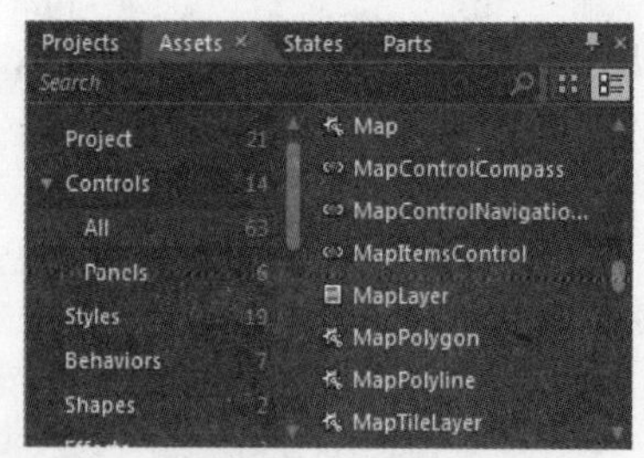

图 12-3

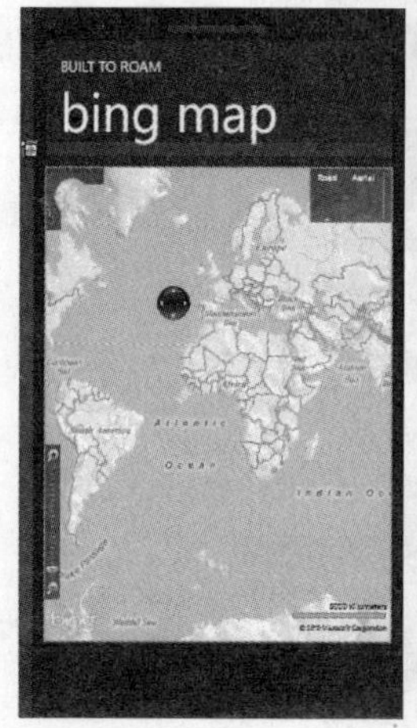

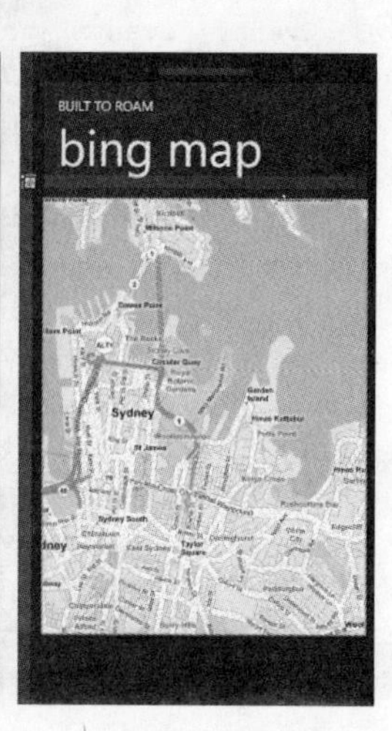

图 12-4

对于那些最初为桌面 Web 应用程序设计的主要由鼠标驱动的控件而言，重用它们时会发现一个缺点，就是用于调整地图缩放级别和位置的默认控件太小，使用起来不方便。图 12-4 最右侧图像显示了如何通过将 ZoomBarVisibility 和 ScaleVisibility 属性设置为 Collapsed 而将其删除。

隐藏内置控件后，可能需要提供自己的按钮来控制地图。如果出现这种情况，可以考虑使用 Opacity 小于 1 的 Application Bar。这会使按钮覆盖在地图上。由于用户可以很方便地滚动地图，所以实际上 Application Bar 遮住的那一小部分地图是可以接受的。

可从 wrox.com 下载源代码

XAML

```
<phone:PhoneApplicationPage.ApplicationBar>
    <shell:ApplicationBar Opacity="0.5">
        <shell:ApplicationBarIconButton IconUri="/zoomin.png"
                                        Text="Zoom In"
                                        Click="ZoomInButton_Click" />
        <shell:ApplicationBarIconButton IconUri="/zoomout.png"
                                        Text="Zoom Out"
                                        Click="ZoomOutButton_Click" />
    </shell:ApplicationBar>
</phone:PhoneApplicationPage.ApplicationBar>
```

MainPage.xaml 中的代码片段

C#

```
private void ZoomInButton_Click(object sender, EventArgs e){
```

```
        BingMap.ZoomLevel++;
    }

    private void ZoomOutButton_Click(object sender, EventArgs e){
        BingMap.ZoomLevel--;
    }
```

MainPage.xaml.cs 中的代码片段

12.2.2 地图凭据

要在应用程序中使用 bing map，您需要一个应用程序密钥，您可以在 www.bingmapsportal.com 站点申请一个账户然后获得该密钥。下面的 XAML 代码片段显示了如何将应用程序密钥分配给已被添加到页面中的 bing map 控件。这一步是必需的，否则地图中央将显示一个难看的提示，指出您未提供有效凭据。

可从 wrox.com 下载源代码

```
<Grid x:Name="ContentPanel" Grid.Row="1" Margin="12,0,12,0">
    <Grid.Resources>
        <Microsoft_Phone_Controls_Maps:ApplicationIdCredentialsProvider
            ApplicationId="<AppID>" x:Key="MapCredentials" />
    </Grid.Resources>
    <Microsoft_Phone_Controls_Maps:Map x:Name="BingMap" ZoomLevel="14"
                    Center="-33.866567,151.219254,0"
                    ScaleVisibility="Collapsed"
                    CredentialsProvider="{StaticResource MapCredentials}" />
</Grid>
```

MapPage.xaml 中的代码片段

12.2.3 兴趣点和线条

可通过以下几种方式为地图添加兴趣点。最简单的做法是使用 SDK 附带的 Pushpin 控件。在 Blend 的 Assets 窗口中，可将 Pushpin 拖到地图中，并将其放在所需的位置上。不过，需要注意，这只是控制图钉相对于 Map 控件可见部分的位置(即设置 Margin 属性)，而非相对于 Earth 的图钉位置(经纬度)。大多数情况下，是通过提供经纬度来标注图钉位置的。这可以确保当用户滚动或缩放时，图钉能随地图移动。为此，要确保重置 Pushpin 的 Margin 属性，然后将 Location 属性的 Latitude 和 Longitude 指定为图钉将要被固定到的位置：

```
<Microsoft_Phone_Controls_Maps:Map x:Name="BingMap" ZoomLevel="14"
          Center="-33.866567,151.219254,0"
          ScaleVisibility="Collapsed"
          CredentialsProvider="{StaticResource MapCredentials}">
    <Microsoft_Phone_Controls_Maps:Pushpin Location="-33.866567,151.219254"
                                           Content="5 />
</Microsoft_Phone_Controls_Maps:Map>
```

Pushpin 存在一定的局限性，它只能显示两三个字符。其主要用于指示地图上给定点的兴趣项的数目，或者唯一地标识结果集中的每个位置。例如，前面的代码片段将 Content 属性设置为 5，表明有五个兴趣项。

在继续探讨为地图添加自定义形状和线条之前，先来看看如何在地图中添加多个图钉。您可以使用数据绑定来自动添加和删除图钉，而不必再编写代码来显式地创建每个图钉并将其添加到地图中。要使用数据绑定，则需要一个要绑定到的视图模型。这包含地图的当前状态(即中心和缩放级别)以及要放在地图中的每个图钉的详细信息(即位置和内容)。每个图钉都用以下 PinData 类的一个实例来表示：

可从
wrox.com
下载源代码

```
public class PinData{
    public GeoCoordinate PinLocation { get; set; }
    public string[] Data{get;set;}

    public string PinContent {
      get{
          if (Data == null) return "0";
          return Data.Length.ToString();
      }
    }
}
```

PinData.cs 中的代码片段

MapData 类包含了地图和图钉的当前状态。注意虽然这并非是必需的，但所有属性最好都有一个初始状态。在 Blend 中工作时，这可以提供更好的设计器体验。

可从
wrox.com
下载源代码

```
public class MapData:INotifyPropertyChanged{
    public event PropertyChangedEventHandler  PropertyChanged;

    private void RaisedPropertyChanged(string propertyName){
        if(PropertyChanged!=null){
            PropertyChanged(this,new PropertyChangedEventArgs(propertyName));
        }
    }

    private GeoCoordinate mapCenter = new GeoCoordinate(-33.866567, 151.219254);
    public GeoCoordinate MapCenter
        get{ return this.mapCenter; }
        set{
            if (this.mapCenter == value) return;
            this.mapCenter = value;
            this.RaisedPropertyChanged("MapCenter");
        }
    }

    private double zoom = 14.0;
    public double Zoom{
        get{ return this.zoom; }
        set{
            if (this.zoom == value) return;
```

```
                this.zoom = value;
                this.RaisedPropertyChanged("Zoom");
            }
        }

        private ObservableCollection<PinData> pins = new ObservableCollection<PinData>() {
                new PinData(){PinLocation= new GeoCoordinate(-33.866567, 151.219254),
                              Data=new string[]{"Mary", "Bob","Joe","Frank",
                                                "Beth","Nick","Jeff","Alex"} },
                new PinData(){PinLocation= new GeoCoordinate(-33.876567, 151.219254) ,
                              Data=new string[]{"Frank", "Beth"} }};
        public ObservableCollection<PinData> Pins{
            get{ return pins; }
        }

        private PinData selectedPin;
        public PinData SelectedPin{
            get{ return this.selectedPin; }
            set{
                if (this.selectedPin == value) return;
                this.selectedPin = value;
                this.RaisedPropertyChanged("SelectedPin");
            }
        }
    }
```

MapData.cs 中的代码片段

MapData 类的实例将成为 Map 所在的 PhoneApplicationPage 的 DataContext。在 Blend 中选择 Objects and Timeline 窗口中的 PhoneApplicationPage 节点。在 Properties 窗口中找到 DataContext 属性，单击 New 按钮。在 Select Object 窗口中找到 MapData(如图 12-5 所示)，然后单击 OK。

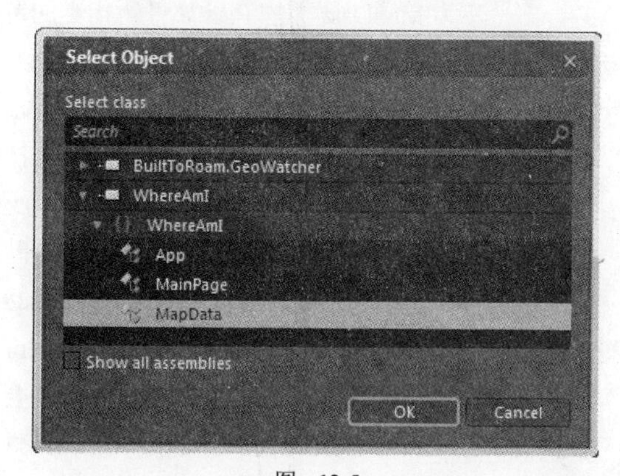

图 12-5

此过程会创建MapData类的一个新实例并将其配置为页面的 DataContext。如果查看该页面的 XAML，会注意到 DataContext 属性嵌套了一个 MapData 元素：

可从
wrox.com
下载源代码

```
<navigation:PhoneApplicationPage.DataContext>
    <local:MapData/>
</navigation:PhoneApplicationPage.DataContext>
```

MapPage.xaml 中的代码片段

当创建页面实例时，会创建 MapData 类的实例并将其赋给该页面的 DataContext 属性。该属性会向下传播到页面中的所有元素，这意味着您可从 Map 控件及其元素中访问数据。选择 Map 控件，并定位到 Center 和 ZoomLevel 属性。要将这些属性绑定到 MapData 对象中的数据，需要在 Property Value 文本框右侧单击带颜色的方块并选择 Data Binding(图 12-6(a))。在 Create Data Binding 窗口(图 12-6(b))中，从 Fields 列表中选择相应属性。务必将 Binding 方向设置为 TwoWay。如果未看到 Binding direction 属性，需要单击向下箭头从而展开额外的数据绑定选项区域。

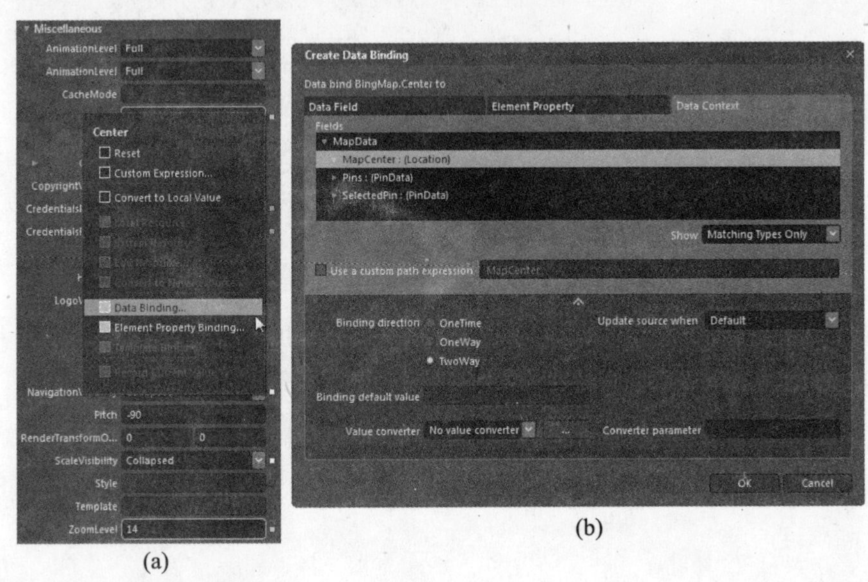

(a) (b)

图 12-6

下一步为 MapData 类的 Pins 属性所指定的每个位置添加 Pushpin。您可以使用 MapItemsControl，而不是在代码中遍历这些元素。它类似于 ListBox 控件，也需要一系列的项。区别在于，MapItemsControl 所处理的项都相对于其下的地图定位。首先将 MapItemsControl 添加到 Map 控件中。找到 ItemsSource 属性，并将其绑定到 MapData 的 Pins 属性上(按照与设置 Center 和 ZoomLevel 属性相同的过程)。

最初在地图上看不到任何内容。这是因为还没有指定每个图钉的外观。为此，在 Objects and Timeline 窗口中右击 MapItemControl，选择 Edit Additional Templates | Edit Generated Items (ItemTemplate)|Create Empty。删除默认被添加到该模板中的 Grid，然后添加一个 Pushpin。选择此 Pushpin 的 Content 属性并将其绑定到 PinContent 属性上(注意这是 PinData 类的一个属性，由于您修改了列表中每一项的显示方式，所以这么做是合理的)。要设置 Pushpin 的位置，需要在 XAML 中设置 MapLayer.Position 属性。它是一个附加属性，所以未显示在 Blend 设计器中。XAML 代码如下所示，其中 MapLayer.Position 属性被绑定到 PinLocation 属性。

可从
wrox.com
下载源代码

```
<DataTemplate x:Key="PinTemplate">
   <Microsoft_Phone_Controls_Maps:Pushpin
   Content="{Binding PinContent}"
                    FontSize="14.667"
                    Location="{Binding PinLocation}" />
</DataTemplate>
```

当运行该应用程序时，会看到图钉显示在地图中的正确位置，如图12-7所示。如果滚动或缩放地图，会看到图钉位置随地图移动。

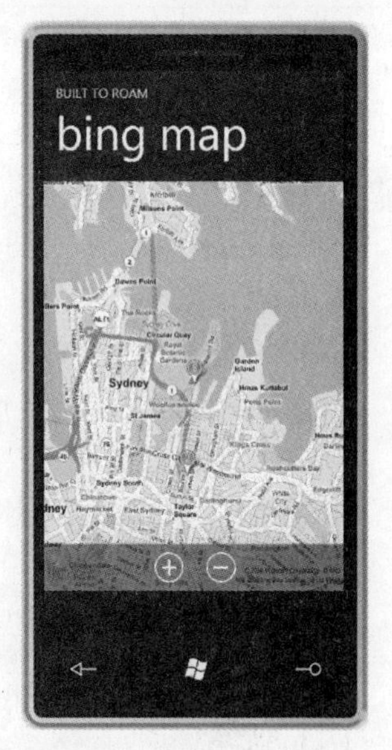

图 12-7

在这种场景下，使用数据绑定的唯一好处似乎就是不需要手动遍历图钉，同时不需要创建单个图钉，然后将其放置到地图中。其实，数据绑定(正如将在第15章中介绍的)可以提供添加、删除甚至修改图钉并使其在地图上自动更新的能力。将Center和ZoomLevel绑定到MapData实例，即可查询并更新这些属性，无需与地图本身交互的代码。这种关注点的分离对应用程序长远的体系结构来说是极其重要的。

要更改地图上图钉的外观，实际上可用任何Windows Phone控件替代Pushpin控件。您只需编辑ItemsTemplate，并将Pushpin控件替换为要显示的控件即可。例如，如果只希望显示边框呈红色TextBlock，可按如下方式设置ItemsTemplate：

```
<DataTemplate x:Key="PinTemplate">
   <Microsoft_Phone_Controls_Maps:Pushpin FontSize="14.667"
                Location="{Binding PinLocation}" >
      <Border Width="30" Height="30" Background="#B3B1B1B1" CornerRadius="5"
            BorderThickness="3,3,3,0" BorderBrush="#FFFF0A0A">
         <TextBlock TextWrapping="Wrap" Text="{Binding PinContent }"/>
      </Border>
   </Microsoft_Phone_Controls_Maps:Pushpin>
</DataTemplate>
```

12.2.4 事件

Map控件会引发多个事件，可为这些事件关联处理程序从而对用户所做的操作进行响应。特别值得一提的是ViewChangeStart、ViewChangeOnFrame以及ViewChangeEnd事件，它们分别对应于Map视图(包括中心和缩放级别)开始更改，Map视图更改时的渐进事件以及Map视图更改完毕。例如，用户滚动地图：开始滚动时，会引发ViewChangeStart事件，在滚动过程中可能会一次或多次引发ViewChangeOnFrame事件。最后滚动结束时，会引发ViewChangeEnd事件。

除了Map控件自身所引发的事件外，还可为图钉所引发的事件添加处理程序。前面的示例根据所提供的ItemsTemplate使用MapItemsControl来自动创建Pins。可以修改模板，为Pushpin控件的MouseLeftButtonDown事件关联事件处理程序：

```
<DataTemplate x:Key="PinTemplate">
   <Microsoft_Phone_Controls_Maps:Pushpin Content="{Binding PinContent}"
                FontSize="14.667" Location="{Binding PinLocation}"
                MouseLeftButtonDown="Pushpin_MouseLeftButtonDown" />
</DataTemplate>
```

MapPage.xaml 中的代码片段

在事件处理程序中，可以访问被选中的图钉，并更新 MapData 对象的 SelectedPin 属性：

```
private void Pushpin_MouseLeftButtonDown(object sender, MouseButtonEventArgs e){
   (this.DataContext as MapData).SelectedPin =
              (sender as Pushpin).DataContext as PinData;
}
```

当选中一个图钉时，如果能看到图钉的详细信息就太好了。为此可使用 Popup 控件。以下代码片段使用 ListBox 来显示 Popup 控件中被选中的图钉的 Data 属性：

```
<Popup x:Name="PinDetailsPopup" HorizontalAlignment="Center" VerticalAlignment="Center"
     Width="300" Height="300" >
   <Border Height="300" Width="300" CornerRadius="10" BorderBrush="Black"
        BorderThickness="2" Background="#CAE5E5E5" >
     <Grid>
     <ListBox ItemsSource="{Binding SelectedPin.Data}" Background="Transparent">
          <ListBox.Resources>
     <DataTemplate x:Key="PinDetails">
   <TextBlock TextWrapping="Wrap" Text="{Binding Mode=OneWay}"/>
              </DataTemplate>
   </ListBox.Resources>
   <ListBox.ItemTemplate>
     <StaticResource ResourceKey="PinDetails"/>
          </ListBox.ItemTemplate>
           <ListBox.ItemContainerStyle>
               <Style TargetType="ListBoxItem">
                   <Setter Property="Background" Value="Transparent"/>
                   <Setter Property="Foreground" Value="Black"/>
               </Style>
           </ListBox.ItemContainerStyle>
   </ListBox>
     </Grid>
   </Border>
</Popup>
```

MapPage.xaml 中的代码片段

要显示 Popup 控件，只需将 IsOpen 属性设置为 true。由于 Popup 控件内的 ListBox 被绑定到 SelectedPin 的 Data 属性，所以当用户选择不同的图钉时会自动更新内容。此外，还应该处理 Back 按钮以便隐藏 Popup 控件：

可从
wrox.com
下载源代码

```
private void Pushpin_MouseLeftButtonDown(object sender, MouseButtonEventArgs e){
    (this.DataContext as MapData).SelectedPin =
                (sender as Pushpin).DataContext as PinData;
    this.PinDetailsPopup.IsOpen = true;
}


protected override void OnBackKeyPress(System.ComponentModel.CancelEventArgs e){

    if (this.PinDetailsPopup.IsOpen){
        this.PinDetailsPopup.IsOpen = false;
        e.Cancel = true;
    }
    base.OnBackKeyPress(e);
}
```

MapPage.xaml.cs 中的代码片段

12.2.5 bing map Web 服务

除 bing map silverlight 控件外，您还可以连接到由 bing map 提供的其他一些服务，以便完成与地理编码、路线查询以及搜索相关的任务。通过 bing map Web 服务 SDK(http://msdn.microsoft.com/en-us/library/cc980922.aspx)，您可以找到有关这些服务的更多信息。

1. 路线服务

最有用的一项非可视 bing map 服务是路线服务(Route Service)，它可以用于获取起点和终点之间的路线。甚至还包含路线中必经的停车点。首先向应用程序中添加一个对 http://dev.virtualearth.net/webservices/v1/routeservice/routeservice.svc 服务终点的服务引用。这会为调用路线服务创建所需的代理类。

2. 计算路线

要计算两点间的路线，需要创建 RouteServiceClient 代理类的实例并调用 CalculateRouteAsync 方法，并传递所需的起始地理位置点和终止地理位置点。由于需要设置请求对象的多个属性，所以可将其方便地封装到一个辅助类中，如下面的 RouteHelper 类所示：

可从
wrox.com
下载源代码

```
public static class RouteHelper{
    private static RouteService.RouteServiceClient RouteClient;

    static RouteHelper(){
        RouteClient = new RouteService.RouteServiceClient();
        RouteClient.CalculateRouteCompleted += client_RouteCompleted;
    }

    public static void CalculateRoute(Location startLocation, Location endLocation,
                Credentials serviceCredentials,
```

```
                    Action<ObservableCollection<Location>> routePathPointsCallback){
        var locations = new Waypoint[]{
              new Waypoint(){Description="Start",Location=startLocation},
              new Waypoint(){Description="End",Location=endLocation}};

        RouteRequest request = new RouteRequest();
        request.Waypoints = new ObservableCollection<Waypoint>();

        foreach (var location in locations){
            request.Waypoints.Add(location);
        }

        // Don't raise exceptions.
        request.ExecutionOptions = new ExecutionOptions();
        request.ExecutionOptions.SuppressFaults = true;

        // Only accept results with high confidence.
        request.Options = new RouteOptions();
        request.Options.RoutePathType = RoutePathType.Points;

        request.Credentials = serviceCredentials;

        // Make asynchronous call to fetch the data ... pass state object.
        RouteClient.CalculateRouteAsync(request, routePathPointsCallback);
    }

    private static void client_RouteCompleted(object sender,
                                              CalculateRouteCompletedEventArgs e){
        if (e.Result.ResponseSummary.StatusCode == ResponseStatusCode.Success &&
            e.Result.Result.Legs.Count > 0){
            var callback = e.UserState as Action<ObservableCollection<Location>>;
            callback(e.Result.Result.RoutePath.Points);
        }
    }
}
```

RouteHelper.cs 中的代码片段

要根据 MapData 对象中前两个图钉的位置来计算路线，可以使用以下代码：

可从
wrox.com
下载源代码

```
private void RouteButton_Click(object sender, EventArgs e){
    var data = this.DataContext as MapData;

    this.BingMap.CredentialsProvider.GetCredentials((creds)=>{
        RouteHelper.CalculateRoute(new Location() {
                                Latitude = data.Pins[0].PinLocation.Latitude,
                                Longitude = data.Pins[0].PinLocation.Longitude },
                            new Location() {
                                Latitude = data.Pins[1].PinLocation.Latitude,
                                Longitude = data.Pins[1].PinLocation.Longitude },
```

```
                            new Credentials() {
                               ApplicationId = creds.ApplicationId },
                            RoutingCallback);
        });
    }


    private void RoutingCallback(ObservableCollection<Location> points){
        this.Dispatcher.BeginInvoke(() =>{
            var data = this.DataContext as MapData;
            data.RoutePoints.Clear();
            foreach (var point in points){
                data.RoutePoints.Add(new GeoCoordinate(point.Latitude, point.Longitude));
            }
        });
    }
```

MapPage.xaml.cs 中的代码片段

在路线服务的回调中，返回的点会被添加到 RoutePoints 集合中，该集合是一个已被添加到 MapData 对象的 LocationCollection 类型的新属性：

可从 wrox.com 下载源代码

```
public class MapData : INotifyPropertyChanged{
    ...

    private LocationCollection routePoints = new LocationCollection ();
    public LocationCollection RoutePoints{
        get{ return routePoints; }
    }
}
```

MapData.cs 中的代码片段

3. 显示路线

处理路线最后要做的就是将其绘制到地图上。为此，向 Map 中添加一个 MapPolyline。为了显示路线，需要将 Stroke 设置为纯色，然后将 Locations 属性绑定到 MapData 的 RoutePoints 属性，如下所示：

可从 wrox.com 下载源代码

```
<Microsoft_Phone_Controls_Maps:Map x:Name="BingMap"
                      ZoomLevel="{Binding Zoom, Mode=TwoWay}"
                      Center="{Binding MapCenter, Mode=TwoWay}"
                      NavigationVisibility="Collapsed" ScaleVisibility="Collapsed"
                      CredentialsProvider="{StaticResource MapCredentials}">
    <Microsoft_Phone_Controls_Maps:MapPolyline
                      Stroke="#FF0000FF"
                      StrokeThickness="5"
                      Locations="{Binding RoutePoints}"/>
```

```
</Microsoft_Phone_Controls_Maps:Map>
```

MapPage.xaml 中的代码片段

现在就可以运行应用程序，然后点击 Route 按钮，以便显示地图中两个图钉间的路线，如图 12-8 所示。

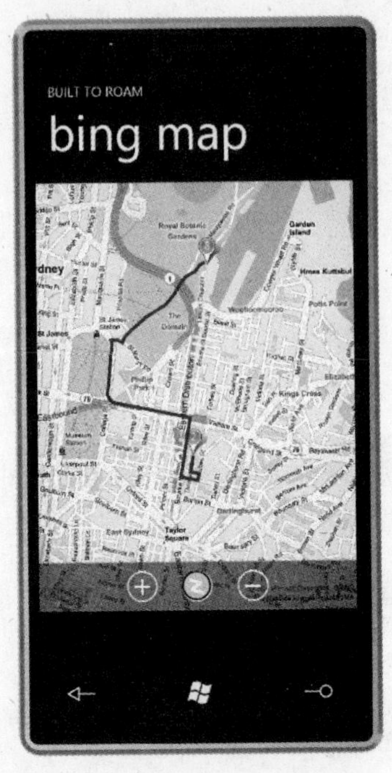

图 12-8

12.3 小结

在应用程序中，可使用位置和地图来确定用户的当前位置，以及他们可能的去处。应用程序可以使用此数据为用户提供诸如附近的商店和设施的上下文相关的信息，或者当用户在邻近地区有需要执行的任务时显示提醒信息。

本章介绍了如何利用统一的 Windows Phone 位置服务来获取设备的地理位置。bing map 丰富的地图功能可用于显示用户的当前位置或应用程序中的其他兴趣点。

第13章 连接与 Web

本章内容

- 确定是否有可用的网络连接
- 使用 WebBrowser 控件显示内容
- 使用 Live ID 进行身份验证

虽然第 3 章讨论的一条红线准则是使用户享受“互联”服务，但对于手机而言，从 Internet 断开是很常见的。无论是短时间还是长时间断开，无论是因为用户走进电梯，还是在海外漫游，结果都是应用程序不再与未运行在设备本身的服务相连接。

本章将介绍如何检测 Windows Phone 的断开，以及如何将这项技术集成到应用程序的行为中。您还会看到使用 WebBrowser 控件将 Web 内容集成到应用程序中是多么简单，同时还会了解到如何使用该控件来利用诸如 Windows Live ID 之类的第三方身份验证服务。

13.1 连接状态

对于刚开始构建移动应用程序的开发人员来说，一个常见的错误就是对设备的连接进行假设。手机拥有数据计划的情况并不少见，不过这些计划的成本仍然比较高昂，从而使用户禁用或者有节制地使用数据连接。此外，还有很多地点对于连接都是一个挑战。这些地点可能是电梯、隧道、飞机上或者只包含语音覆盖的偏远地区。您应该将应用程序设计为网络感知的，并能在缺少持续的网络连接的状况下运行，而不是假设手机以及应用程序总能与网络相连。

处理网络可用性不仅是在网络不可用时将该功能禁用。首先，是指在构建应用程序时使之更少地依赖于网络。优秀的移动应用程序通常会用到一个称为偶尔连接(Occasionally Connected)的设计准则。前提是如有可能，应用程序应执行诸如读写本地数据这类操作，然后在后台与服务器同步这些更改。这一原则之所以能带来更好的移动应用程序设计，有很多原因。首先，每当用户查看或编辑数据时，应用程序都会读/取本地数据存储区或在其中写入数据。这使得每个操作都明显加快，因为相对于与远程服务器进行交互，延迟时间极短。写入本地数据存储区还有额外的优点，如果用户退出应用程序，那么用户已输入的任何信息都不会丢失。如果应用程序只有等到服务器可用时才能保存信息，那么当它提前退出时会出现丢失数据的风险。

“偶尔连接”设计准则并非没有问题。具体来说，它增加了与服务器同步数据更改的复杂性。如果需要跟踪一次同步结束后另一次同步开始前客户端所做的更改以及服务器中的任何更改，则比较麻烦。这两组不同的更改还需要进行合并。第 16 章将详细介绍同步。

13.1.1 网络可用性

要构建网络感知的，或者说是“偶尔连接”的应用程序，则需要判断是否有可供 Windows Phone 设备使用的网络连接。这可以通过 NetworkInterface 类中的静态方法 GetIsNetworkAvailable 来实现：

```
bool networkIsAvailable = NetworkInterface.GetIsNetworkAvailable();
```

虽然您可以自己设置线程来轮询 GetIsNetworkAvailable 方法以便确定更改在何时发生，但让操作系统来执行此项任务的效率更高。NetworkChange 类公开了一个静态的 NetworkAddressChanged 事件，会在设备的网络地址发生更改时引发：

```
NetworkChange.NetworkAddressChanged += NetworkChange_NetworkAddressChanged;

private void NetworkChange_NetworkAddressChanged(object sender, EventArgs e){
    bool networkIsAvailable = NetworkInterface.GetIsNetworkAvailable();
}
```

需要注意的一点是，该事件不会告知关于当前网络连接的任何信息，或者网络地址有哪些更改。实际上，通过 GetIsNetworkAvailable 方法仅可以查询是否有可供使用的网络。

13.1.2 服务可达性

GetIsNetworkAvailable 方法对一系列可供 Windows Phone 使用的网络选项进行了过度简化。例如，它不会区分可供使用的是蜂窝网络还是 Wi-Fi 网络，这对于应用程序中基于速度或成本的决策可能非常重要。此外务必要注意，由于与应用程序进行通信的服务所在位置的原因，具有可用的网络不一定代表该服务就是可达的(reachable)。可以使用两种方法来检测服务的可达性，但基本上都需要尝试与承载服务的服务器建立连接。

第一种方法是只接受当服务不可达时有可能会失败的服务调用。然后捕获所产生的异常，并确定所抛出异常的类型以便判定服务是否可达。即使认为服务当前是可用的，也始终应该处理服务异常。连接状态可能会在瞬间发生更改，因而总是面临着调用超时或未到达目的地的风险，所以应该始终准备处理最糟糕的情况。

第二种，也是更主动的做法，就是当网络可用性发生更改时尝试连接到承载服务的服务器。与其不得不调用服务器上的特定方法，不如在服务器上放置静态文件，以供客户端下载以便测试服务器的可达性，这样更简单快捷：

```
private void IsServiceReachable(){
    var client = new WebClient();
    client.OpenReadCompleted += WebClient_OpenReadCompleted;
    client.OpenReadAsync(new Uri("http://www.builttoroam.com/ping.gif"));
```

```
}

private void WebClient_OpenReadCompleted(object sender, OpenReadCompletedEventArgs e){
    if (e.Error != null){
        // Service not reachable
        return;
    }

    var strm = e.Result;
    var buffer = new byte[1000];
    var cnt = 0;
    while (strm.Position < strm.Length){
        cnt = strm.Read(buffer, 0, buffer.Length);
        if (cnt == 0) break;
    }
    // Service is reachable
}
```

在本例中，上述 ping.gif 文件是一个大小为 49 字节，1×1 像素的 GIF 图像，客户端可以非常快地下载该文件以验证服务器的可达性。

有些移动开发人员提倡对一个简单的零参数服务进行实际的调用，该服务只返回 true 作为响应。这可能会证明服务既是可达的，又是正在运行的。不过，这会为测试服务可达性带来更长的延迟时间，却无法真正地测试将要调用的服务是可用的。该测试服务有可能会正常运行，因为它不做任何事，但其他依赖于后端系统的服务可能无法按预期那样进行工作。在这种情况下对这些服务的调用会失败，无论是否已经调用过测试服务。结果就是您可能只测试了服务的可达性。

13.1.3　模拟器测试

但 Windows Phone 模拟器未提供模拟不同连接状态的机制。GetIsNetworkAvailable 始终返回 true，指示网络可用，而不会考虑宿主操作系统的连接性或者诸如 Flight 模式之类的设置。正如前面的章节中介绍过的，处理此限制的一种方法就是创建一个接口，根据应用程序运行在设备上还是模拟器上来选择不同的实现。该接口同时包含 GetIsNetworkAvailable 方法和 NetworkAddressChanged 事件：

可从 wrox.com 下载源代码

```
public interface INetworkInterface{
    event NetworkAddressChangedEventHandler NetworkAddressChanged;

    bool GetIsNetworkAvailable();
}
```

NetworkInfo.cs 中的代码片段

此接口不能直接应用于 NetworkChange 或 NetworkInterface 类，所以需要创建一个实现了该接口并封装了标准设备功能的类：

```
public class DeviceNetworkInterface : INetworkInterface{
    public event NetworkAddressChangedEventHandler NetworkAddressChanged;

    public DeviceNetworkInterface() {
        NetworkChange.NetworkAddressChanged += NetworkChange_NetworkAddressChanged;
    }

    private void NetworkChange_NetworkAddressChanged(object sender, EventArgs e) {
        if (NetworkAddressChanged != null) {
            NetworkAddressChanged(sender, e);
        }
    }

    public bool GetIsNetworkAvailable() {
        return NetworkInterface.GetIsNetworkAvailable();
    }
}
```

DeviceNetworkInterface.cs 中的代码片段

当在模拟器中测试应用程序时，需要模拟连接状态的更改。可以创建 INetworkInterface 的另一种实现，使用计时器来单步测试不同的连接状态：

```
public class EmulatorNetworkInterface : INetworkInterface {
    public class ConnectionTimes {
        public bool Connected { get; set; }
        public TimeSpan ConnectionDuration { get; set; }

    }

    public event NetworkAddressChangedEventHandler NetworkAddressChanged;

    private ConnectionTimes[] Times { get; set; }
    private int currentTime = -1;
    private Timer timer;

    public EmulatorNetworkInterface(ConnectionTimes[] connectionTimes) {
        Times = connectionTimes;
        timer = new Timer(ChangeNetworkStatus, null,
                     Timeout.Infinite, Timeout.Infinite);
        MoveNext();
    }

    private void MoveNext() {
        timer.Change(Timeout.Infinite, Timeout.Infinite);
        currentTime = (currentTime+1) % Times.Length;
        var connection = Times[currentTime];

        if (NetworkAddressChanged != null) {
```

```
            NetworkAddressChanged(null, EventArgs.Empty);
        }

        timer.Change(connection.ConnectionDuration, connection.ConnectionDuration);
    }

    private void ChangeNetworkStatus(object state) {
        MoveNext();
    }

    public bool GetIsNetworkAvailable() {
        return Times[currentTime].Connected;
    }
}
```

EmulatorNetworkInterface.cs 中的代码片段

此外，还需要一些代码，以便根据应用程序运行在模拟器中还是一部 Windows Phone 中来确定要加载的实现：

可从
wrox.com
下载源代码

```
public class NetworkInfo {
    public readonly static INetworkInterface Instance;

    static NetworkInfo() {
        if (!DesignerProperties.IsInDesignTool) {
            Instance = PickRuntimeNetworkInterface();
        }
        else {
            Instance = CreateEmulatorInterface();
        }
    }

    private static INetworkInterface PickRuntimeNetworkInterface() {

        if (Microsoft.Devices.Environment.DeviceType == DeviceType.Device) {
            return new DeviceNetworkInterface();
        }
        else {
            return CreateEmulatorInterface();
        }
    }

    private static INetworkInterface CreateEmulatorInterface() {
        return new EmulatorNetworkInterface(
        new ConnectionTimes[] {
            new ConnectionTimes(){Connected=true,
                                  ConnectionDuration=new TimeSpan(0,0,1)},
            new ConnectionTimes(){Connected=true,
                                  ConnectionDuration=new TimeSpan(0,0,5)},
            new ConnectionTimes(){Connected=false,
```

```
                     ConnectionDuration=new TimeSpan(0,0,5)},
        new ConnectionTimes(){Connected=true,
                     ConnectionDuration=new TimeSpan(0,0,2)},
        new ConnectionTimes(){Connected=false,
                     ConnectionDuration=new TimeSpan(0,0,5)},
        new ConnectionTimes(){Connected=true,
                     ConnectionDuration=new TimeSpan(0,0,2)},
        new ConnectionTimes(){Connected=false,
                     ConnectionDuration=new TimeSpan(0,0,8)},
        new ConnectionTimes(){Connected=false,
                     ConnectionDuration=new TimeSpan(0,0,5)},
        new ConnectionTimes(){Connected=true,
                     ConnectionDuration=new TimeSpan(0,0,3)}
      });
    }
  }
```

NetworkInfo.cs 中的代码片段

设计器支持

您可以看到，此代码片段包含两条用于确定应该使用哪种实现的条件语句。首先检查代码是否在设计期间执行。当代码在诸如Visual Studio或Expression Blend这样的设计器中执行时，IsInDesignTool属性会返回 true。这可以确保只在运行时调用 PickRuntimeNetworkInterface 方法。这一点很重要，因为在设计时 JIT 编译器无法解析 System.Environment.DeviceType 属性，因而会导致错误。您仍然可以使用设计器，但会报告一个错误，同时某些设计功能将无法正常工作。将 DeviceType 条件语句移到一个单独的方法中意味着该方法在设计时不会被 JIT 编译。

13.1.4 连接

将网络可用性、服务可达性以及对模拟器测试的支持结合起来，可以创建一个 Connectivity 类，用于在应用程序中报告 Windows Phone 的当前连接状态。Connectivity 类为 NetworkInfo 类公开的 INetworkInterface 的实现关联了一个事件处理程序。当引发此事件时，会启动一个测试，以便查看指定的 ServiceTestUrl 是否可达。后台计时器用于在指定的 ServiceTimeout 时间过后取消下载。这可以确保在 NetworkAddressChanged 事件被引发后的一段可接受的时间内报告服务的可用性。

可从 wrox.com 下载源代码

```
[Flags()]
public enum ConnectionStatus {
    Unknown = 0,
    NetworkAvailable = 1,
    ServiceReachable = 2,
    Disconnected = 4
}

public class ConnectionEventArgs : EventArgs {
    public ConnectionStatus Status { get; set; }
}
```

```
public static class Connectivity {
   public static event EventHandler<ConnectionEventArgs> ConnectivityChanged;

   public static Uri ServiceTestUrl { get; set; }
   public static TimeSpan ServiceTimeout { get; set; }

   private static ConnectionStatus status;
   private static int checkingConnectivity = 0;
   private static WebClient client;
   private static Timer serviceTestTimer;
   private static object serviceLock = new object();

   public static ConnectionStatus Status {
      get {
         return status;
      }
      private set {
         if (status == value) {
            return;
         }
         status = value;
         if (ConnectivityChanged != null) {
            ConnectivityChanged(null,
                         new ConnectionEventArgs() { Status = status });
         }
      }
   }

   static Connectivity() {
      Status = ConnectionStatus.Unknown;

      NetworkInfo.Instance.NetworkAddressChanged += NetworkAddressChanged;
      serviceTestTimer = new Timer(ServiceTimeOutCallback, null,
                         Timeout.Infinite, Timeout.Infinite);
   }

   private static void NetworkAddressChanged(object sender, EventArgs e) {
      TestConnectivity();
   }

   public static void TestConnectivity() {
      if (!DesignerProperties.IsInDesignTool){
         var t = new Thread(UpdateConnectivity);
         t.Start();
      }
   }

   private static void UpdateConnectivity() {
      if (Interlocked.CompareExchange(ref checkingConnectivity, 1, 0) == 1) {
```

```
            return;
        }

        var testingService = false;
        try {
            var connected = NetworkInfo.Instance.GetIsNetworkAvailable();
            if (connected) {
                if (ServiceTestUrl != null) {
                    lock (serviceLock) {
                        client = new WebClient();
                        client.OpenReadCompleted += WebClient_OpenReadCompleted;
                        serviceTestTimer.Change(ServiceTimeout, ServiceTimeout);
                        testingService = true;
                        client.OpenReadAsync(ServiceTestUrl);
                    }
                }
                else {
                    Status = ConnectionStatus.NetworkAvailable;
                }
            }
            else {
                Status = ConnectionStatus.Disconnected;
            }
        }
        finally {
            if (!testingService) {
                Interlocked.Decrement(ref checkingConnectivity);
            }
        }
    }

    private static void ServiceTimeOutCallback(object state) {
        lock (serviceLock) {
            serviceTestTimer.Change(Timeout.Infinite, Timeout.Infinite);
            client.CancelAsync();
        }
    }

    static void WebClient_OpenReadCompleted(object sender,
                                    OpenReadCompletedEventArgs e){
        try {
            serviceTestTimer.Change(Timeout.Infinite, Timeout.Infinite);

            if (e.Error != null) {
                Status = ConnectionStatus.NetworkAvailable;
                return;
            }

            var strm = e.Result;
            var buffer = new byte[1000];
```

```
            var cnt = 0;
            while (strm.Position < strm.Length) {
                cnt = strm.Read(buffer, 0, buffer.Length);
                if (cnt == 0) break;
            }

            Status = ConnectionStatus.ServiceReachable |
                    ConnectionStatus.NetworkAvailable;
        }
        catch (Exception) {
            Status = ConnectionStatus.NetworkAvailable;
        }
        finally {
            Interlocked.Decrement(ref checkingConnectivity);
        }
    }
}
```

Connectivity.cs 中的代码片段

当 Connectivity 类的 Status 属性发生更改时，还会引发 ConnectivityChanged 事件，其中包括了连接的当前状态，它是 ConnectionEventArgs 参数中的一个属性。Connectivity 类会检测设备上的网络地址信息中的任何更改，并自动测试连接的可用性和服务的可达性。不过，为了初始化 Connectivity 类的 Status 属性，务必要调用 TestConnectivity 方法。为此可以创建一个实现了 IApplicationService 接口的类。该接口包含两个方法，一个是在应用程序启动时(此时首次调用 TestConnectivity 方法)调用的，另一个是在应用程序停止时调用的(此时该方法不做任何事情)。

可从 wrox.com 下载源代码

```
public class ConnectivityService : IApplicationService
{
    public Uri ServiceTestUrl { get; set; }

    public TimeSpan ServiceTimeout { get; set; }

    public void StartService(ApplicationServiceContext context)

    {
        Connectivity.ServiceTestUrl = this.ServiceTestUrl;
        Connectivity.ServiceTimeout = this.ServiceTimeout;
        Connectivity.TestConnectivity();
    }

    public void StopService()
    {
    }
}
```

ConnectivityService.cs 中的代码片段

要注册 ConnectivityService 以便在应用程序启动和关闭过程中调用相应方法，只需在 App.xaml 的 ApplicationLifetimeObjects 集合中添加一个实例即可。这同时还定义了 ServiceTestUrl 和 ServiceTimeout 值，它们将被直接传递到 Connectivity 类来测试服务的可达性。

可从
wrox.com
下载源代码

```
<Application x:Class="GetConnected.App" ... >
   <Application.Resources>
   </Application.Resources>

   <Application.ApplicationLifetimeObjects>
     <network:ConnectivityService ServiceTestUrl="http://www.builttoroam.com/ping.gif"
                                  ServiceTimeout="00:00:15"/>
     <shell:PhoneApplicationService
         Launching="Application_Launching" Closing="Application_Closing"
         Activated="Application_Activated" Deactivated="Application_Deactivated"/>
   </Application.ApplicationLifetimeObjects>
</Application>
```

App.xaml 中的代码片段

这里的 ServiceTestUrl 是 ping.gif，这是一个很小的 1×1 像素的图像，可以供下载以便测试与服务器的连接性。应在应用程序中将其改为一个与应用程序所连接的服务位于同一台服务器上的 URL。

1. 数据绑定

Connectivity 类是一个非常有用的包装器，可以用于代码中的任何位置，以便确定网络的当前状态和服务的可达性。然而，它的局限性在于没有可以绑定用户界面的依赖属性。为此可能需要考虑公开名为 BindableConnectivity 的包装类：

可从
wrox.com
下载源代码

```
public class BindableConnectivity : DependencyObject {
   public ConnectionStatus Status {
      get { return (ConnectionStatus)GetValue(StatusProperty); }
      set { SetValue(StatusProperty, value); }
   }

   public static readonly DependencyProperty StatusProperty =
      DependencyProperty.Register("Status", typeof(ConnectionStatus),
                                 typeof(BindableConnectivity),
                                 new PropertyMetadata(ConnectionStatus.Unknown));

   public bool NetworkAvailable {
      get { return (bool)GetValue(NetworkAvailableProperty); }
      set { SetValue(NetworkAvailableProperty, value); }
   }

   public static readonly DependencyProperty NetworkAvailableProperty =
      DependencyProperty.Register("NetworkAvailable", typeof(bool),
                                 typeof(BindableConnectivity),
```

```
                                    new PropertyMetadata(false));
    public bool ServiceReachable {
        get { return (bool)GetValue(ServiceReachableProperty); }
        set { SetValue(ServiceReachableProperty, value); }
    }

    public static readonly DependencyProperty ServiceReachableProperty =
        DependencyProperty.Register("ServiceReachable", typeof(bool),
                                    typeof(BindableConnectivity),
                                    new PropertyMetadata(false));
    public bool Disconnected {
        get { return (bool)GetValue(DisconnectedProperty); }
        set { SetValue(DisconnectedProperty, value); }
    }

    public static readonly DependencyProperty DisconnectedProperty =
        DependencyProperty.Register("Disconnected", typeof(bool),
                                    typeof(BindableConnectivity),
                                    new PropertyMetadata(false));

    public BindableConnectivity() {
        Connectivity.ConnectivityChanged += Connectivity_ConnectivityChanged;
        UpdateStatus(Connectivity.Status);
    }

    private void Connectivity_ConnectivityChanged(object sender,
                                                  ConnectionEventArgs e) {
        UpdateStatus(e.Status);
    }

    private void UpdateStatus(ConnectionStatus status) {
        this.Dispatcher.BeginInvoke(() =>{
          this.Status = status;
          this.NetworkAvailable =
              (this.Status & ConnectionStatus.NetworkAvailable) > 0;
          this.ServiceReachable =
              (this.Status & ConnectionStatus.ServiceReachable) > 0;
          this.Disconnected =
              (this.Status & ConnectionStatus.Disconnected) > 0;
        });
    }
}
```

BindableConnectivity.cs 中的代码片段

要使用 BindableConnectivity 类，只需在 App.xaml 或者页面的 XAML 中创建该类的一个实例作为资源即可。本例创建了单个实例，以便可以在应用程序中的任何位置引用它。

可从
wrox.com
下载源代码

```
<Application x:Class="GettingConnected.App" ...
          xmlns:network="clr-namespace:GettingConnected">

   <Application.Resources>
      <network:BindableConnectivity x:Key="Connectivity" />
      ...
```

App.xaml 中的代码片段

借助数据绑定，即可在应用程序中使用 BindableConnectivity 实例。

```
<Grid x:Name="ContentGrid" Grid.Row="1">
   <CheckBox Name="NetworkAvailableCheckBox" Content="Network Available"
             Margin="10,10,0,0" VerticalAlignment="Top" IsEnabled="False"
             DataContext="{StaticResource Connectivity}"
             IsChecked="{Binding NetworkAvailable}" />
   <CheckBox Name="ServiceReachableCheckBox" Content="Service Reachable"
             Margin="10,70,0,0" VerticalAlignment="Top" IsEnabled="False"
             DataContext="{StaticResource Connectivity}"
             IsChecked="{Binding ServiceReachable}" />
</Grid>
```

MainPage.xaml 中的代码片段

在本例中，两个复选框用于指示网络是否可用以及服务是否可达，如图 13-1 所示。

图 13-1

13.2 WebBrowser 控件

可通过下面这几种方法来向用户展示从 Web 中的服务获取的信息。大多数情况下，最好使用为

Windows Phone 设计的控件来展示该信息，因为它可以为用户提供最具动态和交互性的体验。不过，有时所要展示的信息只有以 Web 内容的形式呈现出来才有效。这可能是一段 HTML 代码，或者需要用户访问以便进行身份验证或完成交易的远程站点。对于此类情况，WebBrowser 控件可以提供在应用程序中直接加载 Web 内容的功能。可将 WebBrowser 控件视为运行在应用程序范围内的一个 Internet Explorer 的实例。虽然没有任何菜单或地址栏(而Internet Explorer 中具有这些内容)，但它会以同样的方式来工作并显示内容。例如，一旦加载内容后，用户即可通过双击屏幕来实现缩放；它们可以拖动屏幕来实现滚动；还可以单击任何超链接从而导航到其他页面。

要使用 WebBrowser 控件，首先需要从 Visual Studio 中的 ToolBox，或者 Blend 中的 Assets 窗口拖出一个实例。以下 XAML 展示了一个 WebBrowser 控件的实例——一个供用户输入地址的 TextBox 和一个用于导航到所输入地址的 Button。当用户单击 Button 时，会调用 WebBrowser 控件的 Navigate 方法来加载中 TextBox 中指定的站点：

可从 wrox.com 下载源代码

XAML

```
<phone:WebBrowser Margin="0,135,0,210" Name="Browser" />
<TextBox Height="32" Margin="0,444,160,100" Name="NavigateText"
      Text="http://www.builttoroam.com" />
<Button Content="Go" Height="70" Margin="320,340,0,0" Name="NavigateButton" Width="160"
      Click="NavigateButton_Click" DataContext="{StaticResource Connectivity}"
      IsEnabled="{Binding NetworkAvailable}" />
```

MainPage.xaml 中的代码片段

C#

```
private void NavigateButton_Click(object sender, RoutedEventArgs e){
   this.Browser.Navigate(new Uri(this.NavigateText.Text));
}
```

MainPage.xaml.cs 中的代码片段

在本例中，Button 的 IsEnabled 属性与此前创建的 BindableConnectivity 对象的 NetworkAvailable 属性进行了数据绑定。因为该 Button 会将 WebBrowser 导航到一个 Web 地址，所以应该只在当前网络可用时被允许。由于用户在按下按钮后才会知道他们要输入的实际地址，所以无法提前确定服务器是否可达，这就是选用 BindableConnectivity 对象的 NetworkAvailable 属性，而非 ServiceReachable 属性的原因。

作为另一种导航到实际 Web 地址的方法，还可以通过 NavigateToString 方法将您的 HTML 内容加载到 WebBrowser 中。本例将加载一个非常简单的 HTML 文档：

可从 wrox.com 下载源代码

XAML

```
<Button x:Name="NavigateToHtmlButton" Content="Navigate to HTML" Margin="0,0,0,40"
      VerticalAlignment="Bottom" Click="NavigateToHtmlButton_Click"/>
```

MainPage.xaml 中的代码片段

C#

```
private void NavigateToHtmlButton_Click(object sender, RoutedEventArgs e) {
    this.Browser.NavigateToString(
            @"<HTML>
                <BODY>
                    Hello World!
                </BODY>
            </HTML>");
}
```

MainPage.xaml.cs 中的代码片段

图 13-2 演示了此代码的实际运行效果，图 13-2(a)显示了所加载的 www.builttoroam.com 站点。中间图显示了由 NavigateToString 方法加载的 HTML 代码片段。默认视图使得文本难以阅读。虽然用户可以双击该控件进行放大(如图 13-2(c)所示)，但这并非特别好的用户体验。您应该考虑对 HTML 代码片段进行样式设计，确保用户无需放大即可阅读。

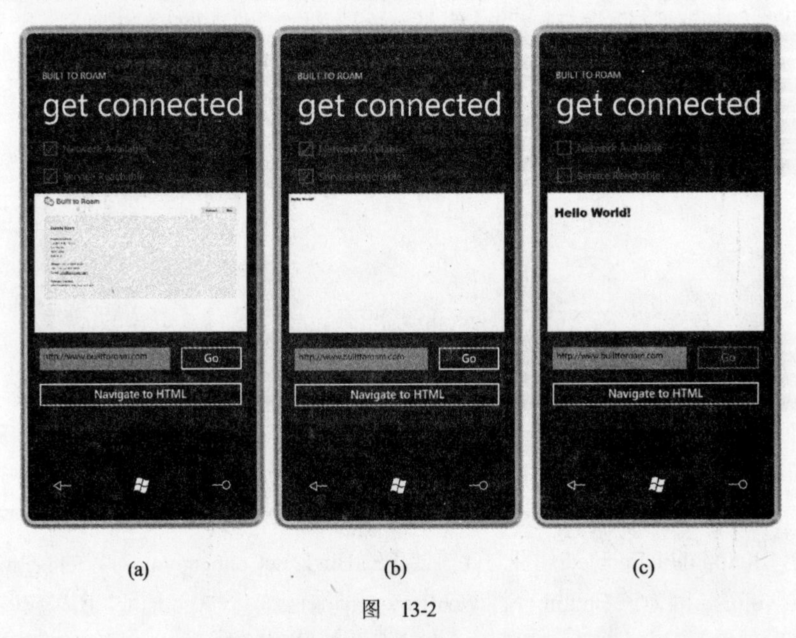

(a) (b) (c)

图 13-2

除了能够设置 WebBrowser 控件中所显示的 Web 页面或者 HTML 内容，您还可以与所加载的内容进行交互。WebBrowser 有一个 IsScriptEnabled 属性，用于控制宿主应用程序是否可以调用所加载内容中的 JavaScript 函数，以及控制 Web 页面是否可在宿主应用程序中触发事件。这些机制可用于将数据从 WebBrowser 控件传入和传出，从而允许宿主应用程序与基于 Web 的内容进行交互。

要使 Windows Phone 应用程序与嵌套的 WebBrowser 控件中的内容进行通信，首先将 IsScriptEnabled 属性设置为 true 从而启用脚本。还可以借此机会为 Script Notify 事件关联一个事件处理程序。

可从
wrox.com
下载源代码

XAML

```
<phone:WebBrowser Margin="0,135,0,0" Name="Browser" Height="174"
                  VerticalAlignment="Top"
```

```
                    IsScriptEnabled="True" ScriptNotify="Browser_ScriptNotify" />
<TextBlock x:Name="ScriptPageOutputText" Height="43" Margin="6,0,10,0"
        TextWrapping="Wrap" VerticalAlignment="Bottom"/>
```

MainPage.xaml 中的代码片段

C#

```
private void Browser_ScriptNotify(object sender, NotifyEventArgs e){
   this.ScriptPageOutputText.Text = e.Value;
}
```

MainPage.xaml.cs 中的代码片段

每当 WebBrowser 控件中的 JavaScript 调用 window.external.notify 方法时，就会触发 ScriptNotify 事件。此示例中的事件处理程序将传入 notify 方法的值赋给 TextBlock 元素的 Text 属性，以便将其显示到屏幕中：

可从 wrox.com 下载源代码

HTML/JavaScript

```
<!DOCTYPE html PUBLIC "-//W3C//DTD XHTML 1.0 Transitional//EN"
   "http://www.w3.org/TR/xhtml1/DTD/xhtml1-transitional.dtd">
<html xmlns="http://www.w3.org/1999/xhtml">
<head>
   <title>Simple Script Page</title>
   <script type="text/javascript">
      function SilverlightOutput() {
         try {
            window.external.notify("Test content from the webpage");
            messageSent.innerHTML = "Message Sent";
         }
         catch (ex) {
            messageSent.innerHTML =
            "No Silverlight application to communicate with";
         }
      }
   </script>
</head>

<body>
  <input type="button" value="Send Text to Silverlight"
                 onclick="SilverlightOutput();" />
  <div id="messageSent"></div>
</body>
</html>
```

SimpleScript.htm 中的代码片段

这是一种非常原始的消息传递机制，因为 notify 方法采用了单个字符串参数。任何要从

WebBrowser 控件传递到宿主 Windows Phone 应用程序的数据都必须首先被序列化为一个字符串，以便可以作为参数传递给 notify 方法。在 Windows Phone 应用程序的事件处理程序中，需要对该数据进行反序列化处理。

您可能会注意到的一点是 JavaScript 代码使用了 try-catch 块来调用 notify 方法。只有在 Silverlight 或 Windows Phone 应用程序内的 WebBrowser 控件中的内容运行时才存在 notify 方法。如果相同的 Web 页面能在完整的浏览器中浏览，则务必要处理当调用 notify 方法时可能发生的任何错误。使用 try-catch 块是检测 window.external.notify 调用是否失败的一种方法。此外可能还需要检测 notify 方法是否存在，并在该方法存在时酌情调用它。

从另一个方向看，即从 Windows Phone 应用程序到 WebBrowser 控件，会更灵活一些，因为您可以指定要调用的 JavaScript 函数的名称。还可以指定一系列字符串作为参数进行传递。例如，以下代码调用了名为 SilverlightInput 的 JavaScript 函数，并传递了三个参数：

可从
wrox.com
下载源代码

XAML

```
<Button x:Name="SendToScriptPageButton" Content="Send Text" HorizontalAlignment="Right"
        Height="57" Margin="0,0,0,134" VerticalAlignment="Bottom" Width="221"
        Click="SendToScriptPageButton_Click"/>
```

MainPage.xaml 中的代码片段

C#

```
private void SendToScriptPageButton_Click(object sender,RoutedEventArgs e){
    this.Browser.InvokeScript("SilverlightInput",
                        "Built to Roam", "Nick Randolph", "Copyright 2010");
}
```

MainPage.xaml.cs 中的代码片段

在 HTML 文档中需要有一个相应的 JavaScript 方法，即 SilverlightInput。同样，此信息只是通过 WebBrowser 内容中称做 silverlightContent 的 div 元素显示到屏幕中的。

可从
wrox.com
下载源代码

HTML/JavaScript

```
<!DOCTYPE html PUBLIC "-//W3C//DTD XHTML 1.0 Transitional//EN"
        "http://www.w3.org/TR/xhtml1/DTD/xhtml1-transitional.dtd">
<html xmlns="http://www.w3.org/1999/xhtml">
<head>
    <title>Simple Script Page</title>
    <script type="text/javascript">
        function SilverlightInput(company, name, copyrightNotice) {
            silverlightContent.innerHTML = "<div>" +
                                    "<p>" + company +"</p>" +
                                    "<p>" + name + "</p>" +
                                    "<p>" + copyrightNotice + "</p>"
                                 "</div>";
```

```
            return true;
        }

        function SilverlightOutput() {
            try {
                window.external.notify("Test content from the webpage");
                messageSent.innerHTML = "Message Sent";
            }
            catch (ex) {
                messageSent.innerHTML =
                "No Silverlight application to communicate with";
            }
        }
    </script>
</head>
<body>
    <input type="button" value="Send Text to Silverlight"
         onclick="SilverlightOutput();" />
    <div id="silverlightContent"></div>
    <div id="messageSent"></div>
</body>
</html>
```

SimpleScript.htm 中的代码片段

要从 Windows Phone 应用程序向 WebBrowser 控件发送更复杂的信息，可将对象图序列化为 JSON 格式的字符串。以下代码使用 DataContractJsonSerializer 类的实例(需要在项目中添加对 System. Servicemodel.Web.dll 的引用)将 CompanyInfo 对象转换成 JSON 字符串：

可从
wrox.com
下载源代码

XAML

```
<Button x:Name="SendJsonToScriptPageButton" Content="Send Json"
      HorizontalAlignment="Right" Height="57" Margin="0,0,0,62"
      VerticalAlignment="Bottom" Width="221"
      Click="SendJsonToScriptPageButton_Click"/>
```

MainPage.xaml 中的代码片段

C#

```
private void SendJsonToScriptPageButton_Click(object sender, RoutedEventArgs e) {
    var company = new CompanyInfo(){
            Company = "Built to Roam",
            Name = "Nick Randolph",
            CopyrightNotice = "Copyright 2010"
        };

    var serializer = new DataContractJsonSerializer(typeof(CompanyInfo));
    var strm = new MemoryStream();
```

```
        serializer.WriteObject(strm, company);
        strm.Flush();
        strm.Seek(0, SeekOrigin.Begin);
        var reader = new StreamReader(strm);
        var serializedCompany = reader.ReadToEnd();
        this.Browser.InvokeScript("ComplexSilverlightInput", serializedCompany);
    }
    public class CompanyInfo{
        public string Company { get; set; }
        public string Name { get; set; }
        public string CopyrightNotice { get; set; }
    }
```

MainPage.xaml.cs 中的代码片段

此代码调用名为 ComplexSilverlightInput 的 JavaScript 函数，它接受单个字符串参数。要将此字符串转换回对象图，可使用内置的 JavaScript 函数 eval。这可将 JSON 字符串转换为一个与 C#中的 CompanyInfo 类相似的对象。注意 JavaScript 对象所具有的属性与原始 C#类中的属性相同——Company、Name 和 CopyrightNotice：

可从
wrox.com
下载源代码

```
function ComplexSilverlightInput(companyString) {
    var companyInfo = eval(' (' + companyString + ' )' );
    silverlightContent.innerHTML = "<div>" +
                                   "<p>" + companyInfo.Company + "</p>" +
                                   "<p>" + companyInfo.Name + "</p>" +
                                   "<p>" + companyInfo.CopyrightNotice + "</p>"
                               "</div>";
    return true;
}
```

SimpleScript.htm 中的代码片段

13.3 MultiScaleImage

SeaDragon(www.seadragon.com)[1]也称为 Deep Zoom，是一项由 Microsoft Live Labs 孕育的非常有趣的技术，使用它可以通过网络连接来查看十亿像素级的图像。实际上，此项技术采用了与 bing map 类似的工作方式，图像在一定缩放级别范围内有效，并在每个级别上都将图像分割以便渐进地进行下载。最终的效果就是无需将整幅图像下载到设备即可对图像进行查看、缩放和滚动操作。Windows Phone 应用程序可以通过 MultiScaleImage 控件来使用此项技术。图 13-3 演示了使用 MultiScaleImage 控件所显示的图像。当用户点击图像时，控件会在该点进行放大。正如在第四幅图中所看到的，这个清晰的文本在第一幅图中几乎看不到。此图像是 www.seadragon.com 中的一个示例，大小为 83 兆像素，使用传统的 Image 控件无法下载并显示它。

1. 此链接会自动跳转到 http://zoom.it 站点。

图　13-3

您可以在应用程序中像使用简单的 Image 控件一样来使用 MultiScaleImage 控件。只需从 Blend 的 Assets 窗口中将一个实例拖动到页面上。然后在 Properties 窗口中指定 Source 属性来设置要加载的图像即可。本例将 Source 设置为 http://static.seadragon.com/content/misc/milwaukee.dzi(注意文件扩展名不是标准图像文件的扩展名):

可从
wrox.com
下载源代码

```
<Grid Grid.Row="1" x:Name="ContentGrid">
    <MultiScaleImage x:Name="ScalingImage">
        <MultiScaleImage.Source>
            <DeepZoomImageTileSource
             UriSource="http://static.seadragon.com/content/misc/milwaukee.dzi" />
        </MultiScaleImage.Source>
    </MultiScaleImage>
</Grid>
```

ScalingImagePage.xaml 中的代码片段

MultiScaleImage 控件没有为处理用户的交互而提供内置的支持。不过，可以使用通常的鼠标和操控事件，因此在应用程序中捕获并构建恰当的行为是一个非常简单的过程。例如，下面的代码在用户点击图像上的某个点时会将图像放大，而当用户单击 Back 按钮时会将图像还原：

可从
wrox.com
下载源代码

```
private const double ZoomMultiplier = 1.4;
private double zoom = 1;
private Point lastZoom;

private void Zoom(double newzoom, Point p) {
    lastZoom = ScalingImage.ElementToLogicalPoint(
              new Point(0.5*ScalingImage.ActualWidth,0.5*ScalingImage.ActualHeight));
    ScalingImage.ZoomAboutLogicalPoint(newzoom / zoom, p.X, p.Y);
    zoom = newzoom;
}

private void ScalingImage_MouseLeftButtonDown(object sender, MouseButtonEventArgs e) {
    var point = e.GetPosition(ScalingImage);
```

```
        Zoom(zoom * ZoomMultiplier, ScalingImage.ElementToLogicalPoint(point));
    }

    protected override void OnBackKeyPress(System.ComponentModel.CancelEventArgs e) {
        var newZoom = zoom / ZoomMultiplier;
        if (newZoom >=1 ) {
            Zoom(newZoom, lastZoom);
            e.Cancel = true;
        }
        base.OnBackKeyPress(e);
    }
```

ScalingImagePage.xaml.cs 中的代码片段

这是 Back 按钮的一个合理用法，因为它使用户返回到之前的状态。一旦图像恢复到其初期的缩放级别，Back 按钮就会使用户返回到之前的页面。虽然理论上这是可以接受的，但事实上用户可能不明白为什么需要将图像缩小后才能返回到之前的页面。与所有应用程序一样，您应该进行相应的最终用户测试，以确保应用程序的设计对最终用户而言是直观易用的。

13.4 身份验证

构建 Windows Phone 应用程序时有一条重要的原则，即考虑如何将应用程序与用户生活中已有的各个方面关联起来。大多数用户在使用一种或多种在线服务时已经拥有了自己的账户，诸如 Live ID、Facebook 或者 Twitter。如果需要验证用户的身份，比较合理的做法是利用用户现有的凭据，而不是要求用户为应用程序去选择并记住另一组凭据。本节将介绍如何使用 Windows Live ID 对用户进行身份验证并访问有关用户及其联系人的信息。

Windows Live ID

由于 Live ID 只是众多联机凭据提供者之一，所以您可能在想为什么要选择 Live ID 作为凭据源来进行深度探索。原因在于如果某人要使用 Windows Phone 设备，则必须输入 Live ID 和密码来验证该设备。这意味着可以保证每个 Windows Phone 所有者至少拥有一个 Live ID，所以它成为应用程序中对用户进行身份验证的一个很适当的默认选择。

已经向 Web 开发人员提供了有关 Live ID使用过程的完备文档。不过，由于没有针对 Windows Phone 的 SDK，所以必须使用 WebBrowser 控件将用户引导到 login.live.com 网站，以便登录到您的应用程序中。

Live ID 的常规工作方式是当用户登录到一个使用 Live ID 的网站时，他们会被重定向到 login.live.com。用户会使用他们的凭据进行登录，当凭据得到验证后，他们就会被引导回使用 Live ID 的网站的 Return URL 中。在这里用户令牌会被解码，并用于唯一地标识用户。用户令牌对用于登录的 Live ID 及用户所登录的站点而言都是唯一的。如果同一个 Live ID 被用于另外的站点，则那个站点将得到一个不同的用户令牌，但每次用相同的 Live ID 登录任何给定的站点时，相应站点始终会获得相同的用户令牌。图 13-4 概述了此过程。

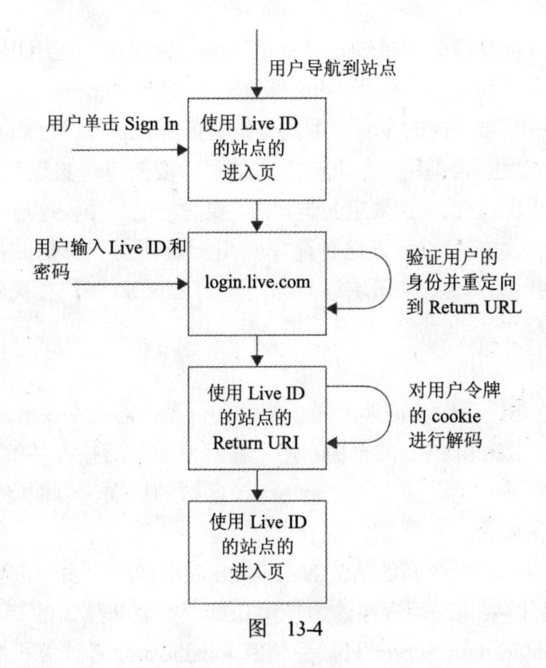

图　13-4

显然如果不在 Windows Phone 应用程序中进行修改，此过程就无法正常工作。用户的 Live ID 令牌需要一种返回到 Windows Phone 应用程序的方式。诀窍就是使用 WebBrowser 控件，将其 IsScriptEnabled 属性设置为 true，并结合使用在前面讨论过的 window.external.Notify 回调函数。

要在 Windows Phone 应用程序中使用 Live ID，当用户单击 Sign In 按钮时，应用程序需要显示 WebBrowser 控件并导航到 login.live.com。用户通过 WebBrowser 控件登录，并被重定向到您操作的站点所承载的一个 Web 页面中。该页面会对用户令牌的 cookie 进行解码，然后调用 window.external.Notify 函数，将令牌作为参数进行传递。Windows Phone 应用程序通过侦听 ScriptNotify 事件获取令牌。一旦该事件被引发，即可隐藏 WebBrowser 控件，因为不再需要它了。令牌可用于唯一地标识应用程序中的用户。图 13-5 演示了 Windows Phone 应用程序与 WebBrowser 控件中的内容之间的工作流程。

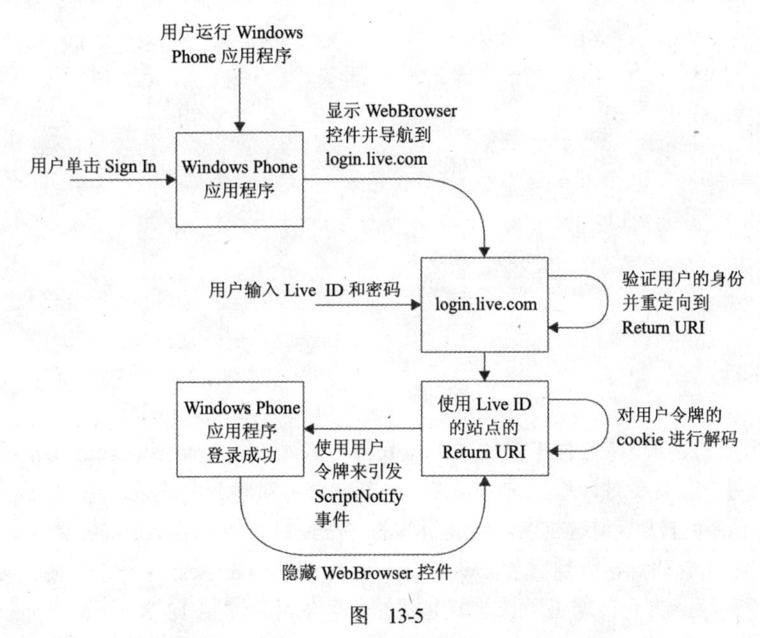

图　13-5

Windows Live ID 支持两种身份验证机制，具体使用哪一种取决于应用程序与 Windows Live 相集成的级别。到目前为止，您已经见过了使用 Web 身份验证(Web Authentication)来验证具有 Live ID 的用户，并确保其在应用程序中唯一性的步骤。委托身份验证(Delegated Authentication)对 Web身份验证进行了扩展，从而允许应用程序查询用户的其他个人信息。委托身份验证的基本概念是用户必须赋予应用程序访问其信息的权限。因此，在限定的时间内，要对您的应用程序进行用户信息的委托授权。

下面首先介绍如何实现委托身份验证这种简单的用于验证用户身份的机制，接着对它进行扩展，从而展示如何使用委托身份验证来请求访问与用户的 Live ID 账户相关的更多信息。

1. 委托身份验证

实现 Windows Phone 的委托身份验证涉及两个部分。首先，需要实现一个可以捕获 Live ID 信息的站点。这需要包含被称为 Return URL 的页面，用于在用户登录后接收并解码用户令牌。当令牌被解码后，页面将被重定向到另一个调用 JavaScript Notify 函数的页面，以便将已解码的用户令牌传递回宿主 Windows Phone 应用程序。

首先在 Visual Studio 中创建一个新的 ASP.NET Web 应用程序。由于需要为 ReturnURL 指定主机名称(不能是 localhost)，所以要将应用程序改为使用 IIS 运行，而非默认的 Visual Studio Development Server。Visual Studio Development Server 只接受带有 localhost 或者计算机名称作为主机名的传入请求。接下来您将看到，当为 Windows Phone 应用程序设置应用程序 ID 时，需要指定一个有效的域名。

实际上只有委托身份验证才需要使用 IIS。如果只想使用 Web Authentication 来验证用户，则可以继续使用 localhost。

图 13-6 显示了项目的 Properties 窗口中的 Web 选项卡，在这里可将应用程序设置为使用 IIS。在本例中，应用程序已被配置为运行在一个名为 AuthenticationWeb 的虚拟目录下。

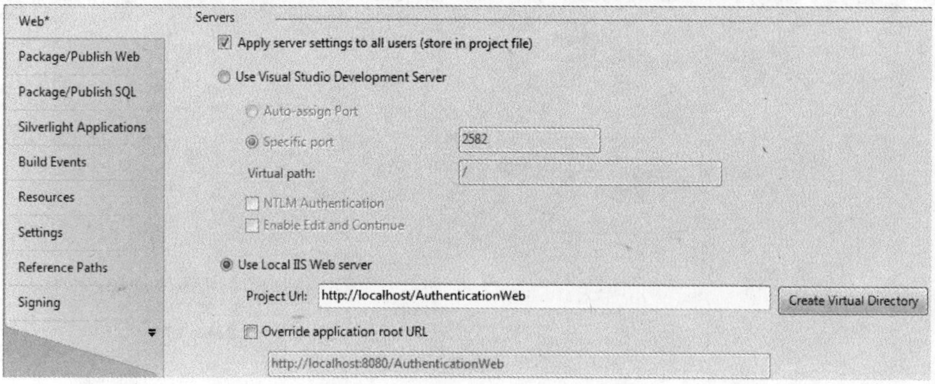

图 13-6

下一步选择在开发和测试过程中要使用的伪域名。本例使用 wptestsite.com，这完全是虚构的，只在开发期间使用。您需要对计算机进行设置，使其能够将对此域名的请求路由到运行在计算机中的 IIS。可以采用多种方法做到这一点，但最简单的方法是修改计算机的 Hosts 文件。为此，以管理员身份打开一个命令窗口。导航到目录 c:\windows\system32\drivers\etc 下，然后输入 edit hosts。这会打开 Edit 应用程序，并允许您为所选的域名添加一个条目。如图 13-7 所示，wptestsite.com 已被配置为重定向到位于 192.168.1.109 的本地计算机(将此值更改为您的计算机地址)。保存对 Hosts 文件所做的更改，然后退出 Edit 应用程序。

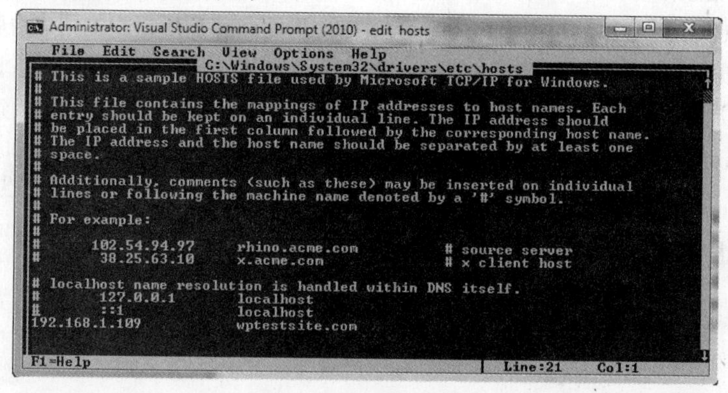

图 13-7

在执行接下来的步骤之前，需要前往 Live Services Developer Portal 去注册一个 Application ID(http://go.microsoft.com/fwlink/?LinkID=144070[2])。系统会提示您使用 Windows Live ID 登录，然后您会进入 Azure Services 开发人员门户站点。在这里可以为 Windows Azure、SQL Azure、AppFabric(原.NET Services)以及 Live Services 配置账户信息。此时，需要创建一个新的 Live Services 账户，因此确保选择了 Live Services 选项卡，然后单击 New Service 链接。选择“Live Services: Existing APIs”，在接受使用条款之后，将看到如图 13-8 所示的表单。

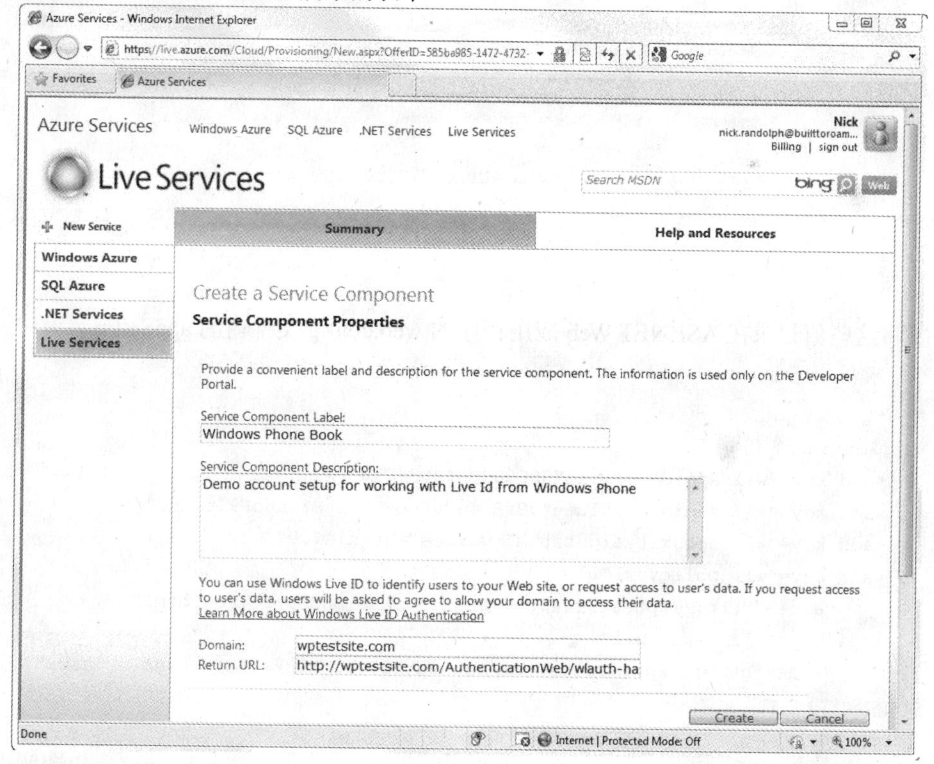

图 13-8

2. 此链接所展示的网页已进行过调整，呈现的内容与后续的图示存在少许差别。

Label 和 Description 只是为了让您可以识别此开发人员门户站点内的服务。重要的是您所使用的Domain应该与之前设置Hosts文件时选择的域名一致，而Return URL则应该指定为ASP.NET Web应用程序中页面URL的全称，它用于对用户登录login.live.com后所返回的用户令牌进行解码。在本例中，Return URL是 http://wptestsite.com/AuthenticationWeb/wlauth-handlcr.aspx，该URL由域名、IIS 中创建的虚拟目录以及页面的名称组成。稍后您需要创建 wlauth-handler.aspx 页面。

创建 Live Service 后，会看到一个新服务的摘要，其中列出了 Application ID 和 Secret Key[3]，如图 13-9 所示。

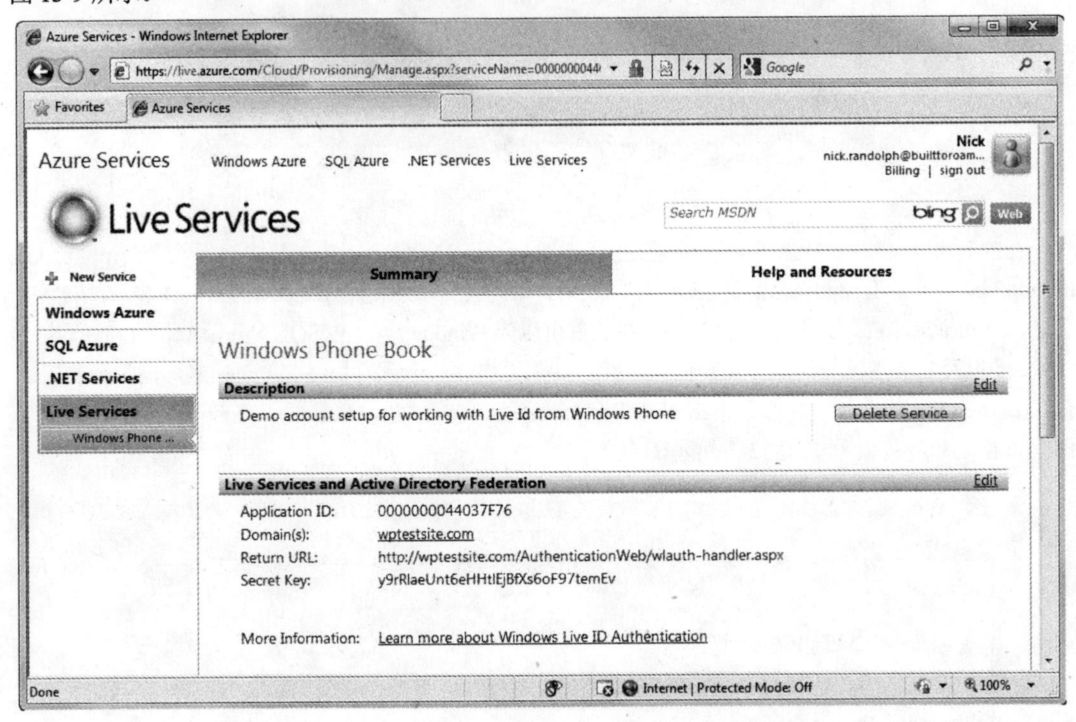

图 13-9

需要将这些值记录在 ASP.NET Web 应用程序的 web.config 文件内的 appSettings 节中，如下所示：

可从
wrox.com
下载源代码

```
<appSettings>
    <add key="wll_appid" value="0000000044037F76"/>
    <add key="wll_secret" value="y9rRlaeUnt6eHHtlEjBfXs6oF97temEv"/>
    <add key="wll_securityalgorithm" value="wsignin1.0"/>
    <add key="wll_policyurl"
        value="http://wptestsite.com/AuthenticationWeb/policy.html"/>
    <add key="wll_returnurl"
        value="http://wptestsite.com/AuthenticationWeb/wlauth-handler.aspx"/>
</appSettings>
```

web.config 中的代码片段

3. 在改版后的页面中您所看到的内容分别应为 Client ID 和 Client secret。

注意其中有一项指向 policy.html 文件的额外配置，这是委托身份验证所需的。

下一步创建 wlauth-handler.aspx 页面，它负责处理来自 login .live.com 的响应。实现起来需要相当多的代码，但幸运的是，可在应用程序中重用快速入门的示例。Web 身份验证和委托身份验证这两种方式都包含示例，但由于后者是前者的超集，所以只需从 http://msdn.microsoft.com/en-us/library/cc287665(v=MSDN.10).aspx 下载并安装 C#的委托身份验证示例即可。安装后，将以下文件复制到 ASP.NET Web 应用程序中：

```
C:\Program Files\Windows Live ID\DelAuth\Sample2\wlauth-handler.aspx
C:\Program Files\Windows Live ID\DelAuth\Sample2\wlauth-handler.aspx.cs
C:\Program Files\Windows Live ID\DelAuth\Sample2\Policy.html
C:\Program Files\Windows Live ID\DelAuth\App_Code\WindowsLiveLogin.cs
```

确保在发布应用程序之前更新 Policy.html 文件，以添加如何在应用程序中使用客户信息的内容。

当 wlauth-handler.aspx 页面提取用户令牌后，会自动重定向到 default.aspx。如果希望它定向到另一个页面，则需要更改 wlauth-handler.aspx.cs 文件顶部的 LoginPage 常量。在 default.aspx 页面中，需要将用户令牌从 cookie 中提取出来(用于在 wlauth-handler.aspx 和 default.aspx 之间传递令牌)并将其解码为一个 WindowsLiveLogin.User 对象。该对象的 ID 属性对应于用户令牌，可用于在应用程序中唯一地标识用户：

```
using System;
using System.Web;
using WindowsLive;

public partial class DefaultPage : System.Web.UI.Page
{
    // user token key
    const string LoginCookie = "webauthtoken";

    // Initialize the WindowsLiveLogin module.
    static WindowsLiveLogin wll = new WindowsLiveLogin(true);

    protected string ReturnToken ="";

    protected void Page_Load(object sender, EventArgs e)
    {
        HttpRequest req = HttpContext.Current.Request;
        HttpCookie loginCookie = req.Cookies[LoginCookie];
        if (loginCookie != null)
        {
            string token = loginCookie.Value;

            if (!string.IsNullOrEmpty(token))
```

```
            {
                WindowsLiveLogin.User user = wll.ProcessToken(token);

                if (user != null)
                {
                    ReturnToken = "UserToken " + user.Id;
                }

            }
        }
    }
}
```

Default.aspx.cs 中的代码片段

与 default.aspx 页面相对应的标记调用了 window.external.Notify 方法，并向其传入了在 Page_Load 方法中生成的 ReturnToken：

```
<%@ Page Language="C#" AutoEventWireup="true" Inherits="DefaultPage"
   Codebehind="default.aspx.cs" %>

<!DOCTYPE HTML PUBLIC "-//W3C//DTD HTML 4.01 Transitional//EN">
<html>
<head>
   <meta http-equiv="Pragma" content="no-cache" />
   <meta http-equiv="Expires" content="-1" />
   <title>Windows Live ID</title>
</head>
<body>
    <script type="text/javascript">
        try{
            window.external.Notify("<%=ReturnToken%>");
        }
        catch(ex){
            alert(' Host Silverlight application not available' );
        }
    </script>

<a href="http://login.live.com/wlogin.srf?appid=0000000044037F76&alg=wsignin1.0">
   Login</a></br>
<a href="http://login.live.com/logout.srf?appid=0000000044037F76">Logout</a></br>
</body>
</html>
```

Default.aspx 中的代码片段

在此页面的结尾处添加了两个超链接，以便您测试页面的功能(当使用此前生成的值替换 appid 参数后)。单击 Login 链接会被定向到 login.live.com，系统会提示您进行登录。登录后，会返回到相同的页面。单击 Logout 会看到页面闪烁，指示包含多个重定向——第一个就是 login.live.com(与直觉相反,它会使您退出登录)，然后是 wlauth-handler.aspx，最终返回到 default.aspx。

前面示例中使用的 appid 必须与注册 Live Services 账户时生成的 Application ID 相匹配。此示例中的很多地方都会用到它，所以要确保它正确无误。

大多数较为艰巨的任务都已完成；现在所要做的是为 Windows Phone 应用程序添加 Sign In 和 Sign Out 按钮以及 WebBrowser 控件。以下代码片段包括一个 TextBlock，以便您可以看到从 WebBrowser 中返回的用户令牌。注意 WebBrowser 的 IsScriptEnabled 被设置为 true，以便可以在 Windows Phone 应用程序与 WebBrowser 控件的内容之间传递调用：

可从 wrox.com 下载源代码

```
<Grid x:Name="LayoutRoot" Background="{StaticResource PhoneBackgroundBrush}">
    <Button Content="Sign In" Height="70" HorizontalAlignment="Left"
            Name="SignInButton"
            VerticalAlignment="Bottom" Width="150" Click="SignInButton_Click" />
    <Button Content="Sign Out" Height="70" Margin="0" Name="SignOutButton"
            VerticalAlignment="Bottom" Width="150" Click="SignOutButton_Click"
            HorizontalAlignment="Right" />
    <phone:WebBrowser x:Name="AuthenticationBrowser"  IsScriptEnabled="True"
                        Grid.RowSpan="2" Margin="0,0,0,74" Visibility="Collapsed"
                        ScriptNotify="AuthenticationBrowser_ScriptNotify" />
    <TextBlock Name="UserIdText" Margin="0,0,0,75" VerticalAlignment="Bottom"
          TextWrapping="Wrap" Height="150"
          Style="{StaticResource PhoneTextNormalStyle}" />
</Grid>
```

AuthenticationPage.xaml 中的代码片段

当用户单击 Sign In 按钮时，应显示 WebBrowser 并调用 Navigate 方法将用户定向到 login.live.com。注意所指定的 URL 与之前 ASP.NET 网站的测试超链接中所包含的一样。Sign Out 按钮也会启动 WebBrowser，不过这次是导航到用户注销 Live ID 的 URL：

可从 wrox.com 下载源代码

```
private void SignInButton_Click(object sender, RoutedEventArgs e){
    AuthenticationBrowser.Visibility = Visibility.Visible;
    AuthenticationBrowser.Navigate(
  new Uri("http://login.live.com/wlogin.srf?appid=000000004403 7F76&alg=wsignin1.0"));
}

private void SignOutButton_Click(object sender, RoutedEventArgs e){
    UserIdText.Text = null;
    AuthenticationBrowser.Visibility = Visibility.Visible;
    AuthenticationBrowser.Navigate(
       new Uri("http://login.live.com/logout.srf?appid=000000004403 7F76"));
}
```

AuthenticationPage.xaml.cs 中的代码片段

当 default.aspx 页面调用 window.external.Notify 函数时，会引发 WebBrowser 控件的 ScriptNotify 事件。在这种情况下，返回的值仅用于更新 TextBlock 上的 Text 属性。由于不再需要 WebBrowser，所以将其隐藏：

可从
wrox.com
下载源代码

```
private void AuthenticationBrowser_ScriptNotify(object sender, NotifyEventArgs e){
    UserIdText.Text = e.Value;

    AuthenticationBrowser.Visibility = Visibility.Collapsed;
}
```

AuthenticationPage.xaml.cs 中的代码片段

图13-10演示了用户的登录过程。用户点击Sign In按钮就会显示带有Live ID登录页面的WebBrowser控件。一旦用户输入自己的凭据，并点击 Sign In 按钮后，WebBrowser 控件便会消失，而用户令牌会留在 TextBlock 中。

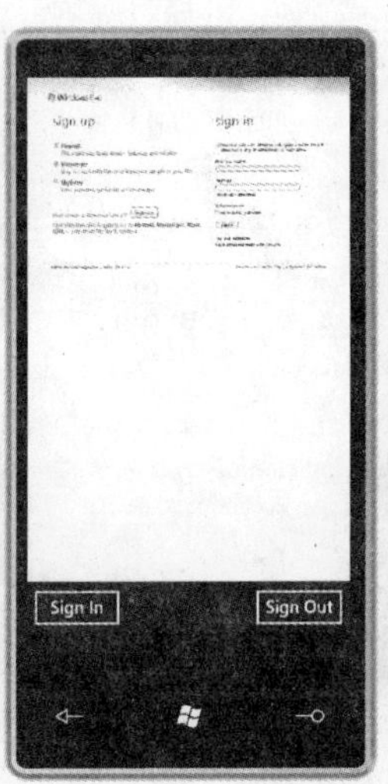

图 13-10

2. 委托身份验证

可以使用 Web身份验证用户的唯一性，但它几乎不提供任何与实际用户自身相关的信息。而使用委托身份验证，可以要求用户允许应用程序在限定的时间内访用户的个人信息。为此，首先应该让用户使用 Web 身份验证登录。一旦登录后，需要提示他们赋予应用程序对其信息进行访问的权限。可将用户再次导航到另一个名为 ConsentUrl 的外部 Web 页面来实现。当用户批准对其信息的访问时，会返回一个同意或者委托令牌，此过程与 Web 身份验证用户令牌所使用的过程相同。

第一步是更新服务器代码，使其返回 ConsentUrl，其中带有用户使用 Web 身份验证登录后的初始用户令牌。这将由 Windows Phone 应用程序来收集，用于将用户重定向到请求其权限的页面。此外服务器代码还要提取委托令牌。在以下代码中，同意令牌是从应用程序的状态中提取的，并用于生成 DelegationToken 和 LocationId(LocationId 是对被授予访问的信息集的一个引用)。这些都会被追加到 ReturnToken 字符串之后，然后被传递到 window.external.Notify 方法中：

可从
wrox.com
下载源代码

```
using System;
using System.Web;
using WindowsLive;

public partial class DefaultPage : System.Web.UI.Page
{
    // user token key
    const string LoginCookie = "webauthtoken";
    // delegation token key
    const string AuthCookie = "delauthtoken";

    const string Offers = "Contacts.View";

    // Initialize the WindowsLiveLogin module.
    static WindowsLiveLogin wll = new WindowsLiveLogin(true);

    protected string ReturnToken ="";
    protected string ConsentUrl = "";


    protected void Page_Load(object sender, EventArgs e){
        ConsentUrl = wll.GetConsentUrl(Offers,
                              "~/Content/DisplayAcctInfo/DisplayAcctInfo.aspx");

        HttpRequest req = HttpContext.Current.Request;
        HttpApplicationState app = HttpContext.Current.Application;
        HttpCookie loginCookie = req.Cookies[LoginCookie];
        if (loginCookie != null){
            string token = loginCookie.Value;
            if (!string.IsNullOrEmpty(token))
            {
                WindowsLiveLogin.User user = wll.ProcessToken(token);
                if (user != null) {
                    ReturnToken = "UserToken " + user.Id +
                               ";ConsentUrl " + ConsentUrl;

                    if (user != null){
                        string cts = (string)app[user.Id];

                       WindowsLiveLogin.ConsentToken ct = wll.ProcessConsentToken(cts);

                        if (ct != null){
                            if (!ct.IsValid()){
                                if (ct.Refresh() && ct.IsValid()){
                                    app[user.Id] = ct.Token;
                                }
                            }

                            if (ct.IsValid()){
                                var Token = ct;
```

```
                                if (!string.IsNullOrEmpty(ReturnToken))
                                    ReturnToken += ";";
                                ReturnToken += "ConsentToken " +
                                               Token.DelegationToken +
                                                ";LocationId " + Token.LocationID;
                            }
                        }
                    }
                }
            }
        }
    }
}
```

Default.aspx.cs 中的代码片段

此外还有少量对 default.aspx 页面标记的补充。第一个就是 GoToConsentUrl 函数，它将强制 Web 浏览器导航到“同意 URL”。第二个是另一个可以允许您手动测试同意过程的超链接。务必首先登录，然后单击 Consent 链接使您直达授权页面，在这里可以允许应用程序访问您的个人信息：

可从 wrox.com 下载源代码

```
<%@ Page Language="C#" AutoEventWireup="true" Inherits="DefaultPage"
   Codebehind="default.aspx.cs" %>

<!DOCTYPE HTML PUBLIC "-//W3C//DTD HTML 4.01 Transitional//EN">
<html>
<head>
   <meta http-equiv="Pragma" content="no-cache" />
   <meta http-equiv="Expires" content="-1" />
   <title>Windows Live ID</title>
    <script type="text/javascript">
       function GoToConsentUrl(url) {
          window.location = url;
       }
    </script>
</head>
<body>
    <script type="text/javascript">
        try{
           window.external.Notify("<%=ReturnToken%>");

        }
        catch(ex){
           alert(' Host Silverlight application not available' );
        }
    </script>

<a href="http://login.live.com/wlogin.srf?appid=000000004403 7F76&alg=wsignin1.0">
  Login</a></br>
<a href="http://login.live.com/logout.srf?appid=0000000044037F76">Logout</a></br>
```

```
<a href="<%=ConsentUrl%>">Consent</a></br>
</body>
</html>
```

Default.aspx 中的代码片段

手动测试委托身份验证过程后，即可更新 Windows Phone 应用程序，以便用户一登录就会被重定向到“同意 URL”。在此之前，需要在 ScriptNotify 事件处理程序中添加一些代码，以便解析由 WebBrowser 控件产生的附加信息。在本例中，这些信息是由分号分隔的成对数据，这样便于拆分：

可从 wrox.com 下载源代码

```
private const string UserTokenKey = "UserToken";
private const string ConsentUrlKey = "ConsentUrl";
private const string ConsentTokenKey = "ConsentToken";
private const string LocationIdKey = "LocationId";

private string UserToken = "";
private string ConsentToken = "";
private string LocationId = "";
private string ConsentUrl = "";
private void AuthenticationBrowser_ScriptNotify(object sender, NotifyEventArgs e){
    UserIdText.Text = e.Value;

    if (!string.IsNullOrEmpty(e.Value)){
        var values = e.Value.Split(' ;' );
        foreach (var val in values){
            var bits = val.Split('  ' );
            if (bits.Length == 2){
                switch (bits[0]){
                    case UserTokenKey:
                        UserToken = bits[1];
                        break;
                    case ConsentUrlKey:
                        ConsentUrl = bits[1];
                        break;
                    case ConsentTokenKey:
                        ConsentToken = bits[1];
                        break;
                    case LocationIdKey:
                        LocationId = bits[1];
                        break;
                }
            }

        }
    }

    AuthenticationBrowser.Visibility = System.Windows.Visibility.Collapsed;
}
```

AuthenticationPage.xaml.cs 中的代码片段

应该避免在页面加载期间尝试调用脚本函数。当内容加载完毕时，WebBrowser 控件会引发 LoadCompleted 事件。在这种情况下，需要确保 UserToken 已被设置(换句话说，用户已注册)，同时 ConsentToken 尚未被设置：

可从
wrox.com
下载源代码

```
private bool ConsentRequestInProgress=false;
private void AuthenticationBrowser_LoadCompleted(object sender, NavigationEventArgs e){
    if (!string.IsNullOrEmpty(UserToken) &&
        string.IsNullOrEmpty(ConsentToken) &&
        !ConsentRequestInProgress){
        ConsentRequestInProgress = true;
        AuthenticationBrowser.Visibility = Visibility.Visible;
        AuthenticationBrowser.InvokeScript("GoToConsentUrl", ConsentUrl);
    }
}
```

AuthenticationPage.xaml.cs 中的代码片段

图 13-11 展示了呈现在用户眼前的同意页面，它请求访问用户的信息。图 13-11(b)说明了一旦同意后应用程序即获得授权。您可在 TextBlock 中看到其他表示委托令牌的文本。

(a) (b)

图 13-11

3. 个人信息和联系人信息

现在已经有了委托令牌，可用它来做什么呢？实际上，由于对 Live ID 服务调用的诸多限制，能直接在设备上做的事情很少。不过，如果您使用了后端 WCF 服务，则可以访问大量有关用户及其 Live ID 联系人的信息。在名为 WindowsLiveIdService.svc 的 ASP.NET Web 应用程序中创建一个新的

WCF 服务。该服务包含一些公共方法，用于获取与当前用户及其联系人相关的信息。实际上，它们都包含对实时联系人服务的 REST 调用。GetUserInformation 方法简单地将一个 URI 模板与 locationid 相结合来获取一个 URL。这会返回一个被序列化为字符串的 XML 文档。

可从 wrox.com 下载源代码

```
[ServiceContract]
public interface IWindowsLiveIdService{
   [OperationContract]
   string GetUserInformation(string locationId, string delegationToken);

   [OperationContract]
   string GetContactsInformation(string locationId, string delegationToken);
}
```

IWindowsLiveIdService.cs 中的代码片段

```
public class WindowsLiveIdService : IWindowsLiveIdService {
   public string GetUserInformation(string locationId, string delegationToken) {
      string uriTemplate =
 "https://livecontacts.services.live.com/@L@{0}/rest/LiveContacts/owner/";
      var xdoc = WindowsLiveContactAPIRequest(locationId,
                                              delegationToken, uriTemplate);
      return xdoc.ToString();
   }

   public string GetContactsInformation(string locationId, string delegationToken) {
      string uriTemplate =
  "https://livecontacts.services.live.com/@L@{0}/rest/LiveContacts/Contacts";
      var xdoc = WindowsLiveContactAPIRequest
               (locationId,delegationToken,uriTemplate);
      var contacts = (from contact in xdoc.Descendants("Contact")
                     select contact).ToArray();
      foreach (var con in contacts) {
         RetrieveCID(locationId, delegationToken, con);
      }

      return xdoc.ToString();
   }

   private static void RetrieveCID(string locationId, string delegationToken,
                                  XElement con) {
      try {
         string uriTemplate =
  "https://livecontacts.services.live.com/@L@{0}/LiveContacts/Contacts/Contact(" +
  con.Element("ID").Value + ")/CID";
         var xdoc2 = WindowsLiveContactAPIRequest(locationId, delegationToken,
                                                  uriTemplate);
         var cid = xdoc2.Element("CID").Value;
         con.Add(new XElement("CID", cid));
      }
```

```
        catch (Exception) {
            // This will happen if there is no CID (ie no spaces page)
        }
    }

    private static XDocument WindowsLiveContactAPIRequest(string locationId,
                                              string delegationToken,
                                              string uriTemplate) {
        string uri = string.Format(uriTemplate, locationId);
        HttpWebRequest request = (HttpWebRequest)WebRequest.Create(uri);
        request.UserAgent = "Windows Phone 7 Sample";
        request.ContentType = "application/xml; charset=utf-8";
        request.Method = "GET";

        request.Headers.Add("Authorization",
                    "DelegatedToken dt=\"" + delegationToken + "\"");
        HttpWebResponse response = (HttpWebResponse)request.GetResponse();

        var xdoc = XDocument.Load(response.GetResponseStream());
        response.Close();
        return xdoc;
    }
}
```

WindowsLiveIdService.cs 中的代码片段

GetContactsInformation 稍复杂一些，因为初始的 REST 请求只提供了一半信息。为了显示联系人的个人图片，您需要知道 CID。这不是默认被返回的，所以使用代码遍历每个联系人，并通过额外的 REST 调用来检索他们的 CID。对于大型联系人列表中的用户，这需要耗费大量时间，因此您可能会考虑对此进行重构并在页面中返回联系人的列表，或者异步执行此步骤。

在 Windows Phone 应用程序中，需要为此项服务添加服务引用；在 Solution Explorer 中右击项目，然后选择 Add Service Reference。图 13-12 展示了如何输入服务的地址，然后单击 Go 按钮。一旦找到该服务，则需要指定名称空间，然后单击 OK 以继续。

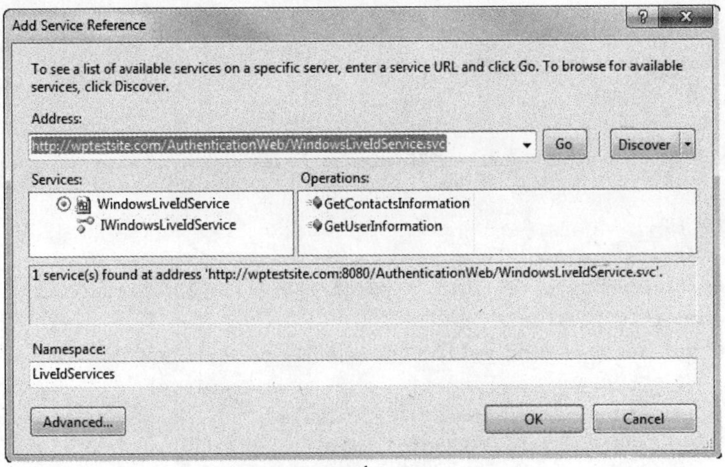

图 13-12

您还需要添加一些控件以便显示与当前用户及其联系人相关的信息。在本例中，添加了一个 Image 和三个 TextBlock 用于显示照片、名字、姓氏以及当前用户的电子邮件地址。还有一个 ListBox，用来显示联系人的个人图片及显示姓名：

可从
wrox.com
下载源代码

```
<Grid.Resources>
   <DataTemplate x:Key="ContactItemTemplate">
      <Grid>
         <TextBlock TextWrapping="Wrap" Style="{StaticResource PhoneTextNormalStyle}"
                 Text="{Binding DisplayName}" Margin="55,0,0,0"/>
          <Image Height="50" VerticalAlignment="Top" HorizontalAlignment="Left"
                 Width="50" Source="{Binding Photo}"/>
      </Grid>
   </DataTemplate>
</Grid.Resources>
<Image x:Name="PhotoImage" HorizontalAlignment="Left" Height="100" Margin="25,25,0,0"
      VerticalAlignment="Top" Width="100" Source="{Binding Photo}"/>
<TextBlock x:Name="FirstNameText" Margin="150,25,0,0" TextWrapping="Wrap"
         Text="{Binding FistName}" VerticalAlignment="Top"
         Style="{StaticResource PhoneTextNormalStyle}" HorizontalAlignment="Left"/>
<TextBlock x:Name="LastNameText" Margin="150,50,0,0" TextWrapping="Wrap"
         Text="{Binding LastName}" VerticalAlignment="Top"
         Style="{StaticResource PhoneTextNormalStyle}" HorizontalAlignment="Left"/>
<TextBlock x:Name="EmailText" Margin="150,75,0,0" TextWrapping="Wrap"
         Text="{Binding PrimaryEmail}" VerticalAlignment="Top"
         Style="{StaticResource PhoneTextNormalStyle}" HorizontalAlignment="Left"/>
<ListBox x:Name="ContactsList" Margin="0,130,0,230"
       ItemTemplate="{StaticResource ContactItemTemplate}"/>
```

AuthenticationPage.xaml 中的代码片段

要更方便地设置其中各个控件的值，应该创建两个类，用于表示与当前用户及其每个联系人相关的信息：

可从
wrox.com
下载源代码

```
public class WindowsLiveIdUser {
   public string ID { get; set; }
   public string FirstName { get; set; }
   public string LastName { get; set; }
   public string PrimaryEmail { get; set; }
   public BitmapImage Photo {
      get {
         if (string.IsNullOrEmpty(ID)) return null;
         return new BitmapImage(new Uri("http://" + ID +
   ".users.storage.live.com/MyData/MyProfile/GeneralProfile/ProfilePhoto"));
      }
   }
}

public class WindowsLiveIdContact {
   public string ID { get; set; }
   public string DisplayName { get; set; }
   public string CID { get; set; }
```

```
        public BitmapImage Photo {
            get {
                if (string.IsNullOrEmpty(CID)) return null;
                return new BitmapImage(new Uri("http://storage.live.com/users/" +
                        CID + "/myprofile/ExpressionProfile/ProfilePhoto"));
            }
        }
    }
```

WindowsLiveIdClasses.cs 中的代码片段

剩下唯一要做的事情就是调用服务方法，填充这些类的实例，并将其绑定到用户界面。在 ScriptNotify 方法中(为了简洁，其中大部分已被省略)，当检测到有效的 ConsentToken 时，会调用 LoadUserInformation 方法。这会启动一系列操作，首先调用 WindowsLiveIdServiceClient 上的 GetUserInformationAsync 方法，一旦收到响应就会调用 GetContactsInformationAsync 方法。这些方法都会在异步服务调用完成时引发一个事件。其中每个方法都会以 XML 文档的字符串形式返回与用户或其联系人相关的信息：

可从
wrox.com
下载源代码

```
LiveIdServices.WindowsLiveIdServiceClient liveIdClient;
public AuthenticationPage(){
    InitializeComponent();

    liveIdClient = new LiveIdServices.WindowsLiveIdServiceClient();
    liveIdClient.InnerChannel.OperationTimeout = new TimeSpan(0, 5, 0);
    liveIdClient.GetUserInformationCompleted +=
                            liveIdClient_GetUserInformationCompleted;
    liveIdClient.GetContactsInformationCompleted +=
                            liveIdClient_GetContactsInformationCompleted;
}

private void AuthenticationBrowser_ScriptNotify(object sender, NotifyEventArgs e){
    ...

    if (!string.IsNullOrEmpty(ConsentToken)){
        LoadUserInformation();
    }
}

private void LoadUserInformation(){
    liveIdClient.GetUserInformationAsync(LocationId, ConsentToken);
}

void liveIdClient_GetUserInformationCompleted(object sender,
                LiveIdServices.GetUserInformationCompletedEventArgs e){
    var xdoc = XDocument.Parse(e.Result);

    var user= new WindowsLiveIdUser(){
            ID = LocationId,
            FirstName = xdoc.Element("Owner").Element("Profiles")
                    .Element("Personal").Element("FirstName").Value,
            LastName = xdoc.Element("Owner").Element("Profiles")
                    .Element("Personal").Element("LastName").Value,
            PrimaryEmail = xdoc.Element("Owner").Element("Emails")
```

```
                    .Elements("Email").First().Element("Address").Value
        };
    this.Dispatcher.BeginInvoke(() =>
        {
            this.LayoutRoot.DataContext = user;
        });

    liveIdClient.GetContactsInformationAsync(LocationId, ConsentToken);

}

void liveIdClient_GetContactsInformationCompleted(object sender,
                LiveIdServices.GetContactsInformationCompletedEventArgs e){
    var xdoc = XDocument.Parse(e.Result);
    var contacts = (from contact in xdoc.Descendants("Contact")
                select new WindowsLiveIdContact(){
                        ID=contact.Element("ID").Value,
                        DisplayName=contact.Element("Profiles")
                                .Element("Personal")
                                .Element("DisplayName").Value,
                        CID=(contact.Element("CID")!=null?
                                contact.Element("CID").Value:"")
                    }).ToArray();
    this.Dispatcher.BeginInvoke(() =>
        {
            this.ContactsList.ItemsSource = contacts;
        });
}
```

AuthenticationPage.xaml.cs 中的代码片段

XML 文档会被解析并转换为对象，然后被设置为相关用户界面控件的数据源。图 13-13 展示了用户的信息、照片以及联系人列表的显示方式。

为了显示列表中每个联系人的照片，在 WCF 服务返回联系人数据之前，它还会做另外一些工作。如果用户拥有大量的联系人，则可能需要耗费很长时间才能完成，从而导致 WCF 服务超时。在发布应用程序之前，建议您针对这种情况对该服务的结构进行调整。

图 13-13

13.5 小结

本章介绍了如何检测和处理不同的网络条件。讲解如何使用 WebBrowser 控件来呈现应用程序中的 Web 内容。最后分析如何将 WebBrowser 控件与一个简单的网站相结合，从而允许您使用 Live ID 来验证用户的身份。

第14章

使用云服务

本章内容

- 生成基本的 Web 请求
- 使用压缩技术来缩减请求大小
- 调用 WCF 服务
- 在 XML 和 JSON 中使用 OData 服务

虽然许多 Windows Phone 服务(诸如位置和推送通知)都依赖于云来执行部分或全部处理，不过您可能也需要连接其他远程服务。它们可能是由您的组织提供的本地服务或云服务，也可能是由第三方提供的可以通过基于云的 API 进行访问的服务。

本章将介绍如何与 Windows Communication Foundation(Windows 通信基础，WCF)及 Simple Object Access Protocol(简单对象访问协议，SOAP)服务相集成。此外还将讨论如何通过 RESTful(Representational State Transfer，表述性状态转移)服务来降低消息开销。

14.1 HTTP 请求

当您需要访问 Web 中的内容时，无论是服务还是诸如图像或文档的静态内容，Windows Phone 都为您提供了若干种选择以便访问这些内容。不过，它们都可归结为执行一个 HTTP 请求。Windows Phone 7 没有提供对原始的 Transmission Control Protocol(传输控制协议，TCP)或 User Datagram Protocol(用户数据报协议，UDP)套接字级别通信的支持[1]，这意味着 HTTP 请求是可供使用的最低通信级别。在本节中，您将了解如何使用 WebClient 和 HttpWebRequest 类来访问 Web 中的内容。之后将学习如何使用 WCF 为服务请求的生成提供一个更高级的包装器。

使用 WebClient 或 HttpWebRequest 类时需要注意的一件事就是所有网络调用(例如下载或上传内

1. 在 Windows Phone 的 Mango 更新中增加了对套接字(socket)的支持。

容)都是异步的。传统上，您可以在同步或异步调用之间进行选择，由于异步调用具有额外的复杂性，所以通常我们避免使用它。不过，当执行长时间运行或高延迟的任务时使用异步调用会更好一些，因为它降低了构建出一个失去响应的用户界面(UI)的几率。Silverlight 从 Web 技术继承而来，因此它高度依赖于高延迟的网络调用，同时又要将框架保持得尽可能小，所以只提供了异步网络调用也是合理的。

14.1.1 WebClient

如果您只需从指定的 URL 下载内容，那么使用 WebClient类是迄今为止最简单的方式。要下载内容，您需要创建一个 WebClient 实例，并关联一个事件处理程序，在下载完成时调用事件处理程序，然后开始下载。下面的示例使用 DownloadStringAsync 方法下载了一个 XML 文件。WebClient 实例关联了两个事件处理程序，一个用于获取进度信息，另一个用于在下载完成时获取一条通知。DownloadStringAsync 方法的第二个参数是一个任意的对象或标识符，我们可在事件处理程序中对其进行访问，以便确定事件所针对的下载内容。通过这种方式，即可在 WebClient 类的多个实例中重复使用单个事件处理程序：

可从
wrox.com
下载源代码

```
WebClient client = new WebClient();
public MainPage(){
   InitializeComponent();
   client.DownloadProgressChanged += client_DownloadProgressChanged;
   client.DownloadStringCompleted += client_DownloadStringCompleted;
   client.OpenReadCompleted += client_OpenReadCompleted;
}

private void WebClientButton_Click(object sender, RoutedEventArgs e){
   client.DownloadStringAsync(
             new Uri("http://localhost/ServicesApplication/rssdump.xml"),
             "sample rss");
}

void client_DownloadProgressChanged(object sender, DownloadProgressChangedEventArgs e){
   if (e.UserState as string == "sample rss"){
      this.DownloadProgress.Value = e.ProgressPercentage;
   }
}

void client_DownloadStringCompleted(object sender, DownloadStringCompletedEventArgs e){
   this.DownloadedText.Text = e.Result;
}
```

MainPage.xaml.cs 中的代码片段

每当 WebClient 引发一个事件，您都会看到更新被直接反映在用户界面中。WebClient 操作(例如 DownloadStringAsync)在后台线程中执行，而它们所生成的事件都会自动在创建 WebClient 实例的同一线程中触发。在本例中，由于该实例是在 UI 线程中创建的，因此事件会在该线程中引发，因而无须使用 Dispatcher.BeginInvoke 来包装任何 UI 更新。

DownloadStringAsync 方法非常适于下载那些可以表示为字符串的内容，例如 XML 或文本文档。如果您需要下载二进制内容(例如图像)，则可以使用 OpenReadAsync 方法，它会打开一个二进制流，以便您可以逐渐读取已下载的内容：

可从
wrox.com
下载源代码

```
private void WebClientButton2_Click(object sender, RoutedEventArgs e){
    client.OpenReadAsync(new Uri("http://localhost/ServicesApplication/desert.jpg"),
                        "my picture");
}

private void client_OpenReadCompleted(object sender, OpenReadCompletedEventArgs e){
    var strm = e.Result;
    var img = new BitmapImage();
    img.SetSource(strm);
    this.SampleImage.Source = img;
}
```

MainPage.xaml.cs 中的代码片段

需要注意的一点是，当使用 OpenReadAsync 方法时，不会引发 DownloadProgressChanged 事件。如果您希望使用下载状态来更新进度条，则必须自己来实现。例如，以下代码将内容分为 100 块，每当从流中读取一块后便会报告下载进度：

可从
wrox.com
下载源代码

```
private void client_OpenReadCompleted(object sender, OpenReadCompletedEventArgs e){
    var strm = e.Result;

    var ms = new MemoryStream((int)strm.Length);
    var buffer = new byte[strm.Length / 100];
    var cnt = 0;
    var progress = 0;
    while (strm.Position < strm.Length){
        cnt = strm.Read(buffer, 0, buffer.Length);
        ms.Write(buffer, 0, cnt);

        progress++;
        this.Dispatcher.BeginInvoke(() =>{
                this.DownloadProgress.Value = progress;
            });
    }
    ms.Seek(0, SeekOrigin.Begin);
    var img = new BitmapImage();
```

```
        img.SetSource(ms);
        this.Dispatcher.BeginInvoke(() =>{
            this.SampleImage.Source = img;
        });
    }
```

MainPage.xaml.cs 中的代码片段

图 14-1 分别展示了使用 DownloadStringAsync 和 OpenReadAsync 来下载 XML 文档(图 14-1(b))和图像(图(14-1 (c))。图 14-1(a)展示了表示下载状态的进度条。

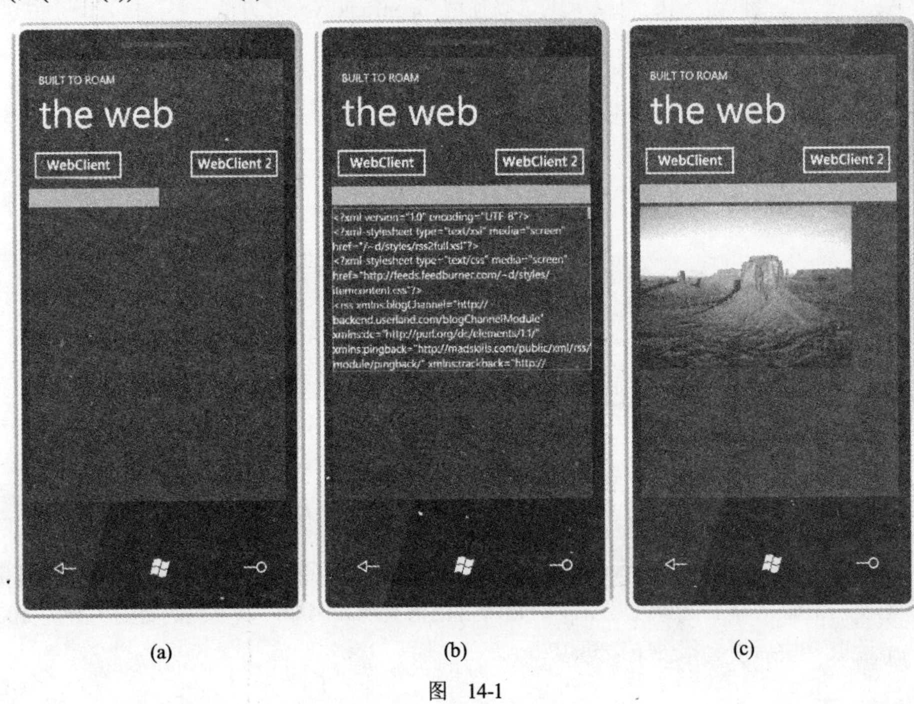

(a) (b) (c)

图 14-1

上传内容

借助 UploadStringAsync 方法(用于字符串数据)或 OpenWriteAsync 方法(用于二进制数据)，WebClient 还可用于上传内容。在查看展示工作原理的示例之前，您需要在 ASP.NET Web 应用程序中创建一个简单服务，用来接收上传的内容。首先新建一个名为 SimpleService 的 WCF 服务，并定义合同(contract)和实现(implementation)，如下所示：

可从 wrox.com 下载源代码

```
[ServiceContract]
public interface ISimpleService{
    [WebInvoke]
    [OperationContract]
    bool FileUpload(Stream input);
}
```

ISimpleService.cs 中的代码片段

```
<%@ ServiceHost Language="C#" Debug="true"
          Service="ServicesApplication.SimpleService"
          CodeBehind="SimpleService.svc.cs"
          Factory= "System.ServiceModel.Activation.WebServiceHostFactory"%>
```

SimpleService.svc 中的代码片段

```
public class SimpleService : ISimpleService{
    public bool FileUpload(Stream input){
      var reader = new StreamReader(input);
      var txt = reader.ReadToEnd();
      if (txt.Length > 0){
        return true;
      }
      else{
        return false;
      }
    }
}
```

SimpleService.cs 中的代码片段

除了 WCF 中常见的 ServiceContract 和 OperationContract 特性外，该服务还在 FileUpload 方法上应用了一个 WebInvoke 特性。这表明可以通过 REST 服务调用来调用此方法。通常情况下，服务调用被包装在一个 SOAP 信封(envelope)中，WCF 会对其进行解析，并在向适当的方法发送有效负载前将其剥离。在移动应用程序中，SOAP 信封常会比有效负载本身占用更多的空间。REST 提供了一个量级更轻的机制，来对在服务的 URL 内部调用的方法进行编码。要启用 REST 终点，需要使用如下的 system.serviceModel 节来更新 web.config 文件，它使用 webHttpBinding 定义了一个终点。如果 web.config 文件中缺少此节，则可在关闭配置标签之前将其插入：

可从
wrox.com
下载源代码

```
<system.serviceModel>
  <behaviors>
    <endpointBehaviors>
      <behavior name="WebBehavior">
        <webHttp />
      </behavior>
    </endpointBehaviors>
  </behaviors>
  <services>
    <service name="ServicesApplication.SimpleService">
      <endpoint address="pox" binding="webHttpBinding"
            contract="ServicesApplication.ISimpleService"
            behaviorConfiguration="WebBehavior" />
    </service>
  </services>
</system.serviceModel>
```

web.config 中的代码片段

为了使用 REST 来调用 FileUpload 方法，您需要向下面的 URL 发送一个 http POST 请求：

```
http://localhost/ServiceApplication/SimpleService.svc/FileUpload
```

此 URL 由 4 个部分组成：

(1) 宿主，在本例中为本地主机(localhost)，因为 ASP.NET Web 应用程序运行在 IIS 中。

(2) 虚拟目录，在本例中为 ASP.NET Web 应用程序的名称，即 ServiceApplication。您可以通过更改 IIS 中的虚拟目录名称来对其进行更改。

(3) 服务基址，就是对应于服务名称的 SimpleService.svc。如果您想删除.svc 扩展名，可以定义一条 URL Rewrite 规则(通过 Microsoft Web Platform Installer for IIS 7 下载 URL Rewrite[2])。在 ASP.NET Web 应用程序的 Web.Config 文件内添加以下代码，它定义了一个 URL 重写，以便将 SimpleService.svc 改为 SimpleService。

```
<system.webServer>
  <rewrite>
    <rules>
      <rule name="RemoveSvc" stopProcessing="true">
        <match url="^SimpleService/(.*)$"/>
        <action type="Rewrite"
            url="SimpleService.svc/{R:1}" />
      </rule>
    </rules>
  </rewrite>
</system.webServer>
```

web.config 中的代码片段

完成此更改后，新的 URL 为：

```
http://localhost/ServiceApplication/SimpleService/FileUpload
```

(4) 最后一部分是需要被调用的方法，在本例中为 FileUpload 方法。

在 Windows Phone 应用程序调用此方法其实只是调用 OpenWriteAsync 方法，然后将内容写入请求流而已，该流可以通过 OpenWriteCompleted 事件处理程序进行访问：

```
private void WebClientButton3_Click(object sender, RoutedEventArgs e){
    client.OpenWriteAsync(
        new Uri("http://localhost/ServicesApplication/SimpleService/FileUpload"),
        "POST");
}

private void client_OpenWriteCompleted(object sender, OpenWriteCompletedEventArgs e){
    using (var strm = e.Result){
```

2. 下载地址为 http://www.iis.net/download/urlrewrite，可根据操作系统选择相应版本。

```
            var bytesToWrite= RawContent();
            strm.Write(bytesToWrite,0,bytesToWrite.Length);
            strm.Flush();
        }
    }

    private byte[] RawContent(){
        var content="Test content to be uploaded";
        var raw = Encoding.UTF8.GetBytes(content);
        return raw;
    }
```

MainPage.xaml.cs 中的代码片段

在本例中，使用 OpenWriteAsync 方法有小题大做之嫌，因为正在上传的内容实际上是一个字符串。可以改用 UploadStringAsync 方法，如下所示：

```
client.UploadStringAsync(
        new Uri("http://localhost/ServicesApplication/SimpleService/FileUpload"),
        "POST", "Test content to be uploaded");
```

与 DownloadStringAsync 相同，UploadProgressChanged 和 UploadStringCompleted 事件允许应用程序将上传进度及完成情况显示给用户。

14.1.2 HttpWebRequest

WebClient 类可用于完成诸如下载文件之类的简单 HTTP 操作。不过，如果需要更好地控制 HTTP 请求，则应该使用 HttpWebRequest 类。它允许您设置标头(header)，指定请求的内容类型并使用流将数据传输到请求中。使用 HttpWebRequest 类与使用 WebClient 类的差别不是很大。WebClient 类使用一个事件回调来指示下载已完成，或者指示应用程序可以开始读取。当使用 HttpWebRequest 时，您需要提供一个回调方法来作为请求的一部分。当响应就绪并等待处理时，就会调用该方法。以下代码使用 HttpWebRequest(而非 WebClient)的实例下载了一个 XML 文件：

可从 wrox.com 下载源代码

```
    private void HttpWebRequestButton_Click(object sender, RoutedEventArgs e){
        var req = HttpWebRequest.Create(
                        new Uri("http://localhost/ServicesApplication/rssdump.xml"))
                                                            as HttpWebRequest;
        req.BeginGetResponse(HttpWebRequestButton_Callback, req);
    }


    private void HttpWebRequestButton_Callback(IAsyncResult result){
        var req = result.AsyncState as HttpWebRequest;
        var resp = req.EndGetResponse(result);
        var strm = resp.GetResponseStream();
        var reader = new StreamReader(strm);

        this.Dispatcher.BeginInvoke(() =>{
            this.DownloadedText.Text = reader.ReadToEnd();
```

```
        this.TextViewer.Visibility = System.Windows.Visibility.Visible;
    });
}
```

MainPage.xaml.cs 中的代码片段

HttpWebRequest 的回调在后台线程中完成。这意味着您不需要中断用户界面来处理响应。但这却意味着如果您希望更新任何 UI 元素，都需要使用 Dispatcher.BeginInvoke 切换回 UI 线程，如此例中所示。

1. 上传内容

与 WebClient 相同，可以使用 HttpWebRequest 对象来上传内容。不用立即调用 BeginGetResponse 方法，而需要调用 BeginGetRequestStream 方法。该方法的回调允许您将数据写入到将要上传的请求流中。当您完成对请求流的写入后，再调用 BeginGetResponse 方法。如果响应可用，就调用相应的回调：

可从
wrox.com
下载源代码

```
private void HttpWebRequestButton2_Click(object sender, RoutedEventArgs e){
    HttpWebRequest req = HttpWebRequest.Create(
            New Uri("http://localhost/ServicesApplication/SimpleService/FileUpload"))
                                                        as HttpWebRequest;
        req.Method = "POST";
        req.BeginGetRequestStream(HttpWebRequestButton2_RequestCallback, req);
}

private void HttpWebRequestButton2_RequestCallback(IAsyncResult result){
    var req = result.AsyncState as HttpWebRequest;
    using(var strm = req.EndGetRequestStream(result)){
            var bytesToWrite = RawContent();
            strm.Write(bytesToWrite, 0, bytesToWrite.Length);
            strm.Flush();
    }

    req.BeginGetResponse(HttpWebRequestButton_Callback, req);
}
```

MainPage.xaml.cs 中的代码片段

2. cookie

如果您需要执行一个请求序列，那么 HttpWebRequest 会变得更有用。这样的例子可能是一对服务方法，其中第一个方法用于在第二个方法获取所需的数据之前验证用户的身份。在这种情况下，一种常见的解决方案是，让进行身份验证的服务方法返回一个 cookie，该 cookie 必须与所有其他服务方法请求一起传递。HttpWebRequest 通过 CookieContainer 来简化此操作，每次收到响应时都会更新 CookieContainer，以便为所有后续请求定义 cookie。下面分析用于验证用户身份的方法：

可从
wrox.com
下载源代码

```
[WebGet(UriTemplate="SignIn/{username}/{password}")]
[OperationContract]
bool SignIn(string username, string password);
```

ISimpleService.cs 中的代码片段

```
public bool SignIn(string username, string password){
    if (string.IsNullOrEmpty(username) || string.IsNullOrEmpty(password)) return false;
    // Add additional logic to authenticate the user here
    WebOperationContext.Current.OutgoingResponse.Headers["Set-Cookie"] =
                    "username=" + username + "&password=" + password + "; path=/";
    return true;
}
```

SimpleService.svc.cs 中的代码片段

该示例仅对指定的用户名和密码进行了验证。更完整的实现应在数据库或类似的数据存储区中对指定的凭据进行验证。如果分析接口定义，会发现它使用的是 WebGet 而非 WebInvoke 特性。这表明它是一个 HTTP　GET 操作，而且 URL 的格式应该是方法名称 SignIn，跟上两个由“/”符号隔开的参数。假设提供了一个有效的用户名和密码，而且 cookie 也被附加到了传出的响应中。您通常需要添加更多的逻辑来验证用户的身份，并对用户名和密码的组合执行散列(hash)操作，以使它不易被识别。

此序列中的第二个方法用于查看传入的请求，并确定是否已经指定了身份验证 cookie。如果已被指定，则可继续执行 FileUpload 方法：

可从
wrox.com
下载源代码

```
[WebInvoke]
[OperationContract]
bool FileUploadCookieRequired(Stream input);
```

ISimpleService.cs 中的代码片段

```
public bool FileUploadCookieRequired(Stream input){
    var authHeader = WebOperationContext.Current.IncomingRequest.Headers["Cookie"];
    if (string.IsNullOrEmpty(authHeader)) return false;
    var cookies = authHeader.Split('&');
    var authCookiesFound = (from cookie in cookies
                            where cookie.StartsWith("username") ||
                                  cookie.StartsWith("password")
                            select cookie).Count() == 2;
    if (!authCookiesFound) return false;
```

```
    return FileUpload(input) ;
}
```

SimpleService.svc.cs 中的代码片段

要在 Windows Phone 应用程序中管理 cookie，须只需创建一个 CookieContainer，使其可以在连续的 HttpWebRequest 调用之间存储所有相关的 cookie 即可：

可从 wrox.com 下载源代码

```
private void HttpWebRequestButton3_Click(object sender, RoutedEventArgs e){
    string username = "Nick";
    string password = "MyPassword";
    HttpWebRequest req = HttpWebRequest.Create(
            new Uri("http://localhost/ServicesApplication/SimpleService/SignIn/"
                                        + username + "/" + password))
                                                as HttpWebRequest;

    req.CookieContainer = new CookieContainer();
    req.BeginGetResponse(SignIn_Callback, req);
}

private void SignIn_Callback(IAsyncResult result) {
    var req = result.AsyncState as HttpWebRequest;
    var resp = req.EndGetResponse(result);
    resp.Close();

    HttpWebRequest newReq = HttpWebRequest.Create(
new Uri("http://localhost/ServicesApplication/SimpleService/FileUploadCookieRequired"))
                                                as HttpWebRequest;

    newReq.CookieContainer = req.CookieContainer;
    newReq.Method = "POST";
    newReq.BeginGetRequestStream(HttpWebRequestButton2_RequestCallback, newReq);
}
```

MainPage.xaml.cs 中的代码片段

第一个 HttpWebRequest 调用了 SignIn 方法，并通过 URL 传递用户名和密码。为了捕获从此方法的响应中返回的 cookie，我们向第一个请求中附加了一个 CookieContainer 的实例。该实例然后会被传递给第二个 HttpWebRequest 对象，以便 cookie 可以作为请求的一部分被发送回服务器。

此处您需要记住，这只是一种简单的场景，用于演示如何在多个请求之间共享 cookie。正如当前的示例所示，凭据都以明文形式进行传输，这几乎无法阻止他人伪造身份验证 cookie。如果您希望在生产系统中使用此凭据，则务必对凭据进行加密，或使用 SSL(Secure Sockets Layer，安全套接字层)通道进行通信。

14.1.3 凭据

除非您正在访问公有数据，否则您需要提供某种形式的身份识别。在上一节中，您看到了一个人为设计的示例，用于执行服务器身份验证。不过，在 Windows Phone 7 开发中最常见的身份验证形式是基本、摘要、窗体和 Windows/NTLM。WebClient 和 HttpWebRequest 类都内置支持向请求中的 Basic 身份验证提供凭据。但它并不直接支持窗体和摘要和 Windows/NTLM 身份验证。下面这段访问文件夹内容的代码使用了基本身份验证。您可以使用 IIS Manager 为 Web 应用程序中的单个文件夹配置所需的身份验证。

可从
wrox.com
下载源代码

```
private void WebClientButton2_Click(object sender, RoutedEventArgs e){
    client.Credentials = new NetworkCredential("Nick", "MyPassword");
    client.OpenReadAsync(
            new Uri("http://localhost/ServicesApplication/BasicAuth/desert.jpg"));
}

private void HttpWebRequestButton4_Click(object sender, RoutedEventArgs e){
    HttpWebRequest req = HttpWebRequest.Create(
              new Uri("http://localhost/ServicesApplication/BasicAuth/
                           rssdump.xml"))
                                              as HttpWebRequest;
    req.Credentials = new NetworkCredential("Nick", "MyPassword");
    req.BeginGetResponse(HttpWebRequestButton_Callback, req);
}
```

MainPage.xaml.cs 中的代码片段

14.1.4 压缩

到目前为止，所有请求都在使用未经压缩的数据。在构建 Windows Phone 应用程序时，您必须意识到网络的可用性和带宽的成本。尤其是应用程序需要在蜂窝网络上传输数据时，通常它会比家庭中或基于工作 PC 的环境中所使用的网络慢一个数量级。如果您需要在应用程序和远程服务之间传输大量信息，则应该考虑将数据进行压缩。

在数据经由 HTTP 传输之前，您可以利用 IIS 7 内置支持的压缩技术在服务器端自动压缩数据，这可以大幅降低被下载到应用程序中的数据大小和成本。IIS 同时支持静态和动态内容压缩。前者用于不会随时间的推移而发生变化的内容以及可以被缓存的压缩数据(诸如图像)，而后者因为是由 IIS 提供服务，所以适用于动态内容。在这两种情况下，只有向 IIS 发出的请求中包含 Accept-Encoding 标头时内容才会被压缩，该标头会根据压缩类型被设置为 gzip 或 deflate。这表明客户端可以接受压缩后的内容。

首先要确保已经启用了 IIS 中的压缩。Static Compression(静态压缩)默认会进行安装。但如果需要压缩来自某项服务中的数据，则应该通过 Microsoft Web Platform Installer[3](Web 平台安装程序)来安装 Dynamic Content Compression[4](动态内容压缩)模块(您可以从 www.microsoft.com/web/downloads/platform.aspx 站点获得)，如图 14-2 所示。

3. Web 平台安装程序(Web PI)是一款免费工具，使用它可以获得 Microsoft Web 平台的最新组件(包括 Internet Information Services (IIS)、SQL Server Express、.NET Framework 和 Visual Web Developer)。其中的内置 Windows Web 应用程序库还能使您轻松地安装并运行最流行的免费 Web 应用程序，同时您还可以进行博客撰写及内容管理等操作。

4. 译者注：作者撰稿时所使用的 Web 平台安装程序版本较早，读者通过书中提供的链接可以获取到最新的简体中文版 Web 平台安装程序，所看到的界面与图 14-2 略有不同，您可以选择“产品”|“服务器”菜单项，随后会看到一个列表，从中选择“IIS：动态内容压缩”，然后单击“添加”按钮即可。

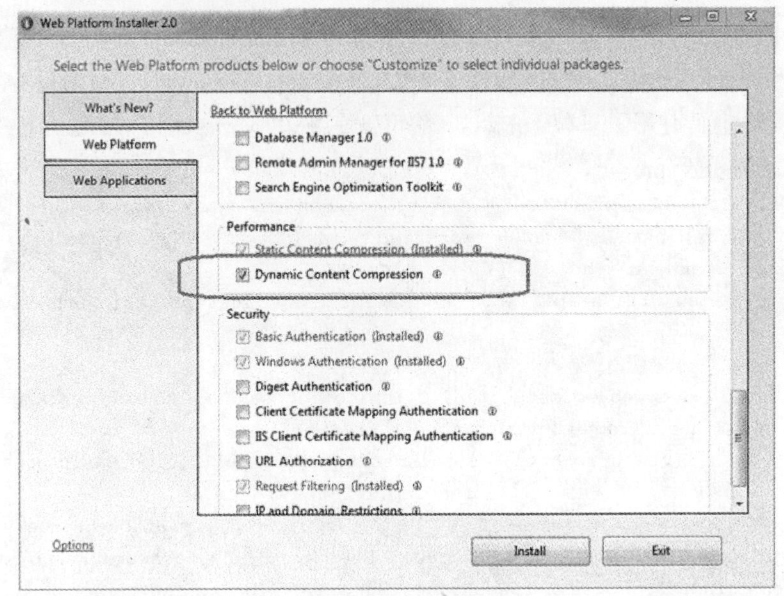

图 14-2

安装 Compression 模块后，打开 IIS Manager 并导航到需要启用压缩的虚拟目录。选择 Compression 功能，并确保启用如图 14-3 所示的两个复选框。

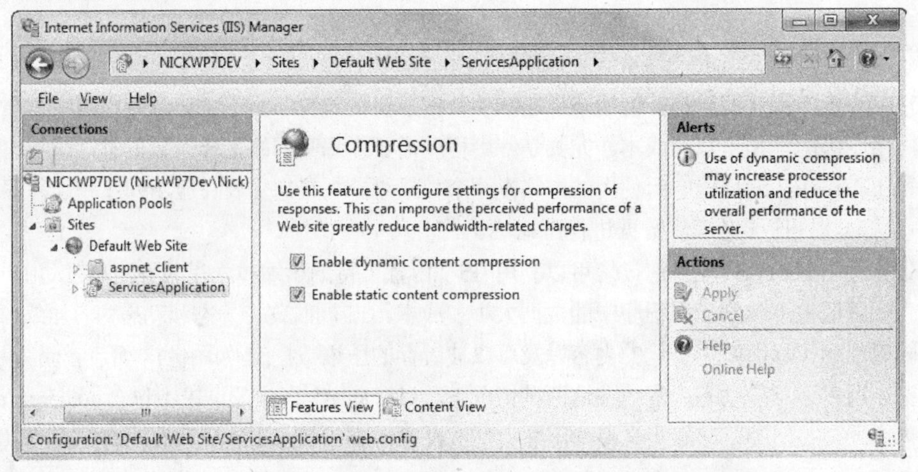

图 14-3

默认情况下，这只会为文本和 x-javascript MIME(Multipurpose Internet Mail Extensions，多用途 Internet 邮件扩展)类型的数据启用压缩。为完整起见，需要为所有 SOAP、JSON 和 REST 服务启用动态压缩。这不会影响任何现有的服务或客户端，因为压缩是客户端必须选择的功能。任何现有的客户端都将继续接收未经压缩的数据。要包括对其他 MIME 类型的动态压缩，则需要在 IIS Manager 中选择根服务器节点(不是虚拟目录或网站)，并从 Features 视图中选择 Configuration Editor。从屏幕顶部的下拉列表框中选择 system.webServer/httpCompression，然后选择将要编辑的 dynamicTypes 属性。这会显示一个如图 14-4 所示的对话框。

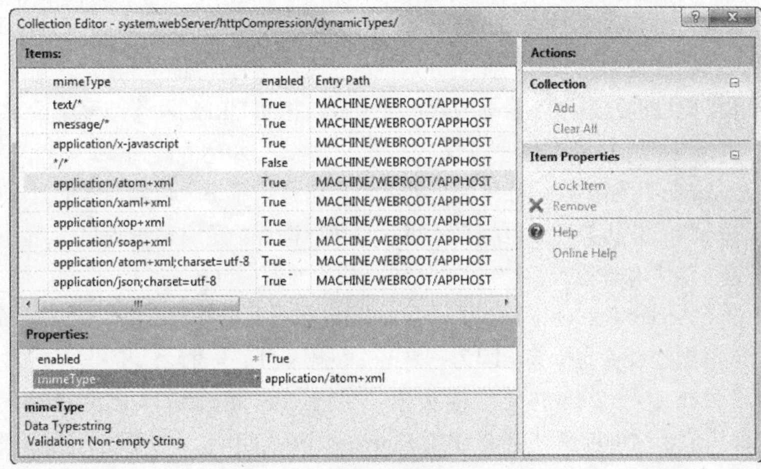

图　14-4

务必要使所有不同的 MIME 类型都出现，因为它们将确保对 SOAP、JSON 和 REST 服务调用启用动态内容压缩。您还可以向 staticTypes 属性添加 image/jpg MIME 类型，从而启用对 JPEG 图像的静态压缩。完成此操作后，要确保应用所做的更改，然后重新启动 IIS。您必须这样做；否则仍将获得未经压缩的数据。

要确保它正常工作，您可以使用诸如 Fiddler[5](www.fiddler2.com)之类的工具来验证返回的数据是否被进行了压缩。运行 Fiddler，然后选择 Request Builder 选项卡。确保方法类型被设置为 GET，并输入 Web 应用程序中包含的图像的 URL(例如，http://localhost/ServicesApplication/desert.jpg)。在 Request Headers 框中输入 Accept-Encoding:gzip, deflate，然后单击 Execute 按钮。在您第一次这样做时，可能得到如图 14-5(b)所示的响应，即未压缩。如果您继续重复该请求，则应该会看到如图 14-5(a)所示的响应，这表明响应已被压缩。如果单击黄色的 Notice 栏，Fiddler 会自动将图像解压缩，并再次显示(b)中所示的响应。

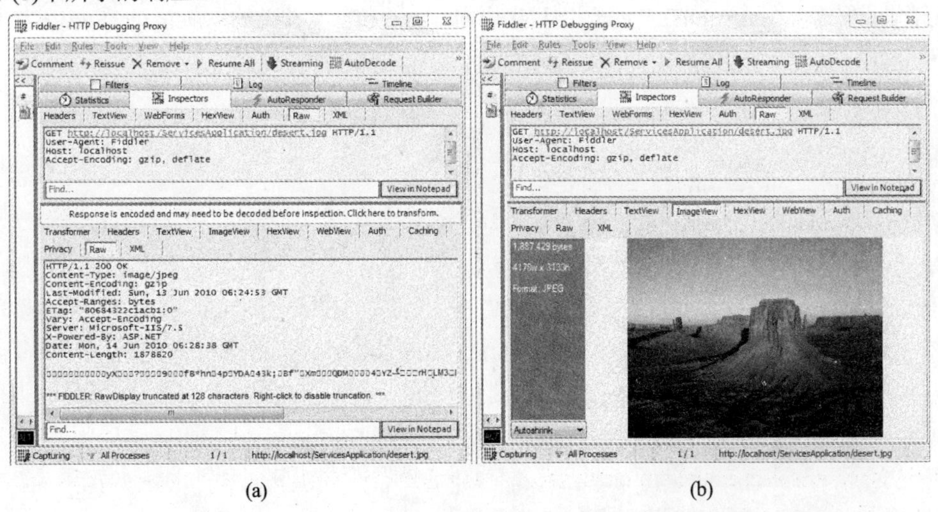

(a)　　　　　　　　　　　　(b)

图　14-5

5. Fiddler 是一款免费的 Web 调试代理工具，它可以记录主机与互联网之间的所有 HTTP(S)通信，而且具有丰富的用户界面，可以对请求和响应进行监视、设置断点以及修改输入输出数据。此外还支持多种数据转换和预览。

首次生成请求时无法获得压缩数据，这与 IIS 中静态压缩的工作方式有关。当首次访问资源时，它会立即返回未经压缩的数据。同时，在后台异步地对资源进行压缩和缓存。任何后续请求都将接收到压缩后的版本。此过程只适用于静态内容，其中指向相同 URI 的两个或多个请求应返回相同的响应。

另一方面，Dynamic 压缩不会缓存压缩后的内容。这意味着每个传入请求的处理时间会稍长，因为需要重新生成该响应并从头开始压缩。不过，这可以确保为所有请求提供压缩后的数据，当数据量十分庞大时这可能大有裨益。

当接收到设置了 Accept-Encoding 标头的请求时，IIS 会对数据进行压缩。但从 Windows Phone 应用程序中发出请求时无法设置此标头，因为它是一个受限标头。一种解决方案是在 Windows Phone 应用程序的请求中指定一个自定义的标头值，并在 IIS 处理请求之前将其转换为合适的 Accept-Encoding 标头值。这可以通过定义 URL Rewrite 规则来实现，该规则会检测自定义的标头(在本例中，标头名为 Compress-Data，值为 true)并对请求进行重写，从而使其包含值为“gzip,deflate”的 Accept-Encoding 标头。

默认情况下，URL Rewrite 模块无权设置 Accept-Encoding 标头(当使用重写规则时称该标头为服务器端变量)。要重写此行为，您必须允许 web.config 文件的 rewrite 节重写这组可以进行修改的服务器端变量。找到 IIS 配置文件 applicationHost.config(通常位于 C:\Windows\System32\inetsrv\config)并打开。修改位于名为 rewrite 的 sectionGroup 中的 allowedServerVariables 节，将 overrideModeDefault 设置为 Allow。

```
<configuration>
   <configSections>
      <sectionGroup name="system.webServer">
         <sectionGroup name="rewrite">
            <section name="allowedServerVariables" overrideModeDefault="Allow" />
```

接下来，您需要在 ASP.NET Web 应用程序中向 web.config 文件内的 system.webServer 节中添加以下重写规则。

可从 wrox.com 下载源代码

```
<system.webServer>
   <rewrite>
     <allowedServerVariables>
       <add name="HTTP_ACCEPT_ENCODING" />
     </allowedServerVariables>
     <rules>
       <rule name="RewriteWithAcceptEncoding"
             patternSyntax="Wildcard" stopProcessing="false">
         <match url="*" />
         <conditions>
           <add input="{HTTP_COMPRESS_DATA}" pattern="true" />
         </conditions>
         <action type="None" />
         <serverVariables>
           <set name="HTTP_ACCEPT_ENCODING" value="gzip,deflate" />
         </serverVariables>
       </rule>
```

```
    </rules>
  </rewrite>
</system.webServer>
```

web.config 中的代码片段

在 Windows Phone 应用程序中，要请求压缩后的数据，只需包含值为 true 的 Compress-Data 标头即可。此类请求会被 RewriteWithAcceptEncoding 规则截获，该规则用于识别 Compress-Data 标头(注意此处被指定为 HTTP_COMPRESS_DATA 输入值，该规则将标头名称转换为大写，并将“-”替换为“_”，附加的 HTTP_前缀表明它是一个标头)。然后会将 Accept-Encoding 标头(标头名称被转换成服务器变量名 HTTP_ACCEPT_ENCODING)设置为“gzip，deflate”，这将会使 IIS 返回压缩后的数据。

服务器内置支持压缩，而 Windows Phone 与之不同，它无法自动处理 HTTP 响应的解压缩。要对响应进行解压缩，则需要编写自己的解压缩库或使用第三方库。在这里，您将使用 SharpZipLib(可从 http://sharpdevelop.net/OpenSource/SharpZipLib/站点获得)。但是，其中并不包含可直接用于 Windows Phone 项目的 SharpZipLib，所以您需要创建自己的 Windows Phone 类库，并包含这些源文件。您需要定义额外的编译常量 NETCF_2_0 NETCF(参见项目的 Properties 窗口中的 Build 选项卡)，然后修复其余的所有生成错误，其中都是几个很容易解决的小问题。完成后，您就可以在 Windows Phone 应用程序中添加对该项目的引用了。

要使 Windows Phone 应用程序能够告知服务器它愿意接受压缩后的 HTTP 响应，您需要在 HTTP 请求中包含被设置为 true 的 Compress-Data 标头。设置此标头仅仅是表明了一个请求[6]，所以一旦接收到响应，您必须检查它是否真正被进行了压缩。这可以通过检查响应中是否包含值为 GZIP 的 Content-Encoded 标头来实现，该值与您所请求的压缩类型相匹配。是否设置该标头决定着是否需要对内容进行解压缩。

可从
wrox.com
下载源代码

```
private void HttpWebRequestButton5_Click(object sender, RoutedEventArgs e){
    HttpWebRequest req = HttpWebRequest.Create(
            new Uri("http://localhost/ServicesApplication/desert.jpg"))
                                                    as HttpWebRequest;
    req.Headers["Compress-Data"] = "true";
    req.BeginGetResponse(HttpWebRequestButton_CompressedCallback, req);
}

private void HttpWebRequestButton_CompressedCallback(IAsyncResult result){
    var req = result.AsyncState as HttpWebRequest;
    var resp = req.EndGetResponse(result);
    var strm = resp.GetResponseStream();

    var ms = new MemoryStream();
    if ((resp.Headers["Content-Encoding"] + "").Contains("gzip")){
        using (var gzip = new GZipInputStream(strm)){
            gzip.PipeTo(ms);
        }
```

6. 设置该标头仅仅表明您希望并请求进行压缩，并不能确保收到的响应一定是被压缩的。

```
        }
        else {
            strm.PipeTo(ms);
        }
        ms.Seek(0, SeekOrigin.Begin);

        this.Dispatcher.BeginInvoke(() =>
            {
                var img = new BitmapImage();
                img.SetSource(ms);
                this.SampleImage.Source = img;
            });
    }
```

Utilities.cs 中的代码片段

此段代码使用了一个名为 PipeTo 的扩展方法，它用于将内容从一个流传递到另一个流中：

可从
wrox.com
下载源代码

```
public static class Utilities{
    public static void PipeTo(this Stream inputStream, Stream outputStream){
        var buffer = new byte[1000];
        var bytesRead = 0;
        while ((bytesRead = inputStream.Read(buffer, 0, buffer.Length)) > 0){
            outputStream.Write(buffer, 0, bytesRead);
        }
    }
}
```

Utilities.cs 中的代码片段

如果多次运行此代码，您应该会在第一次，或者可能是前两次中看到所下载的内容是未经压缩的。之后下载的是压缩后的内容。IIS 的静态压缩会为已缓存的内容设置一个有效期，所以在一段空闲时间后，将刷新内容，从而导致下一次所下载的内容是未经压缩的。如果您希望确保内容始终被压缩，则可以考虑在 IIS Manager 中将 image/jpeg MIME 类型改为动态内容压缩。

14.2 WCF/ASMX 服务

WebClient 和 HttpWebRequest 都提供了一种简单的从远程服务器下载内容以及将内容上传到远程服务器的方式。不过如果您试图与基于 SOAP 的服务(诸如 ASMX Web 服务或 WCF 服务)进行通信，这种简化就没有那么明显了。幸运的是，Visual Studio 可以为您提供自动生成代理类的功能，而代理类可以利用这些更高级的规范来隐藏服务调用的复杂性。

14.2.1 服务配置

默认情况下，不需要对 ASMX Web 服务做任何更改即可从 Windows Phone 应用程序中对其进行访问。不过，同样的情况对于基于 WCF 的服务来说并不完全适用。由于受到.NET Compact

Framework 的限制，无法使用某些更复杂的 WCF 绑定，如 wsHttpBinding。这意味着，如果您拥有一个需要从 Windows Phone 应用程序中访问的 WCF 服务，则必须确保该服务的配置使用 basicHttpBinding。

正如本章前面介绍过的，您还可以访问那些使用 webHttpBinding 的 WCF 服务。不过，您不能使用 Visual Studio 的 Add Service Reference 功能对这类服务的调用进行包装。相反，您必须使用 HttpWebRequest 或 WebClient 类来手动发送服务请求。

需要创建一个从联机数据存储区中返回联系人列表的简单服务。首先在 ASP.NET Web 应用程序中添加一个新的名为 ContactService.svc 的 WCF 服务。如果通过.NET Framework v4 来创建此服务，那么 web.config 文件中不会包含任何条目。您可能会对此感到惊讶，但是新版的简化配置系统意味着，在默认情况下，当您在一个虚拟目录中放置一个 WCF 服务时，该目录就会成为服务的基址，同时 basicHttpBinding 会被自动赋值为 HTTP 协议。这意味着基于 Windows Phone 的应用程序可以直接访问运行在.NET Framework 4.0 中的全新 WCF 服务。

不过，如果需要调整 WCF 服务的配置(例如，增加最大请求数或响应大小)或者您的 WCF 服务正运行在一个旧版本的.NET Framework 中，那么需要知道如何对服务进行配置以便使用 basicHttpBinding。最简单的方法是使用 WCF Service Configuration Editor，可以通过如图 14-6(a)所示的 Tools 菜单访问它。

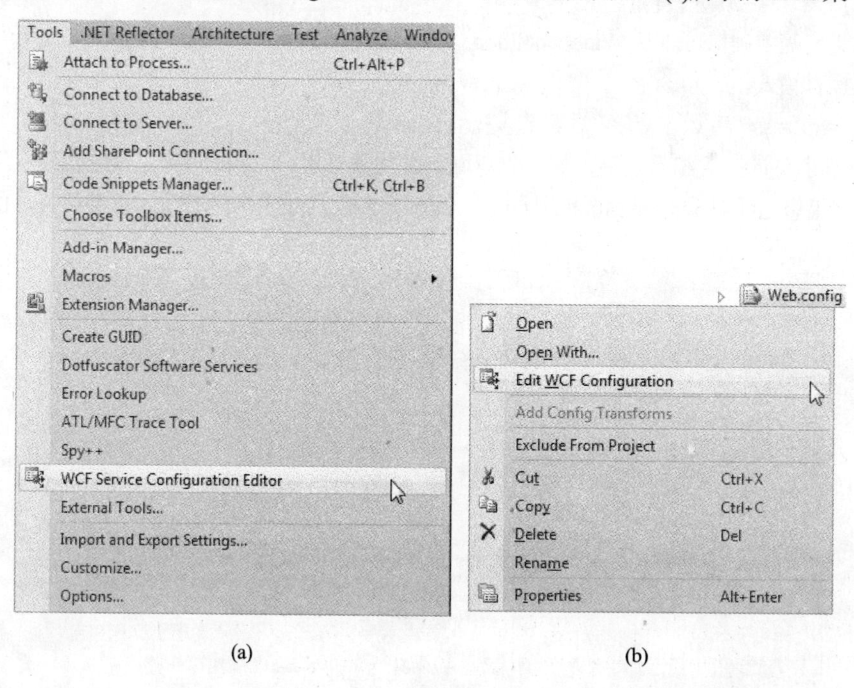

(a)　　(b)

图　14-6

在首次打开 Editor 时，右击 Solution Explorer 中的 web.config 文件，您会发现在弹出的上下文菜单中出现了一个新项。在该菜单中选择 Edit WCF Configuration 可以最快捷地在编辑器中打开 web.config 文件。如图 14-7 所示，在编辑器中打开 web.config 文件后，您应该会看到两个主窗格。

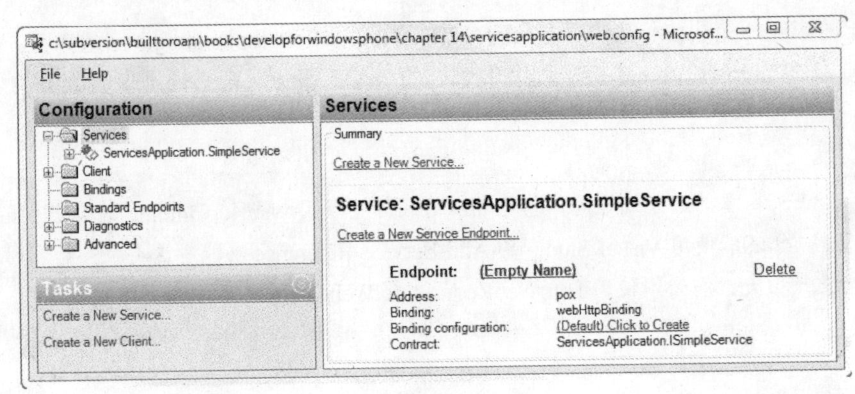

图 14-7

在这里，之前您所创建的REST服务都在Configuration窗格中的Service节点(而非ContactService中列出)。如果您正在使用旧版本的.NET Framework，则可能会显示ContactService节点。如果缺少该项，可在Services窗格中选择Create a New Service…，然后会出现一个New Service Element Wizard，通过它即可向Services列表中添加ContactService了。下面列出设置服务配置的步骤。

(1) 输入ServicesApplication.ContactService作为服务类型。如果单击Browse按钮，即可导航到bin文件夹，然后双击ServicesApplication程序集。

(2) 选择ServicesApplication.IContactService作为合同。

(3) 通信模式应当保持为HTTP。

(4) 由于您需要确保可以从Windows Phone应用程序中进行访问，因此需要继续使用Basic Web Services互操作模式。

(5) 将Address字段留空(忽略警告提示)。

在确认新服务的配置细节之后，您应当返回到配置编辑器中，并选中新创建的服务终点，如图14-8所示。如果您已经对ServicesApplication.ContactService进行过服务配置，则务必将终点的Binding设置为basicHttpBinding。

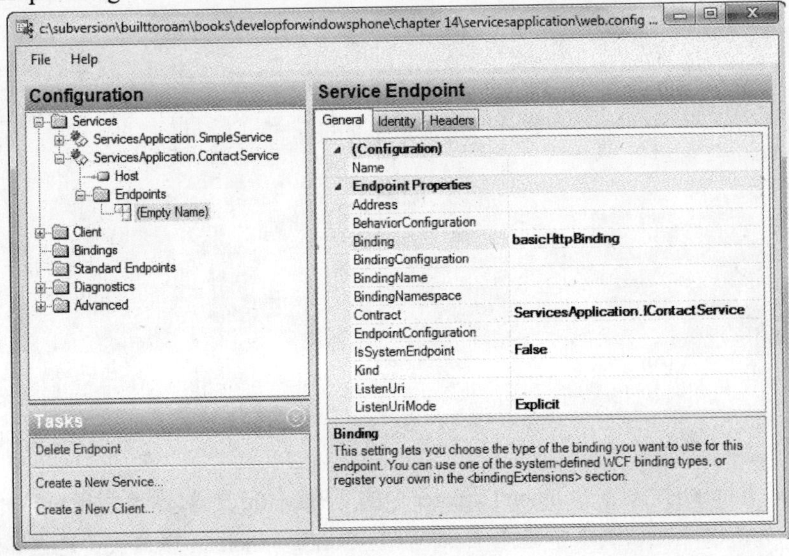

图 14-8

14.2.2　添加服务引用

现在服务器端的所有服务都已被设置为使用 basicHttpBinding，所以您可以在 Windows Phone 应用程序中创建代理类了。在 Solution Explorer 中右击项目，然后选择 Add Service Reference。这会显示如图 14-9 所示的 Add Service Reference 对话框。在 Address 字段中输入服务地址，并单击 Go 按钮。一旦找到该服务，Services 和 Operations 窗格中就会显示与服务相关的信息

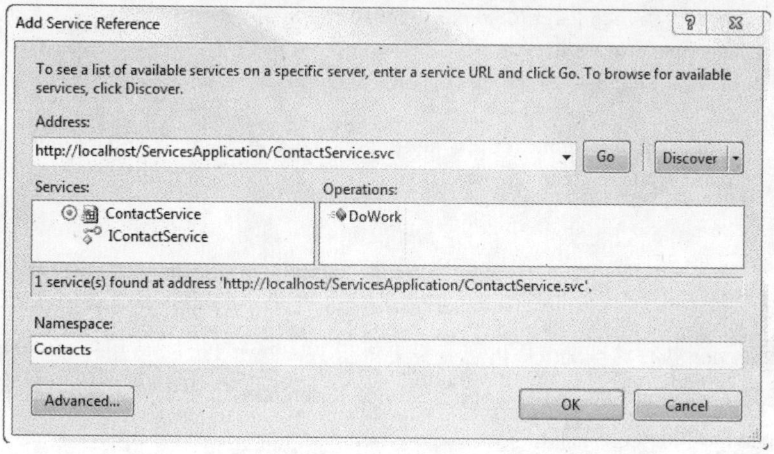

图　14-9

然后输入一个名称空间，在本例中为 Contacts，单击 OK 按钮以便添加服务引用。您应该会看到在 Windows Phone 项目中出现了一个 Service References 文件夹，在它下面包含了一个 Contacts 节点。

14.2.3　服务的实现与执行

目前，由于 ContactService 是通过 WCF 服务项目模板配置的，所以其中只包含一个单独的方法 DoWork，而且该方法不做任何事情。我们将此方法改为 RetrieveContacts，使其返回一个 Contact 对象的数组。您还需要创建另一个名为 SaveContact 的方法，它接受一个联系人作为参数。接口和实现如下所示：

可从 wrox.com 下载源代码

```
[ServiceContract]
public interface IContactService{
    [OperationContract]
    Contact[] RetrieveContacts();

    [OperationContract]
    public void SaveContact(Contact contactToSave);
}
```

IContactService.cs 中的代码片段

```
public class ContactService : IContactService{
    private static List<Contact> Contacts = new List<Contact>(){
        new Contact(){Id=Guid.NewGuid(), Name="Joe",
                 EmailAddress="Joe@FredsFarm.com"},
        new Contact(){Id=Guid.NewGuid(), Name="Barny",
```

```
                    EmailAddress="Barny@FredsFarm.com"}
    };

    public Contact[] RetrieveContacts(){
        return Contacts.ToArray();
    }

    public void SaveContact(Contact contactToSave){
        // Remove any contacts that have the same Id
        Contacts.RemoveAll((contact) => contact.Id == contactToSave.Id);

        // Save the new contact by adding it to the list
        Contacts.Add(contactToSave);
    }
}
```

ContactService.svc.cs 中的代码片段

对 ContactService 执行这些更改后，您需要更新在 Windows Phone 应用程序中创建的代理类。在 Visual Studio 的 Solution Explorer 中，右击 Service References 节点下的相应节点，并选择 Update Service Reference 即可将该过程简化。

测试 WCF 服务

当您开始构建更复杂的服务时，调试和诊断会变得越来越难。在开发 Windows Phone 应用程序时，您很难确定问题出在客户端代码还是服务器端代码。考虑到此类原因，我们可以使用 Visual Studio 附带的 WCF Test Client 来测试服务方法并将所有客户端代码从复杂的环境中隔离出来。

图 14-10 所示的 WCF Test Client 显示了对 SaveContact 方法的调用。

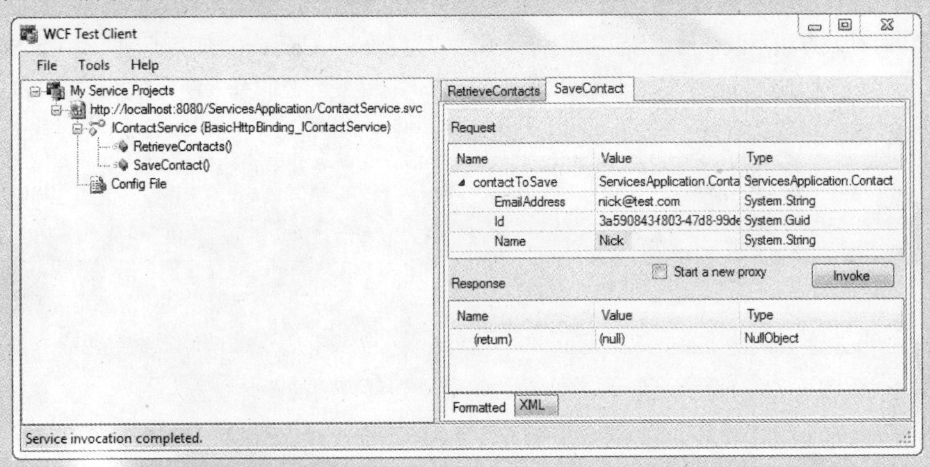

图 14-10

当您运行的项目中包含要测试的 WCF 服务时，WCF Test Client 可能不会自动启动。此时，您可以从 C:\Program Files\Microsoft Visual Studio 10.0\Common7\IDE\WcfTestClient.exe[7]手动启动。一旦启动，您只需选择 File | Add Service 并输入 WCF 服务的 URL 即可使其指向需要测试的服务。

7. 64 位操作系统中的路径为 C:\Program Files (x86)\Microsoft Visual Studio 10.0\Common7\IDE\WcfTestClient.exe。

在 Windows Phone 应用程序中调用这些服务的代码比较简单，而且在结构上与使用 WebClient 类似。在创建 ContactServiceClient 代理类的实例后，可用它来调用 RetrieveContacts 和 SaveContact 方法。当这些方法调用的服务器响应可用时，就会引发与这些方法相对应的事件：

可从
wrox.com
下载源代码

```
Contacts.ContactServiceClient client = new Contacts.ContactServiceClient();
public ServicesPage(){
    InitializeComponent();
    client.RetrieveContactsCompleted += client_RetrieveContactsCompleted;
    client.SaveContactCompleted += client_SaveContactCompleted;
}

private void GetContactsButton_Click(object sender, RoutedEventArgs e){
    client.RetrieveContactsAsync();
}

void client_RetrieveContactsCompleted(object sender,
                              Contacts.RetrieveContactsCompletedEventArgs e){
    ContactsList.ItemsSource = e.Result;
}

private void AddContactButton_Click(object sender, System.Windows.RoutedEventArgs e){
    var contact = new Contacts.Contact(){
        Id = Guid.NewGuid(),
        Name = this.NameText.Text,
        EmailAddress = this.EmailText.Text
    };
    client.SaveContactAsync(contact,contact);
}

void client_SaveContactCompleted(object sender,
                              AsyncCompletedEventArgs e){
    var contact = e.UserState as Contacts.Contact;
    var list = this.ContactsList.ItemsSource
                  as ObservableCollection<Contacts.Contact>;
    list.Add(contact);
}
```

ServicesPage.xaml.cs 中的代码片段

图 14-11 展示了调用 RetrieveContacts 方法之后的页面外观。返回后的联系人显示在一个列表框中。输入名称和电子邮件地址后，单击 Add Contact 按钮即可添加新的联系人。

与 WebClient 相同，您需要注意，在响应一个由 ContactServiceClient 类引发的事件时无需使用 Dispatcher.BeginInvoke 来切换到 UI 线程，因为已经对此进行了处理。另外注意，无论您执行何种后期处理，它们均会在 UI 线程中执行，这可能导致用户体验被锁住。如果您希望在呈现数据前对其进行大量的处理，则应该考虑使用后台线程来完成此操作。

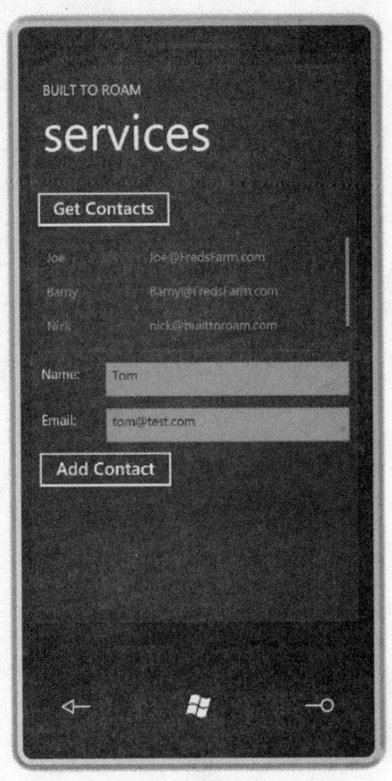

图 14-11

14.2.4 自定义标头

某些情况下，您需要指定自定义的 HTTP 标头，这些标头应该包含在每个服务请求中。为此，您需要创建一个 OperationContextScope，并对传出的消息应用一个新的 HttpRequestMessageProperty。以下示例通过设置 Authorization 标头来展示此项技术，就像您使用基本身份验证来保护您的服务一样：

```
using (new OperationContextScope(client.InnerChannel)){
    HttpRequestMessageProperty prop = new HttpRequestMessageProperty();
    string credentials = Convert.ToBase64String(Encoding.UTF8.GetBytes
                                          ("Nick" + ":" + "MyPassword"));
    prop.Headers["Authorization"] = "Basic " + credentials;
    OperationContext.Current.OutgoingMessageProperties.Add(
                                     HttpRequestMessageProperty.Name, prop);
    client.RetrieveContactsAsync();
}
```

14.2.5 凭据

在使用凭据时，没必要使用上面所示的自定义 HTTP 标头；相反，您可以在生成的代理客户端上使用 ClientCredentials 属性，以便指定通过服务器来进行身份验证所需的用户名和密码：

```
client.ClientCredentials.UserName.UserName  =  "Nick";
client.ClientCredentials.UserName.Password  =  "MyPassword";
```

第 18 章中有关安全性的内容将详细介绍如何访问受到安全保护的服务。

14.3　WCF 数据服务

长期以来，开发人员对不断编写 CRUD 代码而深感沮丧。CRUD 代码是指在数据库中对项进行创建(Create)、读取(Read)、更新(Update)和删除(Delete)操作的代码。这样的代码可能会直接操作数据库，也可能会以在客户端或服务器端编写代理代码的形式来简化客户端应用程序的 CRUD 操作。WCF 数据服务(WCF Data Services)提供了一个可扩展的工具，用于发布使用了 REST 接口的数据，以便客户端应用程序可以使用并更新，而无需开发 CRUD 风格的自定义代码。

14.3.1　OData 与 WCF 数据服务

虽然基于 SOAP 的服务因其自我描述的性质提供了许多好处，但它们也为往返发送的消息尺寸增加了很多开销。大多数桌面应用程序都可以摆脱这一束缚，因为通常它们都有一个通往目标服务器的高速连接。而对于 Windows Phone 应用程序而言，连接和带宽都很有限，所以使用拥有最小开销的技术将会更有意义。WCF 数据服务通过 Open Data Protocol(开放式数据协议，OData)网络协议(www.odata.org)来发布和使用数据。默认的数据格式是 XML，稍后您将看到可以通过 JSON 从 WCF 数据服务中请求数据，这会使它变得非常紧凑并且易于在应用程序中使用。

本节将使用一个患者示例数据库。您将看到如何使用 WCF 数据服务来发布一组现有的患者信息并从 Windows Phone 应用程序中接收更新。

1. ADO.NET 实体数据模型

要创建一个 WCF 数据服务，首先需要定义一个数据上下文。数据上下文提供了 WCF 数据服务与后端数据库所公开的对象模型之间的映射。在本例中，向您的 ASP.NET Web 应用程序中添加一个新的名为 PatientModel.edmx 的 ADO.NET 实体数据模型。此时会显示 Entity Data Model Wizard，它会提示您选择需要包含到模型中的数据库和表。图 14-12 展示了被包含在实体模型中的简单数据模型。

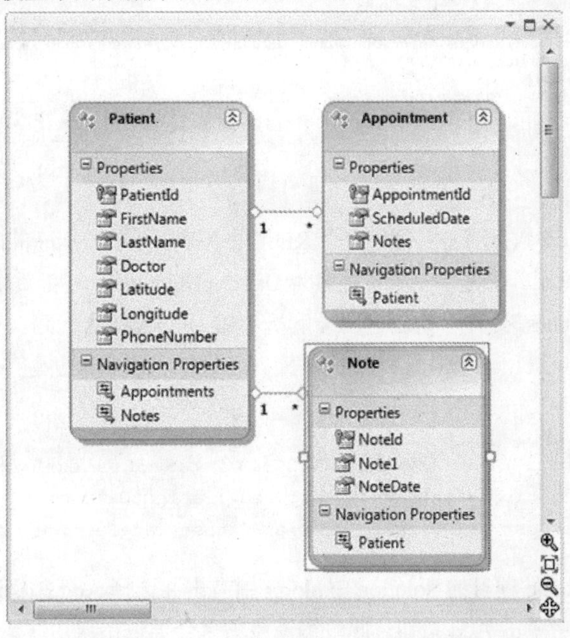

图　14-12

一旦拥有了数据库的实体模型，就需要向项目中添加新的 WCF 数据服务。将其命名为 PatientDataService.svc。这样即可通过实体模型和 REST 终点来对数据进行访问了。对于 WCF 数据服务模板而言，您所要做的更改仅仅是指定数据上下文，在本例中为 PatientEntities，并说明哪些实体是可以访问的。在本例中，您需要让客户端对所有实体即可读又可写。这可以通过添加一条新的带有*和 EntitySetsRights.All 的访问规则来指定。

可从
wrox.com
下载源代码

```
public class PatientDataService : DataService<PatientEntities>{
    public static void InitializeService(DataServiceConfiguration config){
        config.SetEntitySetAccessRule("*", EntitySetRights.All);
        config.DataServiceBehavior.MaxProtocolVersion = DataServiceProtocolVersion.V2;
    }
}
```

PatientDataService.svc.cs 中的代码片段

当您运行应用程序并导航到新建的 WCF 数据服务时，应该会看到由数据服务公开的一个实体列表。本例中包括 Patients、Notes 和 Appointments。如果您现在将这些实体中的某一个添加到数据服务 URL 的末尾，将看到该实体的列表。图 14-13 展示了测试数据库中 Patients 列表的开始部分。

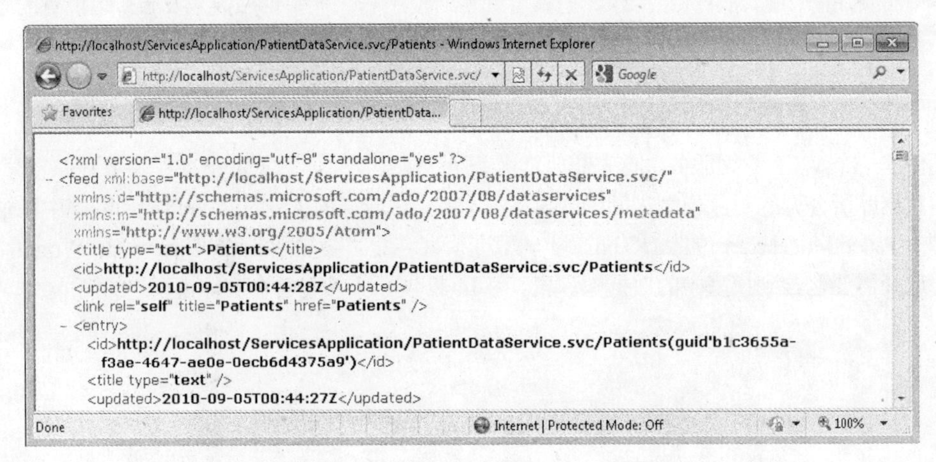

图 14-13

现在已经创建了 WCF 数据服务并通过基于 REST 的 API 公开了数据库的内容，您可以在 Windows Phone 应用程序中使用它了。您可以使用一种名为 DataSvcUtil 的命令行工具来自动生成一组代理类，而不必使用 HttpWebRequest 类并手动创建用于解析 URL 和 XML 的代码。打开一个命令提示符窗口，然后导航到 Windows Phone 应用程序的文件夹。运行以下命令来创建 WCF 数据服务代理类(如图 14-14 所示)：

```
"%windir%\Microsoft.NET\Framework\v4.0.30319\DataSvcUtil.exe" /version:2.0
 /dataservicecollection /language:CSharp /out:PatientData.cs
 /uri:http://localhost/ServicesApplication/PatientDataService.svc
```

然后在 Windows Phone 项目的 Solution Explorer 中右击并选择 Add Existing Item。找到新创建的 PatientData.cs 文件，然后单击 Add 按钮。此时编译该项目会导致错误，这是由于生成的包装器需要依赖于 OData Client Library[8]，您可以从 www.microsoft.com/downloads 站点获得该库。下载并安装该库，然后在 Windows Phone 项目中添加对它的引用。在 Add Reference 对话框中，您需要切换到 Browse 选项卡，并导航到安装该库的文件夹。选择 System.Data.Services.Client.dll，然后单击 OK 按钮。

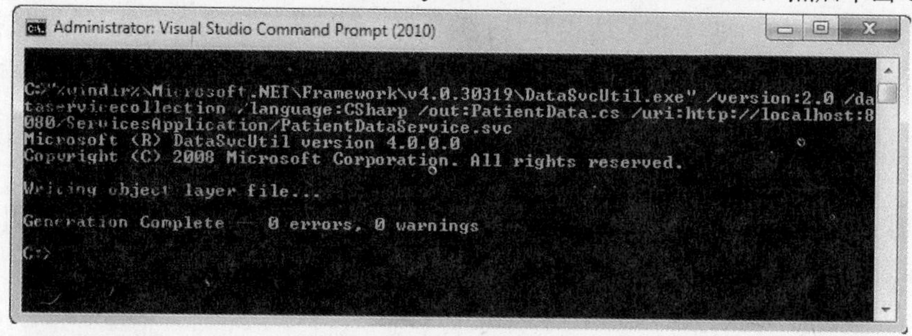

图　14-14

2. 查询

使用 WCF 数据服务与使用较为传统的 SOAP 服务稍有不同，SOAP 服务是以方法调用为主的。而 WCF 数据服务是围绕使用 Language Integrated Query(语言集成查询，LINQ)表达式来对数据进行查询和选择的概念而构建的。下面首先列举一个返回所有患者的简单查询：

可从 wrox.com 下载源代码

```
PatientEntities entities = new PatientEntities(
      new Uri("http://localhost/ServicesApplication/PatientDataService.svc"));

public DataServicesPage(){
   InitializeComponent();
}

private void GetPatientsButton_Click(object sender, RoutedEventArgs e){
   var query = entities.Patients;
   query.BeginExecute(Patients_Callback, query);
}

private void Patients_Callback(IAsyncResult result){
   var query = result.AsyncState as DataServiceQuery<Patient>;
   var patients = query.EndExecute(result).ToArray();

   this.Dispatcher.BeginInvoke(()=>{
      PatientsList.ItemsSource = patients;
   });
}
```

DataServicesPage.xaml.cs 中的代码片段

8. OData Client Library for Windows Phone 是由 Microsoft 的 WCF Data Services (OData)项目组开发的，在 Windows Phone SDK 7.0 中没有包含该库，作者在文中提到的下载地址中提供的 OData Client Library for Windows Phone 是早期版本的，对应于 Windows Phone SDK 7.0 的 OData Client Library 可以在此处 http://odata.codeplex.com/releases/view/54698#DownloadId=161862 获得。从 Windows Phone SDK 7.1 开始，OData Client Library 被包含在内。

首先您会注意到，使用 WCF 数据服务代理类与使用 HttpWebRequest 对象有着相似之处。在您通过 BeginExecute 方法提交查询时提供了一个回调，该回调会在获得服务器的响应后被调用。如果您希望对用户界面进行任何更新，都必须在此回调函数中使用 Dispatcher.BeginInvoke。

在观察您可以编写的一些查询表达式类型示例之前，您应该意识到查询最终会被转换为一个唯一的用于 REST 请求的 URL。在上例中，所生成的 URL 与图 14-13 中所示的相同。

```
http://localhost/ServicesApplication/PatientDataService.svc/Patients
```

首先添加一个过滤器，以便只列出名字为 Tom 的患者。正如您所看到的，可以使用 LINQ 表达式来过滤 PatientEntities 对象的 Patients 属性：

可从 wrox.com 下载源代码

```
private void GetFilteredPatientsButton_Click(object sender, RoutedEventArgs e){
    var query = from p in entities.Patients
                where p.FirstName == "Tom"
                select p;

    var dsquery = query as DataServiceQuery<Patient>;
    dsquery.BeginExecute(Patients_Callback, dsquery);
}
```

DataServicesPage.xaml.cs 中的代码片段

注意，完成到 DataServiceQuery的类型转换是必需的；否则无法访问 BeginExecute 方法。默认情况下，LINQ 查询会返回一个 IQueryable 对象，但在本例中，由于您正在使用 WCF 数据服务，所以执行类型转换使得您可以访问诸如 BeginExecute 这类只适用于 WCF 数据服务上下文中的功能。正如您想象的那样，执行此查询将会返回一个数据集，其中包含一系列名字为 Tom 的患者。您可以检查此查询的 URL 来验证这一点，它清晰地展示了应用的过滤条件：

```
http://localhost/ServicesApplication/PatientDataService.svc/Patients()?$filter=FirstName
 eq 'Tom'
```

当执行一个查询时，您可能希望为最终得到的数据集排序：

```
var query = from p in entities.Patients
            orderby p.FirstName descending
            select p;

//http://localhost/ServicesApplication/PatientDataService.svc/Patients()?$orderby=
 FirstName desc
```

默认情况下，对患者实体的 WCF 数据服务查询只返回患者对象自身的详细信息。图 14-12 所示的 ADO.NET实体数据模型表明 Patients 还包含 Notes 和 Appointments。您可以在查询中使用 Expand 方法来指示该查询应该深度加载一个或多个相关的实体。

```
var query = from p in entities.Patients.Expand("Appointments")
        select p;
//http://localhost/ServicesApplication/PatientDataService.svc/Patients()?$expand=
Appointments

var query = from p in entities.Patients.Expand("Notes")
        select p;
//http://localhost/ServicesApplication/PatientDataService.svc/Patients()?$expand=
Appointments

var query = from p in entities.Patients.Expand("Notes,Appointments")
        select p;
//http://localhost/ServicesApplication/PatientDataService.svc/Patients()?$expand=Notes,
Appointments
```

如果约见(appointment)实体拥有一个相关的笔记(script)实体，您就可以使用以下查询来进行深度加载，以便返回与所选患者(patient)约见(appointment)时记录的全部笔记(script)：

```
var query = from p in entities.Patients.Expand("Appointments/Scripts")
        select p;

//http://localhost/ServicesApplication/PatientDataService.svc/Patients()?$expand=
Appointments/Scripts
```

3. 自定义方法与存储过程

由于 WCF 数据服务的默认行为适合通过基本的查询来访问数据，所以会存在一些限制。例如，您很难执行一个查询，来检索至少拥有一个预约的所有患者，或者检索某个位置一定距离范围内的所有患者。而在 Windows Phone 客户端中，完全可以执行与此类似的较复杂的查询，只需将所有患者和相关实体的列表下载下来并在本地进行过滤即可。但这会带来很大的开销，因为所有数据都需要被传送到客户端设备上。一个更好的替代方案是在服务器端执行自定义的 SQL 查询，以便只向客户端返回所需的行。对于本示例而言，您将在 SQL Server 数据库中使用一个名为 PatientsWithAppointments 的存储过程，其定义如下所示：

```
CREATE PROCEDURE PatientsWithAppointments
AS
BEGIN
    select *
    from Patient p
    where (select COUNT(*) from Appointment apt where p.PatientId=apt.PatientId)>0
END
```

要使用该存储过程，需要将其作为一个函数添加到 ADO.NET 实体数据模型中。一旦在数据库中创建了存储过程，即可在 ASP.NET Web 应用程序中打开实体数据模型，并选择 Update Model from Database。按照向导的步骤执行，确保它找到并添加了 PatientsWithAppointments 方法。在 Model Browser Tool 窗口中，导航到 PatientModel.Store | Stored Procedure 之下的 PatientsWithAppointments

节点。右击该节点并选择 Add Function Import。图 14-15 显示了 Add Function Import 对话框。务必选中正确的存储过程名称，同时将返回类型设置为 Patient 类型的 Entities，然后单击 OK 按钮。

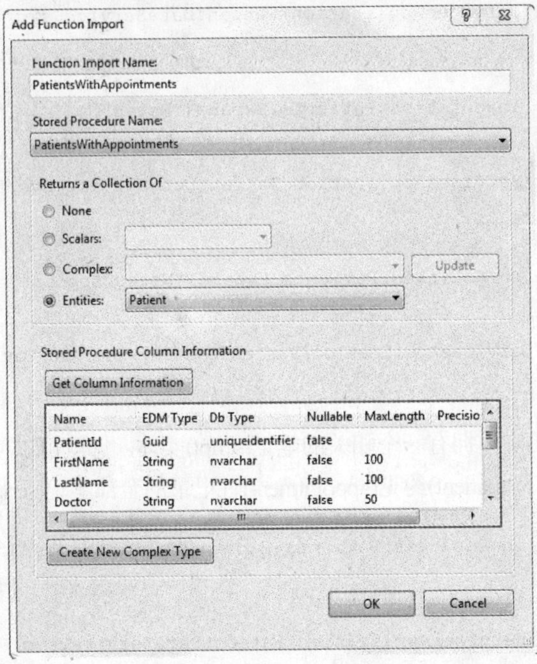

图 14-15

通过 ADO.NET 实体数据模型即可访问存储过程，现在您需要通过 WCF 数据服务将其公开。这可以通过定义一个带有 WebGet 特性的服务方法来实现。此处您将定义两个这样的方法来执行前面讨论的更复杂的查询。注意，第一个方法使用您所定义的存储过程返回至少拥有一个预约的患者。第二个方法接受两个参数，这两个参数用来定义一个搜索区域的中心，然后返回指定位置一定距离范围内的患者。此外，您还扩展了 InitializeService 方法，以便访问新创建的服务操作。

可从
wrox.com
下载源代码

```
[WebGet]
public IQueryable<Patient> PatientsWithAppointments(){
    return this.CurrentDataSource.PatientsWithAppointments().AsQueryable<Patient>();
}

[WebGet]
public IQueryable<Patient> PatientsInRegion(double latitude, double longitude){
    return from p in this.CurrentDataSource.Patients
           where Math.Abs(p.Latitude - latitude) < 0.1 &&
                 Math.Abs(p.Longitude - longitude) < 0.1
           select p;
}
public static void InitializeService(DataServiceConfiguration config){
    config.SetEntitySetAccessRule("*", EntitySetRights.All);
    config.SetServiceOperationAccessRule("*", ServiceOperationRights.All);
    config.DataServiceBehavior.MaxProtocolVersion = DataServiceProtocolVersion.V2;
}
```

PatientDataServices.svc.cs 中的代码片段

现在您可以从 Windows Phone 应用程序中查询这些方法。由于自定义方法不支持强类型，所以没必要重新生成代理类。要调用这些自定义方法，可以使用 CreateQuery 或 BeginExecute 方法。BeginExecute 方法接受一个 URI 作为参数，您可将该 URI 映射到自定义方法上。在下面的示例中，该 URI 指向 PatientsWithAppointments 方法：

可从 wrox.com 下载源代码

```
entities.BeginExecute<Patient>(
            new Uri("http://localhost/ServicesApplication/PatientDataService.svc/" +
                   "PatientsWithAppointments"), Patients_Callback,null);
```

DataServicesPage.xaml.cs 中的代码片段

可以使用CreateQuery 方法通过编程方式构建查询 URI，您只需传入想要调用的方法的名称及任何参数的名称和值即可。在这里，您将调用 PatientsInRegion 方法，并传入纬度值和经度值。生成后的 URI 会在查询字符串中包含这些参数。

可从 wrox.com 下载源代码

```
var query = entities.CreateQuery<Patient>("PatientsInRegion")
                  .AddQueryOption("latitude", -37.998352)
                  .AddQueryOption("longitude", 145.083596);
query.BeginExecute(Patients_Callback, query);

//http://localhost/ServicesApplication/PatientDataService.svc/PatientsInRegion()?
 latitude=-37.998352&longitude=145.083596
```

DataServicesPage.xaml.cs 中的代码片段

4. 更新、插入和删除

使用由 WCF 数据服务返回的数据比较简单，在某种程度上，您可以将其视为在服务器中直接使用 ADO.NET 实体数据模型。如果在客户端中修改了某个实体，那么直到您调用 UpdateObject 方法，然后再调用 BeginSaveChanges 方法后才会提交更改。

可从 wrox.com 下载源代码

```
private void SavePatientButton_Click(object sender, RoutedEventArgs e){
    var p = this.PatientsList.SelectedItem as Patient;
    p.FirstName = "New Name";
    entities.UpdateObject(p);
    entities.BeginSaveChanges(SaveComplete_Callback, null);
}

private void SaveComplete_Callback(IAsyncResult result){
    var resp = entities.EndSaveChanges(result);
}
```

DataServicesPage.xaml.cs 中的代码片段

要插入一个新实体，只需创建 entity 类的新实例，并设置相应属性即可。每个实体类型都有一个对应的 add 方法，在本例中为 AddToPatients。要向服务器提交更改，则需调用 BeginSaveChanges 方法：

可从
wrox.com
下载源代码

```
var p = new Patient(){
    PatientId = Guid.NewGuid(),
    FirstName = "Nick",
    LastName = "Randolph",
    PhoneNumber = "00 00 00 0000",
    Doctor = "Fred",
    Latitude = -32.0,
    Longitude = 151.0
};
entities.AddToPatients(p);
entities.BeginSaveChanges(SaveComplete_Callback, null);
```

DataServicesPage.xaml.cs 中的代码片段

通过 DeleteObject 方法，然后调用 BeginSaveChanges 即可删除一个实体：

```
private void SavePatientButton_Click(object sender, RoutedEventArgs e){
    var p = this.PatientsList.SelectedItem as Patient;
    entities.DeleteObject(p);
    entities.BeginSaveChanges(SaveComplete_Callback, null);
}
```

DataServicesPage.xaml.cs 中的代码片段

14.3.2 JSON

WCF 数据服务中很有趣的一点就是您的数据不仅可以通过结构化的 XML 格式发布，还可以通过基于 JSON 的格式进行发布。这是一种更紧凑的表示方法，并且可以显著减少大型数据集所占用的带宽。这是用于移动应用程序中的一种理想格式。表 14-1 说明了 XML 和 JSON 格式之间的尺寸差异。正如您看到的，对于相同的数据集而言，JSON 格式比 XML 表示形式的一半还要少。

表 14-1 数 据 对 比

XML	JSON
HTTP/1.1 200 OK	HTTP/1.1 200 OK
Cache-Control: no-cache	Cache-Control: no-cache
Content-Length: 1810	Content-Length: 788
Content-Type: application/atom+xml;	Content-Type: application/json;charset=utf-8
charset=utf-8	Server: Microsoft-IIS/7.5
Server: Microsoft-IIS/7.5	DataServiceVersion: 1.0;
DataServiceVersion: 1.0;	X-AspNet-Version: 4.0.30319
X-AspNet-Version: 4.0.30319	X-Powered-By: ASP.NET
X-Powered-By: ASP.NET	

（续表）

XML	JSON

Date: Wed, 18 Aug 2010 05:35:15 GMT
 	
<?xml version="1.0" encoding="utf-8"
standalone="yes"?>
<entry xml:base="http://localhost/
ServicesApplication/PatientDataService.
svc/" xmlns:d="http://schemas.microsoft.com/
ado/2007/08/dataservices" xmlns:m="http://
schemas.microsoft.com/ado/2007/08/dataservices/
metadata" xmlns="http://www.w3.org/2005/Atom">
<id>http://localhost/ServicesApplication/
PatientDataService.svc/Patients(guid'b1c3655a-
f3ae-4647-ae0e-0ecb6d4375a9')</id>
<title type="text"></title>
<updated>2010-08-18T05:35:15Z</updated>
<author>
<name />
</author>
<link rel="edit" title="Patient" href="Patient
s(guid'b1c3655a-f3ae-4647-ae0e-0ecb6d4375a9')"/>
<link rel="http://schemas.microsoft.com/
ado/2007/08/dataservices/related/Appointments"
type="application/atom+xml;type=feed"
title="Appointments" href="Patients(guid'b1c3655
a-f3ae-4647-ae0e-0ecb6d4375a9')/Appointments"/>
<link rel="http://schemas.microsoft
.com/ado/2007/08/dataservices/related/
Notes" type="application/atom+xml;type=feed"
title="Notes"
href="Patients(guid'b1c3655a-f3ae-
4647-ae0e-0ecb6d4375a9')/Notes" />
<category term="PatientModel.Patient"
scheme="http://schemas.microsoft.com/
ado/2007/08/dataservices/scheme" />
<content type="application/xml">
<m:properties>
<d:PatientId m:type="Edm.Guid">b1c3655a-
f3ae-4647-ae0e-0ecb6d4375a9</d:PatientId>
<d:FirstName>Frankz</d:FirstName>
	Date: Wed, 18 Aug 2010 05:40:39 GMT
	
	{
	"d" : {
	"__metadata": {
	"uri":"http://localhost/
	ServicesApplication/PatientDataService
	.svc/Patients(guid'b1c3655a-f3ae-
	4647-ae0e-0ecb6d4375a9')", "type":
	"PatientModel.Patient"
	}, "PatientId": "b1c3655a-f3ae-4647-
	ae0e-0ecb6d4375a9", "FirstName":
	"Frankz", "LastName": "Goh", "Doctor":
	"Nick", "Latitude": -37.998352,
	"Longitude": 145.083596, "PhoneNumber":
	"+1 425 001 0001", "LastUpdated": "\/
	Date(1277643227510)\/", "Deleted":
	true, "Appointments": {
	"__deferred": {
	"uri":"http://localhost/
	ServicesApplication/PatientDataService
	.svc/Patients(guid'b1c3655a-f3ae-4647-
	ae0e-0ecb6d4375a9')/Appointments"
	}
	}, "Notes": {
	"__deferred": {
	"uri":"http://localhost/
	ServicesApplication/ PatientDataService
	.svc/Patients(guid'b1c3655a-f3ae-4647-
	ae0e-0ecb6d4375a9')/Notes"
	}
	}
	}
	}

（续表）

XML	JSON
<d:LastName>Goh</d:LastName>	
<d:Doctor>Nick</d:Doctor>	
<d:Latitude m:type="Edm.Double">-37.998352</d:Latitude>	
<d:Longitude m:type="Edm.Double">145.083596</d:Longitude>	
<d:PhoneNumber>+1 425 001 0001</d:PhoneNumber>	
<d:LastUpdated m:type="Edm.DateTime">2010-06-27T12:53:47.51</d:LastUpdated>	
<d:Deleted m:type="Edm.Boolean">true</d: Deleted>	
</m:properties>	
</content>	
</entry>	
大小：1810 字节	大小：788 字节

但是代理类不支持JSON格式的数据，这意味着您需要使用HttpWebRequest类创建自己的请求，并且需要手动地将响应解析成可以使用的对象。创建请求与您在本章前面所看到的类似，只需指定要访问的URI即可。唯一的区别在于您需要指定Accept HTTP标头，从而使服务器以JSON的形式发送响应，而非XML形式。

可从
wrox.com
下载源代码

```
private void GetPatientsInJsonButton_Click(object sender, RoutedEventArgs e){
    var request = HttpWebRequest.Create(
        "http://localhost/ServicesApplication/PatientDataService.svc/Patients")
                                                         as HttpWebRequest;
    request.Accept = "application/json";
    request.BeginGetResponse(JsonPatients_Callback, request);
}
```

DataServicesPage.xaml.cs 中的代码片段

虽然您可以手动解析返回后的 JSON 数据，不过使用 System.ServiceModel.Web 程序集中的 DataContractJsonSerializer 类是一种更简单的形式。它会解析一个 JSON 流，并返回在该流中发现的对象。要做到这一点，它需要知道在流中查找何种类型的对象。下面的类声明反映了由服务器返回的 JSON 结构：

可从
wrox.com
下载源代码

```
public class PatientData{
    public JsonPatient[] d { get; set; }
}

public class JsonPatient{
    public MetaData __metadata { get; set; }
```

```
    public string PatientId { get; set; }
    public string FirstName { get; set; }
    public string LastName { get; set; }
    public string Latitude { get; set; }
    public string Longitude { get; set; }
    public string PhoneNumber { get; set; }
    public DeferredItem Appointments { get; set; }
    public DeferredItem Notes { get; set; }
}

public class MetaData{
    public string uri { get; set; }
    public string type { get; set; }
}

public class DeferredItem{
    public Deferred __deferred { get; set; }
}

public class Deferred{
    public string uri { get; set; }
}
```

DataServicesPage.xaml.cs 中的代码片段

有了这些类声明，您就可以使用 DataContractJsonSerializer 从响应中提取对象图了。

可从
wrox.com
下载源代码

```
private void JsonPatients_Callback(IAsyncResult result)
{
    var request = result.AsyncState as HttpWebRequest;
    var response = request.EndGetResponse(result);

    var deserializer = new DataContractJsonSerializer(typeof(PatientData));
    var data = deserializer.ReadObject(response.GetResponseStream()) as PatientData;

    this.Dispatcher.BeginInvoke(() =>
    {
        this.PatientsList.ItemsSource = data.d;
    });
}
```

DataServicesPage.xaml.cs 中的代码片段

在图 14-16 中您可以看到 JSON 的原始格式(图 14-16(a))以及将解析后的对象设置为列表框的源(图 14-16(b))时的显示方式。

(a)　　　　　　(b)

图　14-16

DataContractJsonSerializer 类位于 System.Runtime.Serialization.Json 名称空间内。要使用该类，需要在应用程序中添加对 System.ServiceModel.Web.dll 的引用。

14.4　小结

本章介绍如何通过 WebClient 和 HttpWebRequest 类在 Windows Phone 应用程序中访问远程数据。尽管它们为处理远程数据提供了最低级别的机制，但是处理基于 SOAP 或 REST 的 API 所公开的结构化数据却很难。WCF 和 ASMX Web 服务均提供了一个高级的抽象以便调用远程服务，而 WCF 数据服务为任何想要对远程数据源执行 CRUD 类型操作的 Windows Phone 应用程序提供了一个绝佳的起点。将 JSON 内容类型与 IIS 压缩结合使用，可以得到一个带宽最佳化的解决方案。

第15章

数据可视化

本章内容

- 理解数据绑定的工作原理
- 绑定模式对绑定方向的影响
- 如何在应用程序的设计中使用数据绑定
- 使用设计时数据
- 利用数据绑定连接元素的属性

几乎所有的应用程序都需要使用某种形式的数据。本章将介绍数据绑定和数据可视化在构建一个功能丰富的 Windows Phone 应用程序时有多么重要。您将看到，作为一种功能强大的方法，数据绑定如何通过声明方式将用户界面(UI)元素与数据模型相连接，以及如何使用 Expression Blend 来直观地配置数据绑定。

15.1 数据绑定

构建应用程序时，除了编写与数据库进行交互的 CRUD(Create、Read、Update 和 Delete)代码之外，第二项耗时的事情可能就是构建用户界面——更确切地讲，即显示数据以及接受并处理用户的输入。数据绑定的概念是指，可在 UI 元素(也称为目标)和数据提供者(也称为源)之间定义一种关联。通过定义这样的一种关联，通过既减少了需要编写的代码量，又有助于将应用程序的数据与展示进行清晰地分离。

本章将通过一个图书馆来展示如何使用数据绑定以及 Expression Blend 的设计功能，从而通过最少量的代码来构建一个功能丰富的用户界面。首先，我们来快速浏览一下数据模型的结构，它包含一本具有多个作者的图书，如图 15-1 所示。

我们将直接向您展示如何在应用程序中使用数据绑定，而非先从理论上对数据绑定进行探讨。基于这种想法，让我们来创建一个可以显示单独一本图书的基本用户界面。这里，只需显示封面、书名和描述信息即可。

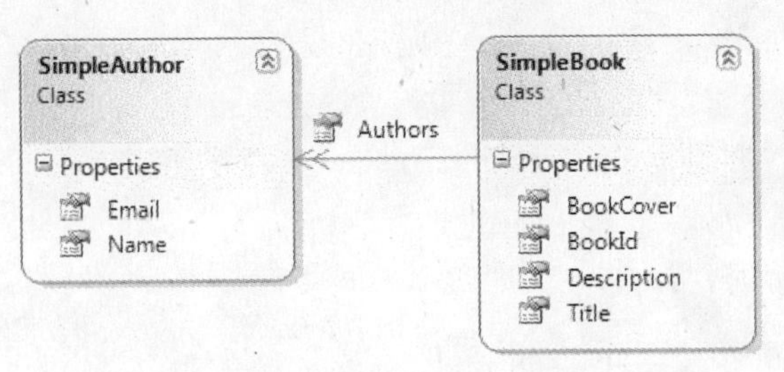

图 15-1

可从
wrox.com
下载源代码

```
<Grid x:Name="ContentGrid" Grid.Row="1">
    <Image x:Name="BookCoverImage" HorizontalAlignment="Left" Height="100"
          Margin="27,49,0,0" VerticalAlignment="Top" Width="100"/>
    <TextBlock x:Name="BookTitleText" Margin="143,50,0,0" TextWrapping="Wrap"
             VerticalAlignment="Top"/>
    <TextBlock x:Name="BookDescriptionText" Margin="143,110,0,0" TextWrapping="Wrap"
             VerticalAlignment="Top" Height="150"/>
</Grid>
```

MainPage.xaml 中的代码片段

15.1.1 DataContext

如果不通过数据绑定来显示图书，那么通常您会编写如下的代码，以便分别设置 Image 以及 TextBlock 控件的 Source 和 Text 属性：

```
this.BookCoverImage.Source = myBook.BookCover;
this.BookTitleText.Text = myBook.Title;
this.BookDescriptionText.Text = myBook.Description;
```

而利用数据绑定，则可以在数据源(在本例中，是 SimpleBook 类的一个实例)与 UI 元素之间定义一种关联。您可以在基于 XAML 的用户界面中按声明方式定义该关联，如下所示：

可从
wrox.com
下载源代码

```
<Grid x:Name="ContentGrid" Grid.Row="1">
    <Image x:Name="BookCoverImage" HorizontalAlignment="Left" Height="100"
          Margin="27,49,0,0" VerticalAlignment="Top" Width="100"
          Source="{Binding BookCover}" />
     <TextBlock x:Name="BookTitleText" Margin="143,50,0,0" TextWrapping="Wrap"
              VerticalAlignment="Top"
              Text="{Binding Title}" />
     <TextBlock x:Name="BookDescriptionText" Margin="143,110,0,0" TextWrapping="Wrap"
              VerticalAlignment="Top" Height="150"
              Text="{Binding Title}" />
</Grid>
```

MainPage.xaml 中的代码片段

在 Image 控件和两个 TextBlock 控件的声明中，添加了一个新特性以便分别设置 Source 和 Text

属性。我们使用一个符号(即，一对花括号)来表明此值是需要计算的，而不是将它们设置为显式的值。在本例中，Binding 关键字也表明，需要使用数据绑定来确定这个值。跟在 Binding 关键字后面的是将要与元素进行绑定的数据源的属性。总之，Image 控件上的 Source 属性是数据绑定的目标，而 BookCover 属性是数据源。

XAML 中的绑定语句引入了用户界面与数据层或者模型层之间的关注点分离。利用数据绑定，设计人员可以自由地将 TextBlock 替换成 Button 或其他控件，同时仍可以将其绑定到图书的 Title 属性。事实上，可以在 XAML 中添加全新的控件，而开发人员完全无需知晓这些控件的源代码。要在没有使用数据绑定的示例中进行类似的更改，那么设计人员就需要和开发人员对 UI 中的每处更改进行交流。

此时您或许在想，当绑定到 BookCover 属性时，数据绑定系统如何获知应该引用哪种源对象呢？源对象通常称为数据上下文(data context)，而且在 FrameworkElement 类中包含一个对应的名为 DataContext 的属性。由于每种 UI 控件最终都是继承自 FrameworkElement 类的，所以这意味着每种控件都有一个 DataContext 属性，以便为该元素设置数据上下文。

在当前 XAML 中，我们还没有为 UI 元素定义数据上下文。这在数据绑定系统中是允许的。如果 DataContext 属性为空，即没有可以绑定的对象，那么所有的绑定语句都会被忽略。

为使用户界面显示名为 myBook 的 SimpleBook 对象的详细信息，您需要为每个控件指定数据上下文：

```
this.BookCoverImage.DataContext = myBook;
this.BookTitleText.DataContext = myBook;
this.BookDescriptionText.DataContext = myBook;
```

除了使用标记来声明数据绑定的能力，我们似乎并没有得到更多的东西。如果设计人员决定添加或删除一个需要数据绑定的控件，就需要让开发人员参与进来，以便对代码进行少许改动。幸运的是，现在可以解决这种问题了。DataContext 属性最灵巧的特性之一就是：如果没有显式地设置该属性(即属性的值为 null)，那么它将继承其父类的 DataContext 属性。例如，在本例中，您可以重构代码，从而设置 ContentGrid 上的 DataContext 属性。Image 控件和那两个 TextBlock 控件都被包含在 ContentGrid 元素中，所以它们将继承为 ContentGrid 指定的 DataContext，因此，数据绑定将访问恰当的属性以设置 Source 属性和 Text 属性。

```
this.ContentGrid.DataContext = myBook;
```

值得注意的是，可以跨越多个层次继承 DataContext 属性。例如，您还可以设置 PhoneApplicationPage 的 DataContext 属性，它会一直被继承下去直至 Image 元素和 TextBlock 元素。有一点很重要需要注意，如果某个特定控件的 DataContext 属性为 null，框架就会遍历逻辑树，直至找到一个进行了恰当设置的 DataContext。

可从
wrox.com
下载源代码

XAML

```
<phone:PhoneApplicationPage ...
    Loaded="PhoneApplicationPage_Loaded">
    <Grid x:Name="LayoutRoot" ... >
        <Grid x:Name="ContentGrid" ... >
            <Image x:Name="BookCoverImage" Source="{Binding BookCover}"/>
```

```
            <TextBlock x:Name="BookTitleText" Text="{Binding Title}"/>
            <TextBlock x:Name="BookDescriptionText" Text="{Binding Description}"/>
```

MainPage.xaml 中的代码片段

C#

```
public partial class MainPage : PhoneApplicationPage{
    SimpleBook myBook;
    private void PhoneApplicationPage_Loaded(object sender, RoutedEventArgs e) {
        myBook = CreateBook();
        this.DataContext = myBook;
    }
}
```

MainPage.xaml.cs 中的代码片段

15.1.2 绑定模式

前面介绍了如何在数据源的属性与目标 UI 元素的属性之间创建一个数据绑定。当设置了数据上下文后，会使用数据源属性的当前值来设置目标元素的属性。不过，在初始化用户界面时，有更多的内容需要进行数据绑定，而不仅是将数据源对象的属性值复制到目标元素的属性中。

例如，如果数据源的属性值在运行时发生了变化会怎样呢？目标元素的对应属性是应该更新，还是应该继续显示原来的值？或者，如果布局将图书的 Title 属性绑定到 TextBox 控件(而非 TextBlock 控件)又会怎样？这可以使用户更改文本的内容，但所有的更改都应该被返回给数据源对象吗？

通过指定绑定模式，数据绑定系统即可定义这两种场景中的行为。Mode 属性是一个枚举值，可以在绑定声明中对其进行设置，它有三种可能的值：

- OneTime——当建立绑定时，目标元素的属性会被设置为数据源对象属性的当前值。
- OneWay——当建立绑定时，会设置目标元素的属性，随后，每当数据源的属性发生更改，就会更新目标元素的属性。这是默认值。
- TwoWay——与 OneWay 相同，当数据源的属性发生更改时，会更新目标元素的属性。此外，每当目标元素的属性发生更改时，数据源的属性也会得到更新。

下面更新 XAML，以便显式地定义绑定模式：

可从 wrox.com 下载源代码

XAML

```
<Grid x:Name="ContentGrid" Grid.Row="1">
    <Image x:Name="BookCoverImage" HorizontalAlignment="Left" Height="100"
            Margin="27,49,0,0" VerticalAlignment="Top" Width="100"
            Source="{Binding BookCover, Mode=OneTime}" />
    <TextBlock x:Name="BookTitleText" Margin="143,50,0,0" TextWrapping="Wrap"
            VerticalAlignment="Top"
            Text="{Binding Title, Mode=OneWay}" />
    <TextBlock x:Name="BookDescriptionText" Margin="143,110,0,0" TextWrapping="Wrap"
            VerticalAlignment="Top" Height="60"
            Text="{Binding Description, Mode=OneWay}" />
```

```
    <TextBox Height="32" Margin="143,193,0,0" Name="TitleText"
             VerticalAlignment="Top"
             Text="{Binding Title, Mode=TwoWay}"/>
    <Button Content="Update" Height="70" HorizontalAlignment="Left"
            Margin="6,266,0,0" Name="UpdateDescriptionButton"
            VerticalAlignment="Top"
            Width="160" Click="UpdateDescriptionButton_Click" />
</Grid>
```

MainPage.xaml 中的代码片段

C#

```
private void UpdateDescriptionButton_Click(object sender, RoutedEventArgs e){
    myBook.Description = "This is a new description";
}
```

MainPage.xaml.cs 中的代码片段

图书的封面图片是不可更新的，所以将其绑定设置为 OneTime。而两个 TextBlock 都被设置为 OneWay，以便在数据上下文对象发生更改时能自动更新界面。最后添加了一个 TextBox，它以 TwoWay 模式被绑定到了数据源的 Title 属性，此外还添加了一个 Button，以便通过编程方式来更新 Description 属性。

如果在调试器中运行此程序，则会发现 Update 按钮确实设置了 myBook 对象的 Description 属性，而且，更改 TextBox 中的文本内容会更新 Title 属性。但是，这些操作对两个 TextBlock 控件都不起作用，即使这两个控件已被绑定到完全相同的源属性也同样如此。这是因为数据绑定系统无法获知源对象上的一个或多个属性在何时发生更改。这正是 INotifyPropertyChanged 接口所担当的角色。

INotifyPropertyChanged 接口是一个较简单的接口，它用于指示对象上的某个属性的值发生了变化。如果将实现了 INotifyPropertyChanged 接口的对象设置为元素的 DataContext，框架就会利用这一接口来判断何时使用对象的当前状态来同步用户界面中的控件。

换言之，必须实现一个可将属性的更改通知给侦听器(数据绑定基础结构)的接口。此接口较为简单，它只有一个名为 PropertyChanged 的事件。下面是 SimpleBook 类的实现：

可从 wrox.com 下载源代码

```
public class SimpleBook : INotifyPropertyChanged {
    public Guid BookId { get; set; }
    private string title;
    public string Title {
        get{
            return title;
        }
        set {
            if (title == value) return;
            title = value;
            RaisePropertyChanged("Title");
        }
    }
```

```
        private string description;
        public string Description {
            get{
                return description;
            }
            set {
                if (description == value) return;
                description = value;
                RaisePropertyChanged("Description");
            }
        }
        public BitmapImage BookCover { get; set; }
        public SimpleAuthor[] Authors { get; set; }

        public event PropertyChangedEventHandler PropertyChanged;
        private void RaisePropertyChanged(string propertyName) {
            if (PropertyChanged != null) {
                PropertyChanged(this, new PropertyChangedEventArgs(propertyName));
            }
        }
    }
```

SimpleBook.cs 中的代码片段

在本例中，Title 属性和 Description 属性都得到了扩展，以便使用一个后备(backing)变量。如果值发生更改，就调用 RaisePropertyChanged 方法，而该方法确保了在引发 PropertyChanged 方法之前已经有了侦听者。要注意的重要一点是，所提供的 propertyName 参数必须与值发生更改的属性名相匹配。例如，在 Title 属性设置器中，所提供的 propertyName 为 Title，这表明如果存在任何被绑定到 Title 属性的侦听器，它们就会使用 Title 属性的新值来更新相应的属性。

属性代码片段

很明显，实现 INotifyPropertyChanged 接口需要为每个属性编写额外的代码。您可以创建一个 Visual Studio 代码片段来自动生成代码，而不必每次都输入相同的代码结构。创建一个代码片段最简单的方式就是利用 Snippet Editor(http://snippeteditor.codeplex.com/)。图 15-2 展示了 SnippetEditor 中一个名为 propdata 的新代码片段，它可以减少为您定义的每个属性所必须输入的代码量：

```
private $type$ $field$;
public $type$ $property$ {
    get { return $field$;}
    set {
        if($field$==value)return;
        $field$ = value;
        RaisePropertyChanged("$property$");
    }
}
$end$
```

创建并保存此代码片段后(应将其保存在\Documents\VisualStudio 2010\Code Snippets\Visual C#\My Code Snippets 文件夹中)，即可立即在 Visual Studio 中使用它。在一个代码文件中输入 propdata，然后按下 Tab 键即可插入代码片段。按 Tab 键可以在类型、字段名和属性名的三个占位符之间进行切换。

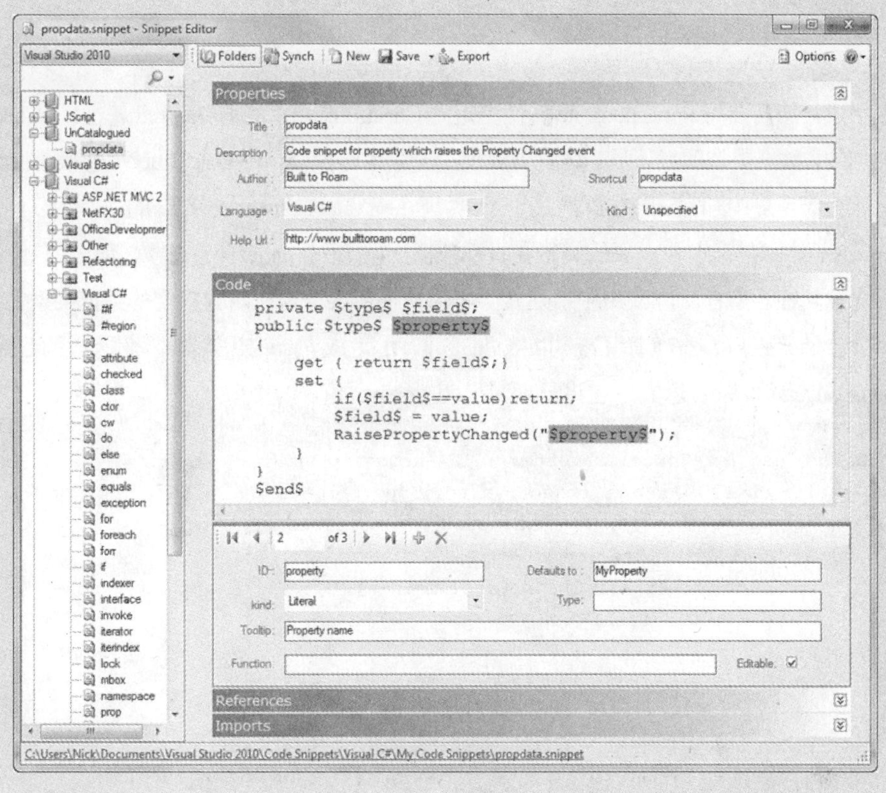

图　15-2

15.1.3　值转换器

有时在使用数据绑定时，要绑定的目标对象的属性可能与源对象的属性具有不同的数据类型或数据表示方法。这种情况下，您可以使用值转换器将源属性的值转换为一个合适的值，以便绑定到目标属性。为了对此进行展示，我们向 SimpleBook 类中添加一个 PublishedDate 属性。这是一个可空的 DateTime 字段，所以可以代表已经出版的和尚未出版的图书。但在用户界面中，只需显示一个复选框来指示图书是否已经出版即可。

可从
wrox.com
下载源代码

XAML

```
<CheckBox Content="Published" HorizontalAlignment="Left" Margin="0,150,0,0"
          VerticalAlignment="Top" IsChecked="{Binding PublishedDate}"
          IsEnabled="False"/>
```

MainPage.xaml 中的代码片段

C#

```
public class SimpleBook: INotifyPropertyChanged{
    ...
    public DateTime? PublishedDate { get; set; }
```

SimpleBook.cs 中的代码片段

在本例中，您需要将 PublishedDate 属性绑定到 CheckBox 元素的 IsChecked 属性。IsChecked 属性是布尔类型的，数据类型明显不同。这就需要使用一个值转换器，将 DateTime?值转换为 Boolean 值。在数据绑定上下文中，值转换器就是一个实现了 IValueConverter 接口的类。从理论上讲，IValueConverter 能够根据输入对象的类型和目标数据类型(通过 targetType 参数指定)在任意两种类型之间进行对象转换。但在实际应用中，通常会将值转换器实现为在两种指定的数据类型之间进行转换。通常它们还会被适当命名，以表明它们所完成的转换类型。例如，此处定义了 DateToBoolConverter，顾名思义，它将日期转换为 Boolean 值。

可从
wrox.com
下载源代码

```
public class DateToBoolConverter : IValueConverter {
    public object Convert(object value, Type targetType,
                          object parameter, CultureInfo culture) {
        if (value is DateTime){
            if ((DateTime)value < DateTime.Now) {
                return true;
            }
        }
        return false;
    }

    public object ConvertBack(object value, Type targetType,
                              object parameter, CultureInfo culture) {
        throw new NotImplementedException();
    }
}
```

DateToBoolConverter.cs 中的代码片段

关于 IValueConverter 接口，值得注意的一点是，它被设计成了双向的。包含一个 Convert 方法和一个 ConvertBack 方法，如果正确地实现了这两个方法，即可使它们相互转换。不过，开发人员通常只需实现 Convert 方法。如果值转换器只用在 OneTime 或者 OneWay 模式的数据绑定中，是允许这么做的。ConvertBack 方法用于将数据绑定目标的属性转换回数据源属性所需要的数据类型，所以，只有在数据绑定模式为 TwoWay 的情况下，才会调用该方法。

在数据绑定中使用 DateToBoolConverter 之前，需要先创建一个可以在 XAML 中引用的实例。在本例中，您将在 ContentGrid 的资源集合中创建一个实例。要使用该值转换器，只需扩展绑定语法从而指定要使用的转换器对象即可：

可从
wrox.com
下载源代码

```
<Grid.Resources>
   <local:DateToBoolConverter x:Key="DateToBoolConverter"/>
</Grid.Resources>
<CheckBox Content="Published" HorizontalAlignment="Left" Margin="-6,148,0,0"
         VerticalAlignment="Top" IsEnabled="False"
         IsChecked="{Binding PublishedDate,
                 Converter={StaticResource DateToBoolConverter}}" />
```

MainPage.xaml 中的代码片段

除了用于指示图书是否已经出版的 CheckBox 外，您或许还希望在图书介绍信息中添加更多可视化效果。如果一本图书尚未出版，该图书的封面图片就应该变暗。您可以调整图片的 Opacity 属性，让深色的背景透过来从而使图片变暗。为此，可使用另一个自定义的值转换器，以便将 DateTime 值转换为不透明度等级。当图书尚未出版时，无需对将要返回的不透明度进行硬编码，只需将不透明度作为参数传递给值转换器的 Convert 方法即可。在以下代码中，如果图书尚未出版，就会将参数强制转换为 double 类型并返回：

可从
wrox.com
下载源代码

```
public class DateToOpacityConverter:IValueConverter {
   public object Convert(object value, Type targetType,
                      object parameter, CultureInfo culture) {
      var defaultOpacity = 0.5;
      double.TryParse((string)parameter, out defaultOpacity);
      if (value is DateTime) {
         if ((DateTime)value < DateTime.Now)
         {
            return 1.0;
         }
      }
      return defaultOpacity;
   }

   public object ConvertBack(object value, Type targetType,
                      object parameter, CultureInfo culture) {
      throw new NotImplementedException();
   }
}
```

DateToOpacityConverter.cs 中的代码片段

在 XAML 数据绑定语句中使用该值转换器时，还可以指定 ConverterParameter。所指定的值会作为一个字符串传递到值转换器中，然后会被解析成正确的数据类型：

可从
wrox.com
下载源代码

```
<Grid.Resources>
   <local:DateToOpacityConverter x:Key="DateToOpacityConverter"/>
</Grid.Resources>
<Image x:Name="BookCoverImage" HorizontalAlignment="Left" Height="136"
      Margin="6,6,0,0"
```

```
    VerticalAlignment="Top" Width="139"
   Source="{Binding BookCover, Mode=OneTime}"
   Opacity="{Binding PublishedDate,
          ConverterParameter=0.6,
          Converter={StaticResource DateToOpacityConverter}}"/>
```

MainPage.xaml 中的代码片段

15.2 使用数据进行设计

我们先暂停对数据绑定的介绍，来看看 Expression Blend 中与数据相关的设计功能。然后继续深入分析两种场景，这些场景可能会决定您将使用 Blend 中的哪种特性。第一种场景着眼于如何利用 Blend 来创建并使用示例数据从而构建用户界面。第二种场景则假定您已经拥有了一些可以使用的设计时数据。

15.2.1 示例数据

您会继续使用一系列图书作为示例，但是会从另一个不同的角度切入。设想您正在创建一个简单界面，它允许用户在图书列表中滚动。用户应该能够选择某一本图书并查看关于该书的更多信息。

为了对界面外观有一个感性认识，需要使用一些示例数据。在项目的开发人员花时间构建出功能完整的数据访问层之前，尤其需要这样做。第一步是利用 Blend 的示例数据功能来创建合适的数据从而展示图书的信息。在 Blend 中打开正在操作的解决方案，然后打开 Data 窗口(图 15-3(a))。在 Create Sample Data 下拉菜单中(图 15-3(b)中右数第二个图标)，选择 New Sample Data。这会创建一组默认的示例数据，它由一个实体集合构成，并包含两个属性。然后对这些属性进行编辑，方法是选择属性名称并将它们重命名为 Title 和 Description，如图 15-3(c)所示。

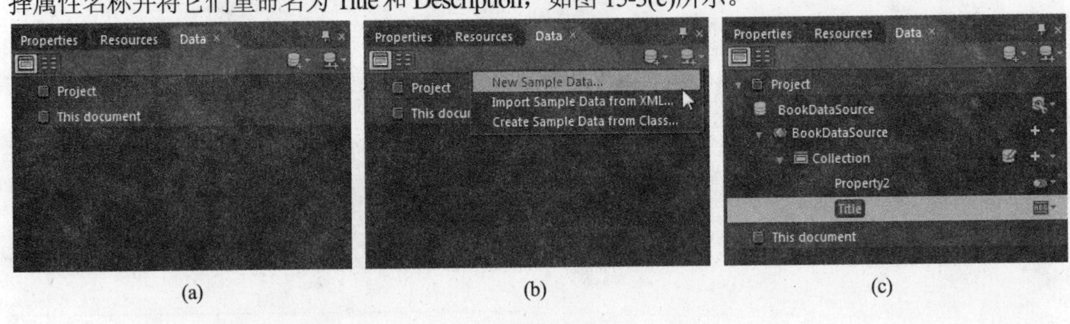

(a) (b) (c)

图 15-3

接下来将数据类型更改为字符串。选择属性旁边的图标并打开 Data Type Selector 下拉列表，如图 15-4(a)所示。对于 Description 属性，要将 Max word count 设置为 83(实际数字并无意义，它只是一个大数字，用于表明示例数据的生成)。在 Collection 节点上单击加号打开用于添加新属性的下拉菜单(图 15-4(b))。添加 BookCover 和 PublishedDate 两个简单属性，将 BookCover 的 Type 设置为 Image，PublishedDate 的 Type 仍保留使用 String，但要把 Format 设置为 Date。最后选择 Add Collection Property 并命名一个叫做 Authors 的属性。添加 Email 属性和 Name 属性，将 Type 设置为 String，选择“Email Address and Name”作为Format。最终的数据源应与图 15-4(c)类似。

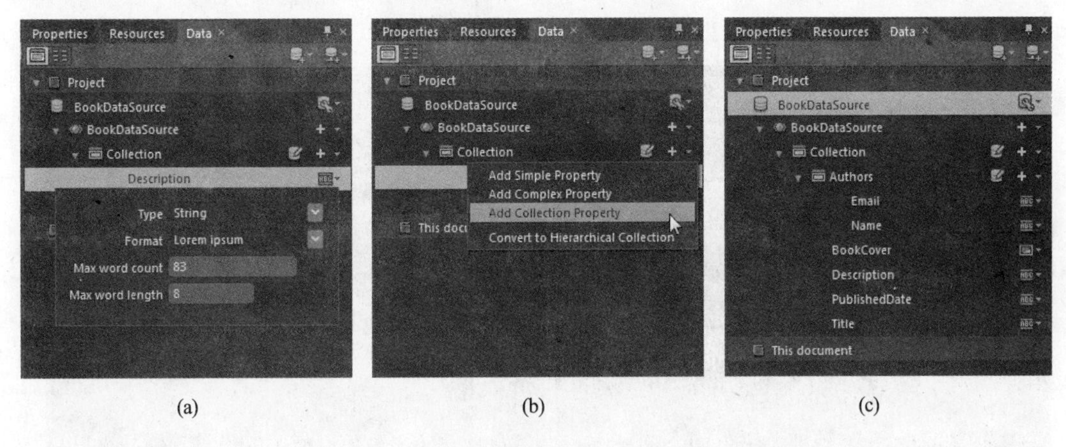

(a)　　　　(b)　　　　(c)

图　15-4

此过程创建了一组可以在应用程序中使用的示例数据。数据保存在一个与数据源同名的 XAML 文件中，文件夹的名称为 SampleData。如果需要调整示例数据，可以直接编辑该文件，或者单击 Edit Sample Values 图标。这可以使您通过一个电子表格样式的简单界面来编辑实体的属性。图 15-5 显示了图书集合的 Edit Sample Values 对话框。

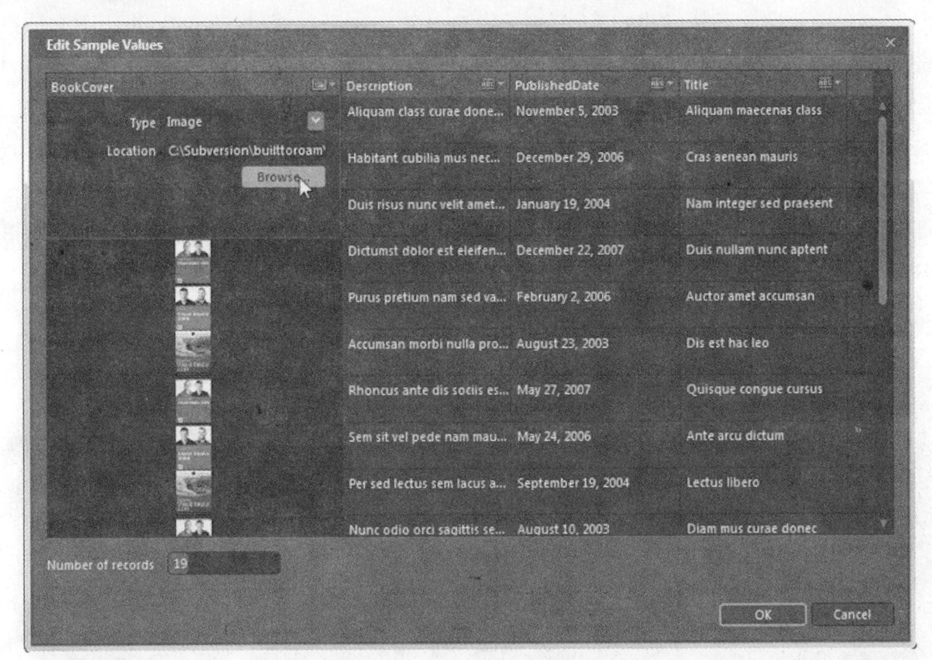

图　15-5

从图 15-5 中可以注意到，我们选择了图片的位置来源。如果您拥有一些素材图片，想让它们在设计时显示在应用程序中从而使应用程序看起来更加逼真，那么这种方法就会非常有用。此对话框还允许修改示例数据源中的记录数。

既然已经拥有了自己的示例数据源，就可以使用它来构建用户界面了。在 Data 窗口中选择 BookCover 属性和 Title 属性，并将其拖动到页面的主区域中。此时会出现一条提示信息，说明这将会创建一个 ListBox，如图 15-6(a)所示。当释放鼠标按键时，就会创建一个 ListBox，如图 15-6(b)所示(可能需要重新设置已经创建的 ListBox 的 Margin 属性，以便使其占据整个 ContentGrid 区域)。

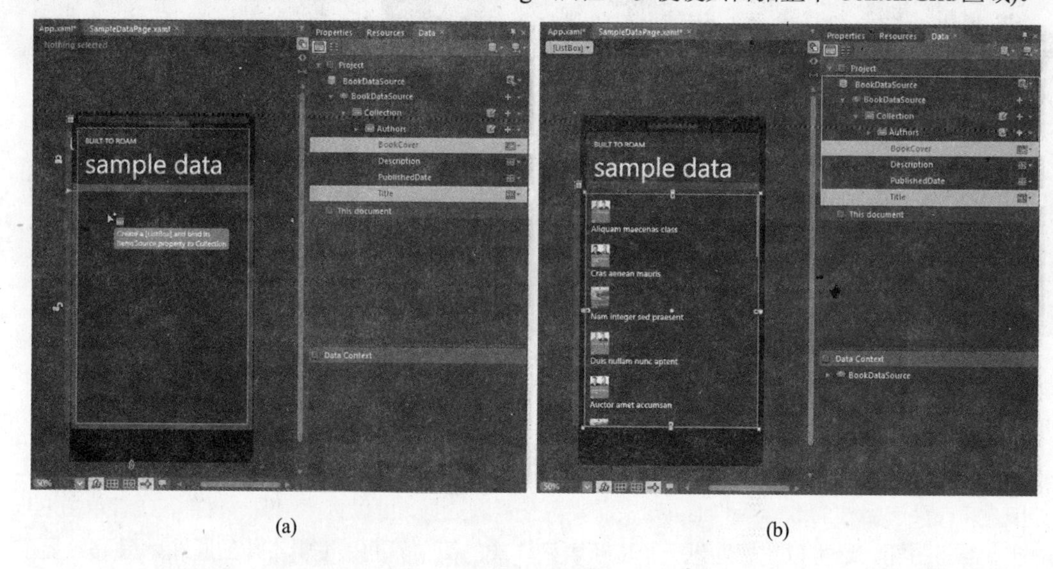

(a) (b)

图 15-6

在图 15-6(b)中，选中了新创建的 ListBox。从 Data 窗口中可以看出，它的数据上下文被设置为 BookDataSource。从 Data 窗口底部的 Data Context 面板也可以印证这一点，同时，从顶部面板中 BookDataSource周围的黄色边框也可以很明显地看出来。如果切换到 Properties 窗口，将看到 ListBox 的 ItemsSource 属性有一个黄色边框，而 Advanced Options 方框[1](如图 15-7 右侧部分所示)也变为黄色。这表明该属性已经进行了数据绑定。单击 Advanced Options，然后单击 Data Binding，即可打开 Create Data Binding 窗口，如图 15-7 左侧部分所示。在此窗口中您可以选择属性要绑定到的内容。这里将其配置为 BookDataSource 的主集合。

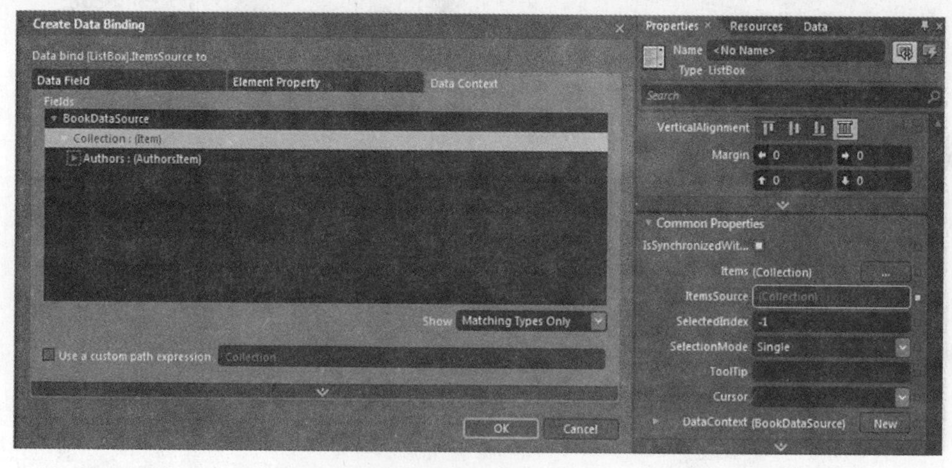

图 15-7

Create Data Binding 窗口可用来控制绑定方向，并指定将要使用的值转换器，稍后会对其进行描述。现在关闭该窗口并返回到 Layout Designer。

1. 即 ItemsSource 属性右侧的小方框。

在 Objects and Timeline 窗口中，右击列表框并选择 Edit Additional Templates | Edit Generated Items (Item Template) | Edit Current。可以看到，树的结构发生了变化，展示出了列表框中每一项的可视化展现形式(即 ItemTemplate)。图 15-8 说明每一项都由一个 StackPanel 组成，该面板包含一个 Image 和一个 TextBlock 控件。

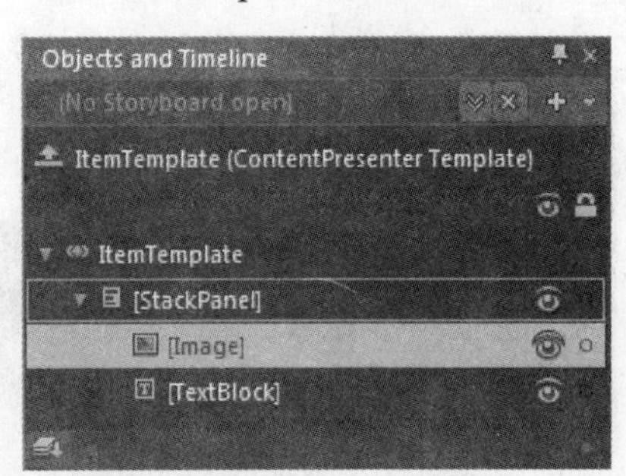

图 15-8

此处需要将 StackPanel 替换为 Grid。右击 StackPanel 并选择 Change Layout Type | Grid。重新调整 Image 和 TextBlock，使它们彼此相邻。如果查看 Image 的 Source 属性和 TextBlock 的 Text 属性，您将会看到两者都已进行了数据绑定。同样都由黄色的边框指明。如果单击 Advanced Options | Data Binding，将看到它们分别被绑定到示例数据的 BookCover 属性和 Title 属性。

现在可以显示所选图书的详细信息了。首先调整列表框的大小，使其大致占据内容窗格一半的空间。在 Data 窗口中，单击窗口顶部左数第二个图标 Details Mode。这会改变将项从 Data 窗口拖动到页面布局上时所发生的行为。之前处于 List 模式下，所以选项拖动到布局上时会创建一个列表框来显示这些项。而在 Details 视图下，会产生一个小窗体从而允许数据输入或显示单独的记录。选择 BookCover、Title 和 Description 字段，将它们拖动到页面中的空白区域。此时您将看到，除了创建一个 Image 元素和两个 TextBlock 元素来表示所需的属性外，Blend 还创建了相应的标签。在重新调整这些项之前，在 Objects and Timeline 窗口中右击每一个 TextBlock 元素，然后选择 Edit Style | Apply Resource | PhoneTextNormalStyle 以便选择此样式，如图 15-9 所示：

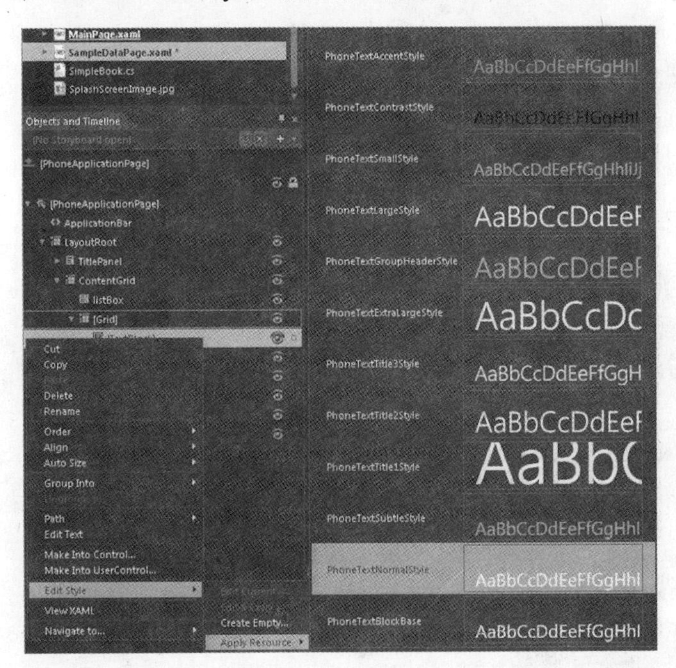

图 15-9

现在您可以重新调整页面布局，以便尽量合理地显示 Image、Title 和 Description。得益于自动数据绑定(可在将字段从 Data 窗口拖动到布局上时对其进行配置)，还可以手动配置数据绑定。我们通过将一个 CheckBox 控件连接到 PublishedDate 字段加以演示。

在 Assets 窗口中，将一个 CheckBox 控件拖动到与其他图书详细信息元素相同的区域中，并将其 Content 设置为 Published。单击 IsChecked 属性旁边的 Advanced Options 按钮。选择 Data Binding...，然后在 Show 下拉列表中选择 All Properties，然后选择 PublishedDate，如图 15-10 所示。

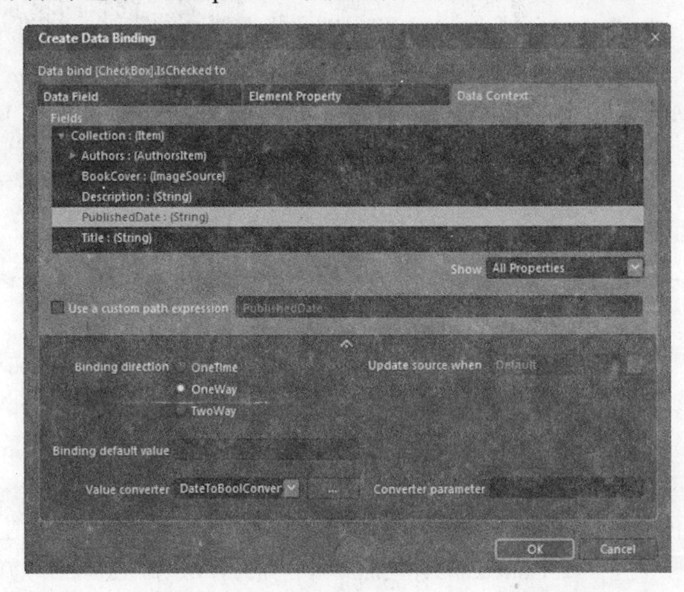

图 15-10

正如之前所探讨的，PublishedDate 与 IsChecked 的数据类型不同，这意味着您需要使用值转换器。单击省略号按钮并选择合适的类型，以便选中之前所创建的 DataToBoolConverter。填写如图 15-10 所示的 Create Data Binding 对话框的细节实际上就是将字段从 Data 窗口拖动到布局上时自动执行的步骤。

您或许在想，刚刚被添加到页面中的详细信息元素是如何与之前创建的 ListBox 中被选中的项关联起来的？或许您已经注意到，在添加详细信息元素时，它们都被放在一个 Grid 中。这是将元素分组的一种有效途径，将每个元素的 DataContext 属性设置为相同的值时尤其如此。查看 Grid 的 DataConetxt 属性即可看到，它是自我数据绑定的。但 DataContext 被绑定到 ListBox 的 SelectedItem 属性，而非某一数据源的某个属性。这称为元素属性绑定(Element Property Binding)，稍后会详细讲述。

在第一次创建示例数据源并开始将元素拖动到页面上时，我们忽略了数据源到底是如何被加载并连接到页面中的。查看 SampleData\BookDataSource 文件夹将看到已经创建了几个表示示例数据的文件。主文件是 BookDataSource.xaml，您可以打开它以便查看甚至编辑用于表示示例数据的 XAML。以下内容摘录自该文件的顶部，它显示了一个图书集合，而该集合中又嵌套了一个作者集合：

```
<SampleData:BookDataSource
  xmlns:SampleData="clr-namespace:Expression.Blend.SampleData.BookDataSource"
  xmlns="http://schemas.microsoft.com/winfx/2006/xaml/presentation">
 <SampleData:BookDataSource.Collection>
  <SampleData:Item Title="Aliquam maecenas class"
                   Description="Aliquam class curae nisi leo nisl ..."
                   PublishedDate="November 5, 2003"
                   BookCover="/BindMeABook;
  component/SampleData/BookDataSource/BookDataSource_Files/ProVS2005_Cover.jpg">
```

```
<SampleData:Item.Authors>
  <SampleData:AuthorsItem FullName="Aaberg, Jesper"
                          Email="someone@example.com" />
  <SampleData:AuthorsItem FullName="Adams, Ellen"
                          Email="user@adventure-works.com" />
```

示例数据文件 BookDataSource.xaml 保存了示例数据的 XAML 表示形式，但它不会自动加载，除非在应用程序中的某个地方对它进行引用。查看 App.xaml 即可发现这样的一个引用，它创建了示例数据集的一个实例，您可以通过 BookDataSource 键在应用程序中的任何位置引用该实例：

可从
wrox.com
下载源代码

```
<Application
    ...
    x:Class="BindMeABook.App">
    <Application.Resources>
        <SampleData:BookDataSource x:Key="BookDataSource" d:IsDataSource="True"/>
```

当然，最后要做的就是将这个示例数据的实例连接到页面的数据上下文。通过设置页面中 LayoutRoot Grid 控件的 DataContext 即可实现。

```
<phone:PhoneApplicationPage
    ...
    x:Class="BindMeABook.SampleDataPage">
    <Grid x:Name="LayoutRoot" Background="{StaticResource PhoneBackgroundBrush}"
        DataContext="{Binding Source={StaticResource BookDataSource}}">
```

接下来进一步分析页面的 XAML，您会注意到，ListBox 被绑定到了一个名为 Collection 的属性。由于只有一列图书，所以我们没有重新对示例数据中的默认集合进行命名。您应该利用这个机会，返回到 Blend 的 Data 窗口中，并将名称由 Collection 改为 Books。这会自动更新页面中的所有引用。最终的 ListBox 元素如下所示：

可从
wrox.com
下载源代码

```
<ListBox x:Name="listBox" ItemTemplate="{StaticResource ItemTemplate}"
         ItemsSource="{Binding Books}" Height="298" VerticalAlignment="Top"
         ScrollViewer.HorizontalScrollBarVisibility="Disabled"/>
```

SampleDataPage.xaml 中的代码片段

连接示例数据对于在 Blend 中设计布局十分有用。您甚至可以运行应用程序从而看到数据加载以及用户界面发挥作用。不过，在将应用程序其余的部分构建出来后，您需要用真实数据源来替换示例数据。虽然这是在运行时所期望看到的，但您可能仍希望保留示例数据以便获得内容丰富的设计时体验。为此，只需在运行时禁用示例数据即可。在 Data 窗口中，单击 BookDataSource 旁的图标，并在下拉菜单中取消选中 Enable When Running Application 选项。现在再运行应用程序，就不会再看到任何数据了，这与期望的结果一致，因为您还没有连接任何真实数据。在 Blend 中仍然具备对设计时的支持，因为它在 XAML 中使用了一个小技巧来指定设计时 DataContext。查看 LayoutRoot 元素可以发现，绑定的属性有一个细微的变化。它现在所引用的是 d:DataContext，这是 Blend(或者其他设计器，比如 Visual Studio)的设计体验所独有的特性，而非指定用于设置运行时数据源的 DataContext

属性。

可从
wrox.com
下载源代码

```
<phone:PhoneApplicationPage
    ...
    xmlns:d="http://schemas.microsoft.com/expression/blend/2008"
    x:Class="BindMeABook.SampleDataPage">
    <Grid x:Name="LayoutRoot" Background="{StaticResource PhoneBackgroundBrush}"
            d:DataContext="{Binding Source={StaticResource BookDataSource}}">
```

SampleDataPage.xaml 中的代码片段

当然，最后一个步骤就是连接实际的数据。这里只需将一个新的 BookViewModel 实例设置为数据源即可。BookViewModel 包含单个属性，Books，Books 包含了将要显示的一系列图书。要注意的是，其结构与在 Blend 中创建的示例数据是相同的——此数据源拥有一个 Books 属性，该属性由包含诸如 Title、BookCover 和 Description 这类属性的实体构成:

可从
wrox.com
下载源代码

```
void SampleDataPage_Loaded(object sender, RoutedEventArgs e){
    this.DataContext = new BookViewModel();
}

public class BookViewModel{
    public SimpleBook[] Books { get; set; }

    public BookViewModel()
    {
        Books = CreateBooks();
    }

    private SimpleBook[] CreateBooks(){ ... }
}
```

SampleDataPage.xaml.cs 中的代码片段

示例数据类型

数据绑定中有趣的一面就是它常称为字符串绑定(string-binding)。这是因为所有数据绑定都是利用 XAML 文件中的字面字符串创建的。您或许会认为，这是一种可能导致灾难性后果的做法，因为我们一直被告知尽量不要使用字面字符串。这种风险仍然是存在的，例如，如果将 Title 属性改为 BookTitle，那么依赖于该属性的数据绑定将会失效。幸运的是，Visual Studio 和 Expression Blend 都具备相应的能力，它们可以检测到这样的问题，并向您提供生成警告，指明哪些属性是无法找到的。

使用字符串来定义数据绑定的优点是不需要为数据类型进行硬编码。在本例中，您在 Blend 中创建了一组示例数据，然后基于现有的 SimpleBook 类连接了实际的数据。只要数据类型具有相同的数据结构，使用数据绑定就可以交换数据源。

运行应用程序，您可以看到页面顶部显示出了一个通过代码生成的图书列表。在 ListBox 中选中某项后，可以看到页面下半部分显示了图书的详细信息，如图 15-11 所示。

图　15-11

15.2.2　设计时数据

构建 Windows Phone 应用程序时，在某些情况下，您可能已经拥有了一些可以在设计时使用的数据。它可能是一个静态的 XML 文件，或者是用于创建数据类实例的代码。本节将介绍如何获取数据并将其运用于设计时，以及如何在运行时将其断开从而使用真实数据。

1. Model View ViewModel (MVVM)

在深入讨论之前，首先分析 Model View ViewModel(MVVM)模式。对于那些熟悉其他架构模式，如 MVC(Model View Controller)或 MVP(Model View Presentation)的人来说，MVVM 并无太大差异。Model 定义了组成应用程序的数据或信息。在 Windows Phone 应用程序中，View 很可能会与基于 Silverlight 的页面相关联。最后的 ViewModel 可视为 View 的当前状态。Model 只负责记录应用程序的数据，与之不同，ViewModel 与某个特定的 View 紧密相关。ViewModel 的组织方式通常为，遵循页面中数据的可视化布局，并提供与页面中元素的属性相关联的属性。它的设计理念就是利用数据绑定将 View 绑定到 ViewModel，而未必编写代码不断地在 Model 和 View 之间传递逻辑和数据。例如，View 中的一个 TextBlock 可能会被绑定到 ViewModel 中一个名为 Author 的属性，该属性与 Model 中的 FirstName 和 LastName 字段相连。将来无论 Model 中数据的表示方式如何更改都不会对 View 产生影响，因为只有 ViewModel 的 Author 属性会被更新。

2. 创建您自己的 ViewModel

对于 MVVM 来说，没有更多内容了，我们不会再向您介绍更多关于 MVVM 的理论知识，而是构建一个允许编辑图书详细信息的简单用户界面，这次我们先在代码中创建一个 ViewModel。由于 ViewModel 与 View 的布局密切相关，所以通常会将这两者相互对应地进行命名。在本例中，View 是一个名为 DesignTimePage.xaml 的 PhoneApplicationPage。对应的 ViewModel 是一个名为 DesignTime-ViewModel 的普通 C#类：

```
public  class   DesignTimeViewModel{}
```

该布局包含图书封面、书名、描述信息、图书是否已经出版以及作者名单。在本例中，Model 就是 Book 类，而它又包含了一个 Author 对象的数组：

可从
wrox.com
下载源代码

```
public class Book {
    public Guid BookId { get; set; }
    public string Title { get; set; }
    public string Description { get; set; }
    public BitmapImage BookCover { get; set; }
    public DateTime? PublishedDate { get; set; }
    public Author[] Authors { get; set; }
}

public class Author{
    public string FullName { get; set; }
    public string Email { get; set; }
}
```

Book.cs 中的代码片段

本章开头对 SimpleBook 类进行了修改以便直接实现 INotifyPropertyChanged 接口。这种方法并不太好，因为它会将 View(例如，页面)与 Model 紧密地结合起来，使得在不更改另一部分的情况下，很难修改两者中的任何一部分。而且，这种方法还假设您可以修改 Model 中要进行数据绑定的每一个属性(即允许数据的更改传播到用户界面)。如果 Model 是通过工具(基于服务接口或数据库结构)生成的，就不可能做到这一点，或者在每次重新生成 Model 时都需要完成大量工作。

一个更好的方案是通过 ViewModel 来实现 INotifyPropertyChanged。在 ViewModel 中，创建这样一些属性，它们与组成 View 的可视化元素的属性相关联。当 View 中的一个数据绑定控件发生变化时，就会更新底层的 ViewModel 属性。而当更改发生时，或者基于某个事件(例如，用户选择了 Save)，它们又会被传送给 Model。让我们看一下 DesignTimeViewModel：

可从
wrox.com
下载源代码

```
public class DesignTimeViewModel : INotifyPropertyChanged{
    private string title;
    public string Title{
        get{ return title; }
        set{
            if (title == value) return;
            title = value;
            RaisePropertyChanged("Title");
        }
    }

    private string description;
    public string Description{
```

```
        get{ return description; }
        set{
            if (description == value) return;
            description = value;
            RaisePropertyChanged("Description");
        }
    }

    private BitmapImage bookCover;
    public BitmapImage BookCover{
        get{ return bookCover; }
        set{
            if (bookCover == value) return;
            bookCover = value;
            RaisePropertyChanged("BookCover");
        }
    }

    private bool isPublished;
    public bool IsPublished{
        get{ return isPublished; }
        set{
            if (isPublished == value) return;
            isPublished = value;
            RaisePropertyChanged("IsPublished");
        }
    }

    private ObservableCollection<Author> authors = new ObservableCollection<Author>();
    public ObservableCollection<Author> Authors{
        get { return authors; }
    }

    public event PropertyChangedEventHandler PropertyChanged;
    private void RaisePropertyChanged(string propertyName){
        if (PropertyChanged != null){
            PropertyChanged(this, new PropertyChangedEventArgs(propertyName));
        }
    }
}
```

DesignTimeViewModel.cs 中的代码片段

您会发现 DesignTimeViewModel 看起来与 Book 类非常相似。但有几处细微的差别。首先，DesignTimeViewModel 包含一个 IsPublished 属性，而非 PublishedDate 属性。这样可以更方便地绑定 CheckBox 的 IsChecked 属性，因为无需再使用值转换器。正如您所期待的那样，每个属性都会引发 PropertyChanged 事件，这样，当 ViewModel 更改时用户界面就会被更新。

另一处不同在于，DesignTimeViewModel 公开了一个 Author 类型的 ObservableCollection，而非一个 Author 数组。ObservableCollection 类为 INotifyCollectionChanged 接口提供了一个基本实现，一

旦集合被修改，就会引发事件。稍后将再次介绍 DesignTimeViewModel，现在先跳过它来介绍一下 Blend 与用户界面的连接。

需要注意的一点是，通常您很少需要编写代码来设置可视化元素的属性。如果您发现自己正在编写这样的代码，则应该检查一下，看看是否可以通过声明方式来实现。这并不是说在代码隐藏文件中为页面编写代码做法不当或者应该避免。有时，最简捷的方式就是在代码隐藏文件中编写一行代码。不过，如果能够声明式地在 XAML 中完成，就能使设计人员直观地看到更改并与之进行交互，这正是 Blend 或 Visual Studio 设计体验的一部分。

3. 创建数据源

在 Blend 的 Data 窗口中，从窗口顶端工具栏的最右侧图标中选择 Create Object Data Source，如图 15-12(a)所示。在 Create Object Data Source 对话框中，选择 DesignTimeViewModel 然后单击 OK 按钮。

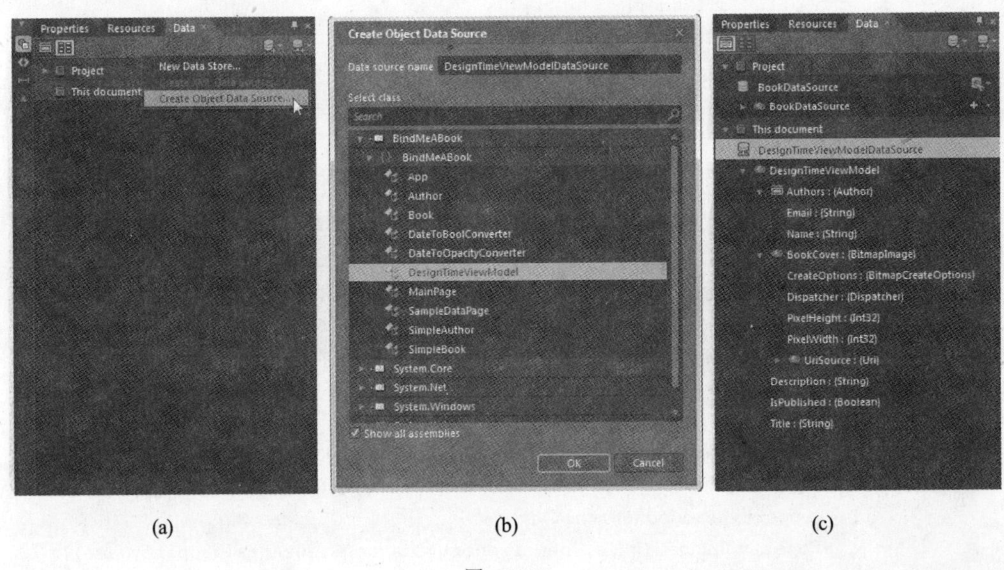

(a) (b) (c)

图 15-12

刚才您所做的是在当前页面中添加一个 DesignTimeViewModel 类的实例。该实例显示在 Data 窗口的 This document 区域中，如图 15-12(c)所示。查看页面的 XAML 可以看到，页面的 Resources 集合中包含一个 DesignTimeViewModel 元素。

```
<phone:PhoneApplicationPage
    ...
    xmlns:local="clr-namespace:BindMeABook"
    x:Class="BindMeABook.DesignTimePage">
    <phone:PhoneApplicationPage.Resources>
        <local:DesignTimeViewModel x:Key="DesignTimeViewModelDataSource"
                                   d:IsDataSource="True"/>
```

```
    </phone:PhoneApplicationPage.Resources>
```

在运行时，会创建 DesignTimeViewModel 的实例并将其添加到页面的可用资源中。您可以扩展 XAML 以便设置属性甚至将 Author 的实例添加到 Authors 集合中：

```
<phone:PhoneApplicationPage.Resources>
    <local:DesignTimeViewModel x:Key="DesignTimeViewModelDataSource"
                               d:IsDataSource="True"
        Title="Professional Visual Studio 2010"
        Description="A deep reference book for professionals
                wanting to get the most out of Visual Studio 2010"
        IsPublished="true" >
        <local:DesignTimeViewModel.BookCover>
            <BitmapImage UriSource="/Images/ProVS2010_Cover.jpg" />
        </local:DesignTimeViewModel.BookCover>
        <local:DesignTimeViewModel.Authors>
            <local:Author FullName="Nick Randolph" Email="nick@builttoroam.com" />
        </local:DesignTimeViewModel.Authors>
    </local:DesignTimeViewModel>
</phone:PhoneApplicationPage.Resources>
```

4. 构建用户界面

在 Data 窗口中选择 DesignTimeViewModelDataSource 节点之下的项，并将它们拖动到页面中。图 15-13 显示的是已经被放置到页面中的 BookCover 以及正在被添加到页面中的 Title。

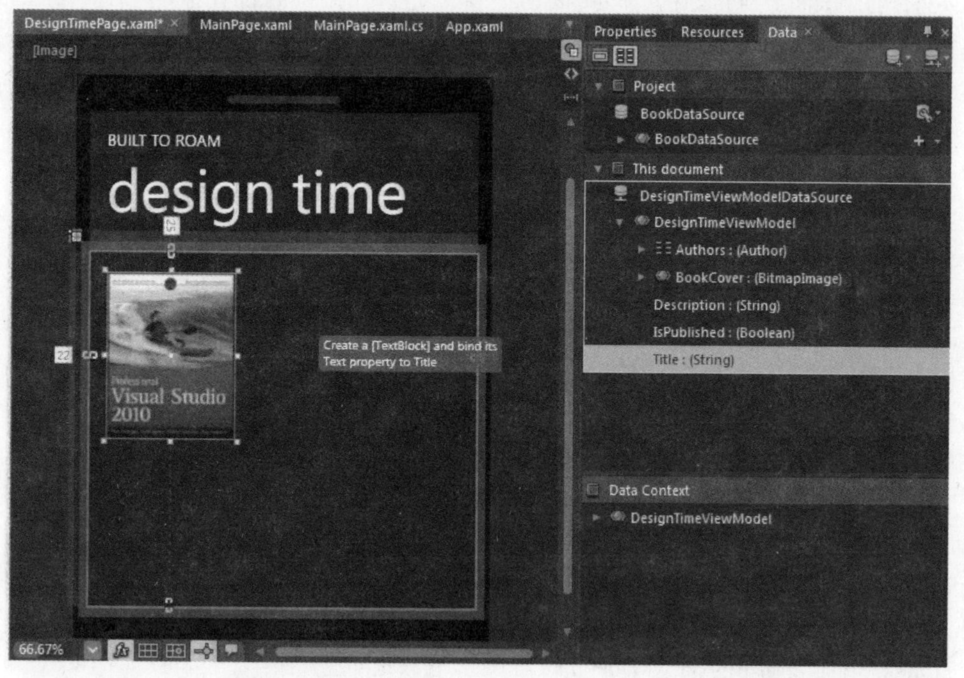

图　15-13

注意在将元素拖动到页面中时，Blend 会尝试猜测要创建的可视化元素的类型。如果是字符串属性，则类型为 TextBlock。但我们要创建一个可以使用户修改图书属性的界面。首先，从 Assets 窗口中将相应元素拖动到页面中，而非从 Data 窗口中拖动属性。例如，对于 Title 属性，我们需要 TextBox 元素，所以从 Assets 窗口中将一个 TextBox 元素拖动到页面中。为将 TextBox 绑定到 Title 属性，可从 Data 窗口将 Title 节点拖动到 TextBox 上。Blend 十分擅长预测您要绑定的属性及绑定的模式。例如，在此处，它将 Title 属性绑定到 TextBox 的 Text 属性。但是，为了确保安全，将节点到拖动到可视化元素上时，建议您按住 Shift 键。这将显示 Create Data Binding 对话框，如图 15-14 所示，从而允许您确认要绑定到的可视化元素的属性以及绑定的模式。此对话框唯一的限制就是不允许您指定值转换器。如果您已经设计好与 View 相匹配的 ViewModel，那么这基本不成问题，因为 ViewModel 属性的数据类型应该与 View 中的对应属性相匹配。

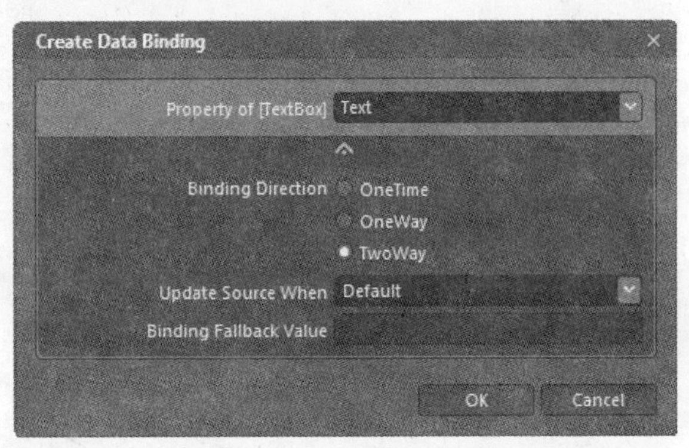

图 15-14

要将作者列表添加到页面中，需要单击 Data 窗口左上角的 List Mode 图标。然后将 Authors 节点拖动到页面中。这会自动创建一个列表框，其中填充了作者的姓名和电子邮件地址。然后您可以按本章前面介绍的方法编辑 Item Template 并单独调整这些项的布局。

现在准备运行 Windows Phone 应用程序。当加载 DesignTimePage 时，可以编辑 Title 和 Description 字段。如果在 ViewModel的对应属性中设置了断点，将看到双向绑定确实生效了。

5. 分离设计时数据与运行时数据

在 Expression Blend 中创建的 DesignTimeViewModel 实例对于构建布局来说十分有用。但在运行时，您需要使用真实数据填充 ViewModel。通过在 XAML 中显式声明 ViewModel，可在运行时调用无参构造函数来创建 ViewModel。正因如此，在它显示之前，您没机会用真实数据来填充它。如果能够传递进来一个参数，比如要显示的图书 ID 或者一个能够将图书信息加载到 ViewModel 中的辅助类的引用，那么将会非常有用。但在 XAML 中无法做到这一点。

有一种解决此问题的方法，被称为定位器模式(locator pattern)。实际上，您无需在页面内创建 ViewModel 的实例，只需将页面的 DataContext 设置为一个对象属性的引用，该对象是一个可以集中进行访问的定位器对象。该属性将返回一个已加载了必要信息的 ViewModel 实例。这些听起来又有些理论化了，所以我们列举实例来分析实现方式。

首先从一个非常简单的 ViewModel 定位器开始，它只是创建并保存了一个 DesignTimeViewModel 的实例。当创建 DesignTimeViewModel 时，通过 LoadFromBook 方法对其进行初始化，此方法会将每个属性的值设置为与所提供图书的值相等。此外该类中还包含一个只读属性 BookViewModel，以便使该实例可供访问，从而使其可以被设置为页面的 DataContext：

可从
wrox.com
下载源代码

```
public class ViewModelLocator{
    private static DesignTimeViewModel BookViewModelInstance;

    public ViewModelLocator(){
        var book = new Book(){
                BookId = Guid.NewGuid(),
                Title = "Professional Visual Studio 2010",
                Description = "A deep reference book for professionals wanting to
                           get the most out of Visual Studio 2010",
                BookCover = new BitmapImage(new Uri("/Images/ProVS2010_Cover.jpg",
                                          UriKind.Relative)),
                PublishedDate = new DateTime(2011, 4, 10),
                Authors = new Author[]{new Author(){FullName="Nick Randolph",
                    Email="nick@builttoroam.com"},
                    new Author(){FullName="David Gardner"},
                    new Author(){FullName="Michael Minutillo"},
                    new Author(){FullName="Chris Anderson"}
                }
            };

        BookViewModelInstance = new DesignTimeViewModel();
        BookViewModelInstance.LoadFromBook(book);
    }

    public DesignTimeViewModel BookViewModel{
        get{
            return BookViewModelInstance;
        }
    }
}
```

ViewModelLocator.cs 中的代码片段

要在 Windows Phone 应用程序中使用定位器，首先需要创建它的一个实例。由于您需要在应用程序中的任何位置都可以访问该定位器，所以最好在 App.xaml 文件中声明它：

可从
wrox.com
下载源代码

```
<Application
    ...
    x:Class="BindMeABook.App"
    xmlns:local="clr-namespace:BindMeABook">
    <Application.Resources>
        <local:ViewModelLocator x:Key="Locator" />
```

App.xaml 中的代码片段

由于可在应用程序中的任何位置引用该实例，所以您可以更新 DesignTimePage.xaml 以便将此对象作为页面的 DataContext：

可从
wrox.com
下载源代码

```
<phone:PhoneApplicationPage
    ...
    xmlns:local="clr-namespace:BindMeABook"
    x:Class="BindMeABook.DesignTimePage"
    DataContext="{Binding Path=BookViewModel, Source={StaticResource Locator}}" >
```

App.xaml 中的代码片段

现在当应用程序加载时，就会创建一个定位器的实例，并将其添加到应用程序的资源集合中。当加载 DesignTimePage 时，就会引用该定位器，请求 BookViewModel 属性的值，然后将该值设置为它的 DataContext。您可以运行应用程序来观察效果。为了体会这些内容是如何进行加载的，您可在 BookLocator 的构造函数以及 BookViewModel 属性中设置断点。

到目前为止，您所做的事情实际上是将设置 DesignTimeViewModel 属性值的逻辑从页面的 XAML 中移到 BookLocator 的构造函数中。而我们真正想做的事情是在设计时创建示例数据，并在运行时加载真实数据。这可以通过测试应用程序是否在设计器中运行来实现。您可以查询 DesignerProperties.IsInDesignTool 属性来检测代码是运行在设计器中还是真实设备(或模拟器)中：

```
Book book;
if (DesignerProperties.IsInDesignTool){
    book = new Book(){
            BookId = Guid.NewGuid(),
            Title = "Professional Visual Studio 2010",
            Description = "A deep reference book for professionals wanting to
                        get the most out of Visual Studio 2010",
            BookCover = new BitmapImage(new Uri("/Images/ProVS2010_Cover.jpg",
                                      UriKind.Relative)),
            PublishedDate = new DateTis ime(2011, 4, 10),
            Authors = new Author[]{new Author(){FullName="Nick Randolph",
            Email="nick@builttoroam.com"},
            new Author(){FullName="David Gardner"},
            new Author(){FullName="Michael Minutillo"},
            new Author(){FullName="Chris Anderson"}}};
}
else{
      book = LoadBook();
}
```

此段代码相当笨拙，而且，为了支持设计时和运行时数据源，很快就会导致代码变得混乱不堪。为了重构这段代码，从而使之更具扩展性，我们将使用库模式(repository pattern)。当创建定位器时，它会确定加载设计时库还是运行时库。这两个库都实现了相同的接口 IRepository，这意味着可以很容易地将它们互换。此外您还需要修改 DesignTimeViewModel 的构造函数以便接收一个 IRepository 实例：

首先观察 IRepository 接口以及它的两个实现：

可从
wrox.com
下载源代码

```
public interface IRepository{
    Book BookToDisplay();
}
```

IRepository.cs 中的代码片段

```
public Book BookToDisplay(){
    var book = new Book(){
              BookId = Guid.NewGuid(),
              Title = "Professional Visual Studio 2010",
              Description = "A deep reference book for professionals wanting to
                       get the most out of Visual Studio 2010",
              BookCover = new BitmapImage(new Uri("/Images/ProVS2010_Cover.jpg",
                                        UriKind.Relative)),
              PublishedDate = new DateTime(2011, 4, 10),
              Authors = new Author[]{new Author(){FullName="Nick Randolph",
                Email="nick@builttoroam.com"},
                new Author(){FullName="David Gardner"},
                new Author(){FullName="Michael Minutillo"},
                new Author(){FullName="Chris Anderson"}
              }};
    return book;
}
```

DesignTimeRepository.cs 中的代码片段

```
Public Book BookToDisplay(){
    var book = new Book();
    // Load book information from isolated storage or from a cloud service
    return book;
}
```

RuntimeRepository.cs 中的代码片段

现在，更新 DesignTimeViewModel 和 BookLocator 构造函数：

可从
wrox.com
下载源代码

```
private IRepository Repository { get; set; }
public DesignTimeViewModel(IRepository repository){
    this.Repository = repository;
    LoadFromBook(this.Repository.BookToDisplay());
}
```

DesignTimeViewModel.cs 中的代码片段

```
public ViewModelLocator(){
    IRepository repository;
    if (DesignerProperties.IsInDesignTool){
```

```
            repository = new DesignTimeRepository();
        }
        else{
            repository = new RuntimeRepository();
        }

        BookViewModelInstance = new DesignTimeViewModel(repository);
    }
```

ViewModelLocator.cs 中的代码片段

现在您已经将创建设计时数据和运行时数据的逻辑充分分离。您可以扩展 IRepository 接口以便使其包含此视图模型和其他视图模型所需的任何方法。您所要做的就是同时为设计时和运行时提供实现。

15.2.3 MVVM Light 工具包

MVVM Light 工具包(http://mvvmlight.codeplex.com/)提供了大量组件，从而帮助您在 Windows Phone 应用程序中使用 MVVM 模式。

1. 基础视图模型

您应该已经注意到了，很多类都实现了 INotifyPropertyChanged 接口并包含一个 RaisePropertyChanged 方法，此方法用于引发 PropertyChanged 事件。您无需在所创建的每个 ViewModel 中都实现 INotifyPropertyChanged 接口和 RaisePropertyChanged 方法，MVVM Light 工具包提供了一个基类，它实现了 INotifyPropertyChanged 接口并提供了 RaisePropertyChanged 方法以及其他一些十分有用的基础功能。

要使用该工具包，您需要进行下载并遵循站点上的安装说明。安装之后，需要引用 GalaSoft.MvvmLight.WP7.dll 和 GalaSoft.MvvmLight.Extras.WP7.dll。引用这两个程序集之后，只需修改 DesignTimeViewModel 使其继承自 ViewModelBase，并删除 PropertyChanged 事件和 RaisePropertyChanged 方法即可：

可从
wrox.com
下载源代码

```
using GalaSoft.MvvmLight;

public class DesignTimeViewModel : ViewModelBase{
    ...
}
```

DesignTimeViewModel.cs 中的代码片段

2. 命令模式

MVVM Light 工具包的另一个用处是在 Windows Phone 应用程序中实现命令模式(Command Pattern)。遗憾的是，我们无法对一个由可视化元素引发的事件进行数据绑定，例如将按钮的单击事件绑定到底层 ViewModel 中的某个方法。但是，我们可以触发一个基于事件的行为，然后让该行为去调用合适的方法。

正如之前所做的，让我们通过一个示例来对其进行阐述。这里向 ViewModel 中添加一个非常简单的名为 ClearTitle 的方法，它只负责清空已显示的图书的 Title 文本：

可从
wrox.com
下载源代码

```
public class DesignTimeViewModel : ViewModelBase{
    public RelayCommand ClearTitleCommand { get; private set; }

    public DesignTimeViewModel(IRepository repository){
        ...
        ClearTitleCommand = new RelayCommand(ClearTitle);
    }

    public void ClearTitle(){
        this.Title = "";
    }
```

DesignTimeViewModel.cs 中的代码片段

除了指定 ClearTitle 方法之外，我们还创建了一个指向该方法的 RelayCommand 实例。为了能够与命令绑定，这一步是必需的。

现在我们返回到 Blend 并在 Title TextBox 附近添加一个 Clear 按钮。从 Assets 窗口的 Behaviors 节点中将 EventToCommand 行为拖动到新创建的 Clear 按钮上。您将看到在 Objects and Timeline 窗口中出现了一个新的 EventToCommand 节点，并且可以在 Properties 窗口中看到该行为的属性。此时 EventName 已经被设置为 Click 事件，而 SourceName 的默认值为[Parent]，如图 15-15 所示。这表明该行为将在其父元素的 Click 事件上触发，而它的父元素，当然就是 Clear 按钮了。

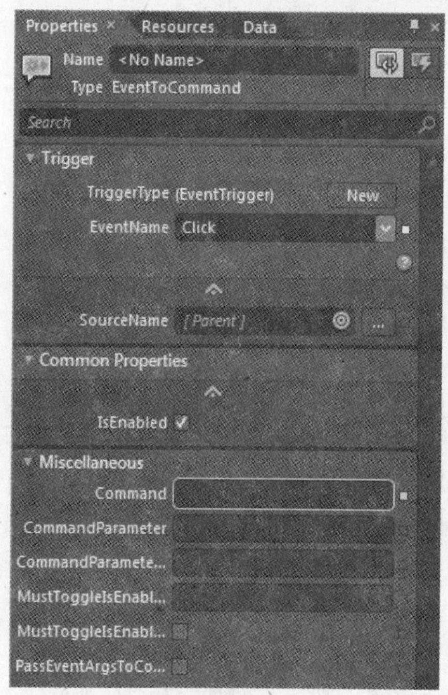

图　15-15

单击 Command 属性旁边的 Advanced Options，并选择 ClearTextCommand 节点。实际上这将 ClearTextCommand 命令设置为当行为被触发时才调用。

以上就是将命令绑定到由可视化元素引发的事件所需的全部内容。但是，关于命令的使用，还有一点比较有趣。应该只在 Title 不为空时才可以调用 Clear 命令。RelayCommmand 的构造函数所支持第二个参数是一个谓词函数，如果命令可以执行，则该函数将返回 true。因此您可以对 DesignTimeViewModel 进行相应更新：

可从
wrox.com
下载源代码

```
public class DesignTimeViewModel : ViewModelBase{
  public RelayCommand ClearTitleCommand { get; private set; }

  private string title;
  public string Title{
    get{
      return title;
    }
    set{
      if (title == value) return;
      title = value;
      RaisePropertyChanged("Title");
      RaisePropertyChanged("CanClearTitle");
    }
  }

  public DesignTimeViewModel(IRepository repository){
    ...
    ClearTitleCommand = new RelayCommand(ClearTitle , ()=>CanClearTitle);
  }

  public void ClearTitle(){
    this.Title = "";
  }

  public bool CanClearTitle{
    get{
      return !string.IsNullOrEmpty(this.Title);
    }
  }
```

DesignTimeViewModel.cs 中的代码片段

RelayCommand 需要的是一个谓词函数，而 CanClearTitle 却被声明为一个属性，这看起来似乎有些奇怪。这样做的原因是使该属性具有双重功能。它用于确定是否可以调用 ClearTitle 方法，同时也用于在数据绑定中启用和禁用 Clear 按钮。要实现这一功能，当清空 Title 时，或者说，实际上，每次修改 Title 时，都需要查询 CanClearTitle 属性以确定是启用还是禁用该按钮。这就是在第二次调用 RaisePropertyChanged 方法时传入 CanClearTitle 属性的原因。

当运行应用程序时，您应该能够单击 Clear 按钮，使其既清空 Title TextBox，又禁用 Clear 按钮。如果在 TextBox 中输入文本，则会注意到 Clear 按钮又被重新启用了。

15.2.4　元素与资源的绑定

关于绑定，我们尚未介绍的一个方面是绑定到其他某些项的能力，这些项是指那些通过编程方式而创建的自定义 C#对象以外的内容。我们还可以绑定到页面中其他可视化元素所提供的资源和属性。事实上，您在之前就已经见过它们了。例如，将 BookLocator 添加到 App.xaml 中时，就是从页面中通过资源绑定对其进行访问的。类似地，在本章前面的部分，包含了已选图书详细信息的 Grid 就是利用元素绑定来绑定到 ListBox 的 SelectedItem 属性的。

首先来分析资源数据绑定的工作方式。向页面中添加一个 TextBlock 并单击 Style 属性旁的 Advanced Options 图标。在弹出的列表中选择 Local Resources。这一操作将会显示当前作用域内所有可用的并与属性类型(此处是 Style 属性)相匹配的资源。我们选择 PhoneTextNormalStyle，以便 TextBlock 可以反映出 Windows Phone 文本的普通样式，如图 15-16 所示。

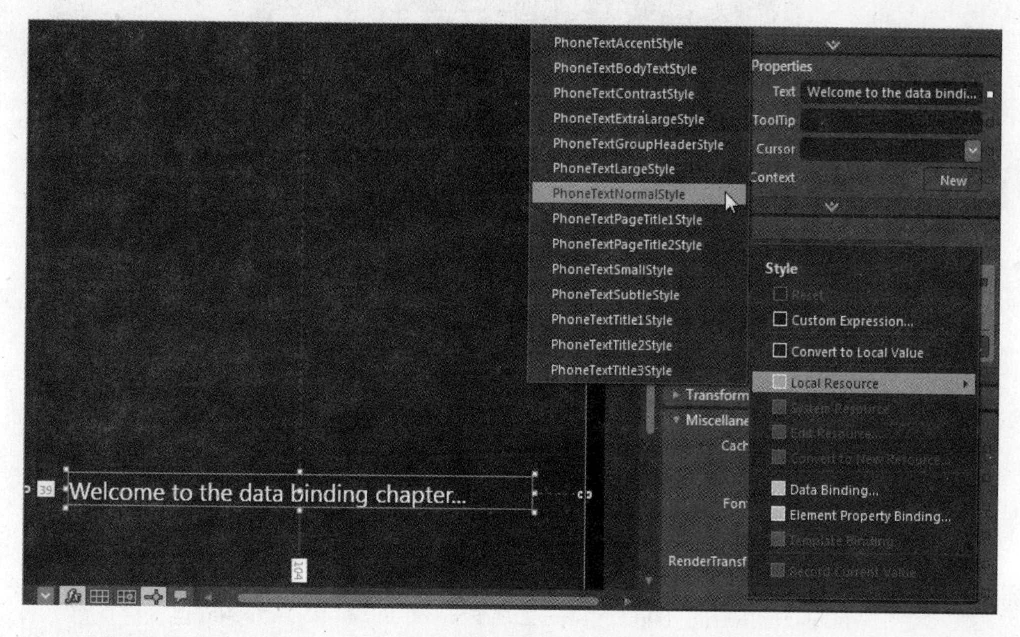

图　15-16

如果查看 TextBlock 的 XAML，将发现 Style 属性的值所使用的括号与本章中一直以来您所见到的花括号{ }是相同的。但区别在于此处是 StaticResource，而非 Binding：

```
<TextBlock HorizontalAlignment="Left" Margin="39,0,0,104" TextWrapping="Wrap"
           Text="Welcome to the data binding chapter..." VerticalAlignment="Bottom"
           Width="396" Style="{StaticResource PhoneTextNormalStyle}"/>
```

StaticResource 只会被加载一次并保持固定直到被丢弃。Windows Phone 与它的老大哥 WPF 不同，它没有 DynamicResource 的概念。此处会通过 PhoneTextNormalStyle 键来查找该 StaticResource。该资源存在于所有 Windows Phone 应用程序都可以使用的全局资源字典中。Silverlight 应用程序中的每一个页面都可以访问定义在全局资源字典中的所有资源，还有那些被定义在 App.xaml 中的资源，以及被定义在页面中的资源。页面中的嵌套元素随后可以访问被定义在以上这些位置或其他任何父元素中的资源。

元素绑定允许将一个元素的属性绑定到另一个元素的属性。这里将使用一个非常简单的例子，它包含一个 TextBlock(可以使用本节前面创建的那个 TextBlock)及一个 TextBox。TextBox 的 Text 属性通过 TwoWay绑定被绑定到 TextBlock 的 Text 属性，如图 15-17 所示。设置此绑定时，务必选中 Create Data Binding 对话框中的 Element Property 选项卡。

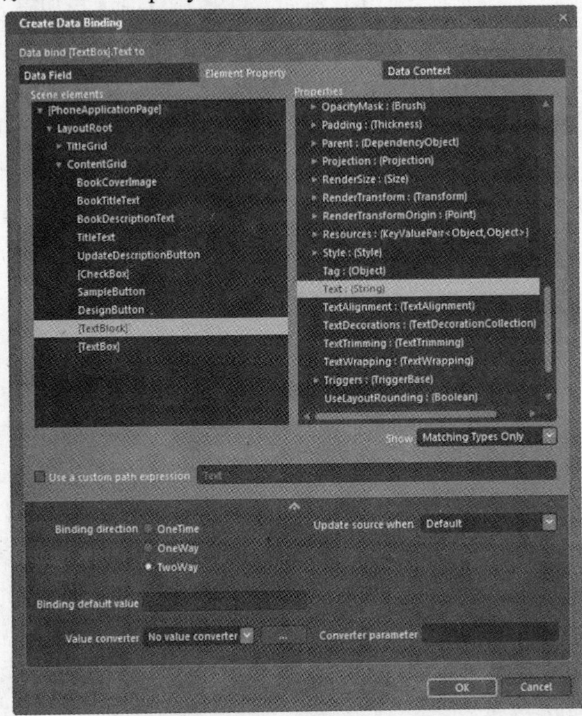

图 15-17

此 TextBox 所对应的 XAML 如下所示：

可从
wrox.com
下载源代码

```
<TextBox Margin="39,0,8,8" TextWrapping="Wrap"
        Text="{Binding Text, ElementName=textBlock, Mode=TwoWay}"
        VerticalAlignment="Bottom"/>
```

MainPage.xaml 中的代码片段

15.3 小结

本章介绍了如何使用 Visual Studio 及 Expression Blend 在应用程序中设计和使用数据。能够高效地在设计时数据与运行时数据之间进行切换，对于一支既有开发人员又有设计人员的团队来说至关重要。能够将这两种角色之间的职责划分清楚的能力，正是在整个 Windows Phone 应用程序中使用 MVVM 和数据绑定的一个最好的理由。

第16章

数据的存储与同步

本章内容

- 将应用程序设置保存到独立存储中
- 独立存储的读取与写入
- 如何缓存并持久保存对象
- 数据同步策略

作为数据处理的第二部分，本章将探究如何在应用程序的会话之间持久保存数据。您可以定期将数据同步到一个名为独立存储(Isolated Storage)的数据存储库中，该库是应用程序专用的，您无需在每次运行应用程序时都从联机数据源中获取数据。

在本章中，您将学习如何对独立存储中数据的保存和加载进行包装，此外还将学习一个新的OData(Open Data Protocol，开放式数据协议)标准，以及如何使用该标准来构建一个可以提高应用程序效率的同步框架。

16.1 独立存储

在 Window Phone 应用程序中，您可以访问的唯一一种持久化设备存储就是所谓的独立存储。顾名思义，您的应用程序可以独立于设备中的其他应用程序在此存储区中进行读写。您的应用程序只能读写为其分配的独立存储。这可以防止应用程序共享或者干扰其他应用程序中的数据。

如果您对直接读写文件系统比较熟悉，那么可能需要一段时间来熟悉独立存储。作为开发人员，您不再拥有文件系统的完全访问权限。相反，系统会为您分配一个单独的文件夹，在其中您可以对文件进行读写。Windows Phone 应用程序的独立存储与桌面版 Silverlight 应用程序的独立存储类似，二者的不同之处在于，桌面版 Silverlight 应用程序拥有一个配额(quota)，它定义了在应用程序不使用 IncreaseQuotaTo 方法申请更多空间之前可以使用的最大存储空间，而 Windows Phone 则没有限制该配额，只要存储空间允许，应用程序就可以使用尽可能多的存储空间。

16.1.1 ApplicationSettings

您可以通过两种主要方式来使用独立存储。第一种仅是将数据保存为键-值对，而第二种与传统文件系统访问方式类似，允许您读写一个或多个文件流。

我们常常希望能够在应用程序的不同会话之间持久保存用户信息。例如，您可能不希望用户每次运行应用程序时都必须输入他或她的用户名，或者您可能需要保存从云服务检索的身份验证令牌。为了可以轻松地在应用程序的多次运行之间保存这些值，您可以将其保存到 ApplicationSettings 中。它是一个对象字典，通过 string 形式的键来进行标识，并可以通过 IsolatedStorageSettings 类的一个单例来进行访问。

可从 wrox.com 下载源代码

```
// Save the username
IsolatedStorageSettings.ApplicationSettings["UserName"] = "Nick";
// Retrieve the username
var userName = IsolatedStorageSettings.ApplicationSettings["UserName"].ToString();
```

MainPage.xaml.cs 中的代码片段

您还可以存储更复杂的对象：

可从 wrox.com 下载源代码

```
public class Credentials {
    public string UserName { get; set; }
    public string Domain { get; set; }
}
var user = new Credentials(){UserName="Nick_Randolph",Domain="BuiltToRoam"};

// Save the user
IsolatedStorageSettings.ApplicationSettings["LastUsersCredentials"] = user;

// Retrieve the user
var selectedPerson =
     IsolatedStorageSettings.ApplicationSettings["LastUsersCredentials"]
                                                  as Credentials;
MessageBox.Show(selectedPerson.UserName);
```

MainPage.xaml.cs 中的代码片段

数据绑定

相比于在应用程序中显式地保存和检索数据，您可能更希望包装对 ApplicationSettings 对象的访问。这可以使您将用于读写设置的一系列键集中起来，同时为访问这些设置提供一个强类型的接口。以下的 Settings 类展示了如何构建这样一个包装器，它定义了所有用于保存和检索数据(诸如常量)的键。此外还有一个辅助方法 RetrieveSetting，它要么返回被存储的项，要么返回默认值(多数情况下是 null)：

可从
wrox.com
下载源代码

```
public class Settings {
    private const string ApplicationTitleKey = "ApplicationTitle";
    private const string LastUsersCredentialsKey = "LastUsersCredentials";

    private T RetrieveSetting<T>(string settingKey) {
        object settingValue;
        if (IsolatedStorageSettings.ApplicationSettings.TryGetValue(settingKey,
                                                            out settingValue)){
            return (T)settingValue;
        }
        return default(T);
    }
    public string ApplicationTitle {
        get {
            return RetrieveSetting<string>(ApplicationTitleKey);
        }
        set {
            IsolatedStorageSettings.ApplicationSettings[ApplicationTitleKey] = value;
        }
    }
    public Credentials LastUsersCredentials {
        get {
            return RetrieveSetting<Credentials>(LastUsersCredentialsKey);
        }
        set {
            IsolatedStorageSettings
                  .ApplicationSettings[LastUsersCredentialsKey] = value;
        }
    }
}
```

ApplicationSettings.cs 中的代码片段

对于每个通过 ApplicationSettings 被保存到独立存储中的数据项，Setting 包装器类都公开了一个对应的属性。这使得在代码中读写设置变得十分轻松，同时可以帮助您避免字符串参数常见的拼写及大小写匹配错误。

您或许在想，既然这些方法和属性用于从单例对象 ApplicationSettings 字典中检索值，为什么它们不是静态的？原因在于在 App.xaml 中声明式地创建 Settings 类实例的能力。由于 App.xaml 文件只会被处理一次，所以，在应用程序启动时创建一个单独的 Settings 类实例是十分合理的，然后即可在应用程序中的任何位置引用该实例：

可从
wrox.com
下载源代码

```
<Application
    x:Class="ManageYourData.App"
    ...
    xmlns:local="clr-namespace:ManageYourData">
    <Application.Resources>
        <local:Settings x:Key="DataSettings" />
    </Application.Resources>
```

App.xaml 中的代码片段

此代码片段创建了 Setting 类的一个实例，并使用一个 Datasetting 键将其添加到了应用程序资源字典中。或者，您可以轻松地在代码中创建它，并在 App.xaml.cs 文件中将其作为应用程序的一个属性来公开。但在 XAML 中定义 Settings 类的实例意味着，您可以更方便地通过 XAML 来使应用程序中其他的页面和控件对该实例进行引用。例如，如果您希望将 ApplicationTitle 属性绑定到一个 TextBox，那么就可以完全在 XAML 页面中实现。

可从 wrox.com 下载源代码

```
<TextBox DataContext="{StaticResource DataSettings}" Height="72"
      HorizontalAlignment="Left" Margin="166,0,0,0" Name="TextToSave"
      VerticalAlignment="Top" Width="314"
      Text="{Binding ApplicationTitle, Mode=TwoWay}" />
```

MainPage.xaml 中的代码片段

当 TextBox 中的文本更改时，会更新 Settings 实例上的 ApplicationTitle 属性，该 Settings 实例是在应用程序资源字典中通过 DataSettings 键进行定义的。这样即可将新值持久保存到独立存储中的 ApplicationSettings 字典内。

ApplicationSettings 的默认行为是，当应用程序关闭时将所有更改写入到独立存储中。不过，应用程序可能会被意外终止，导致信息没有被正确地写入或完全未写入。您可以调用 Save 方法，以便立即将更改强制写入到独立存储中。

```
IsolatedStorageSettings.ApplicationSettings.Save();
```

16.1.2 IsolatedStorageFileStream

虽然通过键存储对象的方式十分简捷，但有时需要对数据的存储方式施加更多的控制。第二种使用独立存储的方式是将其当成普通的文件系统目录来对待，可以通过 IsolatedStorageFileStream 类来访问此目录中的一个或多个文件。要创建一个文件，只需创建一个新的 IsolatedStorageFileStream 实例，并指明要打开的文件名称即可；FileMode，在本例中选择了 Create 文件；接下来是应用程序的用户存储区。可将用户存储区看成应用程序的根目录或根文件夹，您可以在其中创建文件或目录来组织数据：

可从 wrox.com 下载源代码

```
private void CreateFile_Click(object sender, RoutedEventArgs e){
   using(var myFileStream = new IsolatedStorageFileStream("test.txt",FileMode.Create,
                              IsolatedStorageFile.GetUserStoreForApplication()))
   using(var writer = new StreamWriter(myFileStream)){
      writer.WriteLine("This is some text that I want to write to a file");
   }
}
```

MainPage.xaml.cs 中的代码片段

从这段代码中可以发现，您得到的是一个可以写入的流。在本例中，这个流被包装在一个 StreamWriter 中，这样更易于写入文本格式的数据。使用 using 语句可在所有信息被写入后确保写入器和流被刷新并关闭。

如需从独立存储文件中读取信息，只需创建另一个 IsolatedStorageFileStream 实例，并提供相同的文件名。注意这次 FileMode 被设置成 Open，这是因为您希望读取当前文件的内容，而非创建一个新文件：

可从
wrox.com
下载源代码

```
private void OpenButton_Click(object sender, RoutedEventArgs e){
    using(var myFileStream = new IsolatedStorageFileStream("test.txt",FileMode.Open,
                                IsolatedStorageFile.GetUserStoreForApplication()))
    using(var reader = new StreamReader(myFileStream)){
        var text= reader.ReadToEnd();
        MessageBox.Show(text);
    }
}
```

MainPage.xaml.cs 中的代码片段

这一次，将流包装在一个 StreamReader 中，使其更易于读取文本信息。同样，使用 using 语句可以确保在完成工作后将读取器和流关闭。

GetUserStoreForApplication 方法会返回一个 IsolatedStorageFile 实例，您可以将此实例视为一个文件管理器，通过它可以创建、列举和删除文件及目录。下面的代码展示了如何检测某个文件是否存在，以及当文件存在时如何将其删除：

可从
wrox.com
下载源代码

```
private void DeleteButton_Click(object sender, RoutedEventArgs e){
    IsolatedStorageFile directory = IsolatedStorageFile.GetUserStoreForApplication();()
    if (directory.FileExists("test.txt")){
        directory.DeleteFile("test.txt");
    }
    else{
        MessageBox.Show("File doesn't exist");
    }
}
```

MainPage.xaml.cs 中的代码片段

IsolatedStorageFile 实例支持诸如 CreateDirectory、DeleteDirectory 以及 DirectoryExists 的方法来操作目录，并支持诸如 CreateFile、DeleteFile 以及 FileExists 的方法来操作文件。

16.2 数据缓存

独立存储很适合那些只需使用 ApplicationSettings 的键-值存储方式来存储有限信息量的应用程序，或者适合那些对数据存储的控制级别要求较低的应用程序。不过，这两者都没有提供一个简单易用的对象或是一个可以在整个应用程序中使用的关系存储库。如果您为其他平台进行过应用程序的开发，可能会考虑使用 SQL Server Compact(甚至是 SQL Server Express)作为应用程序的数据存储库。在 Windows Phone 开发工具中，暂时还没有对任何数据库技术提供内置的支持。本节将介绍如何通过后端服务器来构建一个用于持久保存和同步数据的存储库。

16.2.1　对象缓存

在构建持久化存储之前，先来介绍内存中的对象缓存。无论您是在从远程服务(例如 Web服务或 RSS 源)下载内容，还是从独立存储加载数据，都会希望能在应用程序的生命周期内跟踪内存中的数据，从而避免不停地对数据进行序列化和反序列化。您可以很容易地在 App.xaml.cs 中创建一个可在应用程序中的任何位置引用的全局变量，但是这种方法很笨拙，并且很快就会变得难以管理和使用。另一种方法是创建一个可以追踪任意多个对象的对象缓存。您可将对象缓存创建为 App.xaml 中的一个单例，为了能在应用程序中的任何位置对其进行访问，可以将其作为在 XAML 中进行数据绑定使用的 StaticResource，或者通过代码来实现。

首先定义一个名为 IObjectCache 的接口，其中定义了您希望对象缓存公开的方法。IObjectCache 继承自 IInitializeAndCleanup 接口，此接口定义了 Initialize 方法和 Cleanup 方法，分别用于创建和销毁对象缓存。这两个方法已经被分离到各自的接口中，所以您可以独立地重用它们：

可从
wrox.com
下载源代码

```
public interface IObjectCache : IInitializeAndCleanup {
   List<IObjectKeyMap> ObjectKeyMappings { get; }

   bool Exists<T>(T item) where T : class, IEntityBase;

   IEnumerable<T> FindByKey<T>(object key) where T : class, IEntityBase;

   IEnumerable<T> Select<T>() where T : class, IEntityBase;

   void Insert<T>(T item) where T : class, IEntityBase;

   void Delete<T>(T item) where T : class, IEntityBase;
}
```

IObjectCache.cs 中的代码片段

```
public interface IInitializeAndCleanup {
   void Initialize();
   void Cleanup();
}
```

IInitializeAndCleanup.cs 中的代码片段

IObjectCache 接口定义了一个 ObjectKeyMappings 属性，它是一系列对象到键的映射。IObjectKeyMap 接口存储了实体的 Type 以及该 Type 上的属性名称，这个属性名称会返回一个唯一的键来标识此 Type 的一个实体。以名为 Car 的类为例，它包含一个 Id 属性，该属性会返回一个唯一的整数，用以标识这个 Car。这里，IObjectKeyMap 会被添加到 ObjectKeyMappings 列表中，其中，EntityType 属性被设置为 Car，KeyPropertyName 属性被设置为 Id：

可从
wrox.com
下载源代码

```
public interface IObjectKeyMap {
    Type EntityType { get; set; }
    string KeyPropertyName { get; set; }
}
```

IObjectKeyMap.cs 中的代码片段

此外您还会注意到，在 IObjectCache 接口中定义的方法多数都是泛型方法，它们对于 Type 参数 T 是有约束的，要求 T 必须是一个实现了 IEntityBase 接口的类。起初，IEntityBase 接口是一个继承自 INotifyPropertyChanged 的空接口。当开始持久保存和同步实体时，您会得知为什么让实体实现 INotifyPropertyChanged 接口如此重要。稍后对 IEntityBase 接口进行扩展从而包含额外的属性：

可从
wrox.com
下载源代码

```
public interface IEntityBase : INotifyPropertyChanged{ }
```

IEntityBase.cs 中的代码片段

IObjectCache 接口中定义的其他方法会在后面的实现中进行介绍。首先创建具体类 ObjectCache，该类继承自 IObjectCache。下面的代码片段显示了公有和私有属性，以及构造函数：

可从
wrox.com
下载源代码

```
public class ObjectCache : IObjectCache{
    public List<IObjectKeyMap> ObjectKeyMappings { get; private set; }
    public ObjectCache() {
        ObjectKeyMappings = new List<IObjectKeyMap>();
    }
    private Dictionary<Type, PropertyInfo> EntityKeyPropertyCache { get; set; }
    private Dictionary<Type, Func<object, object>> EntityKeyFunctions { get; set; }
    private Dictionary<Type, List<IEntityBase>> InMemoryCache { get; set; }
}
```

ObjectCache.cs 中的代码片段

EntityKeyPropertyCache 和 EntityKeyFunctions 属性用于跟踪与键映射相关的属性和函数，这些属性及函数用于确定某个特定实体的键，而 InMemoryCache 用于跟踪所有添加到对象缓存中的实体。

在缓存中添加和查询对象之前，需要先设置缓存以便为接收新实体做准备。在 Initialize 方法中需要对各种字典进行实例化。出于效率的原因，您需要将一个函数缓存到 EntityKeyFunctions 字典中，该函数返回给定实体的键属性的当前值。这是通过创建一个 lambda 表达式来实现的，该表达式借助反射通过一个 PropertyInfo 实例来返回任意给定实体的属性值。考虑到性能方面的因素，将 PropertyInfo 和键映射函数都进行了缓存。此时，尚不需要完成清理工作：

可从
wrox.com
下载源代码

```
public void Initialize() {
    InMemoryCache = new Dictionary<Type, List<IEntityBase>>();
    EntityKeyFunctions = new Dictionary<Type, Func<object, object>>();
    EntityKeyPropertyCache = new Dictionary<Type, PropertyInfo>();

    foreach (var registeredType in ObjectKeyMappings){
        var entityType = registeredType.EntityType;
```

```
            var cache = new List<IEntityBase>();
            InMemoryCache[entityType] = cache;
            EntityKeyPropertyCache[entityType] =
                entityType.GetProperty(registeredType.KeyPropertyName);
            EntityKeyFunctions[entityType] =
                (entity) => EntityKeyPropertyCache[entity.GetType()].GetValue(entity, null);
        }
    }
    public void Cleanup(){ }
```

ObjectCache.cs 中的代码片段

对于已经被添加到 ObjectCache 中的实体是通过一个名为 Select 的方法来进行访问的。它是一个泛型方法，其中的 Type 参数用于确定将被返回的对象所属的类。您不应该直接访问 InMemoryCache 属性，而是应该创建一个泛型包装器方法 EntityCache，该方法使用 Type 参数从 InMemoryCache 字典返回对应的 List。Select 方法会将返回的 List<IEntityBase>转换为只读的 IEnumerable<T>，它可以用于 LINQ(Language Integrated Query，语言集成查询)表达式中，或者如后面将会看到的，直接被绑定到用户界面(UI)：

可从
wrox.com
下载源代码

```
private List<IEntityBase> EntityCache<T>() where T : class, IEntityBase{
    var entityType = typeof(T);
    List<IEntityBase> cache = InMemoryCache[entityType];
    return cache;
}
public IEnumerable<T> Select<T>() where T : class, IEntityBase{
    var cacheList = EntityCache<T>();
    return cacheList.AsReadOnly().OfType<T>();
}
```

ObjectCache.cs 中的代码片段

您已经一定程度上了解了为每个实体定义的键映射函数，它们负责为被添加到对象缓存中的实体确定一个唯一的键，但在哪儿会用到这些函数呢？以下这几个方法会使用键映射函数，首先是 FindByKey 方法。为方便起见，我们添加了一个辅助方法 KeyFunction，它用于安全地检索与 Type 参数 T 相匹配的实体的键映射函数：

可从
wrox.com
下载源代码

```
private Func<object, object> KeyFunction<T>() {
    Func<object, object> keyFunction;
    if (!EntityKeyFunctions.TryGetValue(typeof(T), out keyFunction)) {
        keyFunction = (object keyItem) => (object)keyItem;
    }
    return keyFunction;
}
```

ObjectCache.cs 中的代码片段

FindByKey 方法执行了一个 LINQ 表达式，它可以从键映射函数中返回与所提供的键相匹配的实体。在前面的 Car 示例中，它的 Id 属性是键属性，如果键的值为 5，FindByKey 方法就会返回 ObjectCache 中所有 Id 为 5 且类型为 Car 的实体：

可从
wrox.com
下载源代码

```
public IEnumerable<T> FindByKey<T>(object key) where T : class, IEntityBase{
    var keyFunction = KeyFunction<T>();
    var matches = from x in Select<T>()
                  where keyFunction(x).Equals(key)
                  select x;
    return matches;
}
```

ObjectCache.cs 中的代码片段

如果您希望测试 ObjectCache 中是否存在具有特定键值的实体，则可以调用 Exists 方法。如果 ObjectCache 中已经存在具有指定键值的实体，该方法会返回 true。需要注意的是，您应该使用 FirstOrDefault，而不是 Count，因为 Count 始终要求枚举整个列表，而 FirstOrDefault 会在匹配的实体出现时立刻停止对实体列表的枚举：

可从
wrox.com
下载源代码

```
public bool Exists<T>(T item) where T : class, IEntityBase {
    var matches = FindMatches(item).FirstOrDefault();
    return matches != null;
}
private IEnumerable<T> FindMatches<T>(T item) where T : class, IEntityBase {
    var keyFunction = KeyFunction<T>();
    var key = keyFunction(item);
    return FindByKey<T>(key);
}
```

ObjectCache.cs 中的代码片段

在本例中，我们希望使 ObjectCache 对于任意给定的键都只包含一个实体，所以在插入实体前需要先进行测试，以便查看该实体是否唯一：

可从
wrox.com
下载源代码

```
public void Insert<T>(T item) where T : class, IEntityBase {
    if (Exists(item)) {
        throw new EntityExistsException();
    }
    EntityCache<T>().Add(item);
}
```

ObjectCache.cs 中的代码片段

要从 ObjectCache 中删除项，只需从对应的实体列表中删除该实体即可：

可从
wrox.com
下载源代码

```
public void Delete<T>(T item) where T : class, IEntityBase {
    EntityCache<T>().Remove(item);
}
```

ObjectCache.cs 中的代码片段

既然 ObjectCache 会在内存中跟踪对象的引用，那么就没有必要再创建一个当对象发生更改时被调用的方法了。稍后您将看到，当对象发生更改时，会使用 INotifyPropertyChanged 接口进行检测，以便持久保存这些更改。

此前介绍的键映射函数是基于一系列 IobjectKeyMap 项创建的。当然，您无法创建接口的实例，所以需要一个具体的类 ObjectKeyMap，该类实现了此接口：

可从
wrox.com
下载源代码

```
public class ObjectKeyMap : IObjectKeyMap {
    [TypeConverter(typeof(StringToTypeConverter))]
    public Type EntityType { get; set; }
    public string KeyPropertyName { get; set; }
}
```

ObjectKeyMap.cs 中的代码片段

EntityType 属性有一个与之关联的 TypeConverter 特性。它允许在字符串类名与对应的 Type 对象之间进行类型转换。只有这样做才能在 XAML 中创建 ObjectKeyMap 类的实例。默认情况下，在 XAML 中设置属性值时，Silverlight 无法在字符串与该串所指代的 Type 之间进行转换。

可从
wrox.com
下载源代码

```
public class StringToTypeConverter : TypeConverter {
    public override bool CanConvertFrom(ITypeDescriptorContext context,
                                        Type sourceType){
        return sourceType.IsAssignableFrom(typeof(string));
    }
    public override object ConvertFrom(ITypeDescriptorContext context,
                                       CultureInfo culture, object value){
        var typeName = value as string;
        if (String.IsNullOrEmpty(typeName)){
            return null;
        }
        var type = Type.GetType(typeName);
        return type;
    }
}
```

StringToTypeConverter.cs 中的代码片段

现在您拥有了一个 ObjectCache 类的基本实现，并且可以将其用于应用程序。接下来需要将 ObjectCache 扩展成为一个名为 CarStore 的专门用于应用程序的缓存，它包含一个附加属性 Cars，其中包装了对 Select 的调用，并将 Type 参数设置为 Car。Car 类实现了 IEntityBase 接口，并包含(int)Id、(string)Make、(string)Model 和(int)Year属性。

可从
wrox.com
下载源代码

```
public class CarStore : ObjectCache
{
    public Car[] Cars
    {
        get {
            return Select<Car>().ToArray();
```

```
            }
        }
    }
```

CarStore.cs 中的代码片段

在应用程序中使用 CarStore 与在 App.xaml 文件中创建一个 CarStore 实例同样简单。在本例中，将 ObjectCache 及相关的接口放到了一个单独的程序集中，该程序集的名称空间为 BuiltToRoam.Data。而 CarStore 及 Car 类在应用程序项目中定义，名称空间为 ManageYourData。

可从
wrox.com
下载源代码

```
<Application
   x:Class="ManageYourData.App"
   ...
   xmlns:data="clr-namespace:BuiltToRoam.Data;assembly=BuiltToRoam.Data"
   xmlns:local="clr-namespace:ManageYourData">
   <Application.Resources>
      <local:CarStore x:Key="Cache">
         <data:ObjectCache.ObjectKeyMappings>
            <data:ObjectKeyMap
                  EntityType="ManageYourData.Car,ManageYourData"
                  KeyPropertyName="Id" />
         </data:ObjectCache.ObjectKeyMappings>
      </local:CarStore>
   </Application.Resources>
```

App.xaml 中的代码片段

在应用程序的资源字典中创建 CarStore 实例，它的键为 Cache。该键可用于在应用程序中的任何位置引用 CarStore 实例。在使用对象缓存之前需要先对其进行初始化。这可以通过 App.xaml.cs 文件中的 Application_Launching 和 Application_Activated 事件处理程序来实现。此时，还可以将 CarStore 实例分配给一个 CLR 属性，以便在代码中更加方便地对其进行引用。为完整起见，务必在 Application_Closing 和 Application_Deactivated 事件处理程序中调用 Cleanup 方法。

可从
wrox.com
下载源代码

```
public CarStore Store { get; private set; }
private void Application_Launching(object sender, LaunchingEventArgs e) {
   Store = this.Resources["Cache"] as CarStore;
   Store.Initialize();
}
private void Application_Activated(object sender, ActivatedEventArgs e){
   Store = this.Resources["Cache"] as CarStore;
   Store.Initialize();
}

private void Application_Closing(object sender, ClosingEventArgs e) {
   Store.Cleanup();
}

private void Application_ Deactivated(object sender, ClosingEventArgs e) {
   Store.Cleanup();
}
```

App.xaml.cs 中的代码片段

您或许在想，如果只希望通过定义在 App 类中的属性来访问 CarStore 实例，为什么要耗费如此多的精力在 XAML 中创建它呢？原因在于这样做可以更方便地将其直接绑定到存储在对象缓存中的项。我们已经向 ContentGrid 中添加了一个 ListBox，此 ContentGrid 的 DataContext 就是一个 CarStore 实例(通过 Cachc 键进行引用)。ListBox 中的每一项都是通过一个包含了三个 TextBlock 元素的 StackPanel 来进行排列的。这些 TextBlock 元素分别被绑定到 ListBox 项的 Year、Model 及 Make 属性。从 CarStore 的 Cars 属性加载这些项：

可从
wrox.com
下载源代码

```
<Grid x:Name="ContentGrid" Grid.Row="1" DataContext="{StaticResource Cache}">
   <ListBox Name="CarsList" ItemsSource="{Binding Cars}">
      <ListBox.ItemTemplate>
         <DataTemplate>
            <StackPanel Orientation="Horizontal" d:LayoutOverrides="Height">
               <TextBlock TextWrapping="Wrap" Text="{Binding Year}"
                          Style="{StaticResource PhoneTextNormalStyle}"
                          Margin="10,0,0,0"/>
               <TextBlock TextWrapping="Wrap" Text="{Binding Model}"
                          Style="{StaticResource PhoneTextNormalStyle}"
                          Margin="10,0,0,0"/>
               <TextBlock TextWrapping="Wrap" Text="{Binding Make}"
                          Style="{StaticResource PhoneTextNormalStyle}"
                          Margin="10,0,0,0"/>
            </StackPanel>
         </DataTemplate>
      </ListBox.ItemTemplate>
   </ListBox>
</Grid>
```

CarsPage.xaml 中的代码片段

能够直接绑定到对象缓存固然非常有用，但有时您可能希望在代码中引用对象存储。下面的示例展示了如何在代码中引用 CarStore 实例，以及如何使用 Insert 方法添加一个 Car：

可从
wrox.com
下载源代码

```
private void CarsButton_Click(object sender, RoutedEventArgs e) {
   var store = (Application.Current as App).Store;
   store.Insert(new Car { Id = 2, Make = "Ford", Model = "Fiesta", Year = 1998 });
   store.Insert(new Car { Id = 3, Make = "Honda", Model = "Civic", Year = 2001 });
}
```

MainPage.xaml.cs 中的代码片段

您还可以在 CarStore 中创建自己的属性，使其返回对象缓存中的数据子集。例如，您可以创建一个名为 ModernCars 的属性，它只会返回那些制造年限在 10 年之内的车辆：

可从
wrox.com
下载源代码

```
public Car[] ModernCars {
   get {
      return (from car in Select<Car>()
              where car.Year >= DateTime.Now.AddYears(-10).Year
```

```
                select car).ToArray();
        }
    }
```

CarStore.cs 中的代码片段

16.2.2　持久化存储

ObjectCache 对于在应用程序的单次运行期间跟踪对象是十分有用的。要在应用程序的多次运行期间跟踪对象，则需要将其持久保存到独立存储中。您应该定义一个接口，使其包含 Select、Insert、Delete 以及 Update 对象的操作，而非将读写独立存储的逻辑作为 ObjectCache 的一部分。与 IObjectCache 接口相似，IStorageProvider 接口同样继承自 IInitializeAndCleanup 接口，负责管理存储提供程序(storage provider)的生存周期。此外它还包含一个 IEntityConfiguration 的列表，用于定义将要存储的类型：

可从
wrox.com
下载源代码

```
public interface IStorageProvider : IInitializeAndCleanup{
    List<IEntityConfiguration> StorageConfigurations { get; }

    IEnumerable<T> Select<T>() where T : class;

    void Insert(object item);

    void Delete(object item);

    void Update(object item);
}
```

IStorageProvide.cs 中的代码片段

```
public interface IEntityConfiguration{
    Type EntityType { get; set; }
}
```

IEntityConfiguration.cs 中的代码片段

定义 IStorageProvider 接口的好处在于您可以提供自己的实现，而无需修改应用程序中其余的逻辑。在本章中，您将学习使用 JSON 将对象序列化到独立存储中。

1. IStorageProvider: JSON 序列化

IStorageProvider 接口的第一种实现使用 DataContractJsonSerializer 来保存对象。SimpleStorageProvider 类具有一个 StoreName 属性，它定义了独立存储中的一个文件夹。在此文件夹中，会有一个单独的文件，用来持久存储各种类型的对象。这个简单示例向您展示了如何构建自己的存储提供程序，这里所构建的存储提供程序没有为存储大量对象而进行优化：

可从
wrox.com
下载源代码

```
public class SimpleStorageProvider : IStorageProvider {
    public List<IEntityConfiguration> StorageConfigurations { get; private set; }
    public string StoreName { get; set; }

    public SimpleStorageProvider() {
        StorageConfigurations = new List<IEntityConfiguration>();
    }

    public Dictionary<Type, IInitializeAndCleanup> Contexts { get; set; }
}
```

SimpleStorageProvider.cs 中的代码片段

SimpleStorageProvider 的声明中包含了一个名为 Contexts 的字典，它会为每个要持久保存的对象的 Type 包含一个 TypeStorageContext。要注意的是，由于 TypeStorageContext 类已经包含了一个 Type 参数，所以无法指定字典的第二个 Type 参数。不过，由于 TypeStorageContext 类实现了 IInitializeAndCleanup 接口，所以可以提供该接口。在完成 SimpleStorageProvider 的实现之前，我们先来分析一下 TypeStorageContext 的工作方式：

可从
wrox.com
下载源代码

```
public class TypeStorageContext<T> : IInitializeAndCleanup {
    private string FileName { get; set; }
    private IsolatedStorageFileStream FileStream { get; set; }
    private DataContractJsonSerializer Serializer { get; set; }

    public TypeStorageContext(string fileName) {
        FileName = fileName;
    }
}
```

TypeStorageContext.cs 中的代码片段

TypeStorageContext 类的构造函数包含一个单独的参数，fileName，它定义了位于独立存储中的文件，所有 Type 为 T 的对象都会被序列化到该文件中。当调用 Initialize 方法时，会创建 FileStream 和 Serializer 对象。务必在调用 Cleanup 时关闭 FileStream，以免损坏文件或丢失数据。

可从
wrox.com
下载源代码

```
public void Initialize() {
    IsolatedStorageFile isf = IsolatedStorageFile.GetUserStoreForApplication();
    Serializer = new DataContractJsonSerializer(typeof(T));
    FileStream = isf.OpenFile(FileName,
                              System.IO.FileMode.OpenOrCreate,
                              System.IO.FileAccess.ReadWrite);
}
public void Cleanup() {
    FileStream.Close();
}
```

TypeStorageContext.cs 中的代码片段

DataContractJsonSerializer 不能用于直接读写 FileStream。而是需要使用 MemoryStream 这个媒介来存放序列化的对象。对于 Write 方法，对象会被序列化到 MemoryStream 中，而后对应的字节数组会被写入到 FileStream 内：

可从
wrox.com
下载源代码

```
private void Write<T>(T item) where T : class
{
    using (var ms = new MemoryStream())
    {
        Serializer.WriteObject(ms, item);
        ms.Flush();
        var bytes = ms.ToArray();
        var lengthBytes = BitConverter.GetBytes(bytes.Length);
        FileStream.Write(lengthBytes, 0, 4);
        FileStream.Write(bytes, 0, bytes.Length);
    }
    FileStream.Flush();
}
```

TypeStorageContext.cs 中的代码片段

而 Read 方法与此相反，它会从 FileStream 中读取字节数组并保存在 MemoryStream 实例中，然后通过该实例将对象反序列化：

可从
wrox.com
下载源代码

```
private T Read<T>() where T : class
{
    var lenghtBytes = new byte[4];
    FileStream.Read(lenghtBytes, 0, 4);
    var bytes = new byte[BitConverter.ToInt32(lenghtBytes, 0)];
    FileStream.Read(bytes, 0, bytes.Length);
    using (var ms = new MemoryStream(bytes))
    {
        var instance = Serializer.ReadObject(ms) as T;
        return instance;
    }
}
```

TypeStorageContext.cs 中的代码片段

通过这两个最基本的方法，现在可以定义公有方法来选择和插入对象了。Select 方法返回一个迭代器，它会逐步地从 FileStream 中返回对象，直至到达文件的结尾处。在 Insert 方法中，每一个新插入的对象都只是被简单地添加到现有的 FileStream 内容的结尾处。

可从
wrox.com
下载源代码

```
public IEnumerable<T> Select<T>() where T : class {
    while (FileStream.Position < FileStream.Length){
        var instance = Read<T>();
        yield return instance;
    }
}
```

```
public void Insert<T>(T item) where T : class
{
    var entity = item as SimpleEntityBase;
    entity.EntityId = Guid.NewGuid();

    FileStream.Seek(0, System.IO.SeekOrigin.End);
    Write(item);
}
```

TypeStorageContext.cs 中的代码片段

您会发现在 Insert 方法中插入的对象被强制转换成 SimpleEntityBase 类型。除了实现 IEntityBase 接口(ObjectCache 类中的很多方法都需要该接口)之外，SimpleEntityBase 类还公开了一个名为 EntityId 的属性。它是一个 Guid，在将实体保存到独立存储时，用于唯一地标识相应实体。

可从
wrox.com
下载源代码

```
public class SimpleEntityBase : IEntityBase {
    public Guid EntityId { get; set; }

    public event PropertyChangedEventHandler PropertyChanged;

    protected void RaisePropertyChanged(string propertyName) {
        if (PropertyChanged != null) {
            PropertyChanged(this, new PropertyChangedEventArgs(propertyName));
        }
    }
}
```

SimpleEntityBase.cs 中的代码片段

要实现 Delete 方法，只需对被保存到 FileStream 中的对象进行迭代，查找与要删除的对象具有相同 EntityId 的对象。一旦找到该对象，要执行删除操作，只需移动 FileStream 中其余的对象来改写要删除的对象即可。

可从
wrox.com
下载源代码

```
public void Delete<T>(T item) where T : class{
    var entity = item as SimpleEntityBase;
    var searchId = entity.EntityId;
    FileStream.Seek(0, System.IO.SeekOrigin.Begin);
    var lastEntityStartIndex = FileStream.Position;
    while (FileStream.Position < FileStream.Length){
        var nextEntity = Read<T>() as SimpleEntityBase;
        if (nextEntity.EntityId == searchId){
            var buffer = new byte[1000];
            int count;
            var entitySize = FileStream.Position - lastEntityStartIndex;
            while ((count=FileStream.Read(buffer, 0, buffer.Length))>0){
                FileStream.Seek(-(entitySize+count), System.IO.SeekOrigin.Current);
                FileStream.Write(buffer, 0, count);
                FileStream.Seek(entitySize + count, System.IO.SeekOrigin.Current);
            }
```

```
            FileStream.SetLength(FileStream.Length - entitySize);
        }
        lastEntityStartIndex = FileStream.Position;
    }
}
```

TypeStorageContext.cs 中的代码片段

最后，您需要更新 FileStream 的长度，以确保最后一个实体不会被重复写入。

Update 方法将删除现有对象以及将更新后的对象写入到 FileStream 结尾处进行了结合。由于新的对象可能会拥有不同的长度，所以在将其序列化到 JSON 时，有一点很重要，就是不能简单地改写 FileStream 中原来的对象。

可从
wrox.com
下载源代码

```
public void Update<T>(T item) where T : class{
    Delete(item);

    FileStream.Seek(0, System.IO.SeekOrigin.End);
    Write(item);
}
```

TypeStorageContext.cs 中的代码片段

现在我们回到 SimpleStorageProvider 并完成它的实现。首先要创建 Initialize 和 Cleanup 方法来实现 IInitializeAndCleanup 接口。Initialize 方法负责确保根据 StoreName 属性来为存储区创建一个目录，然后会在每个配置之间进行迭代并为每个实体的 Type 创建一个合适的 TypeStorageContext。由于泛型类型对于 Type 参数的限制，所以您需要再次使用反射。

可从
wrox.com
下载源代码

```
public void Initialize(){
    IsolatedStorageFile isf = IsolatedStorageFile.GetUserStoreForApplication();
    isf.CreateDirectory(StoreName);

    Contexts = new Dictionary<Type, IInitializeAndCleanup>();
    foreach (var config in StorageConfigurations) {
        string fileName = String.Format(@"{0}\{1}", StoreName,config.EntityType.Name);

        var storeType = typeof(TypeStorageContext<>)
.MakeGenericType(config.EntityType);
        var store = Activator.CreateInstance(storeType, fileName)
                                    as IInitializeAndCleanup;
        store.Initialize();
        Contexts[config.EntityType] = store;
    }
}
public void Cleanup() {
    foreach (var config in StorageConfigurations) {
        (Contexts[config.EntityType] as IInitializeAndCleanup).Cleanup();
    }
}
```

SimpleStorageProvider.cs 中的代码片段

Cleanup 方法会调用每一个 TypeStorageContext 实例所对应的 Cleanup 方法，这一点非常重要。这会将每个上下文为了读写独立存储中的文件而维护的 FileStream 关闭并释放。剩下的事情就是实现 Select、Insert、Delete 及 Update 方法。对于其中的每一种操作来说，您要做的就是找到正确的 TypeStorageContext，通过 CurrentStore 方法来调用相应的方法。

可从
wrox.com
下载源代码

```
private TypeStorageContext<T> CurrentStore<T>() {
   return Contexts[typeof(T)] as TypeStorageContext<T>;
}

public IEnumerable<T> Select<T>() where T : class {
   var store = CurrentStore<T>();
   return store.Select<T>();
}

public void Insert<T>(T item) where T : class {
   var store = CurrentStore<T>();
   store.Insert(item);
}

public void Delete<T>(T item) where T : class {
   var store = CurrentStore<T>();
   store.Delete(item);
}

public void Update<T>(T item) where T : class {
   var store = CurrentStore<T>();
   store.Update(item);
}
```

SimpleStorageProvider.cs 中的代码片段

现在您已经拥有了一个 IStorageProvider 的实现，可用于将对象持久保存到独立存储中。接下来要做的就是将其集成到 ObjectCache 中，以便不仅能在内存中跟踪对象，还可以对它们进行持久保存。

2. 持久保存对象

如果您还记得，ObjectCache 是基于 IObjectCache 接口的。在现阶段，接口和实现都不知道如何持久保存对象。首先思考内存中的缓存应该如何工作。您是希望在每次发生更改时都将对象持久保存到磁盘中？还是希望进行更改并在完成所有更改后持久保存更新？实际上，您可以定义一个 CacheAction 枚举以便同时适应这两种情况。此处定义了一组标志值，用于确定哪些操作触发了项的持久保存：

可从
wrox.com
下载源代码

```
[Flags]
public enum CacheAction{
   None = 0,
   Insert = 1,
   Delete = 2,
```

```
    Update = 4
}
```

IObjectCache.cs 中的代码片段

您需要更新 IObjectCache 接口以便引用 IStorageProvider 的实现。当调用 Persist 方法或执行 CacheMode 属性中定义的某种操作时，都会使用存储提供程序来持久保存更改。

```
public interface IObjectCache : IInitializeAndCleanup {
    ...
    IStorageProvider Store { get; set; }
    CacheAction CacheMode { get; set; }
    void Persist();
}
```

IObjectCache.cs 中的代码片段

现在来完成 ObjectCache 类中的实现——入手点当然是包含因 IObjectCache 接口的更改而需要添加的额外属性：

```
public IStorageProvider Store { get; set; }
public CacheAction CacheMode { get; set; }
```

ObjectCache.cs 中的代码片段

此外还需要包含一个字典，它需要能够指示某个特定类型的所有对象是否都已经从 IStorageProvider 被加载到了内存中。这有助于实体的延迟加载。

当您拥有大量特定类型的对象时，或许不希望一次性将他们全部加载到内存中。此实现中仅仅使用了一个 Boolean 值来指示实体是否已被加载。为了提高效率，您可能希望在任何时间都只加载这些值的一个子集。因此您应该更新此实现，以便使用自己的逻辑来进行跟踪，从而查看哪些对象已经被加载到了内存中。

此外还包含一个对象操作对的列表，它们构成了对 ObjectCache 所做的更改的 History。如果发生了更改，却没有配置 CacheMode 来持久保存所有更改，则使用此列表来记录这些更改。

```
private Dictionary<Type, bool> EntitiesLoaded { get; set; }
private List<KeyValuePair<IEntityBase, CacheAction>> History { get; set; }
```

ObjectCache.cs 中的代码片段

同时需要对 Initialize 和 Cleanup 方法做些许补充，以便初始化存储提供程序，并创建和填充额外的字典及列表：

可从
wrox.com
下载源代码

```
public void Initialize() {
    if (Store != null) {
        Store.Initialize();
    }

    History = new List<KeyValuePair<IEntityBase, CacheAction>>();
    InMemoryCache = new Dictionary<Type, List<IEntityBase>>();
    EntitiesLoaded = new Dictionary<Type, bool>();
    EntityKeyFunctions = new Dictionary<Type, Func<object, object>>();
    EntityKeyPropertyCache = new Dictionary<Type, PropertyInfo>();

    foreach (var registeredType in ObjectKeyMappings) {
        var entityType = registeredType.EntityType;
        var cache = new List<IEntityBase>();
        EntityKeyPropertyCache[entityType] =
          entityType.GetProperty(registeredType.KeyPropertyName);
        EntityKeyFunctions[entityType] =
          (entity) => EntityKeyPropertyCache[entity.GetType()].GetValue(entity, null);
        InMemoryCache[entityType] = cache;
        EntitiesLoaded[entityType] = false;

    }
}
public void Cleanup() {
    if (Store != null) {
        Store.Cleanup();
    }
}
```

ObjectCache.cs 中的代码片段

您还需要更新 EntityCache 方法，以便第一次为某个实体的 Type 调用它时，可以将当前所有此 Type 的对象都从持久化存储加载到内存中。

可从
wrox.com
下载源代码

```
private List<IEntityBase> EntityCache<T>() where T : class, IEntityBase {
    var entityType = typeof(T);
    List<IEntityBase> cache = InMemoryCache[entityType];

    if (!EntitiesLoaded[typeof(T)]) {
        foreach (var entity in Store.Select<T>().OfType<IEntityBase>()){
            cache.Add(entity);
        }
        EntitiesLoaded[typeof(T)] = true;
    }

    return cache;
}
```

ObjectCache.cs 中的代码片段

如果需要确定是否应当立即持久保存某项操作，可以添加一个名为 ShouldPersist 的辅助方法。

该方法接受一个 CacheAction 以便与 CacheMode 的值进行对照，如果操作已经包含在 CacheMode 的值中，则返回 true，表明应该立即使用 IStorageProvider 的实现来持久保存该操作。

```
private bool ShouldPersist(CacheAction mode) {
   return (this.CacheMode & mode) > 0;
}
```

ObjectCache.cs 中的代码片段

ShouldPersist 方法用于 Insert 和 Delete 方法中，来确定该将对象传递给 IStorageProvider 实现，还是该向 History 列表添加一项。

```
public void Insert<T>(T item) where T : class, IEntityBase {
   if (!IsUnique(item)) {
      throw new EntityExistsException();
   }
   EntityCache<T>().Add(item);
   if (ShouldPersist(Data.CacheAction.Insert)) {
      Store.Insert(item);
   }
   else {
      History.Add(new KeyValuePair<IEntityBase, CacheAction>
                              (item, Data.CacheAction.Insert));
   }
   item.PropertyChanged += item_PropertyChanged;
}

public void Delete<T>(T item) where T : class, IEntityBase {
   EntityCache<T>().Remove(item);
   if (ShouldPersist(Data.CacheAction.Insert)) {
      Store.Update(item);
   }
   else {
      History.Add(new KeyValuePair<IEntityBase, CacheAction>
                              (item, Data.CacheAction.Delete));
   }
   item.PropertyChanged -= item_PropertyChanged;
}
```

ObjectCache.cs 中的代码片段

Insert 和 Delete 方法中的最后一条语句都涉及为 PropertyChanged 事件添加或删除事件处理程序。这用于确保将来对已被添加到 ObjectCache 中的对象的任何修改都可以被跟踪并恰当地持久保存。要记住的是，此前并没有要求这样做，这是因为修改被添加到内存 ObjectCache 中的对象同时也会修改缓存中的实际对象(它们是两个对同一对象的引用)。

可从
wrox.com
下载源代码

```
void item_PropertyChanged(object sender, PropertyChangedEventArgs e) {
    if (ShouldPersist(Data.CacheAction.Update)){
        Store.Update(sender);
    }
    else {
        History.Add(new KeyValuePair<IEntityBase, CacheAction>
                        (sender as IEntityBase, Data.CacheAction.Update));
    }
}
```

ObjectCache.cs 中的代码片段

最后一个要实现的方法就是 Persist 方法，它用于显式地将记录在 History 列表中的所有更改刷新到持久化存储中。

可从
wrox.com
下载源代码

```
public void Persist() {
    while (History.Count > 0) {
        var action = History[0];
        switch (action.Value) {
            case Data.CacheAction.Insert:
                Store.Insert(action.Key);
                break;
            case Data.CacheAction.Delete:
                Store.Delete(action.Key);
                break;
            case Data.CacheAction.Update:
                Store.Update(action.Key);
                break;
        }
        History.RemoveAt(0);
    }
}
```

ObjectCache.cs 中的代码片段

如果您还记得，之前在 App.xaml 中创建了一个 CarStore(继承自 ObjectCache)实例，您可以在应用程序中的任何位置对它进行访问。为了使用 IStorageProvider 的某种实现，您还需要在 App.xaml 文件中定义这些实现。下面的 XAML 中创建了一个 SimpleStorageProvider 类的实例。CarStore 实例上的 Store 属性用于定义使用哪一种实现；在本例中，它被设置成 SimpleCarsData 键，所以当然就是 SimpleStorageProvider 这个实现了：

可从
wrox.com
下载源代码

```
<Application
    x:Class="ManageYourData.App"
    ...
    xmlns:data="clr-namespace:BuiltToRoam.Data;assembly=BuiltToRoam.Data"
    xmlns:simple="clr-namespace:BuiltToRoam.Data.SimpleStorage;
              assembly=BuiltToRoam.Data.SimpleStorage"
    xmlns:local="clr-namespace:ManageYourData">
```

```
<Application.Resources>
   <simple:SimpleStorageProvider StoreName="Cars" x:Key="SimpleCarsData">
      <simple:SimpleStorageProvider.StorageConfigurations>
         <data:EntityConfiguration
              EntityType="ManageYourData.Car,ManageYourData" />
      </simple:SimpleStorageProvider.StorageConfigurations>
   </simple:SimpleStorageProvider>
   <local:CarStore x:Key="Cache"
                Store="{StaticResource SimpleCarsData}"
                CacheMode="Insert,Delete,Update">
      <data:ObjectCache.ObjectKeyMappings>
         <data:ObjectKeyMap
              EntityType="ManageYourData.Car,ManageYourData"
              KeyPropertyName="Id" />
      </data:ObjectCache.ObjectKeyMappings>
   </local:CarStore>
</Application.Resources>
```

App.xaml 中的代码片段

CacheMode 被设置成 Insert、Delete 和 Update。换言之，当发生任何操作时，更改都会立即被持久保存。您会发现 SimpleStorageProvider 实例在 StorageConfigurations 节点中有一个单独的项。EntityConfiguration 类的实例用于提供 IEntityConfiguration 接口的最小化实现：

可从
wrox.com
下载源代码

```
public class EntityConfiguration : IEntityConfiguration {
   [TypeConverter(typeof(StringToTypeConverter))]
   public Type EntityType { get; set; }
}
```

EntityConfiguration.xaml 中的代码片段

为了通过实例阐明持久化存储，下面对之前使用 CarStore 的代码进行扩展：

可从
wrox.com
下载源代码

```
private void CarsButton_Click(object sender, RoutedEventArgs e) {
   var store = (Application.Current as App).Store;
   var car1 = new Car { Id = 1, Make = "Holden", Model = "Frontera", Year = 1995 };
   store.Insert(car1);
   var car2 = new Car { Id = 2, Make = "Ford", Model = "Fiesta", Year = 1998 };
   store.Insert(car2);
   var car3 = new Car { Id = 3, Make = "Honda", Model = "Civic", Year = 2001 };
   store.Insert(car3);

   car1.Model = "New Fiesta";

   store.Delete(car2);

   this.NavigationService.Navigate(new Uri("/CarsPage.xaml", UriKind.Relative));
}
```

MainPage.xaml.cs 中的代码片段

在该示例中，创建三个 car 并将其添加到对象缓存中。然后更新 car1 并删除 car2。由于 CacheMode 值的设置，会立即持久保存更新和删除操作。如果第二次运行此应用程序并单击按钮，会发现引发了 EntityExistsException 异常，这是因为已经有一个与 car1 的 Id 相匹配的实体了。由于重复按下 CarsButton 会导致此异常，所以您可能需要添加一个额外的按钮，以便只加载 CarsPage 而不尝试插入任何 Car：

可从 wrox.com 下载源代码

```
private void ViewCarsButton_Click(object sender, RoutedEventArgs e){
    this.NavigationService.Navigate(new Uri("/CarsPage.xaml", UriKind.Relative));
}
```

MainPage.xaml.cs 中的代码片段

16.2.3 同步

既然已经具备了在设备上存储数据的机制，首先需要考虑如何将数据获取到设备中。在某些情况下，您可能希望访问一个 Web服务或数据源，同时只是简单地将所接收到的信息缓存到对象缓存中。但是，接下来的挑战就会变成：如何获知刷新数据的时间点？或者，如果用户正在设备上输入数据，则需要确定数据应该在何时被发送到服务器中。最后，应该考虑如何处理设备和服务器中的数据同时发生更改的情况。

这个主题通常被称为同步(synchronization)，它是一个棘手的问题。Windows Mobile 对于传统的合并复制(Merge Replication)及其他同步框架有着很强大的支持，这使得设备上的 SQL Server Compact 与后端 SQL Server 数据库之间的数据同步变得十分轻松。虽然这些框架无法用于 Windows Phone，但是通过已经介绍过的对象缓存技术(与后端数据服务相结合)来打造自己的同步框架是比较容易的。与对象缓存一样，首先定义同步服务的接口。然后我们来观察一个基本的实现，该实现使用 WCF数据服务来同步数据。当然，您可以创建自己的实现，以便连接到其他数据源。

首先更新 IObjectCache 接口并在 CacheAction 枚举中添加一个 Sync 操作。指定了 Sync CacheAction 后，任何被持久保存的更改同时会被同步到服务器中：

可从 wrox.com 下载源代码

```
[Flags]
public enum CacheAction{
    None = 0,
    Insert = 1,
    Delete = 2,
    Update = 4,
    Sync = 8
}

public interface IObjectCache : IInitializeAndCleanup {
    ...
    ISyncProvider SyncService { get; set; }
    void Sync<T>() where T : class, IEntityBase;
}
```

IObjectCache.cs 中的代码片段

IObjectCache 接口定义了一个名为 SyncService 的属性，该属性是 ISyncProvider 接口的一个实现。IObjectCache 接口中还包含了一个名为 Sync 的方法，此方法会与后端数据服务同步所有 Type 为 T 的元素。在分析此方法的实现之前，先来仔细观察 ISyncProvider 接口：

```
public interface ISyncProvider : IInitializeAndCleanup {
   List<IEntityConfiguration> SyncConfigurations { get; }

   void RetrieveChangesFromServer<T>(DateTime lastUpdated,
                                     Action<T[]> ChangedEntitiesFromServer)
                                                where T : class, IEntityBase;

   void SaveChangesToServer<T>(KeyValuePair<T, CacheAction>[] EntitiesToSave,
          Action<KeyValuePair<T, CacheAction>[]> SaveChangesToServerCompleted)
                                                  where T : class, IEntityBase;
}
```

ISyncProvider.cs 中的代码片段

与在 IStorageProvider 中看到的相同，ISyncProvider 也包含一个 IEntityConfiguration 列表，用于为每个要同步的对象类型定义配置信息。例如，根据实现的不同，这可能意味着不同对象类型会被同步到不同服务器或数据源中。ISyncProvider 同样继承自 IInitializeAndCleanup，以便允许在合适的时间创建和销毁该实现。ISyncProvider 接口中的另外两个方法用于接收来自服务器的更改以及将本地的所有更改保存回服务器中。稍后您将会看到，会结合使用这些方法来执行服务器端更改与客户端更改之间的同步。

我们更加详细地来观察一下这两个方法。ReceiveChangesFromServer 方法接受一个时间戳，此时间戳指示了最近一次从服务器下载更新的时间。需要注意的重要一点就是该时间戳不应该是使用 Windows Phone 应用程序创建对象的时间，而应是对象最近一次在服务器上被更新的时间。第二个参数是一个回调方法，它包含一个由对象数组组成的参数。SaveChangesToServer 方法大致相反。它接受一个对象和待执行操作(比如插入、更新或删除)的列表，以及一个回调方法，该方法会在对象保存之后被调用。

在了解了 ObjectCache 同步过程的工作方式后，回到 ISyncProvider 接口。首先需要更新 ObjectCache 以便包含 IObjectCache 的新属性和新方法。除了添加 SyncService 属性外，还需要添加一个时间戳字典，以便跟踪不同对象类型最近一次同步的时间。然后更新 Initialize 和 Cleanup 这两个方法，以便创建和销毁 ISyncProvider 的实现：

可从
wrox.com
下载源代码

```
public ISyncProvider SyncService { get; set; }
private Dictionary<Type, DateTime> LastSynced { get; set; }

public void Initialize(){
   if (Store != null){
      Store.Initialize();
   }

   if (SyncService != null){
```

```
        SyncService.Initialize();
    }

    History = new List<KeyValuePair<IEntityBase, CacheAction>>();
    InMemoryCache = new Dictionary<Type, List<IEntityBase>>();
    EntitiesLoaded = new Dictionary<Type, bool>();
    EntityKeyFunctions = new Dictionary<Type, Func<object, object>>();
    EntityKeyPropertyCache = new Dictionary<Type, PropertyInfo>();
    LastSynced = new Dictionary<Type, DateTime>();

    foreach (var registeredType in ObjectKeyMappings){
        var entityType = registeredType.EntityType;
        var cache = new List<IEntityBase>();
        InMemoryCache[entityType] = cache;
        EntitiesLoaded[entityType] = false;
        LastSynced[entityType] = DateTime.MinValue;
        EntityKeyPropertyCache[entityType] =
         entityType.GetProperty(registeredType.KeyPropertyName);
        EntityKeyFunctions[entityType] =
         (entity) => EntityKeyPropertyCache[entity.GetType()].GetValue(entity, null);
    }
}

public void Cleanup(){
    if (SyncService != null){
        SyncService.Cleanup();
    }

    if (Store != null){
        Store.Cleanup();
    }
}
```

ObjectCache.cs 中的代码片段

在将对象从独立存储加载到内存后，需要查询每个对象的 LastUpdated 属性来确定它们的最近更新日期：

可从 wrox.com 下载源代码

```
private List<IEntityBase> EntityCache<T>() where T : class, IEntityBase {
    var entityType = typeof(T);
    List<IEntityBase> cache = InMemoryCache[entityType];

    if (!EntitiesLoaded[typeof(T)]) {
        var lastUpdated = DateTime.MinValue;
        foreach (var entity in Store.Select<T>().OfType<IEntityBase>()){
            cache.Add(entity);
            lastUpdated = (entity.LastUpdated > lastUpdated ? entity.LastUpdated :
                                                       lastUpdated);
        }
        LastSynced[typeof(T)] = lastUpdated;
```

```
            EntitiesLoaded[typeof(T)] = true;
        }

        return cache;
    }
```

ObjectCache.cs 中的代码片段

这需要更新 IEntityBase 接口以便包含 LastUpdated 属性。之前，在 Windows Phone 中不需要跟踪对象最近一次的更新时间，也不需要跟踪是否删除或更改了对象。对于 ObjectCahce 来说，一旦持久保存了更改，所有事情就都完成了。但现在需要跟踪这一信息，以便知道哪些对象需要进一步与服务器进行同步：

```
    public interface IEntityBase : INotifyPropertyChanged {
        bool Deleted { get; set; }
        DateTime LastUpdated { get; set; }
        bool IsChanged { get; set; }

        void UpdateFrom(IEntityBase newEntity);
    }
```

IEntityBase.cs 中的代码片段

由于现在需要跟踪某个对象是否已被删除，而不只是简单地将其删除，所以需要更新 ObjectCache 中的 Delete 方法。现在，将 Deleted 属性设置成 true，并在 IStorageProvider 的实现上调用 Update 方法，而不是将该对象删除：

可从
wrox.com
下载源代码

```
    public void Delete<T>(T item) where T : class, IEntityBase {
        EntityCache<T>().Remove(item);
        item.Deleted = true;
        if (ShouldPersist(Data.CacheAction.Delete)) {
            Store.Update(item);
        }
        else {
            History.Add(new KeyValuePair<IEntityBase, CacheAction>
                                (item, Data.CacheAction.Delete));
        }
        item.PropertyChanged -= item_PropertyChanged<T>;
    }
```

ObjectCache.cs 中的代码片段

我们还需要向 IEntityBase 接口中添加一个 UpdateFrom 方法。此方法是必需的，这样对于已经位于对象缓存中的对象来说，就能够使用从服务器中得到的与它具有相同键的对象内容来进行更新。例如，Car 实体类可以实现 UpdateFrom 方法，如下所示：

```
public class Car:SimpleEntityBase {
    ...
    public override void UpdateFrom(IEntityBase newEntity) {
        var car = newEntity as Car;
        this.Make - car.Make;
        this.Model = car.Model;
        this.Year = car.Year;

        base.UpdateFrom(newEntity);
    }
}
```

Car.cs 中的代码片段

Sync 方法本身比较简单，因为它只需调用 ISyncProvider 实现上的 RetriveChangesFromServer 方法即可。但是，为了保证所使用的时间戳的正确性，这里会调用 EntityCache 方法以便将适当类型的对象加载到内存中：

```
public void Sync<T>() where T : class, IEntityBase {
    // Make sure all entities are loaded from the persistent storage
    var cache = EntityCache<T>();

    DateTime lastupdated;
    if (!LastSynced.TryGetValue(typeof(T), out lastupdated)) return;
    SyncService.RetrieveChangesFromServer<T>(lastupdated,
                                        ChangedEntitiesFromServer);
}
```

ObjectCache.cs 中的代码片段

一旦 ISyncProvider 从服务器中检索到更改，就会调用 ChangedEntitiesFromServer 方法。该方法包含两个部分：在第一部分中，使用从服务器中返回的实体来更新对象缓存。如果与当前的某个实体相匹配，那么将更新该实体，或是删除它(前提是从服务器中得到的实体被标记为 Deleted)。如果没有匹配的实体，该实体就会被添加到对象缓存中，但这只会在该实体没有被标记为 Deleted 时发生。在对象缓存中不存在已经从服务器中删除的跟踪点对象。

```
private void ChangedEntitiesFromServer<T>(T[] entities) where T : class, IEntityBase
{
    DateTime lastupdated = LastSynced[typeof(T)];

    foreach (var entity in entities) {
        lastupdated = (entity.LastUpdated > lastupdated) ?
                      entity.LastUpdated : lastupdated;
        var existing = this.FindMatches(entity).FirstOrDefault();
        if (existing != null){
            if (!entity.Deleted){
                existing.UpdateFrom(entity);
            }
```

```
            else{
                this.Delete(entity);
            }
            existing.IsChanged = false;
        }
        else if(!entity.Deleted) {
            entity.IsChanged = false;
            this.Insert(entity);
        }
    }

    this.Persist();
    LastSynced[typeof(T)] = lastupdated;

    var entitiesToSave = (from entity in Select<T>()
                          where entity.IsChanged == true
                          select new KeyValuePair<T, CacheAction>(
                              entity,
                              (entity.LastUpdated <= DateTime.MinValue ?
                                      CacheAction.Insert :
                                      (entity.Deleted ?
                                          CacheAction.Delete :
                                          CacheAction.Update))
                          )).ToArray();
    SyncService.SaveChangesToServer<T>(entitiesToSave, ChangesSaved);
}
```

ObjectCache.cs 中的代码片段

此方法的第二部分负责收集所有的本地更改，并调用 SaveChangesToServer 方法。注意，对每个被标注为："发生更改"的对象所执行的操作取决于 LastUpdated 及 Deleted 属性。如果对象在服务器中不存在——或者说，对象是最近才在 Windows Phone 应用程序中创建的——则 LastUpdated 属性将被设置为 DateTime.MinValue。

同步完成后会调用 ChangesSaved 方法。它确保更新 LastUpdated 时间，以便反映对象缓存中对象的最近更新时间。

可从
wrox.com
下载源代码

```
private void ChangesSaved<T>(KeyValuePair<T, CacheAction>[] savedEntities)
                                        where T : class, IEntityBase {
    var lastUpdated = LastSynced[typeof(T)];
    foreach (var entity in savedEntities) {
        if (lastUpdated < entity.Key.LastUpdated) {
            lastUpdated = entity.Key.LastUpdated;
        }
    }
    LastSynced[typeof(T)] = lastUpdated;
    this.Persist();
}
```

ObjectCache.cs 中的代码片段

ISyncProvider：WCF 数据服务

ISyncProvider 接口的示例实现将与一个 WCF 数据服务进行同步。为此，您需要创建一个简单服务，使其可以公开来自 SQL Server 数据库的 Car 记录。您的数据库会包含一个名为 Car 的表，如图 16-1 所示。

NICKWP7DEV\SQLEX...S.Cars - dbo.Car

Column Name	Data Type	Allow Nulls
Id	int	
Make	nvarchar(200)	
Model	nvarchar(200)	
Year	int	
LastUpdated	datetime	
Deleted	bit	

图 16-1

为了将其作为 WCF 数据服务来公开，您需要基于 ASP.NET Web Application 项目模板(确保选中“.NET Framework v4”)来创建一个名为 CarServices 的新项目。在此项目中，基于 ADO.NET 实体数据模型项模板来添加一个名为 CarModel.edmx 的新项。此时会提示您定义一个数据库连接字符串，并选择要包含到数据模型中的表。为 Cars 数据库指定连接字符串并确保将 Car 表包含在内。然后接受默认值来创建数据模型。

下一步创建另一个名为 CarService.svc 的项，这次基于 WCF 数据服务项模板。更新样板代码，方法是将 CarEntities 类指定为 DataService 上下文，并允许 Cars 实体集上的所有实体操作。您的代码应该与下面的 CarService 类相匹配：

可从
wrox.com
下载源代码

```
public class CarService : DataService< CarsEntities> {
   public static void InitializeService(IDataServiceConfiguration config) {
      config.SetEntitySetAccessRule("*", EntitySetRights.All);
   }
}
```

CarService.svc.cs 中的代码片段

如果将CarService.svc 设置为起始页(在 Solution Explorer 中右击该文件，并选择 Set as Start Page)，然后运行 Web 应用程序，即可导航到 Cars 文件夹(例如，http://localhost:7208/CarService.svc/Cars)，并可以看到数据库中的 car 列表。

在将对象保存到数据库时，需要做一件重要的事情，即必须将 LastUpdated 属性设置为当前服务器时间。借助 SQL Server 的特性，可以通过多种途径实现这一操作(即触发器)。但在这里，我们将重写 ADO.NET Entity Framework 的行为，以便在保存对象时更新 LastUpdated 属性。此外还将拦截所有删除对象的尝试。需要将 Deleted 属性设置为 true，将新对象的状态设置为 saved，而非将对象删除。为此，需要扩展实体模型，使得每个实体类型都实现 IEntityTracking 接口。

可从
wrox.com
下载源代码

```
public interface IEntityTracking {
   DateTime LastUpdated { get; set; }
   bool Deleted { get; set; }
}
```

IEntityTracking.cs 中的代码片段

```
public partial class Car : IEntityTracking { }
```

CarModel.custom.cs 中的代码片段

注意 Car 类是一个部分类，它被定义在一个独立于其他实体的文件中。这意味着，您可以方便地在数据库的模式中更新实体模型，而不必担心会改写自定义代码。由于 Car 类已经拥有 LastUpdated 和 Deleted 属性(基于数据库模式)，所以没必要再去显式地实现 IEntityTracking 接口了。

要在已经保存的实体上更新 LastUpdated 属性，则需重写 CarsEntities 类的 SaveChanges 方法。在该方法中，检索所有与修改、添加或删除相关的更改。如果该更改是要删除某一项，Deleted 属性就会被设置为 true，同时状态会改为 Modified。将 LastUpdated 属性设置为当前服务器时间，然后保存更改：

可从 wrox.com 下载源代码

```
public partial class CarsEntities{
   public override int SaveChanges(SaveOptions options){
      var changes = this.ObjectStateManager.GetObjectStateEntries(
                                          EntityState.Modified |
                                          EntityState.Added |
                                          EntityState.Deleted);
      foreach (var change in changes){
         var entity = change.Entity as IEntityTracking;
         if (entity != null){
            if (change.State == EntityState.Deleted){
               change.ChangeState(EntityState.Modified);
               entity.Deleted = true;
            }
            entity.LastUpdated = DateTime.Now;
         }
      }

      return base.SaveChanges(options);
   }
}
```

CarModel.custom.cs 中的代码片段

这对服务实现进行了包装。让我们回到 ISyncProvider 接口的 WCF 数据服务实现。首先需要添加一些专门使用 WCF 数据服务的属性来扩展 EntityConfiguration 类。WCFSyncConfiguration 类所包含的属性定义了如下内容：基本 URL(如 http://localhost:7208/CarService.svc)，实体集名称(如 Cars)，用于跟踪实体最近更新时间的属性名称(如 LastUpdated)，以及作为实体键的属性名称：

可从 wrox.com 下载源代码

```
public class WCFSyncConfiguration : EntityConfiguration {
   public string BaseUrl { get; set; }

   public string EntitySetName { get; set; }

   public string LastUpdated { get; set; }
```

```
    public string KeyMapping { get; set; }
}
```

WCFSyncConfiguration.cs 中的代码片段

ISyncProvider 实现 WCFSyncService 包含一个 IEntityConfiguration 列表。正如之前为 IStorageProvider 实现所做的，使用在 XAML 中声明的 WCFSyncConfiguration 实例来填充它。WCFSyncService 还包含其他几个字典，它们通过预先计算 URL 以及键映射函数来优化同步过程。

可从
wrox.com
下载源代码

```
public class WCFSyncService: ISyncProvider {
    public List<IEntityConfiguration> SyncConfigurations { get; private set; }

    public WCFSyncService() {
        SyncConfigurations = new List<IEntityConfiguration>();
    }

    private Dictionary<Type, string> ServerChangesLinks { get; set; }
    private Dictionary<Type, string> SaveChangesLinks { get; set; }
    private Dictionary<Type, string> InsertLinks { get; set; }
    private Dictionary<Type, PropertyInfo> EntityKeyPropertyCache { get; set; }
    private Dictionary<Type, Func<object, object>> EntityKeyFunctions { get; set; }
}
```

WCFSyncService.cs 中的代码片段

既然 ISyncProvider 继承自 IInitializeAndCleanup，那么 WCFSyncService 中的第一组方法就是 Initialize 和 Cleanup 方法。Initialize 方法创建了一些字典，这些字典负责缓存那些用于请求更改和保存更改的 WCF 数据服务 URL，同时还负责缓存键映射函数。然后 Initialize 方法会在配置中进行迭代，并为每个正在被同步的对象类型创建合适的 URL 和映射函数。

可从
wrox.com
下载源代码

```
public void Initialize() {
    ServerChangesLinks = new Dictionary<Type, string>();
    SaveChangesLinks = new Dictionary<Type, string>();
    InsertLinks = new Dictionary<Type, string>();
    EntityKeyFunctions = new Dictionary<Type, Func<object, object>>();
    EntityKeyPropertyCache = new Dictionary<Type, PropertyInfo>();
    foreach (var syncType in SyncConfigurations.OfType<WCFSyncConfiguration>()){
        ServerChangesLinks[syncType.EntityType] = syncType.BaseUrl + "/" +
                                                  syncType.EntitySetName +
                                                  "?$filter=" + syncType.LastUpdated +
                                                  "%20gt%20datetime'{0}'";
        SaveChangesLinks[syncType.EntityType] = syncType.BaseUrl + "/" +
                                                syncType.EntitySetName + "({0})";
        InsertLinks[syncType.EntityType] = syncType.BaseUrl + "/" +
                                           syncType.EntitySetName;
        EntityKeyPropertyCache[syncType.EntityType] = syncType.EntityType.GetProperty
                                                      (syncType.KeyMapping);
        EntityKeyFunctions[syncType.EntityType] =
```

```
            (entity) => EntityKeyPropertyCache[syncType.EntityType].GetValue(entity, null);
        }
    }
    public void Cleanup() { }
```

WCFSyncService.cs 中的代码片段

我们有必要分析一下用于请求服务器端更改、保存更改以及插入新对象的 URL 的格式。实际上，这些 URL 的格式遵循一个固定结构，该结构源自 WCF 数据服务公开实体集的方式。下面的 URL 可以被分解为基本 URL(http://localhost:7208/CarService.svc)、实体集名称(Cars)以及用于确定实体最近更新时间的属性名称(LastUpdated)，最后是一个用于进行比较的时间戳。在本例中，使用“大于”操作符(gt)来表明：当在此 URL 上执行 GET 操作时，会返回所有更新日期晚于指定日期的 Car 实体。很明显，最近更新日期在首次同步之后会发生更改，以便只从服务器中下载发生过更改的实体。

```
http://localhost:7208/CarService.svc/Cars?$filter=LastUpdated%20gt%20datetime'0001-
01-01T00:00:00.0000000'
```

为了将更改保存到已经存在于服务器上的实体中，发生更改的实体会通过一个 PUT 操作被发送到以下的 URL。同样，URL 格式可以被分解为基本 URL、实体集名称以及最后的待更新实体的 ID(100)：

```
http://localhost:7208/CarService.svc/Cars(100)
```

最后一种 URL 格式用于插入新的实体。这只不过是通过一个 POST 操作来发送新实体而已。URL 的格式是基本 URL 加上实体集名称：

```
http://localhost:7208/CarService.svc/Cars
```

既然您知道了从 WCF 数据服务检索信息以及在其中保存信息所用的 URL 格式，就可以使用该信息来完成 RetrieveChangesFromServer 方法和 SaveChangesToServer 方法的实现了。实际上，这两个方法比较简单——因为它们只需创建一个包装器类的实例，然后调用一个方法来执行核心逻辑即可。这用于跟踪需要在操作完成时调用的回调函数。

可从 wrox.com 下载源代码

```
public void RetrieveChangesFromServer<T>(DateTime lastUpdated,
                                 Action<T[]> ChangedEntitiesFromServer)
                                         where T : class, IEntityBase {
    string url = ServerChangesLinks[typeof(T)];
    var datetimeText = lastUpdated.ToString("o");
    var uri = string.Format(url, datetimeText);
    var wrapper = new ServerChangesRequestWrapper<T>() {
                          RequestUrl = uri,
                          ChangedEntitiesFromServer = ChangedEntitiesFromServer };
    wrapper.RetrieveChangesFromServer();
}

public void SaveChangesToServer<T>(KeyValuePair<T, CacheAction>[] EntitiesToSave,
```

```
            Action<KeyValuePair<T, CacheAction>[]> SaveChangesToServerCompleted)
                                        where T : class, IEntityBase {
    string url = SaveChangesLinks[typeof(T)];
    var wrapper = new SaveChangesRequestWrapper<T>(){
                        SaveChangesUrl = url,
                        InsertUrl = InsertLinks[typeof(T)],
                        EntitiesToSave = EntitiesToSave,
                        SaveChangesToServerCompleted = SaveChangesToServerCompleted,
                        KeyMapping = EntityKeyFunctions[typeof(T)]
                    };
    wrapper.SaveChangesToServer();
}
```

WCFSyncService.cs 中的代码片段

ServerChangesRequestWrapper 类分为两个部分。第一个方法是 RetrieveChangesFromServer 方法，它是一个在 WCFSyncService 类中调用的方法。此方法负责准备请求并设置 Accept 标头以确保响应的格式是 JSON。第二个方法是 SyncCallback 方法，当请求返回时会调用该方法。此处，DataContractJsonSerializer 用于解析响应并返回一个 Type 为 T 的 EntitySet。EntitySet 类简单地包装了一个 Type 为 T 的对象数组。这些对象是服务器中最近一次更新之后发生更改的对象。然后，此数组会作为参数被提供给 ChangedEntitiesFromServer 回调函数，然后由 ObjectCache 进行处理。

可从
wrox.com
下载源代码

```
private class ServerChangesRequestWrapper<T> {
    public string RequestUrl { get; set; }
    public Action<T[]> ChangedEntitiesFromServer { get; set; }

    public void RetrieveChangesFromServer() {
        var request = HttpWebRequest.Create(RequestUrl) as HttpWebRequest;
        request.Accept = "application/json";
        request.BeginGetResponse(SyncCallback, request);
    }

    private void SyncCallback(IAsyncResult result) {
        var request = result.AsyncState as HttpWebRequest;
        var response = request.EndGetResponse(result);

        var deserializer = new DataContractJsonSerializer(typeof(EntitySet<T>));
        var data = deserializer.ReadObject(response.GetResponseStream())
                        as EntitySet<T>;

        var entities = (from entity in data.d.results.OfType<T>()
                    select entity).ToArray();

        ChangedEntitiesFromServer(entities);
    }
}
```

WCFSyncService.cs 中的代码片段

```
public class EntitySet<T> {
    public T[] d { get; set; }
}
```

JsonHelper.cs 中的代码片段

由于需要将 Windows Phone 应用程序中发生更改的对象序列化为 JSON，然后将其作为有效负载添加到请求中，所以 SaveChangesRequestWrapper 方法会稍微复杂一些。在这个示例中，每个对象都通过一个单独的请求进行发送，所以需要使用一个 entityIndex 来跟踪发送出去的是哪个对象。SaveChangesToServer 方法首先会确定请求 URL 以便准备请求(注意，如果是更新，则需要包含待更新对象的 ID)，然后确定要执行的方法(即 PUSH、PUT 或者 DELETE，分别用于插入、更新或删除)，最终将序列化后的对象写入到请求流中：

可从 wrox.com 下载源代码

```
private class SaveChangesRequestWrapper<T> where T : class, IEntityBase {
    public string SaveChangesUrl { get; set; }
    public string InsertUrl { get; set; }
    public KeyValuePair<T, CacheAction>[] EntitiesToSave { get; set; }
    public Action<KeyValuePair<T, CacheAction>[]> SaveChangesToServerCompleted
                                                        { get; set; }
    public Func<object, object> KeyMapping { get; set; }

    private DataContractJsonSerializer serializer;
    private int entityIndex;

    public void SaveChangesToServer()
    {
        if (EntitiesToSave == null || EntitiesToSave.Length == 0)
        {
            SaveChangesToServerCompleted(EntitiesToSave);
            return;
        }

        if (serializer == null)
        {
            serializer = new DataContractJsonSerializer(typeof(T));
        }
        var entityToSave = EntitiesToSave[entityIndex];
        var key = KeyMapping(entityToSave.Key);
        string keyString;
        if (key is string)
        {
            keyString = "'" + key.ToString() + "'";
        }
        else if (key is Guid)
        {
            keyString = "guid'" + key.ToString() + "'";
        }
```

```
        else
        {
            keyString = key.ToString();
        }
        var uri = string.Format(SaveChangesUrl, keyString);
        if (entityToSave.Value == CacheAction.Insert)
        {
            entityToSave.Key.LastUpdated = DateTime.Now.ToUniversalTime();
            uri = InsertUrl;
        }
        var request = HttpWebRequest.Create(uri) as HttpWebRequest;
        request.Accept = "application/json";
        request.ContentType = "application/json";

        switch (entityToSave.Value)
        {
            case CacheAction.Insert:
                request.Method = "POST";
                break;
            case CacheAction.Update:
                request.Method = "PUT";
                break;
            case CacheAction.Delete:
                request.Method = "DELETE";
                break;
        }

        request.BeginGetRequestStream((callback) =>
        {
            var req = callback.AsyncState as HttpWebRequest;
            using (var strm = req.EndGetRequestStream(callback))
            {
                var ms = new MemoryStream();
                serializer.WriteObject(ms, entityToSave.Key);
                ms.Flush();
                ms.Seek(0, SeekOrigin.Begin);
                var reader = new StreamReader(ms);
                var txt = reader.ReadToEnd();
                System.Diagnostics.Debug.WriteLine(txt);

                serializer.WriteObject(strm, entityToSave.Key);
            }
            request.BeginGetResponse(SyncCallback, request);
        }, request);
    }

    private void SyncCallback(IAsyncResult result)
    {
        var request = result.AsyncState as HttpWebRequest;
```

```
            var response = request.EndGetResponse(result);
            if (response.ContentLength > 0)
            {
                var deserializer = new DataContractJsonSerializer(typeof(Entity<T>));
                var data = deserializer.ReadObject(response.GetResponseStream())
                                as Entity<T>;
                EntitiesToSave[entityIndex].Key.LastUpdated = data.d.LastUpdated;
                EntitiesToSave[entityIndex].Key.Deleted = data.d.Deleted;
                EntitiesToSave[entityIndex].Key.IsChanged = false;
            }

            entityIndex++;
            if (entityIndex < EntitiesToSave.Length)
            {
                SaveChangesToServer();
            }
            else
            {
                SaveChangesToServerCompleted(EntitiesToSave);
            }
        }
    }
```

WCFSyncService.cs 中的代码片段

```
    public class Entity<T>{
        public T d { get; set; }
    }
```

JsonHelper.cs 中的代码片段

在完成请求后，会调用 SyncCallback 方法。根据所执行的方法不同，有的响应可能会包含更新后的对象。该对象会被反序列化并用于更新当前对象的相关属性。如果还有更多需要发送到服务器的对象，则会调用 SaveChangesToServer 方法来发送下一个对象。否则，会调用 SaveChangesToServer-Completed 回调函数，它会返回到 ObjectCache。

为了将 Car 对象成功地发送到服务器中，您需要为 Car 类及其基类 SimpleEntityBase 补充少量内容。默认情况下，所有公共属性都会被序列化。但有些属性(比如 EntityId 和 IsChanged)不该被发送到服务器中，因为它们只与 Windows Phone 应用程序中的对象缓存有关。要重写默认的行为，可以使用 DataMember 特性来指定哪些属性需要进行序列化。您需要同时为 Car 类和 SimpleEntityBase 类使用该特性，还要同时为两个类的声明添加 DataContract 特性：

可从 wrox.com 下载源代码

```
    [DataContract]
    public class Car : SimpleEntityBase {
        [DataMember]
        public int Id { ... }

        [DataMember]
```

```
    public int Year { ... }

    [DataMember]
    public string Model { ... }

    [DataMember]
    public string Make { ... }

    public override void UpdateFrom(IEntityBase newEntity) { ... }
}
```

Car.cs 中的代码片段

```
[DataContract]
public class SimpleEntityBase : IEntityBase {
    public Guid EntityId { ... }
    public bool IsChanged { ... }

    [DataMember]
    public bool Deleted { ... }

    [DataMember]
    public DateTime LastUpdated { ... }

    public virtual void UpdateFrom(IEntityBase newEntity) { }

    public event PropertyChangedEventHandler PropertyChanged;

    protected void RaisePropertyChanged(string propertyName) { ... }
}
```

SimpleEntityBase.cs 中的代码片段

最后更新 App.xaml，使其包含一个 WCFSyncService 实例。

可从 wrox.com 下载源代码

```
<Application
    x:Class="ManageYourData.App"
    ...
    xmlns:data="clr-namespace:BuiltToRoam.Data;assembly=BuiltToRoam.Data"
    xmlns:simple="clr-namespace:BuiltToRoam.Data.SimpleStorage;
assembly=BuiltToRoam.Data.SimpleStorage"
    xmlns:wcf="clr-namespace:BuiltToRoam.Data.WCFDataService;
assembly=BuiltToRoam.Data.WCFDataService"
    xmlns:local="clr-namespace:ManageYourData">
    <Application.Resources>
        <simple:SimpleStorageProvider StoreName="Cars" x:Key="SimpleCarsData">
            <simple:SimpleStorageProvider.StorageConfigurations>
                <data:EntityConfiguration
                        EntityType="ManageYourData.Car,ManageYourData" />
            </simple:SimpleStorageProvider.StorageConfigurations>
```

```
        </simple:SimpleStorageProvider>
        <wcf:WCFSyncService x:Key="WCF">
            <wcf:WCFSyncService.SyncConfigurations>
                <wcf:WCFSyncConfiguration
                      BaseUrl="http://localhost:7208/CarService.svc"
                      EntitySetName="Cars" LastUpdated="LastUpdated"
                      EntityType="ManageYourData.Car,ManageYourData"
                      KeyMapping="Id" />
            </wcf:WCFSyncService.SyncConfigurations>
        </wcf:WCFSyncService>
        <local:CarStore x:Key="Cache" Store="{StaticResource SimpleCarsData}"
                        CacheMode="Insert,Delete,Update,Sync"
                        SyncService="{StaticResource WCF}">
            <data:ObjectCache.ObjectKeyMappings>
                <data:ObjectKeyMap
                      EntityType="ManageYourData.Car,ManageYourData"
                      KeyPropertyName="Id" />
            </data:ObjectCache.ObjectKeyMappings>
        </local:CarStore>
    </Application.Resources>
</Application>
```

App.xaml 中的代码片段

您也可以添加一个按钮，以便用户可以调用 Windows Phone 应用程序与服务器之间 Car 的同步操作。

```
private void SyncButton_Click(object sender, RoutedEventArgs e){
    (Application.Current as App).Store.Sync<Car>();
}
```

MainPage.xaml.cs 中的代码片段

至此，我们已经概述了如何结合使用对象缓存、持久化存储和同步来为应用程序提供数据。您或许可以考虑一下，当 Windows Phone 应用程序中的对象发生更改时，如何根据 CacheMode 的值来自动触发同步过程。

16.3　小结

本章介绍了如何读写独立存储以便在应用程序的会话之间保存信息。您了解了如何使用内存对象缓存以及持久化对象缓存在应用程序中的不同页面之间共享数据，以及如何在应用程序的多次运行之间共享数据。可以在 XAML 中声明对象缓存，使其易于配置并便于进行数据绑定。最后，您学习了如何对其进行扩展从而支持数据与数据服务的同步，而且无论是否有可用的活动连接，都允许用户通过 Windows Phone 应用程序集中查看数据。

第17章 框　架

本章内容

- 通过 Managed Extensibility Framework 使 Windows Phone 应用程序更具组合性和可扩展性
- 通过 Microsoft Silverlight Analytics Framework 对应用程序的使用情况进行跟踪
- 借助 Silverlight Unit TestingFramework 对应用程序进行测试
- Windows Phone 模拟器的自动化处理

对于小型的轻量级 Windows Phone 应用程序而言，没必要使用 Silverlight 之外的任何额外的框架。但随着应用程序的增长及功能的扩展，具备一个能够使应用程序增长同时又能保持其可靠性的应用程序架构将变得至关重要。

本章将介绍可以实现应用程序组件化的 Managed Extensibility Framework(MEF)以及用于跟踪应用程序使用情况的 Microsoft Silverlight Analytics Framework(MASF)。此外，您还将学习如何在开发期间测试应用程序。

17.1 Managed Extensibility Framework

桌面版.NET Framework v4.0 中引入了 Managed Extensibility Framework(MEF)，它鼓励开发人员将应用程序设计为可在运行时粘合到一起的组件。这不仅促进了应用程序的组件化，还可以使应用程序更具可扩展性和可测试性。尽管 Windows Phone 应用程序在规模和复杂性上往往明显小于与其对应的桌面应用程序，但它们仍然可以从 MEF 的使用中获益。

17.1.1 导入和导出

从根本上说，MEF 是与导入导出相关的组件。例如，如果您拥有一个提供日志记录功能的类，就可以通过 Export 特性对其进行标记从而将其导出。而另一个希望记录信息的组件可以声明一个属性并使用 Import 特性对该属性进行标记以便导入该类。MEF 负责将这二者连接起来，以便该组件在运行时可以利用该类(已导出了日志记录功能)的实例来记录信息。

在继续之前，我们先分析一个实例。首先需要在 Windows Phone 应用程序中添加对 MEF 程序集的引用。

在撰写本书时，MEF for Windows Phone 的官方版本尚未发布。不过，在下一节中将要探讨的 Microsoft Silverlight Analytics Framework(MSAF)的源代码中包含了 MEF for Windows Phone 的一个移植版本。从 http://msaf.codeplex.com 中下载 MSAF 的源代码，并向应用程序中添加对 ComponentModel 和 Composition Initialization 项目的引用。

在名为 LoggerImplementation 的新类库中创建一个名为 SimpleLogger 的类。该类公开了一个单独的 Log 方法，该方法只负责将字符串写入到调试控制台。该类是利用 Export 特性来向 MEF 公开的。

可从 wrox.com 下载源代码

```
[Export]
public class SimpleLogger{
   public void Log(string information){
      Debug.WriteLine(information);
   }
}
```

SimpleLogger.cs 中的代码片段

在应用程序的 MainPage 中定义一个 Logger 属性，并用 Import 特性对其进行标记：

可从 wrox.com 下载源代码

```
public partial class MainPage : PhoneApplicationPage{
    [Import]
    public SimpleLogger Logger { get; set; }

    public MainPage(){
        InitializeComponent();
        Logger.Log("Application Started");
    }
}
```

MainPage.xaml.cs 中的代码片段

在运行时，MEF 会检测所有被 Import 特性标记过的属性。然后会搜索通过 Export 特性进行标记而被导出的类型列表。如果被导出的类型和被标记为导入的属性类型之间相匹配，则会创建该类型的一个实例并将其赋给这个属性。

现在您可能在思考如何包含 MEF。要引入 MEF，需要调用 CompositionHost 类的 Initialize 方法。为了确保在访问应用程序内的所有组件之前完成此操作，您需要在应用程序启动时调用 Initialize 方法。您既可以通过挂接应用程序的 Launching 和 Activated 事件来实现，也可以创建一个实现 IApplicationService 接口的应用程序服务。本例将采用后者，因为这种做法可以获得更好的代码封装和关注分离效果：

```
public class MEFApplicationService : IApplicationService {
    public MEFApplicationService() {
        CompositionHost.Initialize(
            new AssemblyCatalog(Application.Current.GetType().Assembly),
            new AssemblyCatalog(typeof(LoggerImplementation.SimpleLogger).Assembly)
        );
    }
    public void StartService(ApplicationServiceContext context) { }
    public void StopService() { }
}
```

MEFApplicationService.cs 中的代码片段

Initialize 方法可以接收任意个数的目录，这些目录用于定义 MEF 在解析类型时需要搜索的位置。AssemblyCatalog 类为将要搜索的程序集提供静态引用，在本例中即主应用程序和 Logger-Implementation 程序集(您需要在主应用程序的项目中添加对 LoggerImplementation 项目的引用)。

接下来，向 App.xaml 内的 Application.ApplicationLifetimeObjects 集合中添加一个 MEFApplication-Service 实例，这可以保证在任何应用程序代码运行之前调用 Initialize 方法来初始化 MEF。

```
<Application
    x:Class="Frameworks.App"
    ...
    xmlns:local="clr-namespace:Frameworks">

    <Application.ApplicationLifetimeObjects>
        <local:MEFApplicationService/>
        ...
    </Application.ApplicationLifetimeObjects>
</Application>
```

App.xaml 中的代码片段

剩下的一件事就是调用 MEF 使其满足 MainPage 中所有导入的要求：

```
public MainPage() {
    InitializeComponent();
    CompositionInitializer.SatisfyImports(this);

    Logger.Log("Application Started");
}
```

MainPage.xaml.cs 中的代码片段

此时，您或许在想，为什么刚才不在构造函数中创建 SimpleLogger 类的实例？一个简短的答案是，您完全可以很轻松地这样实现。不过，让我们从另一个角度来观察一下，当您希望替换所使用的记录器类型时会发生什么呢？我们需要进行全盘检查，并使用新记录器的引用来替换所有

SimpleLogger 类的引用。

很明显，您可以创建一个 ILogger 接口来改进日志记录组件的设计效果，这两个记录器都实现了该接口。注意此处需要对 Export 特性进行修改以便将 ILogger 类型作为一个参数包含进来。这表明该类应该作为一个 ILogger 被导出(使其可用于所有寻找 ILogger 实现的 Import)。同时意味着 MainPage 中 Logger 属性的类型可以是 ILogger。

可从
wrox.com
下载源代码

```
namespace LoggerImplementation {
   [Export(typeof(ILogger))]
   public class SimpleLogger : ILogger {
      public void Log(string information) {
         Debug.WriteLine(information);
      }
   }
}
```

SimpleLogger.cs 中的代码片段

```
namespace AnotherLoggerImplementation {
   [Export(typeof(ILogger))]
   public class IsolatedStorageLogger : ILogger {
      public void Log(string information) {
         IsolatedStorageSettings.ApplicationSettings
                              ["LastLoggedInformation"] = information;
      }
   }
}
```

IsolatedStorageLogger.cs 中的代码片段

```
public partial class MainPage : PhoneApplicationPage {
   [Import]
   public ILogger Logger { get; set; }
}
```

MainPage.xaml.cs 中的代码片段

要在这两个 ILogger 实现之间进行切换，只需在 MEFApplicationService 构造函数中更改将被 MEF 搜索的程序集即可：

可从
wrox.com
下载源代码

```
public MEFApplicationService() {
   CompositionHost.Initialize(
      new AssemblyCatalog(Application.Current.GetType().Assembly),
      new AssemblyCatalog(
typeof(AnotherLoggerImplementation.IsolatedStorageLogger).Assembly));
}
```

MEFApplicationService.cs 中的代码片段

17.1.2 ImportMany

通过 ImportMany 特性，MEF 还可用于导入实现了相同接口的多个类。展示这一点最好的方法就是借助示例。本章后面将介绍 Microsoft Silverlight Analytics Framework(MSAF)以及如何测试 Windows Phone 应用程序。对于其中每一部分，您都会向应用程序中添加至少一个额外的 PhoneApplicationPage，同时还需要设计 Windows Phone 应用程序的架构，从而尽可能简单地、独立地添加这些额外的页面。

为使每一部分都相互独立，我们将它们放在各自的程序集中。基于 Windows Phone Class Library 项目模板新建两个项目，并分别命名为 MSAFSample 和 TestingSample。打开 MSAFSample 项目，然后添加一个新的名为 MSAFPage.xaml 的 PhoneApplicationPage。在本例中，您需要额外创建一个将被导出的类(而不是导出页面本身)。该类会公开两个名为 Name 和 RootPage 的属性。前者用于为组件提供一个友好名称，后者用于导航到页面。相比于直接导出页面，此项技术的优点在于，它使得在动态生成的用户界面(UI)中识别和呈现页面都变得更简单。

可从
wrox.com
下载源代码

```
namespace MSAFSample {
    public class SampleDeclaration : ISample {
        public string Name {
            get {
                return "MSAF Sample";
            }
        }

        public Uri RootPage {
            get {
                return new Uri("/MSAFSample;component/MSAFPage.xaml",
                               UriKind.Relative);
            }
        }
    }
}
```

SampleDeclaration.cs 中的代码片段

您会注意到，SampleDeclaration 类实现了 ISample 接口(与 SimpleLogger 和 ISolatedStorageLogger 实现 ILogger 的方式相同)，却没有声明 Export 特性。这是因为 ISample 接口的声明应用了 InheritedExport 特性。这意味着任何实现了此接口的类都将被自动导出。

可从
wrox.com
下载源代码

```
namespace SharedInterfaces {
    [InheritedExport(typeof(ISample))]
    public interface ISample {
        string Name { get; }
        Uri RootPage { get; }
    }
}
```

ISample.cs 中的代码片段

在 TestingSample 项目中创建两个新的 PhoneApplicationPage 实例，分别命名为 TestSamplePage.xaml 和 TestSample2Page.xaml。该项目将公开 ISample 接口的两个不同的实现，实际上是导出了用户可以访问的两个样本：

可从
wrox.com
下载源代码

```
namespace TestingSample {
    public class SampleDeclaration : ISample {
        public string Name {
            get {
                return "Testing Sample";
            }
        }

        public Uri RootPage {
            get {
                return new Uri("/TestingSample;component/TestSamplePage.xaml",
                              UriKind.Relative);
            }
        }
    }
}
```

SampleDeclaration.cs 中的代码片段

```
namespace TestingSample {
    public class Sample2Declaration : ISample {
        public string Name {
            get {
                return "Testing Sample 2";
            }
        }

        public Uri RootPage {
            get {
                return new Uri("/TestingSample;component/TestSample2Page.xaml",
                              UriKind.Relative);
            }
        }
    }
}
```

Sample2Declaration.cs 中的代码片段

现在您已经有了两个类库，它们导出了三个 ISample 实现，所以您可以修改 Windows Phone 应用程序来导入它们了。为此，您需要首先在 MainPage 中创建带有 Import 特性的属性：

可从
wrox.com
下载源代码

```
public partial class MainPage : PhoneApplicationPage {
    [ImportMany]
    public IEnumerable<ISample> Samples { get; set; }
}
```

MainPage.xaml.cs 中的代码片段

在本例中，由于您希望可以导入 ISample 接口的多个实现，所以需要将属性实现为一个 IEnumerable<ISampe>集合。剩下的唯一一件事就是确保在 MEFApplicationService 构造函数中同时引用这两个程序集。

可从
wrox.com
下载源代码

```
public MEFApplicationService(){
    CompositionHost.Initialize(
        new AssemblyCatalog(Application.Current.GetType().Assembly),
        new AssemblyCatalog(typeof(MSAFSample.MSAFPage).Assembly),
        new AssemblyCatalog(typeof(TestingSample.TestSamplePage).Assembly));
}
```

MEFApplicationService.cs 中的代码片段

虽然共有三个 ISample 接口的实现，但只有两个程序集引用被添加到 AssemblyCatalog 中(如果将包含应用程序本身的程序集算在内，那就是三个)。这是因为 TestingSample 程序集同时包含了 SampleDeclaration 和 Sample2Declaration 类，因此无需多次引用同一程序集。MEF 框架会查找每个被引用的程序集中所定义的所有类。

当运行应用程序时，您需要在一个列表框中显示可用样本的列表。然后，当用户单击一个按钮时，应通过打开相应的页面来显示所选样本。

可从
wrox.com
下载源代码

```
public MainPage() {
    InitializeComponent();
    CompositionInitializer.SatisfyImports(this);
    Loaded += new RoutedEventHandler(MainPage_Loaded);
}

void MainPage_Loaded(object sender, RoutedEventArgs e) {
    // Only load the samples the first time this page is loaded
    if (this.SamplesList.Items.Count == 0) {
        foreach (var sample in Samples) {
            this.SamplesList.Items.Add(sample);
        }
    }
}

private void OpenSampleButton_Click(object sender, RoutedEventArgs e) {
    var sample = this.SamplesList.SelectedItem as ISample;
    if (sample == null)
        return;
    this.NavigationService.Navigate(sample.RootPage);
}
```

MainPage.xaml.cs 中的代码片段

图 17-1 展示了运行中的应用程序。图 17-1(a)显示了用户可运行的样本列表。通过选择一个样本并点击 Open Sample 按钮即可显示相应的页面。图 17-1(b)是 MSAF 示例的页面，图 17-1(c)是第二个测试样本的页面。

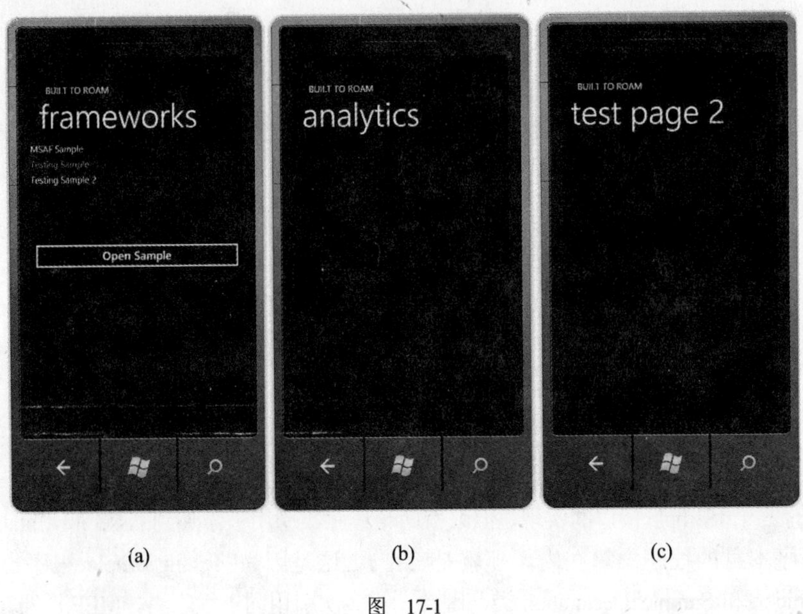

(a) (b) (c)

图 17-1

17.2 应用程序组合

以下几种框架可以帮助您构建更复杂且更具组合性的应用程序。您可以通过组件来构建应用程序，并允许这些组件通过一个松耦合的消息传递系统彼此通信，我们可以相对独立地开发这些组件，然后采用不同方式来组合并重新结合它们。在这里有必要简要介绍下面的两个框架：

- **Composite WPF (Prism)** (http://compositewpf.codeplex.com)——WPF 复合应用程序指南(以及后来的 Silverlight for WP7)用于帮助解决大型单模块应用程序所面临的挑战。构建一些离散的、松耦合的且半独立的组件，并将它们组合成一个应用程序外壳被认为是解决这些问题的一种有效方法。
- **nRoute**(http://nroute.codeplex.com)——nRoute 是另一个复合应用程序框架，它允许为 Silverlight、WPF 以及现在的 Window Phone 所编写的应用程序使用 Model View View Model(MVVM)来构建组件并将其集成到应用程序中。

17.3 Microsoft Silverlight Analytics Framework

Microsoft Silverlight Analytics Framework(MSAF)包含了对 Windows Phone 开发的支持。它向您提供了一种标准方法在 Windows Phone 应用程序中添加使用情况跟踪功能，该应用程序在一定程度上独立于您所使用的实际跟踪点或跟踪服务。注意它只是在一定程度上独立，因为每个服务(例如，Google

Analytics 或者 Omniture)都需要创建一个自定义的行为以便与框架一起工作。幸运的是，主要的跟踪服务都已经具备了可在应用程序中使用的行为。

要开始在您的 Windows Phone 应用程序中跟踪其使用情况，您需要从 http://msaf.codeplex.com 下载并安装 MSAF 库的最新版本。

如果您在上一节中已经下载了源代码，则可以在此处引用它。

我们将继续使用前一个示例，将 MSAF 添加到 MSAFSample 项目中。首先将以下程序集的引用添加到您的应用程序和 MSAFSample 项目中：

- ComponentModel [MEF]
- Composition.Initialization [MEF]
- Microsoft.WebAnalytics [MSAF]
- Microsoft.WebAnalytics.Behaviors [MSAF]
- Microsoft.WebAnalytics.Navigation [MSAF]
- System.Windows.Interactivity

从这个列表中可以看到，前两个程序集是 MEF 库。MSAF 在内部使用了 MEF，所以您需要添加这些引用以及 System.Windows.Interactivity。

下一步创建一个 WebAnalyticsService 类的实例，它实现了 IApplicationService 和 IApplicationLifetime 接口。如果您只添加了 MSAF，则可以在 App.xaml 内的 ApplicationLifetimeObjects 集合中将其创建为一个实例。

```
<Application.ApplicationLifetimeObjects>
   <msaf:WebAnalyticsService/>
</Application.ApplicationLifetimeObjects>
```

不过，在本例中，由于只在 MSAFSample 项目中使用 MSAF，所以您需要使用一个更加组件化的方法来利用 MEF。您将动态创建一个 WebAnalyticsService 实例，并在应用程序初始化期间将其添加到 App.xaml 文件内的 ApplicationLifetimeObjects 集合中，而不是将一个这样的实例直接添加到该集合中。首先定义一个名为 IApplicationServiceFactory 的接口：

可从
wrox.com
下载源代码

```
namespace SharedInterfaces {
   [InheritedExport(typeof(IApplicationServiceFactory))]
   public interface IApplicationServiceFactory {
      IApplicationService Create();
   }
}
```

IApplicationServiceFactory.cs 中的代码片段

现在，您需要在 MSAFSample 项目中添加一个简单实现，该实现将返回一个新的 WebAnalytics-Service 实例：

可从
wrox.com
下载源代码

```
namespace MSAFSample {
    public class WebAnalyticsServiceFactory : IApplicationServiceFactory {
        public IApplicationService Create() {
            return new WebAnalyticsService();
        }
    }
}
```

WebAnalyticsServiceFactory.cs 中的代码片段

最后要做的一件事就是更新此前创建的 MEFApplicationService 类。首先添加一个 IEnumerable<IApplicationServiceFactory>类型的属性，实际上它是一个已被导入的服务工厂列表。在构造函数的末尾处对该列表进行迭代，并创建 IApplicationService 实例，然后将这些实例添加到 ApplicationLifetimeObjects 集合中。

可从
wrox.com
下载源代码

```
public class MEFApplicationService : IApplicationService {
    [ImportMany]
    public IEnumerable<IApplicationServiceFactory> ServiceFactories { get; set; }

    public MEFApplicationService() {
        CompositionHost.Initialize(
            new AssemblyCatalog(Application.Current.GetType().Assembly),
            new AssemblyCatalog(typeof(MSAFSample.MSAFPage).Assembly),
            new AssemblyCatalog(typeof(
                            Microsoft.WebAnalytics.AnalyticsEvent).Assembly),
            new AssemblyCatalog(typeof(
                    Microsoft.WebAnalytics.Behaviors.TrackAction).Assembly));


        CompositionInitializer.SatisfyImports(this);
        foreach (var factory in ServiceFactories) {
            Application.Current.ApplicationLifetimeObjects.Add(factory.Create());
        }
    }

    public void StartService(ApplicationServiceContext context) { }

    public void StopService() { }
}
```

MEFApplicationService.cs 中的代码片段

此外还要在构造函数的 AssemblyCatalog 内同时引用 WebAnalytics 和 WebAnalytics.Behaviors 程序集。这是为了确保可以正确地初始化 MSAF 库(记住它在内部使用了 MEF)。

现在您可以开始在 MSAFSample 项目中跟踪用户活动了。首先，您只需使用 ConsoleAnalytics 行为将活动记录到控制台。然后打开 Expression Blend。在 Assets 窗口中，您应该可以在 Behaviors 之下看到一个 Analytics 节点，如图 17-2 所示。将 ConsoleAnalytics 行为的一个实例拖动到 Objects and Timeline 窗口中的 LayoutRoot 节点上。

将 ConsoleAnalytics 行为添加到页面中可以将对事件的跟踪输出到控制台。现在您需要定义将要跟踪的事件和信息。在本例中，为了简单起见，只有当单击页面中的按钮时才会报告。为此，您需要向页面中添加一个按钮，然后将 TrackAction 行为的一个实例从 Assets 窗口拖动到该按钮上。图 17-3 展示了页面的 Objects and Timeline 窗口。

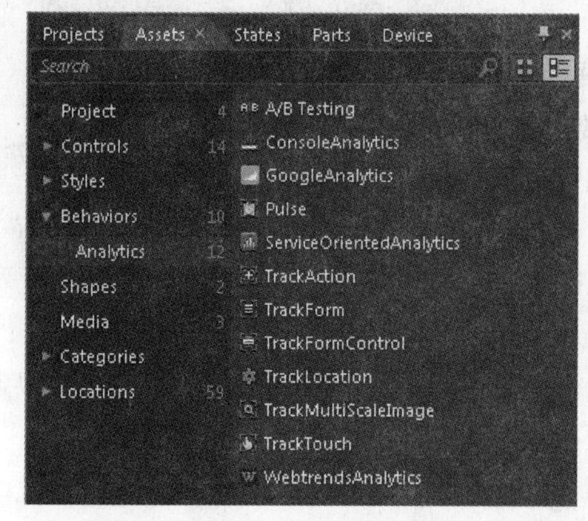

图　17-2

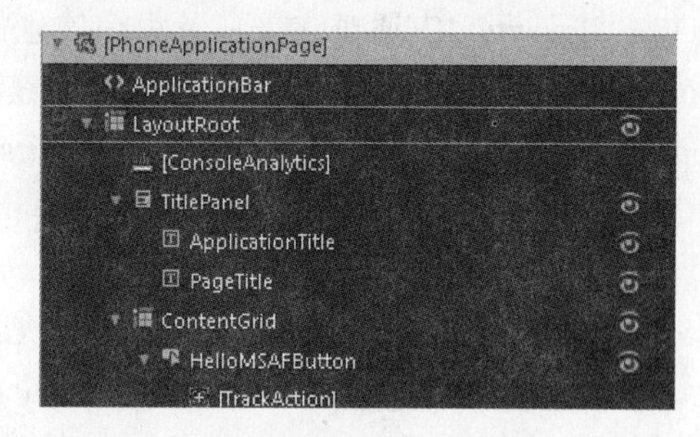

图　17-3

您需要对 TrackAction 行为的属性进行配置。从图 17-4 中可以看到，TrackAction 被关联到 HelloMSAFButton 的 Click 事件。Category 和 Value 属性也已经进行了配置。这些属性会被发送给分析提供程序，以便您可以识别事件类型和被单击的特定按钮。

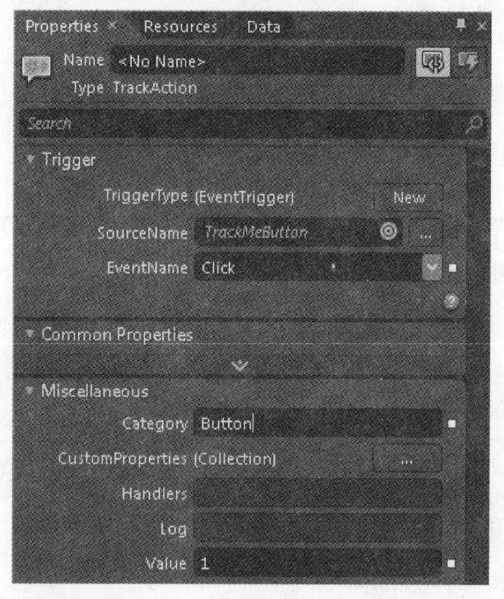

图　17-4

如果运行应用程序，那么每次点击 Button 时您都会看到事件信息被发送到了调试器控制台窗口中。

```
Click: TrackMeButton, 1,
Click: TrackMeButton, 1,
Click: TrackMeButton, 1,
Click: TrackMeButton, 1,
```

在调试 Windows Phone 应用程序时，将使用情况信息发送到控制台窗口可以起到辅助作用，但它并不能真正地帮助您监视用户对应用程序的使用情况。为此，您可以利用一种行为，它被设计用来与第三方分析服务一起工作。它会将事件跟踪数据发送给第三方服务，以便您可以使用它的工具来汇总数据并运行报告从而确定应用程序的使用情况。

在本例中，您需要将 GoogleAnalytics 行为从 Assets 窗口中拖动到 Objects and Timeline 窗口的 LayoutRoot 节点上，从而将其添加到应用程序中。您不需要设置 ConsoleAnalytics 行为的任何属性，与此不同，您需要指定 Web Property ID(通过它来记录跟踪信息)来配置 GoogleAnalytics 行为，如图 17-5 所示。要获取 Web Property ID，您只需在 www.google.com/analytics 注册一个 Google Analytics 账号即可。

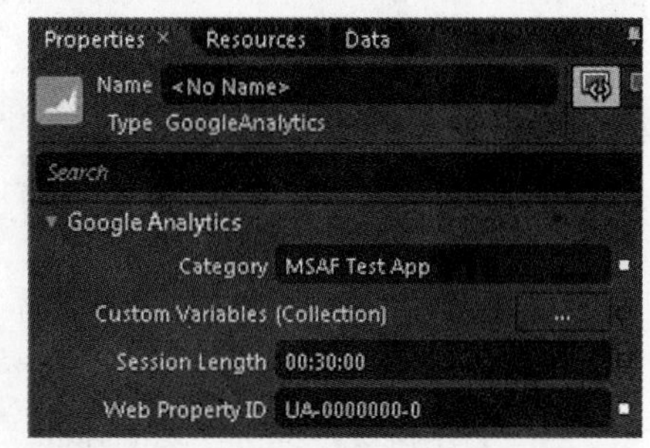

图 17-5

当您更改了应用程序时，还可以尝试向 LayoutRoot 中添加一个 TrackLocation 行为。它可以定期记录设备的地理位置。记住，要使用该行为，您必须提示用户，告知他们您将记录他们的位置。

当应用程序运行过几次后，您可以登录 Google Analytics 账户并监视应用程序的使用情况。图 17-6 展示了一个 Google Analytics 测试账户的 Event Tracking Overview 区域。

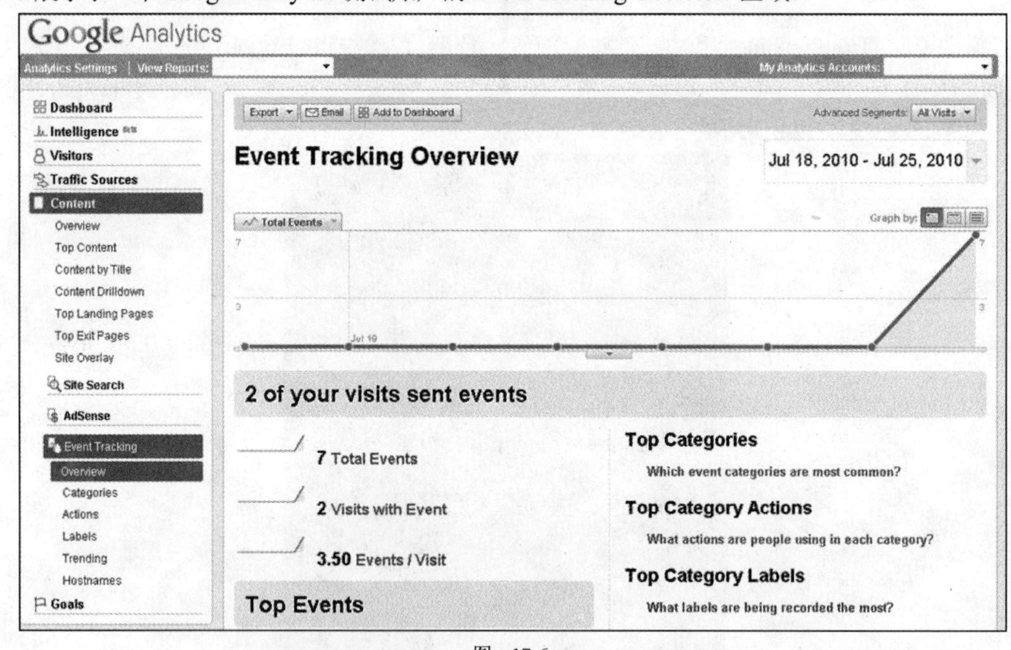

图 17-6

17.4 测试

构建一个可靠应用程序最重要的一环就是测试。Windows Phone 应用程序也不例外。事实上，由于其独特的应用程序生命周期和设备特性，您可能需要做更多的测试来确保各种使用场景中行为的正确性。您的测试表中应该包含单元测试、功能测试和可用性测试，同时需要记住，至少要确保在真实设备中完成最终的测试。

17.4.1 单元测试

在测试中有一个测试领域是可以自动化进行的，即单元测试的执行。您既可以采用测试驱动开发(TDD)的方法(在这种情况下，您将会编写失败的测试然后填入代码使这些测试通过)，也可以仅仅是回顾性地编写测试以便验证代码的执行是否与预期相同。本节将展示如何利用 Silverlight Unit Test Framework(SUTF)为应用程序代码构建和执行单元测试。

1. 开始

我们将继续使用上一节中的 Windows Phone 应用程序。不过，为了避免测试框架和测试用例“污染”应用程序本身，我们需要在一个单独的项目中创建单元测试。由于您需要测试 TestingSample 项目(如果您还记得，该项目是在本章前面用于演示 MEF 的用法而创建的)中的代码，所以需要创建一个对应的名为 TestingSample.Tests 的单元测试项目。您需要意识到的一点是，由于 SUTF 具有可视化输出，所以必须基于 Windows Phone Application 模板(而非 Windows Phone Class Library 模板)来创建项目。

接下来添加对 SUTF 程序集的引用。实际上 SUTF 是 Silverlight 4 Toolkit(http://silverlight.codeplex.com)中的一部分。不过，对于与 Windows Phone 兼容的程序集而言，您应该参阅 Jeff Wilcox 的博客 www.jeff.wilcox.name。他会定期为 SUTF 发送可以与 Windows Phone 应用程序一起使用的更新。下载 SUTF 后，您应该在 TestingSample.Tests 项目中添加对以下两个程序集的引用：

```
Microsoft.Silverlight.Testing.dll
Microsoft.VisualStudio.QualityTools.UnitTesting.Silverlight.dll
```

要初始化并显示 SUTF 的用户界面，则需将应用程序中 MainPage 的 Content 设置为调用 UnitTestSystem.CreateTestPage 方法所返回的结果。它会遍历当前程序集中所有的类来查找被 TestClass 特性标记过的类。找到这些类后，会继续查找带有 TestMethod 特性的方法。这些方法的名称构成了将由 SUTF 框架调用的测试的列表，最终测试结果显示在一个树形结构中：

可从
wrox.com
下载源代码

```
public MainPage() {
   InitializeComponent();

   Content = UnitTestSystem.CreateTestPage();

   IMobileTestPage imtp = Content as IMobileTestPage;
   if (imtp != null) {
      BackKeyPress += (x, xe) => xe.Cancel = imtp.NavigateBack();
   }
}
```

MainPage.xaml.cs 中的代码片段

SUTF UI 允许您深入分析每个单元测试的结果以便查看导致失败的原因。为了可以返回到层次结构的上一层，您需要重写 Back 按钮的功能以便为 SUTF 框架提供一个在内部处理的机会。正如您在代码中所见，这是通过将页面的 Content 强制转换为一个 IMobileTestPage 对象，然后为 BackKeyPress 事件关联一个事件处理程序来实现的。

首先我们来添加一些基础的测试：

可从
wrox.com
下载源代码

```
[TestClass]
public class MyFirstTests {
    [TestMethod]
    public void ShouldPass() {
        Assert.IsTrue(true);
    }

    [TestMethod]
    public void ShouldFail() {
        Assert.IsTrue(false);
    }
}
```

MyFirstTests.cs 中的代码片段

这段代码展示了 MyFirstTests 类，它带有 TestClass 特性并包含两个方法，这两个方法都带有 TestMethod 特性。顾名思义，ShouldPass 方法将会通过，而 ShouldFail 方法将会失败，原因是 IsTrue 断言不正确。图 17-7 展示了当 SUTF 执行这些测试时所给出的可视化反馈信息。

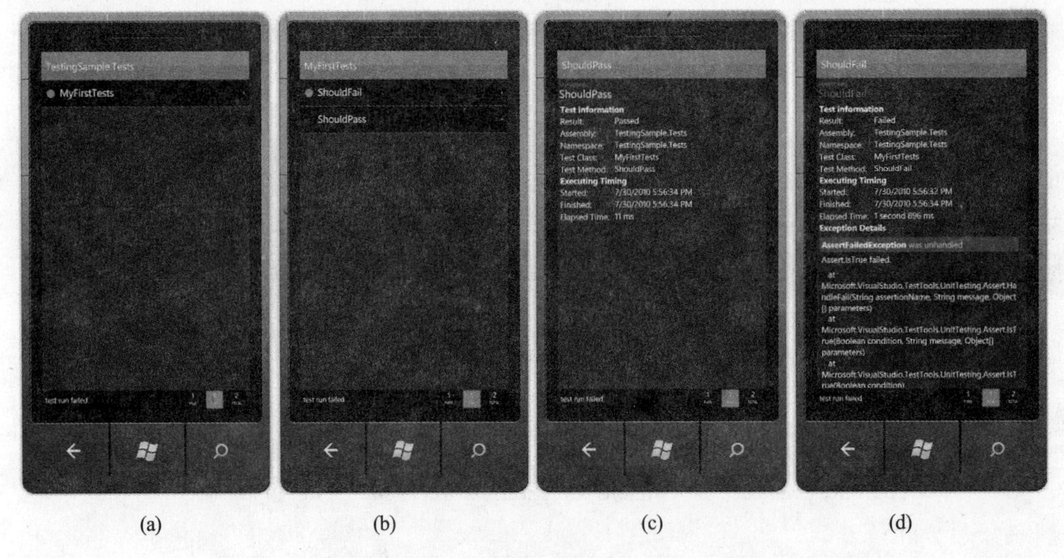

(a) (b) (c) (d)

图 17-7

图 17-7(a)显示了被查找到的所有应用了 TestClass 特性的类的列表。旁边带有红点的是未通过测试的类。单击类名可以深入分析类中带有 TestMethod 特性的方法列表(图 17-7(b))。同样，红点表明失败的方法。图 17-7(c)和图 17-7(d)显示了所收集到的关于一个成功测试和一个失败测试的信息。

既然您已经了解了 SUTF 的工作原理，现在我们来创建一个真正用于验证某项功能的测试。在 TestSample 项目中创建一个名为 Customer 的类，它具有一个名为 FirstName 的属性：

```
namespace TestingSample {
    public class Customer {
        public string FirstName { get; set; }
    }
}
```

Customer.cs 中的代码片段

在 TestingSample.Tests 项目中添加一个相应的测试类(CustomerTests)并应用 TestClass 特性。首先需要测试的是实现了 INotifyPropertyChanged 接口的 Customer 类。如果您希望关联事件处理程序以便检测属性值在何时发生更改，或者希望将 Customer 类绑定到 UI，就需要实现 InotifyProperty-Changed 接口。

Model 与 Viewmodel

注意不要直接绑定到底层的 Model(在此处为 Customer 对象)，这是一种非常正确的做法。更好的做法是创建一个 ViewModel，由它来传递您希望绑定的 Customer 中的属性。

```
public class CustomerViewModel {
    private Customer Customer { get; set; }
    public string FirstName {
        get { return Customer.FirstName; }
        set { Customer.FirstName = value; }
    }
}
```

这样，Model 就不需要实现 INotifyPropertyChanged 接口了，并且可以是一个 Plain Old CLR Object (简单传统 CLR 对象，简称 POCO)。它还提供了一个非常有用的抽象点。如果 Model 的结构发生更改，您就可以在 ViewModel 中处理所需的转换，而不会影响 View 层中任何已有的绑定。为了使此测试示例尽量简单，我们假设 Customer 对象将直接实现 INotifyPropertyChange 接口。

```
[TestClass]
public class CustomerTests {
    [TestMethod]
    public void Implement_INotifyPropertyChanged_Test() {
        var customer = new Customer();
        Assert.IsInstanceOfType(customer, typeof(INotifyPropertyChanged));
    }
}
```

CustomerTests.cs 中的代码片段

运行 SUTF 即可证实此测试用例失败，因为 Customer 类现在还没有实现 INotifyPropertyChanged 接口。您可以更新 Customer 类使其实现该接口从而解决此问题。

可从
wrox.com
下载源代码

```
public class Customer:INotifyPropertyChanged {
    public event PropertyChangedEventHandler PropertyChanged;

    public string FirstName { get; set; }
}
```

Customer.cs 中的代码片段

当然，仅仅向 Customer 类中添加 PropertyChanged 事件来实现该接口并不能满足检测某个属性值在何时发生更改这一要求。因此需要再添加两个测试，在开始时它们会失败，并会将上述实现中的缺陷突显出来。第一个测试负责验证当设置 FirstName 属性时 PropertyChanged 事件是否可以被正确地引发，而第二个测试负责验证是否向事件参数中传递了正确的 PropertyName 值：

可从
wrox.com
下载源代码

```
[TestMethod]
public void PropertyChangedEvent_FirstName_Test() {
    var customer = new Customer();
    var eventRaised = false;
    customer.PropertyChanged += (s, e) =>
        {
            eventRaised=true;
        };
    customer.FirstName = "Test Name";
    Assert.IsTrue(eventRaised);
}

[TestMethod]
public void PropertyChangedEvent_FirstName_PropertyNameCorrect_Test() {
    var customer = new Customer();
    var eventRaised = false;
    customer.PropertyChanged += (s, e) =>
        {
            eventRaised = e.PropertyName == "FirstName";
        };
    customer.FirstName = "Test Name";
    Assert.IsTrue(eventRaised);
}
```

CustomerTests.cs 中的代码片段

在当前的 Customer 实现中运行这两个测试方法同样会失败。您可以对其进行微幅调整以便通过这两个测试：

可从
wrox.com
下载源代码

```
public class Customer : INotifyPropertyChanged {
    public event PropertyChangedEventHandler PropertyChanged;

    private string _FirstName;

    public string FirstName {
        get { return _FirstName; }
```

```
            set {
                PropertyChanged(this, new PropertyChangedEventArgs("FirstName"));
                _FirstName = value;
            }
        }
    }
```

Customer.cs 中的代码片段

注意，每次修改此实现时，您都需要编写最少量的必要的代码使当前测试用例获得通过。这并不会立即产生最好的代码，但它会迫使我们编写可以覆盖各种情况的测试用例。如果您查看 FirstName 属性的这个实现，就会发现它存在一些潜在问题：

- PropertyChanged 事件是在设置后备变量(backing variable)之前被引发的，这意味着如果事件处理程序读取属性的值，它将获得旧值，而非新设置的值。
- 没有检查 FirstName 的值是否发生了更改，这会导致每次设置属性时都引发 PropertyChanged 事件，即使新值与旧值完全相同也同样如此。
- 没有进行检查以确保 PropertyChanged 事件不为 null，如果为 null 则表明当前没有人在监听该事件。

您可以为每个问题编写单独的测试用例，并逐步完善 Customer 的实现。此技术的一个优点是，您可以获取到一个全面的测试用例列表，它将有助于验证该类的行为是否正确。同时它还具有另外一个功能：为如何使用该类提供了一个说明性的伪文档。如果一个没有见过该类的人想要了解其行为，而又无法查看该类的代码(它可能位于一个无法进行逆向工程的已编译的程序集中)，则可以通过各种用于描述其正确行为的单元测试来推断出如何与该类进行交互。

2. 测试中用到的特性

可在测试用例中使用其他几个特性来使测试报告更具描述性，同时可以开启更高级的功能，例如应用过滤功能，从而使其只运行测试的一个子集。

Description 特性

建议您根据每个测试方法被设计用于测试的功能来对其进行命名。话虽如此，不过要在名称中包含足够多的信息从而充分清晰地说明测试的功能通常比较困难。可将 Description 特性应用于一个方法以便提供额外的信息。

可从
wrox.com
下载源代码

```
[TestMethod]
[Description("Sample test that should PASS")]
public void ShouldPass() {
    Assert.IsTrue(true);
}
```

MyFirstTests.cs 中的代码片段

Bug 特性

Bug 特性可用于提供诸如为什么要添加该测试用例这样的信息。例如，以下代码检测到一个错误——未在 PropertyChanged 事件引发前设置属性的值。此段代码还表明该错误已被解决，所以当前的这个测试用例应该可以获得通过。

可从
wrox.com
下载源代码

```
[TestMethod]
[Bug("Property value wasn't set when PropertyChanged event fired", Fixed = true)]
public void PropertyChangedEvent_FirstName_PropertyValueNotSet_Test() {
    var customer = new Customer();
    var eventRaised = false;
    customer.PropertyChanged += (s, e) => {
            eventRaised = customer.FirstName == "Test Name";
        };
    customer.FirstName = "Test Name";
    Assert.IsTrue(eventRaised);
}
```

CustomerTests.cs 中的代码片段

WorkItem 特性

对于使用工作项跟踪系统(如 Team Foundation Server(TFS))的团队来说，通过工作项(这些工作项包含了单元测试的创建)来连接各个单元测试十分有用。这可以使用 WorkItem 特性来实现。它接受一个整型值，以便将测试用例与工作项关联起来。

可从
wrox.com
下载源代码

```
[TestMethod]
[WorkItem(287)]
public void PropertyChangedEvent_FirstName_EventOnlyRaisedWhenValueChanges_Test() {
    var customer = new Customer();
    var eventRaised = 0;
    customer.PropertyChanged += (s, e) => {
            eventRaised++;
        };
    customer.FirstName = "Test Name";
    customer.FirstName = "Test Name";
    customer.FirstName = "Different Name";
    Assert.AreEqual(2, eventRaised,
        "PropertyChanged event should only be raised when the FirstName changes");
}
```

CustomerTests.cs 中的代码片段

Tag 特性

有时，您可能只希望运行测试用例的一个子集。例如，随着单元测试库的持续增长，执行全部的测试集合可能要耗费很长一段时间。您可以通过一个或者多个 Tag 特性来为测试类和测试方法添加批注，以便对测试方法进行分组。将 Tag 特性应用于某个类时，相当于将 Tag 特性应用到该类中包含的所有测试方法。图 17-8 展示了如何根据测试用例的 Tag 来指定要运行的测试。在本例中，将运行所有具有“All Samples”标签的测试方法。

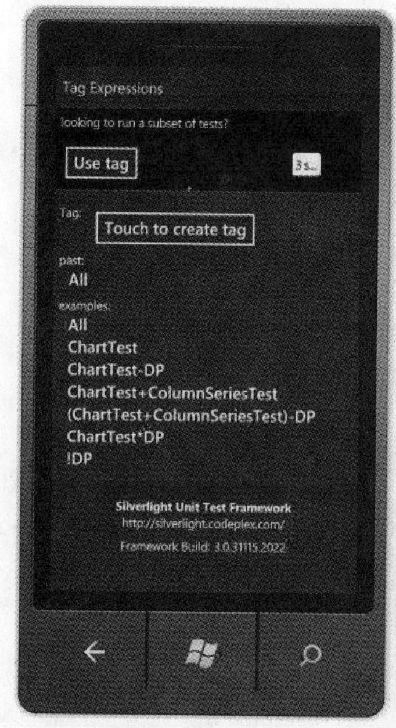

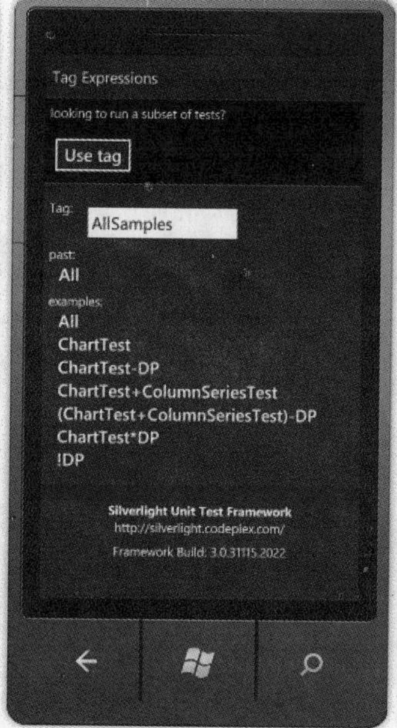

图 17-8

用于指定 Tag 值的接口可以接受较复杂的表达式。例如，AllSamples-FailSample 可以运行 Tag 值为 AllSamples 的测试方法而不运行 Tag 值为 FailSample 的测试方法。在以下代码中，只运行 ShouldPass 测试方法：

可从
wrox.com
下载源代码

```
[TestClass]
[Tag("AllSamples")]
public class MyFirstTests {
   [TestMethod]
   public void ShouldPass() { ... }

   [TestMethod]
   [Tag("FailSample")]
   public void ShouldFail() { ... }
}
```

MyFirstTests.cs 中的代码片段

Ignore 特性

无论出于何种原因，如果您希望跳过一个或者多个测试方法，就可以为测试类或单独的测试方法应用 Ignore 特性。当外部原因(诸如服务不可用)暂时导致某个单元测试失败时，此功能非常有用。

ExpectedException 特性

有时，您正在测试的代码可能会抛出异常来指示特定的错误条件。此时，拥有即使遇到错误，却仍可以正确验证应用程序行为的单元测试是至关重要的。您不必在测试方法中使用 try-catch 块来验证是否已抛出了正确的异常，而可以使用 ExpectedException 特性为相应方法添加批注。它表明单元测试的正确执行应会抛出指定类型的异常。如果您指定了一条消息，如下面的示例所示，异常中的消息应与您所提供的消息相匹配：

```
[TestMethod]
[ExpectedException(typeof(ArgumentNullException), "Value can't be null")]
public void FirstName_NullValueGeneratesException_Test()
{
    var customer = new Customer();
    customer.FirstName = null;
}
```

CustomerTests.cs 中的代码片段

Asynchronous 特性

会采用异步方式处理Windows Phone应用程序中的许多功能(尤其是需要下载某些内容的功能)以免阻塞 UI。通常，异步代码会使应用程序的测试十分困难。在 SUTF 框架中，您可以将 Asynchronous 特性应用于某个测试方法从而使这类功能变得易于测试。如下面的示例所示，其中的 UpdateAsync 方法大约要耗费 2000 毫秒(ms)才能完成(这里通过调用 Thread.Sleep 来进行模拟)：

```
public event EventHandler UpdateComplete;
public bool IsChanged { get; private set; }

public void UpdateAsync() {
    ThreadPool.QueueUserWorkItem(InternalUpdate);
}

private void InternalUpdate(object state) {
    Thread.Sleep(2000);
    IsChanged = false;
    if (UpdateComplete != null) {
        UpdateComplete(this, EventArgs.Empty);
    }
}
```

CustomerTests.cs 中的代码片段

要测试此方法，我们可以让一组将被异步执行的操作进行排队(这要求为测试方法应用 Asynchronous 特性)。首先调用 UpdateAsync 方法来启动异步方法。然后指定一个条件语句使工作流暂停，直到设置了 customerUpdated 标志为止(该标志在 UpdateComplete 事件处理程序中被设置为 true)。然后将 Assert 进行排队，以便验证 Customer 的 IsChanged 属性是否为 false。最后调用 EnqueueTestComplete 方法来指示异步测试方法的结束。

```
[TestMethod]
[Asynchronous]
public void Update_Test()
{
    var customer = new Customer();
    var customerUpdated = false;
    customer.UpdateComplete += (s, e) =>
    {
```

```
        customerUpdated = true;
    };

    EnqueueCallback(() => customer.UpdateAsync());
    EnqueueConditional(() => customerUpdated);
    EnqueueCallback(() => Assert.IsFalse(customer.IsChanged));
    EnqueueTestComplete();
}
```

CustomerTests.cs 中的代码片段

Timeout 特性

有时，单元测试会失败，并卡在一个无限循环或者类似的状态中，此类状态会使测试的执行耗费过长的时间。特别是在使用 Asychronous 特性时，测试用例可能会被无限期锁住(一种可能的情况是，某个异步方法从未使通过 EnqueueConditional 方法入队的条件语句为真)。为了避免中断测试的运行，您可以使用 Timeout 特性为测试方法所持续的时间提供一个上限值。以下代码将 Update Test 单元测试的最大值限制为 4000ms。如果此单元测试耗费的时间超过了 4000ms，则认为它失败，此后会继续执行下一个单元测试。

可从 wrox.com 下载源代码

```
[TestMethod]
[Asynchronous]
[Timeout(4000)]
public void Update_Test() { ... }
```

CustomerTests.cs 中的代码片段

TestInitialize 和 TestCleanup 特性

每次运行一个测试时，您都可能希望建立一个初始的已知状态，或者创建一些将被测试方法调用的服务。这可以在一个具有 TestInitialize 特性标记的方法中完成。类似地，在每一个测试的末尾，都会调用一个带有 TestCleanup 特性的方法来执行任何清理活动。带有 TestInitialize 和 TestCleanup 特性的方法分别会在所在类中每个测试方法之前和之后被自动调用。

ClassInitialize 和 ClassCleanup 特性

您可能会发现，某些状态和服务只会在测试类中的所有测试执行完毕后才被创建(并在随后清除)。在这种情况下，您可以使用 ClassInitialize(或 ClassCleanup)特性来标记方法，而不必将创建(或销毁)代码放在带有 TestInitialize(或 TestCleanup)特性的方法中。

还有一些对应的特性可用于整个测试程序集。当您希望在同一个程序集中的所有测试之前和之后运行某些方法时，可以对这些方法应用 AssemblyInitialize 和 AssemblyCleanup 特性。

3. Visual Studio 测试报告

尽管 SUTF 的可视化输出在开发和调试期间非常出色，不过对于回归测试或自动化测试而言，它并不是很有效。我们很难比较两个或者多个相互依赖运行的测试来查找回归或改进。幸运的是，SUTF 具有可扩展性，并且允许您自定义报告格式和报告的输出位置。此处将观察两个扩展点，以便输出一个 TRX 文件，它的格式与您在 Visual Studio 中运行单元测试时 MS Test 生成的报表格式相同。

您可以使用的第一个 SUTF 扩展点是定义将测试信息写入哪个(或哪些)日志提供器。日志提供器可以是任何实现了 LogProvider 接口的类，它用于确定将要报告的测试信息和测试信息的写入格式。SUTF 的默认配置实际上定义了两个日志提供器，一个写入到 Visual Studio 输出窗口，另一个将测试信息写入到 XML 文档中。第二个提供器非常有用，会生成可以很轻松地从设备获取并被集成到自动化测试过程的 XML 文档。

好消息是，通常您不需要实现自己的 LogProvider，而是可以借助默认的 VisualStudioLogProvider 来生成 TRX 文件格式的输出。不过，您的确需要创建一个 TestReportingProvider。它会将格式化后的测试报告信息写入一个文件中，或者将输出信息发送给一个外部的报告服务。

一种选择是将测试报告写入独立存储中。但是，接下来的挑战就会变成，如何从台式计算机的独立存储中获取报告。尽管有一个自动化的库可以与模拟器结合使用，但它并不允许直接读写应用程序的 Isolated Storage 文件夹。

我们将要采取的方法是将生成的报告发送给一个 WCF 服务。首先，基于 Windows|Console Application 模板新建一个名为 TestReportRetriever 的应用程序。

在接下来的内容中，您需要在 Administrator 模式下运行 Visual Studio。将要创建的 WCF 服务需要能够对其自身进行注册，以便在本地计算机的自定义端口上接收请求。此项任务需要管理员权限。要以 Administrator 身份运行 Visual Studio，右击 Start 菜单中的 Microsoft Visual Studio 2010 图标，然后选择 Run as Administrator。

在控制台应用程序中，基于 WCF 服务项模板添加一个名为 TestReportService 的新项。实际上这将生成三个文件：ITestReportService.cs、TestReportService.cs 和 app.config。服务声明中(在 ITestReportService.cs 中)包含一个单独的 SaveReportFile 方法，它接受两个参数，分别是日志文件的名称和测试框架所生成的内容。

可从
wrox.com
下载源代码

```
[ServiceContract]
public interface ITestReportService {
   [OperationContract]
   [WebInvoke(BodyStyle = WebMessageBodyStyle.Wrapped)]
   void SaveReportFile(string logName, string content);
}
```

ITestReportService.cs 中的代码片段

由于缺少某些程序集的引用，此处您可能得到一些生成错误。在项目 Properties 页面的 Application 选项卡中(在 Solution Explorer 中右击该控制台项目并选择 Properties)，确保将 Targets Framework 设置为.NET Framework 4(不是 Client Profile)。然后添加对 System.ServiceModel 和 System.ServiceModel.Web 的引用。接着更新 TestReportService.cs 中服务的实现。

可从
wrox.com
下载源代码

```
public class TestReportService : ITestReportService {
   public void SaveReportFile(string logName, string content) {
      var outputfile = Path.Combine(Properties.Settings.Default.BaseOutputPath,
                                    logName);
```

```
        if (File.Exists(outputfile)) {
            File.Delete(outputfile);
        }
        File.WriteAllText(outputfile, content);
        Console.WriteLine(content);
    }
}
```

TestReportService.cs 中的代码片段

这段代码依赖于一个名为 BaseOutputPath 的应用程序设置(转到项目 Properties 页面中的 Settings 选项卡，新建一个名为 BaseOutputPath 的字符串类型的设置，作用域为 Application，然后为其赋值，值是计算机中某个文件夹的路径)。测试结果(即内容参数)除了会被写入 Console 窗口外，还会被写入此文件夹中的一个文件。

此外，您还需要更新 app.config 文件，将绑定类型改为 basicHttpBinding，并调高可发送到该服务的内容的大小上限。

可从 wrox.com 下载源代码

```
<system.serviceModel>
    <behaviors>
        <serviceBehaviors>
            <behavior name="">
                <serviceMetadata httpGetEnabled="true" />
                <serviceDebug includeExceptionDetailInFaults="true" />
            </behavior>
        </serviceBehaviors>
    </behaviors>
    <services>
        <service name="TestReportRetriever.TestReportService">
            <endpoint address="" binding="basicHttpBinding"
                     bindingConfiguration="reportBinding"
                     contract="TestReportRetriever.ITestReportService">
            </endpoint>
            <endpoint address="mex" binding="mexHttpBinding"
                     contract="IMetadataExchange" />
            <host>
                <baseAddresses>
                    <add baseAddress="http://localhost:8732/TestReportService/" />
                </baseAddresses>
            </host>
        </service>
    </services>
    <bindings>
        <basicHttpBinding>
            <binding name="reportBinding" maxBufferSize="1000000"
                    maxBufferPoolSize="1000000"
                    maxReceivedMessageSize="1000000">
            <readerQuotas maxStringContentLength="1000000"
                       maxArrayLength="1000000" />
            </binding>
```

```
        </basicHttpBinding>
    </bindings>
</system.serviceModel>
```

app.config 中的代码片段

为了完成 Console 应用程序，您需要做的最后一件事情是，在每次启动应用程序时启动 TestReportService 服务。更新 Program.cs 中的代码以便创建并打开一个使用了 TestReportService 类型的 ServiceHost。控制台应用程序在关闭服务并终止之前会等待用户按下 Enter 键。

可从
wrox.com
下载源代码

```
static void Main(string[] args){
    using (ServiceHost host = new ServiceHost(typeof(TestReportService))){
        host.Open();
        Console.WriteLine("The service is ready");
        Console.ReadLine();
        host.Close();
    }
}
```

Program.cs 中的代码片段

为向 TestingSample.Tests 项目中添加服务引用，需要运行 Console 应用程序的一个实例。生成 Console 应用程序，然后在 Windows Explorer 中导航到 Console 应用程序的 Bin\Debug 文件夹中。右击 TestReportRetriever.exe，然后选择 Run as Administrator。这会显示一个如图 17-9 所示的控制台，它表明服务正在运行。

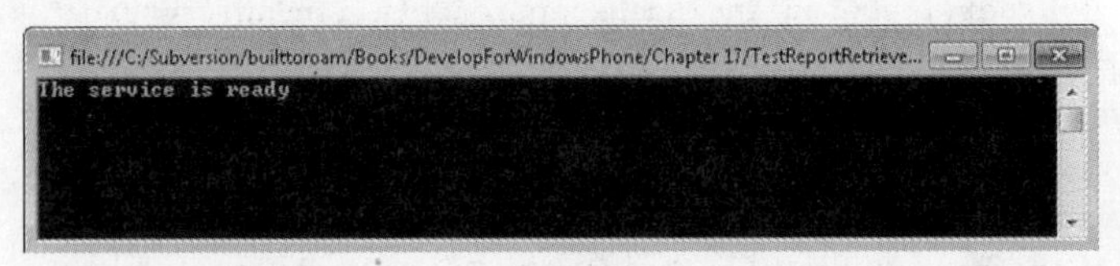

图 17-9

运行 Console 应用程序时，右击 TestingSample.Tests 项目，然后选择 Add Service Reference。在 Address 字段中输入 http://localhost:8732/TestReportService/(注意，此值需要与 Console 应用程序中 app.config 文件内的 baseAddress 元素值相匹配)，并点击 Go 按钮(如图 17-10 所示)。当找到该服务时，将其命名为 Reporting，并单击 OK 按钮。这会自动向您的测试项目中添加必要的代理类，使您可以调用 WCF 服务。

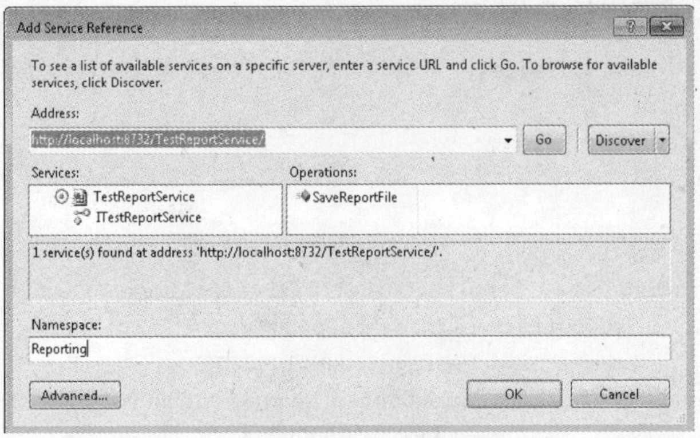

图 17-10

接着在 TestingSample.Tests 项目中添加一个名为 ServiceReportingProvider 的新类。该类应该继承自 TestReportingProvider 类，同时您应当重写 WriteLog 方法以便调用 TestReportServiceClient 的 SaveReportFileAsync 方法。

可从
wrox.com
下载源代码

```
public class ServiceReportingProvider : TestReportingProvider {
  TestReportServiceClient reportClient = new TestReportServiceClient();

  public ServiceReportingProvider(TestServiceProvider testService)
    : base(testService) { }

  public override void WriteLog(Action<ServiceResult> callback,
                                string logName, string content) {
    this.IncrementBusyServiceCounter();
    reportClient.SaveReportFileCompleted += (s, e) => {
        this.DecrementBusyServiceCounter();
      };
    reportClient.SaveReportFileAsync(logName, content);

    base.WriteLog(callback, logName, content);
  }
}
```

ServiceReportingProvider.cs 中的代码片段

我们通过调用 IncrementBusyServiceCounter 和 DecrementBusyServiceCounter 方法来包装 SaveReportFileAsync 方法。这样即可跟踪异步调用，以确保它们按照正确的顺序执行。

要配置 SUTF 以便利用 ServiceReportingProvider 类来提交测试报告，您需要修改 TestingSample.Tests 项目中的 MainPage 构造函数。在本例中，我们先从 SUTF 的默认设置开始，然后将 ServiceReportingProvider 的一个新实例注册为 TestReporting 服务。当调用 CreateTestPage 方法来初始化 SUTF 时会用到这些设置。

可从
wrox.com
下载源代码

```
public MainPage() {
  InitializeComponent();

  var settings = UnitTestSystem.CreateDefaultSettings();
  settings.TestService.RegisterService(TestServiceFeature.TestReporting,
                   new ServiceReportingProvider(settings.TestService));
  Content = UnitTestSystem.CreateTestPage(settings);
  IMobileTestPage imtp = Content as IMobileTestPage;
  if (imtp != null)
  {
    BackKeyPress += (x, xe) => xe.Cancel = imtp.NavigateBack();
  }
}
```

MainPage.xaml.cs 中的代码片段

要同时运行 TestingSample.Tests 和 TestReportRetriever 项目，需要右击 Solution Explorer 中的解

决方案节点，然后选择 Set Startup Projects 来对 Visual Studio 进行配置。在出现的 Solution Properties Pages 对话框中，确保选中 Common Properties | Startup Project 节点，然后在右侧的窗格中选择 Multiple startup projects。接着在项目列表中，找到这两个项目并将 Action 设置为 Start。此外还要确保 TestReportRetriever 项目在 TestingSample.Tests 项目之前启动，这通过在 Projects 列表中上下移动二者之一即可实现。完成后，单击 OK 按钮接受更改。现在您已经做好了运行解决方案的准备——这将启动 TestReportRetrieve 项目以便接收测试的输出，接下来 TestingSample.Tests 项目会在 Windows Phone 7 模拟器中运行测试。图 17-11 展示了已发送到 SaveReportFile 方法(位于 TestReportRetriever Console 应用程序内)中的内容。

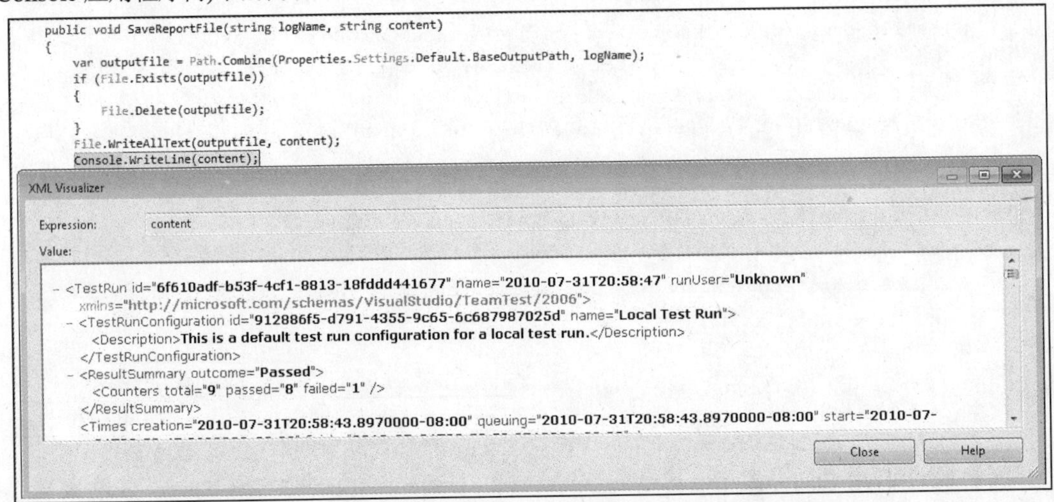

图 17-11

图 17-11 使用了 XML Visualizer 而不是普通的 Text Visualizer 来显示 content 变量。当应用程序暂停并且将鼠标悬停在 content 变量之上时，会看到调试工具提示。如果单击工具提示中放大镜旁的 Down 按钮，将看到一个可视化工具列表。在本例中，我们选择了 XML Visualizer，因为它为测试报告的 XML 提供了最便于阅读的格式。

17.4.2 模拟器自动化处理

在上一节中，您看到了如何编写并执行测试用例，以及如何将测试报告发送到一个外部的 WCF 服务以便进一步分析该报告。不过，如果现在启动 TestingSample.Tests 应用程序和 TestReportRetriever，则仍需要很多手动的干预。此过程可进行更进一步的自动化处理，从而启动模拟器(如果有必要)、安装并执行 TestingSample.Tests 应用程序、收集测试结果，并在卸载 TestingSample.Tests 应用程序之前将模拟器恢复为干净的状态。此过程的完全自动化意味着您可以将其集成到一个持续的、可执行回归测试的构建过程中。

为此，我们将对 TestReportRetriever 控制台应用程序进行扩展以便连接到模拟器并安装 TestingSample.Tests 应用程序。首先在 TestReportRetriever 应用程序中添加对 Microsoft.SmartDevice.Connectivity 程序集的引用(您需要浏览到 C:\Program Files\Common Files\microsoft shared\Phone

Tools\CoreCon\10.0\Bin\Microsoft.Smartdevice.Connectivity.dll 以便找到该程序集)。在模拟器中安装和卸载应用程序可以通过 Device 类的实例来实现，如下面的代码所示：

可从
wrox.com
下载源代码

```
internal static void InstallAndLaunchApplication(this Device device,
                                Guid applicationGuid,
                                string iconFileName, string xapFileName) {
    CleanupApplication(device, applicationGuid);
    device.InstallApplication(applicationGuid, applicationGuid,
                    "NormalApp", iconFileName, xapFileName);
    var app = device.GetApplication(applicationGuid);
    app.Launch();
}

internal static void CleanupApplication(this Device device, Guid applicationGuid) {
    if (device.IsApplicationInstalled(applicationGuid)) {
        RemoteApplication application = device.GetApplication(applicationGuid);
        application.TerminateRunningInstances();
        application.Uninstall();
    }
}
```

Utilities.cs 中的代码片段

您需要为这两个方法提供 applicationGuid，它与 ProductID 字段相对应，该字段位于您希望安装的应用程序的 WMAppManifest.xml 文件中：

可从
wrox.com
下载源代码

```
<?xml version="1.0" encoding="utf-8"?>
<Deployment xmlns="http://schemas.microsoft.com/windowsphone/2009/deployment"
        AppPlatformVersion="7.0">
  <App xmlns="" ProductID="{fcaf2b94-78de-417d-a41a-8aba3e7ea2e1}"
      Title="TestingSample.Tests" RuntimeType="Silverlight"
      Version="1.0.0.0" Genre="apps.normal"
      Author="TestingSample.Tests author"
      Description="Sample description" Publisher="TestingSample.Tests">
...
```

WMAppManifest.xml 中的代码片段

要执行 InstallAndLaunchApplication 方法，首先必须获取 Device 类的一个实例。在 Program 类的 Main 方法中，您可以首先创建一个 DatastoreManager 实例来获取受支持平台的列表，然后再创建 Device 类的一个实例：

可从
wrox.com
下载源代码

```
DatastoreManager dsmgrObj = new DatastoreManager(1033);
Platform WP7SDK = dsmgrObj.GetPlatforms().Single(p => p.Name == "Windows Phone 7");
Device device = WP7SDK.GetDevices().Single(d => d.Name == "Windows Phone 7 Emulator");
```

Program.cs 中的代码片段

当 TestReportService 启动后，您需要连接到模拟器，安装应用程序，最后启动该程序。

可从
wrox.com
下载源代码

```
try{
    device.Connect();
    device.InstallAndLaunchApplication(applicationGuid, iconFile, xapFile);
}
finally{
    device.Disconnect();
}
```

Program.cs 中的代码片段

如果您现在运行更新后的 TestReportReceiver 应用程序，模拟器将处于这样一种状态：TestingSample.Test 应用程序仍会安装，而且可能仍在运行。所以当启动应用程序后，需要进行等待，直到测试完成。为此，您需要向 Program 类中添加一个 AutoResetEvent，并在 InstallApplication 方法调用后立即调用 WaitOne 方法。这会导致控制台应用程序暂停，直至收到信号通知其继续运行为止。Program 类的完整代码如下：

可从
wrox.com
下载源代码

```
class Program{
    static AutoResetEvent endTestRunEvent = new AutoResetEvent(false);
    static void Main(string[] args) {

        // Constants defining the ProjectID and paths to the icon and xap file
        // to use when installing the application
        Guid applicationGuid = new Guid("fcaf2b94-78de-417d-a41a-8aba3e7ea2e1");
        string xapFile =
            @"..\..\..\TestingSample.Tests\Bin\Debug\TestingSample.Tests.xap";
        string iconFile = @"..\..\..\TestingSample.Tests\ApplicationIcon.png";

        DatastoreManager dsmgrObj = new DatastoreManager(1033);
        Platform WP7SDK = dsmgrObj.GetPlatforms()
                              .Single(p => p.Name == "Windows Phone 7");

        Device device = WP7SDK.GetDevices()
                          .Single(d => d.Name == "Windows Phone 7 Emulator");

        using (ServiceHost host = new ServiceHost(typeof(TestReportService))) {
            host.Open();
            Console.WriteLine("The service is ready");

            Console.WriteLine("Connecting to Windows Phone 7 Emulator/Device...");
            Try {
                device.Connect();
                Console.WriteLine("Windows Phone 7 Emulator/Device Connected...");
                device.InstallAndLaunchApplication(applicationGuid, iconFile, xapFile);
                Console.WriteLine("Waiting for test run to complete");
                endTestRunEvent.WaitOne(
                        Properties.Settings.Default.TestRunTimeoutInSeconds * 1000);
                device.CleanupApplication(applicationGuid);
```

```
            }
            finally {
               device.Disconnect();
            }
            host.Close();
         }
      }

      public static void EndTestRun() {
         endTestRunEvent.Set();
      }
   }
```

Program.cs 中的代码片段

有了这个版本的 TestReportRetriever 应用程序，应用程序就无需等待用户按下 Enter 键来使之退出了；取而代之的是，它将在等待 endTestRunEvent 变量被设置之前启动模拟器并安装 TestingSample.Tests 应用程序。这是通过静态方法 EndTestRun 来实现的。现在您唯一需要做的就是当 TestReportService 从 SUTF 接收到测试报告后，对其进行修改以便使其调用 EndTestRun 方法。

对 endTestRunEvent.WaitOne 方法的调用引用了 TestRunTimeoutInSeconds 应用程序设置。这是为了确保控制台应用程序不会被卡住，而且不管 SUTF 是否成功运行了所有测试用例，该应用程序最终都会终止。当然，随着测试表的增长，单元测试套件的预期运行时间也会增加；务必更新 TestRunTimeoutInSeconds 应用程序设置，以便提供一个可以完成所有测试的合理时间。

通过 TestReportService 中的 SaveReportFile 方法接收到第一份测试报告时，我们将在 WCF 服务中创建第二个名为 ReportFinalResult 的方法，而不仅仅是将 TestReportRetriever 应用程序终止掉。

可从
wrox.com
下载源代码

```
[ServiceContract]
public interface ITestReportService
{
   [OperationContract]
   [WebInvoke(BodyStyle = WebMessageBodyStyle.Wrapped)]
   void SaveReportFile(string logName, string content);

   [OperationContract]
   [WebInvoke(BodyStyle = WebMessageBodyStyle.Wrapped)]
   void ReportFinalResult(bool failure, int failures, int totalScenarios,
                          string message);
}
```

ITestReportService.cs 中的代码片段

第二个方法的实现中只调用了 Program 类的 EndTestRun 方法。它将对 endTestRunEvent 进行设置，从而允许在模拟器中卸载并优雅地终止 TestReportRetriever 应用程序。

```
public void ReportFinalResult(bool failure, int failures, int totalScenarios,
                              string message) {
    Program.EndTestRun();
}
```

TestReportService.cs 中的代码片段

现在需要更新 ServiceReportingProvider，以便使其在一个完整的测试运行结束后可以调用新的 WCF 服务方法。您需要确保更新服务引用(运行 TestReportRetriever 应用程序，当其仍在运行时，在 Solution Explorer 中右击 TestingSample.Tests|Service References|Reporting 节点)，并选择 Update Service Reference 选项；然后重写 ServiceReportingProvider 类中的 ReportFinalResult 方法。

```
public override void ReportFinalResult(Action<ServiceResult> callback, bool failure,
                                        int failures, int totalScenarios,
                                        string message) {
    this.IncrementBusyServiceCounter();
    reportClient.SaveReportFileCompleted += (s, e) => {
        this.DecrementBusyServiceCounter();
    };

    reportClient.ReportFinalResultAsync(failure, failures, totalScenarios, message);
    base.ReportFinalResult(callback, failure, failures, totalScenarios, message);
}
```

ServiceReportingProvider.cs 中的代码片段

由于 TestReportRetriever 控制台应用程序现在会在模拟器中启动 TestingSample.Tests 项目，所以您可以将 TestReportRetriever 项目设置为唯一的启动项目(在 Solution Explorer 中右击项目节点然后选择 Set as Startup Project)。当您运行 TestReportRetriever 应用程序时，会注意到首先显示了控制台，接下来是模拟器(如果尚未运行)；然后会看到 TestingSample.Tests 应用程序的安装和运行。一旦接收到报告，将自动卸载应用程序，同时控制台应用程序将退出。可以在由 TestReportRetriever 项目中的 BaseOutputPath 设置指定的文件夹中找到生成后的测试报告。

完成后的 TestReportRetriever 控制台应用程序可以作为其中一个步骤添加到您的构建过程中，从而定期地或在每次签入之后自动生成测试报告，这可以确保您在 Windows Phone 应用程序开发期间没有引入缺陷。

17.5 小结

本章介绍了几种框架，它们可用于帮助您构建组件化和可扩展的 Windows Phone 应用程序。使用诸如 Silverlight Unit Testing Framework 这样的测试框架可以显著增强代码的可靠性，并且可以在应用程序开发期间帮助您及早地识别和隔离错误。

第18章

安 全 性

本章内容

- 理解设备与数据安全性
- 利用加密技术保护设备中的数据
- 验证当前用户的身份
- 如何与 Twitter 和 Facebook 这样的联机平台相集成

智能手机已经越来越像是您口袋中的微型计算机，而非只能接打电话的简单设备了。这种趋势也带来了一些重大的安全性挑战。在旅行时携带手机，被盗或者放错位置的风险很大。不断增长的存储容量和计算能力意味着它还包含着大量的个人、朋友及工作信息。当然便利性和数据安全性之间通常总会存在冲突。您会希望手机中的信息易于访问，但同时也希望这些信息能够受到保护。在本章中，您将学习如何保护设备中及传输过程中的 Windows Phone 应用程序数据。还将学习以安全的方式使用多种不同的身份验证技术来访问远程数据。

18.1 保护设备中的数据

保护位于设备中的数据涉及多个方面。其中包括对设备的安全访问，在设备丢失时可以清空或者重置设备，并保护数据使其以一种不易被破坏的形式存储。

18.1.1 设备安全性

确保手机数据安全的最佳方法就是将其时刻带在自己身边，以免设备受到“不必要的关注”。很明显，有时候这是不可能的，特别是在其被盗的状况下。在这些情况下，更需要确保有足够的安全措施来保护设备中的数据。

保护设备中数据的第一步就是在 Lock(锁屏)屏幕中设置密码。在指定的时间内没有使用设备或按下电源按钮时，则会显示 Lock 屏幕。如果未设置密码，只需稍稍向上滑动，即可解除 Lock 屏幕。而如果需要密码，则会提示用户输入密码；因此，设置密码相当于第一道防线。图 18-1 显示了添加密码以及调整 Lock 屏幕超时时间的具体步骤(由左至右)。

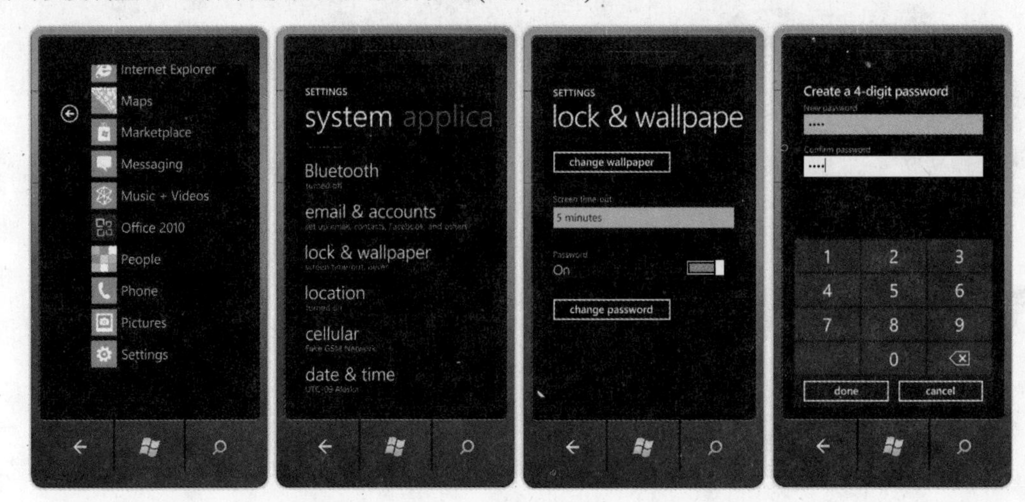

图 18-1

在 Settings 屏幕中，选择 lock&wallpaper。此屏幕允许您进行切换以确定在解除 Lock 屏幕时是否需要密码。

18.1.2 设备管理

如果由于某种原因，手机丢失或者被盗，Windows Phone Live (http://windowsphone.live.com)门户站点允许您定位、响铃、锁定甚至擦除设备中的数据，如图 18-2 所示。

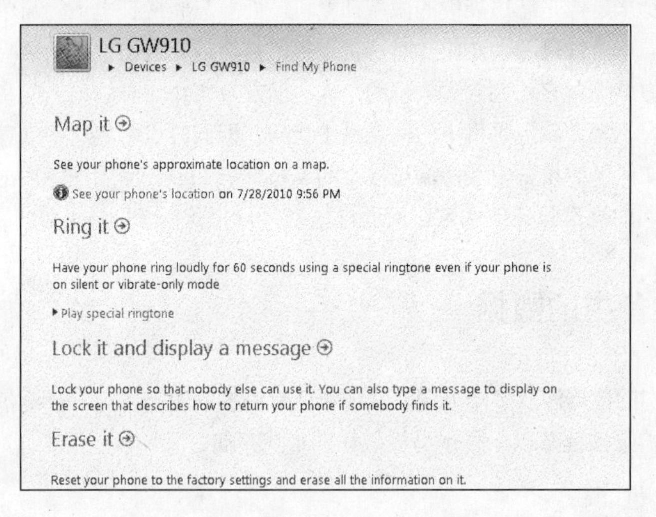

图 18-2

要远程锁定设备，需要导航到该门户站点，并用自己的 Windows Live ID 登录。如果拥有多台 Windows Phone，您可能需要选择管理哪台设备。选中设备后，选择 Lock it and display a message 选项。这将确保无论设备位于什么位置，是否被错放或被盗，都能确保个人数据的安全。您需要指定 4 位数字密码(只有在实际设备上再次输入后才能继续使用设备)以及一条可选的消息，如图 18-3 所示。如果怀疑设备放错了位置，使其响铃可以帮助您进行定位。

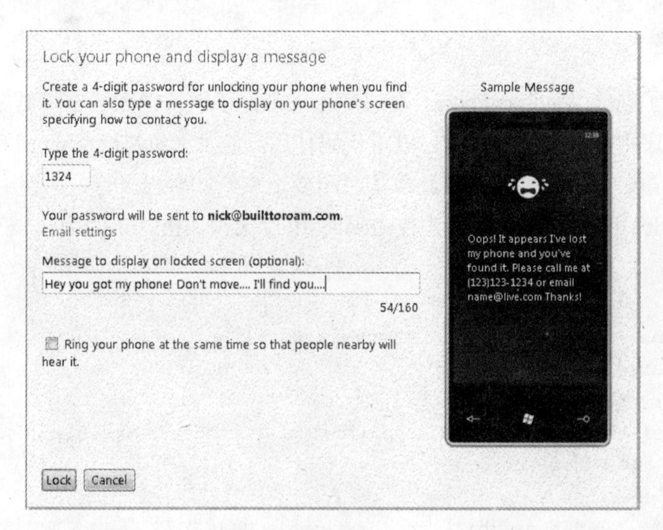

图 18-3

一旦准备就绪，即可单击 Lock 按钮，只要连接上该设备就会将其锁定。

下一步要做的就是尝试使用 Map it 功能来定位设备。图 18-4 展示了定位手机的地图。这可能会使您想起遗落手机的位置，或供警方追踪毫无戒心的贼。

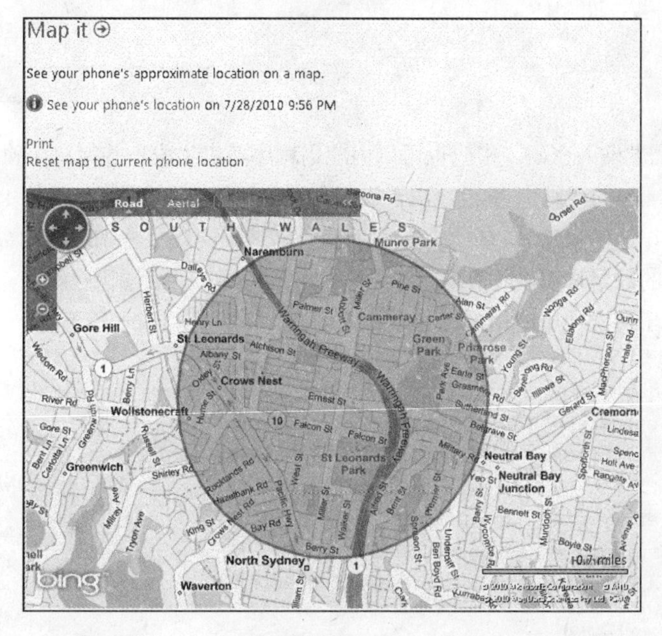

图 18-4

您可以使用该门户站点提供的 Ring it 功能而无需锁定设备。如果找不到手机，但是认为它就在附近，这个方法非常有用。最后一个选项是 Eraser it，可用于删除手机中的所有数据。您应该将其作为最后采用的手段。一旦使用该选项，在重新找到设备后，就必须设置账户、安装应用程序并将内容同步到 Windows Phone。不过这项功能可以确保防止对设备中任何敏感数据的访问，即使设备已经落入贼人之手。

18.1.3 数据加密

假设有人窃取了您的 Windows Phone，而您却无法锁定该设备也无法擦除其中的信息。此时您还可以通过在应用程序中加密来保护数据。以下代码使用高级加密标准(Advanced Encryption Standard，AES)对数据字符串进行了加密。在使用此算法时需要注意一些事项。首先，使用只有设备中该应用程序才能辨别的 salt[1]，这增加了通过字典攻击(即使用包含预加密词条的字典)来对数据进行解密的难度。

可从
wrox.com
下载源代码

```
private const string SaltKey = "EncryptionSalt";
private static string Salt;
static EncryptionHelper(){
   if (!IsolatedStorageSettings.ApplicationSettings.TryGetValue(SaltKey, out Salt)){
      var rnd = new Random();
      var charList =
            "abcdefghijklmnopqrstuvwxyzABCDEFGHIJKLMNOPQRSTUVWXYZ0123456789";
      for (int i = 0; i < 100; i++){
         Salt += charList[rnd.Next(0, charList.Length)];
      }
      IsolatedStorageSettings.ApplicationSettings[SaltKey] = Salt;
   }
}
```

EncryptionHelper.cs 中的代码片段

Encrypt 方法需要输入密码。密码也可以由应用程序随机生成，并存储在独立存储中(类似于前面用于生成和存储 salt 的代码)。不过，由于设备存在受损的风险，因而密码、salt 及被加密的数据有可能会被提取。在这种情况下，对数据进行解密比较容易。对于特别敏感的数据，可以要求用户在每次访问受保护的数据时都输入密码。如果没有用户的参与就无法进行解密，从而起到了保护数据的作用；但是由于每次使用时用户都必须输入密码，所以会造成一些不便。

可从
wrox.com
下载源代码

```
public static string Encrypt(this string data, string password){
   byte[] utfdata = UTF8Encoding.UTF8.GetBytes(data);
   byte[] saltBytes = UTF8Encoding.UTF8.GetBytes(Salt);

   // The encryption algorithm
   using (var aes = new AesManaged()){
      Rfc2898DeriveBytes rfc = new Rfc2898DeriveBytes(password, saltBytes);

      aes.BlockSize = aes.LegalBlockSizes[0].MaxSize;
      aes.KeySize = aes.LegalKeySizes[0].MaxSize;
      aes.Key = rfc.GetBytes(aes.KeySize / 8);
      aes.IV = rfc.GetBytes(aes.BlockSize / 8);

      // Encryptor
      ICryptoTransform encryptTransf = aes.CreateEncryptor();
```

1. salt 也被称为“加盐值”，它是一组随机生成的字符串，可以包括随机的大小写字母、数字、字符，位数可以根据要求而定，使用不同的加盐值所生成的最终密文也各不相同。

```
            // We're going to write the encrypted data to a memory stream
            using (var encryptStream = new MemoryStream())
            using (var encryptor = new CryptoStream(encryptStream,
                                                    encryptTransf,
                                                    CryptoStreamMode.Write)){
                encryptor.Write(utfdata, 0, utfdata.Length);
                encryptor.Flush();
                encryptor.Close();

                byte[] encryptBytes = encryptStream.ToArray();
                // Convert to Base64 - not required but good for testing as
                // it's easier to read
                string encryptedString = Convert.ToBase64String(encryptBytes);
                return encryptedString;
            }
        }
    }
```

EncryptionHelper.cs中的代码片段

Decrypt方法的实现方式与之类似，但方向相反。

可从
wrox.com
下载源代码

```
public static string Decrypt(this string data, string password){
    byte[] encryptBytes = Convert.FromBase64String(data);
    byte[] saltBytes = Encoding.UTF8.GetBytes(Salt);

    // The encryption algorithm
    using (var aes = new AesManaged()){
        Rfc2898DeriveBytes rfc = new Rfc2898DeriveBytes(password, saltBytes);

        aes.BlockSize = aes.LegalBlockSizes[0].MaxSize;
        aes.KeySize = aes.LegalKeySizes[0].MaxSize;
        aes.Key = rfc.GetBytes(aes.KeySize / 8);
        aes.IV = rfc.GetBytes(aes.BlockSize / 8);

        // Decryptor
        ICryptoTransform decryptTrans = aes.CreateDecryptor();

        // We're going to write the decrypted data to a memory stream
        using (var decryptStream = new MemoryStream())
        using (var decryptor = new CryptoStream(decryptStream,
                                                decryptTrans,
                                                CryptoStreamMode.Write)){

            decryptor.Write(encryptBytes, 0, encryptBytes.Length);
            decryptor.Flush();
            decryptor.Close();

            byte[] decryptBytes = decryptStream.ToArray();
```

```
            string decryptedString = UTF8Encoding.UTF8.GetString(decryptBytes,
                                                0, decryptBytes.Length);
            return decryptedString;
        }
    }
}
```

EncryptionHelper.cs 中的代码片段

Encrypt 和 Decrypt 都是扩展方法，这意味着可以顺利地将其用于任何字符串。以下代码对 SourceText TextBox 中的文本进行加密，然后将其解密到 EncryptedText TextBox 中。

可从 wrox.com 下载源代码

```
private const string Password = "SuperStrongPasswordThatOnlyIKnow";

private void EncryptButton_Click(object sender, RoutedEventArgs e)
{
    this.EncryptedText.Text= this.SourceText.Text.Encrypt(Password);
}

private void DecryptButton_Click(object sender, RoutedEventArgs e)
{
    this.DecryptedText.Text = this.EncryptedText.Text.Decrypt(Password);
}
```

MainPage.xaml.cs 中的代码片段

因为 AES 是对称算法，所以 DecryptedText TextBox 中的内容应与最初在 SourceText TextBox 中输入的文本应相匹配。

18.2 在传输过程中保护数据

在 Windows Phone 应用程序与远程服务器之间收发数据时，总会存在数据包被窃听和拦截的风险。您所面临的挑战是如何尽量防止数据受到各种形式的攻击。有两个需要关注的事项：通过加密确保侦听器无法理解原始数据，以及与远程服务器进行应用程序身份验证，这样即可对通信的另一方进行验证。

18.2.1 传输

可以采用多种策略来保护在因特网两点之间传输的数据。一种选择就是使用对称加密方法——如 AES(在本章前面介绍过)——来对每一端的数据进行加密和解密。这要求发送者和接收者负责 salt 和密码值的安全交换，以便对数据进行正确解码。另一种选择是依靠两点之间的 Secure Socket Layer(安全套接层，SSL)连接。这是传输层安全性方面最常用的方法，它对加密层(密钥相互达成一致的地方)中所有的通信进行了包装。

在 Windows Phone 应用程序中使用 SSL 非常简单，只需在使用 HttpWebRequest 或 WebClient 类访问服务时用 HTTPS 替代 HTTP 即可。例如，如果想使用 SSL 下载一组数据，可以向 https://myremoteserver.

com/mydataset 发起请求。这会自动调用安全通道，从而实现数据下载。

如果您正在使用 WCF，那么要做的工作就相对多一些。在服务器端，需要配置 WCF 服务和 IIS 以便使用 SSL。以下代码片段是对名为 SSLService 的服务进行 WCF 配置的示例。将安全模式设置为 Transport，就会在安全通道中调用该 WCF 服务。

```
<system.serviceModel>
    <services>
        <service behaviorConfiguration="SSLServiceBehaviors"
                name="WebAuthSample.SSLService">
            <endpoint binding="basicHttpBinding"
                    bindingConfiguration="securedWithSSL"
                    contract="WebAuthSample.ISSLService" />
        </service>
    </services>
    <bindings>
        <basicHttpBinding>
            <binding name="securedWithSSL" >
                <security mode="Transport" />
            </binding>
        </basicHttpBinding>
    </bindings>
    <behaviors>
        <serviceBehaviors>
            <behavior name="SSLServiceBehaviors">
                <serviceDebug includeExceptionDetailInFaults="false" />
            </behavior>
        </serviceBehaviors>
    </behaviors>
</system.serviceModel>
```

当您将此服务添加到 Windows Phone 应用程序时，会发现 security 元素也被添加到 ClientConfig 文件中。例如：

```
<system.serviceModel>
    <bindings>
        <basicHttpBinding>
            <binding name="BasicHttpBinding_ISSLService" maxBufferSize="2147483647"
                maxReceivedMessageSize="2147483647">
                <security mode="Transport" />
            </binding>
        </basicHttpBinding>
    </bindings>
    <client>
        <endpoint address="https://developmentserver/WebAuthSample/SSLService.svc"
                binding="basicHttpBinding"
                bindingConfiguration="BasicHttpBinding_ISSLService"
                contract="SecuredService.ISSLService"
                name="BasicHttpBinding_ISSLService" />
    </client>
```

```
</system.serviceModel>
```

获取到配置信息后，即可指定安全终点，通过 SSL 来调用 WCF 服务(例如，如果承载在 IIS 中，终点的地址则以 HTTPS 开头)。

18.2.2 身份验证

如果您负责开发 Windows Phone 应用程序及其使用的远程服务，就必须确定使用哪种方式来允许服务器对您的应用程序进行身份验证，或者更确切地讲，就是应用程序的用户。另外，您可能只使用第三方服务。在这种情况下，服务可能会要求使用各种不同的身份验证机制。本节将介绍一些使用最广泛的身份验证机制以及如何在 Windows Phone 7 应用程序中实现它们。

1. 基本身份验证

首先介绍 HTTP 基本身份验证，这依赖于简单用户名和密码的组合。通过 Internet Information Services(Internet 信息服务，IIS)Manager 控制台(Start|Control Panel|Administrative Tools|IIS Manager)在 IIS 中启用基本身份验证，如图 18-5 所示。

图 18-5

选择虚拟目录，或者选择本例中的 BasicAuth 子文件夹，并从 Feature View 窗格中选择 Authentication。这会显示可用的身份验证方法列表。此时，匿名身份验证(Anonymous Authentication)被禁用，而基本身份验证(Basic Authentication)被启用。如果现在试图浏览此文件夹中的文件，系统将提示您输入用户名和密码。

IIS 身份验证技术

对于某些 IIS 的安装而言，默认不会安装“基本身份验证”。如果出现这种情况，可以下载并运行 Web Platform Installer[2](www.microsoft.com/web/downloads/platform.aspx)或者转到 Start|Control Panel|Programs and Features|Windows Features。

对于安装和配置那些用于构建及部署网站所需的工具来说，Web Platform Installer 是一种非常便利的方式。选择 Web Platform|Web Server(customize)菜单项并将功能列表向下滚动到 Security 区域，

2. 关于 Web platform Installer，详见第 14 章。

然后选中想要启用的身份验证方法旁边的复选框[3]。这样即可对不同的身份验证选项进行配置。

在 Windows Features 对话框中，可以展开树，即 Internet Information Services|World Wide Web Services|Security 来控制选用何种身份验证方法。同样，选中想要启用的身份验证方法旁的复选框即可。

在 Windows Phone 应用程序中，调用使用基本身份验证的服务实际上就是设置 HttpWebRequest 对象的 Credentials 属性(该属性也存在于 WebClient 类中)，如下例所示：

可从 wrox.com 下载源代码

```
private void BasicAuthButton_Click(object sender, RoutedEventArgs e){
    var request = HttpWebRequest.Create("http://localhost" +
                                        "/AuthSample/BasicAuth/BasicAuthText.txt");
    request.Credentials = new NetworkCredential("<username>", "<password>");
    request.BeginGetResponse(FileComplete, request);
}

void FileComplete(IAsyncResult result){
    var request = result.AsyncState as HttpWebRequest;
    var response = request.EndGetResponse(result);
    using(var strm = response.GetResponseStream())
    using (var reader = new StreamReader(strm)){
        var txt = reader.ReadToEnd();
        ...
    }
}
```

MainPage.xaml.cs 中的代码片段

如果使用 WCF 服务，则需要做更多事情。除了在 IIS 中启用基本身份验证之外，还需要配置 WCF 服务以便使用基本身份验证。即指定 basicHttpBinding 元素中的 security 元素，将 mode 设置为 TransportCredentialOnly，clientCredentialType 设置为 Basic。

可从 wrox.com 下载源代码

```
<system.serviceModel>
    <services>
        <service behaviorConfiguration="BasicAuthBehavior"
                name="AuthSample.BasicAuth.BasicAuthService">
            <endpoint binding="basicHttpBinding" bindingConfiguration="basicAuth"
                    contract="AuthSample.BasicAuth.IBasicAuthService" />
            <!--<endpoint address="mex" binding="mexHttpBinding"
                    contract="IMetadataExchange" />-->
        </service>
    </services>
    <bindings>
        <basicHttpBinding>
            <binding name="basicAuth">
                <security mode="TransportCredentialOnly">
                    <transport clientCredentialType="Basic" />
```

3. 译者注：作者撰稿时所使用的 Web Platform Installer 版本较早，读者通过书中提供的链接可以获取到最新的简体中文版 Web Platform Installer，菜单项与作者所述稍有不同，在选择“产品”|“服务器”后即可看到一个列表，从中选择需要启用的身份验证方法，然后单击旁边的“添加”按钮即可对不同的身份验证选项进行配置。

```
            </security>
          </binding>
        </basicHttpBinding>
      </bindings>
      <behaviors>
        <serviceBehaviors>
          <behavior name="BasicAuthBehavior">
            <serviceMetadata httpGetEnabled="true" />
            <serviceDebug includeExceptionDetailInFaults="true" />
          </behavior>
        </serviceBehaviors>
      </behaviors>
    </system.serviceModel>
```

Web.config 中的代码片段

在 Windows Phone 应用程序中添加此服务的引用时，ClientConfig 文件会自动包含正确的 security 节点：

可从
wrox.com
下载源代码

```
<system.serviceModel>
  <bindings>
    <basicHttpBinding>
      <binding name="BasicHttpBinding_IBasicAuthService"
        maxBufferSize="2147483647"
        maxReceivedMessageSize="2147483647">
        <security mode="TransportCredentialOnly" />
      </binding>
    </basicHttpBinding>
  </bindings>
  <client>
    <endpoint address="http://localhost/AuthSample/BasicAuth/BasicAuthService.svc"
      binding="basicHttpBinding"
      bindingConfiguration="BasicHttpBinding_IBasicAuthService"
      contract="BasicAuthSample.IBasicAuthService"
      name="BasicHttpBinding_IBasicAuthService" />
  </client>
</system.serviceModel>
```

ServiceReference.ClientConfig 中的代码片段

如果要将包含 WCF 服务的 IIS 目录中的匿名身份验证禁用，还必须从 web.config 文件中删除 mex 终点(在本例中此元素已被注释掉)，否则将无法正常启动该服务。如果尝试使用 Visual Studio 的 Add Service Reference 功能，则会出现问题。解决方案是在向 Windows Phone 应用程序添加服务引用时，临时启用匿名身份验证。由于 WCF 服务仍希望通过基本身份验证被调用，所以 ClientConfig 文件中的安全性设置仍然会被正确创建。

在代码中，您需要做的就是在调用那些利用了基本身份验证的服务时设置 ClientCredentials. UserName 对象的 UserName 和 Password 属性。这样就可以按平常的做法调用该服务：

可从 wrox.com 下载源代码

```
private void BasicCallServiceButton_Click(object sender, RoutedEventArgs e){
    var client = new BasicAuthSample.BasicAuthServiceClient();
    client.ClientCredentials.UserName.UserName = "<username>";
    client.ClientCredentials.UserName.Password = "<password>";
    client.DoWorkCompleted += BasicService_DoWorkCompleted;
    client.DoWorkAsync();
}

void BasicService_DoWorkCompleted(object sender, AsyncCompletedEventArgs e){...}
```

MainPage.xaml.cs 中的代码片段

务必要记住在基本身份验证中，用户名和密码实际上都以明文方式进行发送。这意味着您应该考虑使用 SSL。

2. 窗体身份验证(WFC 身份验证服务)

基本身份验证的一个替代方案是基于窗体的身份验证。如果在 Visual Studio 中使用 ASP.NET Web Application 项目模板创建一个新的 Web 应用程序，则这是默认选项。对于现有的 ASP.NET Web Application，要使用窗体身份验证，可以启用 IIS 中的窗体身份验证，然后将以下元素添加到项目的 web.config 文件中：

可从 wrox.com 下载源代码

```
<system.web>
    <authentication mode="Forms">
        <forms loginUrl="~/Account/Login.aspx" timeout="2880" />
    </authentication>
</system.web>
```

web.config 中的代码片段

在本例中，如果当前用户尚未进行身份验证，则用户将被定向到 Account/Login.aspx 页面以便输入自己的凭据。当然，您需要对网站进行配置从而使未经身份验证的用户可以访问登录页面。

窗体身份验证会在用户登录后向其发放一个被保存为 cookie 的令牌。每次向 Web 页面发出请求时，为了确保用户已经登录，都会对 cookie 进行验证。如果此操作失败，会将用户重定向到在 web.config 文件中定义的 loginUrl。

要使用窗体身份验证来保证 WCF 服务的安全，首先需要配置包含 WCF 服务的文件夹的安全性。单击 Solution Explorer 中的工具栏上的 ASP.NET Configuration 按钮，如图 18-6 所示。

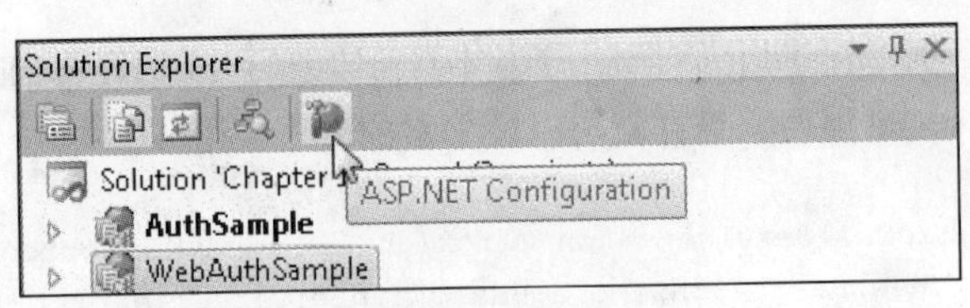

图 18-6

这会显示项目的 ASP.NET Web Application Administration 门户，如图 18-7 所示。

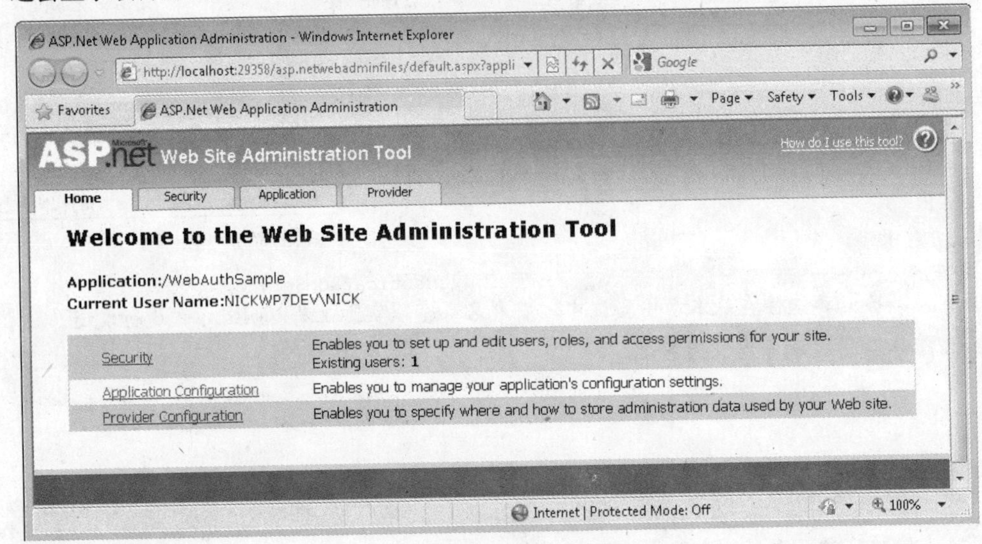

图 18-7

单击 Security 选项卡。首先单击 Enable Roles 链接。然后转到 Create or Manager Roles，并创建名为 Managers 的角色。返回到 Security 选项卡，然后单击 Create user。创建两个用户，一个属于 Managers 组(在本例中为 AManager)，另一个不属于该组(在本例中为 NotAManager)。

ASP.NET Web Application 中所有文件夹的默认访问规则是 Allow all authenticated users。需要添加其他规则以便只允许 Managers 可以访问设置了安全保护的文件夹(在本例中为 FormsAuth 文件夹)。返回到 Security 选项卡，选择 Manage access rules。找到需要配置规则的文件夹，选择 Add new access rule。添加如下规则：

Anonymous users	Deny
All users	Deny
Role [Managers]	Allow

如果查看已经设置过安全保护的文件夹，则会看到一个已被创建的 web.config 文件，其中列出了该文件夹的授权设置。

可从 wrox.com 下载源代码

```
<system.web>
    <authorization>
        <deny users="?" />
        <deny users="*" />
```

```
        <allow roles="Managers" />
    </authorization>
</system.web>
```

web.config 中的代码片段

接下来向 Windows Phone 应用程序提供窗体身份验证。因为用户不会使用 Web 浏览器来导航到 ASP.NET Web Application，所以需要将窗体身份验证服务作为一个 WCF 服务来公开，以便可以从 Windows Phone 应用程序中对其进行调用。可以通过创建一个公开内置 AuthenticationService 的服务标记来实现。向 ASP.NET Web Application 的根目录下添加一个名为 AuthenticationService.svc 的文件，并在该文件中添加以下标记：

可从
wrox.com
下载源代码

```
<%@ ServiceHost
  Language="C#"
  Service="System.Web.ApplicationServices.AuthenticationService"
  Factory="System.Web.ApplicationServices.ApplicationServicesHostFactory" %>
```

AuthenticationService.svc 中的代码片段

此外还需要向 web.config 文件中添加以下元素才能启用 AuthenticationService：

可从
wrox.com
下载源代码

```
<system.web.extensions>
    <scripting>
        <webServices>
            <authenticationService enabled="true" />
        </webServices>
    </scripting>
</system.web.extensions>
```

web.config 中的代码片段

这会使用 AuthenticationService 中默认的终点来公开该服务，这样就足以验证用户的凭据了。但是，要用生成的令牌来允许对其他服务进行访问，则必须将服务配置为允许使用 cookie。下面的 web.config 文件中的代码片段同时配置了 AuthenticationService 和 FormsAuthService(这是要从 Windows Phone 应用程序中调用的 WCF 服务)以便允许使用 cookie：

可从
wrox.com
下载源代码

```
<system.serviceModel>
    <services>
        <service behaviorConfiguration="DefaultBehavior"
                 name="System.Web.ApplicationServices.AuthenticationService">
            <endpoint binding="basicHttpBinding" bindingConfiguration="withCookies"
                      bindingNamespace="http://asp.net/ApplicationServices/v200"
                      contract="System.Web.ApplicationServices.AuthenticationService" />
        </service>
        <service behaviorConfiguration="DefaultBehavior"
                 name="WebAuthSample.FormsAuth.FormsAuthService">
```

```
            <endpoint binding="basicHttpBinding" bindingConfiguration="withCookies"
                    contract="WebAuthSample.FormsAuth.IFormsAuthService" />
            <endpoint address="mex" binding="mexHttpBinding"
                    contract="IMetadataExchange" />
        </service>
    </services>
    <bindings>
        <basicHttpBinding>
            <binding name="withCookies" allowCookies="true" >
                <security mode="None" />
            </binding>
        </basicHttpBinding>
    </bindings>
    <behaviors>
        <serviceBehaviors>
            <behavior name="DefaultBehavior">
                <serviceMetadata httpGetEnabled="true" />
                <serviceDebug includeExceptionDetailInFaults="true" />
            </behavior>
        </serviceBehaviors>
    </behaviors>
    <serviceHostingEnvironment aspNetCompatibilityEnabled="true" />
</system.serviceModel>
```

web.config 中的代码片段

此代码片段还启用了 ASP.NET Compatibility 模式，它是将窗体身份验证应用于 WCF 服务所必须的。此外，还需要配置 WCF 服务本身，通过指定 AspNetCompatibilityRequirements 特性以便使用 Compatibility 模式。

可从 wrox.com 下载源代码

```
[AspNetCompatibilityRequirements(
    RequirementsMode = AspNetCompatibilityRequirementsMode.Allowed)]
public class FormsAuthService : IFormsAuthService{
  public void DoWork(){ ... }
}
```

FormsAuthService.svc.cs 中的代码片段

现在需要在 Windows Phone 应用程序中同时添加对 AuthenticationService.svc 和 FormsAuthService.svc 的服务引用(此时需要临时启用对 FormsAuth 文件夹的匿名访问，以便添加服务引用)。图 18-8 展示了用于添加 AuthenticationService 的 Add Service Reference 对话框，其中显示了可用的操作。

添加这些服务引用后，别忘记拒绝匿名用户对 FormsAuth 文件夹的访问。

添加服务引用不会启用 Windows Phone 应用程序中的 cookie。为此，需要将两种服务的 enableHttpCookieContainer 特性设置为 true。这会生成一个 ClientConfig 文件，如下所示：

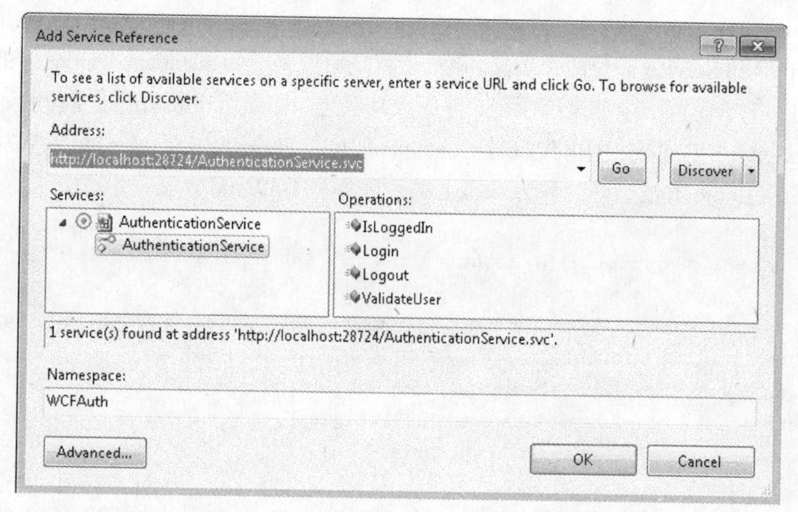

图 18-8

可从
wrox.com
下载源代码

```
<system.serviceModel>
    <bindings>
        <basicHttpBinding>
            <binding name="BasicHttpBinding_IFormsAuthService"
                     maxBufferSize="2147483647"
                     maxReceivedMessageSize="2147483647"
                     enableHttpCookieContainer="true">
                <security mode="None" />
            </binding>
            <binding name="BasicHttpBinding_AuthenticationService"
                     maxBufferSize="2147483647"
                     maxReceivedMessageSize="2147483647"
                     enableHttpCookieContainer="true">
                <security mode="None" />
            </binding>
        </basicHttpBinding>
    </bindings>
    <client>
        <endpoint address="http://localhost:28724/FormsAuth/FormsAuthService.svc"
            binding="basicHttpBinding"
            bindingConfiguration="BasicHttpBinding_IFormsAuthService"
            contract="FormsAuthSample.IFormsAuthService"
            name="BasicHttpBinding_IFormsAuthService" />
        <endpoint address="http://localhost:28724/AuthenticationService.svc"
            binding="basicHttpBinding"
            bindingConfiguration="BasicHttpBinding_AuthenticationService"
            contract="WCFAuth.AuthenticationService"
            name="BasicHttpBinding_AuthenticationService" />
    </client>
</system.serviceModel>
```

ServiceReference.ClientConfig 中的代码片段

调用 FormsAuthService 需要两个步骤。第一步就是通过调用 AuthenticationService 的 Login 方法进行身份验证。它会返回一个值来指示用户是否成功登录。如果用户成功通过身份验证，被附加到 AuthenticationServiceClient 实例中的 CookieContainer 即可在 FormsAuthService 的调用中被再次使用。在此过程中，从 Login 方法返回的作为 cookie 的令牌将与 DoWork 请求一并提交。

可从
wrox.com
下载源代码

```
AuthenticationServiceClient authclient = new AuthenticationServiceClient();

private void FormsCallServiceButton_Click(object sender, RoutedEventArgs e){
    authclient.CookieContainer = new CookieContainer();
    authclient.LoginCompleted += authclient_LoginCompleted;
    authclient.LoginAsync("AManager", "1234qwer", "", true);
}

void authclient_LoginCompleted(object sender, LoginCompletedEventArgs e){
    var client = new FormsAuthSample.FormsAuthServiceClient();
    client.CookieContainer = authclient.CookieContainer;
    client.DoWorkCompleted += FormsService_DoWorkCompleted;
    client.DoWorkAsync();
}

void FormsService_DoWorkCompleted(object sender, AsyncCompletedEventArgs e){...}
```

MainPage.xaml.cs 中的代码片段

一项非常实用的功能就是提取与 WCF 服务调用者相关的信息。通过询问 HttpContext.Current.User.Identity 实例即可实现，如图 18-9 所示。这可用于执行操作或返回该用户的特定数据。

```
[AspNetCompatibilityRequirements(RequirementsMode = AspNetCompatibilityRequirementsMode.Allowed)]
public class FormsAuthService : IFormsAuthService
{
    public void DoWork()
    {
        var identity = HttpContext.Current.User.Identity;
    }       identity {System.Web.Security.FormsIdentity}
}             [System.Web.Security.FormsIdentity]   {System.Web.Security.FormsIdentity}
              AuthenticationType                    "Forms"
              IsAuthenticated                       true
              Name                                  "AManager"
```

图 18-9

此外还可以在发起请求前指定 CookieContainer，以便在 HttpWebRequest 类中使用窗体身份验证。

可从
wrox.com
下载源代码

```
void authfileclient_LoginCompleted(object sender, LoginCompletedEventArgs e){
    var request = HttpWebRequest.Create(
      "http://localhost:28724/FormsAuth/FormsAuthText.txt") as HttpWebRequest;
    request.CookieContainer = authclient.CookieContainer;
    request.BeginGetResponse(FormsFileComplete, request);
}
```

MainPage.xaml.cs 中的代码片段

有关此代码片段需要注意的一点是，Create 方法的结果将被强制转换为 HttpWebRequest。这是因为在 WebRequest 基类中未定义 CookieContainer，而是由 Create 方法默认返回的。

建议您为所有基于窗体的身份验证和服务调用都使用 SSL 连接。这有助于防止凭据被劫持，同时能避免用户名和密码等详细信息以明文形式传输。

3. OAuth 1.0 (Twitter)

到目前为止所讨论的都是内置于 IIS 和 ASP.NET 的身份验证方案。它们对于同时控制客户端(即 Windows phone 应用程序)和服务器(即 ASP.NET Web Application)都很出色。但是，如果想与任何现有的社交网站集成，那么最有可能使用第三方身份验证方案。最近受到越来越多关注的方案就是 OAuth(Open Authorization，即开放授权)。本节将以 Twitter 为例介绍如何使用 OAuth 1.0 进行身份验证。下一节将使用更简单的 OAuth 2.0 对 Facebook 进行身份验证。

首先我们来说明使用 Twitter 账户进行登录的用户体验。当用户单击图 18-10(a)中的 Authenticate 按钮时，会显示一个 WebBrowser 控件并立即导航到 Twitter 身份验证页面(图 18-10(b))。此页面会提示用户将授权应用程序访问他的 Twitter 账户。

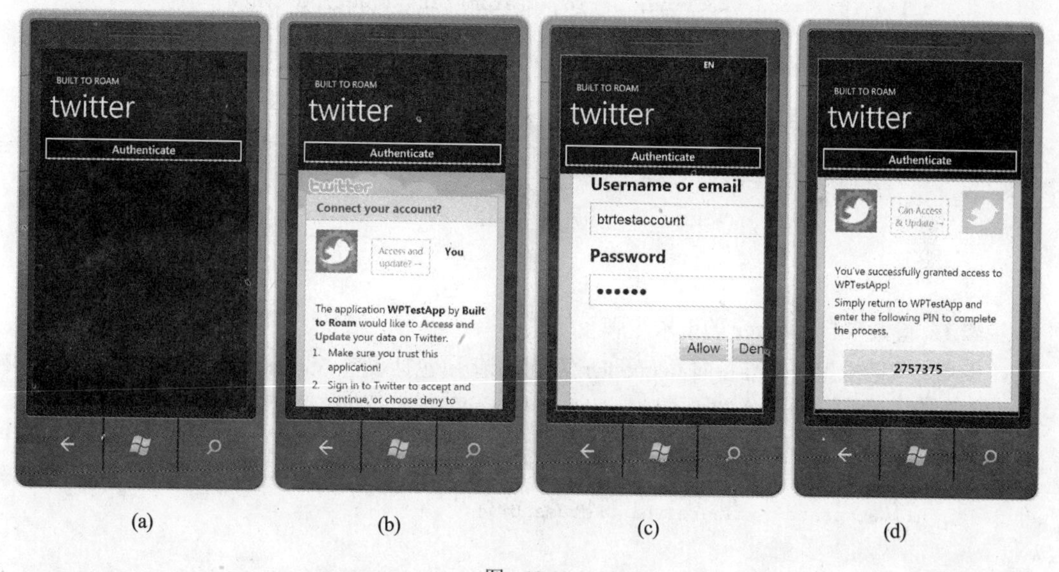

(a) (b) (c) (d)

图 18-10

用户登录后(图 18-10(c))，会被导航到最后一个页面，其中包含一个授权 PIN(图 18-10(d))。此时，Windows Phone 应用程序将检测到此页面已被加载并自动提取 PIN，然后再用它来检索一个来自 Twitter 的访问令牌，该令牌会被用于每个后续的请求。在某些情况下，用户可能无法看到最后一页，因为在检测到最后一页时，应用程序会自动隐藏 WebBrowser 控件。

首先浏览一下执行此操作的代码。首先定义一个 OAuthRequest 类，用于保存所有相关的 URL。这有助于提高代码在其他使用 OAuth 的站点上的可重用性。由 Twitter 定义的 RequestUri、AuthorizeUri 以及 AccessUri 可用于任何希望使用 OAuth 进行身份验证的应用程序。而 ConsumerKey 和

ConsumerSecret 是特定于该应用程序的字符串。当为应用程序注册 Twitter 账户后，会收到一对用于准备各种 OAuth 请求的字符串。

可从
wrox.com
下载源代码

```
public class OAuthRequest {
    public string RequestUri { get; set; }
    public string AuthorizeUri { get; set; }
    public string AccessUri { get; set; }

    public string ConsumerKey { get; set; }
    public string ConsumerSecret { get; set; }

    public string Method { get; set; }

    public string NormalizedUri { get; set; }
    public string NormalizedParameters { get; set; }

    public string VerifierPin { get; set; }

    public string Token { get; set; }
    public string TokenSecret { get; set; }

    public IDictionary<string, string> Parameters { get; private set; }

    public OAuthRequest()
    {
        Parameters = new Dictionary<string, string>();
    }
}
```

OAuthRequest.cs 中的代码片段

步骤 1：检索来自 Twitter 的请求令牌

此步骤生成请求签名、准备向 RequestUri 发起的请求(包括设置 Authorization 标头)，以及处理响应。在本例中，响应包含一个请求令牌，该令牌是 AuthorizeUri 的组成部分：

可从
wrox.com
下载源代码

```
public void RetrieveRequestToken(Action Callback) {
    this.GenerateSignature(this.RequestUri);

    var request = HttpWebRequest.Create(this.NormalizedUri);
    request.Method = this.Method;
    request.Headers[HttpRequestHeader.Authorization] =
                                this.GenerateAuthorizationHeader();

    request.BeginGetResponse((result) =>
        {
            var req = result.AsyncState as HttpWebRequest;
            var resp = request.EndGetResponse(result) as HttpWebResponse;

            using (var strm = resp.GetResponseStream())
```

```
            using (var reader = new StreamReader(strm)){
                var responseText = reader.ReadToEnd();
                this.ParseKeyValuePairs(responseText);
            }
        Callback();

    }, request);
}
```

OAuthRequest.cs 中的代码片段

步骤2：导航到AuthorizeUri

在步骤1中被传递到RetrieveRequestToken方法中的Callback方法会使WebBrowser控件导航到AuthorizeUri，以便用户可以登录：

可从 wrox.com 下载源代码

```
RetrieveRequestToken(() =>{
    browser.Dispatcher.BeginInvoke(() => {
        browser.Navigate(new Uri(this.AuthorizeUri));
    });
});
```

OAuthRequest.cs 中的代码片段

步骤3：用户登录到Twitter

步骤4：检测WebBrowser的Navigated事件，提取PIN

可从 wrox.com 下载源代码

```
public void Authenticate(WebBrowser browser,
                         Action<IDictionary<string, string>> callback) {
    var baseAuthorizeUri = this.AuthorizeUri;
    browser.Navigated += (s, e) => {
        if (e.Uri.AbsoluteUri.ToLower().StartsWith(baseAuthorizeUri)) {
            if (!e.Uri.Query.Contains("oauth_token")) {
                var htmlString = browser.SaveToString();

                var authPinName = "oauth_pin>";
                var startDiv = htmlString.IndexOf(authPinName) + authPinName.Length;
                var endDiv = htmlString.IndexOf("<", startDiv);
                var pin = htmlString.Substring(startDiv, endDiv - startDiv);
                this.VerifierPin = pin;

                this.RetrieveAccessToken(callback);
            }
        }
    };

    RetrieveRequestToken(() => {
        browser.Dispatcher.BeginInvoke(() => {
            browser.Navigate(new Uri(this.AuthorizeUri));
        });
```

```
    });
}
```

OAuthRequest.cs 中的代码片段

步骤 5：检索访问令牌

与步骤 1 相同，此步骤涉及生成一个请求签名，这次是准备到 AccessUri 的请求(包括设置 Authorization 标头)，然后处理响应。在本例中，该响应包括对一个访问令牌，可用于对 Twitter 的更多调用。

可从 wrox.com 下载源代码

```
public void RetrieveAccessToken(Action<IDictionary<string, string>> Callback) {
    this.GenerateSignature(this.AccessUri);

    var request = HttpWebRequest.Create(this.NormalizedUri);
    request.Method = this.Method;
    request.Headers[HttpRequestHeader.Authorization] =
                    this.GenerateAuthorizationHeader();
    request.BeginGetResponse((result) => {
        var req = result.AsyncState as HttpWebRequest;
        var resp = request.EndGetResponse(result) as HttpWebResponse;

        Dictionary<string, string> responseElements;

        using (var strm = resp.GetResponseStream())
        using (var reader = new StreamReader(strm))
        {
            var responseText = reader.ReadToEnd();
            responseElements = this.ParseKeyValuePairs(responseText);
        }

        Callback(responseElements);

    }, request);
}
```

OAuthRequest.cs 中的代码片段

当提取访问令牌后，将调用最后的 Callback 方法。此方法被指定为步骤 3 中 Authenticate 方法的第二个命令。综合上述步骤，即可在 Windows Phone 应用程序中调用此过程：

可从 wrox.com 下载源代码

```
private OAuthRequest orequest;
private void AuthenticateButton_Click(object sender, RoutedEventArgs e) {
    orequest = new OAuthRequest() {
        RequestUri = "http://api.twitter.com/oauth/request_token",
        AuthorizeUri = "http://api.twitter.com/oauth/authorize",
        AccessUri="http://api.twitter.com/oauth/access_token",
        Method = "POST",
        ConsumerKey = "<your consumer key>",
        ConsumerSecret = "<your consumer secret>"
```

```
    };

    orequest.Authenticate(this.AuthenticationBrowser, AuthenticationComplete);
}

private void AuthenticationComplete(IDictionary<string, string> responseElements) {
    this.Dispatcher.BeginInvoke(() => {
        this.AuthenticationBrowser.Visibility = System.Windows.Visibility.Collapsed;
    });
}
```

TwitterPage.xaml.cs 中的代码片段

在本例中，为 Authenticate 方法所指定的回调只是隐藏了 WebBrowser 控件。responseElements 字典包含了由 Twitter 返回的与已登录用户相关的所有额外信息。

本示例省略了如何生成签名及授权标头信息的具体细节。不过，您可以下载完整的源代码。

4. OAuth 2.0 (Facebook)

我们分析的最后一种身份验证形式是 OAuth 2.0。与 OAuth 1.0 相比，OAuth 2.0 更简单而且十分依赖于 SSL 的使用而非生成签名。首先需要定义一个名为 OAuth2 的类：

```
public class OAuth2{
    public string LocalRedirectUrl { get; set; }
    public string AuthorizeBaseUrl { get; set; }
    public string AccessTokenBaseUrl { get; set; }
    public string PageType { get; set; }

    public string ClientId { get; set; }
    public string ClientSecret { get; set; }
}
```

OAuth2.cs 中的代码片段

与前面的 Twitter/OAuth 1.0 示例相同，当使用 Facebook 注册账户时，会被告知在 OAuth 2.0 实现中使用了不同的 URL。可能还会得到用于准备请求的 ClientId 和 ClientSecret。

步骤 1：准备授权 URL

这是用户在登录 Facebook 时，WebBrowser 所导航到的 URL。在 OAuth 1.0 中，请求令牌就是从该 URL 中检索到的，与之不同，在本例中，该 URL 是由客户端生成的。它会使用 SSL 以确保将任何传输数据进行加密：

```
var authorizeUrl = string.Format(AuthorizeUrl,
                    AuthorizeBaseUrl, ClientId, LocalRedirectUrl,PageType);
```

OAuth2.cs 中的代码片段

步骤 2：导航到授权 URL

```
browser.Navigate(new Uri(authorizeUrl));
```

OAuth2.cs 中的代码片段

步骤 3：用户登录到 Facebook 账户

步骤 4：截获 Navigated 事件

在 Navigated 事件处理程序中，会检查 URI 是否与 LocalRedirectUrl 相匹配。如果匹配，则从 URI 查询参数中提取相关的令牌信息。稍后使用此信息将 WebBrowser 导航到另一个可以检索访问令牌的 URL。

```
public void Authenticate(WebBrowser browser, Action callback) {
    browser.Navigated += (s, e) => {
        if (e.Uri.AbsoluteUri.ToLower().StartsWith(LocalRedirectUrl)) {
            ExtractCode(e.Uri);

            var accessTokenUrl = string.Format(AccessTokenUrl,
                        AccessTokenBaseUrl, ClientId,LocalRedirectUrl,
                        PageType, ClientSecret, Code);
            browser.Navigate(new Uri(accessTokenUrl));
        }
        else if (e.Uri.AbsoluteUri.ToLower().StartsWith(AccessTokenBaseUrl)) {
            var contents = browser.SaveToString();
            ExtractAccessToken(contents);
            callback();
        }

    };

    var authorizeUrl = string.Format(AuthorizeUrl,AuthorizeBaseUrl,
                        ClientId, LocalRedirectUrl,PageType);

    browser.Navigate(new Uri(authorizeUrl));
}

private void ExtractCode(Uri uri) {
    var code = uri.Query.Trim('?');
    var bits = code.Split('=');
    this.Code = bits[1];
}
```

OAuth2.cs 中的代码片段

步骤5：提取访问令牌

在上个步骤的代码中，对URI进行第二次检查是针对AccessTokenBaseUrl。如果找到该URI，就从查询参数中将访问令牌提取出来：

```
private void ExtractAccessToken(string browserContents) {
    browserContents = HttpUtility.HtmlDecode(browserContents);
    var start = browserContents.IndexOf("access_token");
    var end = browserContents.IndexOf("</PRE>");
    var paramlist = browserContents.Substring(start, end - start);
    foreach (var param in paramlist.Split('&')){
        var bits = param.Split('=');
        switch (bits[0]){
            case AccessTokenKey:
                this.AccessToken = bits[1];
                break;
            case ExpiresKey:
                this.Expires = bits[1];
                break;
        }
    }
}
```

OAuth2.cs中的代码片段

综合上述步骤，只需调用OAuth2类实例中的Authenticate方法即可调用身份验证过程。第一个参数是WebBrowser控件，用户可以与该控件交互，以便登录Facebook。第二个参数是用户已成功通过身份验证时被调用的回调方法：

```
OAuth2 facebook = new OAuth2() {
    ClientId = "<your client id>",
    ClientSecret = "<your client secret>",
    LocalRedirectUrl = "http://www.facebook.com/connect/login_success.html",
    AuthorizeBaseUrl = "https://graph.facebook.com/oauth/authorize",
    AccessTokenBaseUrl = "https://graph.facebook.com/oauth/access_token",
    PageType = "web_server"
};


private void AuthenticateButton_Click(object sender, RoutedEventArgs e) {
    facebook.Authenticate(this.AuthenticationBrowser, AuthComplete);
}

void AuthComplete() {
    var request = HttpWebRequest.Create
     ("https://graph.facebook.com/me?access_token=" + facebook.AccessToken);
    request.BeginGetResponse(ProfileResponse, request);
}
```

```
void ProfileResponse(IAsyncResult result) {
    var request = result.AsyncState as HttpWebRequest;
    var response = request.EndGetResponse(result);
    using (var strm = response.GetResponseStream())
    using (var reader = new StreamReader(strm))
    {
        var txt = reader.ReadToEnd();
    }
}
```

FacebookPage.xaml.cs 中的代码片段

检索到访问令牌后，即可用它来调用其他 Facebook API。此处，我们所调用的 API 用于检索经过身份验证的用户的个人资料。变量 txt 会包含一个如下所示的 JSON 字符串：


```
{"id":"6923674","name":"Nick Randolph","first_name":"Nick","last_name":"Randolph","
link":"http:\/\/www.facebook.com\/profile.php?id=6923174","hometown":{"id":11037276
8552,"name":"Sydney, New South Wales, Australia"},"education":[{"school":{"id":1117
48757717,"name":"University of Western Australia"},"degree":{"id":1120461219902,"na
me":"BE\/BCom"},"concentration":[{"id":112242345470433,"name":"IT"},{"id":112344032
3522,"name":"Accounting"},{"id":1124252114657,"name":"Finance"}]},{"school":{"id":1
082269677771,"name":"Hollywood Senior High School"},"year":{"id":1123924286252,"name"
:"1995"}}],"gender":"male","email":"nick@builttoroam.com","timezone":10,"locale":
"en_US","verified":true,"updated_time":"2010-05-08T01:46:41+0000"}
```


18.3 小结

本章介绍了从远程服务器接收数据或向其发送数据时，如何保证传输过程中及 Windows Phone 应用程序中的数据安全。还讨论了如何采取多种不同策略在远程服务器上对用户和应用程序进行身份验证。

第19章 使用 XNA 进行游戏开发

本章内容

- 理解游戏循环
- 内容的添加与渲染
- 接受来自加速度计和键盘的输入以及触控输入
- 使用 3D 模型和形状创建场景

在第 1 章中，您了解到开发 Windows Phone 应用程序可以使用两种框架。到目前为止，我们已经深入探究了 Windows Phone 应用程序中的 Silverlight 开发世界。然而，对于在更大程度上面向游戏的项目，XNA 框架或许是更为合适的开发平台。Silverlight 主要是由 XAML 标记和事件驱动的，与之不同，XNA 以一个游戏循环开始并结束。

本章概述了 XNA 框架及其相关的开发工具。您将学习如何加载并显示精灵(sprite)，以及如何在游戏中使用变换和光照。这只是一个引子，如果您真正要开始构建 Windows Phone 游戏，则应该参阅一些其他的专门介绍 XNA 开发技术的优秀联机资源。

19.1 简介

在本书前面的几章中，您已经使用 Silverlight 构建过 Windows Phone 应用程序，它拥有先进的布局以及一个带有事件驱动逻辑方式的渲染系统。使用 Silverlight 您可以通过 Expression Blend 来设计应用程序的布局，然后在代码隐藏文件中使用 Behavior 或更为传统的事件处理程序来关联事件逻辑。此类应用程序通常是由用户交互来驱动的，这非常适合 Silverlight 的事件驱动模型。

另一方面，大多数游戏都会不断地更新屏幕以便在屏幕中移动元素或使元素产生动画效果，同时会调整光照以及其他视觉和音频效果。虽然可以使用 Silverlight 来构建游戏，但事件驱动模型通常会成为障碍。另一种方法是使用 XNA 框架。XNA 使用游戏循环(game loop)的概念来对屏幕的更新和绘制进行调度，而非由事件驱动。

在进一步深入探讨游戏循环的结构之前，我们首先使用 Visual Studio 来构建第一个游戏。虽然在 Expression Blend 中不支持创建基于 XNA 的游戏，但您或许可以看看 Expression Suite 中的其他产品，如 Expression Design，他们可以帮助您创建诸如 3D (三维)模型之类的游戏内容。如图 19-1 所示，从 Visual Studio 的 New Project 对话框中，选择 XNA Game Studio 4.0 节点。您将看到有多种不同的项目模板，以便您为 Windows Phone、Xbox 和 Windows 创建游戏。现在，选择 Windows Phone Game (4.0)项目模板，将其命名为 DontTouchTheWalls，然后单击 OK 按钮您将构建一个简单游戏，它的目标是通过旋转设备来防止小球碰触墙壁。

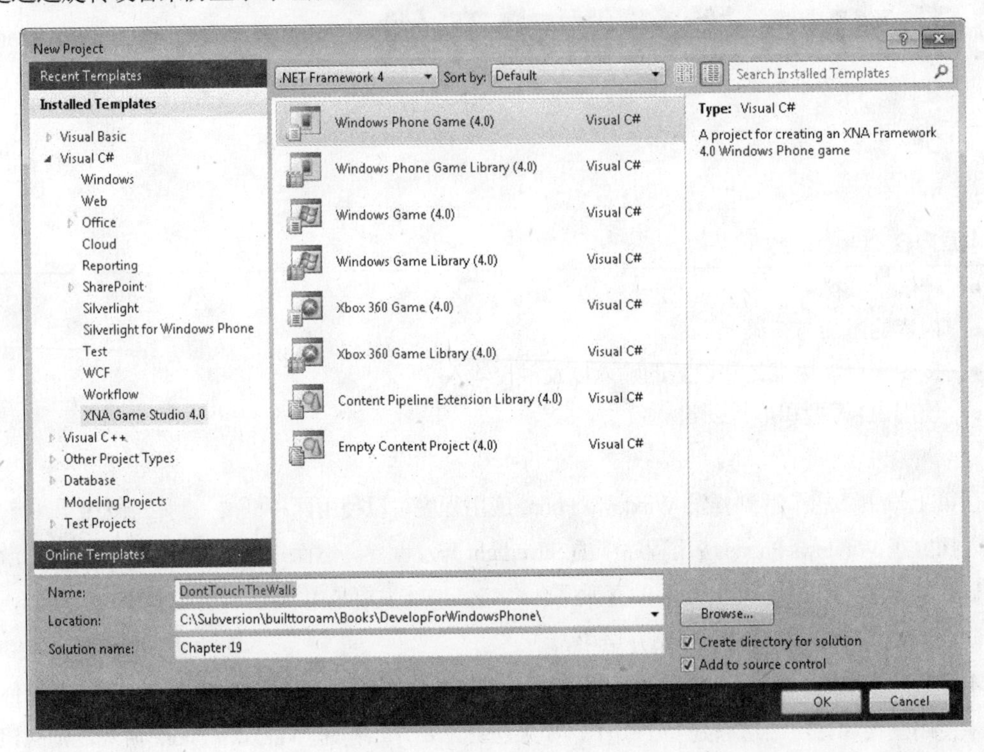

图 19-1

单击OK后，将会创建一个带有两个项目的解决方案。第一个是主游戏项目，DontTouchTheWalls，它包含用于加载和运行游戏的所有逻辑。第二个是内容项目，用于保存所有资源(也称为资产)——诸如游戏所需的图像、声音、字体和 3D 模型。

游戏的入口点是 Game1 类，它继承自 XNA 的 Game 类。该类不必一定要被称为 Game1，所以您可以将其重命名为 DontTouchWallsGame(如果在 Solution Explorer 中重命名该文件，Visual Studio 会帮助您重命名该类)。

在 Solution Explorer 中双击 DontTouchTheWalls 项目节点，打开项目的 Properties 页面，如图 19-2 所示。在这里您可以设置相应属性以便控制游戏在 Windows Phone 中的显示方式。Game thumbnail 属性用于确定在 Games hub 中与游戏标题一起出现的图像。与 Silverlight 应用程序相同，Tile title 和 Tile image 属性用于确定当游戏被锁定到 Start 屏幕时平铺图标的显示方式。

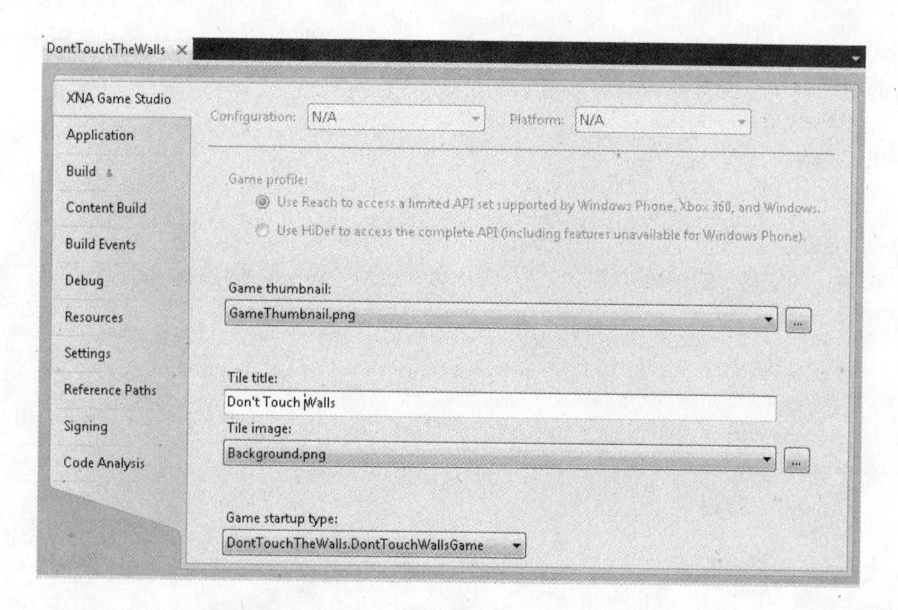

图　19-2

如果按 F5 键运行此游戏，您会看到它在模拟器中启动，并显示蓝屏——默认的游戏源代码除了一个纯色背景之外不会显示其他任何内容。您可以按 Back 按钮退出应用程序。如果您从 Start 屏幕转到 Games hub，则会看到一个游戏列表，如图 19-3 所示。用户在自己的 Windows Phone 中安装的所有游戏都将出现在 Games hub 中，这些游戏相当于应用程序列表。

图　19-3

用户可以单击 hub 中列出的游戏来将其启动。hub 中还包含用户的 Xbox Live 账户信息，比如他们的头像及任务列表。

Games Hub 中的应用程序

您完全可以使用 XNA 框架来构建一个普通应用程序。显然，如果这样做，您肯定不希望应用程序被列在 Games hub 中。您可以调整 WMAppManifest.xml 文件中的 Genre 元素，从而指明软件包中所包含的应用程序类型及其显示位置。

GENRE: GAME

```
<?xml version="1.0" encoding="utf-8" ?>
<Deployment
   xmlns="http://schemas.microsoft.com/windowsphone/2009/deployment"
   AppPlatformVersion="7.0">
   <App xmlns="" ProductID="{2a650825-bb07-462b-9f17-a3072b2d587d}"
       Title="Don't Touch Walls" RuntimeType="XNA"
       Version="1.0.0.0" Genre="Apps.Games"
       Author="Nick Randolph" Description=""
       Publisher="Built to Roam">
```

GENRE: APPLICATION

```
<?xml version="1.0" encoding="utf-8" ?>
<Deployment
   xmlns="http://schemas.microsoft.com/windowsphone/2009/deployment"
   AppPlatformVersion="7.0">
   <App xmlns="" ProductID="{2a650825-bb07-462b-9f17-a3072b2d587d}"
       Title="Don't Touch Walls" RuntimeType="XNA"
       Version="1.0.0.0" Genre="Apps.Normal"
       Author="Nick Randolph" Description=""
       Publisher="Built to Roam">
```

当运行游戏时，您会发现背景色没有填满屏幕。实际上，这包含两方面的原因。第一，与 Silverlight 应用程序相同，XNA 游戏默认不会运行在全屏模式下。通过将 DontTouchWallsGame 类的构造函数所创建的 GraphicsDeviceManager 实例上的 IsFullScreen 属性设置为 true，即可很容易地更正此问题。将 IsFullScreen 设置为 true 会隐藏系统托盘，否则它会出现在屏幕顶部。

此时，您已经清除了为系统托盘保留的空间，但沿着屏幕边缘仍然会有一条边框。背景色没有将屏幕填满的第二个原因是，用于对屏幕绘制进行加速的缓冲区尺寸可能有误。要解决此问题，需要设置 GraphicsDeviceManager 类的 PreferredBackBufferWidth 和 PreferredBackBufferHeight 属性。这些更改反映在下面的 DontTouchWallsGame 构造函数代码片段中：

可从
wrox.com
下载源代码

```
public DontTouchWallsGame() {
   graphics = new GraphicsDeviceManager(this);

   // Set the Windows Phone screen resolution and full screen
   graphics.PreferredBackBufferWidth = 480;
   graphics.PreferredBackBufferHeight = 800;
   graphics.IsFullScreen = true;

   Content.RootDirectory = "Content";

   // Frame rate is 30 fps by default for Windows Phone.
```

```
        TargetElapsedTime = TimeSpan.FromSeconds(1/30.0);
    }
```

DontTouchWallsGame.cs 中的代码片段

图 19-4 展示了在未更改(图 19-4(a))、修正了缓冲区大小(图 19-4(b))以及在全屏(图 19-4(c))模式下运行的游戏的三个屏幕快照。三幅图中的游戏尺寸在宽度和高度上存在细微差异。

(a)　　(b)　　(c)

图 19-4

在学习如何开始构建游戏(特别是游戏循环)之前，有必要快速浏览一下为游戏创建的解决方案的结构。主游戏项目 DontTouchTheWalls，看上去与 Silverlight Windows Phone 应用程序的项目结构没有什么不同。如图 19-5 所示，Properties 文件夹中包含了 AppManifest.xml、AssemblyInfo.cs 和 WMAppManifest.xml 文件，它们用于定义游戏内容并负责确定应用程序应显示在设备的 Applications 列表还是 Games 列表中。Silverlight 应用程序的入口点包含在 App.xaml 文件中，因而会将 MainPage.xaml 加载为默认页，与之不同，XNA 游戏是在游戏类中启动并结束，在本例中即为 DontTouchWallsGame 类。

第二个项目 DontTouchTheWallsContent 设计用于容纳游戏可能需要的任何资源，如图像、声音、字体和其他视觉效果。在本章后面会回顾此内容，以便加载游戏中用到的资源。

使用 XNA 框架开发游戏的最大优势之一就是您的游戏可以面向多个平台。通过使用相同的代码库，您可以创建一个能运行在 Windows Phone、Xbox 和 Windows 上的游戏。为了说明这有多么容易，请右击 DontTouchTheWalls 游戏项目并从上下文菜单中选择 Create Copy of Project for Windows。这将创建一个额外的项目，Windows Copy of DontTouchTheWalls，它包含了所有与 DontTouchTheWalls 项目相同的文件。事实上，这并不只是一份项目的副本；它还是原始项目的一个活动链接。这意味着如果向其中一个项目中添加文件，该文件同时还会出现在另一个项目中，反之亦然。

图 19-5

创建 Windows 项目后，您可能会注意到在 Program.cs 中出现了一些生成错误。该文件为运行在 Windows 或 Xbox 上的游戏提供入口点。这些生成错误与默认游戏类的重命名有关，即 Game1 被改为 DontTouchWallsGame。将 Game1 改成 DontTouchWallsGame 从而更新 Program.cs 中的代码以便加载正确的游戏，如下面的代码所示：

```
#if WINDOWS || XBOX
    static class Program
    {
        /// <summary>
        /// The main entry point for the application.
        /// </summary>
        static void Main(string[] args)
        {
            using (DontTouchWallsGame game = new DontTouchWallsGame())
            {
                game.Run();
            }
        }
    }
#endif
```

Program.cs 中的代码片段

您会注意到此段代码使用了条件编译符号，以便只有当游戏是为 Windows 或 Xbox 平台构建时才会编译 Program 类。在游戏中，您可能需要编写只适用于一个或多个平台的代码，例如，加载不同的内容，或调整屏幕尺寸的差异。您可以使用 WINDOWS、XBOX 或 WINDOWS_PHONE 符号来有条件地包含一段适用于给定目标设备类型的代码。

如果打开 Windows 项目的项目属性窗口，您会注意到 Game profile 栏已被启用，如图 19-6 所示。这在 Windows Phone 项目中是被禁用的，因为它不支持 HiDef，所以无须进行配置。然而，对于 Windows 配置文件，您可能希望设置游戏是否需要访问高清 API。虽然您希望在游戏中支持高清，不过您应该知道如果用户的硬件不支持高清，这可能会阻碍某些用户玩游戏。

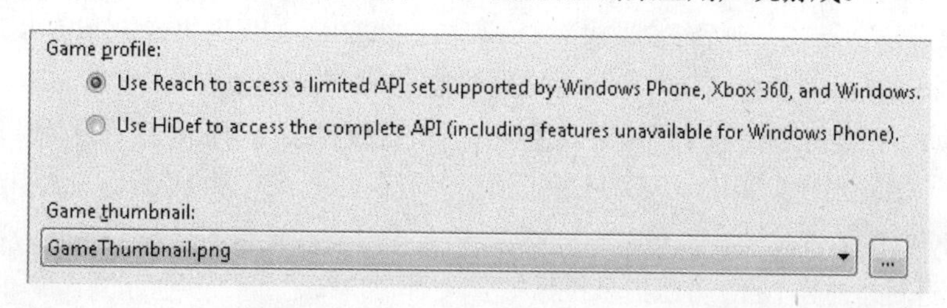

图 19-6

完成这些调整后，您可以继续运行游戏的 Windows 副本(可能需要右击该项目，然后选择 Set as Startup Project 来将 Windows 项目设为启动项目)。该游戏会在全屏模式下运行，用默认的蓝色背景填充屏幕。要退出应用程序，您需要切换回 Visual Studio 并停止正在运行的进程。

19.1.1 游戏循环

任何 XNA 游戏的核心都是游戏循环，它由游戏类中 Update 和 Draw 方法的连续调用组成。顾名思义，游戏中的任何逻辑都在 Update 方法中执行，而 Draw 方法会将屏幕内容绘制到屏幕上。几乎所有响应用户输入、操作对象、检测碰撞甚至控制音频播放的代码都应该放在 Update 方法中。这样可以确保 Draw 方法只负责基于当前游戏状态刷新屏幕内容。

主游戏循环的迭代速度控制着输入控件的响应能力，同时还影响着的运算量以及游戏所使用的电池电量。您可以使用两种方法来控制游戏循环的时间，在 Update 方法的多次调用之间使用固定时间步长或可变时间步长。

1. 固定时间步长

默认方法是在 Update 方法的连续调用间使用固定的时间间隔。在您刚才看到的构造函数中有一行代码将 TargetElapsedTime 属性设置为 1/30 秒。这样即可指定一个近似每秒 30 帧的帧速率。

图 19-7 演示了一个游戏的生命周期，该游戏使用了时间步长固定的游戏循环。就目前而言，暂时忽略掉初始论、加载内容和卸载内容步骤，因为这些将在本章后面的加载内容一节中介绍。图 19-7 中的重要部分是更新-绘制(Updata-Draw)循环。

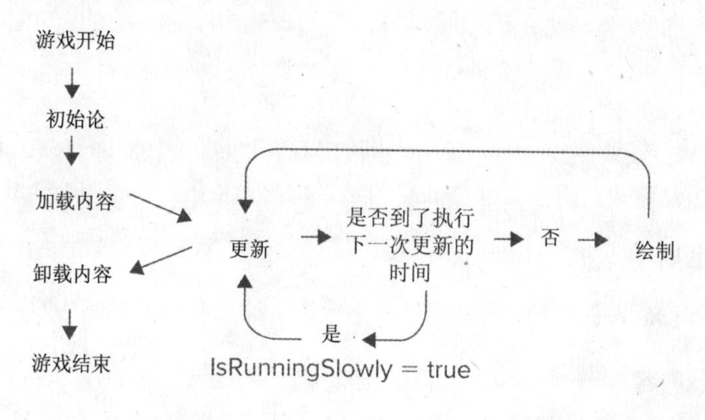

图 19-7

注意当 Update 方法完成后，系统会检查是否需要再次调用 Update 方法。如果 Update 方法的执行时间比 TargetElapsedTime 长，则系统会跳过对 Draw 方法的调用。如果发生这种情况，IsRunningSlowly 标志(包含在 GameTime 对象中，该对象是 Update 方法的一个参数)会被设置为 true。

跳过 Draw 方法意味着任何动画或游戏逻辑的执行速度都会尽可能地接近目标帧速率。不过，这意味着用户不会看到视觉变化，因为最后一帧会停留在屏幕上。在 Update 方法中，您应该检查 IsRunningSlowly 属性是否被设置为 true，从而跳过所有不必要的逻辑，以便 Update 方法可以尽快完成并在下一次更新之前为 Draw 方法提供执行机会。

使用时间步长固定的游戏循环时值得注意几点：第一，TargetElapsedTime Update 方法的调用之间所经历时间的目标。如果更新-绘制循环花费的时间小于 TargetElapsedTime，游戏会空闲直到再次调用 Update 方法。如果 Update 方法花费的时间超过了 TargetElapsedTime，则对 Draw 方法的调用会被取消，同时会再次调用 Update 方法。第二点实际上是对这种情况的一个扩展，即 Draw 方法的调用可能会被跳过，而 Update 方法的调用次数会是正确的。这对于某些依赖于 Update 方法随时间的推移来增加计数器或移动对象的游戏来说十分重要。

2. 可变时间步长

使用时间步长可变的游戏循环会导致 Update 和 Draw 方法被交替调用，而不论每个方法的执行花费了多长时间，如图 19-8 所示。我们可以查询 GameTime 对象的 ElapsedGameTime 属性，来确定 Update 方法的多次调用之间的间隔时间。如果游戏花费了太长的时间才能完成 Update 方法，那么您可能需要短路掉一些不必需的逻辑以提高游戏的响应能力。

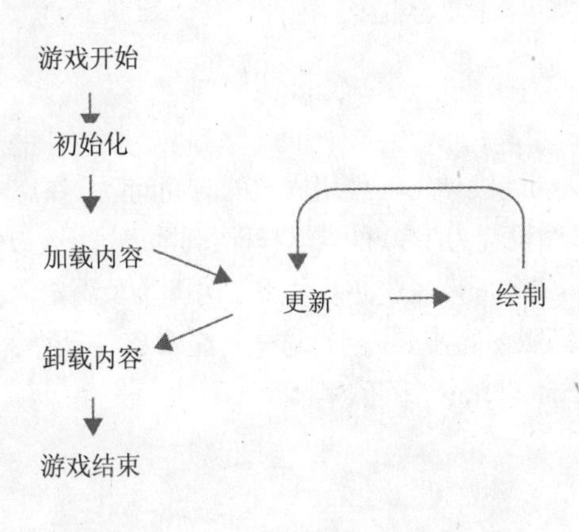

图 19-8

要对游戏循环进行设置使其使用可变时间步长，只需将游戏类中的 IsFixedTimeStep 属性设置为 false。由于 Draw 方法完成后就会调用 Update 方法，因此无须指定 TargetElapsedTime。

19.1.2 游戏生命周期

游戏循环是任何 XNA 游戏的核心。不过，您应该了解一下游戏生命周期中其他方面的内容。

1. 加载与卸载内容

当游戏开始时，第一个可以开始初始化游戏的位置在 Initialize 方法内。在这里，可以对任何用于跟踪游戏状态的游戏变量进行初始化。Initialize 方法然后会调用 LoadContent 方法，该方法会加载所有游戏所需的图形内容。

Windows Phone 要求所有应用程序和游戏都必须在特定时间内启动(正如 http://developer.windowsphone.com 中的应用程序策略指南中所定义的)。例如，如果游戏包含大量图形内容，您就要按需来对它们进行加载，而非在启动时加载。这有助于确保快速地加载游戏。

2. 退出游戏

对于 XNA 游戏的退出系统并没有提供内置的支持。用于创建游戏的 Windows Phone Game (4.0) 模板包含一个简单机制来确保用户可以退出游戏。在 Update 方法中，可以查询 Buttons 集合的状态，以确定用户是否已经按下了 Back 按钮：

可从
wrox.com
下载源代码

```
if (GamePad.GetState(PlayerIndex.One).Buttons.Back == ButtonState.Pressed)
    this.Exit();
```

DontTouchWallsGame.cs 中的代码片段

如果按下了 Back 按钮，则会调用 Exit 方法来结束游戏的当前实例。

3. 应用程序事件

Windows Phone 上的 XNA 游戏的行为和生命周期与那些用 Silverlight 构建的应用程序类似。当游戏或应用程序进入后台时，它们会收到一个 Deactivated 事件。对游戏来说这是第一个也是唯一一个保存游戏当前状态和停止任何后台处理的机会。下面的代码演示了如何为手机应用程序事件关联事件处理程序：

可从
wrox.com
下载源代码

```
public DontTouchWallsGame()
{
    graphics = new GraphicsDeviceManager(this);

    //Set the Windows Phone screen resolution
    graphics.PreferredBackBufferWidth = 480;
    graphics.PreferredBackBufferHeight = 800;
    graphics.IsFullScreen = true;

#if WINDOWS_PHONE
    PhoneApplicationService.Current.Launching += Current_Launching;
    PhoneApplicationService.Current.Deactivated += Current_Deactivated;
    PhoneApplicationService.Current.Activated += Current_Activated;
#endif
    Content.RootDirectory = "Content";

    // Frame rate is 30 fps by default for Windows Phone.
    TargetElapsedTime = TimeSpan.FromSeconds(1/30.0);
}

#if WINDOWS_PHONE
void Current_Launching(object sender, LaunchingEventArgs e) {...}
```

```
void Current_Activated(object sender, ActivatedEventArgs e) {...}

void Current_Deactivated(object sender, DeactivatedEventArgs e) {...}
#endif
```

DontTouchWallsGame.cs 中的代码片段

务必要记住此代码针对的是 Windows Phone 版本的游戏，因为.NET 平台的 Windows 和 Xbox 版本都不存在相同的事件。当用户按下 Back 按钮返回到 Windows Phone 游戏时，可以再次激活游戏。如果该游戏已经终止，则在引发激活事件之前可能还会重新启动该游戏。

当您在 Deactivate 方法中持久保存游戏的当前状态时，有两种选择。您可以手动处理独立存储的读取与写入(见第 16 章)，或者使用当前 PhoneApplicationService 实例中的 State 字典。下面的代码将保存一个表示游戏当前状态的简单字符串。您可能还需要为游戏状态从 Launching 事件的 State 字典中检索信息，这些状态需要被持久保存到游戏的多个实例中。

可从
wrox.com
下载源代码

```
void Current_Activated(object sender, Microsoft.Phone.Shell.ActivatedEventArgs e) {
    var gameState = PhoneApplicationService.Current.State["GameState"] as string;
}

void Current_Deactivated(object sender, Microsoft.Phone.Shell.DeactivatedEventArgs e) {
    PhoneApplicationService.Current.State["GameState"] = "Running";
}
```

DontTouchWallsGame.cs 中的代码片段

19.2 渲染

好了，在介绍完游戏结构后——我们开始构造游戏的各个组成部分。这款游戏的玩法比较简单：用户需要更改设备的角度以便使小球离开墙壁。当用户点击墙壁时，游戏会显示用户将小球保持未与墙壁接触的时间长度。

19.2.1 内容

首先要做的就是显示一幅小球的图像。为此，您需要使用一个名为 ball.png 的图像文件，它带有一个透明的背景。XNA 使用一种名为内容管道(Content Pipeline)的概念，即设计人员可以使用自己选择的工具来生成诸如图形、音频和 3D 模型这类内容，而无须关注它们在游戏中的使用方式。要在 XNA 游戏中包含内容，需要使用内容导入程序将内容导入为一种特定的格式，以便 XNA 的一种默认内容处理程序可以理解这些内容。另外，内容处理程序可用于将内容转换为托管的代码对象，以便直接用于 XNA 游戏中。XNA 附带的几种导入程序和处理程序可以处理图像、音频和 3D 模型的大量标准内容类型。

要向 XNA 游戏中添加图像，需要右击 DontTouchWallsGameContent 内容项目，然后选择 Add |

Existing Item。找到要添加的图像，在本例中为 ball.png，然后单击 Add 按钮。如果图像不在项目文件夹中，则它将被复制到其中并被添加到项目中，如图 19-9 所示。

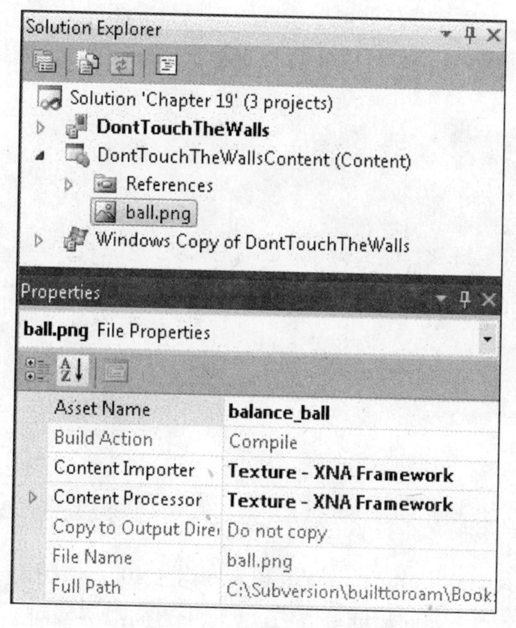

图　19-9

在图 19-9 的 Properties 窗口中，可以看到 Asset Name 已被更新为 balance_ball。在游戏中会使用此名称来访问该资产。您还可以看到 Content Importer 和 Content Processor 属性都被设置为 Texture - XNA Framework。这就意味着图像将被加载为纹理，同时意味着导入程序和处理程序都是 XNA 框架的一部分。

在游戏中，您需要将此内容加载到一个本地变量中，以便用于在 Draw 方法中将小球绘制到屏幕上。游戏类，DontTouchWallsGame，从 Game 基类继承了 Content 属性，该属性会返回一个 ContentManager 类的实例。ContentManager 对象中的泛型 Load 方法可用于将图像加载到内存中。在本例中，图像会被加载到一个 Texture2D 对象内从而为将其绘制到屏幕上做好准备。

可从
wrox.com
下载源代码

```
Texture2D balanceBall;
protected override void LoadContent() {
    spriteBatch = new SpriteBatch(GraphicsDevice);

    balanceBall = this.Content.Load<Texture2D>("balance_ball");
}
```

DontTouchWallsGame.cs 中的代码片段

19.2.2　Sprite

术语 Sprite 通常指一幅图像，它用于表示大场景中一个较小的部分。例如，大多数游戏都由成百上千个 Sprite 组成，每一个都被放置在屏幕中，以建立一个更逼真的场景。Spritesheet 是一个被 Web 开发人员广泛运用的概念，可用于提高性能。Spritesheet 是一幅单独的图像，由整个站点中的很多小图像组成。大多数浏览器会一次性下载 Spritesheet，并对它进行重用以便显示所有较小的图像，这可以大大减少下载时间及网站所需的传输量。

在 XNA 游戏中，Sprite 本质上是任何可以构成绘制场景的图像。例如，刚刚在 LoadContent 方法中加载的小球图像就是一个 Sprite，它可以作为 SpriteBatch 的一部分绘制到屏幕中：

可从
wrox.com
下载源代码

```
protected override void Draw(GameTime gameTime) {
   GraphicsDevice.Clear(Color.CornflowerBlue);

   this.spriteBatch.Begin();
   this.spriteBatch.Draw(this.balanceBall,
                 new Rectangle(100, 100, 100, 100), Color.White);
   this.spriteBatch.End();


   base.Draw(gameTime);
}
```

DontTouchWallsGame.cs 中的代码片段

小球图像将会被绘制到(100,100)位置，宽度和高度均为 100，如图 19-10 所示。注意坐标系统是基于屏幕左上角的原点，x 轴正方向沿屏幕向右，y 轴正方向沿屏幕向下。

图 19-10

19.2.3 移动

要在屏幕中移动 Sprite，只需更新小球的位置即可，以便下次在不同位置对小球进行绘制。Sprite 的位置没有进行硬编码，而是由一个状态变量 position 来确定的。在 Update 方法中该值会根据方向向量不断递增。

可从
wrox.com
下载源代码

```
Vector2 direction = new Vector2(3,2);
Vector2 position = new Vector2(100, 100);

protected override void Update(GameTime gameTime) {
    // Allows the game to exit
    if (GamePad.GetState(PlayerIndex.One).Buttons.Back == ButtonState.Pressed)
        this.Exit();

    position = Vector2.Add(position, direction);
    if ((position.X + 100) > 480 || position.X < 0) direction.X *= -1;
    if ((position.Y + 100) > 800 || position.Y < 0) direction.Y *= -1;

    base.Update(gameTime);
}

protected override void Draw(GameTime gameTime) {
    GraphicsDevice.Clear(Color.CornflowerBlue);

    this.spriteBatch.Begin();
    this.spriteBatch.Draw(this.balanceBall,
                new Rectangle((int)position.X,(int)position.Y,100,100),
                Color.White);
    this.spriteBatch.End();
}
```

DontTouchWallsGame.cs 中的代码片段

当小球撞到墙壁时，会翻转方向向量，使小球从墙壁上弹开，如图 19-11 中的一系列截图所示。

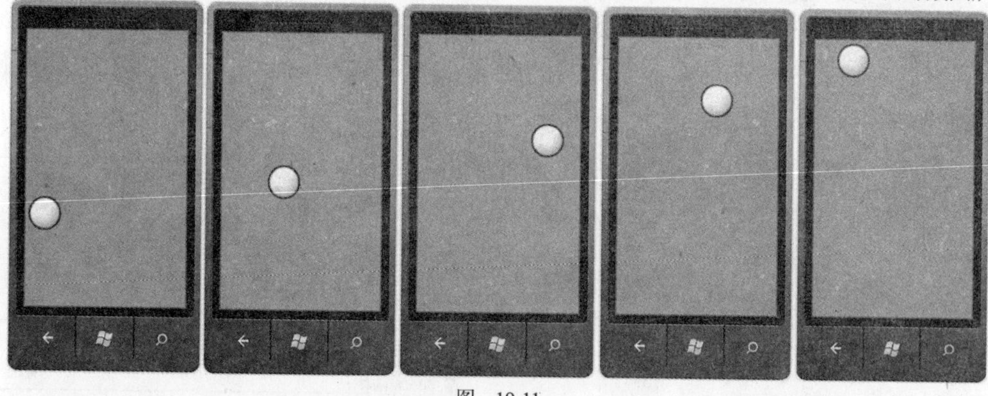

图　19-11

19.2.4　文本和字体

这个游戏的目的就是防止小球与墙壁相撞。如果小球撞到墙壁，游戏即告结束。要指示此信息，您需要在屏幕的中间写上 Game Over。XNA 框架对文本的绘制提供了内置支持。不过，为了绘制文本，您需要告诉框架使用哪种字体。这就需要通过向内容项目中添加字体来实现。右击 DontTouchTheWallsContent 内容项目，在 Solution Explorer 窗口中选择 Add | New Item。这将显示 Add New Item 对话框，其中带有不同类型的内容供您添加，如图 19-12 所示。在本例中，添加一种名为

Lindsey.spritefont 的 Sprite Font。

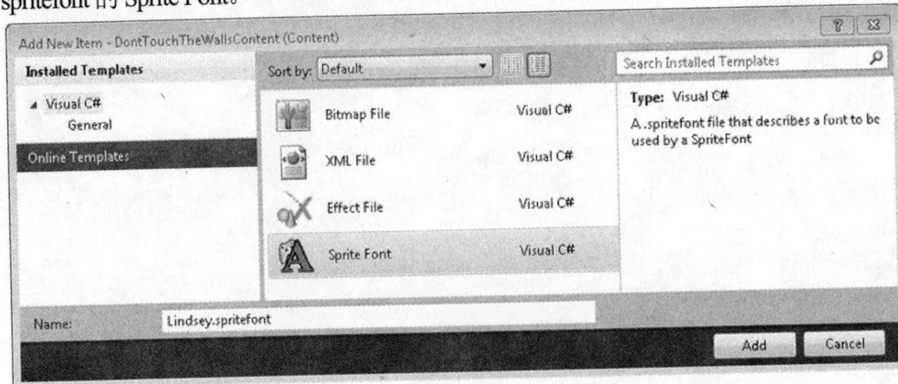

图 19-12

单击 Add按钮后，Visual Studio 会向内容项目中添加一个新的 spritefont 文件，并会立即将其打开以便进行编辑。您可以将 spritefont 文件视为编译内容项目时要包含的字体的声明。这意味着字体系列(在以下代码片段中的 FontName 元素中指定)要与构建该项目的计算机中所安装的字体一致。如果您具有一个负责为游戏生成版本项目的构建服务器，记住这一点将至关重要。Spritefont 文件还指定了您想使用的字体的大小和样式(即 Normal、Bold 或 Italic)。在本例中，代码指定字体 Lindsey，字号 45，并将样式指定为 Bold。

可从
wrox.com
下载源代码

```
<?xml version="1.0" encoding="utf-8"?>
<XnaContent xmlns:Graphics="Microsoft.Xna.Framework.Content.Pipeline.Graphics">
  <Asset Type="Graphics:FontDescription">
    <FontName>Lindsey</FontName>
    <Size>45</Size>
    <Spacing>0</Spacing>
    <UseKerning>true</UseKerning>
    <Style>Bold</Style>
    <CharacterRegions>
      <CharacterRegion>
        <Start>&#32;</Start>
        <End>&#126;</End>
      </CharacterRegion>
    </CharacterRegions>
  </Asset>
</XnaContent>
```

Lindsey.spritefont 中的代码片段

字体许可

与您在游戏中使用的其他图形内容相同，您必须确保获取到所使用字体可以与游戏一起进行分发的许可。本示例所使用的 Lindsey 字体可以在 XNA Creators Club 站点的 Redistributable Font Pack 中下载(http://creators.xna.com/en-US/contentpack/fontpack)。这些字体的许可归 Microsoft 所有，您可以免费获取并在游戏中使用与分发。您务必要检查游戏中所使用的任何内容的许可。

要在游戏使用字体，需要调用 LoadContent 方法来对其进行加载。在本例中，由于要在屏幕中间显示文本，您可以预先计算它的位置：

可从
wrox.com
下载源代码

```
SpriteFont gameOverFont;
Vector2 gameOverTextPosition;

protected override void LoadContent() {
  ...
  gameOverFont = Content.Load<SpriteFont>("Lindsey");
  gameOverTextPosition = new Vector2(graphics.GraphicsDevice.Viewport.Width / 2,
                                    graphics.GraphicsDevice.Viewport.Height / 2);
}
```

DontTouchWallsGame.cs 中的代码片段

只应在小球撞到墙壁后才显示 Game Over。您可以简单地添加一个标志 wallHit，当撞到其中一面墙时将其设置为 true：

可从
wrox.com
下载源代码

```
bool wallHit = false;

protected override void Update(GameTime gameTime) {
   if (GamePad.GetState(PlayerIndex.One).Buttons.Back == ButtonState.Pressed)
      this.Exit();

   position = Vector2.Add(position, direction);
   if ((position.X + 100) > 480 || position.X < 0) {
      wallHit = true;
      direction.X *= -1;
   }
   if ((position.Y + 100) > 800 || position.Y < 0) {
      direction.Y *= -1;
      wallHit = true;
   }

   base.Update(gameTime);
}
```

DontTouchWallsGame.cs 中的代码片段

最终，当标志设置为 true 时，会使用 DrawString 方法来绘制文本。DrawString 方法允许您对字体进行调整，如平移、翻转(垂直或水平方向)或者缩放：

可从
wrox.com
下载源代码

```
private const string GameOverText = "Game Over";

protected override void Draw(GameTime gameTime) {
   GraphicsDevice.Clear(Color.CornflowerBlue);

   this.spriteBatch.Begin();
   this.spriteBatch.Draw(this.balanceBall,
```

```
                    new Rectangle((int)position.X,(int)position.Y,
                            100,100), Color.White);
        if (wallHit == true) {
            // Find the center of the string
            Vector2 FontOrigin = gameOverFont.MeasureString(GameOverText) / 2;
            // Draw the string
            spriteBatch.DrawString(gameOverFont, GameOverText,
                        gameOverTextPosition, Color.DarkBlue, 0,
                        FontOrigin, 1.0f, SpriteEffects.None, 0.5f);
        }
        this.spriteBatch.End();
    }
```

DontTouchWallsGame.cs 中的代码片段

需要注意的一点是，虽然您可以使用 DrawString 方法的 scale 参数来对字体进行缩放，但这可能会导致字体变得非常模糊、不均匀或者丢失细节。由 spritefont 文件所生成的字体包含一系列位图，也就是 Sprite，字体中的每一个字符都对应一个 Sprite。这意味着字体会使用单独的字号进行渲染。当涉及缩放因子时，Sprite 同样会根据需要被拉伸或收缩。例如，以下代码使用值为 3 的缩放因子将 Sprite 字体进行了放大。由此生成的文本大小应该与您对 Lidsey.spritefont 文件进行调整从而将字号指定为 15 并使用 1:3 的比例所得到的文本大小类似。

```
spriteBatch.DrawString(gameOverFont, GameOverText,
                gameOverTextPosition, Color.DarkBlue, 0,
                FontOrigin, 3.0f, SpriteEffects.None, 0.5f);
```

图 19-13(a)说明了对小字体进行缩放的效果。相反，图 19-13(b)更清晰一些，该文本使用的字体字号为 45，所以没有进行缩放。

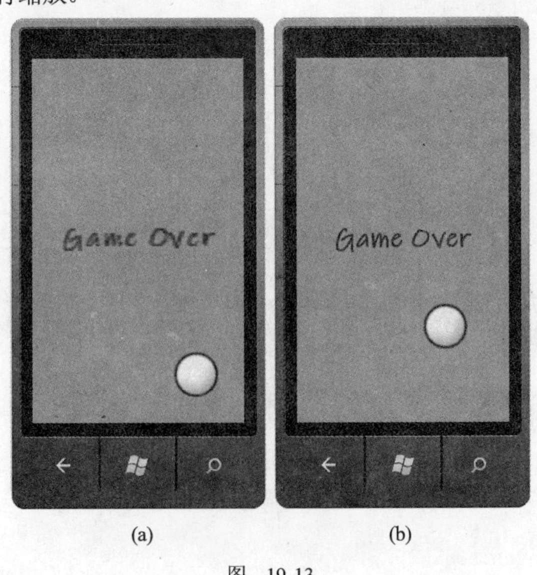

图 19-13

19.3　输入

目前，游戏仅显示了一个蹦跳的小球，而且不接受任何来自用户的输入。在本节中，将对游戏进行更新以便使用内置的加速度计来调节小球的速度和方向。此外，还将允许用户触摸屏幕来重新启动游戏。最后，您将学习如何让用户在游戏开始时使用键盘输入自己的名字。

19.3.1　加速度计

在第 10 章中，您学习了如何在 Silverlight 应用程序中接收来自加速度计的事件。在 XNA 游戏中，加速度计的工作方式与之相同。由于加速度计针对的是 Windows Phone 版本的游戏，所以创建和使用加速度计的逻辑需要取决于 WINDOWS_PHONE 编译符号：

可从
wrox.com
下载源代码

```
#if WINDOWS_PHONE
        Accelerometer acc = new Accelerometer();
#endif
protected override void LoadContent() {
    ...
#if WINDOWS_PHONE
    acc.ReadingChanged += (s, e) => {
        if (e.X >= -1 && e.X <= 1){
            direction.X += (float)(e.X);
        }
        if (e.Y >= -1 && e.Y <= 1) {
            direction.Y -= (float)(e.Y);
        }
    };
    acc.Start();
#endif
}
```

DontTouchWallsGame.cs 中的代码片段

小球经过的方向是根据相关的加速度计值而递增的，它们可以改变小球的运行速度。现在，当用户倾斜设备时，小球就会加速或减速，从而使其离开墙壁。

19.3.2　触控

在 Silverlight 应用程序中，当用户触摸屏幕时，会引发一个或多个鼠标事件。而在 XNA 游戏中，检测用户的输入是在 Update 方法中完成的。下面的代码获取了 TouchPanel 的当前状态，它是一个 TouchLocation 对象数组。在这里可以查询 Position 属性以便确定触控点的位置。记住所有 Windows Phone 设备都支持至少四个触控点。

可从
wrox.com
下载源代码

```
Random randomDirection = new Random((int)DateTime.Now.Ticks);
protected override void Update(GameTime gameTime) {
    ...
    if (wallHit) {
        var touchPoints = TouchPanel.GetState();
```

```
            if (touchPoints.Count > 0) {

                var t1 = touchPoints[0];
                position = t1.Position;
                direction = new Vector2(randomDirection.Next(0, 5),
                                        randomDirection.Next(0, 5));
                wallHit = false;
            }
        }

        base.Update(gameTime);
    }
```

DontTouchWallsGame.cs 中的代码片段

TouchLocation 对象也包含一个 State 属性，它指示接触点是否为 Moved、Pressed 或 Released 中的某个状态。就 Moved 而言，您可以尝试通过 TryGetPreviousLocation 方法来获取前一位置。

19.3.3 键盘

可以使用 Guide 类中的静态方法 BeginShowKeyboardInput 从键盘捕获文本。以下代码在 name 变量为空时会调用键盘输入。由于这是在 Update 方法中完成的，而 Update 方法将继续在后台被调用，所以务必要先检查键盘是否可见。Guide 类的 IsVisible 属性可以指示键盘输入或消息框(调用 BeginShowMessageBox 可以显示消息框)这些用户界面(UI)元素当前是否可见：

可从
wrox.com
下载源代码

```
string name;
protected override void Update(GameTime gameTime) {
    if (string.IsNullOrEmpty(name)) {
        if (!Guide.IsVisible) {
            Guide.BeginShowKeyboardInput(PlayerIndex.One, "Enter your name",
                         "You need to enter your name in order to play",
                         "", NameCallback, null);

        }
    }
    else {
        ...
    }
    base.Update(gameTime);
}

private void NameCallback(IAsyncResult result)
{
    name = Guide.EndShowKeyboardInput(result);
}
```

DontTouchWallsGame.cs 中的代码片段

当用户完成文本输入后，将调用 NameCallback 方法。玩家输入的文本可以从 EndShowKeyboardInput 方法中获取。图 19-14 展示了键盘输入(图 19-14(a))以及输入名称后继续运行的游戏。

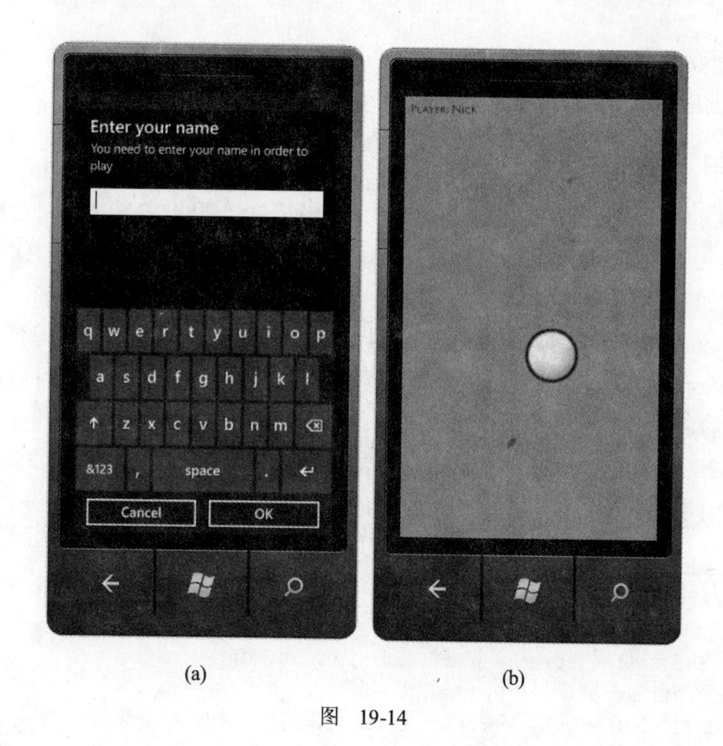

(a)　　(b)

图　19-14

19.4　3D 渲染

除了使用 2D(二维)Sprite，XNA 框架还支持对 3D 模型的加载、操作和绘制。构建 3D 游戏不仅要求您工作在三维中(引入了 z 轴上的位置和移动)，还引入了与光照及其他视觉效果相关的复杂性。本节列举一个简单示例，它展示了如何加载 3D 模型并更改对其应用的光照效果。然后您将学习如何通过绘制图元来创建自己的 3D 形状以及如何为其应用纹理。

在开始之前，我们先来介绍一些基础知识。首先，所有在 World 中绘制的 3D 形状都是从原点开始(0、0、0)的，并向三个维度延伸(图 19-15(a))。在绘制 3D 形状时您要做的第一件事是定义它在 World(图 19-15(b))中相对于原点的位置。第二件事是确定照相机或者说 World 的 View 在什么位置。照相机在 World 中的位置以及朝向将确定可以看到哪些对象，更精确地说是对象的哪些面(图 19-15(c))。

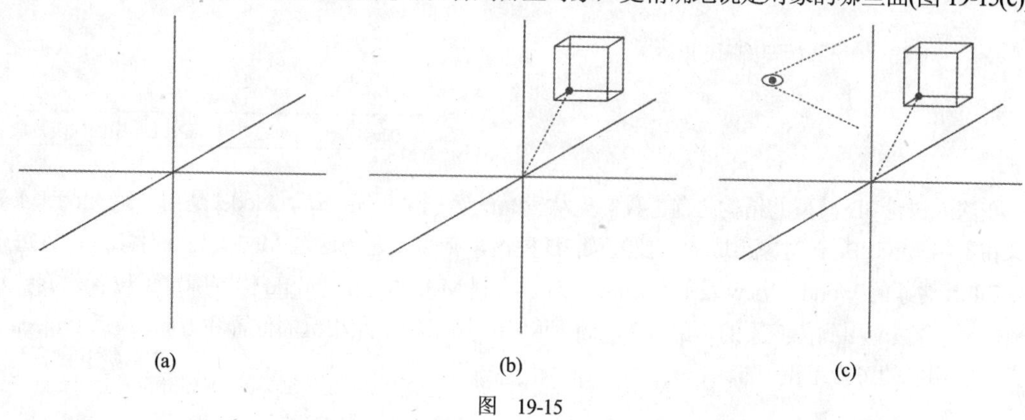

(a)　　(b)　　(c)

图　19-15

在 3D 中工作更为复杂的是，您必须考虑光源的数目和类型以及所绘制形状的物理属性。您还可以对形状的表面应用纹理(换句话说，图像的一部分或者全部)来控制它们的外观。

19.4.1 3D 模型

显示 3D 形状的一个最简单方法就是从通过 3D 建模工具创建的 3D 模型中进行加载。您将要使用的示例是通过 Blender(www.blender.org)创建的球体模型，它被导出为一个 FBX 文件(此格式由 Autodesk 拥有并开发，且在 XNA Framework Content Pipeline 中提供了内置的支持)。然后右击该项目并选择 Add | Existing Item 将此模型添加到内容项目 DontTouchTheWallsContent 中。然后，您可以浏览并选择文件 ball.fbx，其中包含了已导出的 3D 模型。在将该模型添加到内容项目后，您可能要为它取一个易于识别的名字，在本例中为 3dball。

与之前使用 2D Sprite 和 spritefont 相同，您需要调用 LoadContent 方法来加载 3D 模型。此外还需要记录小球的当前位置和旋转情况。照相机位于沿 z 轴 500 的位置并且背向原点：

可从 wrox.com 下载源代码

```
Model modelBall;
float aspectRatio;

Vector3 modelBallPosition = new Vector3(0, 50, 0);
float modelBallRotation = 0.0f;
Vector3 cameraPosition = new Vector3(0.0f, 0.0f, 500.0f);

protected override void LoadContent() {
    ...
    modelBall = this.Content.Load<Model>("3dball");
    aspectRatio = graphics.GraphicsDevice.Viewport.AspectRatio;
}
```

DontTouchWallsGame.cs 中的代码片段

您需要在每次执行 Update 方法时更改球体的旋转方向：

可从 wrox.com 下载源代码

```
protected override void Update(GameTime gameTime) {
    ...
    modelBallRotation += (float)gameTime.ElapsedGameTime.TotalMilliseconds *
                         MathHelper.ToRadians(0.05f);
    base.Update(gameTime);
}
```

DontTouchWallsGame.cs 中的代码片段

在深入讨论 3D 模型的结构之前，我们先从较高的级别来观察一下，Model 是由一组 ModelMesh 对象和一组 ModelBone 对象组成的。要渲染 3D 模型，则需要遍历这组 ModelMesh 对象；设置每个 BasicEffect 对象的 World、View 及 Projection；然后绘制 ModelMesh。World 位置确定了位置、旋转及缩放，它们会被应用到待渲染的一部分 Model，而 View 用来确定照相机的位置和方向。最后 Projection 定义了照相机的可视范围。

可从
wrox.com
下载源代码

```
protected override void Draw(GameTime gameTime) {
    ...

    Matrix[] transforms = new Matrix[modelBall.Bones.Count];
    modelBall.CopyAbsoluteBoneTransformsTo(transforms);

    foreach (ModelMesh mesh in modelBall.Meshes) {
        foreach (BasicEffect effect in mesh.Effects) {
            effect.EnableDefaultLighting();

            effect.World = transforms[mesh.ParentBone.Index] *
                Matrix.CreateScale(0.1f) *
                Matrix.CreateRotationY(modelBallRotation) *
                Matrix.CreateTranslation(modelBallPosition);

            effect.View = Matrix.CreateLookAt(cameraPosition,
                                        Vector3.Zero, Vector3.Up);
            effect.Projection = Matrix.CreatePerspectiveFieldOfView(
                MathHelper.ToRadians(45.0f), aspectRatio,
                1.0f, 10000.0f);
        }
        mesh.Draw();
    }
    base.Draw(gameTime);
}
```

DontTouchWallsGame.cs 中的代码片段

19.4.2 颜色与光照

在前面的代码片段中，您可能注意到，通过调用 EnableDefaultLighting，已经使用了默认光照。这会设置一个单独的方向光源和一些环境光线，以便您可以看到正在渲染的模型。如果想要控制光照本身，可以定义多达三个光源。下面的代码启用了光照，然后继续设置第一个光源 DirectionalLight0 的属性。对于额外的光照，可以启用 DirectionalLight1 和 DirectionalLight2。在本例中，光照是来自左侧(即，x 轴正方向)的红色光线。颜色通过 Vector3 来指定，Red、Green 和 Blue 值的范围均为 0~1：

可从
wrox.com
下载源代码

```
effect.LightingEnabled = true;
effect.DirectionalLight0.DiffuseColor = new Vector3(0.5f, 0, 0);
effect.DirectionalLight0.Direction = new Vector3(1, 0, 0);
effect.DirectionalLight0.SpecularColor = new Vector3(0.9f, 0, 0);
effect.DirectionalLight0.Enabled = true;

effect.AmbientLightColor = new Vector3(0.2f, 0.2f, 0.2f);
effect.EmissiveColor = new Vector3(0.1f, 0, 0);
```

DontTouchWallsGame.cs 中的代码片段

图 19-16 展示了默认的光照与单独的光源之间的区别。图 19-16(a)使用的是默认光照，图 19-16(b)为来自左侧的单独光源。注意光照的颜色如何改变了场景中 3D 对象的外观。

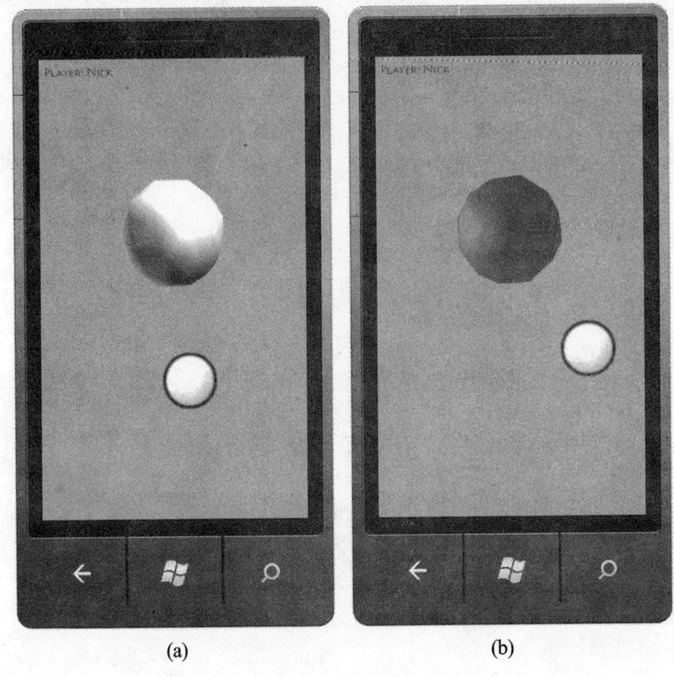

(a) (b)

图 19-16

19.4.3 图元

在 XNA 中显示 3D 形状的另一种方式是使用基本的几何图元(最常见的是三角形)来合成自己的 3D 形状。对于每个要渲染的图形，都需要确定一系列顶点(即角)和一系列位于这些点之间的三角形，从而组成形状的表面。

每个三角形都有一条法线，它是一个垂直于三角形面的向量。、

以下代码定义了一个拥有六个面的 Cube 类。每个面都由一个向量定义，该向量大小为 1，方向垂直于该立方体的面(即，面的法线)。图 19-17 展示了前两条法线，一条指向本页外，[0]，另一条指向本页内，[1]。它们分别对应于 z 轴正方向和 z 轴负方向。

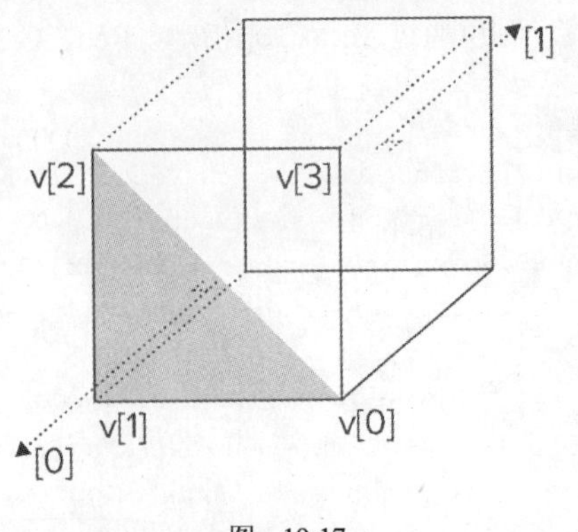

图 19-17

组成面的这些顶点用于确定每一条法线(如图 19-17 中 v [0]-v[3]所标注的)。每个面都被分为两个

三角形。图 19-17 中带阴影的三角形展示了 indices 列表中的第一个三角形，由顶点 0、1 和 2 定义。第二个三角形构成了无阴影的区域，由顶点 0、2 和 3 定义。

可从
wrox.com
下载源代码

```
public Cube(GraphicsDevice graphicsDevice, float size) {
    Vector3[] normals = {
        new Vector3(0, 0, 1),
        new Vector3(0, 0, -1),
        new Vector3(1, 0, 0),
        new Vector3(-1, 0, 0),
        new Vector3(0, 1, 0),
        new Vector3(0, -1, 0),
    };


    var vertices = new List<VertexPositionNormalTexture>();
    List<ushort> indices = new List<ushort>();
    // Create the 6 faces
    foreach (Vector3 normal in normals)
    {
        Vector3 side1 = new Vector3(normal.Y, normal.Z, normal.X);
        Vector3 side2 = Vector3.Cross(normal, side1);

        ushort firstVertex = (ushort)vertices.Count;

        // Break the square face into two triangles
        AddSideIndices(indices, firstVertex);

        // Four vertices per face.
        vertices.Add(new VertexPositionNormalTexture(
                            (normal - side1 - side2) * size / 2,
                            normal, default(Vector2)));
        vertices.Add(new VertexPositionNormalTexture(
                            (normal - side1 + side2) * size / 2,
                            normal, default(Vector2)));
        vertices.Add(new VertexPositionNormalTexture(
                            (normal + side1 + side2) * size / 2,
                            normal, default(Vector2)));
        vertices.Add(new VertexPositionNormalTexture(
                            (normal + side1 - side2) * size / 2,
                            normal, default(Vector2)));
    }
}

private void AddSideIndices(List<ushort> indices, ushort firstVertex) {
    // First triangle
    indices.Add((ushort)(firstVertex + 0)); // Bottom left corner
    indices.Add((ushort)(firstVertex + 1)); // Top left corner
    indices.Add((ushort)(firstVertex + 2)); // Top right corner

    // Second triangle
```

```
    indices.Add((ushort)(firstVertex + 0));  // Bottom left corner
    indices.Add((ushort)(firstVertex + 2));  // Top right corner
    indices.Add((ushort)(firstVertex + 3));  // Bottom right corner
}
```

Cube.cs 中的代码片段

然后使用一系列顶点和索引生成 VertexBuffer 和 IndexBuffer。这些均由 XNA 框架提供以便提高使用了大量三角形的 3D 形状的渲染性能。以下代码还创建了一个 BasicEffect，用来确定绘制形状(如光照)时所使用的属性：

可从
wrox.com
下载源代码

```
// Vertex and Index buffers to make drawing more efficient
VertexBuffer vertexBuffer;
IndexBuffer indexBuffer;
BasicEffect basicEffect;

public Cube(GraphicsDevice graphicsDevice, float size) {
    ...
    // Create a vertex buffer, and copy our vertex data into it.
    vertexBuffer = new VertexBuffer(graphicsDevice,
                                typeof(VertexPositionNormalTexture),
                                vertices.Count, BufferUsage.None);
    vertexBuffer.SetData(vertices.ToArray());

    // Create an index buffer, and copy our index data into it.
    indexBuffer = new IndexBuffer(graphicsDevice, typeof(ushort),
                              indices.Count, BufferUsage.None);
    indexBuffer.SetData(indices.ToArray());

    // Create a BasicEffect, which will be used to render the primitive.
    basicEffect = new BasicEffect(graphicsDevice);
    basicEffect.EnableDefaultLighting();
    basicEffect.PreferPerPixelLighting = true;
}
```

Cube.cs 中的代码片段

为了绘制该立方体，实际上要在 Cube 类中定义一个 Draw 方法，以便设置位置、旋转及其他属性。DrawIndexedPrimitives 方法会使用顶点和三角形索引的缓冲区列表来绘制形状：

可从
wrox.com
下载源代码

```
public void Draw(Matrix world, Matrix view, Matrix projection, Color color)
{
    basicEffect.World = world;
    basicEffect.View = view;
    basicEffect.Projection = projection;
    basicEffect.DiffuseColor = color.ToVector3();

    GraphicsDevice graphicsDevice = basicEffect.GraphicsDevice;
    graphicsDevice.SetVertexBuffer(vertexBuffer);
```

```
    graphicsDevice.Indices = indexBuffer;

    foreach (EffectPass effectPass in basicEffect.CurrentTechnique.Passes)
    {
       effectPass.Apply();

       int triangles = indexBuffer.IndexCount / 3;
       graphicsDevice.DrawIndexedPrimitives(PrimitiveType.TriangleList, 0, 0,
                                    vertexBuffer.VertexCount, 0, triangles);
    }
}
```

Cube.cs 中的代码片段

最后要做的就是调用 Cube 的 Draw 方法(游戏中 Draw 方法的一部分)。World 变量定义了立方体的位置和方向。Cube 中 Draw 方法的第三个参数是立方体的显示颜色，在本例中为 DarkRed。

可从
wrox.com
下载源代码

```
protected override void Draw(GameTime gameTime)
{
    ...

    Matrix world = Matrix.CreateFromYawPitchRoll(modelBallRotation,
                                                 modelBallRotation,
                                                 modelBallRotation) *
                   Matrix.CreateTranslation(new Vector3(0,-100,0));
    Matrix view = Matrix.CreateLookAt(cameraPosition, Vector3.Zero, Vector3.Up);
    Matrix projection = Matrix.CreatePerspectiveFieldOfView(
                                      MathHelper.ToRadians(45.0f),
                                      aspectRatio, 1.0f, 10000.0f);
    cube.Draw(world, view, projection, Color.DarkRed);

    base.Draw(gameTime);
}
```

Cube.cs 中的代码片段

19.4.4 纹理

在上一节中，立方体被设置为单一的颜色。另一种方法是在立方体的每个表面上绘制纹理(即图像)的内容。首先，将要使用的图像添加到内容项目中，与之前为 2D Sprite 所做的相同。在本例中，纹理名为 blurred，通过调用 LoadContent 方法再次将其加载。此外还需要更新 Cube 上的 Draw 方法，以便接受第 5 个参数，即被绘制到每个表面上的纹理：

可从
wrox.com
下载源代码

```
public void Draw(Matrix world, Matrix view, Matrix projection,
                 Color color, Texture2D texture) {
    basicEffect.World = world;
    basicEffect.View = view;
    basicEffect.Projection = projection;
```

```
    basicEffect.DiffuseColor = color.ToVector3();
    basicEffect.Texture = texture;
    basicEffect.TextureEnabled = true;
    ...
}
```

Cube.cs 中的代码片段

最后需要将一些额外信息添加到 Vertices 列表中的每个顶点上，以便指定正在渲染的形状的顶点与纹理之间的映射。只需指定每个顶点所映射到的纹理的坐标即可。坐标的范围从 0~1，正如更新后的用于生成 Vertices 列表的代码所展示的。

```
vertices.Add(new VertexPositionNormalTexture((normal - side1 - side2) * size / 2,
                                           normal, new Vector2(1, 1)));
vertices.Add(new VertexPositionNormalTexture((normal - side1 + side2) * size / 2,
                                           normal, new Vector2(1, 0)));
vertices.Add(new VertexPositionNormalTexture((normal + side1 + side2) * size / 2,
                                           normal, new Vector2(0, 0)));
vertices.Add(new VertexPositionNormalTexture((normal + side1 - side2) * size / 2,
                                          normal, new Vector2(0, 1)));
```

Cube.cs 中的代码片段

图 19-18 展示了表面没有应用纹理(图 19-18(a))和应用了纹理(图 19-18(b))的立方体。

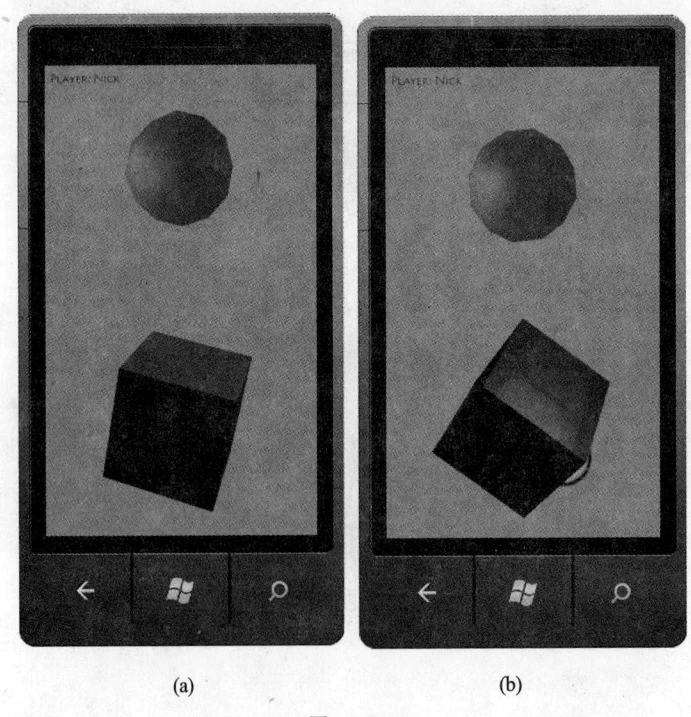

(a) (b)

图 19-18

19.5　小结

XNA 框架提供了另一种为 Windows Phone 构建应用程序及游戏的选择。在本章中，您了解了如何使用“更新-绘制”游戏循环在屏幕上显示和移动内容。还看到了如何使用 3D 模型和形状，您可以使用它们来构建更复杂的游戏。

第20章

构建应用程序

本章内容

- 对设备进行设置以便进行开发和测试
- 将现有的应用程序迁移到 Windows Phone 中
- 如何监视和提高性能
- 为应用程序的发布做好准备

在本章中，您将学习一些构建 Windows Phone 应用程序的技巧。包括如何为应用程序添加启动屏幕，以及一些有关用户界面(UI)工具包的简要介绍，从而帮助您构建更丰富的用户体验。

20.1 设备调试

在本书中，您基本都是工作在 Windows Phone 开发工具所附带的 Windows Phone 模拟器中。不过，很重要的一点是，您至少要在真实设备上执行一组最终的测试，包括可用性测试。与以前的 Windows Mobile 版本不同，在新版本中并非简单地将应用程序复制到设备中。在 Windows Phone 中，将应用程序分发给最终用户的唯一方法就是通过 Windows Phone Marketplace。出于开发和测试的目的，另一种选择就是注册一台真实设备以便在开发过程中使用。这允许最多将五台设备与您的 Windows Live ID 账户相关联。

20.1.1 注册设备供开发之用

要将应用程序部署到 Windows Phone 设备中，而不将其发布到 Windows Phone Marketplace，则需要注册该设备。注册用于开发和测试的设备的步骤比较简单。在开始之前，应该确保已经从 www.zune.net 下载并安装了最新版的 Zune 软件。Zune 软件是 Windows Phone 的配套桌面体验，它替代了传统的与 Windows Mobile 设备进行连接和同步数据所用的 ActiveSync(Windows XP)和 Windows Mobile Device Center(Windows Vista/Windows 7)。

通过设备提供的 USB 连接线将 Windows Phone 连接到计算机。这会启动计算机上的 Zune 软件(如果没有启动，则需要从 Start 菜单中运行该软件)并完成为 Windows Phone 设备设置概要信息的过程。一旦完成此过程，即可看到如图 20-1 所示的 Windows Phone 设备概要信息。

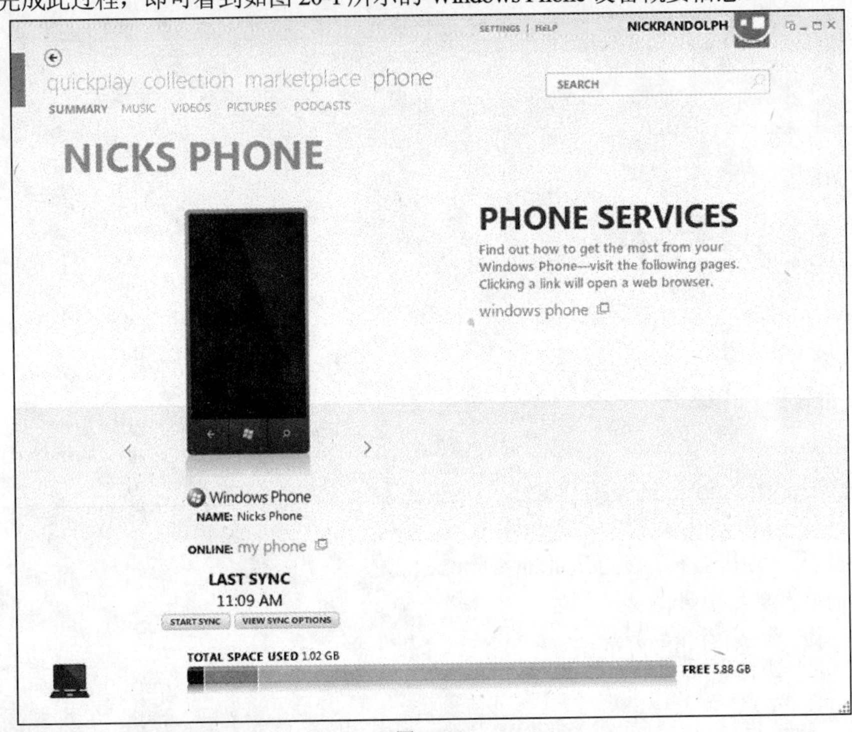

图 20-1

下一步运行 Windows Phone Developer Registration 工具，您可以在 Start 菜单的 All Programs | Windows Phone Developer Tools 中找到。要注册设备，只需输入 Windows Live ID，然后点击 Register 按钮(如图 20-2(a)所示)。几秒钟后即可看到一条确认消息，表明设备已被注册(如图 20-2(b)所示)。

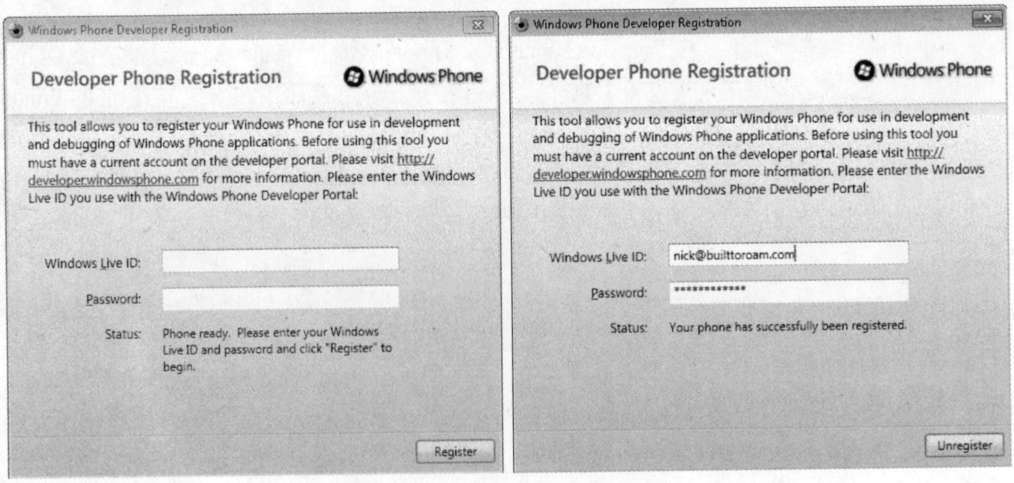

Windows Phone Developer Registration

Developer Phone Registration

Windows Phone

This tool allows you to register your Windows Phone for use in development and debugging of Windows Phone applications. Before using this tool you must have a current account on the developer portal. Please visit http://developer.windowsphone.com for more information. Please enter the Windows Live ID you use with the Windows Phone Developer Portal:

Windows Live ID:

Password:

Status: Phone ready. Please enter your Windows Live ID and password and click "Register" to begin.

Register

(a)

Windows Phone Developer Registration

Developer Phone Registration

Windows Phone

This tool allows you to register your Windows Phone for use in development and debugging of Windows Phone applications. Before using this tool you must have a current account on the developer portal. Please visit http://developer.windowsphone.com for more information. Please enter the Windows Live ID you use with the Windows Phone Developer Portal:

Windows Live ID: nick@builttoroam.com

Password: ************

Status: Your phone has successfully been registered.

Unregister

(b)

图 20-2

如果出于某些原因决定不使用设备进行调试(可能已经将设备出售或者升级至较新的版本)，则应该再次运行 Windows Phone Developer Registration 工具并注销该设备。Windows Live 账户对可进行注册的设备数量有限制，所以建议您这样做，以便确保可以继续注册新设备。

20.1.2 调试应用程序

一旦注册了 Windows Phone，即可从 Visual Studio 或者 Expression Blend 中启动应用程序。当从 Visual Studio 中启动 Windows Phone 应用程序时，会自动附加调试器，以便允许您逐句调试代码、插入断点和查看变量，与您在模拟器中运行代码时相同。

要在真实的 Windows Phone 设备中启动调试会话，仅需要在 Visual Studio 的 Standard 工具栏内的 Devices 下拉列表中选择 Windows Phone 7 Device(如图 20-3 所示)。在 Expression Blend 中有一个独立的 Device 窗口，其中包含一个选项，用于确定是在模拟器还是真实设备中启动应用程序。

图 20-3

选择 Windows Phone 7 Device 选项后，按 F5 运行应用程序时，它会在真实设备(而非模拟器)中部署和启动。需要注意的一点是如果设备处于待机状态，或者显示 Lock 屏幕时，可能会遇到 Access is denied 错误(如图 20-4 顶部图所示)。只需按下 Power 按钮从待机状态唤醒设备，并解除 Lock 屏幕即可(如果启用了 Password 功能可能需要输入 PIN 码)。此时如果运行应用程序，则会看到应用程序部署成功而且已经启动(如图 20-4 底部图所示)。

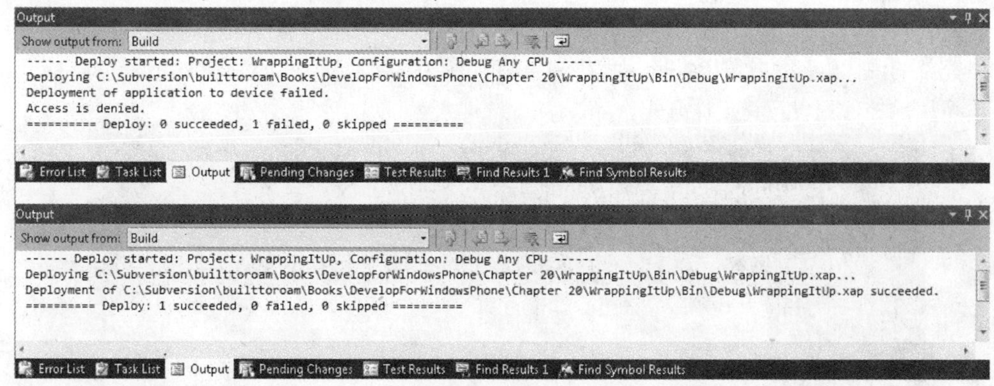

图 20-4

20.1.3 部署应用程序

如果只希望将已编译的应用程序部署到模拟器或真实的 Windows Phone 设备中，则可以使用 Application Deployment 工具，它安装在 Start 菜单下，可以在 All Programs | Windows Phone Developer Tools 中找到。图 20-5 展示了正在运行中的 Application Deployment 工具。选择 XAP 文件(Application

Deployment 应用程序打包后的形式，通常位于 Windows Phone 应用程序项目的 Bin\Debug 或 Bin\Release 子文件夹中)以及要部署到的目标，即模拟器或真实设备。单击 Deploy 按钮时将会更新状态，指示应用程序部署成功。

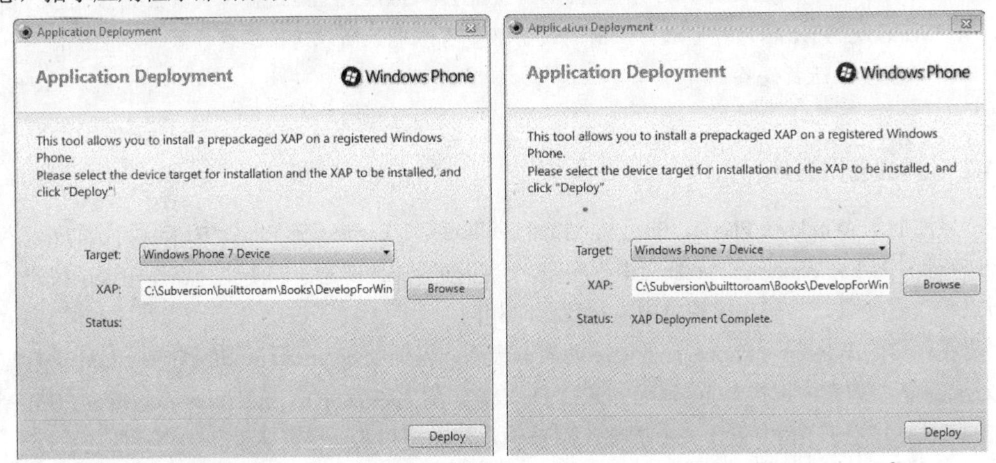

图 20-5

20.2 第三方组件

Windows Phone SDK 中的控件和组件数量有限。幸好有一大批供应商一直在为 Silverlight 的桌面版本构建组件。其中大部分都可以直接使用，或者只需极小的改动即可在 Windows Phone 应用程序中运行。

20.2.1 Silverlight 工具包

Silverlight 工具包(http://silverlight.codeplex.com/)，顾名思义，它是一个拥有着很多控件的宝库，而且附带完整的源代码，并且可以在应用程序中重用。图 20-6 展示了一个交互式的示例查看器，允许您查看可用的控件列表及其工作方式。

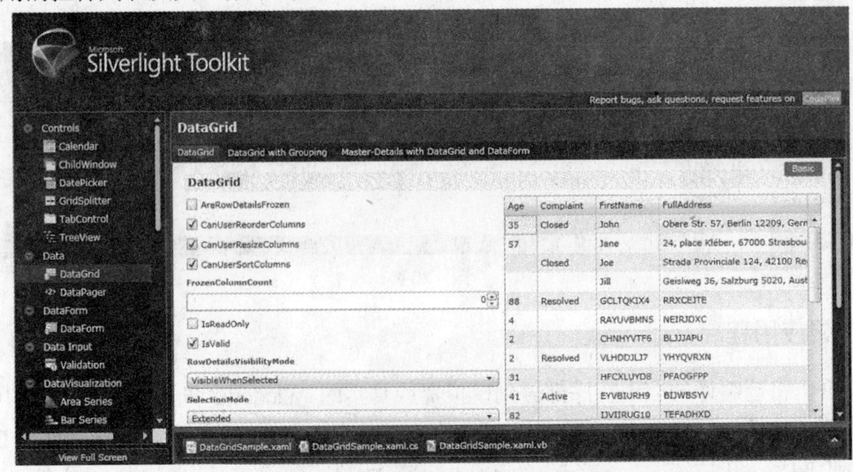

图 20-6

要使用 Silverlight 工具包，有几种不同的选择。首先下载最新版本，其中包括 Silverlight 3 和 Silverlight 4 的源代码。Silverlight for Windows Phone 基于 Silverlight 3，所以应该使用 Silverlight 3 这个分支中的源代码。您既可以在 Windows Phone 应用程序中包含要直接使用的控件的相关源代码，也可以只在 Visual Studio 中添加 Silverlight 3 类库项目的引用(工具包分为很多个项目，因此需要找到包含所需控件的正确项目)。

首先分析一个简单示例，该示例对 ListBox 进行了修改，使其应用 Silverlight 工具包中的 WrapPanel 来对其中的列表项进行布局(不使用单独的垂直列表)。WrapPanel 位于 Controls.Toolkit 类库项目中，您可在\Release\Silverlight3\Source\Controls.Tookit 文件夹中找到该项目。在 Visual Studio 中打开此项目。生成该项目，并将所创建的 System.Windows.Controls.Toolkit.dll 复制到解决方案中包含您的 Windows Phone 应用程序的子文件夹中。然后向 Windows Phone 应用程序中添加该 DLL 的引用，方法是右击 Solution Explorer 中的项目节点，并选择 Add Reference。浏览到复制 System.Windows.Controls.Toolkit.dll 文件的位置，并选中该程序集。

要在 ListBox 中使用 WrapPanel，首先需要添加一个对 System.Windows.Controls.Toolkit 程序集的名称空间引用。然后在 XAML 中指定 ItemsPanel，它将使用 WrapPanel 作为 ListBox 的布局面板。接着需要设置 ItemsPanel 属性以便使用该模板。这些内容全部展示在下面的代码中：

可从
wrox.com
下载源代码

```
<phone:PhoneApplicationPage
    x:Class="WrappingItUp.MainPage"
    ...
    xmlns:toolkit="clr-namespace:System.Windows.Controls;
                assembly=System.Windows.Controls.Toolkit">
    <Grid x:Name="LayoutRoot" Background="Transparent">
        ...
        <Grid x:Name="ContentGrid" Grid.Row="1">
            <ListBox Margin="0,107,0,0">
             <ListBox.ItemsPanel>
                    <toolkit:WrapPanel />
             </ListBox.ItemsPanel>
                <ListBoxItem Content="One" />
                <ListBoxItem Content="Two" />
                <ListBoxItem Content="Three" />
                ...
```

MainPage.xaml 中的代码片段

图 20-7 展示了未使用 WrapPanel 的 ListBox(图 20-7(a))以及使用了 WrapPanel 的 ListBox(图 20-7(b))。

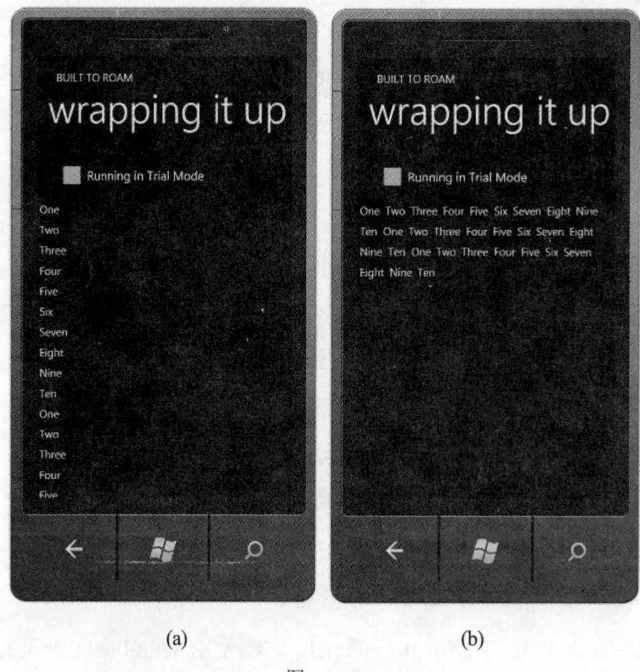

(a) (b)

图 20-7

Silverlight 工具包中还有其他很多控件无需修改即可用在 Windows Phone 应用程序中。

20.2.2 数据库

目前，Windows Phone 应用程序尚不存在内置的数据库支持功能[1]。不过，可以使用几个正在进行中的项目，它们模仿传统的数据库行为将数据持久保存到独立存储中。参见表 20-1。

表 20-1 数据库的选择

名 称	说 明
Sterling; http://sterling.codeplex.com	Sterling 是一个针对 Silverlight 和 Windows Phone 7 平台的轻量级面向对象数据库实现，它可以与现有的类结构协同工作。Sterling 支持完整的 LINQ to Object 查询，通过键和索引即可从大型数据集中快速检索信息
Windows Phone 7 Database; http://winphone7db.codeplex.com	此项目实现了一个基于独立存储(IsolatedStorage)的 Windows Phone 7 数据库。该数据库由表对象组成，每一个表都支持任意数量的列
WP7 SqliteClient Preview; http://sviluppomobile.blogspot.com/2010/07/wp7-sqliteclient-preview.html	这是一个 Sqlite 数据库引擎的 Windows Phone 7 实现
Perst; http://www.mcobject.com/perst	Perst 是来自 McObject 公司的一个商业的面向对象数据库系统，它可用于在 Windows Phone 或 Silverlight 应用程序中高效地存储和检索数据

1. Windows Phone 的 Mango 更新中增加了数据库(SQL CE)的内置支持功能。

20.3 应用程序迁移

对于应用程序迁移而言，需要考虑两种主要场景。第一种就是您可能希望将现有的基于桌面 Silverlight 或 WPF 应用程序迁移到 Windows Phone 中。虽然应用程序中的很大一部分都可以被迁移，并作为 Windows Phone 应用程序来运行，但为桌面设计的应用程序本身不适合被移植到诸如 Windows Phone 这么小且具有可触摸外观的设备中。为此，建议您尽可能多地对业务逻辑进行迁移，并考虑利用 Windows Phone 的页面导航模型来重新构建用户界面(UI)层。在执行此操作时，还应该注意桌面 Silverlight 与 Windows Phone 中的 Silverlight 之间的一些明显差异 [最主要的部分被记录在 http://msdn.microsoft.com/en-us/library/ff426930 (VS.96).aspx 中]。

第二种迁移场景就是从现有 Windows Mobile 应用程序的角度考虑。这些应用程序实际上已经具备了移植的优势，因为它们的设计通常都是为了运行在一个具有类似大小且基于手写笔的触摸界面上，因此从应用程序流程及复杂度的角度来看它们更易于移植。本节余下的部分将讨论在实现这种迁移时需要考虑的一些因素。

20.3.1 用户界面

为将现有的 Windows Mobile 应用程序转换到 Windows Phone 中，您需要重新创建用户界面。一个使用.NET Compact Framework 编写的 Windows Mobile 应用程序很可能使用 Windows Forms 来创建用户界面，而 Windows Phone 则使用 Silverlight。您可以借助某些新出现的产品，来帮助您实现从 Windows Forms 到 XAML 的转换(例如 Ingenium 的 Windows Forms to XAML Converter：www.ingeniumsoft.com/Products/WinForm2XAML/tabid/63/language/en- US/Default.aspx)。

当您浏览应用程序时，会发现从 Form 到 PhoneApplicationPage 的转换是自然而然的事。大多数用于 Windows Forms 中的控件在 Silverlight 中都有相应的等价物，如果没有内置的控件(例如 DateTimePicker)，那么您可以自己创建控件或利用某些为桌面做 Silverlight 创建的控件。得益于 Expression Blend 所提供的设计器支持，在 Silverlight 中创建控件要比在 Windows Forms 中简单得多。

对于某些 Windows Forms 控件而言，没有实际的 Silverlight 等价物，不过您可以使用某种适合 Windows Phone 风格的控件来替代。例如，如果要转换带有 Tab 控件的 Form，可以考虑在 PhoneApplicationPage 中使用 Pivot 控件。

此外，还需要考虑如何使用专门针对 Windows Phone 的控件来完善应用程序。例如，您可能需要在应用程序主页中使用 Panorama 控件，或者将 Map 和 Pivot 控件相集成从而构建更丰富的用户体验。

20.3.2 服务与连接

正如在第 13 章中所见到的，可以使用某些技术来确定 Windows Phone 的连接并在 Windows Phone 中创建服务请求。这与您所习惯的来自 Windows Forms 中的内容不同。两个很明显的区别就是缺少低级别的网络支持(如套接字[2])及同步方法。Silverlight 中的所有网络通信都是异步执行的。

如果 Windows Mobile 应用程序直接依赖于 TCP 或 UDP 套接字访问，则可能需要重新考虑应用

2. Windows Phone 的 Mango 更新中增加了对套接字的支持。

程序的架构。确切地讲，您可能需要考虑是否可以将套接字的使用替换为一种或多种推送通知 Push Notification 的形式。

可以将缺少网络操作的同步方法调用视为一种强制的功能来辅助您设计应用程序，从而确保获得一种响应迅速的良好用户体验。当涉及高延迟的操作时，应该考虑如何在后台执行操作以免阻止用户与应用程序的交互。这在经由网络调用服务时尤为重要。

20.3.3 数据

将应用程序迁移到 Windows Phone 中最困难的一点在于如何处理设备上的数据。对于相对简单的应用程序，可以直接读写独立存储。然而，某些应用程序可能需要存储复杂的层次结构或脱机关系型数据，那么您就需要考虑选择某种数据库了(第 16 章或上一节中所介绍的)。

但是，Silverlight 缺少对数据库的支持，这就意味着不包含 System.Data 名称空间。也就是说诸如 DataSet、DataTable 和 DataRow 这些类都无法使用。当迁移代码时，应当考虑为每个数据实体创建一个类。例如，Windows Phone 应用程序中应该有 Customer 对象列表，其中应该包括 Name 及 Shipping Address 等表示基础数据的属性，而不是包含多行客户数据的 DataTable。

20.3.4 设备功能

Windows Phone 的另一处限制在于对设备功能的受限访问。Windows Mobile 应用程序可能会用到 State 和 Notification Broker，它们允许您在系统属性被修改时访问并接收事件。此外可能还需要使用与 Pocket Outlook 相集成的功能，以便实现电子邮件和 SMS(Short Message Service，即短消息服务)的发送及拦截。Windows Phone 应用程序无法访问任何设备功能。在第 8 章中，您已经学习了如何使用 Windows Phone Task 来访问某些设备功能；另外，存在 Pictures 和 Music & Video hub 的集成点，如第 11 章所述。

20.3.5 后台处理

将 Windows Mobile 应用程序迁移到 Windows Phone 时需要考虑的一个重要因素就是应用程序的生命周期(见第 6 章)。实际上，这意味着当应用程序进入后台时，它将被挂起或终止。因此，如果应用程序执行任何长时间运行的操作，都应该考虑将任务传递给基于云的服务，完成后它会向应用程序发送一个推送通知。这一点与将会继续在后台执行的 Windows Mobile 应用程序不同。

20.4 用户界面的性能

Silverlight 提倡开发内容丰富的用户界面。将动画添加到 Windows Phone 应用程序中可以使其更富有魅力而且直观易用。不过，这需要付出代价，而且了解如何有效地监视应用程序，以确保用户始终都能拥有一个流畅的用户体验，而且不会导致硬件的负荷过重，这一点至关重要。本节将介绍三种不同的功能，它们可以帮助您监视、诊断并减轻潜在的性能问题。

20.4.1 性能计数器

Silverlight for Windows Phone 的运行时维护着一组性能计数器，可用于监视渲染帧速率及内存使用状况。要显示这些计数器，只需在 App 类的构造函数中将 EnableFrameRateCounter 属性设为 true 即可：

可从
wrox.com
下载源代码

```
public App(){
        UnhandledException += Application_UnhandledException;
        InitializeComponent();
        InitializePhoneApplication();

        Application.Current.Host.Settings.EnableFrameRateCounter = true;
}
```

App.xaml.cs 中的代码片段

图 20-8 展示了不同的计数器，当 EnableFrameRateCounter 属性被设置为 true 时，它们都会显示在模拟器顶部。表 20-2 列出了计数器。

图　20-8

如果将 EnableFrameRateCounter 属性设置为 true，则应用程序将在运行于模拟器或真实设备上时显示这些计数器。要避免发布显示计数器的应用程序，则需要在设置该属性的值时添加条件编译。

```
#if DEBUG
   Application.Current.Host.Settings.EnableCacheVisualization = true;
#endif
```

在发布时确保使用 Release 生成选项，该选项不包含已声明的 DEBUG 编译符号。

表 20-2　计　数　器

计　数　器	说　明
合成器/渲染线程 (Compositor/Render Thread) FPS	渲染线程的帧速率(单位为帧/秒)
用户界面线程 (User Interface Thread) FPS	用户界面的帧速率

(续表)

计 数 器	说 明
纹理内存使用量 (Texture Memory Usage)	指示用于应用程序纹理的视频内存量。该数值会随着控件、图像和视频的数量及复杂性的增加而增大
表面计数器 (Surface Counter)	显示已经被图形芯片处理过的表面的数量。应用程序向图形芯片发送的表面数量越多，用于呈现每一次页面刷新的资源消耗就越大
中间纹理计数器 (Intermediate Texture Counter)	用于渲染页面的中间纹理的数量
填充率计数器 (Fill Rate Counter)	绘制每一帧所使用的像素数量，按整个屏幕的数量来计数(即 480×800 像素)

Silverlight for Windows Phone 的渲染引擎与当前桌面版 Silverlight 所使用的引擎不同。Silverlight for Windows Phone 使用至少两个线程来处理用户界面。渲染线程负责控制简单动画的处理(即双重动画)以及简单属性的内置缓动函数，即渲染变换、不透明度、透视变换以及矩形剪裁。这些功能全都可以通过图形处理器(GPU)进行硬件加速。但要注意这不包括带有不透明蒙版或非矩形剪裁的情况。第二个线程就是(用户输入线程，它主要负责处理输入、用户回调、自定义控件逻辑、可视化布局以及更复杂的动画。对这两个线程帧速率的监视十分重要，因为它们可以呈现任何潜在的可视化性能问题的早期迹象。

20.4.2 重绘区域

在设计应用程序时，您应该记住，XAML 可视化树中的项越少，每次刷新屏幕时需要执行的渲染代码就越少，这样就可以获得更佳的性能。

在优化应用程序的渲染性能时，如果您记住“大道至简”这句话，就是一个好的开端。但是，如果忘记了，还可以设置 EnableRedrawRegions 属性，以便查看页面中哪些位置执行了重绘活动：

```
Application.Current.Host.Settings.EnableRedrawRegions = true;
```

图 20-9 展示了具有两个 TextBlock、一个 CheckBox 和一个 ListBox 的页面。每当重绘某个区域时，都会为其提供一个不同的背景色(在黄、品红和蓝三种颜色之间循环)。这样，您就可以很容易地看到屏幕中已被重绘的部分。框架会将所有被认为“已变脏”(dirty)的区域重绘，这可能只需将元素的位置移动 0.01。虽然这种变化人眼无法识别，但结果仍旧是该区域被重绘。这是您在试图改进应用程序性能时需要考虑的地方。

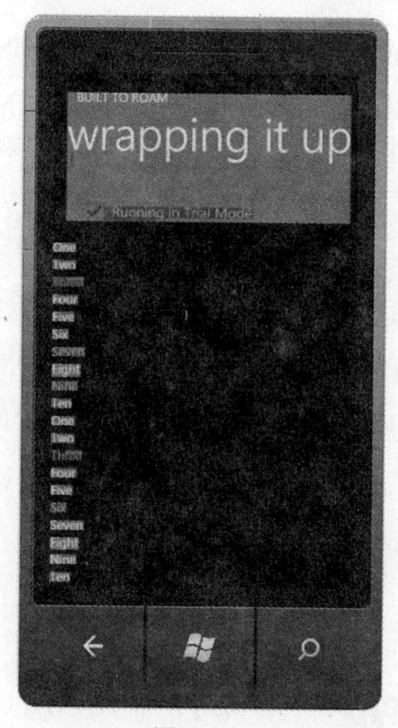

图　20-9

20.4.3　缓存

最后一个可以启用的有助于监视性能的选项是 EnableCacheVisualization 属性：

```
Application.Current.Host.Settings.EnableCacheVisualization = true;
```

对于任何没有将自身的屏幕图形展示缓存起来的区域，都会被着色。换句话说，它会将那些当屏幕要求重绘时，重新渲染速度较慢区域高亮显示。如图 20-10(a)所示，两个 TextBlock 和 CheckBox 都没有被缓存，但 ListBox 被进行了缓存。

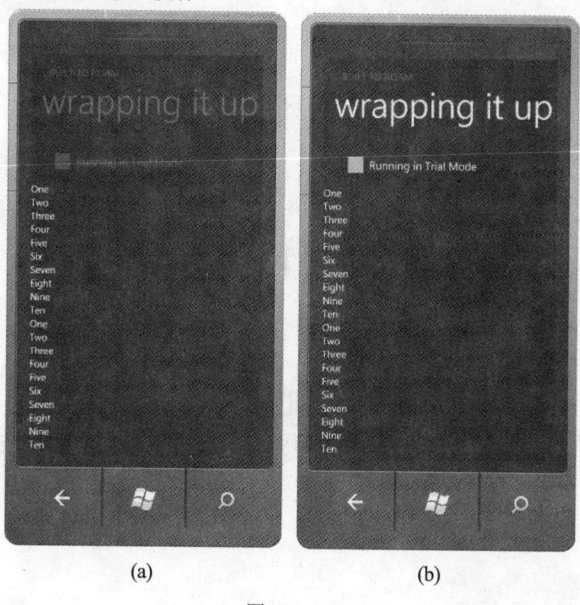

(a)　　(b)

图　20-10

如果修改 TextBlock 的 XAML，将 CacheMode 设置为 BitmapCache，将看到此时的 TextBlock 已经被缓存。如图 20-10(b)所示，第二个 TextBlock 现在是白色的。

```
<TextBlock CacheMode="BitmapCache" x:Name="PageTitle" Text="wrapping it up"
        Margin="-3,-8,0,0" Style="{StaticResource PhoneTextTitle1Style}"/>
```

在整个应用程序的设计中，您应该知道什么是可以被进行硬件加速的。这通常包括渲染变换、透视变换、不透明度以及矩形裁剪的渲染。JPEG 和 Media 解码也可以进行硬件加速。有效地利用这些内容可显著提高应用程序的性能。

20.5 外部系统

Windows Phone 应用程序的主要原则之一就是使它们互联。正如本书开头所讨论的，这与设备的连接状态无关，而与应用程序和远程系统的集成方式有关，这关系到应用程序能否为最终用户提供一个互联且无缝的体验。在本节中，您将看到两种引用外部系统的场景。

20.5.1 代理服务(Exchange)

通常待集成的外部系统不会公开适合直接从 Windows Phone 应用程序访问的接口。以 Web服务的设置为例，它们对 Exchange 来说是可用的。原始的 Web服务过于复杂且不易操作。一种替代方法是使用 Exchange Web Services Managed API，它是可以由桌面应用程序或服务进行引用的.NET 程序集，提供了一套更简单的 API。但是，您无法直接在 Windows Phone 应用程序中引用此程序集。

我们暂且先回到原始的 Web服务，通过 Exchange Server 接收和发送的负载不仅庞大而且冗长。通常情况下，应该将来自 Windows Phone 应用程序的通信保持尽可能小，因为这不仅可以确保应用程序的响应速度更快，还可以减少使用应用程序时的相关成本。

当面对诸如由 Exchange 提供的 Web 服务时，一种解决方案就是避免直接与 Exchange Server 进行通信，而是引入代理服务(Proxy Service)的概念。这是专门针对 Windows Phone 应用程序而设计的更精简的 WCF 服务。与 Exchange Server 的所有通信都将在此 WCF 服务中完成，并且只会将相关的数据返回给 Windows Phone 应用程序。

为了说明这一概念，我们基于 ASP.NET Empty Web Application 模板来创建一个名为 ExchangeLink 的新项目。从 Microsoft 下载站点(www.microsoft.com/downloads[3])下载并安装 Exchange Web Services Managed API，并从安装目录(C:\Program Files\Microsoft\Exchange\Web Services\1.1)中将 Microsoft.Exchange.WebServices.dll 复制到包含 ExchangeLink 项目的解决方案的子文件夹中。最后向 ExchangeLink 项目中添加对该程序集的引用。

---

3. 精确下载地址为 http://www.microsoft.com/downloads/en/details.aspx?FamilyID=c3342fb3-fbcc-4127-becf-872c746840e1，根据操作系统选择相应版本即可。

在 ExchangeLink 项目中，基于 WCF 服务项的模板来添加一个名为 ExchangeLinkService.svc 的新项。然后向项目中添加一个名为 MailItemSummary.cs 的新类，并对其进行更新，使其包含 From、Received 和 Summary 属性：

```
public class MailItemSummary{
    public string From { get; set; }
    public string Subject { get; set; }
    public DateTime Received { get; set; }
}
```

MailItemSummary.cs 中的代码片段

接下来，使用以下代码更新 WCF服务，此代码用于连接到 Exchange Server 并从 Inbox 中检索前 50 封未读的电子邮件：

```
[ServiceContract]
public interface IExchangeLinkService{
    [OperationContract]
    MailItemSummary[] RetrieveNumberOfUnreadItems(string emailAddress,
                                                  string password);
}
```

IExchangeLinkService.cs 中的代码片段

```
public class ExchangeLinkService : IExchangeLinkService{
    private static bool ValidateRedirectionUrlCallback(string url){
        return url == "https://ex2010.myhostedservice.com/autodiscover" +
        "/autodiscover.xml";
    }

    public MailItemSummary[] RetrieveNumberOfUnreadItems(string emailAddress,
                                                         string password){
        ExchangeService service = new ExchangeService(ExchangeVersion.Exchange2010);
        service.Credentials = new NetworkCredential(emailAddress, password, "");
        service.AutodiscoverUrl(emailAddress, ValidateRedirectionUrlCallback);

        ItemView view = new ItemView(50);
        var filter = new SearchFilter.IsEqualTo(PostItemSchema.IsRead, false);
        FindItemsResults<Item> findResults =
                service.FindItems(WellKnownFolderName.Inbox,filter, view);

        return (from item in findResults.Items.OfType<EmailMessage>()
              select new MailItemSummary(){
                  Received = item.DateTimeReceived,
                  From = item.From.Name,
```

```
                    Subject = item.Subject
                }).ToArray();
        }
    }
```

ExchangeLinkService.svc.cs 中的代码片段

要使用此代码片段来连接到 Exchange Server，只须将 ValidateRedirectionUrlCallback 方法中指定的 URL 改成 Exchange Server 的 autodiscover URL 即可。

下一步向 Windows Phone 应用程序中添加对 ExchangeLinkService 的引用。在 Solution Explorer 窗口中右击 Windows Phone 项目节点，然后选择 Add Service Reference。如果 ExchangeLink 项目在同一个解决方案中，只需单击 Discover 按钮找到 Web 服务的地址即可；否则需要在 Address 字段中手动输入服务的 URL，然后单击 Go 按钮。为服务指定一个名称，如 Exchange，然后单击 OK 完成该对话框。

最后更新 Windows Phone 应用程序以便与 ExchangeLinkService 进行通信：

可从 wrox.com 下载源代码

```
private void InboxButton_Click(object sender, RoutedEventArgs e)
{
    var client = new Exchange.ExchangeLinkServiceClient();
    client.RetrieveNumberOfUnreadItemsCompleted +=
                            new client_RetrieveNumberOfUnreadItemsCompleted;
    client.RetrieveNumberOfUnreadItemsAsync("<email address>", "<password>");
}

void client_RetrieveNumberOfUnreadItemsCompleted
(object sender,
                        Exchange.RetrieveNumberOfUnrea
dItemsCompletedEventArgs e)
{
    this.UnreadItemsList.ItemsSource = e.Result;
}
```

ServicesPage.xaml.cs 中的代码片段

图 20-11 展示了运行中的示例。

此示例中所使用的模式可用于连接到任何诸如 Exchange 或 SharePoint 这类企业服务，以便可以为 Windows Phone 应用程序公开最小的数据子集。这不仅可以减少数据传输量，而且有助于减少内部服务所公开的服务区域。

由于企业系统的凭据通常以纯文本形式传送，所以您需要确保所有与代理服务的通信都通过 SSL 来实现。

图 20-11

20.5.2 共享密钥签名(Windows Azure)

第二种将要了解的情况是存在一个外部系统，该系统要求应用程序提供唯一键以便访问资源。例如，在 Windows Azure 中，Blob Storage 允许将二进制大对象保存到基于云的存储中。您可以将这些二进制对象配置成公共的，这样任何知道该 URL 的人都可以对它们进行读取，您也可以将其配置为私有的，在这种情况下，需要在 URL 中提供一个访问键。对于大多数应用程序的数据而言，都会选择第二种方法，这样只有知道访问键的应用程序才能访问数据。

要在 Windows Phone 应用程序中访问 Windows Azure 存储中的私有二进制大对象，既可以在应用程序的代码中包含访问键，也可以通过代理Web 服务来路由所有流量。第一种选择效果不佳，因为它涉及访问键的分发，换句话说，密件在应用程序中会成为纯文本，使得应用程序很容易被反汇编，从而提取访问键。第二种选择从安全的角度来看非常好，因为访问键只被 Web 应用程序所知晓，而应用程序被托管在一个可信环境中。但是，所有的流量(包括读取二进制大对象数据)都必须通过这项服务来进行路由，而这与将数据存储在 Blob Storage 中的主要目的相悖。而且当您打算使用内容分发网络来尽量缩短下载时间以及提高可伸缩性时，这表现得尤为明显。

对于此问题的解决方案就是使用所谓的共享密钥签名(Shared Key Signature)。实际上它允许您生成一个具有时间限制的签名，以便访问特定的二进制大对象的 URL。该签名通过一个由云托管的服务生成，该服务针对 Windows Phone 应用程序所请求访问的二进制大对象的 URL。生成的签名会与所请求的 URL 一起回传给 Windows Phone 应用程序。然后 Windows Phone 应用程序会接收二进制大对象的 URL(包含共享密钥签名)，并使用该 URL 直接从 Windows Azure 存储区中下载二进制大对象。

让我们在实践中体会一下，即创建一个在 Windows Azure 中托管的 WCF 服务。在开始之前，要确保已经从 Microsoft 的下载站点(www.microsoft.com/downloads[4])下载并安装了最新版的 Windows Azure Tools for Microsoft Visual Studio。确保以 Administrator 的身份运行 Visual Studio，并基于 Windows Azure Cloud Service 项目模板添加一个名为 SharedSignatures 的新项目。接下来会提示您指定要创建的云项目。图 20-12 展示了基于 WCF Service Web Role 来创建名为 Signatures 项目的过程。

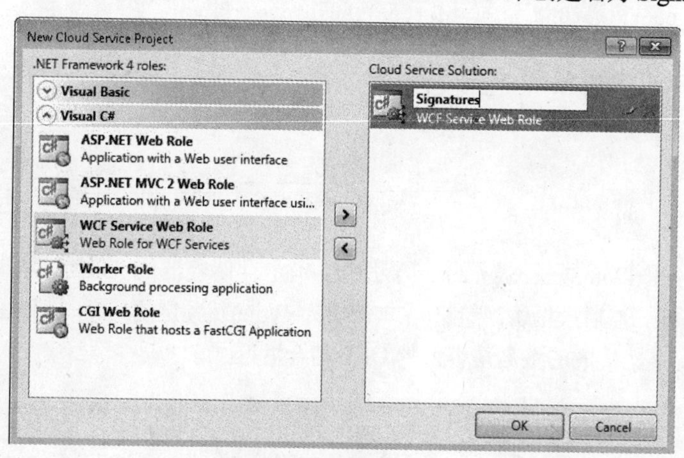

图 20-12

4. 精确的下载地址为 http://www.microsoft.com/downloads/en/details.aspx?familyid=7a1089b6-4050-4307-86c4-9dadaa5ed018，同样，根据操作系统选择相应版本即可。

WCF Service Web Role 会创建一个默认的 Service1.svc 文件，您应该将它与 IService1.cs 及 Service1.svc.cs 一起删除，而非试图将其重命名。相反，您需要基于 WCF 服务项模板创建一个名为 SharedSignatureService.svc 的新项。然后更新 ISharedSignatureService 接口和 SharedSignatureService 实现，如下所示：

可从 wrox.com 下载源代码

```
[ServiceContract]
public interface ISharedSignatureService{
    [OperationContract]
    string RetrieveContainerUrlWithSharedSignature(string containerName);
}
```

ISharedSignatureService.cs 中的代码片段

```
public class SharedSignatureService : ISharedSignatureService{
    public string RetrieveContainerUrlWithSharedSignature(string containerName){
        var account =
      CloudStorageAccount.FromConfigurationSetting("DiagnosticsConnectionString");
        var blobs = account.CreateCloudBlobClient();

        var container = blobs.GetContainerReference(containerName.ToLower());
        container.CreateIfNotExist();

        var sas = container.GetSharedAccessSignature(new SharedAccessPolicy(){
                Permissions = SharedAccessPermissions.Write,
                SharedAccessExpiryTime = DateTime.UtcNow + TimeSpan.FromMinutes(10)
            });

        var builder = new UriBuilder(container.Uri) { Query = sas.TrimStart('?') };
        var ContainerUrl = builder.Uri.AbsoluteUri;

        return ContainerUrl;
    }
}
```

SharedSignatureService.svc.cs 中的代码片段

RetrieveContainerUrlWithSharedSignature 方法用于确定存储容器的 URL，容器名称与所提供的 containerName 相匹配。然后根据访问策略(在本例中为 Write)及预定的到期时间(在本例中为 10 分钟之后)来生成共享签名。生成的签名与容器的 URL 结合后返回。

Windows Azure 的配置

RetrieveContainerUrlWithSharedSignature 方法依赖于对 DiagnosticsConnectionString 设置的配置。要使其可供访问，则需要更新 Signatures 项目中 WebRole 类的 OnStart 方法。

```
public override bool OnStart(){
    DiagnosticMonitor.Start("DiagnosticsConnectionString");
```

```
    CloudStorageAccount.SetConfigurationSettingPublisher(
        (configName, configSetter) =>{
        // Provide the configSetter with the initial value
        configSetter(RoleEnvironment.GetConfigurationSettingValue
                              (configName));

        RoleEnvironment.Changed += (sender, arg) =>{
            if (
      arg.Changes.OfType<RoleEnvironmentConfigurationSettingChange>()
                .Any((change) =>
                    (change.ConfigurationSettingName == configName))){
                if (!configSetter(
        RoleEnvironment.GetConfigurationSettingValue(configName))){
                    RoleEnvironment.RequestRecycle();
                }
            }
        };
    });

    RoleEnvironment.Changing += RoleEnvironmentChanging;

    return base.OnStart();
}
```

此处添加一个处理程序，目的是为了在配置信息发生更改时允许角色重新加载配置信息并重新启动。由于配置信息会在角色运行期间发生更改，所以这可以允许角色使用新的配置来重新启动。

接下来在 Solution Explorer 中右击项目，并选择 Add Service Reference，以便向 Windows Phone 应用程序中添加对这项新服务的引用。单击 Discover 按钮，然后选择 SharedSignatureService。将服务命名为 Signatures，然后单击 OK 按钮。如果此时发生错误，则可能需要运行 SharedSignatures 云项目，从而使 WCF 服务的元数据终点供访问。

现在您需要为 Windows Phone 应用程序添加新功能，使其能够通过照相机拍摄照片，然后使用共享签名将其上传到 Windows Azure 的存储区中。要执行此操作，则需要使用 CameraCaptureTask(在第 8 章中介绍过)：

可从
wrox.com
下载源代码

```
public partial class ServicesPage : PhoneApplicationPage{
    private CameraCaptureTask cameraTask = new CameraCaptureTask();
    private string filename;
    public ServicesPage(){
        InitializeComponent();
        cameraTask.Completed += new EventHandler<PhotoResult>(cameraTask_Completed);
    }

    void cameraTask_Completed(object sender, PhotoResult e){
        filename = e.OriginalFileName;
        filename = System.IO.Path.GetFileName(filename);
```

```
        CopyToIsolatedStorage(filename, e.ChosenPhoto);

        var bitmap = PictureDecoder.DecodeJpeg(e.ChosenPhoto);

        this.PhotoImage.Source = bitmap;
    }

    private void CopyToIsolatedStorage(string fileName, Stream dataStream){
        var position = dataStream.Position;
        using (var iso = new IsolatedStorageFileStream(filename,
                            System.IO.FileMode.Create,
                            IsolatedStorageFile.GetUserStoreForApplication())){
            var buffer = new byte[10000];
            var read = 0;
            while ((read = dataStream.Read(buffer, 0, buffer.Length)) > 0){
                iso.Write(buffer, 0, read);
            }
        }
        dataStream.Seek(position, SeekOrigin.Begin);
    }

    private void TakePhotoButton_Click(object sender, RoutedEventArgs e){
        cameraTask.Show();
    }
}
```

ServicesPage.xaml.cs 中的代码片段

从照相机返回的图像会被复制到独立存储中并会通过一个名为 PhotoImage 的 Image 控件显示给用户。将二进制大对象上传到 Windows Azure 存储中会涉及多个 Web 请求，具体数量取决于二进制大对象的大小。以下的 BlobUploader 类会将要上传的文件分为多个合适的块，将它们上传后，再进行合并。您无需调用 SharedSignatureService 方法，因为在被传递到 BeginUpload 方法的 uploadContainerUrl 参数中已经指定了共享签名。

可从
wrox.com
下载源代码

```
public class BlobUploader{
    public event PropertyChangedEventHandler PropertyChanged;
    private const long MaximumBlockSize = 4194304;

    public event EventHandler ProgressChanged;
    public event EventHandler UploadError;
    public event EventHandler UploadFinished;

    private Stream fileStream;
    private long totalBytesToSend;
    private long bytesSent;

    private string uploadUrl;
```

```
    private bool isUsingBlocks;

    private string currentBlock;
    private List<string> blocks = new List<string>();

    public void BeginUpload(string fileName, string uploadContainerUrl){

        // Open the file stream for the file to be sent
        fileStream = new IsolatedStorageFileStream(fileName, FileMode.Open,
                     IsolatedStorageFile.GetUserStoreForApplication());

        totalBytesToSend = fileStream.Length;
        bytesSent = 0;

        if (totalBytesToSend > MaximumBlockSize){
            isUsingBlocks = true;
        }
        else{
            isUsingBlocks = false;
        }

        // Inject the name of the file into the url
        var uriBuilder = new UriBuilder(uploadContainerUrl);
        uriBuilder.Path += string.Format("/{0}", fileName);
        uploadUrl = uriBuilder.Uri.AbsoluteUri;

        var sasBlobUri = uriBuilder.Uri;

        Upload();
    }

    private void Upload()
    {
        long dataToSend = totalBytesToSend - bytesSent;

        var uriBuilder = new UriBuilder(uploadUrl);

        if (isUsingBlocks){
            // encode the block name and add it to the query string
            currentBlock = Convert.ToBase64String(
                          Encoding.UTF8.GetBytes(Guid.NewGuid().ToString()));
            uriBuilder.Query = uriBuilder.Query.TrimStart('?') +
                string.Format("&comp=block&blockid={0}", currentBlock);
        }

        // with or without using blocks, we'll make a PUT request with the data
        var webRequest = HttpWebRequest.Create(uriBuilder.Uri);
        webRequest.Method = "PUT";
        webRequest.BeginGetRequestStream(WriteToStreamCallback, webRequest);
```

```
}

private void WriteToStreamCallback(IAsyncResult asynchronousResult){
    var webRequest = asynchronousResult.AsyncState as HttpWebRequest;
    using (var requestStream = webRequest.EndGetRequestStream(asynchronousResult)){
        byte[] buffer = new Byte[4096];
        int bytesRead = 0;
        int tempTotal = 0;

        fileStream.Position = bytesSent;

        while ((bytesRead = fileStream.Read(buffer, 0, buffer.Length)) != 0 &&
                tempTotal + bytesRead < MaximumBlockSize){
            requestStream.Write(buffer, 0, bytesRead);
            requestStream.Flush();

            bytesSent += bytesRead;
            tempTotal += bytesRead;

            RaiseProgressChanged();
        }
    }

    webRequest.BeginGetResponse(ReadHttpResponseCallback, webRequest);
}

private void ReadHttpResponseCallback(IAsyncResult asynchronousResult){
    try{
        var webRequest = asynchronousResult.AsyncState as HttpWebRequest;
        var webResponse = webRequest.EndGetResponse(asynchronousResult);
        using (var reader = new StreamReader(webResponse.GetResponseStream())){
            string responsestring = reader.ReadToEnd();
        }
    }
    catch{
        RaiseUploadError();
        return;
    }

    blocks.Add(currentBlock);

    // Check for more data
    if (bytesSent < totalBytesToSend){
        Upload();
    }
    else {
        fileStream.Close();
        fileStream.Dispose();
```

```
            if (isUsingBlocks){
                // One more request to connect all the blocks
                CombineBlocks();
            }
            else
            {
                RaiseUploadFinished();
            }
        }
    }

    private void CombineBlocks(){
        var webRequest = HttpWebRequest.Create(
                new Uri(string.Format("{0}&comp=blocklist", uploadUrl)));
        webRequest.Method = "PUT";
        webRequest.Headers["x-ms-version"] = "2010-08-03";
        webRequest.BeginGetRequestStream(WriteBlocksCallback, webRequest);
    }

    private void WriteBlocksCallback(IAsyncResult asynchronousResult){
        var webRequest = asynchronousResult.AsyncState as HttpWebRequest;
        using (var requestStream = webRequest.EndGetRequestStream(asynchronousResult)){
            var document = new XDocument(
                new XElement("BlockList",
                    from blockId in blocks
                    select new XElement("Uncommitted", blockId)));
            var writer = XmlWriter.Create(requestStream, new XmlWriterSettings()
                    { Encoding = Encoding.UTF8 });
            document.Save(writer);
            writer.Flush();
        }

        webRequest.BeginGetResponse(BlocksResponseCallback, webRequest);
    }

    private void BlocksResponseCallback(IAsyncResult asynchronousResult){
        try{
            var webRequest = asynchronousResult.AsyncState as HttpWebRequest;
            var webResponse = webRequest.EndGetResponse(asynchronousResult);
            using (var response = webResponse.GetResponseStream())
            using (var reader = new StreamReader(response)){

                string responsestring = reader.ReadToEnd();
            }
        }
        catch{
            RaiseUploadError();
            return;
        }
```

```
        RaiseUploadFinished();
    }

    private void RaiseProgressChanged(){
        if (ProgressChanged != null) {
            ProgressChanged(this, EventArgs.Empty);
            RaisePropertyChanged("PercentComplete");
        }
    }

    private void RaiseUploadError(){
        if (UploadError != null) {
            UploadError(this, EventArgs.Empty);
        }
    }

    private void RaiseUploadFinished(){
        if (UploadFinished != null) {
            UploadFinished(this, EventArgs.Empty);
            RaisePropertyChanged("PercentComplete");
        }
    }

    public double PercentComplete{
        get {
            if (totalBytesToSend > 0){
                return ((double)bytesSent / (double)totalBytesToSend) * 100;
            }
            return 0;
        }
    }

    private void RaisePropertyChanged(string propertyName){
        if (PropertyChanged != null){
            PropertyChanged(this, new PropertyChangedEventArgs(propertyName));
        }
    }
}
```

BlobUploader.cs 中的代码片段

最后调用 SharedSignatureService 以便检索上传 URL(其中包含共享签名)，然后调用 BlobUploader:

可从
wrox.com
下载源代码

```
BlobUploader uploader;
private string filename;

public ServicesPage(){
    InitializeComponent();
```

```
    cameraTask.Completed += new EventHandler<PhotoResult>(cameraTask_Completed);

    Loaded += new RoutedEventHandler(ServicesPage_Loaded);
}

void ServicesPage_Loaded(object sender, RoutedEventArgs e){
    uploader = new BlobUploader();
    this.UploadProgress.DataContext = uploader;
}

private void TakePhotoButton_Click(object sender, RoutedEventArgs e){
    cameraTask.Show();
}

private void UploadPhotoButton_Click(object sender, RoutedEventArgs e){
    var client = new Signatures.SharedSignatureServiceClient();
    client.RetrieveContainerUrlWithSharedSignatureCompleted
                += client_RetrieveContainerUrlWithSharedSignatureCompleted;
    client.RetrieveContainerUrlWithSharedSignatureAsync("NicksPhotos");
}

void client_RetrieveContainerUrlWithSharedSignatureCompleted(object sender,
        Signatures.RetrieveContainerUrlWithSharedSignatureCompletedEventArgs e){
    var uploadUrlWithSignature = e.Result;

    uploader.BeginUpload(filename, uploadUrlWithSignature);
}
```

ServicesPage.xaml.cs 中的代码片段

现在您可以运行应用程序，拍摄一张照片，然后将其上传到 Windows Azure Blob 存储区中。目前，SharedSignatures 项目被配置为运行在本地开发环境中，并使用本地开发存储。这实际上是在模拟 Windows Azure服务的行为。使用 Visual Studio 中的 Server Explorer 窗口，可以浏览本地开发存储中的内容，如图 20-13 所示。

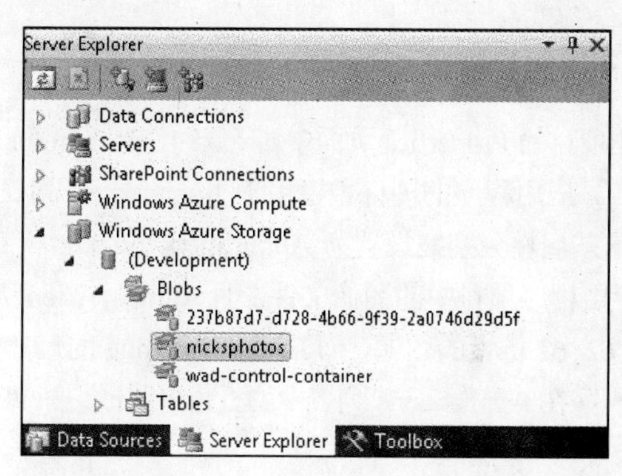

图　20-13

如图 20-13 中所示，双击 Blob 节点中的某个容器名称，会显示该容器中的文件列表(如图 20-14 顶部所示)。如果从该容器中选中某个文件，Visual Studio 就尝试显示相应文件(如图 20-14 中间所示)的内容以及与之相关联的 Activity Log(如图 20-14 底部所示)。

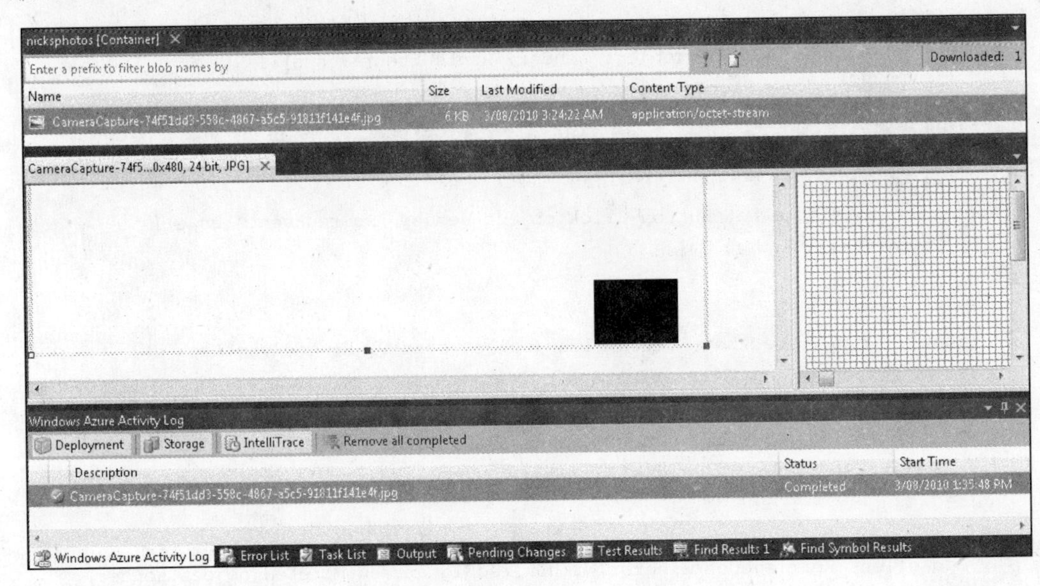

图 20-14

20.6 发布

当发布应用程序时，您需要考虑多个方面的事项。虽然这是本书的最后一节，但如果不在 Windows Phone 应用程序开发过程的起始阶段，您应该尽早解决这些问题。一个优秀的 Windows Phone 应用程序通常涉及多次设计迭代、开发及最终用户测试。每次迭代都涉及(如果只通过 Visual Studio 发布到测试设备)应用程序的发布，这样才可以得到潜在用户的反馈。在第一次迭代中，如果能够对应用程序进行设置使其为发布做好准备，就可以便捷地利用上次成功的生成，然后将其发布到 Windows Phone Marketplace 中。

20.6.1 应用程序及 Start 屏幕的图标

第 2 章曾介绍过，可在项目的 Properties 页面中对 Icon 及 Background 图像属性进行设置。这些属性与应用程序图标相对应。应用程序的图标主要用于 Applications 列表、Marketplace 以及默认的 Start 图像。默认情况下，这些属性分别被设置为 ApplicationIcon.png 和 Background.png，它们都是包含在 Windows Phone 应用程序项目中的图像文件，且 Build Action 属性都被设置为 Content。ApplicationIcon.png 是一个 62×62 像素的图像，而 Background.png 的尺寸为 173×173 像素。图 20-15 展示了 WrappingItUp 应用程序在 Applications 列表中的五角星图标。图 20-15(c)展示了 WrappingItUp 应用程序的默认平铺图标。

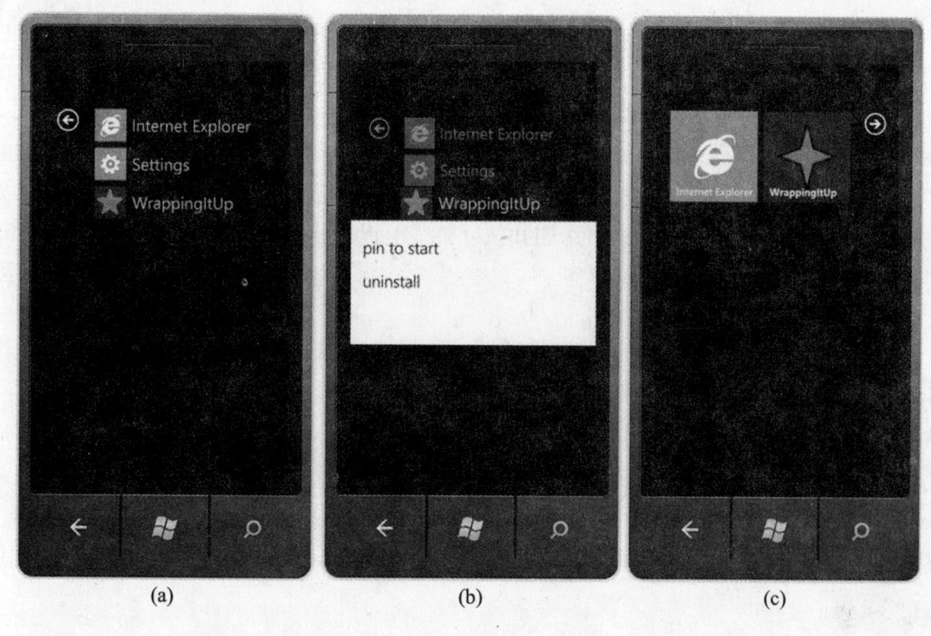

图　20-15

当用户将应用程序锁定到 Start 屏幕时会使用默认平铺图标。要实现此操作，只需在 Applications 列表中按住一个应用程序，直到出现下拉列表(如图 20-15(b)所示)。选择 pin to start，然后就会使用默认图像将应用程序添加到 Start 屏幕中。

如果查看项目中的 WMAppManifest.xml 文件，即可很容易地识别出应用程序图标和默认平铺图标背景的名称。

可从
wrox.com
下载源代码

```
<Deployment xmlns="http://schemas.microsoft.com/windowsphone/2009/deployment"
            AppPlatformVersion="7.0">
  <App xmlns="" ProductID="{64a63844-f6f6-4b77-b2be-4642e7c0a431}"
    Title="WrappingItUp" RuntimeType="Silverlight"
    Version="1.0.0.0" Genre="apps.normal"  Author="WrappingItUp author"
    Description="Sample description" Publisher="WrappingItUp">
   <IconPath IsRelative="true" IsResource="false">ApplicationIcon.png</IconPath>
   ...
   <Tokens>
     <PrimaryToken TokenID="WrappingItUpToken" TaskName="_default">
       <TemplateType5>
         <BackgroundImageURI IsRelative="true"
                          IsResource="false">Background.png</BackgroundImageURI>
         <Count>0</Count>
         <Title>WrappingItUp</Title>
       </TemplateType5>
     </PrimaryToken>
   </Tokens>
  </App>
</Deployment>
```

WMAppManifest.xml 中的代码片段

如果查看项目的Properties页面，将发现其中有两个Title字段。它们分别对应于出现在Applications列表中(以及 Marketplace 中)的文本以及出现在 Start 屏幕中的平铺图标默认文本。前者是WMAppManifest.xml文件中App元素的Title特性，后者是在同一文件的后面所出现的Title元素。此外您还会注意到可以指定默认的数量(Count)，当应用程序首次被锁定到Start屏幕时它就会出现。在大多数情况下，都保留使用默认值 0，在这种情况下，数量不会出现在平铺图标中。不过，如果您希望用户进入应用程序对平铺图标或推送通知执行某些配置，则可能需要将数量设置为大于0的值。

20.6.2 启动屏幕

第 6 章中已经介绍过在应用程序启动时可以显示一个启动屏幕(splash screen)。通过创建一个名为SplashScreenImage.jpg，尺寸为480×800像素的图像，并将其添加到Windows Phone应用程序项目(将其Build Action属性设置为Content)中即可实现。这里需要考虑的一个因素就是每次启动应用程序时都会显示启动屏幕。这意味着，如果应用程序(例如，用户按下Start按钮)进入后台，然后被终止)，当用户按下Back按钮时，就会重新启动应用程序，并显示启动屏幕。如果不使用启动屏幕，就可以减少应用程序的启动时间。所以最好删除启动界面，以免当用户通过Back按钮返回到应用程序时感到困惑。

20.6.3 功能

Windows Phone 引入了功能(capabilities)的概念。实际上，这并不是一个新概念——如果回顾Windows Mobile Marketplace，就会看到每个应用程序都有一个设备要求列表，例如，触摸屏和照相机等。在Windows Phone中功能的概念已经得到验证，并使其涵盖到设备或操作系统的资源，这其中可能包含隐私、安全、成本或其他与使用相关的风险。以位置信息为例(在Windows Phone中通过位置服务获得)——它的使用涉及明确的隐私问题。要使应用程序可以访问位置服务，则需在WMAppManifest.xml中声明希望访问ID_CAP_LOCATION功能。下面展示了一系列功能，它们是由Visual Studio新创建的Windows Phone应用程序默认要求的：

可从
wrox.com
下载源代码

```
<Deployment xmlns="http://schemas.microsoft.com/windowsphone/2009/deployment"
        AppPlatformVersion="7.0">
  <App ... >
    <Capabilities>
      <Capability Name="ID_CAP_NETWORKING" />
      <Capability Name="ID_CAP_LOCATION" />
      <Capability Name="ID_CAP_SENSORS" />
      <Capability Name="ID_CAP_MICROPHONE" />
      <Capability Name="ID_CAP_MEDIALIB" />
      <Capability Name="ID_CAP_GAMERSERVICES" />
      <Capability Name="ID_CAP_PHONEDIALER" />
      <Capability Name="ID_CAP_PUSH_NOTIFICATION" />
      <Capability Name="ID_CAP_WEBBROWSERCOMPONENT" />
    </Capabilities>
    ...
  </App>
</Deployment>
```

WMAppManifest.xml 中的代码片段

在应用程序要求的功能列表中(参见表 20-3)，用户可能会看到三点。在最低限度下，所需的功能列表在 Windows Phone Marketplace 的 Application Details 页面中应该是可见的。当用户购买应用程序时，某些功能将会引发一个确认提示。这些功能通常涉及与使用相关的法律协议。最后一点，在应用程序使用某些功能之前，用户可能会得到提示。例如，在使用位置服务之前，可能会提示用户同意应用程序使用他们的当前位置。表 20-3 列出了 Windows Phone 的功能，并说明了它们在设备中分别控制哪些访问。

表 20-3　Windows Phone 的功能

功　能	说　明
ID_CAP_NETWORKING	该功能用于通过网络访问数据的应用程序。它包含对 System.Net 名称空间的一部分、WebBrowser 控件、Smooth Streaming 以及 XNA GamerServices 的访问
ID_CAP_LOCATION	该功能用于访问位置服务(System.Device.Location)
ID_CAP_MICROPHONE	该功能用于使用麦克风记录声音。由于无须向用户提供可视化提示即可实现，所以这涉及到一个潜在的隐私问题(Microsoft.Xna.Framework.Audio.Microphone)
ID_CAP_MEDIALIB	该功能用于访问媒体库的应用程序。它包含对 Radio、MediaLibrary、MediaSource 和 MediaHistory 这些类的访问
ID_CAP_GAMERSERVICES	该功能用于访问 Xbox Live 的 API
ID_CAP_PHONEDIALER	该功能用于主叫应用程序
ID_CAP_PUSH_NOTIFICATION	该功能用于注册推送通知的应用程序。潜在的代价在于推送通知所生成的网络流量。此功能还需要依赖于 ID_CAP_NETWORKING 功能
ID_CAP_WEBBROWSERCOMPONENT	该功能用于使用 WebBrowser 控件

20.6.4　试用模式和 Marketplace

当您将应用程序发布到 Windows Phone Marketplace 时，可以选择是否包含试用(Trial)模式。如果启用试用模式，用户即可从 Marketplace 下载应用程序而无须购买它。在这种情况下，与应用程序相关联的 Marketplace 许可证会将它的 IsTrial 标志设置为 true。最终当用户购买该应用程序后，该标志会被改回 false。以下代码展示了如何在应用程序中访问 IsTrial 标志：

```
var license = new Microsoft.Phone.Marketplace.LicenseInformation();
var isInTrialMode = license.IsTrial();
```

在应用程序中，对试用模式的实现完全取决于您。您可以在试用模式中限制可用的功能，或者可以启用所有功能，但限定试用模式只能运行一段固定的时间，超过该时间后所有功能都不可用。当应用程序在试用模式中运行时，您应该提供可视化的线索来提示用户购买该应用程序。而且通过 MarketplaceDetailTask 将用户引导到 Marketplace 的应用程序页面(如第 8 章中所述)是比较合理的。

在开发期间，IsTrial 标志始终被设置为 true。这使得很难在用户购买了应用程序后对功能进行开发和测试。为避免这种情况，可以使用 DEBUG 条件编译符号来确定应用程序是调用了 IsTrial 方法，还是仅仅假定了一个常量值：

可从 wrox.com 下载源代码

```
public class ApplicationLicense{
    public bool IsInTrialMode{
        get {
#if !DEBUG
            var license = new Microsoft.Phone.Marketplace.LicenseInformation();
            return license.IsTrial();
#else
                return false;
#endif
        }
    }
}
```

ApplicationLicense.cs 中的代码片段

如果需要根据应用程序是否运行在试用模式中来显示或隐藏可视化元素，则可在 App.xaml 文件的应用程序级别的 Resources 字典中创建一个包装器类的实例：

可从 wrox.com 下载源代码

```
<Application
    x:Class="WrappingItUp.App"
    ...
    xmlns:local="clr-namespace:WrappingItUp">
    <Application.Resources>
        <local:ApplicationLicense x:Key="License" />
    </Application.Resources>
</Application>
```

App.xaml 中的代码片段

可在 XAML 中的其他位置引用该静态资源：

可从 wrox.com 下载源代码

```
<CheckBox Content="Running in Trial Mode" VerticalAlignment="Top"
        DataContext="{StaticResource License}" IsChecked="{Binding IsInTrialMode}"/>
```

MainPage.xaml 中的代码片段

图 20-16(a)展示了当应用程序运行在试用模式时的复选框(在调试时，常量值会被设置为 true)，而图 20-16(b)展示了运行在全权(Full)或已购买(Purchased)模式(只需将常量的值改为返回 false 即可)中的应用程序。

(a) (b)

图 20-16

您应该确保在发布应用程序时使用 Release 生成配置。由于不会声明 DEBUG 符号，所以会在 LicenseInformation 类实例上调用 IsTrial 方法。

在 XNA 游戏中，可以通过查询 Guide.IsTrialMode 属性来确定游戏是否运行在试用模式中。您可以使用 Guide.SimulateTrialMode 属性，而不必在开发过程中进行包装从而模拟试用和非试用模式。IsTrialMode 属性的默认值为 false(即游戏运行在全权模式中)。将 SimulateTrialMode 属性设置为 true，会使 IsTrialMode 属性也返回 true，从而允许您模拟试用模式。

20.7 小结

本章介绍了如何对 Windows Phone 进行设置，以便用它来调试应用程序。并且简要介绍了可在应用程序中引用的第三方框架，以及如何与现有的企业系统相集成。在您发布应用程序时，应当考虑使用试用模式，并尽可能多地为用户提供有关应用程序所需功能的详细信息。

中文版书号	中文书名	英文书名	定价
9787302211570	《Windows CE 6.0 嵌入式高级编程》	Professional Microsoft Windows Embedded CE 6.0	50.00 元
9787302241027	《Android 2 高级编程（第 2 版）》	Professional Android 2 Application Development	68.00 元
9787302248088	《iPhone SDK 编程入门经典：使用 Objective-C》	Beginning iPhone SDK Programming with Objective-C	58.00 元
9787302255499	《iPhone 高级编程——使用 MonoTouch 和.NET/C#》	Professional iPhone Programming with MonoTouch and .NET/C#	58.00 元
9787302254492	《iPhone 游戏开发入门经典—— 也适用于 iPad》	Beginning iPhone Games Development	79.80 元

Visual Studio 2008 与.NET 3.5 编程开发系列

中文版书号	中文书名	英文书名	定价
9787302247760	《ASP.NET MVC 1.0 入门经典》	Beginning ASP.NET MVC 1.0	68.00 元
9787302250241	《精通.NET 企业项目开发：最新的模式、工具与方法》	Professional Enterprise .NET	68.00 元
9787302194637	《Visual C++ 2008 入门经典》	Ivor Horton's Beginning Visual C++ 2008	128.00 元
9787302228417	《ASP.NET 3.5 网站开发全程解析（第 3 版）》	ASP.NET 3.5 Website Programming: Problem-design-solution	69.00 元
9787302215486	《ASP.NET 3.5 SP1 高级编程（第 6 版）》	Professional ASP.NET 3.5 SP1 Edition: In C# and VB	158.00 元
9787302185833	《ASP.NET 3.5 入门经典——涵盖 C#和 VB.NET（第 5 版）》	Beginning ASP.NET 3.5 In C# and VB	88.00 元
9787302228929	《开发安全可靠的 ASP.NET 3.5 应用程序——涵盖 C#和 VB.NET》	Professional ASP.NET 3.5 Security, Membership, and Role Management with C# and VB	118.00 元
9787302194828	《ASP.NET AJAX 编程参考手册（涵盖 ASP.NET 3.5 及 2.0）》	ASP.NET AJAX Programmer's Reference	168.00 元
9787302213581	《ASP.NET 3.5 AJAX 高级编程》	Professional ASP.NET 3.5 AJAX	68.00 元
9787302194736	《Visual Basic 2008 入门经典（第 5 版）》	Beginning Microsoft Visual Basic 2008	98.00 元
9787302221906	《ADO.NET 3.5 高级编程——应用 LINQ&Entity Framework》	Professional ADO.NET 3.5 with LINQ and the Entity Framework	79.00 元
9787302198857	《LINQ 高级编程》	Professional LINQ	48.00 元
9787302200840	《代码重构（Visual Basic 版）》	Professional Refactoring with Visual Basic	68.00 元
9787302200864	《Visual Basic 2008 高级编程（第 5 版）》	Professional Visual Basic 2008	139.00 元
9787302207665	《Visual Basic 2008 编程参考手册》	Visual Basic 2008 Programmer's Reference	128.00 元
9787302212317	《Visual Studio 2008 高级编程》	Professional Visual Studio 2008	98.00 元
9787302188674	《Windows PowerShell 高级编程》	Professional Windows PowerShell Programming	48.00 元
9787302188667	《ASP.NET&IIS 7 高级编程》	Professional IIS 7 and ASP.NET Integrated Programming	79.80 元
9787302203773	《IIS 7 开发与管理完全参考手册》	Professional IIS 7	99.00 元
9787302222439	《ASP.NET MVC 1.0 高级编程》	Professional ASP.NET MVC 1.0	58.00 元
9787302206095	《SharePoint 2007 入门经典》	Beginning Sharepoint 2007: Building Team Solutions with Moss 2007	58.00 元
9787302 219569	《SharePoint 2007 高级开发编程》	Professional SharePoint 2007 Development	86.00 元
9787302256311	《Executable UML 模型驱动开发》	Model-Driven Development with Executable UML	85.00 元

Wrox 图书重装庆生，有奖互动！

Wrox，秉承“程序员为程序员而著 (Programmer to Programmer) ”的出版理念，曾出版过无数畅销全世界的优秀专业编程图书，备受广大程序员推崇和信赖。在 Wrox 图书引入中国十周年之际，将原有的纯红封面改为红色主题图片搭配白底(入门系列)、红底(高级系列)与黑底(案例解析系列)新装，以更加清新、明晰的面貌回报多年相伴相知的广大读者。

为了监督和保持 Wrox 图书的出版和服务的一贯质量，我们希望广大读者和专业人士都能积极参与到这套图书的制作和出版过程中来。凡是在下面某个方面有良好建议或者贡献者，都将得到一份礼品：

- 对该套图书提出内容质量(特别是翻译质量)修改建议；
- 对该套图书的版式、装帧设计、用纸等提出有效建议；
- 对该套图书的读者服务提出建设性意见；
- 对该套图书的市场推广提出可操作的有益建议；
- 愿意参与该套图书的翻译或审校工作。

请将建议和意见反馈到 wkservice@vip.163.com。来信时，请说明自己的建议或意见所针对的图书名称或者情况，邮件标题最好为图书书名。下面是礼品清单。来信时，请标明自己希望得到哪一种礼品：

- 《LINQ 高级编程》一本；
- 《Windows PowerShell 高级编程》一本；
- 《Visual Studio 2005 Team System 软件测试专家教程》一本；
- 《Web 3.0 与 Semantic Web 编程》一本；
- 《基于 Web 标准的网站构建与经典案例分析》一本；
- 《Windows CE 6.0 嵌入式高级编程》一本。

Visual Studio 2010 与.NET 4 编程经典系列

该系列已经伴随国内读者走过了十个春秋，针对不断成熟的.NET 开发平台，即时为读者奉献最新的，包括入门、高级、专家等多层次的，编程技巧与案例解析相结合的.NET 开发学习资源。自诞生以来，荣获包括“2009 年底全行业优秀畅销品种”、“2006 年最受读者喜爱的十大技术开发类图书”等在内的多项行业和媒体图书大奖，深受广大程序员的好评与欢迎。

中文版书号	中文书名	英文书名	定价
9787302235248	《ASP.NET 4 高级编程——涵盖 C#和 VB.NET (第 7 版)》	Professional ASP.NET 4 in C# & VB	158.00 元
9787302239376	《C#高级编程(第 7 版) 》	Professional C# 4 and .NET 4	148.00 元（配光盘）
9787302241003	《ASP.NET 4 入门经典——涵盖 C#和 VB.NET(第 6 版) 》	Beginning ASP.NET 4: in C# and VB	88.00 元
9787302241300	《C#入门经典(第 5 版) 》	Beginning Microsoft Visual C# 2010	99.80 元
9787302239994	《Visual C++ 2010 入门经典（第 5 版）》	Ivor Horton's Beginning Visual C++ 2010	128.00 元
9787302250845	《Silverlight 4 RIA 开发全程解析》	Silverlight 4 Problem - Design - Solution	58.00 元
9787302254508	《Visual Basic 2010 & .NET 4 高级编程(第 6 版) 》	Professional Visual Basic 2010 and .NET 4	139.00 元
9787302255505	《Visual Studio 2010 软件生命周期管理高级教程》	Professional Application Lifecycle Management with Visual Studio 2010	78.00 元

后续将要出版的……

英文版书号	英文书名	中文书名(暂定)	预计出版日期
978-0470529423	Professional SharePoint 2010 Development	《SharePoint 2010 开发高级教程》	2011.8
978-0470643181	Professional ASP.NET MVC 2.0	《ASP.NET MVC 2.0 高级编程(第 2 版)》	[illegible]

Web 开发系列

不光.NET 编程图书深受广大开发人员喜爱，Wrox 的 Web 开发技术方面的图书也同样异彩纷呈，深受欢迎。近年来，Wrox 公司不仅及时推陈出新原有的经典之作，还根据技术市场的变化研发了很多优秀的新品，纷纷得到市场和广大读者的高度认可和推崇，相信它们能够帮助广大的 Web 开发人员适应穷出不尽的各种 Web 新技术。

中文版书号	中文书名	英文书名	定价
9787302245612	《JavaScript 入门经典（第 4 版）》	Beginning JavaScript ,4gh Edition	88.00 元
9787302202080	《Spring Framework 2 入门经典》	Beginning Spring Framework 2	58.00 元
9787302215974	《Web 编程入门经典——HTML、XHTML 和 CSS（第 2 版）》	Beginning Web Programming with HTML, XHTML, and CSS，2nd Edition	79.80 元
9787302203759	《Web 开发入门经典——使用 PHP6、Apache 和 MySQL》	Beginning PHP 6, Apache, MySQL 6 Web Development	88.00 元
9787302247838	《JavaScript 框架高级编程——应用 Prototype、YUI、Ext JS、Dojo、MooTools》	Professional JavaScript Frameworks: Prototype, YUI, Ext JS, Dojo and MooTools	98.00 元
9787302244066	《Apache+MySQL+memcached+Perl 开发高速开源网站》	Developing Web Applications with Perl，memcached，MySQL and Apache	98.00 元
9787302247845	《精通 ASP.NET Web 程序测试》	Testing ASP.NET Web Applications	58.00 元
9787302194644	《VBScript 程序员参考手册（第 3 版）》	VBScript Programmer's Reference, third edition	98.00 元
9787302203117	《CSS Web 设计高级教程（第 2 版）》	Professional CSS: Cascading Style Sheets for Web Design，2nd Edition	68.00 元
9787302179511	《搜索引擎优化高级编程（PHP 版）》	Professional Search Engine Optimization with PHP: A Developer's Guide to SEO	48.00 元
9787302185536	《搜索引擎优化高级编程（ASP.NET 版）》	Professional Search Engine Optimization with ASP.NET: A Developer's Guide to SEO	48.00 元
9787302180036	《Ajax 入门经典》	Beginning Ajax	58.00 元
9787302179542	《CSS 入门经典》（第 2 版）	Beginning CSS: Cascading Style Sheets for Web Design,2nd Edition	68.00 元
9787302189220	《Rich Internet Applications 高级编程：后 Ajax 时代》	Professional Rich Internet Applications: AJAX and Beyond	68.00 元
9787302208822	《Adobe AIR 实例精解》	Adobe Air: Create-Modify-Reuse	59.80 元
9787302163114	《XML 案例教程：提出问题－分析问题－解决方案》	XML Problem Design Solution	36.00 元
9787302194781	《XML 高级编程》	Professional XML	98.00 元
9787302194651	《XML 入门经典（第 4 版）》	Beginning XML ,4th Edition	118.00 元
9787302166948	《Mashups Web 2.0 开发技术——基于 Amazon.com》	Amazon.com Mashups	48.00 元
7302125449	《Eclipse 3 高级编程》	Professional Eclipse 3 for Java Developers	58.00 元
9787302160502	《Ruby on Rails 入门经典》	Beginning Ruby on Rails	39.99 元
9787302255550	《代码重构（C# & ASP.NET 版）》	Professional Refactoring in C# & ASP.NET	68.00 元
9787302251712	《HTML XHTML CSS 与 JavaScript 入门经典》	Beginning HTML, XHTML, CSS, and JavaScript	88.00 元
9787302256304	《XMPP 高级编程——使用 JavaScript 和 jQuery》	Professional XMPP Programming with JavaScript and jQuery	58.00 元
9787302254256	《JavaScript 程序员参考手册》	JavaScript Programmer’s Reference	118.00 元
9787302262053	《Adobe Flex 3 高级编程》	Professional Adobe Flex 3	158.00 元

后续将要出版的……

英文版书号	英文书名	中文书名(暂定)	预计出版日期
978-0470743652	Beginning ASP.NET Security	《ASP.NET 安全编程入门经典》	2011.7